普通高等教育“十一五”国家级规划教材

普通高等院校电子信息类系列教材

通信网技术基础

唐宝民　江凌云　编著

人 民 邮 电 出 版 社

北 京

图书在版编目（CIP）数据

通信网技术基础 / 唐宝民，江凌云编著. —北京：人民邮电出版社，2009.2（2020.1重印）
(普通高等院校电子信息类系列教材)
普通高等教育“十一五”国家级规划教材
ISBN 978-7-115-19171-7

I. 通… II. ①唐…②江… III. 通信网－高等学校－教材 IV. TN915

中国版本图书馆CIP数据核字（2009）第003053号

内容提要

本书主要介绍通信运营商建设和管理的各类公用通信网，包括固定和移动电话网、数据网、互联网、传送网、接入网和软交换网络；同时讲述了电信网支撑技术：公共信道信令网和 IP 信令网技术，数字同步和时间同步网技术，网络监控和管理技术；讨论和分析了通信网络的结构、接口、协议和组成，并对通信网进行理论和性能分析，介绍了图论和排队论在网络分析中的应用，也对下一代交换网的性能进行了分析。

本书可作为高等院校通信工程、网络工程和信息工程专业“通信网基础”课程的教材，也可供从事通信网规划、设计、维护和管理工作的人员参考。

普通高等教育“十一五”国家级规划教材
普通高等院校电子信息类系列教材

通信网技术基础

◆ 编　　著　唐宝民　江凌云
责任编辑　滑　玉

◆ 人民邮电出版社出版发行　　北京市丰台区成寿寺路 11 号
邮编　100164　　电子邮件　315@ptpress.com.cn
网址　http://www.ptpress.com.cn
大厂聚鑫印刷有限责任公司印刷

◆ 开本：787×1092　1/16
印张：24.25　　2009 年 2 月第 1 版
字数：593 千字　　2020 年 1 月河北第 17 次印刷

ISBN 978-7-115-19171-7/TN

定价：38.00 元

读者服务热线：(010)81055256　印装质量热线：(010)81055316
反盗版热线：(010)81055315

前　言

通信网是信息化社会的基础设施，包括公用网络、专用网络和虚拟专用网络，本书主要讨论公用网。公用网络是指由通信运营商建设和管理，为公众提供通信服务的网络。公用网是由各种类型的网络组成的，包括业务网、传送网和支撑网，业务网如固定电话网、移动电话网、Internet 等。专用网络是为某一特定团体服务的网络，如证券公司、航空公司等专用的计算机网络，是为本单位提供某一项具体服务的网络。利用公用网络的设施，建设为本单位服务的专用网络则称为虚拟专用网络。

通信网的发展方向是下一代网络（NGN）。NGN 是一个内涵十分广泛的术语，即泛指一个不同于当代或前一代的网络体系结构，通常是指以数据为中心的融合网络体系结构。从广义上讲，NGN 应是一个能够提供包括语音、数据、视频和多媒体业务的基于分组技术的综合开放的网络架构。NGN 的含义可以从多个层面来理解：从业务上看，它应支持语音、数据、视频和多媒体业务；从网络层面上看，在垂直方向它应包括业务层、传送层等不同层面，在水平方向它应覆盖核心网和边缘网。NGN 包含下一代交换网、下一代传送网、下一代互联网、下一代移动网和下一代接入网。

网络技术已经成为通信工程中一项重要的技术。此项技术涉及网络的结构、接口、协议、性能等一系列的问题。网络技术知识已经逐步成为通信工程专业学生必备的专业知识。为了适应通信网技术发展和教学的需要，我们编写了《通信网技术基础》一书。在这本书中，介绍已经建设的主要的通信网络，包括电话网、互联网、数据网、传送网、接入网和软交换网络。同时还讲述电信网支撑技术，包括信令网和信令网关技术，数字同步和时间同步技术，网络监控和管理技术。此外还从网络的结构、接口、协议和组成对通信网进行讨论和分析，并对通信网进行理论和性能分析，讨论了图论和排队论在网络分析中的应用，以利于读者系统地掌握通信网的基本技术和基本理论，为今后从事通信网的规划、设计、维护和管理打下良好的基础。

全书共分 11 章。

第 1 章介绍通信网的类型：业务网、传送网和支撑网，介绍通信网的发展，概述了下一代传送网、交换网、互联网和移动网，同时讨论了电通信网体系结构、OSI 参考模型、TCP/IP 模型和 IP 网络体系结构。

第 2 章为电话网，讨论固定电话网和移动电话网的网络等级结构、规划、网络的组成和各部分的具体功能。

第 3 章为广域数据网络，讨论分组交换网的原理，介绍目前广泛应用的高级数据链路控制协议（HDLC）、讨论 FR、ATM 等宽带分组交换数据网的工作原理。

第 4 章为互联网，互联网业务是目前电信网的增长点，书中介绍了互联网的网络结构、网络协议、MPLS 网络以及 IP 网络的组网和规划。

第 5 章为传送网，主要介绍下一代 SDH 网技术：MSTP、内嵌 RPR 和内嵌 MPLS 的 MSTP 技术，讨论了光自动交换网络的结构组成和原理。

第 6 章为接入网，介绍接入网的类型、协议栈的组成。讨论了重要的接入方式：铜网线接入的 ADSL、光纤接入的 PON、无线接入的 WiMAX 等。

第 7 章为同步技术，分为数字同步网和时间同步网。介绍了数字网同步的方法和同步网的规划，同时讨论了时间同步网的结构，时间服务器和 NTP 同步协议和下一代网络的同步技术。

第 8 章为信令网和信令网关技术。介绍了信令的类型、数字用户线路信号、7 号公共信道信令网，同时讨论了 IP 信令网、SIGTRAN 信令协议和 IP 信令网的规划。

第 9 章为网络监控和管理技术，讨论 TMN 的结构和功能，介绍 Q3 网管接口、SNMP 网管接口和 CORBA 网管接口。

第 10 章为软交换网组网技术，介绍软交换网络的结构、接口和协议，介绍软交换的功能，讨论软交换网络承载网技术、软交换网络的路由规划以及网络融合技术。

第 11 章为通信网理论分析，介绍网络拓扑和排队论基础知识，讨论电路交换网的呼损概率、分组交换网时间延迟以及软交换网络性能的分析和计算，同时还讨论了传输网的质量指标的定义和分析。

本书的第 1、2、7、8、9、10、11 章由唐宝民编写，第 3、4、5、6 章由江凌云编写。

由于编者水平有限，书中难免有不妥之处，恳请读者批评指正。

编　者

2008 年 10 月

目　录

第 1 章　通信网概述 …… 1
1.1　通信网的类型 …… 1
1.1.1　通信网类型的划分 …… 1
1.1.2　电话网 …… 2
1.1.3　互联网 …… 5
1.1.4　传送网 …… 6
1.1.5　电信支撑网 …… 8
1.2　通信网的发展 …… 10
1.2.1　下一代传送网 …… 10
1.2.2　下一代交换网 …… 16
1.2.3　下一代互联网 …… 18
1.2.4　下一代移动网 …… 21
1.2.5　网络融合技术 …… 23
1.3　通信网的体系结构 …… 25
1.3.1　网络协议及其功能 …… 25
1.3.2　OSI 参考模型 …… 26
1.3.3　TCP/IP 协议模型 …… 33
1.3.4　IP 网络的分层协议模型 …… 36
习题 …… 37
第 2 章　电话网 …… 38
2.1　固定电话网 …… 38
2.1.1　电话网的拓扑结构 …… 38
2.1.2　电话网的等级制结构 …… 39
2.1.3　电话网的业务节点 …… 40
2.1.4　电话网中路由规划 …… 44
2.1.5　电话网的传输规划 …… 46
2.2　移动电话网 …… 49
2.2.1　移动电话网概述 …… 49
2.2.2　数字蜂窝移动通信网的网路结构 …… 50
2.2.3　GSM 系统组成 …… 51
2.2.4　GSM 系统中的各类接口 …… 55
2.2.5　GSM 蜂窝网络结构 …… 56
习题 …… 57
第 3 章　广域数据网络 …… 59
3.1　数据链路控制与协议 …… 59
3.1.1　数据链路的基本功能 …… 59
3.1.2　数据链路层协议 …… 62
3.2　数据子网提供的服务 …… 63
3.2.1　数据子网的概念 …… 63
3.2.2　数据报和虚电路 …… 64
3.3　路由选择 …… 66
3.3.1　路由优化原则 …… 66
3.3.2　路由选择策略 …… 67
3.4　拥塞控制 …… 70
3.4.1　拥塞控制的意义 …… 70
3.4.2　拥塞控制与流量控制的关系 …… 71
3.4.3　拥塞控制的作用 …… 71
3.4.4　拥塞控制的一般方法 …… 72
3.5　帧中继 …… 73
3.5.1　背景 …… 73
3.5.2　帧中继网络 …… 74
3.5.3　帧中继的层次 …… 75
3.5.4　帧中继的拥塞控制 …… 76
3.6　异步传递方式 …… 78
3.6.1　异步传递方式的基本概念 …… 78
3.6.2　ATM 网络 …… 79
3.6.3　ATM 的协议参考模型 …… 80
习题 …… 82
第 4 章　互联网 …… 84
4.1　网际互连协议 …… 84
4.1.1　IP 编址 …… 84
4.1.2　IP 数据报的格式 …… 88
4.1.3　IP 数据报的转发 …… 89

4.2 IP路由协议……90
4.2.1 自治系统的概念……91
4.2.2 路由信息协议……91
4.2.3 开放最短路径优先……93
4.2.4 边界网关协议……95
4.3 多协议标签交换……95
4.3.1 多协议标签交换产生的背景……95
4.3.2 MPLS的工作原理……97
4.3.3 MPLS的应用……100
4.4 IP网络的组网和规划……103
4.4.1 网络结构……103
4.4.2 地址分配和路由协议……104
4.4.3 IP城域网……105
4.4.4 IP网络与其他网络的互通……106
习题……109
第5章 传送网……111
5.1 PDH和SDH系统……111
5.1.1 PDH和SDH的特点……111
5.1.2 SDH的帧结构……114
5.1.3 复用和映射……116
5.2 SDH网元设备……119
5.2.1 SDH设备一般化逻辑框图……119
5.2.2 SDH网元设备……121
5.2.3 SDH传送网结构……122
5.3 基于SDH的多业务传送节点（MSTP）……123
5.3.1 MSTP技术的产生……123
5.3.2 第一代MSTP……124
5.3.3 内嵌弹性分组环（RPR）的MSTP……126
5.3.4 内嵌MPLS的MSTP……128
5.4 光自动交换网络……130
5.4.1 光自动交换网络的起源……130
5.4.2 ASON的概念……131
5.4.3 ASON的关键性技术……133
5.4.4 ASON组网及应用……138
习题……140
第6章 接入网……142
6.1 接入网的基本概念……142
6.1.1 接入网在通信网中的位置……142
6.1.2 接入网的定义和定界……143
6.1.3 接入网的功能模型……143
6.1.4 接入网技术的分类……144
6.2 铜双绞线接入网……145
6.2.1 数字用户线技术……145
6.2.2 ADSL技术……148
6.3 光纤接入网……152
6.3.1 概述……152
6.3.2 光纤接入网的拓扑类型……158
6.3.3 无源光接入网……160
6.4 无线接入网……164
6.4.1 概述……164
6.4.2 固定无线接入网……164
6.4.3 移动无线接入网……166
6.4.4 几种宽带无线接入标准……167
习题……172
第7章 数字同步网和时间同步网……173
7.1 数字同步网……173
7.1.1 数字同步的基本概念……173
7.1.2 网同步的方法……174
7.1.3 同步网的时钟等级和时钟源……177
7.1.4 BITS及其在同步网中的应用……181
7.1.5 同步网的规划和建设……184
7.1.6 SDH传送网的同步规划……186
7.1.7 同步状态信息的应用……187
7.2 时间同步网……190
7.2.1 时间同步概念……190
7.2.2 时间同步网络……192

7.2.3 网络时间协议（NTP）…195
7.2.4 电信网时间同步系统的设计……200
7.2.5 PTP 时间同步协议……202
7.3 下一代网络中同步技术的发展……208
习题……209
第 8 章 公共信道信令网和 IP 信令网……211
8.1 电话网信令……211
8.1.1 电话网的信令类型……211
8.1.2 电话网的信令分类……212
8.1.3 随路信令系统……213
8.2 数字用户环路 1 号信令……215
8.2.1 DSS1 的协议概述……215
8.2.2 Q.931 第 3 层协议……216
8.2.3 DSS1 呼叫过程……218
8.3 7 号信令网……219
8.3.1 7 号信令网概述……219
8.3.2 7 号信令系统的协议……220
8.3.3 7 号信令网的规划……232
8.4 IP 信令网……235
8.4.1 IP 信令网概述……235
8.4.2 SIGTRAN 协议栈……235
8.4.3 信令网关……240
8.4.4 IP 信令网的建设……246
习题……246
第 9 章 网络监控和管理技术……248
9.1 TMN 概述……248
9.1.1 TMN 的基本概念……248
9.1.2 TMN 管理的分层模型…249
9.1.3 TMN 的管理功能和管理模型……250
9.1.4 TMN 的功能模块和接口……252
9.1.5 TMN 物理结构和接口……254
9.2 Q3 网络管理接口……255
9.2.1 Q3 接口的低层协议……256
9.2.2 Q3 接口的高层协议……257
9.2.3 Q3 接口的管理信息模型……258
9.3 SNMP 网络管理接口……262
9.3.1 SNMP 概述……262
9.3.2 SNMP 管理信息库……265
9.3.3 SNMP 的发展……267
9.4 CORBA 网络管理接口……268
9.4.1 CORBA 概述……268
9.4.2 ORB 的结构……269
9.4.3 基于 CORBA 的网络管理……272
习题……275
第 10 章 软交换网组网技术……276
10.1 软交换网层次和组成……276
10.1.1 软交换的技术定义……276
10.1.2 软交换网层次结构……277
10.1.3 软交换的功能……278
10.1.4 软交换网的组成……280
10.2 软交换网接口和协议……281
10.2.1 软交换网络中各部件的接口……281
10.2.2 软交换网的协议……282
10.3 软交换承载网和接入网规划……286
10.3.1 软交换承载网的要求…286
10.3.2 软交换承载网的结构…287
10.3.3 NGN 业务与 Internet 业务的隔离方法……289
10.3.4 NGN 接入网建设……291
10.4 软交换网的路由规划……293
10.4.1 软交换网的路由解决方案……293
10.4.2 TRIP 路由协议……296
10.5 软交换技术的应用……300
10.5.1 软交换在固网中的应用……300
10.5.2 软交换在 3G 核心网中的应用……303
10.6 固网和移动网的融合……306

10.6.1 固网和移动网的融合概述……306
10.6.2 NGN 的融合结构……308
10.6.3 基于 IMS 的网络融合…309
习题……312
第 11 章 通信网理论分析……313
11.1 图论基础……313
11.1.1 网络和图……313
11.1.2 图的矩阵表示……315
11.1.3 最小生成树及其算法…317
11.2 最短路径算法……321
11.2.1 Bellman-Ford 算法……322
11.2.2 Dijkstra 算法……323
11.2.3 Floyd 算法……325
11.3 排队论基础……327
11.3.1 排队模型基本概念……328
11.3.2 M/M/1，M/G/1，M/D/1 排队模型……329
11.3.3 M/M/m 排队……333
11.3.4 排队网络……335
11.4 电路交换网分析……338
11.4.1 呼损系统……338
11.4.2 等效随机话务理论……341
11.5 分组交换数据网分析……344
11.5.1 节点时延……345
11.5.2 端—端平均时延……345
11.5.3 分组交换吞吐量……347
11.6 下一代网络性能分析……348
11.6.1 下一代承载网的 QoS…348
11.6.2 承载网分组语音节点的时延……349
11.6.3 软交换网络的容量……349
11.7 多址接入系统的分析……350
11.7.1 ALOHA 技术……350
11.7.2 CSMA 技术、CSMA/CD 技术……352
11.8 传输网性能分析……354
11.8.1 误码性能分析……354
11.8.2 滑码性能分析……359
11.8.3 同步性能分析……362
习题……368
附录 A 缩略语……372
参考文献……378

第 1 章　通信网概述

通信网技术是规划、设计、建设和维护网络方面的技术。要想把通信网建设好、维护好，必须了解各种类型通信网的结构、接口、协议和技术指标，了解各类通信网之间的关系和互连。本章将讨论通信网的类型、通信网的发展和通信网体系结构。

1.1　通信网的类型

1.1.1　通信网类型的划分

通信网是在用户之间提供通信功能的网络，是信息化社会的基础设施。通信网分为公用网、专用网和虚拟专用网。公用网是指由通信运营商建设和管理，为公众提供通信服务的网络，如固定电话网、移动电话网和因特网；专用网是为某一特定团体服务的网络，如证券公司、航空公司的专用计算机网络；而利用公用网络的设施，建设为本单位服务的专用网络则称之为虚拟专用网络。

早期的公用通信网仅包括电话网和电报网，随着通信技术的发展，通信网的类型以及通过通信网向公众提供的电信业务的类型不断增加，服务质量不断提高。通信网具有各种不同的类型，根据子网的功能可以分为业务网、传送网和支撑网。

- 业务网是指向公众提供电信业务的网络，包括固定电话网、移动电话网、互联网、IP 电话网、点数据通信网、智能网、窄带综合业务数字网（N-ISDN）、宽带综合业务数字网（B-ISDN）等。
- 传送网是指数字信号传送网，包括骨干传送网和接入网。
- 支撑网包括信令网、数字同步网和电信管理网。

业务网、传送网和支撑网之间的关系如图 1.1 所示。

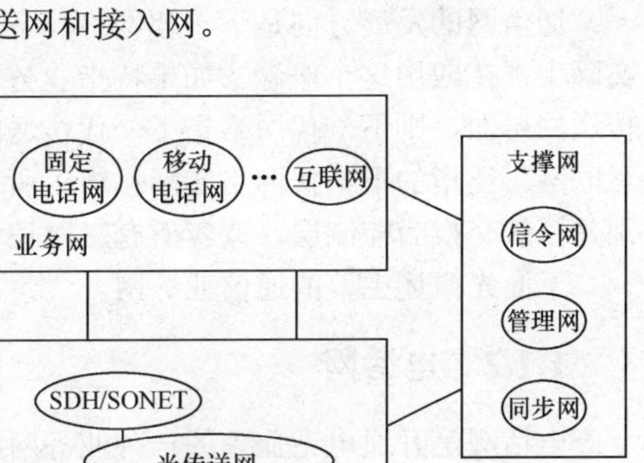

图 1.1　业务网、传送网和支撑网之间的关系

根据子网的位置可以将通信网分为用户网、接入网和核心网。从整个通信网的角度讲，可以将全网划分为公用网和用户驻地网（CPN），其中 CPN 属用户所有，因而，通常意义的通信网指公用电信网部分。核心网的作用是交换和传送；相对于核心网，接入网介于交

换设备和用户之间，主要完成使用户接入到核心网的任务，由业务节点接口（SNI）和用户网络接口（UNI）之间一系列传送设备组成。用户网、接入网和核心网之间的关系如图 1.2 所示。

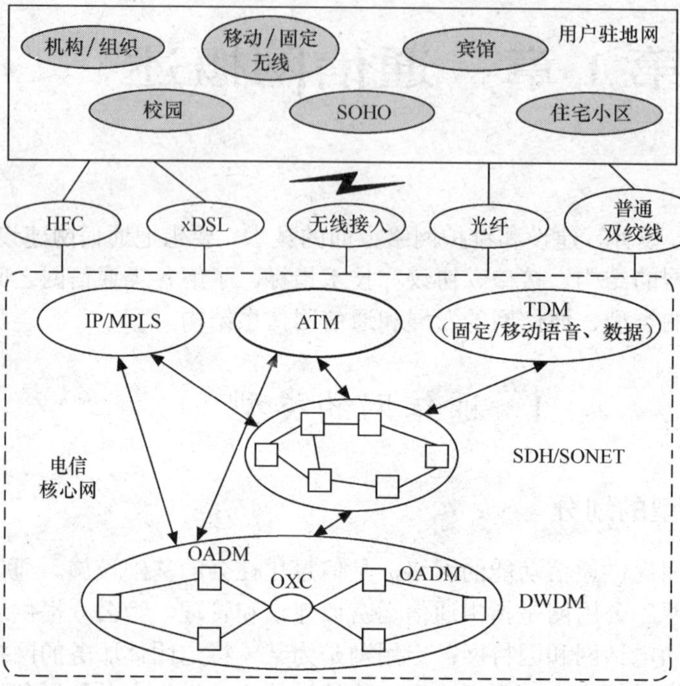

图 1.2　用户网、接入网和核心网之间的关系

传统的通信网络由 3 个部分组成：交换系统、传输系统和用户终端。用户终端是网络向用户提供服务的界面，用户通过用户终端才能接入到网络中；传输系统的功能是把信号从一个地方送到另一个地方去，由发送设备和接收设备组成，中间再配以一定数量的再生中继器；交换系统的功能是在任意两个用户之间建立通信连接，并且可以根据用户的需要来拆除通信连接。例如，在电话网中上亿个用户之间都可以互相通信，这就是交换系统的作用。而一个用户可以和大洋彼岸的用户通话这就传输系统的作用。

通信网的发展方向是下一代网络，下一代网络是一个内涵十分广泛的术语，不同的层面实际上都在应用这个概念。如果特指业务网层面，则下一代网络指下一代业务网；如果特指传送网层面，则下一代网络指下一代传送网；如果特指数据网层面，则下一代网络指下一代互联网。泛指的下一代网络实际包容了所有新一代网络技术，也往往特指下一代业务网，特别是以软交换为控制层，兼容所有三网技术的开放体系架构。

下面先概述主要的通信业务网。

1.1.2　电话网

电话网是开通电话业务的一种业务网络，可以分为固定电话网和移动电话网，按照装机容量来衡量，我国的电话网是目前世界上规模第一位的网路。目前电话用户总数已接近 9 亿户，包括固定电话用户 3.72 亿户，移动电话用户 5.09 亿户。固定电话网和移动电话网规模继续保持世界第一位。

1. 固定电话网

固定电话网是采用固定终端的一种业务网络，可以分为本地网和长途网。本地网是指在同一编号区域范围内，由若干个端局或者若干个端局和汇接局所组成的电话网。长途网是指在全国范围内不同的编号区之间通话的网路，由端局、汇接局和若干个长途局所组成的电话网。

根据服务区域的大小，传统的电话交换局可以分为一级中心、二级中心、三级中心、四级中心和五级中心，即 C1、C2、C3、C4 和 C5。其中 C1、C2、C3、C4 为长途转接局，C5 为端局。长途网的网络结构由一、二、三、四级长途交换中心及五级交换中心（端局）组成。一级交换中心之间相互连接构成网状网，其他各级交换中心以逐级汇接为主，辅以一定数量的直达电路，从而构成一个复合型结构。

随着电话网的数字化进程的实现，C1、C2 合并为一级，即 DC1，C3、C4 合并为一级，即 DC2，其结构如图 1.3 所示，我国的电话网从五级网演变为三级网，一级交换中心之间形成网状连接，为今后实现动态无级路由选择创造条件。我国电话网的等级结构如图 1.3 所示。

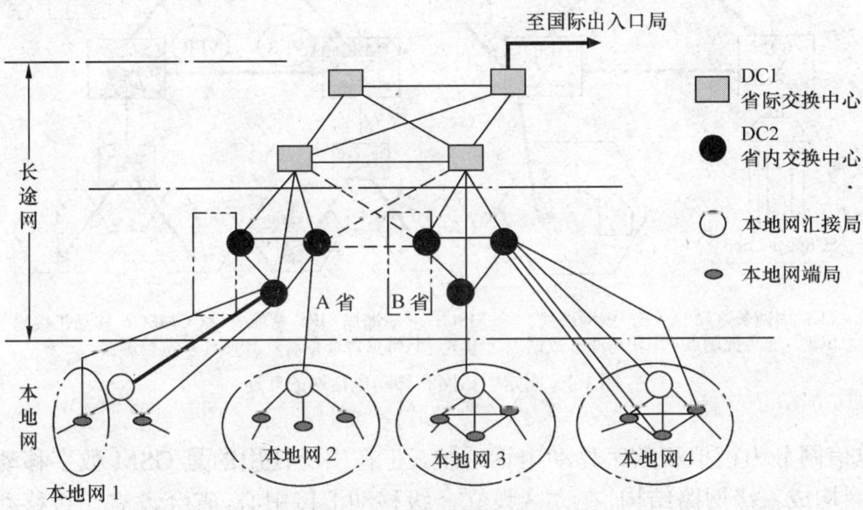

图 1.3　固定电话网的结构图

电话网经历了由模拟电话网向综合数字电话网的演变，经历了交换程控化、传输数字化的演变过程。数字电话网与模拟电话网相比，在通信质量、业务种类、为非话业务提供服务，实现维护、运行和管理自动化等方面都更具优越性。电话交换局是电话网中的核心设备，在数字电话网中采用数字程控交换设备，每一路电话编码为 64kbit/s 的数字信号，占据一次群中的某一时隙，在信令的控制下进行时隙交换，从而实现各个不同用户相连。

2. 移动电话网

移动电话网由移动交换局、基站、中继传输系统和移动台组成。

移动交换局和基站之间通过中继线相连，基站和移动台之间为无线接入方式，移动交换局又和本地电话网中的市话局相连组成移动电话网。

移动交换局对用户的信息进行交换，并实现集中控制管理，每个基站都有一个可靠的通信服务范围称为无线区，根据其服务范围可以分为大区制、中区制和小区制。目前常用的为小区制，区域的覆盖半经为2～10km，基站的发射功率一般限制在一定的范围内，以减少信道干扰，形成由多个无线小区组成的蜂窝式移动电话服务区域。

大容量的移动通信网络形成多级结构，为了在网络中均匀负荷，合理利用资源，避免在某些方向上产生的话务拥塞，在网络中设置移动汇接局。移动交换局可就近分别连接固定网的二级长途交换中心并与市话汇接局相连接，移动汇接局可连接于一级交换中心，形成全国性的固定和移动相结合的电话网络。固定电话网和移动电话网的互连如图 1.4 所示。

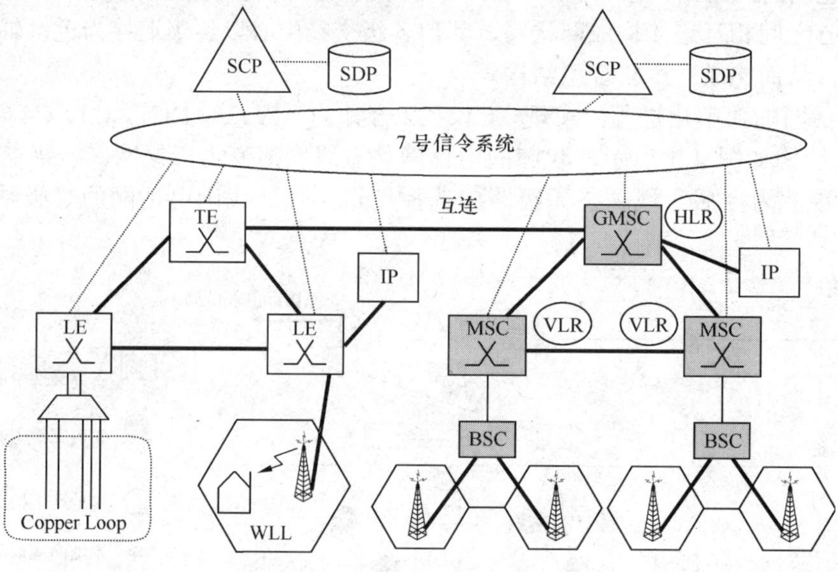

TE：固网长途局　LE：固网端局　MSC：移动端局　IP：智能外设　GMSC：移动汇接局
SCP：业务控制点　SDP：业务数据点　HLR：归属位置寄存器　BSC：基站控制器

图 1.4　固定电话网和移动电话网的互连

移动电信网分为模拟和数字移动电话系统，正在广泛使用的是 GSM 数字移动电话系统。GSM 电话网构成三级网路结构，在大区设立一级移动汇接中心，省会设立二级移动汇接中心，移动业务本地网设立本地汇接中心，形成三级移动网。

中国移动的 GSM 网设置 8 个一级移动汇接中心，8 个汇接中心分别设置于北京、沈阳、南京、上海、西安、成都、广州和武汉，一级移动汇接中心为独立的汇接局，互相之间形成网状结构，省内的二级移动汇接中心与相应的一级中心相连。

为了在不同的大区下，两个一、二级汇接局间较忙的话务得以有效的疏通，设置有效直达路由，当高效直达路由溢出时可再选低呼损电路。为了使多家 GSM 交换设备能够顺利联网漫游，同时可以在移动网开通除长话业务以外的其他业务，GSM 网采用当前广泛使用的 7 号信令系统传送各种信令信息。

移动业务本地网，一般可设置一个或两个移动汇接局（GMSC），每个移动本地网中有多个移动端局（MSC），设置 GMSC 使其对本地移动话务起到汇接作用，同时又在移动端局到市话、端局汇接局、长途转接局之间起到桥梁的作用，有利于简化网路的结构，充分利用网路的资源。

GSM 数字蜂窝通信系统的主要组成部分有基站系统与网络系统，基站系统由基站收发点和基站控制器组成，网络系统由移动交换中心（MSC）、操作维护中心（OMC）、原地用户位置寄存器、访问用户位置寄存器鉴别中心、设备标志寄存器等组成。

目前电话网正在向软交换网络的方向发展，软交换网络由软交换局组成，软交换局由软交换机、位置服务器、中继媒体网关、信令网关、接入网关、综合接入设备、应用服务器、媒体服务器等设备以及连接这些节点的 IP 分组承载网组成。在业务生成、通信质量、网络融合等方面都更具优越性，翻开了电话网发展的新一页。

1.1.3　互联网

互联网的英文名字是 Internet，汉译音为因特网，也有人把它称之为网际网或环球网。它是一个具体的网络实体，没有一个特定的网络疆界，泛指通过网关连接起来的网络集合，即是一个由各种不同类型的计算机网络组成的全球范围的计算机网络。组成 Internet 的计算机网络，包括局域网（LAN）、城域网（MAN）以及大规模的广域网（WAN）等。这些网络通过普通电话线、高速率专用线路、卫星、微波、光缆等通信线路，把不同国家的大学、公司、科研机构、政府等组织的网络资源连接起来，从而进行通信和信息交换，实现资源共享。Internet 互连采用的基本协议是 TCP/IP。互联网具有许多重要的应用，其中包括电子邮件（E-mail）、远程登录（Telnet）、交互式信息查询（WWW、Gopher）、文件传送（FTP）、电子论坛（BBS）、交互式多用户服务（talk、chat）等。

1992 年以后，随着商业性网络进入互联网，互联网现已成为全球最大的商业电脑网络。我国从 1994 年 4 月起正式加入互联网。目前国内已批准了多家国际互联网单位，如中国电信公众互联网、中国联通网、中国移动互联网，是可以向社会提供公众服务的商业网；另外还有 4 家专用互联网：中国科技网、中国教育网、经贸网和长城网。

开放性是互联网的一大特色，但同时也带来了一个妨碍它实用化的问题，即保密性差。因此，加强对互联网保密技术和安全的研究，已经引起各国的关注。未来的互联网将继续保留它的开放性特点，同时拥有保密性很强的服务领域。目前互联网主干网的信息传输速率已超过 2.5Gbit/s。由于近年来互联网用户的急剧增长，特别是多媒体的应用使网络上的信息流量增加了 10 倍以上，这使得本来传输速率不算太慢的 nsf-net 不堪重负。增加互联网带宽，提高信息传输速率，正成为互联网继续发展的关键。

ChinaNet 是中国电信公众互联网，下面以 ChinaNet 为例对互联网作进一步的说明。ChinaNet 骨干网的拓扑结构逻辑上分为两层，即核心层和大区层。

1. 核心层

核心层由北京、上海、广州、沈阳、南京、武汉、成都和西安 8 个城市的核心节点组成。核心层的功能主要是提供与国际 Internet 的互连，以及提供大区之间信息交换的通路。其中北京、上海、广州核心层节点各设有两台国际出口路由器，负责与国际 Internet 互连（见图 1.5），以及两台核心路由器与其他核心节点互连；其他核心节点各设一台核心路由器。

核心节点之间为不完全网状结构。以北京、上海、广州为中心的 3 个中心结构，其他核心节点分别以至少两条高速 ATM 链路与这 3 个中心相连。

2. 大区层

全国 31 个省会城市按照行政区划，以上述 8 个核心节点为中心划分为 8 个大区网络，这 8 个大区网共同构成了大区层。每个大区设两个大区出口，大区内其他非出口节点分别与两个出口相连。

大区层主要提供大区内的信息交换以及接入网接入 ChinaNet 的信息通路。大区之间通信必须经过核心层。

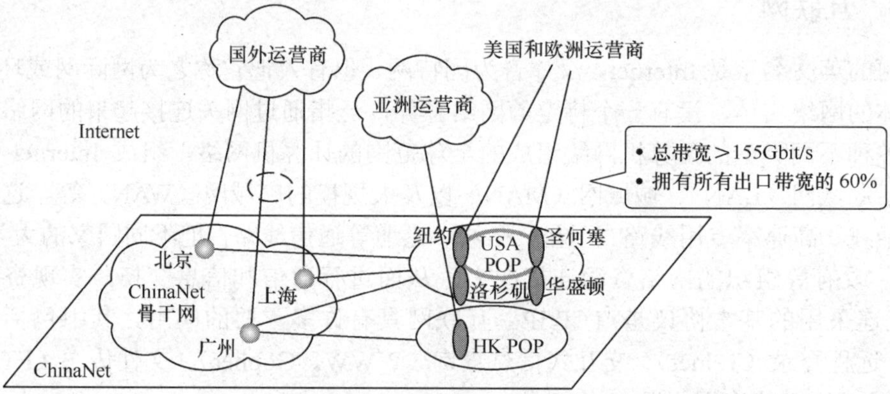

图 1.5　ChinaNet 的国际连接

ChinaNet 是基于 Internet 网络技术的中国公用 Internet 骨干网，通过接入 Internet 而使 ChinaNet 成为 Internet 的一部分，通过 ChinaNet 的灵活接入方式和遍布全国的接入点可以方便地接入 Internet，享用网上的丰富资源和各种服务。

1.1.4 传送网

传送网是指数字传送网络，上面谈到的各类业务网路中的各种不同的业务信号，都将以数字信号的形式通过传输网进行传输，因此，传输线路、传输设备是电信网的一项重要的基础设施，由传输线路、传输设备组成的传送网络也称为基础传送网。

1. 传输技术体制

在电信网中为了提高信道的利用率，在线路上传输一般都是经过时分复用以后形成的数字信号的群路信号，传输技术体制主要是指规定的经过复接以后各群路信号的速率等级。

目前有两类速率等级信号：准同步数字系列（PDH）和同步数字系列（SDH）。在准同步系统中，复接成群路信号的各支路信号的时钟频率有一定的偏差，在复接的过程中，在各支路信号中了插入一定数量的脉冲来实现各支路信号的同步；在同步数字系统中，在同步网的控制下，各个系统时钟处于同步状态，易于进行复接和分接。

PDH 系统就复接的数字系列而言，分为一、二、三、四次群，其速率标准如表 1.1 所示。

表 1.1　**PDH 时分复用系列**

	欧　洲	美　国	日　本
一次群	2.048Mbit/s	1.544Mbit/s	1.544Mbit/s
二次群	8.448Mbit/s	6.312Mbit/s	6.312Mbit/s
三次群	34.368Mbit/s	44.736Mbit/s	32.064Mbit/s
四次群	139.264Mbit/s	274.176Mbit/s	97.728Mbit/s

从表中可以看出，PDH 主要有两种不同的标准：一种是欧洲的 E 系列，另一种是北美的 T 系列，因此给双方系统的互连互通带来了不便。

SDH 是在 PDH 的基础上发展起来的一种数字传输技术体制，它具有以下主要特点。

① 在高速率的传输系统中，采用统一的传输标准速率，对两种不同的 PDH 的速率标准能够予以兼容，给网路的互连互通提供了方便。

② 在 SDH 的帧结构中具有丰富的用于监控和管理的开销比特，以此为基础，增加了网路监控和管理的功能。

③ 提供了高速率的传输通道，为建立宽带通信网提供重要的基础设施。

SDH 的速率标准如表 1.2 所示。

表 1.2　**SDH 的速率等级**

SDH 等级		**SONET 等级**	标准速率
		OC-1/STS-1（480H）	51.40Mbit/s
155Mbit/s	STM-1（1920CH）	OC-3/STS-3（1440CH）	155.520Mbit/s
		OC 9/STS 9	466.560Mbit/s
622Mbit/s	STM-4（7696CH）	OC-12/STS-12（8046CH）	622.080Mbit/s
		OC-18/STS-18	933.120Mbit/s
		OC-24/STS-24	1 244.160Mbit/s
		OC-36/STS-36	1 866.240Mbit/s
2.5Gbit/s	STM-16（30720CH）	OC-48/STS-48（32356CH）	2 488.320Mbit/s
10Gbit/s	STM-64（122880CH）	OC-192/STS-192（129024CH）	9 953.280Mbit/s

表 1.2 中的 OC-I 为光同步网络（SONET 标准）是美国采用的传输标准。

由于 SDH 系统的优点，因此目前 SDH 设备组成的数字传送网是整个基础传送网络的主体。SDH 的传送网主要由以下设备组成。

- ADM：这是一种具有上下路功能的复用器，所谓上路是指某一支路信号可以复接到干线上的群路信号中，并把它们送到目的地；下路也就是把某一子速率信号从群路信号中取出送到目的地。ADM 是 SDH 中的一种基本设备，具有复接、分接、上路、下路、发送和接收功能。
- TM：称为终端复用设备，这是在目的地或源点采用的一种基本设备，具有复接、分接、发送和接收功能。
- DXC：数字交叉连接设备，这是对传输的群路信号及其他们的子速率信号进行交换的一种组网设备，利用数字交叉连接设备可以对电路进行调度，对网路进行保护，增强了组网的灵活性和可靠性，是现代数字传送网中一种不可缺少的基本设备。

数字交叉连接设备常用 DXC A/B 来表示，A 表示输入的最高速率；B 表示交叉连接的最高速率。

就传输媒体而言，SDH 系统以光纤为主，也可以通过数字微波系统来进行传输。

2. SDH 传送网

SDH 传送网已经成为我国基础网的主体，就网络结构而言，SDH 传送网分为 4 个层次：一级本地干线网、二级干线网、中继网和用户接入网。

第 1 层为一级本地干线网，主要由省会城市及业务量较大的汇接节点和高速光纤链路组成，形成了一个大容量、高可靠的网孔形国家骨干网结构，并辅以少量线型网。汇接节点由 DXC4/4 组成，光纤链路主要是 STM-4/STM-16 或更高速率组成的光纤传输系统。由于 DXC4/4 也具有 PDH 体系的 140Mbit/s 接口，因而原有的 PDH 的 140Mbit/s 系统也能纳入由 DXC4/4 统一管理的长途一级干线网中。

第 2 层为二级干线网，主要由汇接节点和光纤链路组成，汇接点装有 DXC4/4 或 DXC4/1 交叉连接设备，光纤链路是 STM-1/STM-4 传输链路，形成省内网状或环型骨干网结构，并辅以少量线型网结构。由于 DXC4/1 有 2Mbit/s、34Mbit/s 或 140Mbit/s 接口，因而原来 PDH 系统也能纳入统一管理的二级干线网，并具有灵活调度电路的能力。

第 3 层为中继网（即长途端局与市局之间以及市话局之间的部分），可以按区域划分为若干个环，由 ADM 组成速率为 STM-1/STM-4 的自愈环，也可以是路由备用方式的两节点环。这些环既具有很高的生存性，又具有业务量疏导功能。环型网中主要采用复用段倒换环方式，环间由 DXC 4/1 沟通，完成业务量疏导和其他管理功能。同时 DXC4/1 也可以作为长途网与中继网之间以及中继网和用户网之间的网关或接口，还可以作为 PDH 与 SDH 之间的网关。

第 4 层为用户接入网，是传输网中庞大和复杂的部分，其投资占整个通信网的 50%以上，也是目前实现电信网宽带化的关键部分。

用户接入可以有多种实施的方式，有铜线接入、光纤接入、混合接入和无线接入。铜线接入有 HDSL、ADSL、VDSL、EDSL 等方式，光纤接入根据光分配网络的类型可以分为有源光网络和无源光网络。有源光网络可以采用 PDH 或 SDH 系统，在接入网中的 SDH 系统具有灵活复用功能，以使较多的较低速率的用户接入到 SDH 系统中去。光纤接入是用户接入网中的重要方式，根据光网络单元的位置可以分为 FTTB、FTTC、FTTH 和 FTTO 等方式，其中 FTTB 是目前常用的一种方式。

当 ADM、DXC 演变为 OADM、OXC 时，则上述网络演变为多级光传送网。

1.1.5 电信支撑网

电信支撑网是指对电信网的正常运营起到支持作用的一类网络，包括信令网、数字同步网和电信管理网。这 3 种网络从 3 个不同的方面对电信网进行支持：信令网通过公共的网络传送信令信号；数字同步网提供全网同步的时钟；电信管理网则通过计算机系统对全网进行统一的管理。

1. 信令网

信令网是通过公共信道链路传送各种信令信号，例如一条信令链路上可以传送上百路的电话信令信号。在电信网中传送电话网的信令还可以传送移动网、智能网、ISDN 以及管理网的信令信号和信令信息，由于信令是建立连接的控制信令，信令错误将导致建立错误的连接，或者不能建立连接，因此，信令网在整个通信网中的作用是显而易见的。

目前的公共信道信令网为 7 号信令网，是由 ITU-T 确定的一个公共信令网，由信令点和信令转接点组成。

在信令网中，地址经过编码以后进行传送，通过形成信令消息，经过路由选择、链路控制，再经物理信道传送到目的地。信令网是一个专用的分组交换网，按照 7 号信令网本身的协议来运营。

由于信令网中传送的是地址信号监视信令，对这些信号传送的可靠性显得尤其重要，因此信令网的设计一般都需要具备充分的冗余度，一般来说一个信令点通过两条信令链路连至两个信令转接点，信令转接点连至两个信号转接点。当某一条信令链路出现故障的时候，可以从另一条信令链路上进行传送，从而提高信号传送的可靠性。

2. 数字同步网

数字同步网是另一种电信支撑网，它的主要任务是给电信网提供同步的时钟信号。

目前我国同步网的建设是在全国范围内划分为若干个同步网，每个同步网中采用铯原子钟作为基准时钟源，同步网与同步网之间工作于准同步方式，同步网之内采用主从同步方式，网内各低等级的时钟均锁定于基准时钟，从而实现了网内时钟的同步，以满足电信网对信号进行高速交换和交速传输的需要。

在数字同步网中，各通信枢纽设置综合大楼定时供给系统（BITS），BITS 中的时钟源一般锁定于基准时钟源或者也可以采用 GPS 接收机形成高精度时钟源。在通信楼中，BITS 形成一个同步的时钟源对大楼中的各种通信设备，如 SPC、SDH、ATM、IP、DDN、STP 等供给同步的时钟信号，从而对通信服务质量提供了保障。

3. 电信管理网

采用计算机来对通信设备、通信网络进行管理是现代电信网的一个重要特点。通信设备已经发展到这样一个阶段：一个不能用计算机对其进行管理的设备已经不能够入网。

电信管理网由网管中心、网络单元和数据通信网组成。通过数据通信网，网管中心和网络单元得以实现连接，网络单元的事件报告和其他的数据信息通过数据信道传送到网管中心的计算机系统，由计算机系统进行存储和处理，也可以通过计算机终端对网络单元进行操作和配置。

电信管理网是具有标准结构、标准接口和标准协议的管理网络，通过 Q3 接口连接计算机系统和被管理设备。Q3 接口的协议是一个按照 OSI 标准设计的包含七层的满栈协议，其中下面的三层是数据通信协议，第四层是端—端的控制协议，上面为高层协议，第七层应用层协议主要是网络管理协议。按照 Q3 的标准来设计和开发网络管理系统，才能保证各种不同的网络管理系统之间的一致性和互通性。

通过 TMN 可以对电信网进行 5 个方面的管理，其中包括故障、性能、配置、计费和安全管理，利用网络管理系统可以有效地对电信网进行管理，提高网络的运营效率和服务质量。

1.2 通信网的发展

通信网正在向下一代网络（NGN）的方向发展，下一代网络即泛指一个不同于当代网络体系结构，通常是指以数据为中心的融合网络体系结构。NGN 的出现和发展是演进，而不是革命。从广义上讲，下一代网络应是一个能够提供包括语音、数据、视频和多媒体业务的基于分组技术的综合开放的网络架构。

下一代网络的含义可以从多个层面来理解。从业务上看，它应支持语音、数据、视频和多媒体业务。从网络层面上看，在垂直方向它应包括业务层、传送层等不同层面，在水平方向它应覆盖核心网和边缘网。NGN 可以涉及多个领域。

ITU-T 认为 NGN 实际是一把几乎可以覆盖所有通信网络领域的大伞，如图 1.6 所示，NGN 的范畴至少覆盖以下 5 个领域：下一代交换网、下一代传送网、下一代互联网、下一代移动网和下一代接入网。

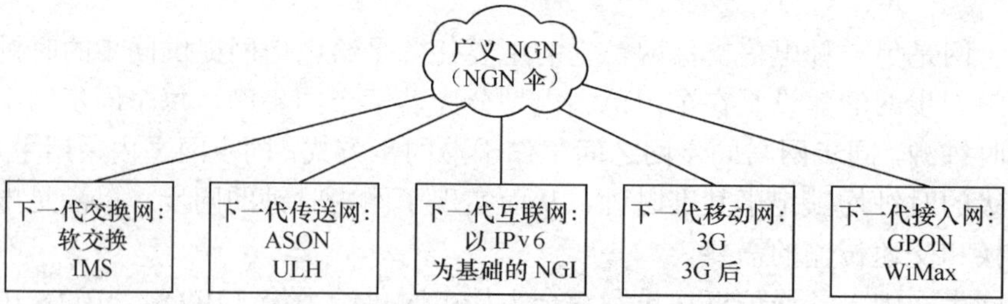

图 1.6 广义 NGN 伞状图

下面对上述 5 种网络作进一步的说明。

1.2.1 下一代传送网

传送网是整个电信网的基础，它为整个网络所承载的业务提供传输通道和传输平台。随着近年来电信业务对带宽需求的不断提高，传送网络正在向下一代传送网发展，传送网络的规模和容量在不断扩大，为业务网提供了巨大的带宽资源，同时在网络的生存性、可扩展性方面也有了很大的进步。

1. 下一代传送网的特征

传送网作为传送层面，为 NGN 业务提供承载，根据业务对于传送层面的需求来提出对传送网的要求。其主要特征有以下几个方面。

（1）高速率大容量

为业务网络提供高速率、大容量的传输通道始终是传送网的一个重要目标。可以采用两种技术来实现这一目标，即 TDM 和 WDM。从 TDM 技术的发展来看，传输速率为 SDH 的 STM-1/4/16/64 的设备是 TDM 技术的典型应用，目前存在争议的是 40Gbit/s 的 TDM 技术，部分厂商已经推出了产品，但受到目前市场低迷的影响，许多厂商也放弃或延缓了这方面的研发计划，作为一项新技术，它的发展可能还需要经历一段时间。

从 WDM 技术的发展来看，WDM 系统的通路数由早期的 4 波发展到 8 波、16 波直到今天的 160 波商用系统，高效地利用光纤的可用带宽，可以通过减小波长间隔、使用更宽的光纤带宽来实现。但由于目前传输容量对于业务网来说已经足够，这方面的研究和实用化受到市场驱动的影响将会稳步前进。

（2）多业务能力

由于城域传送网的特殊情况，运营商采取城域光传送网解决方案，以便于在中长期发展中获得足够的竞争优势，这就要求建设具有超强扩展能力、多业务支持性、经济性、灵活性、透明性和可管理性的城域光传送网络平台，来持续满足不断发展的市场需求。目前，可选的技术主要有基于 SDH 的 MSTP、DWDM 环网、RPR 技术和 CWDM 系统，对于这些技术应根据具体的建设地区情况，灵活选择，以便每一项技术都能够发挥自己的优势。这些技术的共同特点就是在解决城域 TDM 业务的传送需求的基础上，又同时能够解决以太网业务、ATM 业务、存储局域网等其他业务的传送需求，也就是具有多种业务的传送能力。在对各项城域传送网技术加强研究的同时，还需要考虑城域光传送网与城域数据网之间的关系。由于设备在功能方面的融合越来越多，探讨采用合适的组网方式才能够发挥技术的先进性又使用户得到实惠才是技术发展和技术选择的目的。

（3）传送网的智能化

一种能够自动完成网络连接的新型网络概念——智能的自动交换光网络（ASON）应运而生。ASON 是利用独立的控制平面来实施动态配置连接管理的网络，而过去传送网只涉及客户层信号的传送、复用、交叉连接、监控和生存性处理，通常不含交换功能，只具备较低的智能。因此，在传统的传送网中引入动态交换的概念不仅是几十年来传送网概念的重大历史性突破，也是传送网技术的一次重要突破，使传送网具备了自动选路和管理的更高智能。而且，这类新型网络的一个重要特点是支持多种客户信号，是一种独立于客户和技术的网络。

下一代传送网可以分为下一代 SDH 网络和下一代光网络，下面分别加以说明。

2. 下一代 SDH 网络

下一代 SDH 是以支持多业务传送平台（MSTP），GFP 封装协议、VC 虚级联和链路容量自动调整机制（LCAS）以及弹性分组环（RPR）、多协议标签交换（MPLS）等关键技术为特征的网络。

下一代 SDH 支持 STM-4C、STM-16C 等级联业务透明传送。而 STM-4C、STM-16C 等级联业务正是用于承载 ATM 业务、POS（Packet Over SDH）业务等数据业务。在透明传送 STM-4C、STM-16C 等级联业务的基础上，下一代 SDH 进一步融合 ATM 信元统计复用和交换、IP 帧统计复用和交换功能，充分利用 SDH 技术特点（成熟可靠的快速环网自愈环倒换、高 QoS 保证），又同时利用数据业务统计复用特点提高带宽利用率，从而在宽带城域网中得到广泛应用。

下一代 SDH 支持 10/100/1000Mbit/s 以太网业务接入。在宽带城域网应用中，以太网业务实际传送带宽变化范围大，下一代 SDH 采用灵活可变的带宽来适应该需求。一种方式是采用 ML-PPP（Multi-Link Point-to-Point Protocol）灵活捆绑多个 VC-12/VC-3 通道进行传送以太网帧。另一种方式是采用多个 VC-12/VC-3/VC-4 级联或虚级联通道来传送。其中由于虚级联（VC-12-Xv/VC-3-Xv/VC-4-Xv）方式能够兼容传统 SDH 网络，从而得到广泛的应用。对于以太网帧如何映射到 SDH 的 VC 通道，ITU-TX.86 协议规定了 Ethernet Over SDH 的标准。

（1）多业务传送平台（MSTP）

下一代传送网的一个重要特点是多业务传送能力，据此发展了基于 SDH 的多业务传送平台。SDH 设备最初只支持 2Mbit/s、155Mbit/s 等语音业务接口，为了适应城域网多业务的需求，MSTP 其最大的特点是可以利用传统的网络体系支持多种业务（物理接口和协议），同时简化网络结构。MSTP 在基于 TDM 传送的 SDH 功能之上，增加两大关键功能：EoS（Ethernet over SDH）和 AoS（ATM over SDH），实现同一平台的技术融合，使单一设备能适应多种业务的需要。在 MSTP 这样的平台中，TDM 业务、ATM 业务、IP 业务都可高效接入和高效传输，它既能满足日益增长的数据业务（如 IP、ATM）的需求，又能兼容目前大量应用的 TDM 业务。而且由于 SDH/DWDM 成熟的组网和保护技术，可提供很高的可靠性。新一代基于 SDH 的多业务传送平台还具有如下特点。

① 先进的传送功能、虚级联、链路容量调整机制（LCAS）和通用定帧协议。

② 采用增强的数据处理和传送功能，例如，带宽共享的以太环网，GFP/LAPS 映射，二层处理和汇聚，内嵌的 RPR 适配，通过 VP-环或直接映射传送 ATM 业务。

③ 支持波分复用（CWDM/DWDM）功能。

④ 灵活的带宽分配和管理（基于 TDM、ATM、IP 或波长 λ 颗粒的分配）。

⑤ 可向自动交换光网络/智能光网络（ASON/ION）演进。

（2）虚级联（VC）技术

在 SDH/MSTP 中增加了传送以太网的业务，为了使得 SDH 的带宽和以太网的带宽较好地匹配，引入了虚级联（VC）技术。

级联是将多个 SDH 中的虚容器组合起来，形成一个组合容量更大的容器的过程，该容器可以当作仍然保持比特序列完整性的单个容器使用。级联是在 MSTP 上实现的一种数据封装映射技术，它可将多个虚容器组合起来，作为一个保持比特序列完整性的单容器使用，实现大颗粒业务的传输。当需要承载的业务带宽不能和 SDH 定义的一套标准虚容器（VCs）有效匹配时，可以使用 VC 级联。

级联可分为相邻级联和虚级联技术，相邻级联是将同一 STM-*N* 数据帧中相邻的虚容器级联，作为一个整体结构进行传输；虚级联则是将分布于不同 STM-*N* 数据帧中的虚容器（可以同一路由或不同路由），按照级联的方法，形成一个虚拟的结构进行传输。

与连续级联相比较，虚级联有以下优点。

① 转送路径上只需要源和宿两点具备虚级联处理功能即可，中间节点不需要具有级联处理功能，这十分有助于提高组网的灵活性和在不具有级联功能的网络上开展 EOS 业务。

② 虚级联组内每个成员可以独立传送，支持多路径传送方式，可以更好地利用网络的带宽资源。可以使用 LCAS 协议，动态调整虚级联内的成员数目，并避免个别成员失效后业务的完全中断。

利用 VC 技术可把一个完整的用户带宽分割开，映射到多个独立的 VC-n 中传输，然后由目的终端把这些 VC-*n* 重新组合成完整的用户带宽。这样做对网络影响小，能合理地分配各种业务带宽，提高网络带宽利用率。例如，用户要传输 1Gbit/s 的以太网数据，由于传统SDH 的速率等级固定，所以要用 16 个 VC4 即一个 2.5Gbit/s（16×150Mbit/s=2.4Gbit/s）的信道来传输 1Gbit/s 数据，带宽利用率仅为 42%；若使用 VC 技术，则可把 7 个 VC4 级联起来（共 1.05Gbit/s）传输 1Gbit/s 数据，带宽利用率高达 95%。使用虚级联其带宽利用率比较如表 1.3 所示。

表 1.3　　使用虚级联其带宽利用率比较

业务类型	速率（Mbit/s）	无虚级联	虚级联
以太网	10	VC-3（20%）	VC-12-5v（92%）
快速以太网	100	VC-4（67%）	VC-3-2v（100%）
吉比特以太网	1 000	VC-4-16c（42%）	VC-4-7v（95%）
低速 ATM	25	VC-3（50%）	VC-12-12v（96%）
光纤通道	200	VC-4-4c（33%）	VC-3-4v（100%）
光纤通道	1 000	VC-4-16c（42%）	VC-4-7v（95%）
ESCON	200	VC-4-4c（33%）	VC-3-4v（100%）

（3）链路容量调整方案（LCAS）

链路容量调整是实现下一代传送网中带宽动态调整的一种方案，LCAS 提供了一种虚级联链路首端和末端的适配功能，可用来增加或减少 SDH/OTN 网中采用虚级联构成的容器的容量大小。当某一虚容器（VC）发生故障时，采用链路容量调整方案可以自动的暂时降低容量，VC 故障恢复时自动增加容量。

作为基于 SDH 的协议，LCAS 也是通过定义 SDH 帧结构中的空闲开销字节来实现的。对于高阶 VC 和低阶 VC，LCAS 分别利用 VC4 通道开销的 H4 字节和 VC12 通道开销的 K4 字节。

LCAS 技术是建立在 VC 基础上的，与 VC 相同的是，它们的信息都定义在同样的开销字节中；与 VC 不同的是，LCAS 是一个双向握手协议。在传送净荷前，发送端和接收端通过交换控制信息，保持双方动作一致。显然，LCAS 需要定义更多开销来完成其较复杂的控制。

LCAS 技术的实现一般分两步走。首先在核心网没有实现控制平面时，可由网管手工解决动态调整通道容量的问题；随着用户—网络接口（UNI）标准的不断完善，在不中断业务的前提下动态调整带宽，满足用户需求。当带宽需求增加时，保证链路的容量；当带宽需求减少时，多余的带宽可挪作他用。这样，既可节省企业开支，又可提高运营商的服务质量。

（4）通用成帧协议（GFP）

通用成帧协议是为了解决 DOS（DATA OVER SDH）过程中的信号适配而引入的一种协议。在 SDH 上传输数据包一般采用 PoS（Packet-over-SDH）协议，原有以点对点协议（PPP）为基础的 PoS 技术已不符合应用要求，因为 PoS 仅把数据包或帧用 PPP、帧中继（FR）或高级数据链路控制（HDLC）协议封装，再映射到 SDH 中。PoS 不能区别不同的数据包流，因此也不能对每个流的流量工程、保护和带宽进行管理，不能提供许多用户需要的 1Mbit/s～

10Mbit/s 以太网带宽颗粒，它实际上是靠高层的路由器等设备来实现流量工程和业务生成功能。因此，在 SDH 上采用新的封装格式 GFP 传送数据包，是下一代 SDH 的发展重点。

ITU-T 把 GFP 定义为 G.7041，GFP 具有数据头纠错和把通道标识符用于端口复用（把多个物理端口复用成一个网络通道）的功能。GFP 可支持帧映射（frame-mapped）和透明传送（transparent-mapped）两种工作方式，这样便可支持更多应用。帧映射方式是把用户端数据信号的帧封装进 GFP 帧中，以子速率级别支持速率调整和复用。透明传送方式则完全不同，它接收原数字信号，只在 SDH 的帧内用低开销和低时延数字封装的方式来实现。从原理上讲，GFP 可封装任何协议数据，保证简单的协议在光层上融合，并保证灵活性和更细的带宽颗粒。

3. 下一代光网络

ASON 是指采用光交叉连接设备（OXC）实现光通路自动交换的新型网络。它采用了分布式控制，首次在传送网中引入动态交换的概念；第一次将交换、传输、数据综合起来。分布式控制的采用，带来了一系列的优点：建立电路时间短，快速适应各种业务需求；接口标准化程度高，可扩展性强；保护倒换、恢复速度快；可以适应 IP 业务多样性；可以解决跨越不同厂商电路建立的问题；减少对网管系统的要求；传输网正在成为一个可以提供电路 SLA 的新型网络。

ASON 的关键技术如下。

① 信令技术：信令技术是核心技术之一，信令协议用于分布式连接的建立、维护、拆除等管理。信令传送的主要信息包括呼叫控制、资源发现、连接控制、连接选择和连接选路。当前采用的信令协议有 PNNI、GMPLS RSVP-PE 和 GMPLS CR-LDP。

② 路由技术：路由技术是智能光网络中控制平面的一项重要技术，路由协议为连接的建立提供路径服务，支持分级路由、逐跳路由和源路由。对于域内路由协议主要是 GMPLS 建议的两种协议，即 OSPF-TE 和 IS-IS-TE，域间路由协议主要有 DDRP 和 BGP。

③ 链路资源管理技术：链路管理协议（LMP）运行于邻接节点之间的传输平面上，用于进行链路的提供，并管理节点间的双向控制信道，它包括以下核心的功能：控制信道管理、链路连接性验证以及故障定位和隔离。它是实现光路自动配置和管理的基础和关键。

④ 自动发现技术：自动发现是指网络通过信令协议实现网络资源的自动识别，包含物理媒介层上的发现、层邻接的发现、控制实体的逻辑邻接的发现以及业务发现。

⑤ 生存性技术：网络的生存性技术是保证网络在发生故障时对受损业务进行保护和恢复，在智能光网络中网络的生存性是基于 GMPLS 协议的。

ASON 是可智能化完成光网络交换连接功能的下一代光传送网。它通过自动邻接发现、自动业务发现、选路算法、光通路管理、端到端保护等功能的相互协调，建立一种可行、可靠的保护恢复机制，实现网络资源和拓扑结构的自动发现，提供智能光路由，并提供分布式智能恢复算法，是一种具有高灵活性、高可扩展性的基础光网络设施。它能在光层上直接提供服务，快速满足用户需求，有效解决网络可扩展性、可管理性、快速配置用户带宽、对用户带宽提供端到端保护等问题，便于开展波长批发、波长出租、带宽贸易、按使用量付费、光 VPN、动态路由分配等业务。

从功能层面来讲，ASON 由控制平面、管理平面和传送平面三大平面组成，如图 1.7 所示。

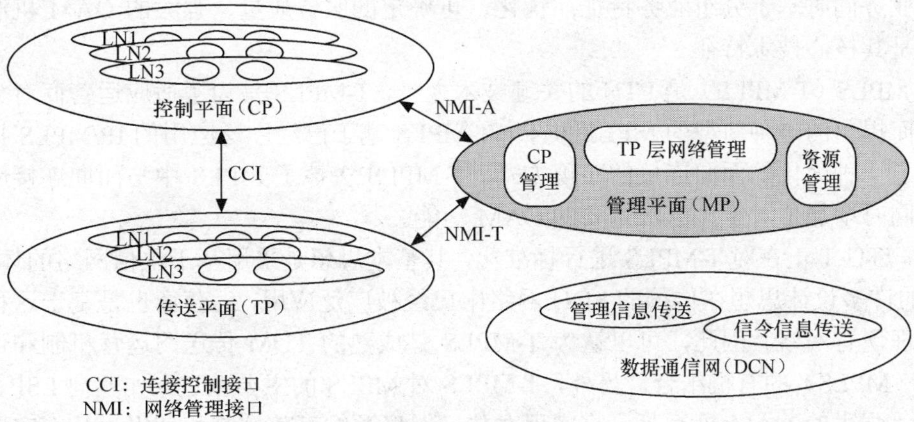

图 1.7　ASON 的组成

与传统光传送网相比较，ASON 的一个明显不同就是引入控制平面，使整个光网络出现了前所未有的变化，ASON 的 3 个平面分别完成不同的功能。与传统网络类似，传送平面仍负责传送业务，但这时传送平面的动作却是在控制和管理平面的作用下进行的；控制和管理平面能对传送平面的资源进行操作，这些操作是通过传送平面与控制和管理平面之间的接口完成的。同时，管理平面起到高层管理者的作用。管理平面中有 3 个管理器：控制平面管理器、传送平面管理器和资源管理器，这 3 个管理器是管理平面与其他平面之间实现管理功能的代理。此外，从图 1.7 中还可看出，在控制平面与其他平面之间也存在平面之间功能的协调和对传送平面资源的管理操作。

ASON 的出现为构建了下一代的核心光网络，它通过在 SDH 中引入路由协议和信令机制，促使交换和传输在光层面的融合，向用户提供波长批发、带宽出租、OVPN、流量计费、SLA 业务等服务。ASON 通过信令实现对业务的自动保护和拓扑发现，减少人工配置的工作量，充分降低网络运营者的维护成本和难度。ASON 同时可以灵活提供不同的业务等级，满足目前迅速发展的差异化服务的需要。作为对光传输基础网络的功能升级，ASON 是光网络发展的必然选择。

4. 分组传送网技术（PTN）

PTN 是指这样一种光传送网络架构和具体技术：在 IP 业务和底层光传输媒质之间设置了一个层面，它针对分组业务流量的突发性和统计复用传送的要求而设计，以分组业务为核心并支持多业务提供，具有更低的总体使用成本（TCO），同时秉承光传输的传统优势，包括高可用性和可靠性、高效的带宽管理机制和流量工程、便捷的 OAM 和网管、可扩展、较高的安全性等。

PTN 的出现是光传送网技术发展在通信业务提供商现实网络和业务环境下的必然结果。最初设想的理想光传送网 IPoverWDM 方案是 IP 分组通过简单的封装适配直接架构在智能的光层之上，适配层功能尽量简化从而限制在接口信号格式的范围内，然后由统一的控制平面在所有层面上（分组、电路、波长、波带、光纤等） 实现最高效率的光纤带宽资源调度。

结合 PTN 的功能需求和目前的组网技术现状，可以总结出 PTN 的核心技术特征与需要解决的关键问题。PTN 作为传送网技术，最低的每比特传送成本依然是最核心的要求，高可靠性、多业务同时基于分组业务特征而优化、可确定的服务质量、强大的 OAM 机制和网管能力依然是其核心技术特征。

传送 MPLS（T-MPLS）是 PTN 的关键技术之一，T-MPLS 是为了适应运营商对分组传送网的需求而提出的一种新型的 MPLS 技术。T-MPLS 基于已经广泛应用的 IP/MPLS 技术和标准，提供了一种简化的面向连接的实现方式。T-MPLS 去掉了 MPLS 中与面向连接应用无关的功能，同时增加了对于传送网重要的 OAM 功能。

目前，ITU-T 正在对 T-MPLS 进行标准化，其基本思想是采用基于电信网络的体系架构。T-MPLS 的许多设计思想在传统的 SDH 网络中已经被广泛应用，运营商也是基于这种思想来运营和管理现有网络。因此，可以认为 T-MPLS 是成熟的 TDM 传送网运营机制和可靠的分组网技术（MPLS）的有机结合。另外，T-MPLS 对 MPLS 的主要改进，如双向 LSP、端到端 LSP 保护、强大的 OAM 机制等，将实现对传送网资源的有效控制和使用，从而实现网络运营成本的降低。

传送网一直都具有高可靠性和易于互通的特征，以及完善的网络运营和 OAM 机制。而 T-MPLS 的优势是其基于电信网络的体系架构和设计思想，更易于被运营商所接纳，T-MPLS 具有简单、高效、低成本、多业务支持等特性，有可能成为下一代分组传送网的主流技术。

1.2.2 下一代交换网

NGN 在各个领域内都在稳步发展。交换网向以软交换为核心的下一代交换网演进。据估计，基于软交换的新业务成本较 PSTN 降低，开发周期缩短。

1. 软交换技术的特点

软交换设备（SoftSwitch）是一个电路交换网向分组网演进的核心设备，也是下一代电信网络的重要设备之一，它独立于底层承载协议，主要完成呼叫控制、媒体网关接入控制、资源分配、协议处理、路由、认证、计费等主要功能，并可以向用户提供现有电路交换机所能提供的所有业务以及多样化的第三方业务，而且也是下一代网路发展中所采用的理念。它的主要特点是：

① 业务提供和呼叫控制分开；

② 呼叫控制和承载连接分开；

③ 开放的接口，便于第三方提供业务。

2. 采用软交换技术的电话网

软交换在下一代分组网络分层结构中位于控制层面，它与承载层、信令网、各种接入网关、中继网关等通过相应的协议互通来提供各种服务。以软交换为核心的第三代电话网网络与 NGN 分层结构模型相适应，为公众客户、商业客户、集团客户、大客户等各类用户提供多种业务。

程控电话交换机可以划分为业务接入、路由选择（交换）和业务控制 3 个功能模块，各功能模块通过交换机的内部交换网络连接成一个整体。软交换技术是将上述 3 个功能模块独立出来，分别由不同的物理实体实现，同时进行了一定的功能扩展，并通过统一的 IP 网络将各物理实体连接起来，构成了软交换网络，如图 1.8 所示。

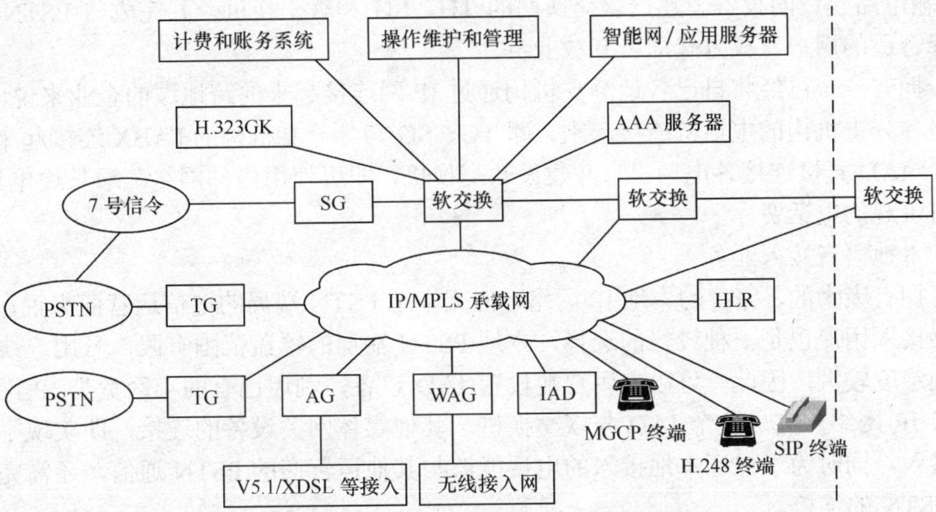

图 1.8　软交换网络示意

电话交换机的业务接入功能模块对应于软交换网络的边缘接入层；路由选择（交换）功能模块对应于软交换网络的控制层；业务控制模块对应于软交换网络的业务应用层；IP 网络构成了软交换网的核心传送层。

图 1.8 所示为以软交换为核心的组网的架构，在这个架构中包括各种接入网关、中继网关、信令网关、业务应用平面等。软交换提供多种接入手段，包括 V5.1 的接入、XDSL 的接入、无线接入等。软交换主要完成各种呼叫控制，并负责相应业务处理信息的传送。业务应用平面主要是提供多种增值业务。

由“机电”方式向“程控”方式演变，这是 20 世纪电话通信的一次重大变革，它大大提高了电话网的通信质量和效率，为用户提供更多、更方便的语音服务，为我国通信事业的快速发展作出了重要贡献。而从“程控”方式向软交换方式的演变是电话网的又一次转变，我们可以称之为下一代电话网，它在运营模式、盈利模式等方面与现有的电话网有着本质的区别。

软交换技术的产生是为了构建一个“全业务网”，即在同一个网上实现语音、数据、多媒体视频流业务的融合，并且为了实现这个目的，将呼叫控制和业务功能在功能实体上进行了分离。但目前各厂家提供的软交换系统在业务提供上与上述目标还存在一定的差距，还需要经历一个不断发展和完善的过程。

3. 软交换网络中语音业务的引入

目前，语音业务仍旧在通信业务中占据主导地位，也是各电信运营商盈利的主要来源，软交换网络实现多业务的融合，应首先能够提供至少与 PSTN 相同的语音业务。因此，各设备厂商也将对语音业务的支持列为首要任务。

（1）长途语音业务

目前，大部分软交换设备供应商均已经能够提供成熟的虚拟中继业务，来转接 PSTN 语音业务。对于拥有庞大的、完善的 IP 网络，但无 PSTN 的电信运营商来说，采用软交换网络提供长途语音业务是一种较好的选择，由于软交换网是采用 IP 网作为承载，因此，可以节省

TDM 传输电路建设的投资。建设软交换网的 TG、SG 和软交换机，并完成与 PSTN 连接，同时选择合适的用户鉴权方式即可开放业务。

对于拥有一个已经将自己各地分支机构通过 IP 网连接起来的跨地域的企业来说，采用软交换网将各分支机构的电话机连接起来，即 TG、SG 与各分支机构的 PABX 连接起来，或者通过 AG、IAD 直接连接各电话机，并建设软交换机，即可使用内部网络疏通长途电话业务，节省数目可观的电话费。

（2）本地语音接入业务

对于拥有庞大的、完善的本地 IP 网络，但无本地 PSTN 端局的电信运营商来说，采用软交换网络接入用户也是一种较好的选择，本地 PSTN 端局的覆盖范围有限，且用户线布放的工程实施难度较大，因此，可以在用户端设置 IAD 设备，利用已有的小区宽带 IP 网络连接至软交换 IP 网络，完成各个 IAD 与软交换机、其他媒体网关设备的连接，即实现了本地电话机的接入，同时为了保证本地接入的电话能够与其他运营商的 PSTN 通信，还需完成软交换网与 PSTN 的连接。

同时，对接入的本地用户还可以灵活、多样地为用户开放软交换业务，并随着软交换业务的发展不断丰富完善。

（3）IP 电话与软交换

电话网络和互联网的业务节点可以独立发展，其间通过软交换等协调设备实现互连互通。这类协调设备不仅交换语音、数据和其他业务，而且完成 7 号信令与 IP 的转换，解决两个网语音业务的融合和转移问题。软交换可以提供实时业务的呼叫和连接控制、带宽管理、信令互操作等，它支持 H.323、H.248、SIP、媒体网关控制协议（MGCP）等协议。由于具有开放的体系结构、标准结构和开放的应用编程接口，软交换不同于传统的交换，特别是其上面的应用层和媒体控制层已经与媒体层硬件分离并纳入开放的标准的计算环境，大大加速了业务和新应用的开发、生成和部署。软交换不但负责所在管理域中网关的选择与控制，而且与相邻域中的软交换通过 BICC 或 SIP-T 交换网关信息，实现不同域间的业务互通。软交换相关的协议主要是应用层的。在网络层协议由 IPv4 向 IPv6 过渡过程中，软交换的功能也需要加强，以满足混合协议环境的要求。

1.2.3 下一代互联网

随着 IP 业务的迅速增长，IP 网络上应用的不断增加，原有的 IP 网不能适应新形势的需要，IP 网络正在向下一代互联网演进。

1. 下一代互联网的特点

下一代互联网具有比当前的互联网更大、更快、更安全、更及时和更方便的特征，IPv6 技术是实现这些特征的主要技术之一。IPv6 由互联网标准化组织 IETF 的 IPng 工作组于 1994 年 9 月首次提出，其设计目标就是改进现行的 IPv4 协议的明显不足，将地址空间从 IPv4 的 32 位改变为 128 位，并提高网络的可管理性、安全性、可移动性、QoS 能力等。

下一代互联网的主要特点如下。

① 拥有足够的 IP 地址资源。在可预见的未来，能为全球每一台网络设备提供不重复的 IPv6 地址。IPv6 的 128 位地址格式可以支持的 IP 地址数量为 10 亿的平方，这将从根本上解

决目前 IP 地址不足的问题。

在 IPv6 的设计过程中，除了一劳永逸地解决了地址短缺问题以外，还考虑了在 IPv4 中解决不好的其他问题，主要有端到端 IP 连接、服务质量（QoS）、安全性、多播、移动性、即插即用等。基于如此大的技术优势，因此，从大的发展层面来说，IPv6 必将是未来数据通信领域内的主流发展趋势。具有良好的可扩展性和开放的体系架构、支持各种综合业务、可持续发展的下一代网络已经开始出现，IPv6 技术的发展一直就是与下一代网络的发展紧密结合在一起的，它将成为下一代网络的核心技术。由于下一代互联网的 IP 地址资源丰富，因此，可以给很多行业带来革命性的变革。例如，在智能交通方面，每一辆汽车都有一个 IP 地址，通过它可以及时了解、控制交通运行情况，从而进行有效管理及控制。

② 具有足够宽的带宽。传输速度达到 2.5Gbit/s 到 10Gbit/s，是当前各国使用的第一代互联网传输速度的 100 多倍。在下一代互联网技术全面推广以后，我们现在使用互联网中出现的很多问题将会迎刃而解。例如：利用宽带高速、大容量的数据传输，可以在召开视频会议的同时，在后台下载网络电影、音乐，而且既能保证视频会议图像传输的流畅，也不影响下载的速度。

③ 具有较好的安全性能。安全问题也是现有的互联网协议 IPv4 无法回避的固有缺陷。由于互联网最初设计是为了军事和科研用途，并不对外开放，因此在网络安全问题方面缺乏周全的考虑。随着互联网在社会生活各个领域的广泛运用，黑客、病毒的泛滥，安全问题越来越成为人们关注的焦点。在安全性方面，IPv6 同 IP 安全性机制和服务一致，除了必须提供网络层安全这一强制性机制外，还提供认证报头和封装的安全负载报头两种服务。与现有的 IPv4 相比较，能够为人们的信息生活提供更加安全的保证。

④ 拓宽了业务的应用范围

下一代互联网技术的应用，也将引起商业模式的变革。现阶段的电子商务基本上还是以文字、图片信息传递为主，这就导致网络上商品交易的卖家仍以个人为主，企业卖家不多。下一代互联网技术投入使用后，只需一个摄像头就可把整个商场搬上网，网民通过网络能直观地获取商品的各种信息，不再局限于文字和图片。到那时候，企业间的交易将会大部分依赖以下一代互联网技术为基础的电子商务，电子商务将真正融入国际贸易中。

3G 标准化组织 3GPP 已经决定以 IPv6 为基础构筑下一代移动通信网络，这大大激发了移动厂商的研发热情。如果说 3G 的发展推动了 IPv6 的发展和标准化，那么 IPv6 的诸多优越特性则为 3G 网络的全面应用提供了广阔的前景。IPv6 庞大的地址空间、对移动性的良好支持、服务质量保证机制、安全性和地址自动分配机制等优越特性很好地满足了 3G 网络的需求，它将是实现 3G 移动通信的根本所在。

由于 IPv4 向 IPv6 过渡的重要性，IETF 下一代互联网过渡工作组 NGTrans 已经提出了一些过渡策略和技术，概括起来可分为 3 类：同时支持两种协议的双栈技术、采用 IP 数据包封装的隧道技术和透明转换技术（包括数据包头转换和协议转换）。前两者需要主机做相应的修改，目前已有相应的软件协议栈和路由设备，第 3 种实际上是一种网关技术，最大的优点是不需要改动通信主机就能实现纯 IPv4 和纯 IPv6 主机之间的“透明”通信。这种互通技术的典型是 NAT-PT，它集中了数据包头和上层协议转换于一身，是非常重要的 IPv4/IPv6 转换技术。IPv4 向 IPv6 的过渡以及现有的 IPv4 网络和采用 IPv6 协议网络之间的互通将是未来网络能否真正投入使用的关键问题。

2. 下一代互联网的承载网

下一代互联网承载网建设是下一代互联网建设过程中的重要任务，下面以中国电信的CN2为例进行说明。

中国电信的CN2是为适应向下一代网络演变而建设的一个骨干网络。CN2物理全网采用3层模型，即核心层、汇接层和边缘层，其核心设备均采用JUNIPER的T640，汇接层设备分别采用JUNIPER\CISCO\HUAWEI\ALCATEL等厂商相关设备，边缘层采用同汇接层设备保持省内设备基本一致。核心层、汇接层和边缘层构成CN2整体网络骨干平面，在每个边缘节点两台骨干节点下挂PE（CISCO-GSR）设备，构成全网VPN业务层面。

CN2逻辑结构采用全网扁平化原则，全网IPv4和VPN路由结构采用一级RR模型，国内部分全网路由收敛最多经过二跳路由更新。CN2全网流量都映射对应QoS等级，在本次实施中，暂不部署对应QoS部分，全网流量将遵照普通IPv4和VPN选路实现，并不作优先级处理，在本阶段完成后，作为阶段测试和全网QoS部署完成后测试数据实现数据对比。

全网流量采用BGP承载、IGP选路原则，对IPv4及VPN流量按照目的源地址选路实现不同流量方向分担，同时针对全网中存在的不同方向相同电路中继累计METRIC采用8条等路径方式流量分担。采用了全网MPLS、保证8个等级的QoS以及支持全网组播和IPv6硬件转发等代表当今IP尖端技术的网络，

目前，中国电信CN2网络建设已经覆盖近200个城市，是在2006年3月承建CN2国际网络工程中美洲、欧洲和亚洲等三大洲的海外节点项目后，在CN2项目中的又一重大突破。

中国电信开展3G和NGN业务后，CN2将作为3G核心网、NGN中继的承载网，为3G和NGN业务提供统一的IP承载平台。3G核心网的GGSN、SGSN、媒体网关、信令服务器等设备将通过CN2连接，传送语音、数据及信令。同样，在NGN网络中，软交换、中继GW、服务器设备直接连接到CN2上，通过IP网直接承载NGN中继间的信令、语音和数据流量。CN2网络能很好地满足金融证券行业、工商企业、能源电力行业、政府机关等，对语音通信、数据存储、电子商务、实时交易、互动视频等业务在质量及安全性和可靠性等方面的要求。

CN2的特点可归纳如下。

2个网络：CN2的目标是整合中国电信原有ATM、IP等多个承载网，使其最终统一到承载大客户业务的精品网CN2和承载普通互联网业务的ChinaNet两张网上。

3年时间：从2003年7月CN2项目在中国电信内部悄然展开到2006年7月迎来签定会，整个过程历时3年。

4个设备提供商：思科、华为、上海贝尔阿尔卡特、Juniper为CN2提供核心路由器。

5级标签：CN2全网启用MPLS，最多支持5级标签，提供L3VPN业务，并试验基于Martini草案的点到点L2VPN业务。

6种主要业务：专线类业务、NGN（软交换）中继、3G核心网、PSTN网络长途语音业务、视频会议和流媒体业务。

8个业务等级：CN2全网启用基于Diffserv模式的QoS技术，划分8个业务等级，为不同等级业务分配不同带宽并采用不同队列调度机制。这是目前世界上最先进的QoS机制。

9个海外节点：2007年6月，CN2的9个海外节点调试成功，使得CN2成为一个全球性的网络。

1.2.4 下一代移动网

3G（3rd Generation）是指第三代移动通信技术。相对第一代模拟制式手机（1G）和第二代 GSM、TDMA 等数字手机（2G），第三代手机一般地讲，是指将无线通信与国际互联网等多媒体通信结合的新一代移动通信系统。它能够处理图像、音乐、视频流等多种媒体形式，提供包括网页浏览、电话会议、电子商务等多种信息服务。为了提供这种服务，无线网络必须能够支持不同的数据传输速度，也就是说在室内、室外和行车的环境中能够分别支持至少 2Mbit/s、384kbit/s 以及 144kbit/s 的传输速度。

第三代移动通信系统的研究工作正在世界范围内进行，如未来公共陆地移动通信系统（FPLMTS），国际电信联盟（ITU）的国际移动通信 2000 年（IMT2000），欧洲的通用移动通信系统（UMTS）。第三代移动通信系统的目标是支持多种业务，这将适应各种无线环境，从城区到郊区，从丘陵地区到山区；微蜂窝、微微蜂窝和室内环境向任何人，在任何时间，任何地方提供业务。这就要求它能够全球漫游，各种通信网络能够互连互通，是第三代移动通信系统的网络结构要解决的主要问题。

1. 3G 网络的组成

UMTS 的网络结构主要由 3 部分组成，即无线接入网、Iu 接口和核心网。

（1）无线接入网（RAN）

在 UMTS 结构中包括通用无线接入网，UMTS 无线接入网（URAN）。URAN 可以有多种不同的实现方式，根据不同的条件和环境，既可以利用已有的接入网通过进化来实现，也可利用先进的技术实际全新的接入网。UMTS 陆地无线接入网（UTRAN）是一种全新的接入网，是 UMTS 最重要的一种接入方式，适用范围最广。它由一组通过 Iu 接口连接到核心网的无线网络子系统（RNS）组成。一个 RNS 由一个无线网络控制器（RNC）和一个或多个节点 B 组成。节点 B 通过 Iub 接口连接到 RNC。节点 B 可以支持 FDD 模式、TDD 模式或双模式。RNC 包含支持不同节点 B 之间宏分集的合并/拆分功能，对需要和 UE 有信令连接的切换作出决定。支持 FDD 模式的 B 节点可以包含一任选的支持节点 B 内宏分集的合并/拆分功能。

在 UTRAN 内，无线网络子系统内的 RNCs 可通过 Iur 进行连接。Iu 和 Iur 接口是逻辑接口。可通过 RNCs 间的物理的直接连接或通过任一适合的传输网络来传送 Iur。

RNS 负责它范围内的蜂窝所需资源。对于用户设备和 UTRAN 间的每个连接，有一个 RNS 为服务 RNS。若需要，漂移（Drift）RNSs 可提供无线资源来支持服务 RNS。

UTRAN 的功能包括：和整个系统接入控制有关的功能——允许控制；拥塞控制；系统信息广播；无线信道的加密和解密。和移动性有关的功能——切换；SRNS 重新定位。与无线资源管理和控制有关的功能——无线资源的配置和运行；无线环境的测量；FDD 模式的宏分集控制；无线承载连接的建立和释放；无线承载的分配和释放；TDD 模式的动态信道分配（DCA）；无线协议功能；RF 功率控制与设置；无线信道编/译码；信道编码控制；初始（随机）接入检测和处理；对非接入层信息的 CN 分配功能。

（2）Iu 接口

Iu 接口是一个开放的、标准化的、多厂商支持的接口。通过此接口，任意的接入网可以和任意的核心网相连。

Iu 接口是分层的结构，如图 1.9 所示，每个高层实体控制多个低层实体。每个 CN 接入点可以连接到一个或多个 UTRAN 接入点。一个 UTRAN 接入点只能连接到每个 CN 域的一个 CN 接入点。从 UTRAN 的观点来看，Iu 接口上的各种协议需要有最大公共性，即不管核心网的类型（3G-MSC 或 3G-SGSN），UTRAN 将提供给核心网一组通用的无线接入承载业务，UTRAN 和核心网节点间有通用的功能分割。无线网络控制平面的信令不依赖于传输层的选择。

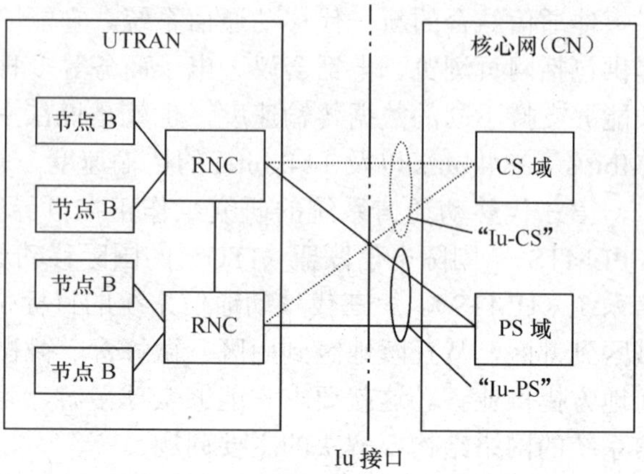

图 1.9　3G 的接入网和核心网

Iu 接口支持：①所有 UMTS 业务；②无线接入承载的建立、维持和释放过程；③执行系统内/系统间切换和 SRNS 重定位过程；④与 UE 无关的一组通用过程，如在过程级流量控制或初始化阶段出现故障情况；⑤一系列通用的 UTRAN 过程，如寻呼—通告；⑥对每个 UE 在协议级分离和用户有关的信令管理；⑦在 UE 和 CN 间透明地传送 NAS 信令信息；⑧UMTS 信令和后向兼容 GSM 信令方式；⑨CN 请求 UTRAN 提供位置业务；⑩一个 UE 同时接入多个 CN；⑪对分组数据流的资源预定机制。

Iu 接口允许核心网、无线接入网和传输网内独立地支持进化，O&M 设备的进化。Iu 接口的规范应方便一些 CS 域业务转移到 PS 域。Iu 接口用户平台协议应独立于核心网域。对 Iu 接口的控制平台和用户平台，无线网络层和传输层应是独立的。为了使电路/分组交换域根据自己的特点来进化，Iu 接口允许不同的协议栈及 PSTN/ISDN 域和 IP 域进行转换。

（3）核心网（CN）

核心网也有不同的实现方式。根据不同的条件和环境，既可以利用已有的核心网通过进化来实现，也可建设一全新的、先进的核心网。无论以何种方式、何种技术实现核心网，都要满足第三代移动通信系统对核心网的要求。

对 UMTS 核心网的传输要求是：支持电路交换业务、分组交换业务、实时/非实时及自适应流量控制业务；支持各种 QoS 需求和业务描述；可以使用户获得各种通信业务，包括许多现在未定义的多媒体和高速率业务；UMTS 业务能力应考虑大多数终端业务和应用的非连续和非对称的特性，以便更有效地使用网络资源；当一个应用所需的承载业务需要多个连接时，承载业务的属性可以映射为多个值；所有承载业务的属性可以在呼叫建立时进行协商，且在呼叫（移动台或网络发起）期间重新协商；具有允许控制功能。

UMTS 支持 4 种业务类型：恒定比特速率、可变比特速率、可用比特速率和未指定比特速率。UMTS 系统允许在服务网络中对连接到此服务网络的不同移动站的业务进行有效的统计复用，另外还希望 UMTS 将基于统一的传输网。下面介绍一种全 IP 核心网。

使用 IP 网络的优点有：通过使用 IP 能够提供无缝的业务，而和使用的接入方式无关；

最佳地利用通用的 IP 技术，综合 OA&M，减少了业务的所需开销；是解决同时支持包括语音、数据、实时业务等多媒体业务的有效方法；需要高级别的业务控制；通过支持作为 IP 客户的终端来利用 Internet 应用的优点，通过分组传输减少网络开销。

在全 IP 网中，对无线方面问题的要求有：在此结构内，对业务和信令都要优化无线资源的使用。在核心网和无线接入网间要将和无线有关的功能与和无线无关的功能分开。在无线接和网中，将协议栈的用户平面和控制平面分开。在上行和下行链路，使用快速上行链路接入和快速资源分配过程，在相同的无线链路上复用不同类型的业务。对某些实时应用优化端到端 IP 传输。使用由网络控制的、有短暂中断的切换过程来支持实时应用。无线接入网中的协议栈支持多种有不同 QoS 要求的业务。分组核心网中，使用用于无线接入网的 QoS 机制的互操作方式 QoS 机制。在接入网的空中接口复用不同类型业务的不同承载能力，都要获得最大的频谱利用率。对某些应用（如语音），使用优化的编码和交织方式。支持每个 IP 地址中有多个不同 QoS 的数据流。频谱效率应最大化（如利用统计复用）。

2. 3G 的技术标准

国际电信联盟（ITU）在 2000 年 5 月确定 W-CDMA、CDMA2000 和 TDS-CDMA 三大主流无线接口标准，写入 3G 技术指导性文件《2000 年国际移动通信计划》（简称 IMT-2000）。

（1）W-CDMA

即 WidebandCDMA，也称为 CDMADirectSpread，意为宽频分码多重存取，其支持者主要是以 GSM 系统为主的欧洲厂商，包括欧美的爱立信、阿尔卡特、诺基亚、朗讯、北电以及日本的 NTT、富士通、夏普等厂商。这套系统能够架设在现有的 GSM 网络上，对于系统提供商而言可以较轻易地过渡，而 GSM 系统相当普及的亚洲对这套新技术的接受度预料会相当高，因此 W-CDMA 具有先天的市场优势。

（2）CDMA2000

CDMA2000 也称为 CDMA Multi-Carrier，由美国高通北美公司为主导提出，摩托罗拉、Lucent 和后来加入的韩国三星都有参与，韩国现在成为该标准的主导者。这套系统是从窄频 CDMA One 数字标准衍生出来的，可以从原有的 CDMA One 结构直接升级到 3G，建设成本低廉。但目前使用 CDMA 的地区只有日本、韩国以及北美，所以 CDMA2000 的支持者不如 W-CDMA 多。不过 CDMA2000 的研发技术却是目前各标准中进度较快的，许多 3G 手机已经率先面世。

（3）TD-SCDMA

该标准是由中国独自制定的 3G 标准，1999 年 6 月 29 日，中国原邮电部电信科学技术研究院（大唐电信）向 ITU 提出。该标准将智能无线、同步 CDMA 和软件无线电等当今国际领先技术融于其中，在频谱利用率、对业务支持具有灵活性、频率灵活性及成本等方面具有独特优势。另外，由于中国内的庞大的市场，该标准受到各大主要电信设备厂商的重视，全球一半以上的设备厂商都宣布可以支持 TD-SCDMA 标准。

1.2.5　网络融合技术

移动网和固定网同时引入了软交换的设计思想，同时演绎着电路交换向软交换的转变，也预示着一个重要的趋势——移动网和固定网的融合（FMC）。FMC 是指网络的业务提供与接入技术和终端设备相独立。从用户角度看，FMC 的目的是使用户通过不同接入网络，享受相同的服务，获得相同的业务。其主要特征是用户订阅的业务与接入点和终端无关，也就是允许用户从固定或移动终端通过任何合适的接入点使用同一业务。换句话说，FMC 可以使得用户在同一个终端、同一个账单的前提下，在办公室或家里使用固定网络进行通信；而在户外，则通过无线/移动网络进行通信。另外，FMC 同时也包含了这样一个概念，就是在固定网络和移动网络之间，终端能够无缝漫游。

网络融合的体系构架可以采用基于 IMS 的体系架构。与固定软交换相比，IMS 的结构更加严谨，功能更为丰富，通过功能实体的细分来提供基本的移动性管理功能，提供了移动电路交换域、固定软交换网和 IMS 核心域互通的体系结构，通过设置独立的存储用户属性的数据库，促进了控制层面与数据层面的分离。网络融合采取基于 IMS 的网络融合方案，目的在于使 IMS 成为基于 SIP 会话的通用平台，同时支持固定和移动的多种接入方式，实现移动网和固定网的融合，如图 1.10 所示。

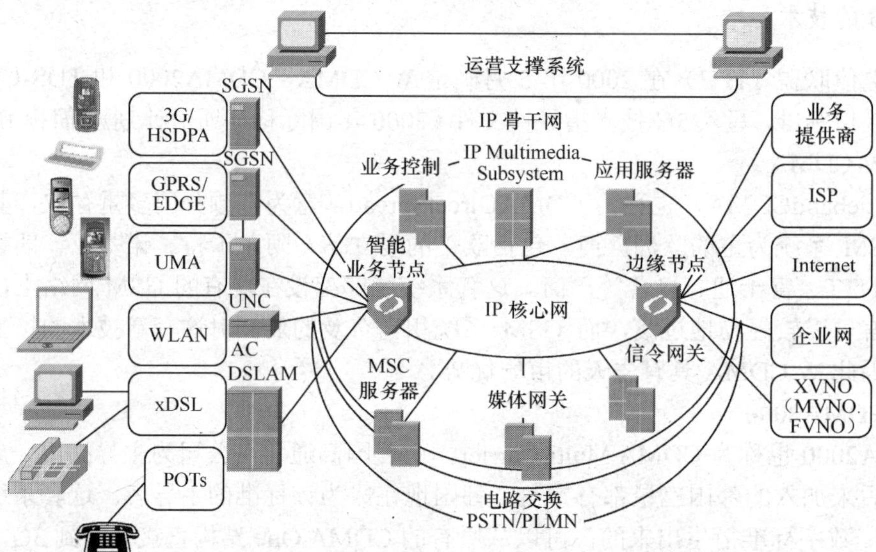

图 1.10　基于 IMS 的移动网和固定网的融合

固定网和移动网融合既代表了未来的发展方向，也有重大的现实意义。基于 IMS 的 NGN 体系架构为人们勾画出了固定网和移动网融合的美好前景，必将成为通信行业未来的重要目标，人们期望着固定网络与移动网络的融合，在核心网络的传送、交换平台和业务平台的融合。人们期待着下一代网络将会带来新的应用并将以低廉的成本获得新的增值收入，并为我们带来丰富多彩的生活和未来。

随着新业务和新技术的不断涌现，下一代融合网络已成为通信技术的发展趋势。这一方面表现为终端用户对操作简单、安全、个性化业务、移动与固定无缝融合的通信方式的需求渐增；另一方面，有线与无线网络及多媒体业务的无缝融合也为运营商增加市场份额创造了机会。

有观点认为，融合网络的演进大致可分为以下若干阶段：2005 年开始大规模 NGN 网络建设，旧有的 PSTN 交换机逐步停牌；2010 年前，进入软交换阶段，此时 IP 多媒体子系统（IMS）处于发展初期，主要用于一些新的业务；2010—2020 年，软交换网络平滑演进到 IMS 架构，逐渐出现真正的固定网和移动网融合的核心网络。

作为下一代融合网络的核心，IMS 是实现 IP 多媒体业务的建立、维护、管理等功能的核心网络体系结构。IMS 框架结构主要包括三层：应用层、会话及呼叫控制层、传送及接入层。其主要特点表现为：基于 IP 的多媒体业务与会话控制核心网络；支持各种融合业务的公共平台，不依赖于任何接入技术和接入方式；SIP 的灵活性和标准化开放接口，支持广泛业务；由多个标准组织定义并发展完善。

IMS 的提出顺应了通信网络发展的趋势，在未来的移动通信网、全 IP 网络中，IMS 将扮演重要角色。基于 IMS 的 FMC 之所以得到认同，主要是因为 IMS 具有两个基本点，一个是技术融合的汇聚点——IP，另一个是业务融合的汇聚点——多媒体。

目前，可在 IMS 上实现的多媒体业务包括：①交互类业务，如交互式的端到端游戏；②多媒体通信业务，如视频共享、终端内容和文件的共享、基于 IMS 的“无线一键通（PoC）”等；③信息类业务，如语音信息、即时信息（IM）、图片聊天等；④网络融合业务，包括在移动电话和计算机及固定电话之间的通信业务。

IMS 使运营商能快速高效地部署各种多媒体业务，而不依赖于网络的接入方式和终端设备类型。作为下一代网络融合的引擎，IMS 开创了全新的电信商业模式，带来创新的网络技术和融合的网络应用，促进软件产业的发展。IMS 的兼容性和开放性，不仅保护了现有网络投资，同时还奠定了有线、无线网络融合的基础。

实现基于 IMS 的 FMC 不仅仅是技术的问题，还面临网络融合、业务融合、管理融合、运营融合、管制融合等诸多挑战。例如，在业务融合方面，目前 IMS 还不是完备的分组业务网技术体系，还需进一步完善。此外，由于涉及承载网，因此 QOS、地址、安全、用户管理、业务管理、合法监听以及监管都是需要考虑的问题。总之，在 NGN 的框架下，IMS 要同时为固定终端和移动终端提供多媒体业务，还有很多技术问题需要深入探讨。

1.3　通信网的体系结构

在通信网中协议是通信双方必须要遵守的规则，网络的协议是设计和开发通信设备和通信系统的基础。本节将讨论协议、协议的功能和协议的结构，并按照分层的观点来分析和考察网络协议，讨论作为分层基础的 OSI 参考模型和网络体系结构，讨论 OSI 模型在通信网中的应用，同时介绍常用的 TCP/IP 协议模型及 IP 网络的分层协议模型。

1.3.1　网络协议及其功能

在通信网中通信的双方必须遵守共同的约定，例如双方必须使用相同的格式，采用一致的时序来发送和接收信息。在通信双方的两个实体之间一组管理数据交换的规则称为通信协议。

协议是双方实体共同遵守的规则，它的主要元素如下。

语法：包括数据格式、编码和信号等级。

语义：包括用于协调的控制信息和差错控制。

定时：包括速率匹配和排序。

在这里以及以下协议的讨论中使用了名词实体和系统，一般来说实体是包含在通信系统中的能够发送和接收信息的某个部分，实体的例子有用户应用程序、文件转移包、数据库管理系统、电子邮件系统和通信终端。系统是包含一个或多个实体在物理结构上独立存在的一个或一组设备，系统的例子有计算机、通信终端、通信系统等。

1.3.2 OSI参考模型

1. OSI参考模型的层次和功能

通信网的协议十分繁杂，涉及面很广，因此在制订协议时经常采用的方法是分层次法，即把整个协议分成若干个层次。这些层次之间既是互相独立的，又是互相联系的。它们所以是独立的，是指各层协议各自完成自己的功能，当其中的一层协议发生变化时，对其他层次不发生影响。它们所以是互相联系的，是下一层为上一层提供服务，上一层对下一层存在着依赖性。

整个协议划分为多少层由协议的制定者来确定。确定层次的数量时应考虑：①对协议分的层次应当足够多，从而使得为每一层确定的详细协议不致过分复杂；②层次的数量又不能太多，以防止对层次的描述和综合变得十分困难；③选择合适的界面使得相关的功能集中在同一层内，而截然不同的功能分配给不同的层次。希望分层结构中各层之间的相互作用较少，使得某一层次的改变对接口所造成的影响较小。

层次和协议的集合称为网络体系结构，网络体系结构应当具有足够的信息，以允许软件设计人员给每层编写实现该层协议的有关程序。网络体系结构和每层协议的确定是电信网设计的基本课题。

协议的分层是通信网设计中一个带有全局性和根本性的问题，因而引起了广泛的重视。网络的设计者和用户都希望能有一个统一的标准，以实现各个网络之间的互通。

国际标准化组织（ISO）已经制定了开放系统互连参考模型，即OSI参考模型。ISO是成立于1947年的国际标准化组织，在ISO中，TC97（技术委员会97）负责制定计算机和信息处理方面的技术标准，TC97中的SC6负责制定数据通信方面的技术标准，SC6于1977年开始开发OSI网络体系结构，制定有关OSI参考模型的技术标准。其中关于OSI参考模型的文件是ISO7498。在提出OSI/RM以后，TC97又分别制定了OSI的各层协议，使得OSI的体系结构更加完善。

ITU-T同时也公布了关于OSI体系结构的技术文件，在建议X.200～X.290中公布了关于OSI/RM和OSI各层的协议，这两个标准化组织公布的技术文件虽然编号方法不同，但内容是完全一致的。

OSI是一个开放系统互连模型，所谓开放系统互连，是指按照这个标准设计和建成的计算机网络系统可以互相连接。

OSI规定了一个网络协议的框架结构，它把网络协议从逻辑上分为7层：物理层、数据链路层、网络层、传送层、会话层、表示层和应用层，其中下面的3层为低层协议，提供网络服务，上面的4层为高层协议，提供末端用户功能。OSI参考模型如图1.11所示。

在OSI参考模型中，从第2层以上，各层的数据并不是从一端的第N层直接送到另一端

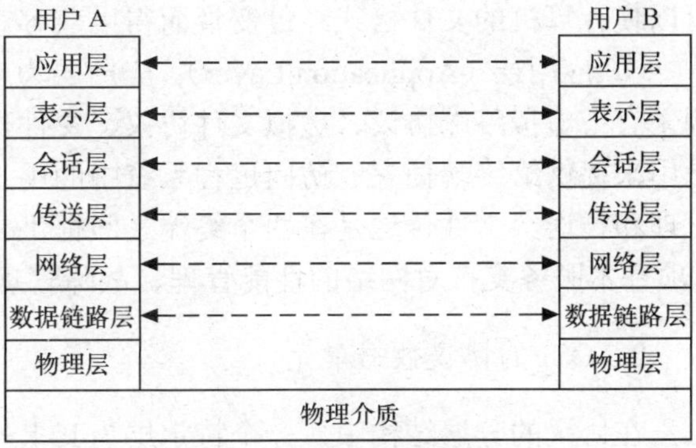

图 1.11　OSI 参考模型

的第 N 层，数据在垂直的层次中自上而下地逐层传递直至物理层，在物理层两个端点进行通信。上面的相应层次由于通信并不是直接进行因而称为虚拟通信。

OSI 模型中各层的主要功能如下。

① 物理层（Physical Layer）。物理层主要讨论在通信线路上比特流的传输问题，这一层协议描述传输中电气的、机械的、功能的和过程的特性。其典型的设计问题有：信号的发送电平、码元的宽度、线路码型、网络连接器插脚的数量、插脚的功能、物理连接的建立和终止以及传输的方式等。

② 数据链路层（Data Link Layer）。数据链路层主要讨论在数据链路中帧流的传输问题，这一层协议的内容包括帧的格式、帧的类型、比特填充技术、数据链路的建立和终止、信息流控制、差错控制以及向网络层报告一个不可恢复的错误。这一层协议的目的是保证在相邻的站与节点或节点与节点之间正确地、有次序地和有节奏地传输数据帧。数据链路层的典型例子是 HDLC。

③ 网络层（Network Layer）。网络层主要处理分组在网络中的传输。这一层协议的功能是：路由选择、数据交换、网络连接的建立和终止，在一个给定的数据链路上网络连接的复用，根据从数据链路层来的错误报告而进行的错误检测和恢复，分组的排序和信息流的控制等。

系统通过一个网络相连，网络可以是电路交换或分组交换网，OSI 环境中采用的网络连接和网络有关的是下面的 3 层功能。分组由端系统产生，通过一个或多个网络，网络节点在两个端系统之间起到中继的作用，网络节点完成 1～3 层的功能，第 2 层功能主要是交换和选路的功能网络节点和两个端系统，分别建立两条数据链路在节点内侧，分别有两个数据链路和两个物理链路。两个数据链路层独立地运行，分别向它各自的网络提供服务。

上面 4 层是在端系统之间的端—端协议，两端系统也可以通过多个网络进行，连接时在网络之间需利用网间互连技术。

④ 传送层（Transport Layer）。传送层协议处理报文从信息源到目的地之间的传输。这一层的主要功能是：把传送层的地址变换为网络层的地址，传送连接的建立和终止，在网络连接上对传送连接进行多路复用、端—端的顺序控制，信息流控制，错误的检测和恢复。传送层的复杂程度与第 3 层密切有关，对于可靠的、功能齐全的第 3 层，所要求的将是较小的第 4 层。第 1 层～第 3 层是链接的，而第 4 层～第 7 层是端点对端点的。

⑤ 会话层（Session Layer）。会话层主要控制用户之间的会话。会话是指用户与用户的连接，会话可以使一个用户登录到一个远程分时系统或者在两台机器之间传送文件。这一层协议的功能是：把会话地址变换成它的传送地址，会话连接的建立和终止，会话连接的控制，会话连接的同步。

⑥ 表示层（Presentation Layer）。表示层主要处理应用实体间交换数据的语法，其目的是解决格式和数据表示的差别。这一层的例子有：文本压缩、数据加密和字符编码的转换，如把 ASCII（美国信息交换标准码）变换成 EBCPIC（扩充的二—十进制码），表示层的协议

可以使计算机的文件格式经过变换而得以兼容。

⑦ 应用层（Application Layer）。应用层为应用进程提供访问 OSI 环境的方法。这一层的例子有：虚拟终端协议、虚拟文件协议、文件传送协议和公共管理信息协议。虚拟终端服务是用来提供给终端使它能访问远程系统中的用户进程。虚拟文件服务提供对文件的远程访问、管理和传送。文件传送是在两个终端之间提供文件传送服务，公共管理信息服务通过提供的 7 项基本服务支持对网络的性能管理、故障管理和配置管理服务。

2. OSI 的协议数据单元

在协议的分层结构中，一个特定层为其上一层提供一组服务，上一层称为服务用户，下一层是服务提供者。一般地讲，分层结构中的 N 层为位于上面的 $N+1$ 层提供一种服务，如图 1.12 所示。图中显示出了（$N-1$）、N 和（$N+1$）层之间的关系。N 层对 $N+1$ 层的 N 服务由服务访问点（SAP）提供，服务访问点实际上是 N 层和 $N+1$ 层之间的逻辑接口。在每一层中有多个活跃的实体（Entity），实体的例子如多道处理系统中的一个进程，或者可以是一个子程序。同一层中有多个同级实体，它们可能存在于同一系统中，这时不能从外部观察到它们。它们也可能存在于不同的系统中，不同系统中的实体之间的联系是在同级协议的控制下进行的，图 1.12 中的虚线表示不同系统中同一层的实体在同级协议支配下进行通信的例子。表示层的实体通信使用表示层的协议，传送层的实体通信使用传送层的协议。

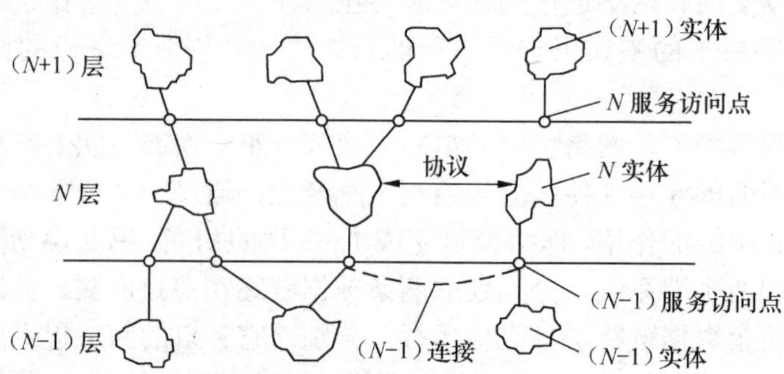

图 1.12　$N+1$ 层实体和 N 层服务

下一层为上一层服务，更具体地说就是下一层的实体为上一层的实体提供服务，服务的实体之间并不一定是一一对应的关系。图 1.12 显示出了 N 层的一个实体为 $N+1$ 层中的两个实体服务的例子，还示出了 N 层中的一个 N 实体与 $N-1$ 层的两个实体建立接续的关系。

在层的实体之间传送的比特组称为数据单元。在同等层之间传送数据单元是按照该层的协议进行的，因此这时的数据单元称为协议数据单元。图 1.13 所示为层间数据单元的形成过程，图中 PDU 是协议数据单元，SDU 是服务数据单元，PCI 是协议控制信息。$(N+1)-$PDU 在越过 $N+1$ 和 N 层的边界之后，变换为 $N-$SDU［N 层把（$N+1$）层 PDU 看成为 $N-$SDU］，$N-$SDU 上加上 $N-$PCI，则成为 $N-$PDU。在 $N-$PDU 和$(N+1)-$PDU 之间并非是一一对应的关系，如

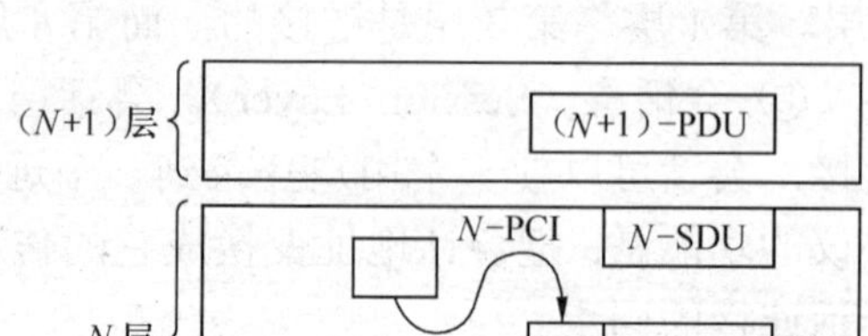

图 1.13　N 层协议数据单元的形成

果 N 层认为有必要，可以把$(N+1)-$PDU 拆成为几个单元，加上 PCI 后成为多个 $N-$PDU，或者可以把多个$(N+1)-$PDU 连接起来，形成一个 N–PDU。

到达目的站的 $N-$PDU，在送往（$N+1$）层之前把 PCI 去掉，在层间通信中 PCI 相当于报头，在原点逐层增加新的 PCI，到目的地之后则逐层去掉，使得信息原来的结构得以恢复。

3. OSI 的服务原语

在 OSI 结构中，相邻层之间的服务是根据原语和参数来表达的，原语规定了要执行的功能，原语中的参数用来传送数据和控制信息，原语的实际形式是依赖于功能执行的。

（1）服务原语的类型

服务提供者向用户提供的服务是用一组原语来描述的，根据 ITU-T X.210 建议，在 OSI 参考模型中服务原语可以分为 4 类。

① 请求（request）。用户要求服务提供者进行某一项操作，例如用户要求建立连接或发送数据。

② 指示（indication）。通知另一方用户有某一事件发生，例如通知对方有用户想与它建立连接。

③ 响应（response）。用户对某事件做出的反映，例如被叫用户表示接受建立连接的请求。

④ 证实（confirm）。用户收到对于它的请求的答复，例如服务提供者通知对方建立连接的请求已被接受。

在面向连接的通信过程中需要用到上述 4 类原语，在无连接通信中，则只需要用到请求和指示两种原语。

（2）原语的时序关系

原语的时序关系如图 1.14 所示，数据从 N 实体传送到同等层的另一系统的 N 实体，整个过程按照以下步骤进行。

① 源（N）实体用原语 DATA.request 调用它的（N–1）实体，原语中带有相关的原语参数如要被传送的数据、目的地地址。

② 源（N–1）实体把（N–1）PDU 发送给另一系统的同等层的（N–1）实体。

③ 目的地（N–1）实体通过原语 DATA.indication 把数据送给对应的目的地（N）实体，在原语中包括的参数有数据和源地址。

④ 如果需要确认，目的地（N）实体发出 DATA.response 原语给它的（N–1）实体。

⑤ （N–1）实体发出（N–1）PDU，在（N–1）PDU 中传送确认信息。

⑥ 通过 DATA.confirm 原语，把确认信息传送到（N）实体。

上述过程是一个证实服务，如图 1.14（a）所示。

如果是非证实服务，则只需要发送 request 和 indication 两种原语，如图 1.14（b）所示。

原语由提供服务的层次、原语的名称、原语的类型和原语的参数组成，原语的一般表示是：

XX-名称. 类型. 参数

这里 XX 是指提供服务的层次，例如对于数据链路层 XX 是 DL，对于传送层 XX 是 T，名称反映原语所实现的功能，类型是指上述请求、指示、响应和证实中的某一类原语，参数包括主叫地址、被叫地址、快速数据选择、服务质量、传送服务数据等。

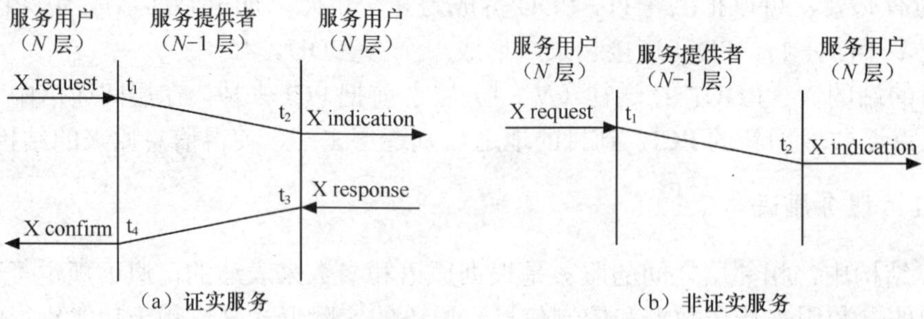

图 1.14　原语的时序关系

下面以网络层、传送层的原语为例来进一步说明原语的组成及其功能。

(3) 网络层服务原语

网络层为传送层提供两种类型的服务：面向连接的服务和无连接的服务。服务原语也分为面向连接的服务原语和无连接的服务原语。

网络层面向连接的服务原语可以分为 4 类：连接的建立、连接的拆除、数据的传送和连接的复位。

① 连接建立的服务原语

N-CONNECT. request(callee，caller，acks-wanted，exp-wanted，qos，user-data)

N-CONNECT. indication(callee，caller，acks-wanted，exp-wanted，qos，user-data)

N-CONNECT. response(responder，acks-wanted，exp-wanted，qos，user-data)

N-CONNECT. confirm(responder，acks-wanted，exp-wanted，qos，user-data)

在上述原语中，N-CONNECT 表明是网络层用于建立网络连接的原语。括号内是原语携带的参数，说明如下。

callee：表示被叫实体的网络地址，即网络服务访问点 NSAP。

caller：表示主叫实体使用的网络地址 NSAP。

acsk-wanted：说明要求对每次发出的数据分组作确认的布尔标志变量，当两个传送实体都同意使用确认时此变量置为“真”，如网络层不提供确认功能，则在传送给目的地时将 N-CONNECT. indication 原语中此变量置为“假”，如果网络层提供确认功能但目的地端不使用，将 N-CONNECT. response 原语中的此变量置为“假”，这是一项任选项。

exp-wanted：说明是否传送加速数据的布尔标志量，如果两个传送实体和网络层都允许使用加速数据，则把该变量置为“真”，这是一项任选项。

qos：此参数确定连接提供的服务量参数（时间延迟，网络吞吐量，传输误码率，保密度等）的期望值和限制值，如果网络不能提供主叫方或被叫方所要求的服务质量参数的下限值，则连接失败。

user-data：可以是 0 或者为若干字节的用户数据。

② 连接拆除的服务原语

N-DISCONNECT. request(originator，reason，user-data，responding-address)

N-DISCONNECT. indication(originator，reason，user-data，responding-address)

括号内为原语参数。

originator：说明某一事件的发起者。

reason：说明发生某一事件的原因。

responding-address：说明响应地址。

③ 数据传送的服务原语

N-DATA. request(user-data)

N-DATA. indication(user-data)

N-DATA-ACKNOWLEDGE. request( )

N-DATA-ACKOWLEDGE. indication( )

N-EXPEDITED-DATA. request(user-data)

N-EXPEDTED-DATA. indication(user-data)

④ 连接复位的服务原语

N-RESET. request(originator,reason)

N-RESET. indication(originator,reason)

N-RESET. response( )

N-RESET. confirm( )

无连接网络服务原语如表 1.4 所示。

表 1.4　　无连接网络服务原语

原语类型	request	Indi-cation	source-address	destination-address	qos	user-data	reason
N-UNITDATA	√		√	√	√	√	
N-UNITDATA		√	√	√	√	√	
N-FACILITY	√				√		
N-FACILITY		√		√	√		√
N-REPORT		√		√	√		√

其中：

N-UNITDATA：用来发送最多为 63KB 的数据。

N-FACILITY：用来表示到指定的目的地端的传送特征，如分组传送到目的地的百分率。

N-REPORT：网络层用来向网络服务用户报告出现的问题，如报告某个目的终端不存在。

（4）传送层的服务原语

传送层的服务原语和网络层的服务原语类似，同样分为面向连接的服务和无连接的服务。

传送层的目的是在传送质量不高的网络上为用户进一步改善传送质量，传送层协议需要进行差错控制，从传送层的用户来传送层是不会有差错的，因此传送服务原语中没有如 T-DATA-ACKNOWLEDGE，T-RESET 之类的原语，而网络服务因不够可靠，必须为用户提供处理数据确认和恢复的原语。

传送层的各种服务原语如表 1.5 所示。

在 OSI 环境中每一层都有其相应的原语，其主要功能是用来建立、维持和拆除该层的逻辑连接，上面对常用的网络层和传送层的原语做了较详细的说明，其他层的原语其功能基本相同，但具体原语的名称、参数可以查阅 ITU-T 的相关资料。

表 1.5　　　　　　　　　　　　传送层的服务原语

原语类型	参数					
1．面向连接	callee	caller	exp-wanted	qos	user-data	respon-der	reason
T-CONNECT request	√	√	√	√	√		
T-CONNECT indication	√	√	√	√	√		
T-CONNECT response			√	√	√	√	
T-CONNECT confirm			√	√	√	√	
T-DISCONNECT request					√		
T-DISCONNECT indication					√		√
T-DATA request					√		
T-DATA indication					√		
T-EXPEDITED-DATA request					√		
T-EXPEDITED-DATA indication					√		
2．无连接	callee	caller	qos	user-data			
T-UNITDATA request	√	√	√	√			
T-UNITDATA indication	√	√	√	√			

有的用户并不使用会话层和表示层，这时用户可以不使用会话层原语和表示层原语，而直接利用传送层原语。

（5）原语的实现

原语是一个抽象的描述，不做过分具体的规定，其原因如下。

① 允许在 OSI 的层间利用一个公共的约定，与所使用的操作系统和特定语言的类型无关。

② 在原语的实现过程中，给用户一个选择，用户可以选择不同的方法来加以实现，例如可以用一个具有特定结构的 I/O 调用来实现。

③ 如果利用公共的语言和编辑器，标准原语的采用有利于在不同的用户机之间实现数据的可传送性。

④ 采用标准原语，有利于在系统应用公共的数据单元格式（分组、帧、块、消息），采用公共的协议数据单元有利于不同系统的互相兼容，这对于实现开放系统互连是十分必要的。

抽象的原语可以用子程序调用的方法来实现，图 1.15 所示为一个抽象的原语如何用 FORTRAN 子程序调用来实现。

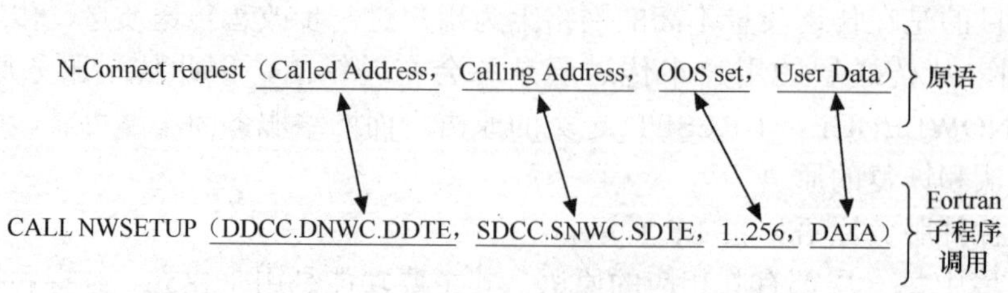

图 1.15　原语的实现

图的上部是一个网络连接请求原语，带有参数：被叫地址、主叫地址、服务质量设置和用户数据，图的下部是一个 FORTRAN 语句，语句名是 CALLNWSETUP，括号内包含子程序调用变量，这些变量是原语参数的映射，被叫地址编码为 3 个字段：

DDCC 是目的地国家码；

DNWC 是目的网络的地址；

DDTE 是目的地端用户识别。

同样的格式用于主叫地址，但在编码前面加上 S 表示源地址。

服务质量参数编码为 1,, 256，其中：

1　代表请求反向收费；

,,　代表对于分组窗口尺寸取缺省值；

256　代表对分组的长度取 256 个字节进行协商。

数据变量用来识别存储在存储器中的用户数据，抽象的原语可以用子程序调用、函数调用、寄存器存储处理等方法来实现，用计算机高级语言编程的方法来实现原语，可以简化软件的开发过程。

4. OSI 参考模型在电信网中的应用

OSI 参考模型最初是为计算机通信网建立的协议模型，随着计算机技术向通信领域的渗透，其应用范围已经逐渐扩大，成为制定电信网协议的重要依据。目前在电信网协议的制订过程中应用 OSI 参考模型的网络有：分组交换数据通信网的 X.25 接口，窄带综合业务数字网的 S/T 接口，7 号信令网，用户接入网的 V5 接口，电信管理网的 Q3 接口，SDH 的 ECC 信道。可见 OSI 参考模型在电信网中的应用已经十分广泛。

下面以 SDH ECC 协议栈来说明 OSI 参考模型在电信传输网中的应用。ECC 信道是 SDH 中的嵌入式信道，主要用于传送 SDH 的控制和管理信息，ECC 有两个信道其速率分别为 192kbit/s 和 576kbit/s，分别用于 SDH 再生段和复用段的管理信息的传输。

OSI 参考模型在电信网中已经得到了广泛的应用，成为制订电信网络协议的重要依据，但随着通信技术的发展，OSI 参考模型的应用也表现出它的局限性，有的通信网络的协议模型已经和 OSI 参考模型有了较大的区别。

例如，ATM 网络中都取消了原来的数据链路层，ATM 网络中取消了逐段的流量控制，原来 OSI 参考模型中的数据链路层的功能在 ATM 网络中已经不复存在，在 ATM 的协议模型中，网络的交换功能由原来的第 3 层移到了第 2 层，常被称之为第 2 层交换。

ATM 网络需要处理多媒体信息，因此在协议中增加了 ATM 适配层，有 AAL1、AAL2、AAL3/4、AAL5 等多种协议，分别处理语音、图像、面向连接和无连接数据业务，把它们经过不同的处理以后形成 ATM 信元，AAL 层组合了 OSI 模型中的第 4、第 5 和第 7 层的功能。

ATM 协议模型是在 OSI 的基础上发展起来的，但又有明显区别的一种宽带通信网络协议模型。

1.3.3　TCP/IP 协议模型

1. TCP/IP 协议模型概况

对于互操作通信的协议标准目前主要有两种体系结构，除了上述的 OSI 参考模型以外，还有一种 TCP/IP 协议模型。

TCP/IP 是在 20 世纪 70 年代由美国加州大学等研究机构开发的一个协议体系结构，开始用于世界上第一个分组交换网——ARPANET，作为该网的协议结构，以后 ARPANET 逐步演变为当前的 Internet，TCP/IP 又作为 Internet 的网络体系结构，同时 TCP/IP 又和 UNIX 操作系统结合在一起，广泛应用于各种局域网。

TCP/IP 协议模型没有官方的文件来加以统一，这一点和 OSI 参考模型的情况不同，OSI 参考模型由 ISO 和 ITU 统一发布标准的文件，规定这一模型的层次数量，每一层次的名称及其他功能。而 TCP/IP 协议层次的划分没有标准的文件加以规定，因此在各种不同的资料上 TCP/IP 的层次划分不完全一致，一般来说 TCP/IP 的模型可以分为 5 层，即应用层、传送层、网间层、网络接入层和物理层，TCP/IP 的分层模型如图 1.16 所示。

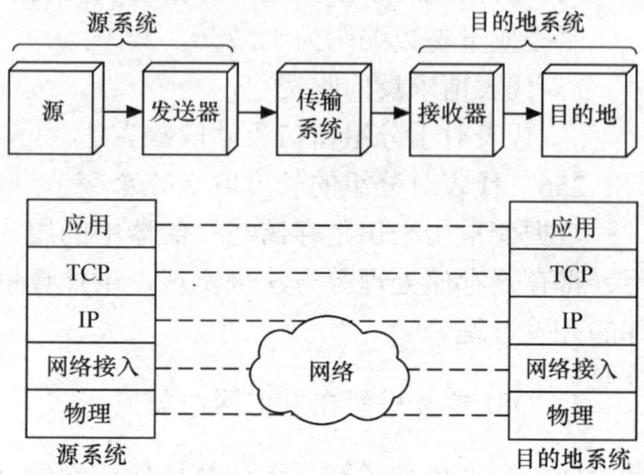

图 1.16　TCP/IP 分层模型

目前 TCP/IP 泛指以 TCP 和 IP 为基础的一个协议集，而不仅仅涉及 TCP 和 IP 两个协议，TCP/IP 协议集如图 1.17 所示。TCP/IP 已经成为一种工业标准，得到了广泛的应用。

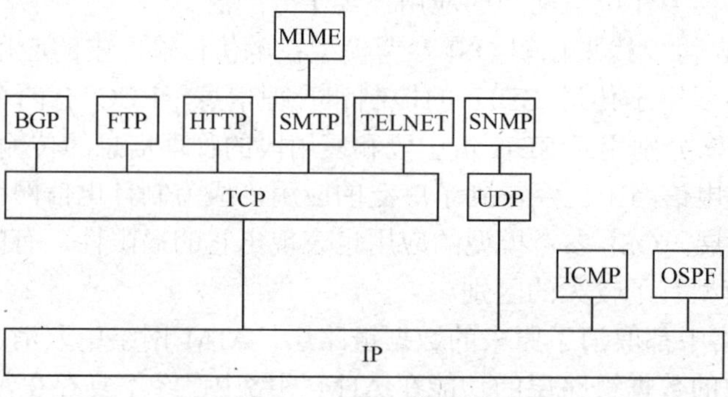

图 1.17　TCP/IP 协议集

2. TCP/IP 协议模型中各层的功能

下面对 TCP/IP 协议模型中各层的功能作简单的分析。

（1）物理层

解决比特流的传输问题，包括机械、电气、功能和过程 4 方面的特性。

（2）网络接入层

网络接入层也就是通信子网层。TCP/IP 的第 3 层协议是 IP，这一层协议的主要功能是交换功能，不具有对数据信号的传送功能，对于经过 IP 处理过的数据传送需要通过 IP 层之下的通信子网来进行。

网络接入层的主要功能是对 IP 数据报的传送，所谓网络接入的含义是 IP 终端通过通信子网接入到 IP 网络中去，这里 IP 数据报可以通过各种类型的通信子网进行传送，通信子网的例子有：X25 网、帧中继网、以太网、FDDI 环网、ATM 网、SDH 网等，当通过 ATM、SDH 网传送时，则称为 IP over ATM 方式和 IP over SDH 方式。

（3）IP 层

这是 TCP/IP 分层模型中的第 3 层，称为 Internet 层，译为网间层，其功能和 OSI 的网络层相同，这一层采用的协议是 IP，其主要功能如下。

① 规定了 IP 层的数据单元 IP 数据报的格式。

② 规定了 IP 地址的格式以及它们的分配规律。

③ 规定了根据节点路由表，实现 IP 数据报路由选择的方法。

④ 在 IP 数据报的长度和通信子网的数据单元的长度之间进行适配，如 IP 数据报的长度为 1 500 个字节，假设通过以太网传输，以太网传输的帧的长度为 1 000 个字节，这时需要对 IP 数据报进行分片处理。

（4）TCP 层

传送层涉及的是端—端的数据传送协议，传送层的目的是为用户终端提供可靠的数据传送，即传送层的作用是弥补从网络层得到的服务和用户对服务质量的要求之间的差距。服务质量良好的网络层仅需要简单的传送层协议，服务质量较差的网络层服务则需要复杂的、功能齐全的传送层协议。

IP 提供无连接的不可靠服务，需要具有良好差错控制功能的传输控制协议来保证端—端的数据传输质量。

在 TCP/IP 协议集中传送层协议主要有 3 种：传输控制协议（TCP），用户数据报协议（UDP）和互连网控制协议（ICMP）。

TCP 提供面向连接的端到端的可靠数据传送，根据 TCP，把用户数据分成 TCP 数据段进行发送，在接收端按顺序号进行重组，恢复原来的用户数据信息。TCP 的主要功能是差错校验、出错重发、顺序控制等，以保证数据的可靠传送，减少端到端数据传输误码率。

UDP 提供无连接服务，UDP 服务的优点是避免了在面向连接的通信中所必须的连接建立和连接释放的过程，避免额外开销的增加，在 UDP 服务中必须实现对数据包进行编号，并实现超时重传机制，以提高数据传输的质量。

在传输的数据包发生错误或出现丢失时，利用 ICMP 发送出错信息给发送端，其次在数据包流量过大时，通过 ICMP 还可以实现流量控制。

（5）应用层

应用层协议是为用户提供各种应用服务，应用层服务是由应用层软件来提供的，应用层软件是各种应用软件模块组成的，在 TCP/IP 协议集中提供的应用服务如下。

- TELNET：远程注册，是指登录到远程的计算机上去。
- FTP：文件传送，在服务器和客户机之间或在两台计算机之间传送文件。
- E-MAIL：在两个用户之间传送电子邮件。
- HTTP：发布和访问具有超文本格式的信息。
- SNMP：简单网络管理协议，对 TCP/IP 网络进行管理。
- TCP/IP：协议模型和 OSI 参考模型是目前得到广泛应用的两种协议模型，它们之间的对应关系如图 1.18 所示。

由图中可以看出，OSI 参考模型是一个 7 层结构，TCP/IP 协议模型是一个 5 层结构，其中 TCP/IP 的应用层和 OSI 的应用层相对应，在 TCP/IP 协议模型中没有表示层和会话层，这两层的功能包含在应用层中。TCP/IP 中的 TCP 层对应于 OSI 中的传送层，IP 层对于 OSI 中的网络层，TCP/IP 中的网络接入层不能和 OSI 中的数据链路相对应，是指 IP 网络的接入层具有独立的通信功能，可以是以太网、SDH 网、ATM 网络等协议。

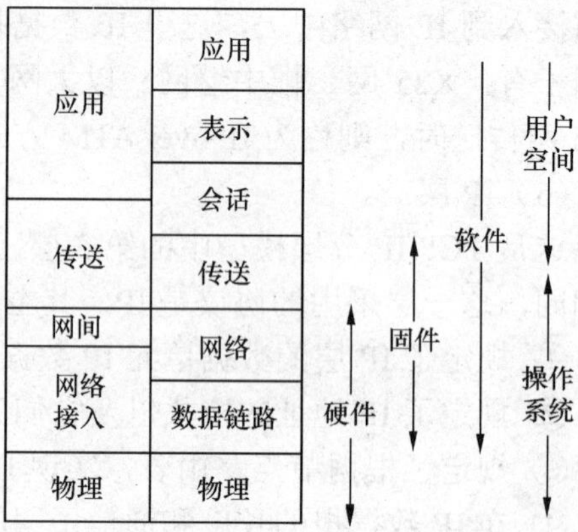

图 1.18　TCP/IP 协议模型和 OSI 参考模型之间的关系

1.3.4　IP 网络的分层协议模型

图 1.19 所示为 IP 网络的分层协议模型，这里 IP 是加于各种电信协议之上，其中 IP 与下层实际的电信协议之间的区域表示适配功能，QoS 映射以及所需的汇聚/适配协议。该模型描述了 IP 层及其以下各层之间的叠加关系，IP 业务可以通过帧中继叠加 SDH 网进行传送，也可以通过 ATM 叠加 SDH 进行传送，还可以在经过 PPP 处理以后通过 SDH 进行传送，而物理层则通过光传送网或无线、卫星、有线电视传送网对信号进行传送。

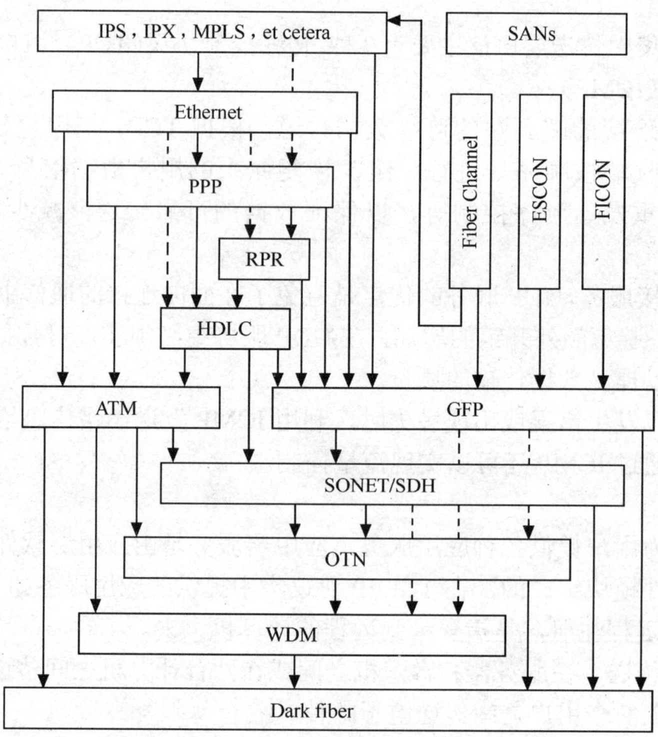

图 1.19　IP 网络的协议分层模型

习　　题

1．电信支撑网有哪几种类型？它们的功能分别是什么？

2．下一代传送网的特点是什么？下一代的 SDH 网络主要涉及哪些关键技术？

3．3G 移动通信网主要有哪几种制式？它们的特点是什么？

4．说明 OSI 的 1～3 层的功能，对于每一层举出 2 种协议的例子。

5．什么是 OSI 的 PDU？$N+1$ 层的 PDU 如何演变为 N 层的 PDU？

第2章　电　话　网

电话网分为固定电话网和移动电话网，按照装机容量来衡量，目前我国的电话网是世界上规模第一位的网路。目前电话用户总数已接近9亿户，包括固定电话用户3.72亿户，移动电话用户5.09亿户。

固定电话网是采用固定终端的一种业务网络，可以分为本地网和长途网。本地网是指在同一编号区域范围内，由若干个端局或者若干个端局和汇接局所组成的电话网。长途网是指在全国范围内不同的编号区之间通话的网路，由端局、汇接局和若干个长途局所组成的电话网。

移动电话网正在广泛使用的是G网和C网，G网是GSM数字移动电话系统，GSM数字移动电话系统是中国移动公司的主体网络。GSM电话网构成三级网路结构，在大区设立一级移动汇接中心，省会设立二级移动汇接中心，移动业务本地网设立本地汇接中心，形成三级移动网。

GSM数字峰窝通信系统的主要组成部分有基站系统与网络系统，基站系统由基站收发点和基站控制器组成，网络系统由移动交换中心（MSC）、操作维护中心（OMC）、原地用户位置寄存器、访问用户位置寄存器鉴别中心、设备标志寄存器等组成。

本章讨论固定电话网和移动电话网的等级结构、传输规划、系统组成和各部分的功能。

2.1　固定电话网

2.1.1　电话网的拓扑结构

1. 星状连接

与网状网截然不同的连接方法是星状连接，如图2.1所示。在星状网中，网的支路数明显小于网状网，但两个节点之间的呼叫必须通过中心节点转接。中心交换局用于在端局之间接续中继呼叫，常称为汇接局。

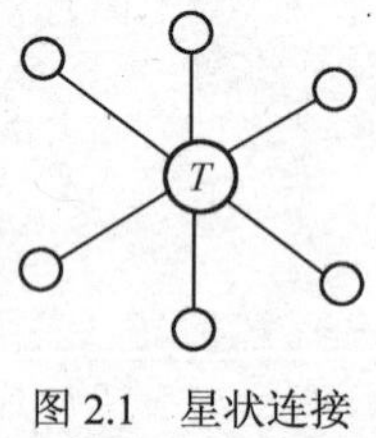

图2.1　星状连接

2. 网状连接

在电话网中，将交换局互相连接起来，经常采用的一种方法是网状连接。当采用网状连接时，每两个交换局之间均存在一条直接相连的路由，每条路由由足以传送两局之间电话呼叫的电路群组成。网状连接如图2.2所示，这里每个交换局称为节点，而每条路由又称为网的支路。

在网状网中，假定具有 N 个节点，则每个节点与（$N-1$）个其他节点均相连，如果把从节点 A 至 B 的连接与从 B 至 A 的连接看成是一条支路，则网状网的支路数 S 可以用下式表示：

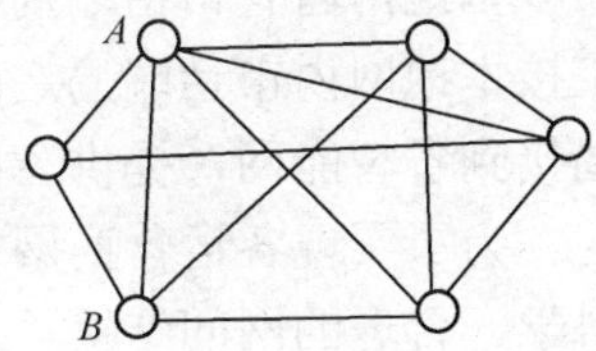

图 2.2　网状连接

$$S=\frac{N(N-1)}{2}$$

由上式可见，当网状网的节点数增加时，网的支路数将迅速增加，这将增加传输链路的投资费用，这一点使得网状网的使用只能局限于节点数比较小的网络。

3. 复合网

实际的电话网结构是网状网和重叠星状网结构的组合，这是把各种结构的优点组合起来的复合电路网。实践证明，这种复合式结构有利于减小电话网的投资，如图 2.3 所示。

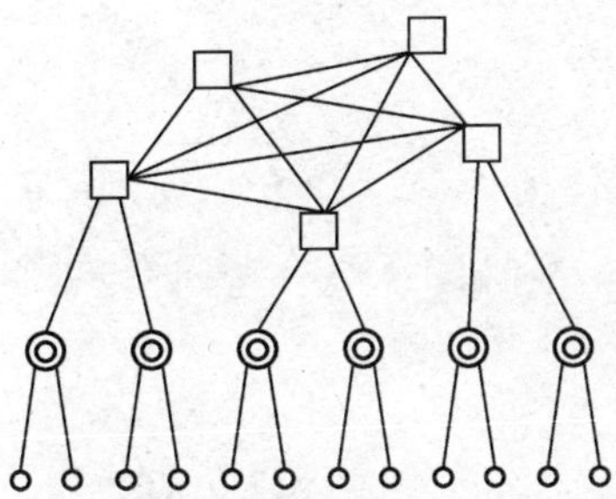

图 2.3　复合结构的电话网

2.1.2　电话网的等级制结构

早期长途网的网络结构由一、二、三、四级长途交换中心及五级交换中心（端局）组成。一级交换中心之间相互连接构成网状网，其他各级交换中心以逐级汇接为主，辅以一定数量的直达电路，从而构成一个复合型结构。随着电话网的数字化进程的实现，C1、C2 合并为一级，即 DC1，C3、C4 合并为一级，即 DC2，电话网从五级网演变为三级网，一级交换中心之间形成网状连接，为今后实现动态无级路由选择创造了条件。我国电话网的等级结构如图 2.4 所示。

DC1 是指一级干线，是省会城市和直辖市、各地市长途交换机，在 DC1 平面基本上形成了网状网，即省会城市到其他省会城市都有直达中继，DC2 是指二级干线，是省内各地市长途交换机，DC2 平面也基本上形成了网状网，即同一个省内某地市到省内其他地市都有直达中继。

本地网（local telephone network）是在一个长途编号区内、由若干端局（或端局与汇接局）、局间中继线、长市中继线及端局用户线所组成的自动电话网，本地网是由市话网扩大而形成的，在城市郊区、郊县城镇和农村实现了自动接续条件后，把城市及其周围郊区、郊县城镇和农村统一起来组成本地网，如图 2.5 所示。

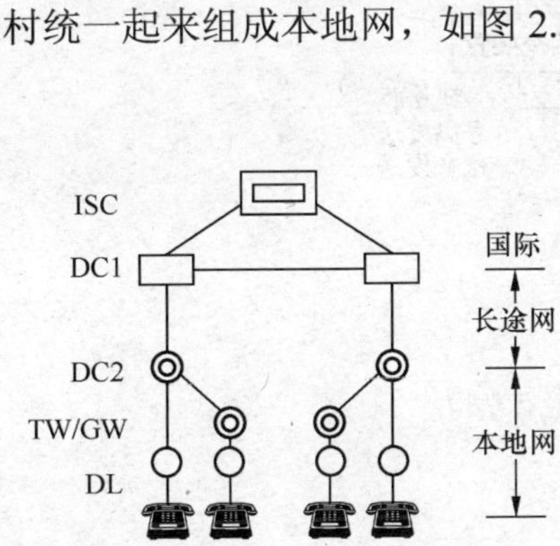

图 2.4　我国电话网的等级结构图

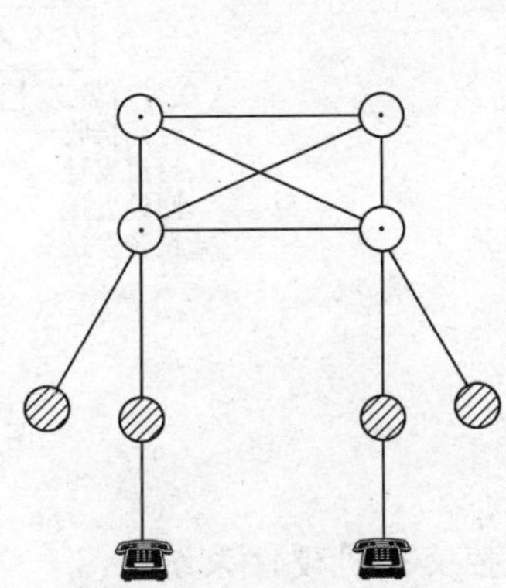

图 2.5　本地电话网的组成

本地网内有市话端局、汇接局、关口局和 SSP 局。市话端局直接提供用户接入；汇接局汇接本地网内市话端局之间以及到其他（如特服）通话，关口局和其他运营商网络相联；SSP 局接到省智能网，提供智能业务。

为了实现各运营商网络的互连设置关口局，用以完成网间话务转接和业务提供，并实现科学、合理的网间结算，从而使运营商效益得到保证，同时具有鉴权功能，可以在保护合法网间话务呼叫的同时，拒绝那些不合法的网间话务，关口局对技术性能的要求主要有以下几个方面。

① 较强的计费能力及网间结算功能。

② 丰富的中继及信令接口。

③ 完善的鉴权能力。

④ 较强的高话务量处理能力。

⑤ 灵活的网间智能业务的提供能力。

2.1.3 电话网的业务节点

1. 程控交换机结构

电话网就是把程控交换机通过传输设备相互连接起来，从而来实现任意两个用户之间的语音通信的通信网络。电话网的节点设备主要是指交换设备，即程控交换机，这是目前我国通信网中装机容量最大的一种设备。程控交换机是一种电路交换机，所谓电路交换就是指经过呼叫，在两个用户之间建立起一条 64kbit/s 的电路，以此电路为基础，实现用户之间的语音通信。

程控交换机由硬件系统和软件系统所组成，硬件部分包括话路系统和控制系统，软件部分包括运行软件和支援软件。程控交换机总体结构如图 2.6 所示。

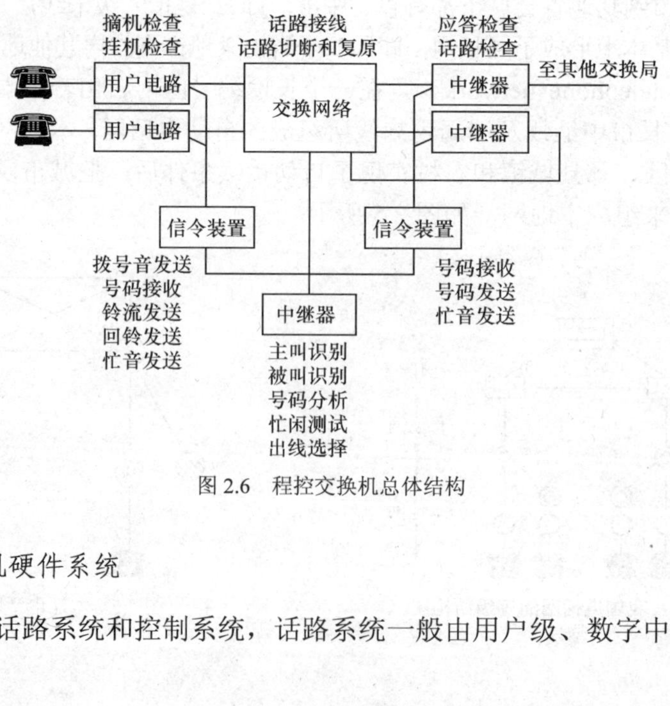

图 2.6 程控交换机总体结构

2. 程控交换机硬件系统

硬件部分包括话路系统和控制系统，话路系统一般由用户级、数字中继线接口、数字交换网络和信令部件4部分组成。

（1）话路系统

① 用户级。用户级包括用户电路和用户集线器。用户电路是用户线与交换机的接口电路，若用户线的终端是模拟话机，则用户线就称为模拟用户线，其用户电路即是模拟用户电路；若用户线终端是数字话机，则用户线就称为数字用户线，其用户电路即为数字用户线路。

目前数字交换机中用户电路的功能可以归纳为BORSCHT七个功能。

——B（Battery Feeding）：馈电，即采用-48V（或-60V）的直流电源向用户话机供电。

——O（Overvoltage Protection）：过压保护，对配线架上的保安器上输出的过大电压进行二次保护。

——R（Ringing Control）：振铃控制，利用振铃继电器控制铃流的发送。

——S（Supervison）：监视，主要是监视用户线的通/断状态，及时向用户线的状态信息送给处理机处理。

——C（CODEC&Filters）：编译码和滤波，即完成模拟信号和数字信号间的转换。

——H（Hybrid Circuit）：混合电路，即二/四线变换。用户话机的模拟信号是二线双向的，但是PCM数字信号是四线单向的，因此在编码以前、译码以后一定要进行二/四线的转换。

——T（Test）：测试，测试功能主要是用来及时发现用户终端、用户线路和用户线接口电路可能发生的混线、断线、接地与电力线碰接及元器件损坏等故障。

用户集中器具有话务集中的功能，由于每用户电路都直接与数字交换网络相连，将使数字交换网络的每条通路的利用率降低，采用用户集中器后，就可将用户线集中后接出较少的链路送往数字交换网络，这样不仅提高了链路的利用率，而且使接线端子数减少。

② 数字中继线接口。数字中继线接口是连接数字局之间的数字中继线与数字交换网络间的接口电路，数字中继线接口具有以下功能。

- 成码型变换。将线路上传输的HDB3码变成适合机内逻辑工作的NRZ码。
- 时钟提取。时钟提取电路是用来从PCM传输线上送来的码流中提取发端送来的时钟信息，以便控制帧同步电路，使收端和发端同步。
- 帧同步和复帧同步。帧同步的目的是使接收端帧的时序与发送端的时序一一对应，即从TS0开始，使后面的各路时隙一一对齐，保证各路信息能够准确地被接收端的各路所接收。

帧同步电路要从发端送来的码流中，检出偶帧的TS0中所发出来的帧同步码“0011011”，经过比较、鉴别和调整，确认其为帧同步信号时发出帧定位的控制信号。

复帧同步就是要在输入的码流中，检测出F0帧TS16的前4位码“0000”。一经检测出复帧同步码后，即可发出定位控制信息，使接收端的复帧时序和发端的复帧时序一一对齐。

- 帧定位。帧定位是使输入的码流相位和局内的时钟相位同步。

发端局送来的各时隙传送的信息，准确地按照本局的时钟传送，这就是帧定位的任务。

③ 数字交换网络。数字交换网络是程控交换机中的核心部件，其功能是实现数字交换，数字交换可以通过时分交换和空分交换这两种方式来实现。时分交换的实质是时隙互换，时隙互换是将一个样值的语音信息从一个时隙移动到另一个时隙。

在交换网络中实现时隙互换功能的部件称之为时分接线器，时分接线器可以分为读出控制方式的T接线器和写入控制方式的T接线器。

写入控制方式的T接线器采用控制写入、顺序读出的方法，在这种控制方式中，控制存储器的单元地址与输入时隙相对应，而单元内存放的地址与输出时隙相对应。

读出控制方式的 T 接线器采用顺序写入、控制读出的方法，它的语音存储器（SM）的写入是由定时脉冲控制，顺序写入，读出是由控制存储器进行控制读出，控制存储器的单元地址与输出时隙相对应，而单元内写入的地址与输入时隙号相对应。

写入控制的 T 接线器如图 2.7 所示。

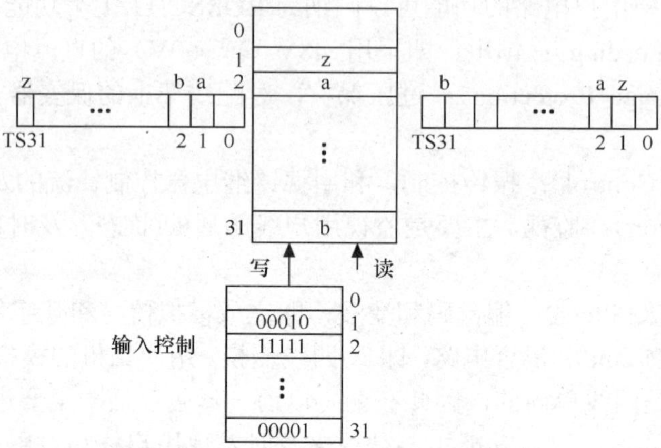

图 2.7　写入控制的 T 接线器

一级时分接线器的容量是有限的，只采用时分接线器不能满足大容量交换网络的要求，受到适应实际网络大容量的需求，需要采用空分型接线器配合时分型接线器，组成多级交换网络。空分接线器也称为 S 型接线器，其功能是完成 PCM 线之间的交叉连接，对于一根入线可以和任何一根出线相连，S 型接线器包含 $N \times N$ 个交叉点矩阵和控制存储器。

空分接线器如图 2.8 所示。

在大型程控交换机中，数字交换网络是由 T 接线器和 S 接线器组合而成的，目前使用较多的是三级组合，如 S-T-S，T-S-T，图 2.9 所示为交换网络的 T-S-T 结构。

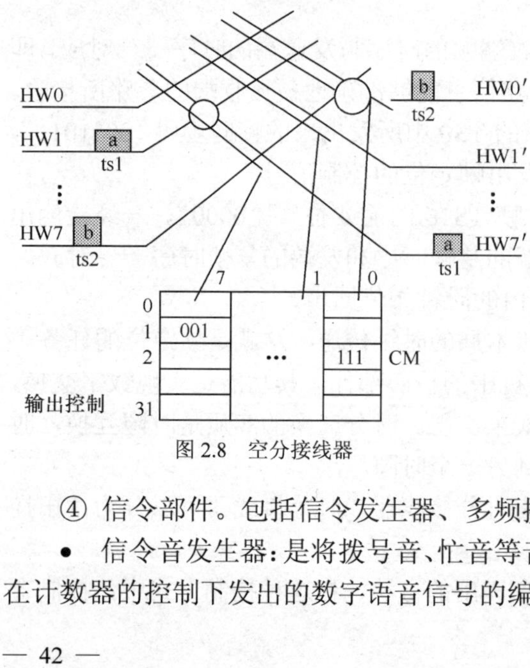

图 2.8　空分接线器

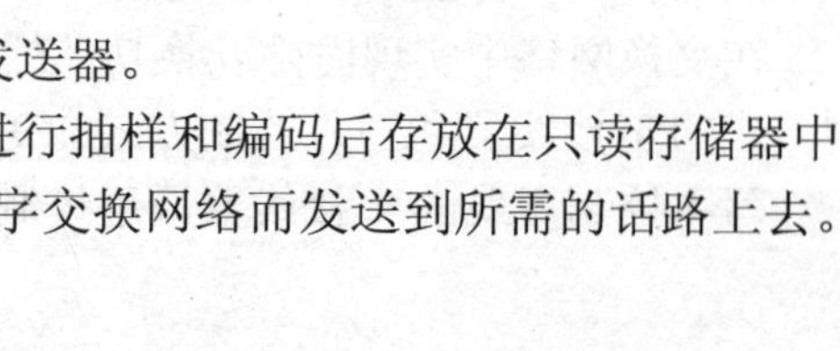

图 2.9　交换网络的 T-S-T 结构

④ 信令部件。包括信令发生器、多频接收器和发送器。

- 信令音发生器：是将拨号音、忙音等音频信号进行抽样和编码后存放在只读存储器中，在计数器的控制下发出的数字语音信号的编码，经数字交换网络而发送到所需的话路上去。

- 多频接收器和发送器：专门用来接收和发送多频信号。

（2）控制系统

控制核心是中央处理机，按照存放在存储器中的程序来控制接续、完成维护与管理功能。

① 集中功能：若在一个交换机的控制系统中，任一台处理机都可以使用系统中的所有资源（包括硬件资源和软件资源），执行交换系统的全部控制功能，则该控制系统就是集中控制系统。

② 分散控制：若在一个交换机控制系统中，每台处理机只能控制部分资源，执行交换系统的部分功能，则这个控制系统就是分散控制系统。在分散控制系统中，各台处理机可按容量分担功能分担的方式工作。

3. 程控交换机软件系统

软件系统包括运行软件、支援软件和数据。

（1）运行软件。运行程序分为系统程序和应用程序。

系统程序是交换机硬件同应用程序之间的接口，它主要包括下面的一些程序。

- 任务调度。
- I/O 设备的管理和控制。
- 处理机间的通信管理。
- 系统的监视和故障处理。
- 人—机通信。
- 资源的调度和分配。
- 呼叫处理。
- 管理程序。
- 维护程序。

（2）支援软件。

- 软件开发支援系统。
- 应用工程支援系统。
- 软件加工支援系统。
- 交换局管理支援系统。

（3）数据。

数据分为系统数据、局数据和用户数据。

4. 程控交换机接口

根据不同的用户接入和组网的要求，程控交换机可以提供多种信令方式的各种用户及中继接口，主要分为数字接口和模拟接口两类，每一类接口又分为用户线侧和中继线侧两部分。

（1）模拟接口

用户侧的模拟接口为 Z 接口，中继侧的模拟接口为 C 接口。

Z 接口即是二线模拟接口，允许用户最大环路电阻为 1 900Ω（包括电话机电阻），在用户线上可送 16kHz 计费信息脉冲。被叫应答时，ab 线可反转极性。其中 Z1 接口用来连接单个用户的用户线；Z2 和 Z3 接口则用来连接模拟远端集线器和模拟 PABX。

（2）数字接口

用户线侧的数字接口为 V 接口，中继线侧的数字接口为 A 接口和 B 接口。

① V 接口。为了提供交换机和用户终端之间的透明数字连接，要求数字交换机提供数字用户接入能力。本地交换机用户侧的数字接口，统称为“V”接口，目前已规定了 V1～V5 5 种数字接口。

- V1 接口：是数字用户线与用户设备之间的接口，一般速率为 64kbit/s，专用于 ISDN 接入，提供基本接入（2B+D）或基群接入（30B+D）。
- V2 接口：是连接数字远端模块（数字远端集线器）的接口，通过远端模块可以连至相应终端。接口速率是 2Mbit/s，其帧结构和传输特性符合 32 路 PCM 要求。
- V3 接口：是专用于 ISDN 的基群速率接口（30B+D），用于接 PABX（用户交换机）和专用网，采用四线传输。
- V4 接口：是专用于 ISDN 接入，一般为多路 2B+D。
- V5 接口：是接入网设备与交换机之间的标准通用接口，包括 V5.1 和 V5.2。它综合了以前各种接口的优点，可支持 PSTN 和 ISDN 的 2B+D、30B+D 等各种形式的接入。

V5.1 接口仅针对一条 PCM 由单个 2 048kbit/s 链路所支持，利用其中 2 个或 3 个时隙传送消息（仅有 PSTN 应用时使用 15、16 时隙，支持 ISDN 时使用 15、16 和 31 时隙）。

V5.2 接口由多个（最大数量为 16）2Mbit/s 链路所支持，除了支持 V5.1 接口的业务外，还可以支持多达 16 个 2Mbit/s 速率的业务，具有话务集中能力以及相应的管理功能。

② A 接口。A 接口是速率为 2Mbit/s 的数字中继接口，其结构和传输特性符合 32 路 PCM 要求，用于连接数字局间的中继线。

③ B 接口。B 接口是 PCM 二次群接口，其速率为 8Mbit/s，4 个二次群 B 接口合群以后，可以接三次群的 PCM，其速率为 34Mbit/s。

2.1.4 电话网中路由规划

1. 分级路由选择

电话网中传统的路由选择方法是分级别选路，这种路由选择方法是与电话网的等级制结构相适应的。等级制电话网中的路由可以分为以下 3 类。

① 基干路由。由同一交换区内相邻等级交换中心之间低呼损电路群及一级交换中心间的低呼损电路群所组成。在该路由上的话务量不允许溢出至其他路由。

② 低呼损直达路由。由任意两个等级交换中心之间的低呼损电路群所组成。它可以全部或部分地旁路基干路由，在该路由上的话务量不允许溢出至其他路由。

③ 高效直达路由。它是任意两个等级交换中心之间高效电路群所组成的路由，可以全部或部分地旁路基干路由，在该路由上的话务量可以溢出至其他路由。

这 3 种类型的路由如图 2.10 所示。

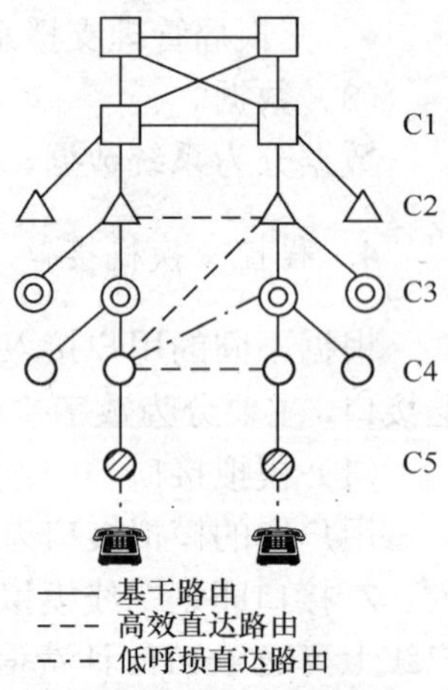

图 2.10　3 种类型的路由

采用分级制路由选择，当网中出现一个呼叫时，先为其选择高效直达路由，如果这条路由出现阻塞，则转向上面等级的交换局，依次选择迂回路由，最后选择最终路由。最终路由是不允许溢出的路由，它可以与基干路由一致，也可以部分一致。

图 2.11 所示为单迂回路由的最简单例子，图中的两个交换中心是通过高效直达路由连接起来的。当有呼叫到达时，首先选择直达路由，不能由直达路由接通的呼叫将溢出到图中所示的迂回路由，不能由迂回路由传输的呼叫将被阻塞，交换系统送回呼叫源忙音。

图 2.12 所示为存在多条迂回路由的分级选路示意图，这是一种充分利用等级制的选路方式。图中示出了四级交换中心之间的 5 种可能的路由，每一条后续的路由都往上移动一级。图中标明了路由选择的顺序，在此阶梯中，当所有的路由都不通时，呼叫将最终被阻塞。

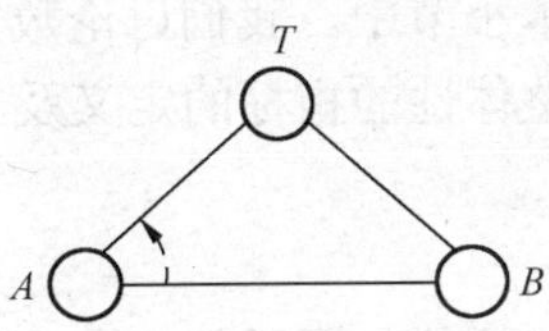

图 2.11 单迂回路由

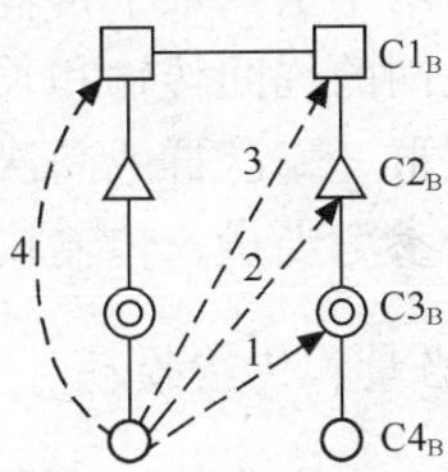

图 2.12 多条迂回路由的分级选路

2. 动态无级路由选择

动态无级路由选择是近几年发展起来的一项新的选路技术，它区别于电话网中传统的静态分级式选路。这种方法采用的前提是电话网中的交换机是程控数字交换机，并且采用公共信道信号系统。

动态无级选路技术的特点在于两个方面，即动态和无级。所谓动态，指的是网络中路由选择的顺序是随时间而变化的，相当于每个节点具有一张变化的路由表。所谓无级，指的是路由选择的顺序与交换局的等级无关，即在路由选择这个问题上，各交换局都是平等的。

在动态无级网中，中央选路处理机定期从网中的交换机收集它们的出局中继线的忙闲信息以及它们的呼叫处理单元上的负载信息，并据此来更新路由表。为了减小传输的费用，一般路由选择不超过两段链路，即对于一条迂回路由来讲，中间只能有一个转换交换机。

图 2.13 所示为动态无级选路网的结构，它是由路由选择处理机、若干程控数字交换机、交换机之间的传输链路，以及交换机和路由选择处理机之间的数据链路构成的。

在图 2.13 中，*A* 是源节点，*B* 是目的地节点。在 *A*、*B*、*C*、*D*、*E*、*F*、*G* 处分别设置长途程控交换机。在 *A* 和 *B* 两节点间共有 6 条不同的路由，其中路由 1 为直达路由，路由 2、3、4、5、6 均为迂回路由，它们分别经过中间节点 *E*、*F*、*G*、*D* 和 *C*。这 6 条路由可以有不同的选择顺序。图 2.13 中列出了 4 种不同的顺序，它们分别可以在上午、下午、晚上和周末采用。

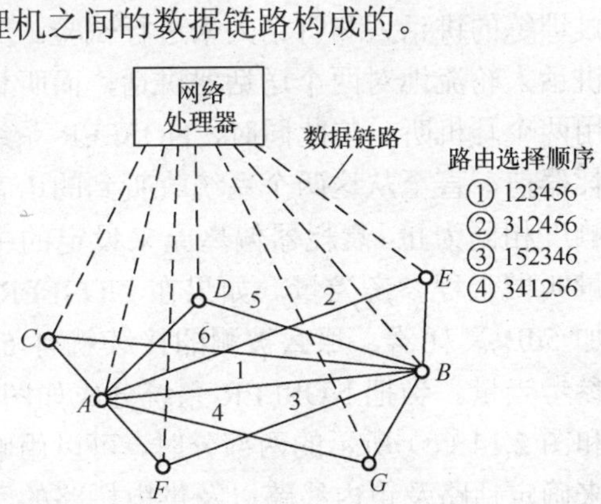

图 2.13 动态无级选路网的结构

动态无级选路的优点是提高了网络的利用率。根据已采用动态无级选路技术的国家的统计资料，无级选路可减小 15%的费用。效益高的原因是动态路由选择与电话网中话务量的动态变化相适应。电话网中话务量是时间的函数，在一天 24h 内，有时话务量将到达它的峰值，有时又将到达谷点，同时各个交换局到达的话务量也是不平衡的。分级式路由选择本质上是静态的，所以必须按峰值话务量来设计电话网，从而使网中的一部分容量在非高峰期间被闲置。动态无级路由选择通过自适应选路来调整话务量的分配，用较少的资源来处理同样的负载，从而提高了网络资源的利用率。

2.1.5 电话网的传输规划

目前电话网中引入数字传输设备的速度十分迅速，已经逐步形成以数字干系为主体的传输格局。本地网的局间传输和长途网的干线传输，主要是由电缆、光缆、微波作为媒质，传输速率为一次群、二次群或高次群的数字传输系统。在本小节中，我们讨论数字网的传输规划，主要讨论参考当量、传输损耗、误码时间率等带有整体性的指标的定义及其分配。

1. 参考当量和传输损耗

在电话网中，全程传输损耗必须限制于某一最大值，才能使通话的双方能够听到足够响度的声音。另一方面，传输损耗也必须大于某一数值，以抑制回声和振鸣，使得整个电路能稳定地工作。这一部分主要讨论参考当量和全程传输损耗的分配。

（1）参考当量

在电话网中，采用传输损耗这一指标不足以衡量通话的质量，因为传输损耗一般指的是传输线路上信号所受到的损耗，而与电话机的参数无关。为了全面地反映各种因素对通话的影响，其中包括电话机的影响，因而引入了参考当量。参考当量是把系统的响度与一个作为电话参考当量基准系统的响度相比较而得到的。

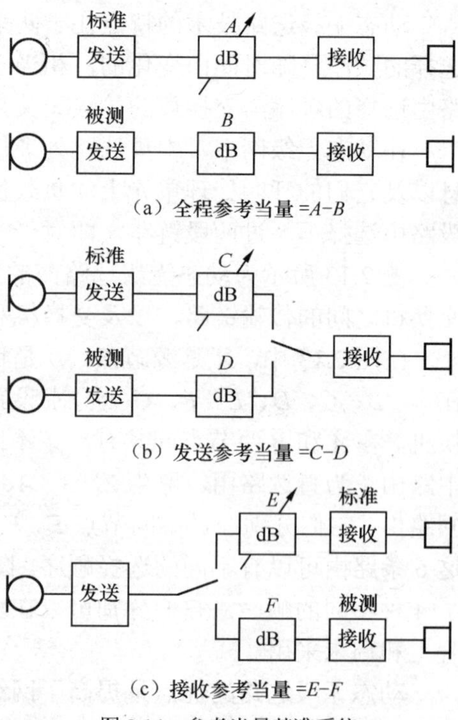

图 2.14 参考当量基准系统

原 CCITT 推荐的参考系统叫做“参考当量新基准系统”，缩写为 NOSFER 系统。这是一种有精确指标可复制的高质量电话设备的装置。利用 NOSFER 在两条市内线路和两部电话机之间的一个传输方向上比较响度，如图 2.14（a）所示，要由经过训练的讲话人和听话人来进行试验。其原理是，讲话人轮流地对两个送话器讲话，而听话人则轮流用两个耳机听，与此同时，NOSFER 系统中调整衰耗器值，直至从这两个系统收听到的语音被判定为响度相同为止。衰耗器偏离原来设定的中值的变化量叫做全程参考当量。如果在 NOSFER 系统上增加 5dB 衰耗器，那么被测的接续就有 5dB 的全程参考当量。当把 NOSFER 系统分成如图 2.14（b）和图 2.14（c）所示的两部分时，可以用响度比较法来确定话路及市内线路以及供电桥路的发送参考当量和接收参考当量。

（2）四线链路的传输损耗

在电话网的两个用户之间的互连中，通常既存在二线传输，又存在四线传输，通过混合线圈来实现二线到四线的转换。由于四线链路的存在，因而就产生了回声，而且有可能产生振鸣和准振鸣。

回声的产生过程如图 2.15 所示。在该图的四线电路中，不完善的线路平衡会引起传输信号的一部分能量从一个方向反射至另一方向。讲话人或受话人能够听到反射信号，这种效应就叫做回声。信号反射至电路的发话端叫做发话人回声，回声再发射回受话端则叫做受话人回声。发话人回声和受话人回声的途径已在图 2.15 中标出。

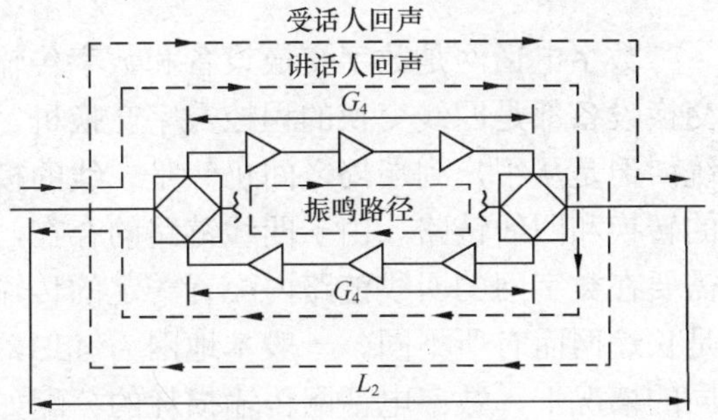

图 2.15　回声的产生过程

二线与四线之间或者四线与二级间经混合线圈转换时产生的损耗为 3dB，因此从一个二线线路到另一个二线线路间的总的损耗为

$$L_2 = 6 - G_4\text{（dB）} \tag{2.1}$$

式中，G_4 是四线电路的净增益（即放大器的总增益减去线路的总损耗）。在四线链路中，信号经过混合线圈的损耗叫做混合转换损耗，等于 6+B dB，这里 B 是由于二线线路和平衡网络之间的阻抗失配而产生的，叫做平衡回损，它可以表示为

$$B = 20\log10\left|\frac{Z+N}{Z-N}\right|\text{（dB）} \tag{2.2}$$

式中，Z 是二线线路的阻抗，N 是平衡网络的阻抗。

因此，发话人回声损耗值 L_t 可以表示为

$$L_t = 3 - G_4 + (B+6) - G_4 + 3 = 2L_2 + B\text{（dB）} \tag{2.3}$$

而受话人回声损耗值 L_r 为

$$L_r = (B+6) - G_4 + (B+6) - G_4 = 2L_2 + 2B\text{（dB）} \tag{2.4}$$

对回声的讨厌程度不仅与回声的强度有关，而且与时间延迟有关，线路越长，时延越大，要求的回声损耗 L_t 也越大。靠提高接续损耗来控制回声是有限度，通常，当往返路程延迟时间约为 40ms 时，就达到了极限。时延超过此值，以致不能同时得到足够低的传输损耗和足够高的回声损耗。对于时延长的电路，需要设置回声抑制器。

在图 2.15 所示的结构中，当闭合回路的增益接近于损耗时，会使信号严重失真，产生一种使人感到在空桶中讲话的感觉，这种现象叫做准振鸣。当闭合环路中的增益大于损耗时，就会发生振鸣。图 2.15 所示的振鸣路径的净损耗 L_s 为

$$L_s = 2(B + 6 - G_4)\text{（dB）}$$

即

$$L_s = 2(B + L_2)\text{（dB）} \tag{2.5}$$

系统稳定性工作的条件是 $L_s>0$，这就是要求 $B + L_2>0$。

根据以上分析，电话网的四线电路链路必须具备一定数量的传输损耗，这个损耗的作用是：①使电路保持稳定，不出现振鸣或出现振鸣的频次在允许的概率之内；②电路不出现准振鸣或出现准振鸣的频次在允许的概率之内；③增加回声损耗，以降低发话人回声的影响。根据计算，在长途网中为了控制电路的振鸣，四线电路链路需传输损耗 5dB；为了控制准振

鸣，需传输损耗 4dB；为了抑制回声，需传输损耗 7dB。考虑上述 3 方面的情况，长途网中四线电路的传输损耗确定为 8dB。

2. 数字电话网网传输损耗的分配

数字电话网是数字交换设备和数字传输设备相结合而形成的通信系统。在数字电话网中，交换设备都是四线交换的程控数字交换机，市内的中继传输和长途传输都是四线数字传输系统，但是从用户到端局之间仍然是二线的模拟传输，因此在此系统中依然存在着二线到四线的转换和四线链路。由于四线链路的存在，同样可能产生严重的回声和振鸣现象，这就同样需要在数字网的四线链路内配置一定的传输损耗。这一传输损耗的数值根据系统是本地网还是长途网而有所不同。一般本地网为 4dB，而长途网为 8dB。在本地接续和长途接续两种不同的情况下，数字电话网传输损耗的分配如图 2.16 所示。

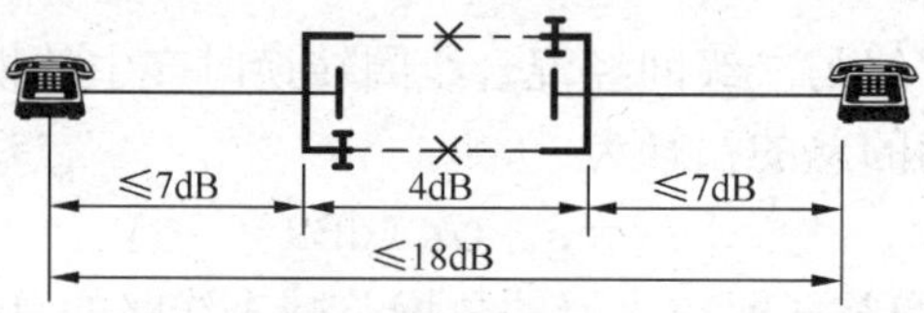

（a）本地网传输损耗

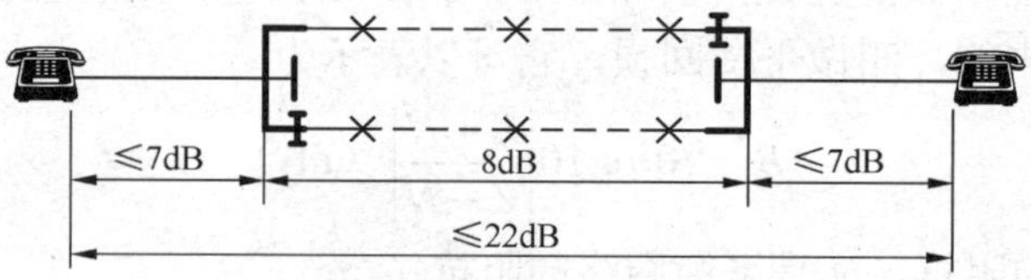

（b）长途网传输损耗

图 2.16 数字电话网传输损耗的分配

在数字长途网中，四线电路的传输损耗 8dB 全部配置于接收端，其原因是原 CCITT 建议数字交换机的相对电平为 0dBr，二线输入点的相对电平也按在模拟网中的习惯一般采用 0dBr，因此，在发送端由二线输入点至编码之间配置的损耗值应为 0dB，而 8dB 的损耗值则全部设置在译码器和二线输出点之间。

在模拟网中，由于市内的交换局为二线交换，局间传输为二线传输。在长途接续中，市内中继线传输损耗、长市中继线传输损耗和局内损耗占了长途接续全程传输损耗的很大一部分，这种情况在数字电话网中得到了改变。在数字网中，四线交换和四线传输一直延伸到市话端局，从而使全程传输损耗比模拟网有明显减小。用户的通话质量得到了提高，这是程控交换机和数字传输系统引入以后带来的效果。

数字程控交换机引入以后带来的不利影响是传输时间延迟的增加。模拟电话交换机的单向传输时间是可以忽略不计的，但数字交换机的单向传输时间在 ms 数量级，因此，引入数字程控电话交换机后，在某些情况下，全程传输时间会超过 35.1ms。为了有效地抑制回声，不能继续增加四线电路链路的传输损耗。在我国长途网中规定，在下述长途电路的两端要增加回声控制设备：

- 距离大于 1 500km 的两个一级中心间的转接电路；
- 距离大于 2 500km 的两个一级中心间的全部电路；

- 距离大于 2 500km 的一个一级中心与二/三级中心间的全部直达电路；
- 国内卫星电路。

2.2 移动电话网

2.2.1 移动电话网概述

移动电话网就是可以使移动用户之间进行通信的网络。我国自 1987 年开始开通移动电话业务以来，移动电话迅猛发展，用户增长迅速，到现在我国曾经出现了 5 种移动电话网共存的局面，这 5 种网各有不同的通话范围和不同的业务功能。我国的 5 种移动电话网又被称为 a、b、c、d、g 网，其中 a 网和 b 网是模拟网，已逐步淘汰，c、d、g 网是数字网。

① a 网和 b 网：模拟移动电话网，随着模拟通信向数字通信过渡，a 网和 b 网已逐步淘汰。

② c 网：cdma 制式移动电话网，c 网是指 cdma（码分多址）制式的移动电话网，cdma 制式是接通率高、噪声小、发射功率小的新型数字网，能实现移动电话的各种智能业务。cdma 已在全国范围联网，因此，使用 cdma 手机可以在全国范围漫游。

③ g 网：GSM（Global System for Mobile Communications）即全球移动通信系统，该系列主要有 GSM900、DCS1800 和 PCS1900 三部分，三者之间的主要区别是工作频段的差异。

20 世纪 90 年代中期，我国开始建设“全球通”（GSM）数字移动电话网，这就是 g 网。数字网具有许多新的业务功能，特别是具有漫游范围最为广泛的特点，因而被称为“全球通”。g 网工作于 900MHz 频段，频带比较窄，随着近年来移动电话用户迅猛增长，许多地区的 g 网已出现因容量不足而达到饱和的状态。为了进一步扩大网络的容量，近来又建设了“d”网。

④ d 网：工作在 dcs1800 系统的移动电话网。它的基本体制和现有的 GSM900 系统完全一致，但工作于 1800MHz 频段，需要用全球通 1800 的手机。如果使用双频手机，那么在 g 网中也能漫游、自动切换。现在有许多城市是 DCS1800 系统和 GSM900 系统同时覆盖一个地区，就称为全球通双频系统，使全球通移动通信系统的容量成倍增长。

现代通信追求的目标是实现任何时间、任何地点和任何对象之间的通信，而移动通信正是实现这一目标的重要组成部分。从移动通信的具体表现形式来分，陆地移动通信（PLMN）占有绝对的地位，是整个移动通信领域中的主要内容。从陆地移动通信的具体实现形式来分，主要有模拟移动通信和数字移动通信两种。目前我国各地的移动通信系统中大多采用 GSM 数字蜂窝系统，使得 GSM 系统成为目前我国最成熟和市场占有量最大的移动通信系统。

GSM 数字移动通信系统源于欧洲。早在 1982 年，欧洲已有几大模拟蜂窝移动系统在运营，例如北欧多国的 NMT（北欧移动电话）和英国的 TACS（全接入通信系统），西欧其他各国也提供移动业务。当时这些系统是国内系统，不可能在国外使用。为了方便全欧洲统一使用移动电话，需要一种公共的系统，1982 年，北欧国家向 CEPT（欧洲邮电行政大会）提交了一份建议书，要求制定 900MHz 频段的公共欧洲电信业务规范。在这次大会上就成立了一个在欧洲电信标准学会（ETSI）技术委员会下的“移动特别小组（Group Special Mobile，GSM）”，来制定有关的标准和建议书。

蜂窝移动通信的出现可以说是移动通信的一次革命，其频率复用大大提高了频率利用率并增大系统容量，网络的智能化实现了越区转接和漫游功能，扩大了客户的服务范围。

2.2.2 数字蜂窝移动通信网的网路结构

1. 全国 GSM 移动通信网的网路结构

我国数字蜂窝移动通信网分为三级结构，交换局可以分为：

- 大区移动汇接中心（一级汇接中心）；
- 省移动汇接中心（二级汇接中心）；
- 本地移动业务交换中心（移动端局）。

全国 GSM 移动电话网按大区设立一级汇接中心、省内设立二级汇接中心、移动业务本地网设立端局构成三级网路结构。

目前中国移动 GSM 网在北京、上海、广州、武汉、南京、沈阳、西安和成都 8 个大区中心设置一级汇接中心。由于移动业务发展迅速，移动用户不断增多，各省之间的移动话务量不断增大，一级汇接中心所承担的本汇接区与其他汇接区间的转话话务量也随之增大，而兼有端局功能的汇接中心受限于移动交换机本身的处理能力，将无法承担较大的转话话务量，因此，对于承担转话话务量比较大的一级汇接中心应设置独立的一级汇接中心，但考虑到将来便于向两级网过渡，一级汇接中心可兼有二级汇接中心的功能。目前，上海设独立的一级汇接中心，北京、广州、武汉、南京、沈阳设兼有二级汇接中心功能的独立的一级汇接中心，西安和成都设有与二级汇接中心及端局合并的一级汇接中心。8 个一级汇接中心之间通过长途电路网状网相连，同时与其所辖的省（自治区）或市的二级汇接中心相连。

GSM 网路与 PSTN（公用电话网）网路的连接关系如图 2.17 所示。从图中可见，三级网路结构组成了一个完全独立的数字移动通信网路。

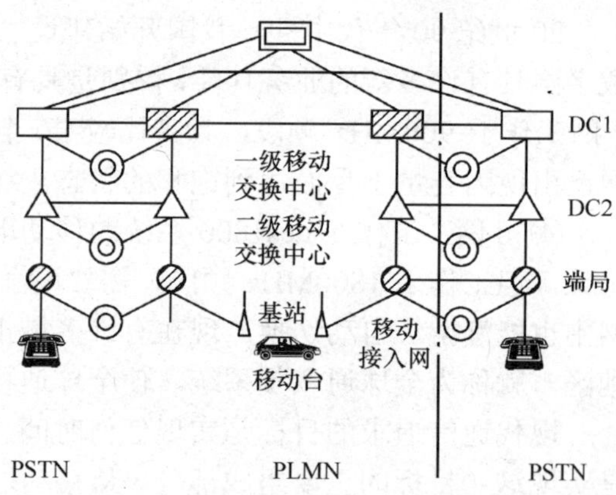

图 2.17 GSM 与 PSTN 网路连接示意图

在“中国联通”GSM 移动交换局所在地，联通网和移动网之间各设一个网间接口局，双方接口局按一对一的方式成对互连。联通 GSM 客户与移动网 GSM、PSTN 客户间的各种业务互通（含本地、自动长途、移动及国际业务等）所需的话路接续和信号，均经过网间接口局连通。

2. 省内 GSM 移动通信网的网路结构

省内 GSM 移动通信网由省内的各移动业务本地网构成，省内设若干个移动业务汇接中心（即二级汇接中心），汇接中心之间为网球网结构，汇接中心与移动端局之间成星状网。根据业务量的大小，二级汇接中心既可以是单独设置的汇接中心（即不带客户，全有至基站接口，只作汇接），也可兼作移动端局（与基站相连，可带客户）。省内 GSM 移动通信网中一般设置二三个移动汇接局较为适宜，最多不超过 4 个，每个移动端局至少应与省内两个二级汇接中心相连，如图 2.18 所示。任意两个移动交换局之间若有较大业务量时，可建立语音专线。

3. 移动业务本地网的网路结构

全国可划分为若干个移动业务本地网，划分的原则是长途区号为 2 位或 3 位的地区为一个移动业务本地网。每个移动业务本地网中应设立一个 HLR（必要时可增设 HLR，HLR 可以是有物理实体的，也可以是虚拟的，即几个移动业务本地网公用同一个物理实体 HLR，HLR 内部划分成若干个区域，每个移动业务本地网用一个区域，由一个业务终端来管理。和一个或若干个移动业务交换中心（MSC），还可以几个移动业务本地网共用一个 MSC。

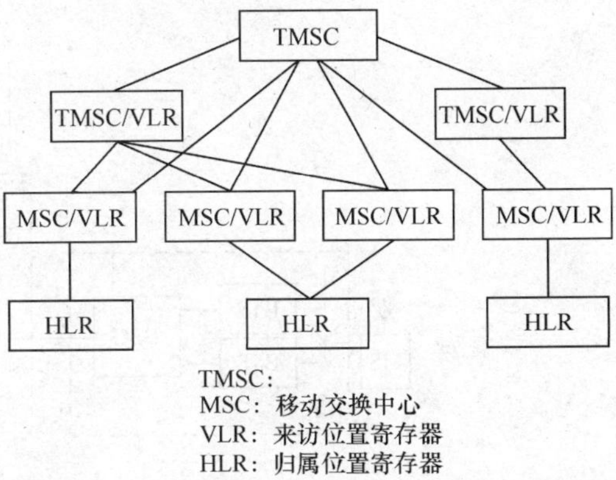

图 2.18　省内 GSM 移动通信网络结构示意图

在移动业务本地网中，每个 MSC 与局所在地的长途局相连，并与局所在地的市话汇接局相连。在长途多局制地区，MSC 应与该地区的高级长途局相连。在没有市话汇接局或话务量足够大的情况下，MSC 亦可与本地市话端局相连。当一个 MSC 覆盖几个长途编号区时，该 MSC 也可和这几个长途编号区的市话汇接局和长途局相连。

每个 MSC 均为数字移动通信网的入口局，入口局具有为移动终端的呼叫询问呼叫路由的功能和为呼叫选路至它们终端的目的地（被叫移动台）的功能。

2.2.3　GSM 系统组成

蜂窝移动通信系统主要是由交换网路子系统（NSS）、无线基站子系统（BSS）和移动台（MS）3 大部分组成，其中 NSS 与 BSS 之间的接口为“A”接口，BSS 与 MS 之间的接口为“Um”接口。在模拟移动通信系统中，TACS 规范只对 Um 接口进行了规定，而未对 A 接口做任何限制。GSM 规范对系统的各个接口都有明确的规定，各接口都是开放式接口。

GSM 系统的典型结构如图 2.19 所示，主要由 3 个相关的子系统组成，它们是网络子系统（NSS）、操作支持子系统（OSS）和基站子系统（BSS）。移动台（MS）也是一个子系统，但通常被认为是基站子系统的一部分。这些子系统通过一定的网络接口互相连接，并与用户相连。

其中基站子系统（BSS）在移动台（MS）和网络子系统（NSS）之间提供和管理传输通路，特别是包括了 MS 与 GSM 系统的功能实体之间的无线接口管理。NSS 必须管理通信业务，保证 MS 与相关的公用通信网或与其他 MS 之间建立通信，也就是说 NSS 不直接与 MS 互通，BSS 也不直接与公用通信网互通。MS、BSS 和 NSS 组成 GSM 系统的实体部分。操作支持系统（OSS）则提供运营部门一种手段来控制和维护这些实际运行部分。

在 GSM 网上还配有短信息业务中心（SC），既可开放点对点的短信息业务，类似数字寻呼业务，实现全国联网，又可开放广播式公共信息业务。另外配有语音信箱，可开放语音留言业务，当移动被叫客户暂不能接通时，可接到语音信箱留言，提高网路接通率。

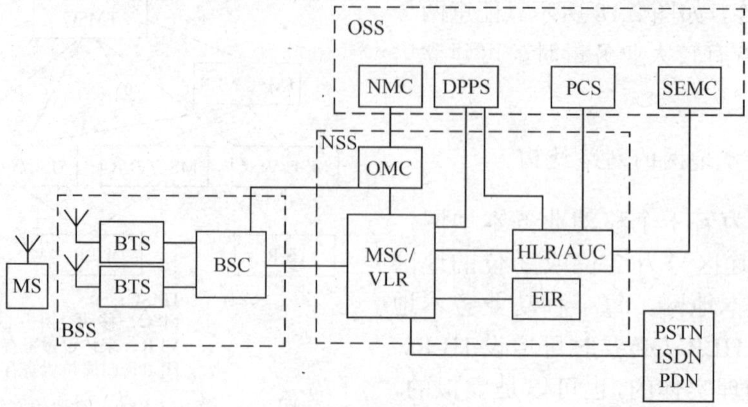

OSS：操作支持子系统　BSS：基站子系统　NSS：网络子系统
NMC：网络管理中心　DPPS：数据后处理系统　SEMC：安全性管理中心
PCS：用户识别卡个人化中心　OMC：操作维护中心　MSC：移动业务交换中心
VLR：来访用户位置寄存器　HLR：归属用户位置寄存器　AUC：鉴权中心
EIR：移动设备识别寄存器　BSC：基站控制器　BTS：基站收发信台
PDN：公用数据网　PSTN：公用电话网　ISDN：综合业务数字网
MS：移动台

图 2.19　GSM 系统的典型结构

GSM 系统组成如下。

（1）移动台（MS）

MS 是公用 GSM 移动通信网中用户使用的设备，也是用户能够直接接触的整个 GSM 系统中的唯一设备。移动台的类型不仅包括手持台，还包括车载台和便携式台。随着 GSM 标准的数字式手持台进一步小型、轻巧和增加功能的发展趋势，手持台的用户将占整个用户的极大部分。

MS 除了通过无线接口接入 GSM 系统的一般无线处理功能外，必须提供与使用者之间的接口，比如完成通话呼叫所需要的话筒、扬声器、显示屏和按键；或者提供与其他一些终端设备之间的接口，比如与个人计算机或传真机之间的接口；或同时提供这两种接口。因此，根据应用与服务情况，移动台可以是单独的移动终端（MT）、手持机、车载机或者是由 MT 直接与终端设备（TE）传真机相连接而构成，或者是由 MT 通过相关终端适配器（TA）与 TE 相连接而构成，这些都归类为移动台的重要组成部分之一——移动设备。

移动台另外一个重要的组成部分是用户识别模块（SIM），它基本上是一张符合 ISO 标准的“智慧”卡，它包含所有与用户有关的和某些无线接口的信息，其中也包括鉴权和加密信息。使用 GSM 标准的移动台都需要插入 SIM 卡，只有当处理异常的紧急呼叫时，可以在不用 SIM 卡的情况下操作移动台。SIM 卡的应用使移动台并非固定地缚于一个用户，因此，GSM 系统是通过 SIM 卡来识别移动电话用户的，这为将来发展个人通信打下了基础。

（2）基站子系统（BSS）

BSS 是 GSM 系统中与无线蜂窝方面关系最直接的基本组成部分。它通过无线接口直接与移动台相接，负责无线发送接收和无线资源管理。另外，BSS 与网路子系统（NSS）中的移动业务交换中心（MSC）相连，实现移动用户之间或移动用户与固定网路用户之间的通信连接，传送系统信号和用户信息等。当然，要对 BSS 部分进行操作维护管理，还要建立 BSS 与操作支持子系统（OSS）之间的通信连接。

BSS 是由基站收发信台（BTS）和基站控制器（BSC）这两部分的功能实体构成的。实际上，一个基站控制器根据话务量需要可以控制数十个 BTS。BTS 可以直接与 BSC 相连接，也可以通过基站接口设备（BIE）采用远端控制的连接方式与 BSC 相连接。需要说明的是，BSS 还应包括码变换器（TC）和相应的子复用设备（SM）。TC 在更多的实际情况下是置于 BSC 和 MSC 之间，在组网的灵活性和减少传输设备配置数量方面具有许多优点。一种具有本地和远端配置 BTS 的典型 BSS 组成方式如图 2.20 所示。

（3）基站收发信台（BTS）

BTS 属于基站子系统的无线部分，由基站控制器（BSC）控制，服务于某个小区的无线收发信设备，完成 BSC 与无线信道之间的转换，实现 BTS 与移动台（MS）之间通过空中接口的无线传输及相关的控制功能。BTS 主要分为基带单元、载频单元、控制单元三大部分。基带单元主要用于必要的语音和数据速率适配以及信道编码等。载频单元主要用于调制/解调与发射机/接收机之间的耦合等。控制单元则用于 BTS 的操作与维护。另外，在 BSC 与 BTS 不设在同一处需采用 Abis 接口时，传输单元是必须增加的，以实现 BSC 与 BTS 之间的远端连接方式。如果 BSC 与 BTS 并置在同一处，只需采用 BS 接口时，传输单元是不需要的。

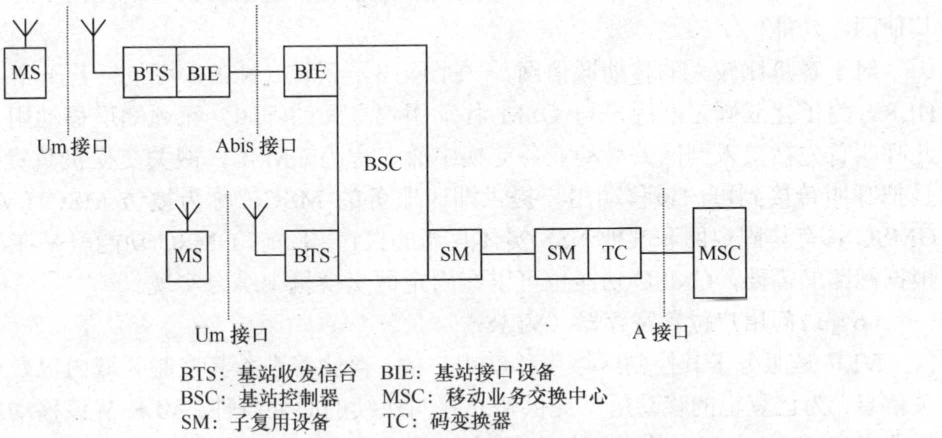

图 2.20 典型的 BSS 组成方式

（4）基站控制器（BSC）

BSC 是基站子系统（BSS）的控制部分，起着 BSS 的变换设备的作用，即各种接口的管理，承担无线资源和无线参数的管理。

BSC 主要由下列部分构成：

朝向与 MSC 相接的 A 接口或与码变换器相接的 Ater 接口的数字中继控制部分；

朝向与 BTS 相接的 Abis 接口或 BS 接口的 BTS 控制部分；

公共处理部分，包括与操作维护中心相接的接口控制。

（5）移动业务交换中心（MSC）

网路子系统（NSS）主要包含有 GSM 系统的交换功能和用于用户数据与移动性管理、安全性管理所需的数据库功能，它对 GSM 移动用户之间通信和 GSM 移动用户与其他通信网用户之间通信起着管理作用。NSS 由一系列功能实体构成，整个 GSM 系统内部，即 NSS 的各功能实体之间和 NSS 与 BSS 之间都通过符合原 CCITT 信令系统 7 协议和 GSM 规范的 7 号信令网路互相通信。

MSC 是网路的核心，它提供交换功能及面向系统其他功能实体：基站子系统（BSS）、归属用户位置寄存器（HLR）、鉴权中心（AUC）、移动设备识别寄存器（EIR）、操作维护中心（OMC）和面向固定网（公用电话网（PSTN）、综合业务数字网（ISDN）、分组交换公用数据网（PSPDN）、电路交换公用数据网（CSPDN））的接口功能，把移动用户与移动用户、移动用户与固定网用户互相连接起来。

MSC 可从 3 种数据库，即归属用户位置寄存器（HLR）、访问用户位置寄存器（VLR）和鉴权中心（AUC）获取处理用户位置登记和呼叫请求所需的全部数据。反之，MSC 也根据其最新获取的信息请求更新数据库的部分数据。

MSC 可为移动用户提供以下业务。

- 电信业务。例如：电话、紧急呼叫、传真、短消息服务等。
- 承载业务。例如：3.1kHz 电话，同步数据 0.3kbit/s～2.4kbit/s 及分组组合和分解（PAD）等。
- 补充业务。例如：呼叫前转、呼叫限制、呼叫等待、会议电话、计费通知等。

当然，作为网络的核心，MSC 还支持位置登记、越区切换和自动漫游等移动特征性能和其他网路功能。

对于容量比较大的移动通信网，一个网络子系统（NSS）可包括若干个 MSC、VLR 和 HLR，为了建立固定网用户与 GSM 移动用户之间的呼叫，无须知道移动用户所处的位置。此呼叫首先被接入到网关移动业务交换中心，称为 GMSC，网关交换机负责获取位置信息，且把呼叫转接到可向该移动用户提供即时服务的 MSC，称为被访 MSC（VMSC），因此，GMSC 具有与固定网和其他 NSS 实体互通的接口。目前，GMSC 功能就是在 MSC 中实现的。根据网路的需要，GMSC 功能也可以在固定网交换机中综合实现。

（6）访问用户位置寄存器（VLR）

VLR 是服务于其控制区域内移动用户的，存储着进入其控制区域内已登记的移动用户相关信息，为已登记的移动用户提供建立呼叫接续的必要条件。VLR 从该移动用户的归属用户位置寄存（HLR）处获取并存储必要的数据。一旦移动用户离开该 VLR 的控制区域，则重新在另一个 VLR 登记，原 VLR 将取消临时记录的该移动用户数据，因此，VLR 可看作为一个动态用户数据库，VLR 功能总是在每个 MSC 中综合实现的。

（7）归属用户位置寄存器（HLR）

HLR 是 GSM 系统的中央数据库，存储着该 HLR 控制的所有存在的移动用户的相关数据。一个 HLR 能够控制若干个移动交换区域以及整个移动通信网，所有移动用户重要的静态数据都存储在 HLR 中，这包括移动用户识别号码、访问能力、用户类别和补充业务等数据。HLR 还存储且为 MSC 提供关于移动用户实际漫游所在的 MSC 区域相关动态信息数据。这样，任何入局呼叫可以即刻按选择路径送到被叫的用户。

（8）鉴权中心（AUC）

GSM 系统采取了特别的安全措施，例如用户鉴权、对无线接口上的语音、数据和信号信息进行保密等，因此，AUC 存储着鉴权信息和加密密钥，用来防止无权用户接入系统和保证通过无线接口的移动用户通信的安全。

AUC 属于 HLR 的一个功能单元部分，专用于 GSM 系统的安全性管理。

（9）移动设备识别寄存器（EIR）

EIR 存储着移动设备的国际移动设备识别码（IMEI），通过检查白色清单、黑色清单或灰色清单这 3 种表格，在表格中分别列出了准许使用的、出现故障需监视的、失窃不准使用的移动设备的 IMEI 识别码，使得运营部门对于不管是失窃还是由于技术故障或误操作而危及网路正常运行的 MS 设备，都能采取及时的防范措施，以确保网路内所使用的移动设备的唯一性和安全性。

（10）操作支持子系统（OSS）

OSS 需完成许多任务，包括移动用户管理、移动设备管理以及网路操作和维护。

移动用户管理可包括用户数据管理和呼叫计费。用户数据管理一般由归属用户位置寄存器（HLR）来完成这方面的任务，HLR 是 NSS 功能实体之一。用户识别卡（SIM）的管理也可认为是用户数据管理的一部分，但是，作为相对独立的 SIM 的管理，还必须根据运营部门对 SIM 的管理要求和模式采用专门的 SIM 个人化设备来完成。呼叫计费可以由移动用户所访问的各个移动业务交换中心（MSC）和 GMSC 分别处理，也可以采用通过 HLR 或独立的计费设备来集中处理计费数据的方式。

移动设备管理是由移动设备识别寄存器（EIR）来完成的，EIR 与 NSS 的功能实体之间是通过 SS7 信令网路的接口互连，为此，EIR 也归入 NSS 的组成部分之一。

网络操作与维护是完成对 GSM 系统的 BSS 和 NSS 进行操作与维护管理任务的，完成网络操作与维护管理的设施称为操作与维护中心（OMC）。从电信管理网路（TMN）的发展角度考虑，OMC 还应具备与高层次的 TMN 进行通信的接口功能，以保证 GSM 网路能与其他电信网路一起纳入先进、统一的电信管理网路中进行集中操作与维护管理。直接面向 GSM 系统 BSS 和 NSS 各个功能实体的 OMC 归入 NSS 部分。

可以认为，操作支持子系统（OSS）已不包括与 GSM 系统的 NSS 和 BSS 部分密切相关的功能实体，而成为一个相对独立的管理和服务中心，主要包括网路管理中心（NMC）、安全性管理中心（SEMC）、用于用户识别卡管理的个人化中心（PCS）、用于集中计费管理的数据后处理系统（DPPS）等功能实体。

2.2.4 GSM 系统中的各类接口

GSM 系统中的各类接口如图 2.21 所示，连接移动台和基站收发信台之间的接口称为 Um 接口，它用于移动台和基站子系统之间的互通，其传递的信息有资源管理、移动性管理和接续管理。连接基站收发信台（BTS）和基站控制器（BSC）之间的接口称为 Abis 接口，它是通过标准的 64kbit/s 或 2.048Mbit/s PCM 数字传输链路来实现 BTS 与 BSC 之间的互连。此接口支持所有向用户提供的服务，并支持对 BTS 无线设备的控制和无线频率的分配。连接基站控制器

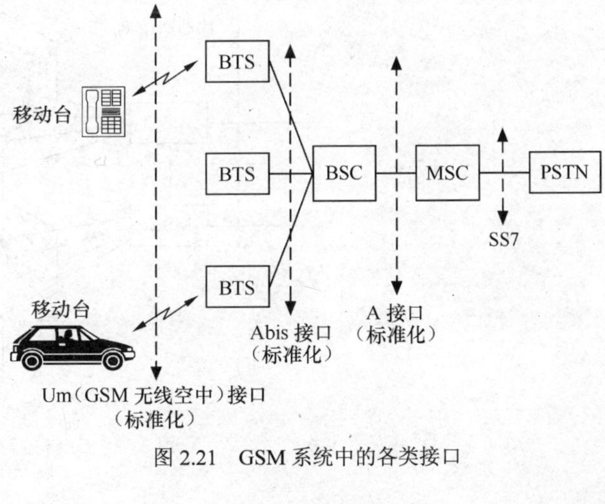

图 2.21 GSM 系统中的各类接口

和移动业务交换中心（MSC）之间的接口称为 A 接口，它是通过标准的 2.048Mbit/s PCM 数字传输链路来实现 BSC 与 MSC 之间的连接，此接口传递的信息有移动台管理、基站管理、移动性管理和接续管理。

2.2.5 GSM 蜂窝网络结构

GSM 系统采用小区制，小区覆盖半径大多为 1km～25km，每个小区设有一个（或多个）基站，用以负责本小区移动通信的联络和控制等功能。若干个小区组成一个区群（蜂窝），区群内各个小区的基站可通过电缆、光缆或微波链路与移动交换中心（MSC）相连。移动交换中心通过 PCM 电路与市话交换局相连接。由于覆盖半径较大，所以基站的发射功率较强，一般在 10W 以上，天线也做得较高。

在一个服务区内，需要若干个基站来覆盖。小容量的移动电话网可能只需要建一个大区基站，就可以满足覆盖很大面积的覆盖要求了，而大容量的移动电话网则需要几十个甚至几百个基站才能覆盖整个服务区，并满足高用户密度的要求。美国贝尔实验室在 20 世纪 60 年代提出了使用蜂窝结构来解决小区覆盖问题，经过几十年的实践作为公用陆地移动系统，采用蜂窝小区技术的模拟通信系统中已经发展的较为成熟了，该结构的有效性已经为工程、规划人员所接受。

这里为了描述蜂窝结构，不妨假设基站设置在平原地区，地面无障碍物阻挡并采用全向天线的理想条件下，它的覆盖区是一个圆。而 7 个圆按照一定的交叠深度相邻接，中心一个圆的交接边界（在蜂窝网中就形成了切换边界）就拟合成一个正六边形。对应的同频干扰也就较规则地分布于六边形的边缘。

因此，在一个服务区内，以全向区来看，相互邻接的小区其正常切换边界形成了多个两两相邻正六边形，形同蜂窝状，称为蜂窝结构。如图 2.22 所示，为了在无线网络规划设计中应用蜂窝结构实现同频复用和覆盖区不断扩大的要求，还需要将各蜂窝（cell）分成复用区簇，由复用区簇两两相邻接来不断扩大覆盖区和实现频率复用。复用区簇是若干个相邻接在一起的基站区群，在一个复用区簇内将全部可用频道平均分配给每个基站区或扇形小区，两个相同的无线区簇彼此相邻接，簇内处于相应位置的两个基站区就是同频复用区，而相邻的无线区簇为同频复用区簇。

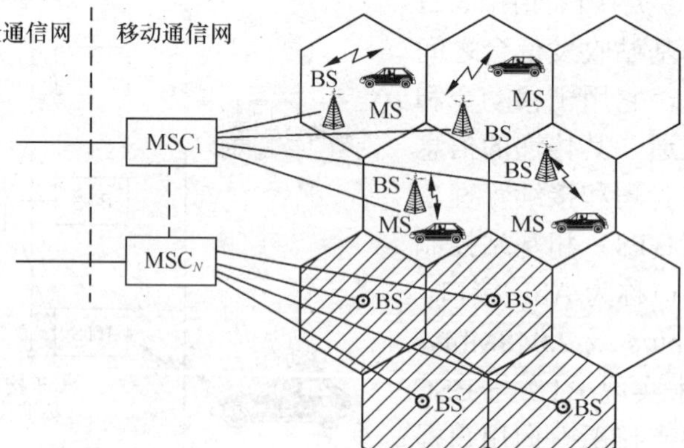

图 2.22 GSM 蜂窝网络结构

显然，六边形只是无线覆盖方式的简化模型，实际上不可能有上面所讲到的各个方向完全一致的传播情况，也就没有完全规则的正六边形相接的小区，覆盖和干扰分布也就随地理环境发生偏差，这就要求在蜂窝结构思想的指导下，合理规划和配置各个小区，使得覆盖和干扰保护达到要求。

另外，应用蜂窝分裂技术不断将基站覆盖区划小，提高频率复用次数，满足用户密度不断增大的需要。该技术主要包括将一个全向大基站分裂为若干个较小区的基站或扇形小区基站，进而将一个扇形小区基站再分裂为更为小的小区，蜂窝分裂技术与原则就是保持了原有频率复用的规则图案的重复性。有关小区分裂的技术在后续章节中有详细的论述。

GSM在组网上与模拟系统非常相似，仅在对载干比要求、传播消耗计算的模型等方面，还有一些数字系统不同于模拟系统的特点。

综合可知，蜂窝小区体制主要有以下特点。

① 无线频率资源复用。

② 越区自动切换。

③ 信道分配和小区分裂。

以上3点也是网络规划设计的基本任务和技术要求。其中频率复用主要由系统所选用的调制方式、信道带宽确定载干比，在满足这个载干比要求的前提下考虑到多径衰落等因素确定同频复用保护距离和邻频干扰等。

为了满足用户从一个小区移动到另一个小区，使得通话不被中断需要进行自动切换信道，GSM系统提供了软、硬件手段，是网络实体所必备的功能，而如何配置与设计使网络和终端能够成功地完成越区切换，并尽可能地减少系统中切换的次数，将是小区系统设计的重要课题之一。

组网的最终目的是满足用户的话务需求，而由于移动网自身的特点，话务分配极不平衡，在闹市区中央和郊区的话务量可以相差上百倍，因此，小区的覆盖半径，各个小区分配到的信道是不同的，对应于小区的容量也就不同，并且随着话务量的增加，还可能将原有小区进一步分裂为更小的新小区。要求在规划设计阶段不仅要满足覆盖、干扰保护比以及系统容量，更重要的是要考虑系统扩容的灵活性与经济性。

GSM系统中还有一个重要的功能，就是功率控制。由于小区覆盖半径的不同和终端的移动性，需要在移动台和基站双向按照连接双方无线路径的远近控制其平均功率，使保持传输质量在给定的门限上，而又尽可能处于最小的发射功率，这样就可以减少对其他通话的干扰电平。同时，还要在规划中配置功率控制方案，采用分集和跳频及不连续发射等技术，以提高无线信号的传输质量，减少系统的干扰电平来提高频谱效率。

习 题

1．说明我国电话网的三级结构和路由的概念。

2．什么是动态无级选路，它实施的前提条件是什么？

3．为什么电话网的四线电路必须具备一定的传输损耗？

4．长途网的路由有哪几类？路由选择的次序是怎样的？

5．参考当量的意义是什么？它是如何测定的？

6．数字本地网的结构如下：

S—D＝D＝D＝D—S

这里“—”代表二线传输，“＝”代表四线传输，求全程传输损耗的最大值。

7．根据原 CCITT 规定，A 律的极限过载电平为 T_{max}=3.14dBm0，相应的正弦信号的峰值电压对应的量化级为 2048△，求 1.0dBm0 正弦信号的峰值电压 V_{max} 对应的量化级是多少？

8．说明数字参考序列 DRS 在电话网中的作用。

9．GSM 网络主要包括哪些功能模块？每一模块的功能是什么？

10．采用蜂窝状结构来设计移动网络有什么优点？

第 3 章　广域数据网络

数据通信是计算机与通信相结合而产生的一种通信方式和通信业务，它可实现计算机与计算机、计算机与终端以及终端与终端之间的数据信息传递。随着数据业务的发展，出现了各种数据通信网络技术。本章在介绍数据链路功能和协议的基础上，详细讲述数据通信网络的构成、路由选择技术以及拥塞控制机制，最后给出两种广域数据网络实例，即帧中继（FR）网络和 ATM 网络。

3.1　数据链路控制与协议

在进行数据通信时，两个计算机之间的通路往往是由许多的链路串接而成的。可见一条链路只是一条通路的一个组成部分。链路是指一条无源的点到点的物理线路段，中间没有任何其他的交换节点。数据链路则是另一个概念。这是因为当需要在一条线路上传送数据时，除了必须有一条物理线路外，还必须有一些必要的通信协议来控制这些数据的传输和交换。若把实现这些协议的硬件和软件加到链路上，就构成了数据链路。本节主要讨论数据链路的功能和相关的控制协议，为后面讨论数据网络技术打下基础。

3.1.1　数据链路的基本功能

数据链路层要完成许多特定的功能，这些功能包括：

① 向网络层提供一个定义良好的服务接口；

② 处理传输错误；

③ 调节数据流，确保慢速的接收方不会被快速的发送方淹没。

为了实现这些目标，数据链路层从网络层获取到分组，然后将这些分组封装到帧中以便传输。每一帧包含一个帧头、一个有效载荷域（用来存放分组）以及一个帧尾。帧管理构成了数据链路层工作的核心。

1. 为网络层提供的服务

数据链路层的设计目标是提供各种服务。实际提供的服务随系统的不同而不同，但是一般情况下，应提供 3 种可能的服务，即无确认的无连接服务、有确认的无连接服务和有确认的面向连接服务。下面我们来依次讨论这些服务。

无确认的无连接服务是指源向目的主机发送独立的帧，目的主机不对这些帧进行确认。这种服务事先并不建立逻辑连接，事后也不用释放逻辑连接。若由于线路上有噪声而造成了某一帧丢失，则数据链路层并不会检测这样的丢帧现象，也不会恢复。当错误率很低的时候，这一类服务是非常合适的，这时恢复过程可以留结上面的各层来完成。这类服务对于实时通信也是非常合适的，比如语音传输，因为在这种实时通信中数据迟到比数据损坏更加不好。绝大多数的 LAN 在数据链路层上都是使用无确认的无连接服务。

为了提供可靠性，引入了有确认的无连接服务。当提供这种服务时，仍然没有使用逻辑连接，但是，所发送的每一帧都需要单独确认，这样，发送方知道每一帧是否已经正确地到达。如果有一帧在指定的时间间隔内还没有到达，则发送方将再次发送该帧。这类服务尤其适用于不可靠的信道，如无线系统。值得强调的是，在数据链路层上提供确认只是一种优化，永远不应该是一种要求，高层同样可以提供确认的机制。在可靠信道上，如光纤，重量级数据链路协议的额外开销可能是不必要的，但是在无线信道上，由于它们内在的不可靠性，这种开销是非常值得的。

数据链路层能够提供的最复杂的服务是面向连接的服务。利用这种服务，源和目标主机在传输数据之前首先建立一个连接。该连接上发送的每一帧都被编号，数据链路层保证每一帧都会真正被接收到。而且，它保证每一帧只被接收一次，并且所有的帧都按照正确的顺序被接收。在无连接服务中，如果确认报文丢失了，则一个分组可能会发送多次，因而也会接收多次。与此相反，面向连接的服务相当于为高层进程提供了一个可靠的位流。

2. 成帧

为了向网络层提供服务，数据链路层必须使用物理层提供给它的服务。物理层的任务是接收一个原始的位流，并试图将它递交给目标机器。这个位流并不保证没有错误，接收到的位的数量可能少于、等于或者多于发送的位的数量，而且它们可能有不同的值。检测错误和（有必要的话）纠正错误的工作由数据链路层来完成。

对于数据链路层，一般的做法是将位流分解成离散的帧，并计算每一帧的校验和。当一帧到达目标机器的时候，重新计算校验和。如果新算出来的校验和与该帧中包含的校验和不同，则数据链路层知道传输过程中产生了错误，它就会采取措施来处理错误（如丢掉坏帧，可能还会送回一个错误报告）。

将原始的位流分解到离散的帧中，这项工作看起来容易，实际做起来要困难得多。一种成帧的办法是在帧之间插入时间间隙，就好像在普通正文的英文单词之间插入空格一样。然而，网络一般不会对时间的正确性做任何保证，所以，在传输过程中，这些间隙有可能被挤掉，或者其他的间隙被插入进来。在实际应用中，通常采用比特填充的分界标志法。

比特填充的分界标志法的做法是：每一帧的开始和结束都有一个特殊的位模式，即 01111110（实际上就是一个标志字节）作为帧的分界符。当发送方的数据链路层碰到数据中 5 个连续的位“1”的时候，它自动在输出位流中填充一个位“0”。这种位填充机制使得成帧用的标志字节与数据中出现的标志字节可以区分开。

当接收方看到 5 个连续的输入位“1”，并且后面是位“0”时，它自动去掉该“0”位，填充过程对于双方计算机中的网络层完全透明。如果用户数据包含了标志模式 01111110，则该标志当作 011111010 来传输，但是存储在接收方内存中的是 01111110。图 3.1 所示为位填充的一个例子，图（a）为原始数据，图（b）为线路上的数据，图（c）为删除填充后存储在接收方的数据。

（a）0 1 1 0 1 1 1 1 1 1 1 1 1 1 1 1 1 1 1 1 0 0 1 0

（b）0 1 1 0 1 1 1 1 1 0 1 1 1 1 1 0 1 1 1 1 1 0 1 0 0 1 0

填充的位

（c）0 1 1 0 1 1 1 1 1 1 1 1 1 1 1 1 1 1 1 1 0 0 1 0

图 3.1　位填充

在位填充机制中，通过标志模式可以明确地识别出两帧之间的边界，因此，如果接收方失去了帧同步，它只需在输入流中扫描标志序列即可，因为标志序列只可能出现在帧边界上，永远不可能出现在数据中。

3. 差错控制

解决了“标识每一帧的起始和结束位置”的问题后，现在来看下一个问题：如何确保所有的帧最终都被递交给目标主机上，并且保持正确的顺序。假定发送方只是不断地往外发送数据帧，而没有考虑到它们是否正确到达，对于无确认的无连接服务，这样可能已经足够了，但是对于可靠的、面向连接的服务，这样做肯定还远远不够。

确保可靠递交的常用方法是向发送方提供一些有关线路另一端状况的反馈信息。通常情况下，协议要求接收方送回一些特殊的控制帧，在这些控制帧中，对于它所接收到的帧进行肯定的或者否定的确认。如果发送方收到了关于某一帧的肯定确认，那么它就知道这一帧已经安全地到达了。另一方面，否定的确认意味着传输过程中产生了错误，所以这一帧必须重传。

更为复杂的是，有时候由于硬件的问题，有的帧完全丢失了（如噪声突发时）。在这种情况下，接收方根本不会有任何反应，因为它没有理由做出反应。显然，如果在一个协议中，发送方送出了一帧之后就等待肯定的或者否定的确认，那么，若由于硬件故障的原因而丢失了某一帧的话，则发送方就永远等待下去了。

这种可能出现的问题可以通过在数据链路层中引入定时器来解决。当发送方送出一帧时，通常还要启动一个定时器。该定时器的过期时间应该设置得足够长，以保证该帧在正常情况下能够到达目标方，并且在目标方进行处理，然后再将确认送回到发送方。一般情况下，在定时器到期之前，该帧将正确地接收到，并且确认报文也会送回来，这时定时器被取消。然而，如果原始的帧或者确认报文丢失了的话，则定时器将被触发，从而警告发送方有一个潜在的问题存在。一种简单的解决方案是重新发送这一帧。然而，当有的帧被发送了多次之后，可能会出现这样的危险：接收方将两次或者多次接收同一个帧，并且多次将它传递给高层。为了避免发生这样的情形，一般有必要给送出去的帧分配序列号，这样接收方能够区别原始帧和重传帧。

不管怎么样，管理好定时器和序列号，以便保证每一帧最终都恰好一次地被传递给目标主机，这是数据链路层工作的重要组成部分。

4. 流量控制

在数据链路层中另一个重要的设计问题是，如果发送方发送帧的速度超过了接收方能够接收这些帧的速度，则发送方该如何处理呢？当发送方运行在一台快速（或者负载较轻）的计算机上，而接收方运行在一台慢速（或者负载较重）的计算机上的时候，这种情况很容易发生。发送方持续地以很高的速度往外发送帧，直到接收方完全被淹没。即使传输过程不会出错，但到了某一个点上的时候，接收方也将无法再处理持续到来的帧，从这时开始就要丢弃一些帧了。很显然，必须要采取某种措施来防止这种情况的发生。

常用的办法基于反馈的流控制，接收方给发送方送回信息，允许它发送更多的数据，或者至少也要告诉发送方它的情况怎么样，如滑动窗口法。

3.1.2 数据链路层协议

本小节将介绍目前被广泛使用的数据链路协议，高级数据链路控制（High-level Data Link Control，HDLC）协议。它是一个面向比特的数据链路层协议，由 ISO 提出，目前通信网络中使用的链路层协议都是它的子集，如点到点链路上的 PPP，X.25 中的 LAPB，FR 中的 LAPF 等。

HDLC 的帧结构如图 3.2 所示，其中，地址字段对于有多个终端的线路显得尤为重要，因为在这样的环境中，该字段被用于标识一个终端。对于点到点的线路，它有时候被用来区分命令和应答。控制字段被用作序列号、确认以及其他的用途。数据字段可以包含任何信息，它可以任意长，不过随着帧长度的增加，校验和的效率会降低，因为多个突发性错误的概率会加大。校验和字段是一个循环冗余码。帧的分界是标志序列 01111110。

位	8	8	8	≥0	16	8
	01111110	地址	控制	数据	校验和	01111110

图 3.2 HDLC 的帧结构

HDLC 的许多重要功能都靠控制字段来实现。根据其最前面的两个比特的取值，可以将 HDLC 的帧划分为 3 类：信息帧、管理帧和无编号帧，其简称分别是 I 帧、S 帧和 U 帧。对于这 3 种帧，控制字段的内容如图 3.3 所示，图（a）为信息帧，图（b）为管理帧，图（c）为无编号帧。协议使用了一个滑动窗口，其中序列号的长度为 3 位。在任何时候都允许有 7 个未被确认的帧处于等待状态。图 3.3（a）中所示的 Seq 字段是帧的序列号，Next 字段则是一个捎带的确认。然而，所有的协议都遵从这样的约定：所捎带的并不是最近正确接收到的帧的序列号，而是尚未接收到的第一帧的序列号（即期望接收的下一帧）。是选择最近接收到的帧，还是期望接收的下一帧，这可以是任意的；使用哪一种约定方式并没有关系，只要在协议中保持一致即可。

位	1	1	2	1	3
（a）	0	Seq		P/F	Next
（b）	1	0	Type	P/F	Next
（c）	1	1	Type	P/F	Next

图 3.3 3 种帧的控制字段

P/F 位代表查询/结束。当一台计算机（或者集中器）正在询问一组终端时需要用到该字段。当用作 P 的时候，该计算机正在请求终端发送数据。终端发送的所有帧，除了最后一帧以外，都将 P/F 位设置为 P，最后一帧的 P/F 位设置为 F。在有些协议中，P/F 位被用于强迫其他的机器立即发送一个管理帧，而不是等待反向的流量以便捎带窗口信息。

各种不同的管理帧可通过 Type（类型）字段来区分。管理帧共有 4 种，它们的名称和功能如表 3.1 所示。管理帧主要用来帮助实现流量控制和差错控制的工作。

表 3.1　4 种管理帧的名称和功能

第 3～4 比特	帧　名	功　能
0　0	RR（Receive Ready） 接收准备就绪	准备收下一帧 确认序号为 N(R)−1 及其以前的各帧
1　0	RNR（Receive Not Ready） 接收未就绪	暂停接收下一帧 确认序号为 N(R)−1 及其以前的各帧
0　1	REJ（Reject） 拒绝	从 N(R)起的所有帧都被否认 但确认序号为 N(R)−1 及其以前的各帧
1　1	SREJ（Selective Reject） 选择拒绝	只否认序号为 N(R)的帧 但确认序号为 N(R)−1 及其以前的各帧

3.2　数据子网提供的服务

一般说来，两个通信设备点对点地相互直接连接是不可行的，如两个设备之间的距离很远。另外，要求所有的数据终端之间都有专线连接也是不可能的，于是，解决的办法是将所有设备都连接到一个数据通信网络上。本节主要介绍数据子网的概念以及它所提供的网络服务。

3.2.1　数据子网的概念

数据子网根据其数据链路类型不同，可以分为广播类型的数据子网，即局域网，以及交换式数据子网，即广域网。

局域网是由计算机网络发展而来的，它是一种应用在有限地理范围之类的网络技术。它提供的是一种不可靠的数据服务，数据的传送采用无确认、无连接的方式。

当主机之间的距离较远时，如相隔几十或几百公里，甚至几千公里，局域网显然就无法完成主机之间的通信任务，这时就需要另一种结构的网络，即广域网。广域网由一些节点交换机以及连接这些交换机的链路组成。节点交换机执行将分组存储转发的功能。为了提高网络的可靠性，通常一个节点交换机往往与多个节点交换机相连。从层次上考虑，广域网和局域网的区别很大，因为局域网使用的协议主要在数据链路层，而广域网的协议除了数据链路层以外，还要完成子网络内部的路由选择和分组转发。

由于广域网络覆盖范围很广、造价较高，一般都是由国家或较大的电信公司出资建造。它是 Internet 的核心部分，其任务是通过长距离（如跨越不同的国家）运送主机所发送的数据。连接广域网各节点交换机的链路都是高速链路，其距离可以是几千公里的光缆线路，也可以是几万公里的点对点卫星链路。图 3.4 所示为异地局域网通过路由器与广域网相连，组成了一个覆盖范围很广的互联网。互联网和路由器的作用将在第 4 章介绍。

注意：图中所示的互联网，即使覆盖范围很广，一般也不称它为广域网，因为在这种网络中，不同网络的“互连”才是它的最主要的特征。互联网必须使用路由器来连接，而广域网指的单个的网络，它使用节点交换机连接各主机而不是用路由器来连接各网络。节点交换机和路由器都是用来转发分组，它们的工作原理相似，二者的区别是：节点交换机是在单个网络中转发分组，而路由器是在多个网络构成的互联网中转发分组。

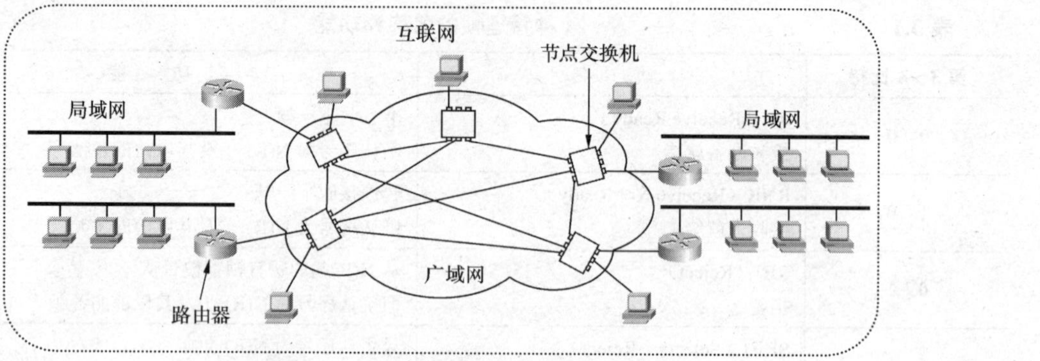

图 3.4　由不同类型子网组成的互联网

广域数据子网和局域网都是互联网的重要组成构件。尽管它们的价格和作用距离相差很远，但从互联网的角度来看，它们却都是平等的，因为连接在一个广域数据子网或一个局域网上的主机在该网内进行通信时，只需要使用其网络的物理地址即可。

本节将重点介绍广域数据子网提供的服务。

3.2.2　数据报和虚电路

从层次上看，广域数据子网的最高层就是网络层。网络层为接在网络上的主机所提供的服务可以有两大类，即无连接的网络服务和面向连接的网络服务。这两种服务的具体实现就是通常所说的数据报服务和虚电路服务。

图 3.5 分别画出了网络提供数据报服务和提供虚电路服务的特点。网络层的用户是运输层实体，但为方便起见，可用主机作为网络层的用户。

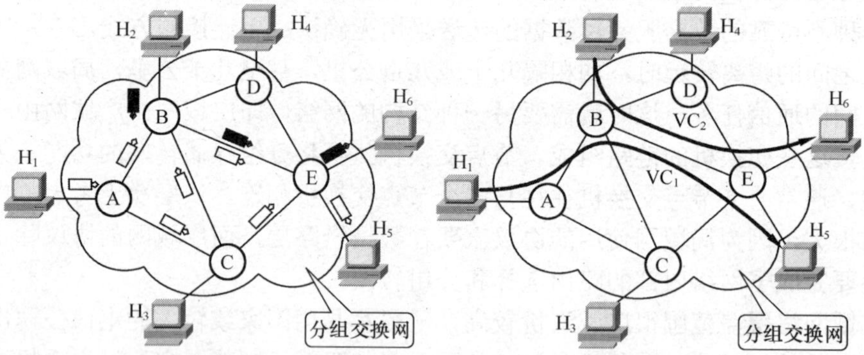

（a）数据报服务　　（b）虚电路服务

图 3.5　数据报服务和虚电路服务

1. 数据报服务

网络提供数据报服务的特点是：网络随时都可接收主机发送的分组（即数据报）。网络为每个分组独立地选择路由。网络只是尽最大努力地将分组交付给目的主机，但网络对源主机没有任何承诺。网络不保证所传送的分组不丢失，也不保证按源主机发送分组的先后顺序以及在多长的时限内必须将分组交付给目的主机。当需要把分组按发送顺序交付给目的主机时，在目的站还必须把收到的分组缓存一下，等到能够按顺序交付主机时再进行交付。当网络发生拥塞时，网络中的某个节点可根据当时的情况将一些分组丢弃，所以，数据报提供的服务是不可靠的，它不能保证服务质量。实际上“尽最大努力交付”的服务就是没有质量保证的服务。图 3.5（a）所示为主机 H_1 向 H_5 发送的分组，可以看出，有的分组可经过节点 A-B-E，而另一些则可能经过节点 A-C-E 或 A-C-B-E。在一个网络中可以有多个主机同时发送数据报，如主机 H_2 经过节点 B-E 与主机 H_6 通信。

2. 虚电路服务

再看网络提供虚电路服务的情况。假设图 3.5（b）中所示主机 H_1 要和主机 H_5 通信，于是，主机 H_1 先向主机 H_5 发出一个特定格式的控制信息分组，要求进行通信，同时也寻找一条合适的路由。若主机 H_5 同意通信就发回响应，然后双方就建立了虚电路并可传送数据了。这点很像电话通信，先拨号建立主叫和被叫双方之间的通路，然后再通话。在图 3.5（b）中，我们假设寻找到的路由是 A-B-E。这就是我们要建立的虚电路（VC），以后主机 H_1 向主机 H_5 传送的所有分组都必须沿着这条虚电路传送。在数据传送完毕后，还要将这条虚电路释放掉。

需要注意的是，由于采用了存储转发技术，所以这种虚电路就和电路交换的连接有很大的不同。在电路交换的电话网上打电话时，两个用户在通话期间自始至终地占用一条端到端的物理信道。但当我们占用一条虚电路进行主机通信时，由于采用的是存储转发的分组交换，所以只是断续地占用一段又一段的链路，虽然我们感觉到好像（但并没有真正地）占用了一条端到端的物理电路。建立虚电路的好处是可以在数据传送路径上的各交换节点预先保留一定数量的资源（如带宽、缓存），作为对分组的存储转发之用。

在虚电路建立后，网络向用户提供服务就好像在两个主机之间建立了一对穿过网络的数字管道（收发各用一条）。所有发送的分组都按发送的前后顺序进入管道，然后按照先进先出的原则沿着此管道传送到目的站主机。因为是全双工通信，所以每一条管道只沿着一个方向传送分组。这样，到达目的站的分组顺序就与发送时的顺序一致，因此，网络提供虚电路服务对通信的服务质量（Quality of Service，QoS）有较好的保证。

通过以上的描述，我们可以得到以下结论：

虚电路服务的思路来源于传统的电信网。电信网将其用户终端（电话机）做得非常简单，而电信网负责保证可靠通信的一切措施，因此，电信网的节点交换机复杂而昂贵。数据报服务使用另一种完全不同的新思路，它力求使网络生存性好和使对网络的控制功能分散，因而只能要求网络提供尽最大努力的服务。但这种网络要求使用较复杂且有相当智能的主机作为用户终端，可靠通信由用户终端中的软件（即 TCP）来保证。

从 20 世纪 70 年代起，关于网络层究竟应当采用数据报服务还是虚电路服务，在网络界一直在进行争论。问题的焦点就是网络要不要提供网络端到端的可靠通信。OSI 一开始就按照电信网的思路来对待网络，坚持“网络提供的服务必须是非常可靠的”这样一种观点，因此提供服务质量保证的在运营商广域数据子网（如 FR，ATM）中采用了虚电路服务。

然而互联网一些专家则认为，根据多年的实践证明，不管用什么方法设计网络，网络（这可能由多个网络互连而成）提供的服务并不可能做得非常可靠，用户主机仍要负责端到端的可靠性。所以他们认为：让网络只提供数据报服务就可大大简化网络层的结构。当然，网络出了差错不去处理而让两端的主机来处理肯定会延误一些时间，但技术的进步使得网络出错的概率已越来越小，因而让主机负责端到端的可靠性不但不会给主机增加更多的负担，反而能够使更多的应用在这种简单的网络上运行。Internet 能够发展到今天这样的规模，充分说明了在网络层提供数据报服务是非常成功的。

除了以上的区别以外，数据报服务和虚电路服务还有一些各自的优缺点，如表 3.2 所示。

表 3.2　　虚电路服务与数据报服务的对比

对比的方面	虚电路服务	数据报服务
思路	可靠通信应当由网络来保证	可靠通信应当由用户主机来保证
连接的建立	必须有	不需要
目的站地址	仅在连接建立阶段使用，每个分组使用短的虚电路号	每个分组都有目的站的全地址
分组的转发	属于同一条虚电路的分组均按照同一路由进行转发	每个分组独立选择路由进行转发
当节点出故障时	所有通过出故障的节点的虚电路均不能工作	出故障的节点可能会丢失分组，一些路由可能会发生变化
分组的顺序	总是按发送顺序到达目的站	到达目的站时不一定按发送顺序
端到端的差错处理和流量控制	可以由分组交换网负责，也可以由用户机负责	由用户主机负责

3.3　路由选择

在大多数子网中，分组需要经过多跳（hop）才能到达目的地。唯一一个值得指出的例外是广播式网络，但即使在广播式网络中，如果源主机和目标主机不在同一个网络中，则路由仍然是一个问题，因此，在数据子网络设计中一个最复杂同时又是最关键的内容就是路由选择。本节主要介绍几种具体的路由选择策略。

3.3.1　路由优化原则

路由选择负责确定分组从源到宿的最佳传输路由。如果子网内部使用了数据报，那么节点必须针对每一个到达的数据分组重新选择路径，因为从上一次选择了路径之后，最佳的路径可能已经改变了。如果子网内部使用了虚电路，那么只有当一个新的虚电路被建立起来的时候，才需要确定路由路径。

无论是针对每个分组独立地选择路由路径，还是只有建立新连接的时候才选择路由路径，路由选择算法必须做到：正确性、简单性、健壮性、稳定性、公平性和最优性。正确性和简单性无须多加解释，健壮性实际是指自适应性，一旦一个重要的网络投入运行，它有可能需要连续运行数年而不能有全局性的失败。在此期间，将会有各种各样的硬件和软件失败，如主机、路由器和线路可能会经常性地失败，网络拓扑结构也可能会多次发生变化，路由算法应该能够处理拓扑结构和流量方面的各种变化，而且不要求所有主机都停止所有的工作，并且每当某台路由器崩溃的时候也不要求网络重新启动。

稳定性对于路由算法来说也是一个重要的目标。有一些路由算法无论运行多长时间，它们都不会达到平衡。一个稳定的算法会达到平衡，并且保持平衡状态不变。公平性和最优性通常是两个相互矛盾的目标。某些旨在提高性能的机制给相邻站点之间的分组交换的优先级别，可能要高于给相距较远的站点之间的分组交换的优先级别。这一策略可以获得最大的平均吞吐量，但对于那些主要是与远距离站点通信的站点来说则显得不公平。

通常路由选择是基于某些性能评估标准的。最简单的标准是选择经过网络的最小跳数路由（途经节点的数量最少）。这是一种很容易测量的标准，并且能够使网络资源的消耗最少。将最小跳数标准推广到一般情况即是最小费用的路由选择。在这种情况下，每条链路都具有一个相应的费用，并且所寻找的是任意一对相连站点之间经过网络的累积费用最小的路由。

例如，在图 3.6 所示的网络中，每对节点之间的双箭头连线表示的是节点之间的链路，而对应的数字代表了该链路在各个方向上的费用。从节点 1 到节点 6 的最短路径（最少跳数）是 1-3-6（费用 = 5 + 5 = 10），但是最小费用路径是 1-4-5-6（费用 = 1 + 1 + 2 = 4）。分配给各链路的费用可以用来实现一个或多个设计目标，如费用可以与数据率成反比关系（即链路上的数据率越高，该分配给链路的费用越小），或者与链路上当前的队列时延相关。在第 1 种情况下，最小费用路由可以提供最大吞吐量；而在第 2 种情况下，最小费用路由可以使时延达到最小。

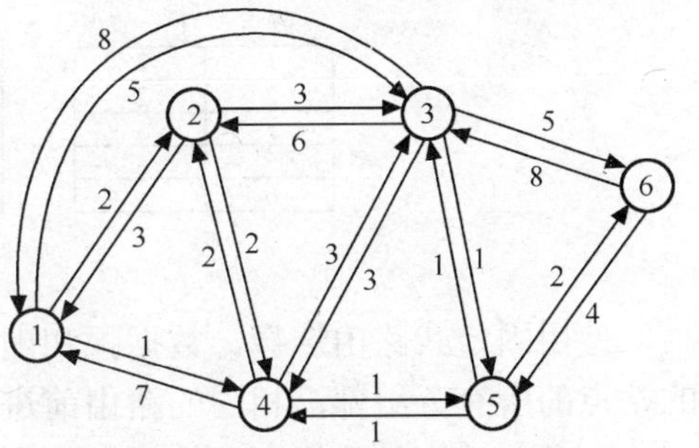

图 3.6　分组交换网络的例子

不论是最小跳数还是最小费用方法，判断任意一对站点之间最短路由的算法都是相对明确的，并且这两种算法的处理时间也大约一致。由于最小费用标准比较灵活，所以它比最小跳数标准更为常用。

3.3.2　路由选择策略

为了解决分组交换网络中的路由选择需求，已逐渐发展出大量的路由选择策略。这些策略中有许多还应用在互联网的路由选择上，我们将在第 4 章中对此加以讨论。在本小节，我们将要介绍 4 种主要的策略：固定式、洪泛式、随机式和自适应式。

1. 固定式路由选择

固定式路由选择为网络中的每一对源和目的节点选择一条永久的路由（具体算法参见网络性能分析相关章节）。这些路由是固定的，例外情况是当网络拓扑结构发生改变时，它们才有可能改变，因此，在设计路由时所使用的链路费用不可能是基于诸如通信量等的动态变量。

图 3.7 说明了固定式路由选择是如何实现的。需要创建一个中心路由选择矩阵，它可能保存在网络的控制中心。该矩阵指出每一对源和目的节点的路由途中的下一个节点标识。

从这张完整的矩阵中，可以产生许多路由表，并保存在各个节点中。每个节点只需要保存路由选择表中的一列。节点中的目录显示的是为各终点而选择的下一个节点。

中心路由选择表

从节点

到节点	1	2	3	4	5	6
1	—	1	5	2	4	5
2	2	—	5	2	4	5
3	4	3	—	5	3	5
4	4	4	5	—	4	5
5	4	4	5	5	—	5
6	4	4	5	5	6	—

节点 1 的目录

终点	下一节点
2	2
3	4
4	4
5	4
6	4

节点 2 的目录

终点	下一节点
1	1
3	3
4	4
5	4
6	4

节点 3 的目录

终点	下一节点
1	5
2	5
4	5
5	5
6	5

节点 4 的目录

终点	下一节点
1	2
2	2
3	5
5	5
6	5

节点 5 的目录

终点	下一节点
1	4
2	4
3	3
4	4
6	6

节点 6 的目录

终点	下一节点
1	5
2	5
3	5
4	5
5	5

图 3.7 固定路由选择

使用固定式路由选择，数据报和虚电路在路由选择时没有区别。从指定源站点到指定目的站点的所有分组都沿相同的路由前进。固定路由选择的优点是它的简洁性，并且在一个具有稳定负荷的可靠网络中它的表现良好。其缺点在于缺乏灵活性，无法对网络拥塞或故障作出反应。固定式路由选择的一种改进办法是在表中提供一些预备的链路和节点，这样就能够向节点提供到各目的站点的可替代的下一个节点。

2. 洪泛路由选择

另一种简单的路由选择技术是洪泛（Flooding）。这种技术不需要任何网络信息，其工作过程如下。一个分组由源节点发送到与其相邻的每一个节点上。在各个节点上，收到的分组再次被传输到除分组到达时所经过的链路以外的所有输出链路。例如，如果图 3.6 中的节点 1 有一个分组要发送到节点 6，它分别向节点 2、节点 3 和节点 4 发送这个分组的副本（含有目的地址 6）。接着节点 2 分别向节点 3 和节点 4 发送一个副本，节点 4 又分别向节点 2、节点 3 和节点 5 发送一个副本，依此类推，最终会有几份这个分组的副本到达节点 6。这个分组必须具有某种唯一性的标识（如源节点和序号，或者是虚电路号和序号），这样节点 6 才知道应该保留所收到的第一份副本，而丢弃其他所有副本。

除非采取措施阻止这些分组无穷无尽地重传，否则仅仅一个源分组在网络中散布后，其数量就会无止境地增长。防止这种情况发生的一种办法是让每个节点都记住它已经重传过的那些分组的标识。当该分组的副本再次到达时，这些副本被丢弃。一个更简单的技术是在每个分组中包含一个跳数计数器字段。该计数器的初始值被设置为某个最大值，比如网络的直径（经过网络的最小跳数路径的最大长度）。每次当节点向前传递一个分组时，它将该计数器的值减去 1。当该计数器的值变成零时，这个分组被丢弃。

图 3.8 所示为后一种策略的例子。一个分组要求从节点 1 发送到节点 6，并且跳数计数器值设置为 3。在第 1 跳时，生成了该分组的 3 个副本。当这 3 个副本经过第 2 跳时，共计

生成 9 个副本。这 9 个副本中有一个抵达节点 6，并发现节点 6 是所要到达的终点，不再重传。而其他节点生成的总计 22 个新副本将继续传递到它们的第 3 跳。请注意，如果节点没有跟踪分组的标识，那么在第 3 跳上也可能会生成重复的副本。在第 3 跳后被接收的所有分组都会被丢弃，节点 6 加起来总共收到 4 个多余的该分组的副本。

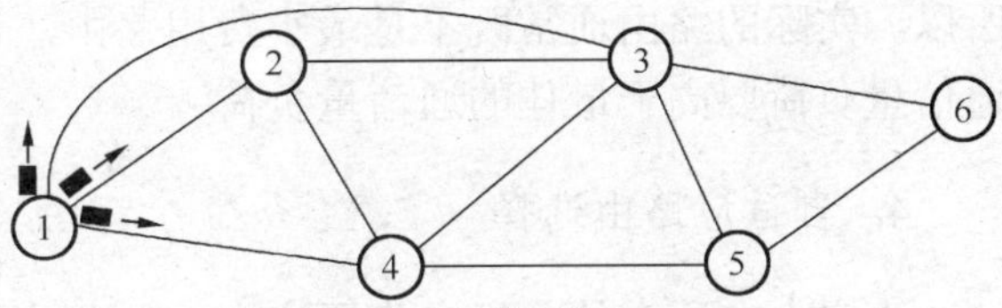

(a) 第 1 跳

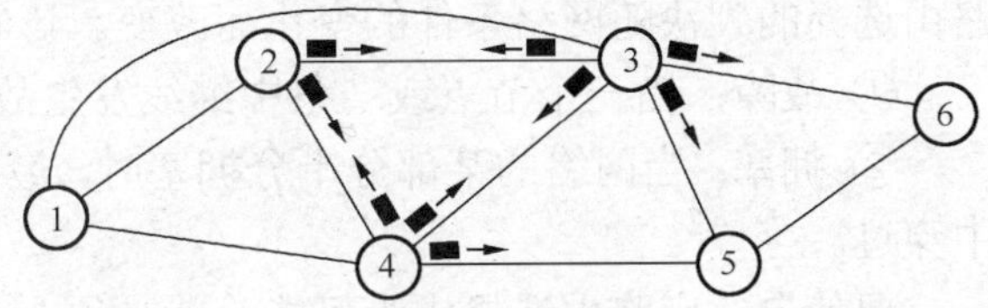

(b) 第 2 跳

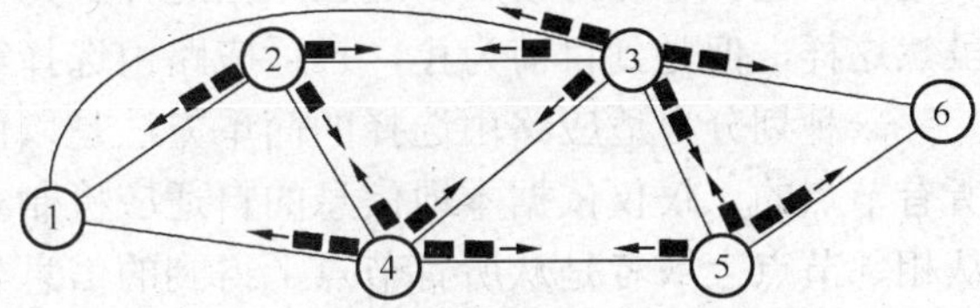

(c) 第 3 跳

图 3.8　泛洪法示例（跳数=3）

洪泛式技术具有 3 个重要属性。

① 在源站和目的站之间所有可能的路由都被尝试过，因此，不论发生了什么样的链路或节点的损坏，只要源站和目的站之间存在至少有一条路径，那么分组必然会到达目的。

② 因为所有的路由都被尝试过，因此，该分组至少有一个副本使用的是最小跳数路由到达目的。

③ 所有直接或间接地与源节点相连的节点全部都被访问到。

正是因为第 1 个属性，所以说洪泛技术是高度稳健的，并且可用于发送紧急报文。它的一个应用实例是可能遭到严重损坏的军事网络。由于第 2 个属性，洪泛法可以用于虚电路路由的最初建立。从第 3 个属性可以想到，洪泛法对于某些向所有节点散播的重要信息来说是十分有用的，它可用于某些路内选择策略的信息发布机制中。

洪泛法的缺点是它产生的通信量负荷过高，并且与网络的连通度成正比关系。

3. 随机路由选择

随机路由选择具有洪泛法的简单性和稳健性，并且具有远远低于洪泛法的通信量负荷。使用随机路由选择时，为了重传收到的分组，节点只选择一条输出链路。这条输出链路是从除了分组到达所经过的那条链路之外的其他链路中随机选中的，如果所有链路被选中的可能性都相等，那么节点可能简单地以轮流方式使用输出链路。

这种技术的改良方法是为每条输出链路分配一个概率，并根据这个概率来选择链路。这个概率有可能是基于数据率的，此时有：

$$P_i = \frac{R_i}{\sum R_j}$$

其中，P_i 为选择链路 i 的概率，R_j 为链路 j 的数据率，式中的总和指的是所有候选的输出链路的数据率总和。这种机制能够提供良好的通信量均衡。请注意，这个概率还可能是基于固定的链路费用的。

与洪泛法一样，随机路由选择不需要使用网络信息。因为采取什么路由是随机决定的，所以，实际的路由通常既不是最小费用路由，也不是最小跳数路由，因此，网络必须承担的通信量负荷要高于最佳的通信量负荷。

4. 自适应路由选择

事实上在所有的分组交换网络中，都使用了某种形式的自适应路由选择技术，也就是说，路由选择的判决随网络条件的变化而改变。影响路由选择判决的主要条件有故障和拥塞。

① 故障：当一个节点或一条中继线发生故障时，它将不能够被用作路由的一部分。

② 拥塞：当网络的某部分十分拥塞时，最好让分组绕道而行，而不是从发生拥塞的区域中穿过。

要使自适应路由选择成为可能，就必须在节点和节点之间交换有关网络状态的信息。与固定路由选择相比，使用自适应路由选择因判决更加复杂，而增加了网络节点的处理负担。虽然这样，但是到目前为止，自适应路由选择策略仍然是使用最普遍的。

一种划分自适应路由选择的简单方法是以信息源为依据，可分为本地的、相邻节点的和所有节点的。仅仅依据本地信息的自适应机制实际很少使用，比较常见的路由选择策略是以从相邻节点上或者是从所有节点上得到的信息为基础的。这两种策略都使用了各节点上的有关时延和损耗的当前信息。这一类的自适应策略可以是分布式的，也可以是集中式的。在分布式的情况下，每个节点都要与其他节点交换时延的信息。节点试图根据收到的信息估算整个网络的时延情形，并运行最小费用路由选择算法。在集中式的情况下，每个节点向中心节点发送自己的链路时延状态，由中心节点根据这些收到的信息设计路由，并将路由选择信息返回到所有节点。具体的路由算法实例参见后续的网络性能分析相关章节。

3.4 拥塞控制

拥塞控制是广域数据子网和互联网中的一个很重要的问题。本节从一般意义上介绍拥塞控制的意义和基本方法。

3.4.1 拥塞控制的意义

在数据网络中的链路容量（即带宽）、交换节点中的缓存和处理机等，都是网络的资源。在某段时间，若对网络中某一资源的需求超过了该资源所能提供的可用部分，网络的性能就要变坏，这种情况就叫做拥塞（congestion）。

若网络中有许多资源同时产生拥塞，网络的性能就要明显变坏，整个网络的吞吐量将随着输入负荷的增大而下降。

有人可能会说：“只要增加一些资源，如将节点缓存的存储空间扩大，或将链路更换为更高速率的链路，或将节点处理机的运算速度提高，就可以解决网络拥塞的问题。”其实不然。这是因为网络拥塞是一个非常复杂的问题，简单地采用上述做法，在许多情况下，不但不能解决拥塞问题，而且还可能使网络的性能更坏。

网络拥塞往往是由许多因素引起的，如当某个节点缓存的容量太小时，到达该节点的分组因无存储空间暂存而不得不被丢弃。现在设想将该节点缓存的容量扩展到非常大，于是凡到达该节点的分组均可在这缓存的队列中排队，不受任何限制。由于输出链路的容量和处理机的速度并未提高，因此，在队列中的绝大多数分组的排队等待时间将会很长，结果上层软件只好将它们进行重传（因为早就超时了）。由此可见，简单地扩大缓存的存储空间同样会造成网络资源的严重浪费，因而解决不了网络拥塞的问题。

又如，处理机处理的速率太慢可能引起网络的拥塞。简单地将处理机的速率提高，可能会使上述情况缓解一些，但往往又会将瓶颈转移到其他地方。问题的实质往往是整个系统的各个部分不匹配，只有所有的部分都平衡了，问题才会得到解决。

拥塞常常使问题趋于恶化。如果一个路由器没有足够的缓存空间，它就会丢弃一些新到的分组，但当分组被丢弃时，发送这一分组的相邻路由器就会重传这一分组，甚至可能还要重传多次；发送端在未收到确认之前必须保留所发分组的副本以便进行可能的重传，在接收端产生的拥塞反过来会引起发送端缓存的拥塞。

3.4.2　拥塞控制与流量控制的关系

拥塞控制与流量控制的关系密切，它们之间也存在着一些差别。拥塞控制所要做的都有一个前提，就是网络能够承受现有的网络负荷。拥塞控制是一个全局性的过程，涉及所有的主机、所有的路由器以及与降低网络传输性能有关的所有因素。

流量控制是指在给定的发送端和接收端之间的点对点通信量的控制，流量控制所要做的就是抑制发送端发送数据的速率，以便使接收端来得及接收。流量控制几乎总是存在着从接收端到发送端的某种直接反馈，使发送端知道接收端是处于怎样的状况。

可以用一个简单例子说明这种区别，设有一个光纤网络，其链路传输速率为 1 000Gbit/s。有一个巨型计算机向一个 PC 以 1Gbit/s 的速率传送一个文件，显然，网络本身的带宽是足够大的，因而不存在产生拥塞的问题；但流量控制却是必须的，因为巨型计算机必须经常停下来，以便使 PC 来得及接收。

但如果有另一个网络，其链路传输速率为 1Mbit/s，而有 1 000 台大型计算机连接在这个网络上，假定其中的 500 台计算机分别向其余的 500 台计算机以 100kbit/s 的速率发送文件，那么现在的问题已不是接收端的大型计算机是否来得及接收，而是整个网络的输入负载是否超过网络所能承受的。

拥塞控制和流量控制之所以常常被弄混，是因为某些拥塞控制算法是向发送端发送控制报文，并告诉发送端，网络已出现麻烦，必须放慢发送速率，这一点又和流量控制是很相似的。

进行拥塞控制需要付出代价，首先需要获得网络内部流量分布的信息，在实施拥塞控制时，还需要在节点之间交换信息和各种命令以便选择控制的策略和实施控制，这样就产生了额外开销；拥塞控制有时需要将一些资源（如缓存、带宽等）分配给个别用户（或一些类别的用户）单独使用，这样就使得网络资源不能更好地实现共享。十分明显，在设计拥塞控制策略时，必须全面衡量得失。

3.4.3　拥塞控制的作用

衡量数据网络性能的重要指标有两个，一个是网络的吞吐量，另一个是分组的平均时延。网络吞吐量与网络输入负载之间的关系如图 3.9 所示，图中的横坐标是网络的负载，代表单位时间内输入给网络的分组数目；纵坐标是吞吐量，代表单位时间内从网络输出的分组数目。

具有理想拥塞控制的网络，在吞吐量饱和之前，网络吞吐量应等于提供的负载，故吞吐量曲线是 45° 的斜线。但当提供的负载超过某一限度时，由于网络资源受限，吞吐量不再增长而保持为水平线，即吞吐量达到饱和。这就表明提供的负载中有一部分损失掉了（如输入到网络的某些分组被某个节点丢弃了）。虽然如此，在这种理想的拥塞控制作用下，网络的吞吐量仍然维持在其所能达到的最大值。

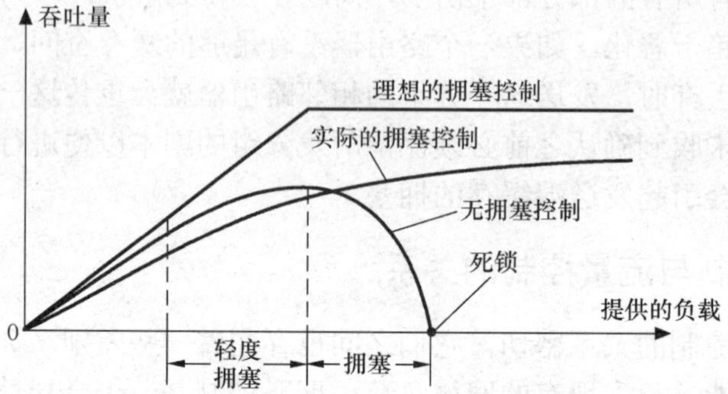

图 3.9　拥塞控制的作用

但是，实际网络的情况却与此不同。从图中可看出，随着提供的负载的增大，网络吞吐量的增长速率逐渐减小，也就是说，在网络吞吐量还未达到饱和时，就已经有一部分的输入分组被丢弃了。当网络的吞吐量明显地小于理想的吞吐量时，网络就进入了轻度拥塞的状态。更值得注意的是，当提供的负载达到某一数值时，网络的吞吐量反而随提供的负载的增大而下降，这时网络就进入了拥塞状态。当提供的负载继续增大到某一数值时，网络的吞吐量就下降到零，网络已无法工作，这就是所谓的死锁。

3.4.4　拥塞控制的一般方法

从原理上讲，寻找拥塞控制的方案无非是增大网络的某些可用资源（如业务繁忙时增加一些链路，增大链路的带宽，或使额外的通信量从另外的通路分流），或是减少一些用户对某些资源的需求（如拒绝接受新的建立连接的请求，或要求用户减轻其负荷，这属于降低服务质量）。在采用某种措施时，还必须考虑到该措施所带来的其他影响。

实践证明，拥塞控制是很难设计的，因为它是一个动态的（而不是静态的）问题。当前网络正朝着高速化的方向发展，这很容易出现缓存不够大而造成分组的丢失，但分组的丢失是网络发生拥塞的征兆而不是原因。在许多情况下，甚至正是拥塞控制本身成为引起网络性能恶化甚至发生死锁的原因，这点应特别引起重视。

由于数据网络是一个很复杂的系统，因此可以从控制理论的角度来看拥塞控制这个问题。这样，从大的方面看，可以分为开环控制和闭环控制两种方法。开环控制方法就是在设计网络时事先将有关发生拥塞的因素考虑周到，力求网络在工作时不产生拥塞。但一旦整个系统运行起来，就不再中途进行改正了。

闭环控制是基于于反馈环路的概念。属于闭环控制的措施有以下几种。

① 监测网络系统以便检测到拥塞在何时、何处发生。

② 将拥塞发生的信息传送到可采取行动的地方。

③ 调整网络系统的运行以解决出现的问题。

有很多的方法可用来监测网络的拥塞。主要的一些指标是：由于缺少缓存空间而被丢弃的分组的百分数；平均队列长度；超时重传的分组数；平均分组时延；分组时延的标准差等。上述这些指标的上升都标志着拥塞的增长。

一般在监测到拥塞发生时，要将拥塞发生的信息传送到产生分组的源站。当然，通知拥塞发生的分组同样会使网络更加拥塞。另一种方法是在路由器转发的分组中保留一个比特或字段，用该比特或字段的值表示网络没有拥塞或产生了拥塞。也可以由一些主机或路由器周期性地发出分组，以询问拥塞是否发生。

此外，过于频繁地采取行动以缓和网络的拥塞会使系统产生不稳定的振荡，但过于迟缓地采取行动又不具有任何实用价值，因此，要采用某种折中的方法。一些更加具体的防止网络拥塞的方法将在 3.5 节和 3.6 节介绍。

3.5　帧　中　继

3.5.1　背景

分组交换技术的传统方法是利用 X.25，它不仅决定了用户和网络的接口，同时也影响到网络的内部设计。以下是 X.25 技术的一些主要特征。

① 用于建立和拆除虚电路的呼叫控制分组与数据分组在相同的信道和虚电路上运载，实际上就是使用了带内信令。

② 虚电路复用发生在第三层。

③ 第二层和第三层都具有流量控制和差错控制机制。

X.25 技术带来了相当可观的额外开销。在经过网络上的每一跳时，数据链路控制协议需要完成数据帧以及确认帧的交换。进一步讲，在网络的中间节点上，必须为每条虚电路维护一张状态表，用于实现 X.25 协议的呼叫管理、流量控制和差错控制。当网络中的任何链路可能出现错误的概率都相当高时，上述这些额外开销是合理的。但是，今天的数字光纤网比早期的电话网具有低得多的误码率，因此，完全可以简化 X.25 的某些差错控制过程。如果减少节点对每个分组的处理时间，则各分组通过网络的时延亦可减少，同时节点对分组的处理能力也就增大了。

设计帧中继（FR）就是为了消除 X.25 带给端用户系统和分组网络的大部分开销，以减少节点处理时间，它是一种快速分组交换技术。帧中继与 X.25 的区别主要有以下几方面。

① 呼叫控制信令和用户数据在各自独立的逻辑连接上传输，因此，中间节点不需要维护状态表或者处理基于单连接的呼叫控制相关报文。

② 逻辑连接的复用和交换发生在第二层而不是第三层，减少了整整一层的处理。

③ 从一跳到另一跳之间没有流量控制和差错控制，端到端的流量控制和差错控制由高层负责。

因此，使用帧中继时，一个用户数据帧从源站发往目的站，而高层生成的确认则由一个帧携带返回，不存在数据帧和确认的逐跳交换。图 3.10 所示为一般分组交换网络和帧中继这两种方式下从源站到目的站转发帧的方式。若在传送的过程中出现了差错而导致分组的重传，则二者的差别就还要大。图 3.10（a）所示为一般分组交换网的情况，每一个节点在收到一个数据帧后都要向前一个节点发回确认帧，而目的站最后还要向源站发回确认，这也要逐站进行确认（即对确认帧的确认）。图 3.10（b）所示为帧中继的情况，它的中间站只转发数据帧而不发送确认帧，即中间站没有逐段的链路控制能力。只有在目的站收到数据帧后才向源站发回端到端的确认，因此，帧中继在数据传输的过程中省掉了很多的确认过程。

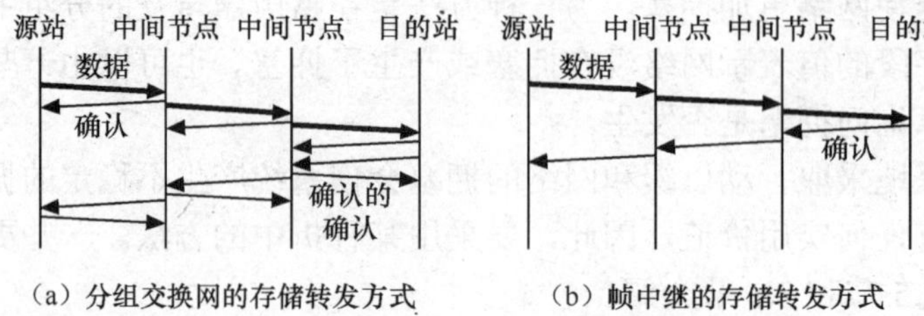

（a）分组交换网的存储转发方式　　（b）帧中继的存储转发方式

图 3.10　一般分组交换网的存储转发方式与帧中继方式的对比

3.5.2　帧中继网络

帧中继网络向上提供面向连接的虚电路服务。帧中继的虚电路是用数据链路连接标识（DLCI）来定义的。虚电路分为交换虚电路（SVC）和永久虚电路（PVC）两种，但帧中继网络通常为相隔较远的一些局域网提供链路层的永久虚电路服务。永久虚电路的好处是在通信时可省去建立连接的过程。

图 3.11 所示为连接局域网的帧中继网络。帧中继网络与局域网相连的交换机相当于 DCE，而与帧中继网络相连的路由器则相当于 DTE。当帧中继网络为其两个用户提供帧中继虚电路服务时，对两端的用户来说，帧中继网络所提供的虚电路就好像在这两个用户之间有一条直通的专用电路。

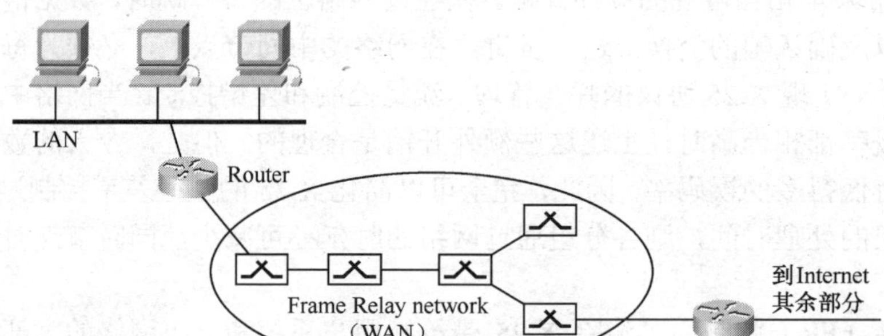

图 3.11　帧中继网络

帧中继的主要优点如下。

① 减少了网络互连的代价。当使用专用帧中继网络时，将不同的源站产生的通信量复用到专用的主干网上，可以减少在广域网中使用的电路数。多条逻辑连接复用到一条物理连接上可以减少接入代价。

② 网络的复杂性减少但性能却提高了。与 X.25 相比，由于网络节点的处理量减少，能够更加有效地利用高速数据传输线路，帧中继明显改善了网络的性能和响应时间。

③ 由于使用了国际标准，增加了互操作性，帧中继的简化的链路协议实现起来并不难。接入设备通常只需要一些软件修改或简单的硬件改动就可支持接口标准。现有的分组交换设

备和 T1/E1 复用器都可进行升级，以便在现有的主干网上支持帧中继。

④ 协议的独立性。帧中继可以很容易地配置成容纳多种不同的网络协议（如 IP、IPX 和 SNA 等）的通信量。可以用帧中继作为公共的主干网，这样可统一所使用的硬件，也更加便于进行网络管理。

3.5.3　帧中继的层次

帧中继仅有物理层和数据链路层，如图 3.12 所示。

1. 物理层

帧中继中的物理层没有定义一个具体的协议，它允许实现者使用可用的任何协议。帧中继支持任何可以被 ANSI 所识别的协议。

2. 数据链路层

在数据链路层，帧中继使用了 HDLC 的一个简化版本。图 3.13 所示为帧中继的帧格式，这种格式与 HDLC 帧格式类似，其主要的区别是没有控制字段，这是因为帧中继的逻辑连接只能携带用户的数据，并且没有帧的序号，也不能进行流量控制和差错控制。

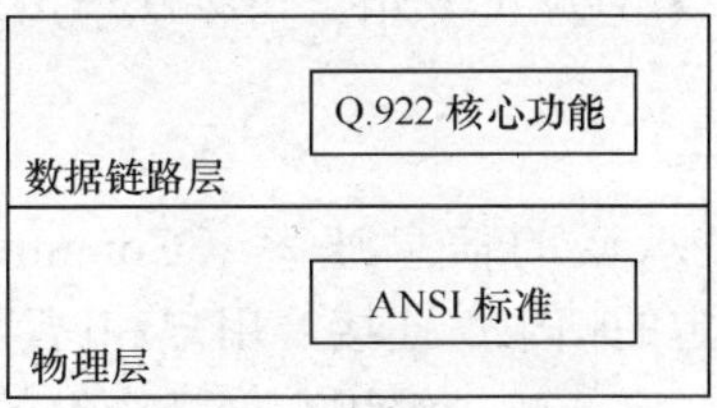

图 3.12　帧中继的层次

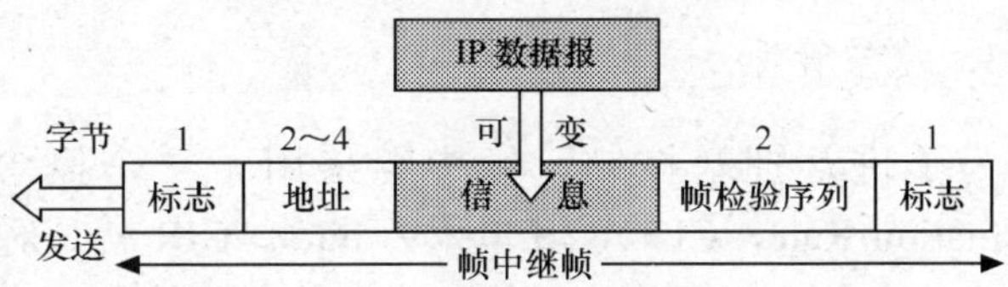

图 3.13　帧中继的帧格式

下面简单介绍其各字段的作用。

① 标志：是一个 01111110 的比特序列，用于指示一个帧的起始和结束。它的唯一性是通过比特填允来确保的。

② 信息：是长度可变的用户数据。

③ 帧检验序列：包括 2 字节的 CRC 检验。当检测出差错时，就将此帧丢弃。

④ 地址：一般为 2 字节，也可扩展为 3 或 4 字节。

地址字段中的几个重要部分如下。

- 数据链路连接标识符（DLCI）。DLCI 字段的长度一般为 10bit（采用默认值 2 字节地址字段），但也可扩展为 16bit（用 3 字节地址字段），或 23bit（用 4 字节地址字段），这取决于扩展地址字段的值。DLCI 的值用于标识永久虚电路（PVC）、呼叫控制或管理信息。
- 前向显式拥塞通知（FECN）。若某节点将 FECN 置为 1，表明与该帧在同方向传输的帧可能受网络拥塞的影响而产生时延。
- 反向显式拥塞通知（BECN）。若某节点将 BECN 置为 1 即指示接收者，与该帧反方向传输的帧可能受网络拥塞的影响产生时延。
- 可丢弃指示（DE）。在网络发生拥塞时，为了维持网络的服务水平就必须丢弃一些帧。显然，网络应当先丢弃一些相对比较不重要的帧。帧的重要性体现在 DE 比特。DE=1 的帧表明这是较为不重要的低优先级帧，在必要时可丢弃。DE=0 的帧为高优先级帧，希望网络尽可能不要丢弃这类帧。用户采用 DE 比特就可以比通常允许的情况多发送一些帧，并将这些帧的 DE 比特置 1（表明这是较为次要的帧）。

应当注意：数据链路连接标识（DLCI）只具有本地意义。在一个帧中继的连接中，在连接两端的用户网络接口（UNI）上所使用的两个 DLCI 是各自独立选取的。帧中继可同时将多条不同 DLCI 的逻辑信道复用在一条物理信道中。

3.5.4 帧中继的拥塞控制

帧中继的拥塞控制实际上是网络和用户共同负责来实现的。网络（即交换机的集合）能够非常清楚地监视全网的拥塞程度，而用户则在限制通信量方面是最有效的。帧中继使用的拥塞控制方法有以下 3 种。

① 丢弃策略。当拥塞足够严重时，网络就要被迫将帧丢弃。这是网络对拥塞的最基本的响应。但在具体操作时应当对所有用户都是公平的。

② 拥塞避免。在刚一出现轻微的拥塞迹象时可采取拥塞避免的方法。这时，帧中继网络应当有一些信令机制及时地使拥塞避免过程开始工作。

③ 拥塞恢复。在已出现拥塞时，拥塞恢复过程可阻止网络彻底崩溃。当网络由于拥塞开始将帧丢弃时（这时高层软件能够发现这一问题），拥塞恢复过程就应开始工作。

1. 流量管理

为了进行拥塞控制，帧中继采用了一个概念，叫做承诺的信息速率（Committed Information Rate，CIR），其单位为 bit/s。CIR 就是对一个特定的帧中继连接，用户和网络共同协商确定的关于用户信息传送速率的门限数值。CIR 数值越高，帧中继用户向帧中继的服务提供者交纳的费用也就越多。只要端用户在一段时间内的数据传输速率超过 CIR，在网络出现拥塞时，帧中继网络就可能会丢弃用户所发送的某些帧。虽然使用了“承诺的”这一名词，但当数据传输速率不超过 CIR 时，网络并不保证一定不发生帧丢弃。当网络拥塞已经非常严重时，网络可以对某个连接只提供比 CIR 还差的服务。当网络必须将一些帧丢弃时，网络将首先选择超过其 CIR 值的那些连接上的帧来丢弃。请注意：CIR 并非用来限制数据率的瞬时值，CIR 是用来限制用户在某一段测量时间间隔 T_c 内（这段时间的长短没有国际标准，通常由帧中继网络提供者确定）所发送的数据量的平均数据率。时间间隔 T_c 越大，通信量超过平均数据率的波动可能就越大。

每个帧中继节点都应使通过该节点的所有连接的 CIR 的总和不超过该节点的容量，即不能超过该节点的接入速率。对于永久虚电路连接，每一个连接的 CIR 应在连接建立时即确定下来。对于交换虚电路连接，CIR 的参数应在呼叫建立阶段协商确定。

当拥塞发生时，应当丢弃什么样的帧呢？这就是检查一个帧的可丢弃指示（DE）字段。若数据的发送速率超过 CIR，则节点交换机就将所收到的帧的 DE 比特都置为 1，并转发此帧。这样的帧，可能会通过网络，但也可能在网络发生拥塞时被丢弃。若节点交换机在收到一个帧时，其数据发送速率已超过网络所设定的最高速率，则立即将其丢弃。

帧中继网络的拥塞控制的原则如下。

① 若数据率小于 CIR，则在该连接上传送的所有帧均被置为 DE=0（这表明在网络发生

拥塞时尽量不要丢弃 DE = 0 的帧)，这在一般情况下传输是有保证的。

② 若数据率仅在不太长的时间间隔大于 CIR，则网络可以将这样的帧置为 DE = 1，并在可能的情况下进行传送（即不一定丢弃，视网络的拥塞程度而定）。

③ 若数据率超过 CIR 的时间较长，以至注入到网络的数据量超过了网络所设定的最高门限值，则应立即丢弃该连接上传送的帧。

下面用简单数字说明 CIR 的意义。设某个节点的接入速率为 64kbit/s，该节点使用的一条虚电路被指派的 CIR = 32kbit/s，而 CIR 的测量时间间隔 T_c = 500ms。再假定帧中继网络的帧长 L = 4 000bit，这就表示在 500ms 的时间间隔内，这条虚电路只能够发送 CIR × T_c/L = 4 个高优先级的帧中继帧，其 DE=0。这就是说，这 4 个高优先级帧在网络中的传输是有保证的，但由于 CIR 的数值只是接入速率的一半，因此，用户在 500ms 内还可再发送 4 个低优先级的帧，其 DE=1。

2. 采用显式信令的拥塞避免

帧中继还可利用显式信令避免拥塞。在帧中继的地址字段中有两个指示拥塞的比特，即前向显式拥塞通知（FECN）和反向显式拥塞通知（BECN）。假设帧中继网络的两个用户 A 和 B 之间已经建立了一条双向通信的连接，当两个方向都没有拥塞时，则在两个方向传送的帧中，FECN 和 BECN 都应为零。反之，若这两个方向都发生了拥塞，则不管是哪一个方向，FECN 和 BECN 都被置为 1。当只有一个方向发生拥塞而另一个方向无拥塞时，FECN 和 BECN 中的哪一个应置为 1，则取决于帧是从 A 传送的 B 还是从 B 传送到 A。图 3.14 所示为 FECN 和 BECN 的使用情况。

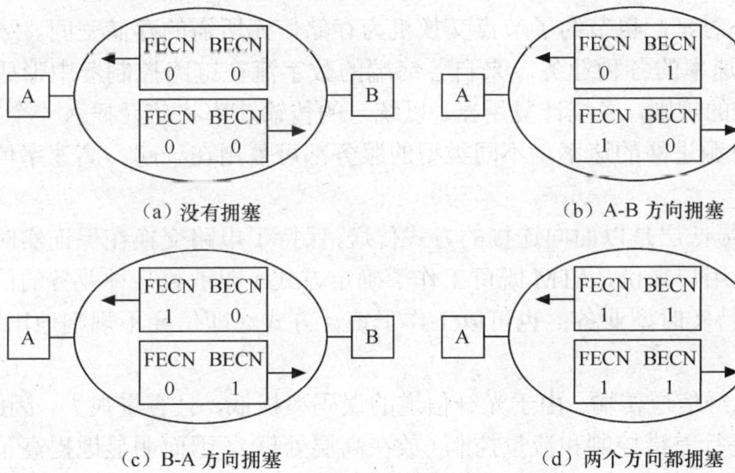

图 3.14　拥塞的 4 种情况

网络可以根据节点中待转发的帧队列的平均长度是否超过门限值来确定是否发生了拥塞。用户也可以根据收到的显式拥塞通知信令采用相应的措施。当收到 BECN 信令时的处理方法比较简单，用户只要降低数据发送的速率即可。但当用户收到一个 FECN 信令时，需要用户通知这个连接的对等用户来减少帧的流量。帧中继协议所使用的核心功能并不支持这样的通知，因此，需要在高层来进行相应的处理。

3.6 异步传递方式

3.6.1 异步传递方式的基本概念

现有的电路交换和分组交换在实现宽带高速的交换任务时，都表现有一些缺点。

对于电路交换，当数据的传输速率及其突发性变化非常大时，交换的控制就变得十分复杂。对于分组交换，当数据传输速率很高时，协议数据单元在各层的处理成为很大的开销，无法满足实时性很强的业务的时延要求，特别是基于 IP 的分组交换网不能保证服务质量。

但电路交换的实时性和服务质量都很好而分组交换的灵活性很好，因此，人们曾经设想过"未来最理想的"一种网络应当是宽带综合业务数字网（B-ISDN），它采用另一种新的交换技术，这种技术结合了电路交换和分组交换的优点。虽然在今天看来 B-ISDN 并没有成功，但 ATM 技术还是获得了相当广泛的应用，并在 Internet 的发展中起到了重要的作用。

异步传递方式（Asynchronous Transfer Mode，ATM）就是建立在电路交换和分组交换基础上的一种面向连接的快速分组交换技术，它采用定长分组作为传输和交换的单位。在 ATM 中这种定长分组叫做信元（cell）。

ATM 的主要优点如下。

① 选择固定长度的短信元作为信息传输的单位，有利于宽带高速交换。信元长度为 53 字节，其首部为 5 字节。长度固定的首部可使 ATM 交换机的功能尽量简化，只用硬件电路就可对信元进行处理，因而缩短了每一个信元的处理时间。在传输实时语音或视频业务时，短的信元有利于减小时延，也节约了节点交换机为存储信元所需的存储空间。

② 能支持不同速率的各种业务。来自各终端的数字流在链路控制器中形成完整的信元后，即按先到先服务的规则，经统计复用器，以统一的传输速率将信元插入一个空闲时隙内。链路控制器调节信息源进网的速率。不同类型的服务都可复用在一起，高速率信源就占有较多的时隙。

③ 所有信息在最低层是以面向连接的方式传送，保持了电路交换在保证实时性和服务质量方面的优点。但对用户来说，ATM 既可工作于确定方式（即承载某种业务的信元基本上周期性地出现），以支持实时型业务；也可以工作于统计方式（即信元不规则地出现），以支持突发型业务。

④ ATM 使用光纤信道传输。由于光纤信道的误码率极低，且容量很大，因此在 ATM 中不必在数据链路层进行差错控制和流量控制（放在高层处理），因而明显地提高了信元在网络中的传送速率。

由于 ATM 具有上述的许多优点，在 ATM 技术出现后，不少人曾认为 ATM 必然成为未来的宽带综合业务数字网（B-ISDN）的基础。但实际 ATM 只是用在 Internet 的许多主干网中。ATM 的发展之所以不如当初预期的那样顺利，主要是因为 ATM 的技术复杂且价格较高，同时 ATM 能够直接支持的应用不多。与此同时，无连接的 Internet 发展非常快，各种应用与 Internet 的衔接非常好。在 100Mbit/s 的快速以太网和吉比特以太网推向市场后，10G 比特以太网又问世了。这就进一步削弱了 ATM 在 Internet 高速主干网领域的竞争能力。

3.6.2　ATM 网络

ATM 是信元交换网络，它包括两种网络元素，即 ATM 端点（endpoint）和 ATM 交换机。ATM 端点又称为 ATM 端系统，即在 ATM 网络中能够产生或接收信元的源站或目的站。ATM 端点通过点到点链路与 ATM 交换机相连。图 3.15 所示为一个 ATM 网络的例子。

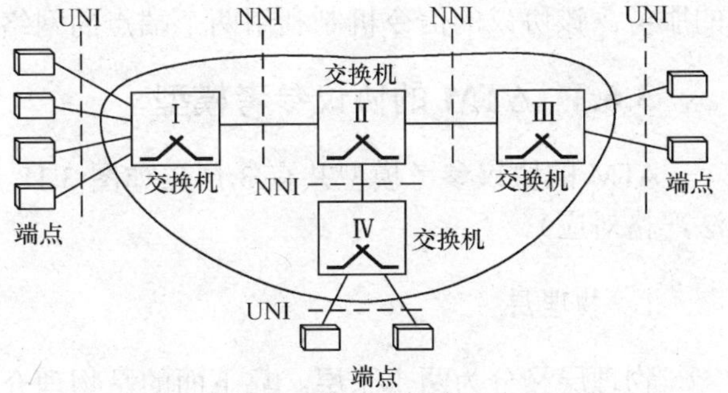

图 3.15　ATM 网络的例子

1. 虚连接

两个端点之间的连接是通过传输路径（TP）、虚路径（VP）和虚电路（VC）完成的。TP 是一个端点与一个交换机或者两个交换机之间的物理连接。我们可以将两个交换机看作两个城市，传输路径是直接连接两个城市的所有高速公路的集合。

一个传输路径划分为几个 VP。一个 VP 提供两个交换机之间的一条连接或连接的集合。我们可以将一个 VP 看作连接两个城市的一条高速公路。

属于同一报文的所有信元沿着同一个 VC 传输，同时保持它们的原始次序直到到达目的地。我们可将 VC 看作高速公路的车道。图 3.16 所示为 TP、VP 和 VC 之间的关系。

图 3.16　TP、VP 和 VC

2. 连接标识符

在虚电路网络中，为了从一个端点路由数据到另一个端点，需要标识该虚连接。为此，ATM 设计了一个两级的层次标识符：虚路径标识（VPI）和虚电路标识（VCI）。VPI 定义特定的 VP，而 VCI 定义特定的 VC，VPI 对于捆绑成一个 VP 的所有虚连接都是相同的。图 3.17 所示为一条传输路径的 VPI 和 VCI。

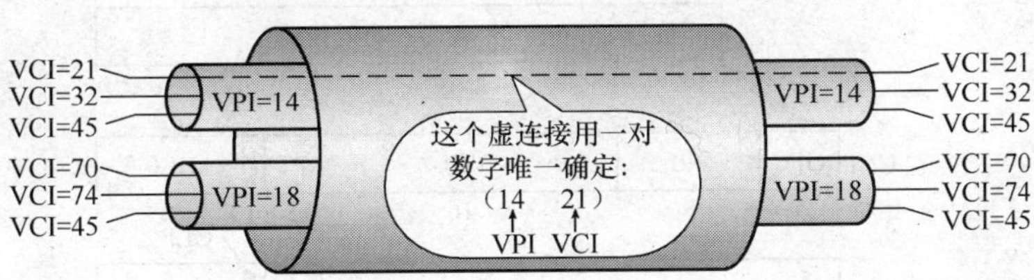

图 3.17　连接标识符

3. 连接建立和释放

像帧中继一样，ATM 使用两种类型的连接：永久虚电路（PVC）和交换虚电路（SVC）。PVC 是由网络供应商建立的两个端点之间的连接。VPI 和 VCI 是为了永久连接而定义的，它们的值输入到每个交换机的交换表中。在 SVC 连接中，当一个端点想要和另一个端点连接时，必须建立一条新的虚电路。ATM 本身无法做到这件事，需要网络层地址和另一个协议（如 IP）的服务。该协议的信令机制利用两个端点的网络层地址作出一个连接请求。

3.6.3 ATM 的协议参考模型

ATM 的协议参考模型共有 3 层，如图 3.18 所示，大体上与 OSI 的最低两层相当（但无法严格对应）。

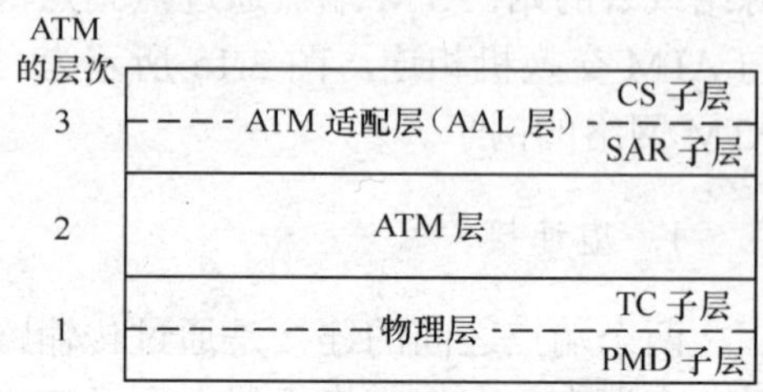

图 3.18 ATM 的协议参考模型

1. 物理层

物理层又分为两个子层。靠下面的是物理介质相关（Physical Medium Dependent，PMD）子层，PMD 子层的上面是传输汇聚（Transmission Convergence，TC）子层。

① PMD 子层：负责在物理介质上正确传输和接收比特流。它完成只和媒体相关的功能，如线路编码和解码、比特定时以及光/电转换等。对不同的传输介质 PMD 子层是不同的。可供使用的传输介质有：铜线、同轴电缆、光纤（单模或多模）、无线信道等。

② TC 子层：实现信元流和比特流的转换，包括速率适配（空闲信元的插入）、信元定界与同步、传输帧的产生与恢复等。在发送时，TC 子层将上面的 ATM 层交下来的信元流转换成比特流，再交给下面的 PMD 子层。在接收时，TC 子层将 PMD 子层交上来的比特流转换成信元流，标记出每一个信元的开始和结束，并交给 ATM 层。TC 子层的存在使得 ATM 层实现了与下面的传输介质完全无关。典型的 TC 子层就是 SDH。

2. ATM 层

主要完成信元的交换和复用功能，与传送 ATM 信元的物理介质或物理层无关。ATM 层从 AAL 层接收 48 字节的分段，然后通过添加 5 字节的头部将它们转换成 53 字节的信元，如图 3.19 所示。

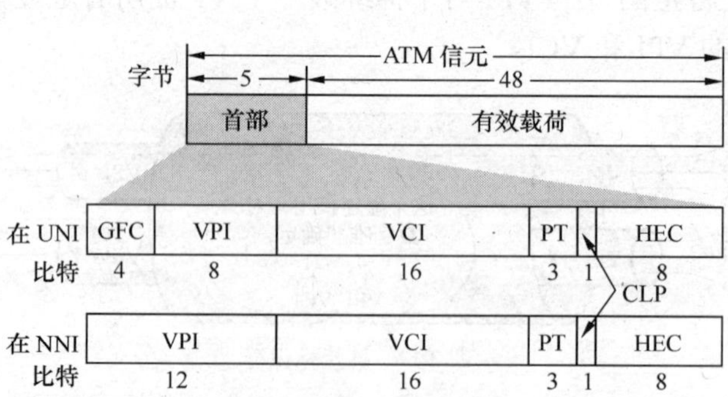

图 3.19 ATM 信元的结构

ATM 信元有两种不同的首部，分别对应于用户到网络接口（UNI）和网络到网络接口（NNI）。在这两种接口上的 ATM 信元首部仅仅是前两个字段不同，后面的字段全都一样。

下面介绍ATM信元首部中各字段的作用。

① 通用流量控制（GFC）：4bit字段，通常置为0。根据ITU.T标准，GFC用来在共享媒体上进行接入流量控制，现在的点到点配置不需要这一字段的接入控制功能。GFC字段完成的是类似局域网MAC子层的功能，与ATM层的处理无关。

② VPI/VCI：即路由字段，总共24bit。VPI/VCI字段和帧中继中的DLCI字段的作用相似。具体内容见3.6.2小节。

③ 有效载荷类型（PT）：3bit字段，用来区分该信元是用户信息或非用户信息。此字段又称为有效载荷类型指示（PTI）。第1个比特为0表示是用户数据信元，第2个比特表示有无遭受到拥塞（该比特由网络的ATM变换机填写），第3个比特用来区分服务数据单元（SDU）的类型，如一个信元发出时PT为000，可能在到达时就变成了010，因此目的站就知道网络出现了拥塞。

④ 信元丢失优先级（CLP）：1bit 字段，指示信元的丢失优先级（这个比特和帧中继的DE比特的作用相似）。当网络负荷很重时，从ATM交换机首先丢弃CLP=1的信元以缓解网络可能出现的拥塞。除端系统可直接指定CLP值外，网络还可能将违反通信量合约的信元的CLP从0改为1，这个过程称为“打标记”。

⑤ 首部差错控制（HEC）：8bit字段。HEC是首部的第5个字节。HEC只对首部的前4个字节（但不包括有效载荷部分）进行循环冗余检验，并将检验的结果放在 HEC 字段中。HEC可进行多个比特的检错和单个比特的纠错。值得注意的是，HEC虽属于ATM信元首部，却是由物理层产生和进行检验的。

3. ATM适配层

ATM传送和交换的是53字节固定长度的信元。但是上层的应用程序向下层传递的并不是53字节长的信元，如在Internet的IP层传送的是各种长度的IP数据报，因此，当IP数据报需要在ATM网络上传送时，就需要有一个接口，它能够将IP数据报装入一个个ATM信元，然后在ATM网络中传送。这个接口就是在ATM层上面的ATM适配层，记为AAL（ATM Adaptation Layer）。

AAL 层的作用就是增强 ATM 层所提供的服务，并向上面高层提供各种不同的服务。ITU-T I.362规定了从AAL向上提供的服务，包括以下内容。

① 将用户的应用数据单元划分为信元或将信元重装成为应用数据单元。

② 对比特差错进行检测和处理。

③ 处理丢失和错误交付的信元。

④ 流量控制和定时控制。

ITU-T 最初规定了 ATM 网络可向用户提供 4 种类别的服务，即 AAL1、AAL2、AAL3和AAL4。后来增加了一种新的类型，即AAL5，用来支持各类服务。从目前ATM的使用情况来看，AAL5是受到业界普遍欢迎的一个ATM侧适配层。

为了方便，AAL层又划分为两个子层，即汇聚（CS）子层和拆装（SAR）子层。

- CS：使ATM系统可以对不同的应用（如文件传送、点播视频等）提供不同的服务。每一个AAL用户通过相应的服务访问点SAP（即应用程序的地址）接入到AAL层。
- SAR：在发送时，将CS子层传下来的协议数据单元划分成为长度为48字节的单元，交给 ATM 层作为信元的有效载荷。在接收时，SAR 子层进行相反的操作，将 ATM 层交上来的 48 字节长的有效载荷装配成 CS-PDU。这样，SAR 子层就使得 ATM 层与上面的应用无关。

需要强调的是，AAL 层的功能只能驻留在 ATM 端点之中，而在 ATM 交换机中只有物理层和 ATM 层。图 3.20 表示出了这个概念，对应于每一个 ATM 交换机的物理层都画了两个，这表示在不同的链路可采用不同的物理传输介质。

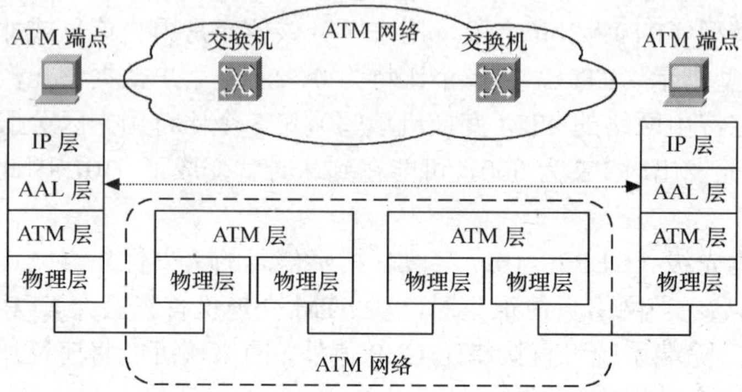

图 3.20　AAL 层只能驻留在 ATM 端点之中

从图 3.20 中可以看出，当孤立地观察一个 ATM 网络时，ATM 网络像一个广域网，因为它可以覆盖很大的地理范围，有自己网络的硬件地址和进行信元转发的节点交换机，并且向上提供虚电路服务，因此，有关 ATM 技术的内容可以放在广域数据网络这一章来介绍。不过从 IP 层来看，整个的 ATM 网络又相当于两个 IP 节点之间的一条数据链路，从这个角度看，整个 ATM 网络又好像是处在数据链路层。

习　题

1．数据链路层的链路控制包括哪些功能？

2．说明现有数据链路的类型，它们各自向网络层提供什么样的服务？

3．位串 0111101111101111110 需要在数据链路层上被发送，请问，经过位填充之后实际被发送出去的是什么？

4．说明 HDLC 帧的类型并给出每一类帧的简短描述。

5．说明 HDLC 协议中是如何实现链路层的流量控制和差错控制的。

6．试比较虚电路和数据报这两种服务的优缺点。

7．在图 3.8 中，节点 1 使用洪泛法向节点 6 发送分组。将一个分组通过一条链路的传输计算成负荷为 1。在下述情况中，总负荷为多少？

（1）每个节点都将重复收到的分组丢弃。

（2）使用了一个跳数计数字段，并且其初始值设置为 5。

8．另一种自适应路由选择机制称为反向记忆。当一个分组选路经过网络时，它不仅携带了目的地址，还有源地址和正在运行的跳数计数器，这个计数器每经过一跳就增加。每个节点都建立了一张路由选择表，表中给出了下一个节点以及到每个终点的跳数计数值。如何才能利用分组信息建立这样一张表？这种技术的优点和缺点各是什么？

9．假设网络中的所有站点和节点都运行正常，有没有可能将一个分组交付到错误的终点？

10．拥塞流量控制在网络工作中有何意义？流量控制和拥塞控制有何不同？

11．为什么 X.25 分组交换网络会发展到帧中继？帧中继有什么优点？试从层次结构上以及节点交换机需要进行的处理过程进行讨论。

12．帧中继的拥塞控制是怎么进行的？承诺的信息速率 CIR 在拥塞控制中起何作用？

13．ATM 中的 VCI 和 VPI 各有何用处？试举例说明，并分别计算在 UNI 和 NNI 接口共可以有多少条 ATM 连接？

14．ATM 信元的结构是怎样的？信元首部的结构分为哪些字段？各有何用处？

15．试判断以下各种说法的正确性。

A．ATM 的差错控制是对整个信元进行检验。

B．ATM 信元的寻址是根据信元首部中的目的站地址。

C．ATM 提供固定的服务质量保证。

D．ATM 的信元采用动态路由选择。

E．TCP 不能在 ATM 上运行。

F．ATM 在每次传送数据之前必须先建立连接。

G．ATM 的信元的长度是可变的。

第4章 互 联 网

基于 TCP/IP 的 Internet 已逐步发展成为当今世界上规模最大、拥有用户和资源最多的一个超大型计算机网络，TCP/IP 也因此成为事实上的工业标准。IP 网络正成为当今网络的主流。IP 网络是由通过路由设备互连起来的 IP 子网构成的，这些路由设备负责在 IP 子网间寻找路由，并将 IP 分组转发到下一个 IP 子网。本章主要讨论 IP 的核心技术，包括 IP 编址、IP 数据报的转发机制和 IP 路由技术，并在此基础上，讨论 IP 网络的组网和规划。

4.1 网际互连协议

网际互连协议（IP）是 TCP/IP 体系中两个重要的协议之一，它是网络层的核心协议。网络层向下要面对各种不同的物理网络，向上却要提供一个统一的数据传输服务。为此，网络层通过 IP 地址实现了物理地址的统一，通过 IP 数据报实现了数据帧的统一。网络层通过以上两个方面达到了向上屏蔽底层差异的目的。

IP 是不可靠的无连接数据报协议，提供尽力而为（best-effort）的传输服务。也正是因为 IP 采用了尽力而为传输的思想，使得它的传输效率非常高，实现起来也较简单。随着底层网络质量的日益提高，IP 的好处也体现得更加明显。

本节将重点讨论 IP 编址、IP 数据报的格式以及无连接数据报的转发机制。

4.1.1 IP 编址

IP 地址采用一种全局通用的地址格式，并在统一的管理下进行地址分配，保证全网的每一个网络和每一台主机地址都有一个对应的地址。IP 地址是一种层次地址，它携带关于对象的位置信息。互联网在概念上分为 3 个层次：主机层、网络层和互联网层，IP 地址正是对互联网层次的反映，它由网络号和主机号构成，如图 4.1 所示。这种结构便于我们在 Internet 上寻址。

网络号	主机号

图 4.1 IP 地址结构

IP 地址现在由 Internet 名字与号码指派公司（ICANN）统一分配。IP 编址方法共经过了 3 个历史阶段，即传统的分类地址、子网的划分和无类编址。

1. 传统的分类地址

32bit 的 IP 地址（IPv4）被划分成网络号和主机号两部分。网络号的长度将决定整个互联网中能包含多少个网络，主机号长度决定了每个网络中能容纳多少台主机。Internet 定义了 5 类 IP 地址，如图 4.2 所示。其中 A，B，C 为基本类地址，分别代表不同规模的网络。D 类地址用于多播，E类地址为保留地址。其分类应用如表4.1所示。

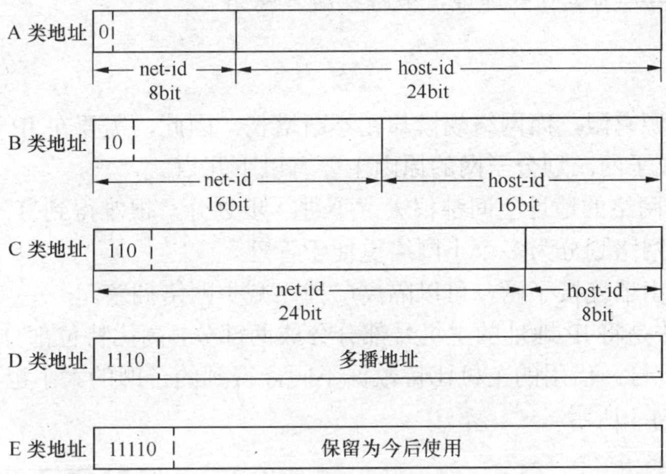

图4.2 分类的IP地址

表4.1 **分类地址的应用**

地 址 分 类	网络数目（netid）	主机数目（hostid）	典型的网络应用
A类	127	16 777 214	非常大的网络
B类	16 383	65 534	中规模网络 例如：LAN，企业网
C类	2 097 151	254	大量的子网
D类			网中的广播应用

为了方便用户识别，目前的IP地址格式采用十进制小数点格式。32位的二进制IP地址被划分成4个字节，每个字节被转换为等效的十进制数，范围在0～255。于是，IP地址标识为d1.d2.d3.d4（如171.25.92.45）。各类IP地址块的范围如表4.2所示。

表4.2 **各类IP地址块的范围**

地 址 类	网络号（netid）范围	主机号（hostid）范围
A类	1～126	0.0.1～255.255.254
B类	128.0～191.255	0.1～255.254
C类	192.0.0～223.255.255	1～254
D类	224～239	—
E类	240～255	—

在IP地址中，有些地址并不是用来标识网络连接的，它们具有特殊的意义。

① 回送地址：127.x.x.x为保留地址，用于软件测试和本机进程通信。

② 直接广播地址：主机号为全1，指向某个指定的网络发送广播，如171.255.255.255。

③ 受限广播地址：32bit的IP地址为全1，只在本网段内广播。

④ 网络地址：主机号部分为0的IP地址不分配给单个的主机（只用来指示网络，表示

具有某个网络号的网段）。

⑤ 0 地址：网络号为全 0 的地址，被解释成本网络。

2. 子网的划分

由于 IP 地址资源有限，而网络规模却在不断增长，因此，需要在 IP 的分类网络中再进行网络的细分，形成子网。划分子网的原因主要有以下几点。

① A 类和 B 类网络的地址空间都很大，不进一步划分，很难得到有效的利用。

② 将一个大型网络划分为多个小网络更便于管理。

③ 通过使用路由器连接子网，可以隔离广播，减少网络拥塞。

划分子网的方法是将 IP 地址的主机号部分分成两部分，高比特位部分用来标识子网，剩余部分仍然作为主机号。借用的主机比特数据不同，得到的子网的大小也不同。带子网标识的 IP 地址结构如图 4.3 所示。

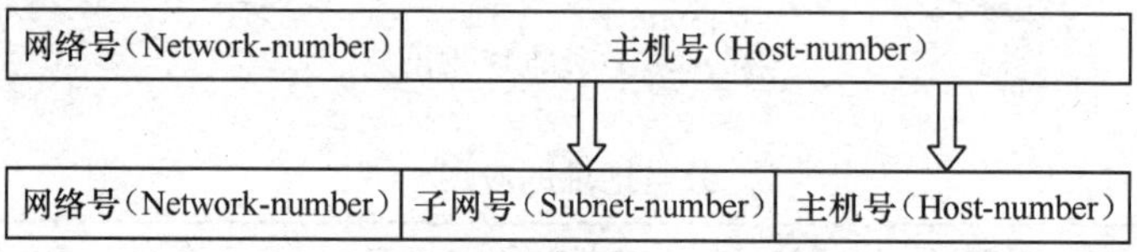

图 4.3 带子网标识的 IP 地址结构

为了区分一个 IP 地址的网络号和主机号部分，采用了子网掩码的技术。子网掩码是一个 32 位的二进制数，它指定了子网标识和主机号的分界点，即对应 IP 地址网络号和子网标识的位全部置 1，主机号部分全部置 0。将一个 IP 地址与它的掩码相“与”，得出的结果即为该 IP 地址所在的网段。

例如，一个 B 类网的 IP 地址为 147.12.17.1，B 类网的正常掩码为 255.255.0.0 二者相“与”得出该 IP 地址的网络号为 147.12.0.0。采用子网掩码技术时，如果借用了主机号的 4bit 作为该地址的子网号，则掩码为 255.255.240.0，与 147.12.17.1 相“与”，得出子网号为 147.12.16.0。具体计算如表 4.3 所示。

表 4.3　　由 IP 地址和子网掩码计算子网地址

二进制表示 147.12.17.1	10010011 00001100 00010001 00000001
B 类码正常掩码 255.255.0.0	11111111 11111111 00000000 00000000
得出网段 147.12.0.0	10010011 00001100 00000000 00000000
借 4bit 主机位作为网络号掩码	11111111 11111111 11110000 00000000
子网号为 147.12.16.0	10010011 00001100 00010000 00000000

通常划分子网的步骤如下。

① 确定需要多少个子网。

② 确定需要多少个主机号来标识每个子网上的每台主机。

③ 综合考虑子网数和子网中的主机数后，确定子网掩码。

④ 确定标识每个子网的网络号。

⑤ 确定每个子网上可以使用的主机号范围。

3. 无类编址

划分子网在一定程度上缓解了 Internet 在发展中遇到的困难，然而由于每年连入 Internet 的主机数成倍增长，因此 Internet 面临 B 类地址匮乏、路由表爆炸、整个地址耗尽等危机。无分类编址就是为解决这些问题而开发的一种直接的解决方案，它使 Internet 得到足够的时间来等待新一代 IP 的产生。

其实 IETF 很早就指明了在一个划分子网的网络中可同时使用几个不同的子网掩码，即可变长子网掩码 VLSM 技术，它可以进一步提高 IP 地址的利用率。在 VLSM 的基础上又进一步研究出无分类编址的方法，它的正式名字是无类域间路由（Classless Inter-Domain Routing，CIDR）。

CIDR 的主要特点有如下两个。

① CIDR 消除了传统的 A 类、B 类、C 类地址以及划分子网的概念，因而可以更加有效地分配 IP 地址空间；CIDR 使用各种长度的网络前缀（network-prefix）来代替分类地址中的网络号和子网号，它不再使用子网的概念而使用网络前缀；CIDR 还使用斜线记法，如 IP 地址 210.31.233.1，子网掩码 255.255.255.0 可表示成 210.31.233.1/24；IP 地址 166.133.67.98，子网掩码 255.255.0.0 可表示成 166.133.67.98/16；IP 地址 192.168.0.1，子网掩码 255.255.255.240 可表示成 192.168.0.1/28 等。

② CIDR 将网络前缀都相同的连续的 IP 地址组成 CIDR 地址块，一个 CIDR 地址块是由地址块的起始（即地址块中地址数值最小的一个）和地址块中的地址数来定义的。例如，128.14.32.0/20 表示的地址块共有 2^{12} 个地址，而该地址块的起始地址为 128.14.32.0。

表 4.4 所示为常用的 CIDR 地址块，表中的 K 表示 2^{10} 即 1024。网络前缀小于 13 或大于 27 都较少使用。

表 4.4 常用的 CIDR 地址块

CIDR 前缀	点分十进制	包含的地址数	包含的分类的网络数
/13	255.248.0.0	512K	8 个 B 类或 2 048 个 C 类
/14	255.252.0.0	256K	4 个 B 类或 1 024 个 C 类
/15	255.254.0.0	128K	2 个 B 类或 512 个 C 类
/16	255.255.0.0	64K	1 个 B 类或 256 个 C 类
/17	255.255.128.0	32K	128 个 C 类
/18	255.255.192.0	16K	64 个 C 类
/19	255.255.224.0	8K	32 个 C 类
/20	255.255.240.0	4K	16 个 C 类
/21	255.255.248.0	2K	8 个 C 类
/22	255.255.252.0	1K	4 个 C 类
/23	255.255.254.0	512	2 个 C 类
/24	255.255.255.0	256	1 个 C 类
/25	255.255.255.128	128	1/2 个 C 类
/26	255.255.255.192	64	1/4 个 C 类
/27	255.255.255.224	32	1/8 个 C 类

4.1.2 IP 数据报的格式

IP 所处理的数据单元称为 IP 数据报，其格式如图 4.4 所示。

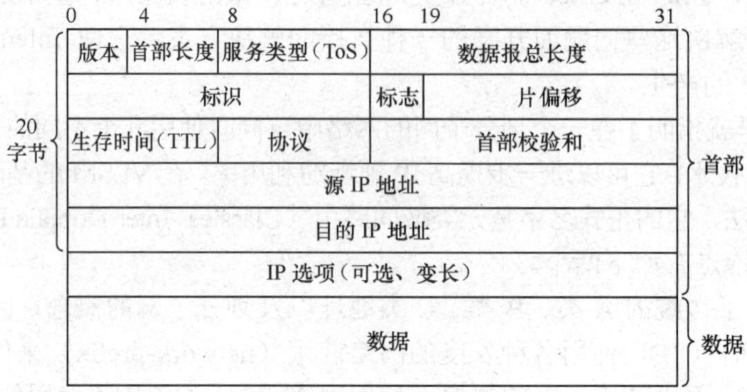

图 4.4 IP 数据报格式

① 版本：占 4bit，指出该 IP 的版本号。目前 IP 的版本号是 4。

② 首部长度：占 4bit，用于指出数据包的首部长度。长度以 32 位字的个数计，不包含 QoS 选项的首部长的典型值为 20 字节，因此该字段的值一般为 5。

③ 服务类型（ToS）：占 8bit，用于确定 Internet 应用的 QoS 参数。在这一字段中可以指定传输时延、优先级及可靠性。

④ 总长度：指 IP 数据报的总长度。它以字节计，包括首部和数据的长度。IP 从总长度中减去首部的长度可以得到数据的长度。数据报的最大长度为 65 535 字节。

在理想情况下，帧中能够封装全部的 IP 数据报，而实际的情况并非如此，IP 层之下的物理网络，对帧的大小有不同的规定，每个物理网络对其物理帧的最大长度，称为最大传输单元（MTU）。IP 的最大长度为 65 535 个字节，如果一个 IP 数据报的长度大于其下层 MTU，就必须将 IP 分片传输。这就需要利用到 IP 数据报头中标识、标志和片偏移字段。

⑤ 片偏移量：在分片的传输中，片偏移以 64bit 为单位，表示该片中数据区的第一个数据字节在整个数据报中的位置（偏移量）。

⑥ 标识：信源机赋予 IP 数据报的标识符，用于区分各个不同的数据报。信宿机根据标识字段来重组同一个数据报，在数据报分片时，这个字段不加修改拷贝到片头中。该字段为 2 个字节。

⑦ 标志：3bit，只有低 2bit 有效，其中最低位记为 1μF，1μF = 0 表示是数据报分片中的最后一片，标志字段的中间一位记为 DF，只有 DF = 0 时才允许分片。

数据报分片的原则是各片近可能大，但必须能为下层帧能够封装；片的大小（以字节为单位时）必须是 8 的整数倍，以便 IP 计算其偏移量；数据报分片的位置出现在不同的 MTU 的交界处，即路径的网关处；数据报分片的重组是在宿主机进行。

⑧ 生存时间（TTL）：该参数表示数据报在因特网上存在的时间。Internet 中的每个网关都要检验该字段并丢弃掉 TTL 值为 0 的数据报。IP 节点会对所处理的每个数据报进行 TTL 值减 1 的操作。TTL 不仅用于防止无休止的循环，还可以用于限制数据报在 Internet 上的生存期。需要注意，如果用一台主机充当路由节点，该主机必须能够按照路由规则处

理 TTL 字段。

⑨ 协议字段：占 8bit，指定在目的主机上用于接收数据报的 IP 上层协议。和以太网帧中的以太网类型字段有些相似，但在这里它是用来指出 IP 数据报中的数据段的净荷类型。Internet 标准工作组已经建立了一个编号体制来标识最常用的上层协议。

⑩ 首部校验和：用来检测首部中发生的错误，在用户数据流中不进行错误校验。有些人认为在用户数据中提供数据错误校验至少可以允许接收网关通知发送主机有错误发生（实际上 TCP/IP 协议族中的 ICMP 就提供这种功能）。无论人们怎么看待这一问题，目前计算校验和的算法仍是相当简单，无须进行很多字节的运算，但如果接收主机关心数据的完整性，那么其上的高层协议必须对用户数据进行某种类型的错误校验。

⑪ 源地址和目的地址：它们在数据报的整个生存时间内保持不变。这两个字段就是 Internet 地址。

⑫ 选项字段：用于确定其他业务。并不是每个数据包都使用选项字段，大多数情况下该字段用于网络管理和诊断。

4.1.3　IP 数据报的转发

IP 分组的转发就是把分组放到去往终点的路由上，这就要求主机或路由器装有路由表。当主机有分组要发送时，或路由器收到分组要进行转发时，就要查找路由表，以便找出到达最后终点的路由。与路由表相关的操作包括两个部分：第一部分是路由表的使用，即根据路由表进行路由选择，完成分组的转发；第二部分是路由表的建立和刷新，这项工作由路由守护程序完成。主机和路由器上的 IP 负责第一部分的工作，而路由协议负责第二部分的工作（4.2 节介绍）。图 4.5 所示为与路由表相关的操作。

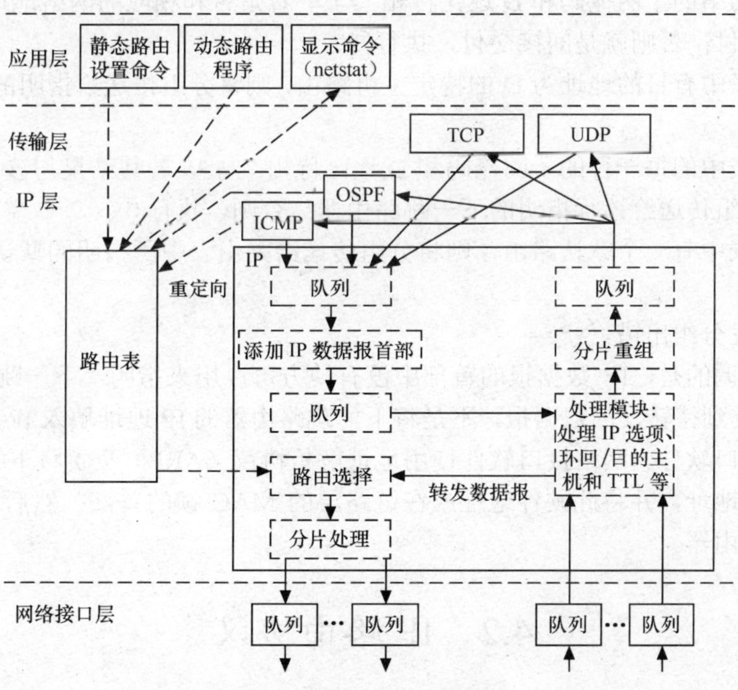

图 4.5　与路由表相关的操作

1. 路由表的构成

路由表是一个二维表，从结构上看，它包括目的网络地址、子网掩码、下一跳地址和输出接口。路由表中的大多数表项是特定网络路由（基于目的主机所在网络的），也可以包含特定主机路由（用于网络测试）。路由表的另一个特殊表项是默认路由，它通常放在路由表的最后，当前面表项均无效时，才使用默认路由。默认路由的信宿地址和子网掩码都是 0.0.0.0，目的是用来减少路由表所占用空间以及减少搜索路由表的时间。

图 4.6 所示为一个路由表的例子，图中第 1 个表项是直接转发路由，即目的主机在该网络上，第 2 个表项是对主机 B 的特定主机路由，第 3 个表项是特定网络路由，最后一个表项是默认路由。

目的地址	子网掩码	下一跳	输出接口	…
192.168.6.0	255.255.255.0	———	m0	…
192.168.7.6	255.255.255.255	192.168.5.6	m1	…
192.168.7.0	255.255.255.0	192.168.5.2	m2	…
…	…	…	…	…
0.0.0.0	0.0.0.0	192.168.5.6	m1	…

图 4.6　路由表的例子

2. IP 数据报转发流程

下面介绍该路由器在收到分组后执行分组转发的过程。

① 从收到的分组的首部提取目的 IP 地址 D。

② 先用各网络的子网掩码和 D 逐比特相“与”，看是否和相应的网络地址匹配。若匹配，则将分组直接交付；否则就是间接交付，执行③。

③ 若路由表中有目的地址为 D 的特定主机路由，则将分组传送给指明的下一跳路由器；否则，执行④。

④ 对路由表中的每一行的子网掩码和 D 逐比特相“与”，若其结果与该行的目的网络地址匹配，则将分组传送给该行指明的下一跳路由器；否则，执行⑤。

⑤ 若路由表中有一个默认路由，则将分组传送给路由表中所指明的默认路由器；否则，执行⑥。

⑥ 报告转发分组出错。

这里必须强调的是，IP 数据报的首部中没有地方可以用来指明“下一跳路由器的 IP 地址”。当路由器收到待转发的数据报，不是将下一跳路由器的 IP 地址填入 IP 数据报，而是送交下层的网络接口软件。网络接口软件使用地址解析协议（ARP）负责将下一跳路由器的 IP 地址转换成硬件地址，并将此硬件地址放在链路层的 MAC 帧的首部，然后根据这个硬件地址找到下一跳路由器。

4.2　IP 路由协议

典型的路由选择方式有两种：静态路由和动态路由。静态路由是在路由器中设置的固定的路由表。除非网络管理员干预，否则静态路由不会发生变化。由于静态路由不能对网络的改变作出反映，一般用于网络规模不大、拓扑结构固定的网络中。动态路由是利用收到的路由信息更新路由器表的过程，它能实时地适应网络结构的变化。由于需要动态路由，因此就产生了多种路由选择协议。路由选择协议是一些规则和过程的组合，使得在互联网中的路由器能够彼此互通网络的变化。

4.2.1　自治系统的概念

当今的互联网规模非常大，如果让所有的路由器知道所有的网络应怎样到达，则这种路由表将非常大，处理起来也太花时间。而所有这些路由器之间交换路由信息所需的带宽就会使 Internet 的通信链路饱和。另外，许多单位也不愿意外界了解自己单位网络的布局细节和本部门所采用的路由选择协议，但同时还希望连接到 Internet 上。为此，我们将整个互联网划分成许多自治系统（Autonomous System，AS）。一个自治系统是一个互联网，其最重要的特点就是自治系统有权自主地决定在本系统内应采用何种路由选择协议。一个自治系统内的所有网络都属于一个行政单位（如一个公司、一所大学、政府的一个部门等）来管辖。一个自治系统的所有路由器在本自治系统内都必须是连通的。

这样，我们就可以把动态路由协议分为如下两大类。

① 内部网关协议（Interior Gateway Protocol，IGP）：即在一个自治系统内部使用的路由选择协议。目前这类路由选择协议使用得最多，如 RIP 和 OSPF 协议。

② 外部网关协议（External Gateway Protocol，EGP）：若源站和目的站处在不同的自治系统中，当数据报传到一个自治系统的边界时，就需要使用一种协议将路由选择信息传递到另一个自治系统中，这样的协议就是外部网关协议。在外部网关协议中目前使用最多的是 BGP-4。

图 4.7 所示为 3 个自治系统互连在一起的示意图。假定图中自治系统 A 的主机 H_1 要向自治系统 B 的主机 H_2 发送数据报，那么在各自治系统内使用的是各自的 IGP，而在路由器 R_1 和 R_2 之间则使用 EGP。

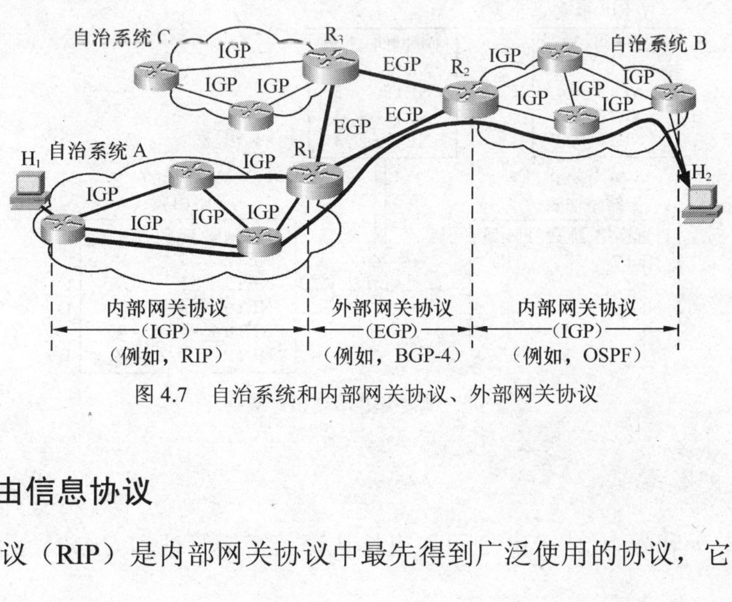

图 4.7　自治系统和内部网关协议、外部网关协议

4.2.2　路由信息协议

路由信息协议（RIP）是内部网关协议中最先得到广泛使用的协议，它是一种分布式的

基于距离向量的路由选择协议。

RIP 要求网络中的每一个路由器都要维护从它自己到其他每一个目的网络的距离记录。RIP 将“距离”定义如下：从一路由器到直接连接的网络的距离定义为 1。从一个路由器到非直接连接的网络的距离定义为所经过的路由器数加 1。RIP 中的“距离”也称为“跳数”（hop count），因为每经过一个路由器，跳数就加 1。RIP 认为一个好的路由就是它通过的路由器的数目少，即“距离短”。RIP 允许一条路径最多只能包含 15 个路由器。因此距离的最大值为 16 时即相当于不可达。可见 RIP 只适用于小型互联网。

RIP 不能在两个网络之间同时使用多条路由。RIP 选择一个具有最少路由器的路由（即最短路由），哪怕还存在另一条高速（低时延）但路由器较多的路由。

1. RIP 路由更新原则

① 仅和相邻的路由器交换信息。RIP 规定，不相邻的路由器不交换信息。

② 交换的信息是当前本路由器所知道的全部信息，即自己的路由表。因为交换的信息就是“到本自治系统中所有网络的（最短）距离，以及到每个网络应经过的下一跳路由器”。

③ 按固定的时间间隔交换路由信息，如每隔 30s，然后路由器根据收到的路由信息更新路由表。另一种情况就是当网络拓扑发生变化时，路由器也及时向相邻路由器通告拓扑变化后的路由信息。若 3min 还没有收到相邻路由器的更新路由表，则将这些相邻路由器记为不可达的路由器，即将距离设置为 16，认为此路由器不可达。

④ RIP 中，一路由器在收到某一邻居路由器发布过来的路由信息后：对本路由表中没有的项目，增加该路由项，前提条件是该路由项的度量值少于 16，因为这是新的目的网络；对本路由表中已有的路由项，当下一跳的地址不同时，只在度量值减少的情况下更新该路由项的度量值，若下一跳的地址不同，但度量值相等，即代价一样，则此时保留旧表；若下一跳的地址相同，只要度量值有改变就更新该路由项的度量值，因为要以最新的消息为准。图 4.8 所示为收到邻站 RIP 信息后路由更新的例子。

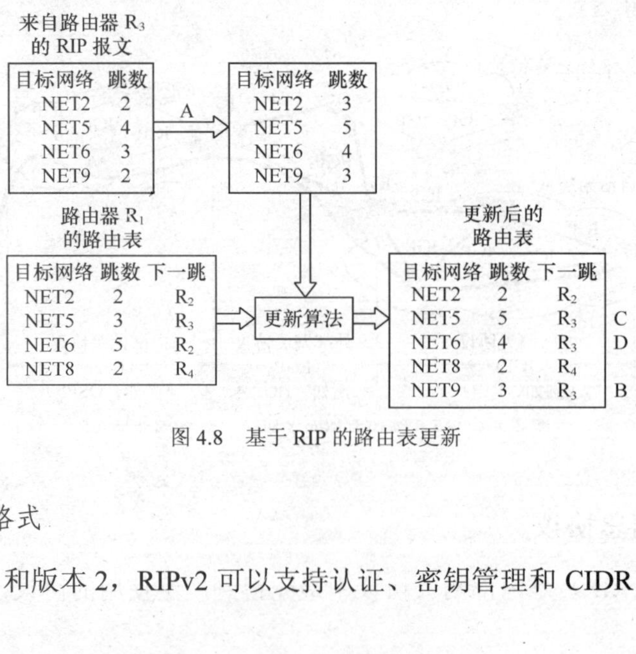

图 4.8 基于 RIP 的路由表更新

2. RIP 的报文格式

RIP 分为版本 1 和版本 2，RIPv2 可以支持认证、密钥管理和 CIDR，此外，RIPv2 还提供简单的鉴别过程支持多播。图 4.9 所示为 RIPv2 的报文格式，它由首部和路由部分组成。

<table>
<tr><td>命令</td><td>版本</td><td colspan="2">保留</td><td></td></tr>
<tr><td colspan="2">地址系统</td><td colspan="2">路由标记</td><td rowspan="5">20 字节的 V-D 信息</td></tr>
<tr><td colspan="4">IP 地址（V）</td></tr>
<tr><td colspan="4">子网掩码</td></tr>
<tr><td colspan="4">下一跳地址</td></tr>
<tr><td colspan="4">距离（D）</td></tr>
<tr><td colspan="4">最多 24 个另外的 V-D 信息（结构同前）</td><td></td></tr>
</table>

图 4.9　RIv2 的报文格式

4 字节的首部包括命令、版本和保留 3 个字段。命令字段指明报文的类型；版本字段定义了 RIP 的版本；保留字段全 0，为了填充成 4 字节的首部。路由部分分为地址簇标识符、路由标记、网络地址、子网掩码、下一跳路由地址和距离字段。其中，地址簇标识符标识了使用的协议如 TCP 或其他，路由标记填入自治系统号，可用来使 RIP 能够接收来自自治系统外的路由信息；下一跳地址，若两个自治系统共享一个网络，如主干网，则这个字段特别有用，它就可以定义分组必须发往的路由器，不管这个路由器是在同样的自治系统或另一个自治系统；子网掩码字段的添加增加了对 CIDR 的支持。

3. RIP 的优缺点

RIP 最大的优点就是实现简单，开销较小。但它的缺点也较多，首先，RIP 限制了网络的规模，它能使用的最大距离为 15（16 表示不可达）；其次，路由器之间交换的路由信息是路由器中的完整路由表，因而随着网络规模的扩大，开销也就增加；最后，“坏消息传播得慢”，使得更新过程的收敛时间过长。因此，对于规模较大的网络就应当使用下一小节所讲的开发最短路径优先（OSPF）协议。

4.2.3 开放最短路径优先

1. OSPF 协议的基本概念

OSPF 是一种基于链路状态算法的路由协议，它的工作原理可以用 5 个部分加以描述。每一个路由器必须完成以下的工作。

① 发现邻居节点。当一个路由器启动的时候，它的第一个任务是找出邻居路由器。为了实现这个目标，它只需要在每一条点到点线路上发送一个 HELLO 报文，线路另一端的路由器会回送一个应答来说明它是谁。

② 测量到各个邻居节点的延迟或者开销。链路状态算法要求每一个路由器知道它到各个邻居节点之间的延迟，或者至少有一个合理的估计值。最直接的办法是在这条线路上发送一个特殊的 ECHO 分组，另一端必须立即回送一个应答。通过这种方法可以得到一个合理的延迟估算值。

③ 创建一个链路状态分组，其中包含所有它收集到的链路信息。

④ 发布链路状态分组。路由器使用泛洪法向所在区域的所有路由器发布链路状态分组。

⑤ 一旦一个路由器已经获得了全部的链路状态分组后，它就可以构造出完整的子网图。现在它可以在路由器本地运行 Dijkstra 算法，从而构造出到所有可能目标的最短路径，并将结果安装在路由表中。

和 RIP 相比，OSPF 有以下 3 个不同点。

① 向本自治系统中所有路由器发送信息，这里使用的方法是洪泛法。这就是指路由器将其链路状态通告（Link State Advertisement，LSA）数据包传送给所有与其相邻的 OSPF 路由器，相邻路由器根据其接收到的链路状态信息更新自己的数据库，并将该链路状态信息转送给与其相邻的路由器，直至稳定的一个过程。

② 发送的信息就是与本路由器相邻的所有路由器的链路状态，但这只是路由器所知道的部分信息。所谓“链路状态”就是说明本路由器都和哪些路由器相邻，以及该链路的“度量”（metric）。OSPF 将这个“度量”用来表示费用、距离、时延、带宽等。

③ 只有当链路状态发生变化时，路由器才用洪泛法向所有路由器发送此信息。 而不像 RIP 那样，不管网络拓扑有无变化，路由器之间都定期交换路由信息。

由于各路由器之间频繁地交换链路状态信息，因此所有的路由器最终都能建立一个链路状态数据库。这个数据库实际上就是全网的拓扑结构图，它在全网范围内是一致的（这称为链路状态数据库的同步）。因此，每一个路由器会根据其各自的链路状态信息数据库计算出各自的路由表。该路由表中包含路由器到每一个可到达目的地的代价值以及到达该目的地所要转发的下一个路由器（next-hop）。OSPF 的链路状态数据库能较快地进行更新，使各个路由器能及时更新其路由表。OSPF 的更新过程收敛得快是其重要优点。

2. OSPF 分层路由的思想

为了能够用于规模很大的网络，OSPF 把一个大型网络分割成多个小型网络的能力被称为分层路由，这些被分割出来的小型网络就称为“区域”（Area）。由于区域内部路由器仅与同区域的路由器交换 LSA 信息，这样 LSA 报文数量及链路状态信息库表项都会极大减少，SPF 计算速度因此得到提高。多区域的 OSPF 必须存在一个主干区域，主干区域的标识符是 0.0.0.0，它负责收集非主干区域发出的汇总路由信息，并将这些信息返还给到各区域。图 4.10 所示为一个划分区域的自治系统。

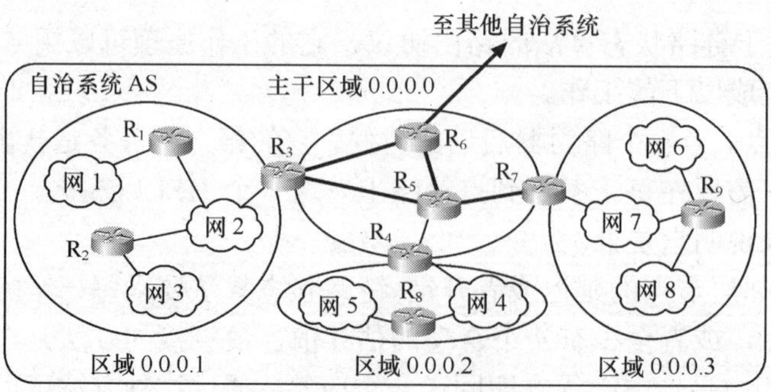

图 4.10 OSPF 的区域

在 OSPF 多区域网络中，路由器可以按不同的需要成为以下 4 种。

① 内部路由器：所有端口在同一区域的路由器，维护一个链路状态数据库，如图 4.10 中的 R_1、R_2、R_8 和 R_9。

② 主干路由器：具有连接主干区域端口的路由器，如图 4.10 中的 R_3、R_4、R_5、R_6 和 R_7。

③ 区域边界路由器（ABR）：具有连接多区域端口的路由器，一般作为一个区域的出口。ABR 为每一个所连接的区域建立链路状态数据库，负责将所连接区域的路由摘要信息发送到主干区域，而主干区域上的 ABR 则负责将这些信息发送到各个区域，如图 4.10 中的 R_3、R_4 和 R_7。

④ 自治域系统边界路由器（ASBR）：至少拥有一个连接外部自治域网络（如非 OSPF 的网络）端口的路由器，负责将非 OSPF 网络信息传入 OSPF 网络，如图 4.10 中的 R_6。

OSPF 区域不能随意划分，应该合理地选择区域边界，使不同区域之间的通信量最小。但在实际应用中，区域的划分往往并不是根据通信模式而是根据地理或政治因素来完成的。

3. OSPF 的其他特点

① OSPF 对不同的链路可根据 IP 分组的不同服务类型（ToS）而设置成不同的代价。因此，OSPF 对于不同类型的业务可计算出不同的路由。

② 如果到同一个目的网络有多条相同代价的路径，那么可以将通信量分配给这几条路径。这叫作多路径间的负载平衡。

③ 所有在 OSPF 路由器之间交换的分组都具有鉴别的功能，从而保证了仅在可信赖的路由器之间交换链路状态信息。

④ OSPF 支持可变长度的子网划分和无分类编址（CIDR）。

⑤ 优于网络中的链路状态可能经常发生变化，因此 OSPF 让每一个链路状态都带上一个 32bit 的序号，序号越大状态就越新。

4.2.4　边界网关协议

边界网关协议（BGP）是为 TCP/IP 互联网设计的外部网关协议，用于多个自治域之间。它既不是基于纯粹的链路状态算法，也不是基于纯粹的距离向量算法。它的主要功能是与其他自治域的 BGP 交换网络可达信息。各个自治域可以运行不同的内部网关协议。BGP 更新信息包括网络号/自治域路径的成对信息。自治域路径包括到达某个特定网络须经过的自治域串，这些更新信息通过 TCP 传送出去，以保证传输的可靠性。

为了满足 Internet 日益扩大的需要，BGP 还在不断地发展。在最新的 BGp4 中，还可以将相似路由合并为一条路由。

4.3　多协议标签交换

4.3.1　多协议标签交换产生的背景

IP 网络规模和用户数量迅猛发展，如何进一步扩展网上运行的业务种类和提高网络的服务质量是目前人们最关心的问题。由于 IP 是无连接协议，Internet 网络中没有服务质量的概念，不能保证有足够的吞吐量和符合要求的传送时延，只是尽最大的努力（Best-effort）来满足用户的需要，所以如不采取新的方法改善目前的网络环境就无法大规模发展新业务。

在现有的网络技术中，从支持 QoS 的角度来看，ATM 作为继 IP 之后迅速发展起来的一种快速分组交换技术具有得天独厚的技术优势。因此，ATM 曾一度被认为是一种处处适用的技术，人们最终将建立通过网络核心便可到达另一个桌面终端的纯 ATM 网络。但是，实践证明这种想法是错误的。首先，纯 ATM 网络的实现过于复杂，导致应用价格高，难于为大众所接受。其次，在网络发展的同时相应的业务开发没有跟上，导致目前 ATM 的发展举步维艰。第三，虽然 ATM 交换机作为网络的骨干节点已经被广泛使用，但 ATM 信元到桌面的业务发展却十分缓慢。

由于 IP 技术和 ATM 技术在各自的发展领域中都遇到了实际困难，彼此都需要借助对方以求得进一步发展，所以这两种技术的结合有着必然性。多协议标签交换（MPLS）技术就是为了综合利用网络核心的交换技术和网络边缘的 IP 路由技术各自的优点而产生的。

目前 IP 与 ATM 相结合的解决方案归纳起来可以分为重叠模型和集成模型两类。

1. 重叠模型

重叠模型的技术特点是：IP 的路由功能仍由 IP 路由器来实现，需要地址解析协议（ARP）实现 MAC 地址与 ATM 地址的映射或 IP 地址与 ATM 地址的映射。重叠模型采用 ATM 论坛或 ITU-T 的信令标准，并与标准的 ATM 网络及业务相兼容。其最大特点是在 ATM 网中不论是 UNI 信令还是 NNI 信令均不改变。重叠模型的实现方式主要有：IETF 推荐的传统模型（CIPOA）、ATM 论坛推荐的局域网仿真（LANE）和 ATM 上多协议（MPOA）技术。

重叠模型由于自身机制所限，无法摆脱服务器进行地址解析时所造成的传输瓶颈，并且网络扩展性很差，不适于在广域网中应用。实际上，重叠模型最大的问题还在于对两个分立网站进行管理的复杂性。随着为 IP 核心网专门设计的高性能骨干网路由器的出现，以及 ISP 对 ATM 所提供的性能的要求不断增长，人们已意识到不应该再采用两套分立设备来实现结构复杂的重叠模型，相应地业界的研究方向也从“如何实现 IP 与 ATM 技术的相互操作”转向“怎样有效集成传统的第 2 层与第 3 层的最优属性”，并随后推出了集成模型。

2. 集成模型

集成模型的技术特点是：将 ATM 层看成 IP 层的对等层，将 IP 层的路由功能与第 2 层交换功能结合起来，使 IP 网络获得 ATM 的选路功能。ATM 端点只需使用 IP 地址进行标识，而不再需要地址解析协议，在 ATM 网络内使用现有的网络层路由协议来为 IP 报文选择路由。与重叠模型相比，ATM 使用的信令发生了重大改变，即网络中 UNI 与 NNI 之间的信令已不再是 ATM 论坛或 ITU-T 定义的传统信令，而是一套专有的控制信令，其目的在于能够快速建立连接，以满足对无连接 IP 业务快速切换的要求。

在 MPLS 技术方案提出之前已有的各种集成模型解决方案所采取的基本方法都是从 IP 路由器获取控制信息，将其与 ATM 交换机的转发性能和标签交换方式相结合，从而构建成一个高速而经济的多层交换路由器。但是，各种方案彼此不能互通，而且仅适用于以 ATM 作为第 2 层的传输链路，不能工作在其他多种媒体（如帧中继、点对点协议、以太网）中，这与 Internet 基于分组的发展方向相矛盾。为了解决上述问题，需要有一种可运行于任何链路层技术上的被多厂商共同遵循的标准。IETF 在 1997 年初成立了 MPLS 工作组，利用集成模型中现有的技术的主要思想与优势，制定出一个统一的、完善的第 3 层交换技术标准。

MPLS 明确规定了一整套协议和操作过程，最终在 IP 网内通过 ATM 和帧中继实现快速交换。MPLS 中的关键概念是用标签来识别和标记 IP 报文，并把标签封装后的报文转发到已升级改善过的交换机或路由器，由它们在网络内部继续交换标签，转发报文。因而，IP 报文标签的产生和分配是建立在通过现有的 IP 路由协议获得网络路由信息的基础上的。

4.3.2 MPLS 的工作原理

1. MPLS 的网络构成

MPLS 网络的基本构成单元是标签交换路由器（Label Switching Router，LSR）。由 MPLS LSR 构成的网络区域称为 MPLS 域，位于 MPLS 域边缘与其他网络或用户相连的 LSR 称为标签边缘路由器（Label Edge Router，LER）。LSR 既可以是专用的 MPLS LSR，也可以是由 ATM 交换机升级而成的 ATM-LSR。MPLS 网络的信令控制协议称为标签分发协议（LDP）。MPLS 网络和传统 IP 网络的不同之处在于 MPLS 域中使用了标签交换路由器，域内 LSR 之间使用 MPLS 协议进行通信，而在 MPLS 域的边缘则由 LER 进行与传统 IP 技术的适配。MPLS 网络的典型结构如图 4.11 所示。

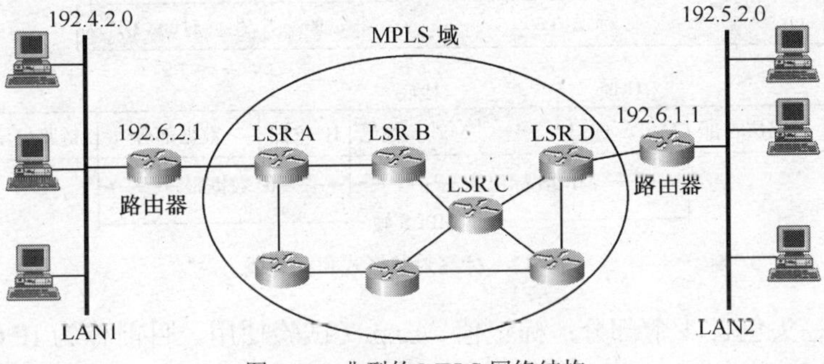

图 4.11 典型的 MPLS 网络结构

2. 标签交换的操作过程

标签交换的操作过程分为两个层面，即控制层面和数据层面。控制层面包括 MPLS 的信令（即标签分发协议）和路由。控制层面负责标记交换路径的建立、拆除、保护、重建立、重路由等，是整个 MPLS 理论的核心。数据层面的主要功能是对 IP 包进行标记封装和去封装，同时根据控制层面建立的路由转发标记包。

在控制平面上主要完成如下操作。

① 在传统路由协议（如 OSPF 等）形成的路由表的基础上，LSR 进行转发等价类（FEC）的划分。

② LSR 将标签绑定到 FEC 上。

③ LSR 通过标签分发协议（LDP）将标签与 FEC 的绑定关系分发到其他 LSR，在 LSR 上形成标签转发路由表，同时形成标签交换路径 LSP。

在数据平面上主要完成如下操作。

① 在边缘路由器接收 IP 包，判断 IP 包所属的 FEC，进行路由选择并给 IP 包打上 FEC 的相应标签，形成 MPLS 标签包，并将其发往其他 LSR。

② 在 LSR 构成的网络中，LSR 对标签分组不再进行任何第三层处理，只是根据分组上的标签以及标签转发表通过交换单元对其进行转发，同时完成相应的标签转换。

③ 在 MPLS 出口的路由器上，将分组中的标签去掉后继续进行转发。

3. MPLS 的数据层面

实际上，数据层面的主要作用就是如何利用标签进行数据的传输工作，因而，数据层面与链路层有着紧密的联系。标签的内容以及如何利用链路层电路的标识构成标签的封装等就是数层平面的主要内容。

（1）标签。标签是一个固定长度、具有本地意义的短标识符，它包含在每个分组中，用于标识一个转发等价类（FEC）。标签的格式依赖于分组封装所在介质，栈顶的标记仍然可以沿用现有的格式，例如在 ATM 媒质上，就可以沿用 VPI、VCI 作为栈顶的标记。对于那些没有内在标签结构的媒体封装，则采用通用 MPLS 封装格式，用一个特殊的数值在第二层与第三层头之间插入一个“夹层”标签头，以消除不同媒质之间的差异。MPLS 标签封装如图 4.12 所示。

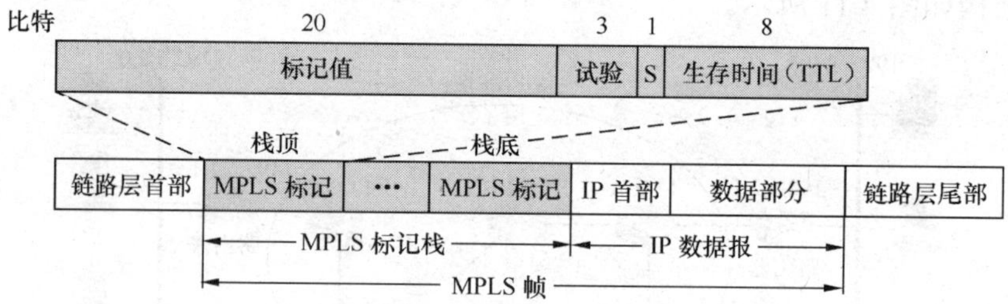

图 4.12　标签封装格式和标签栈

MPLS 的标签头包含 4 个部分：标记值、Exp.（试验使用，目前作为 IP QOS 的映射）、S（堆栈指示）以及生存时间（TTL）。其中标记值字段包含标签的实际值，长度为 20bit。Exp. 目前作为优先级别使用，可以与 IP QOS 映射。S 作为栈底指示，S=1 时为栈底。TTL 值为存活时间，与 IP 包中的定义相同。

（2）标签栈。为了增强 MPLS 的可扩展性和灵活性，标签可以堆栈，以适应可能的复杂网络环境的需要。MPLS 允许一系列按照“后进先出”原则组织起来的标签，这种结构就叫做标签栈，从栈顶开始处理标签。如果有一个分组的标记栈深度为“m”，则将位于栈底的标签作为第 1 级标签，在栈底上低一级标签（若存在的话）为第 2 级标签，依此类推；栈顶的标记为“m”级标签，如图 4.12 所示。

在 MPLS 的应用中，我们将看到标记堆栈的作用。概括地说，标记堆栈可以定义成多级标签，不同的标签实现不同的目的。比如，我们可以将多级标签分为传输标签和业务标签两种，每一种类的标签都可以是多级堆叠。其中，传输标签负责将所承载的信息透过多个传输域，传输到目的地；而业务标签是专门为了某种特定的目的而定，如 IP VPN 等。随着 MPLS 的应用的深入，这一特点必将为我们带来更多的好处和用途。

4. MPLS 的控制平面

控制平面的主要功能就是通过控制平面的工作，为数据平面的业务数据传输做出应有的保障。标签交换路径的建立、拆除、保护、重新建立以及重新路由都由控制平面完成。比方说，当视频业务数据包要通过一个 MPLS 网络时，控制平面首先应该根据用户的业务请求，预留出相应的带宽，进而为该业务流建立一条符合要求的通路，而后数据平面的业务流就可以在已经建立好的“符合要求”的路径上传送信息了。

（1）转发等价类。在 MPLS 的控制平面中，一个很重要的概念就是转发等价类（Forwarding Equivalence Class，FEC）。所谓转发等价类就是路由器按照同样方式对待的包的集合。这里“按照同样方式对待”意味着从同一个端口转发出去，并且有着同一个下一跳和标记。它也意味着给定相同的服务等级，输出在相同的队列，给定相同的丢弃优先级，以及任何对于网络管理和维护人员来说可以选择的项目。

当一个包从一个入口进入到 MPLS 网络中时，这个包就会被映射到一个 FEC 中去。映射也可以在很广的一个范围上操作，带有很多参数。地址前缀（或主机）、源/目的地址对，或者输入端口等，都可以作为转发等价类的划分方法，这就为 MPLS 增加了比传统 IP 路由更大的灵活性和扩展性。

在现有的标签分发协议中只有 3 种 FEC 类型，即 IP 地址前缀、路由器 ID 和数据流（端口号、目的地址、源地址等）。除了上述这些规定之外，规范也允许加入新的类型。

（2）标签分发协议。在控制平面中，当然要有一套交互协商的语言，通过这种语言，交换机可以知道数据平面将要传输什么样的业务，需要什么样的路径，需要占用多少网络资源，网络是否能够满足该业务所需要的资源等。我们如果还沿用传统电信行业的名词，就可以把这种“语言”称为“信令”。在 MPLS 领域中，“信令”又称为“标签分发协议”，因为这里的信令都是围绕着标签的分配而实现的。

目前，IETF 中支持 3 种标签分发协议：LDP（基本标签分发协议）、CR-LDP（限制路由的标签分发协议）以及 RSVP Extension（扩展的资源预留协议），而 ITU-T 仅支持 LDP 和 CR-LDP。LDP 是基本的 MPLS 信令与控制协议，它规定了各种消息格式以及操作规程，LDP 与传统路由算法结合，分配标签、发布 FEC/标签绑定信息，建立维护标签转发表和标签交换路径。但如果需要支持显式路由、流量工程和 QoS 等业务，就必须使用后面两种标签分发协议。

MPLS 标签分发方式有两种，即下游独立分配方式（downstream unsolicited）和下游按需分配方式（downstream on-demand）。下游按需请求方式是指上游 LSR 为某一个 FEC 向下游 LSR 请求分配标签，下游 LSR 可视具体情况给上游 LSR 分配标签；而下游独立分配方式不需要上游请求标签，直接将标签绑定消息发送到上游。标签分配过程主要有两种消息：标签请求消息和标签映射消息（即分配标签的消息）。图 4.13 所示为下游按需标签分发建立 LSP 的过程。

MPLS LDP 是一个单独的控制协议。LDP 具有标签指定、分配和撤销功能，与相邻的 LSR 协调 FEC/标签的捆绑信息，完成入口到出口标签交换路径（LSP）的建立。LDP 映射消息可以从任何本地 LSR（独立的 LSP 控制）发起，或者从出口 LSR 发起，并从下行 LSR 流向上行 LSR。一个特定数据流的到达、一个保留建立消息（RSVP）或选路更新消息都可以触发交换 LDP 消息，从而形成一个从入口到出口的 LSP。

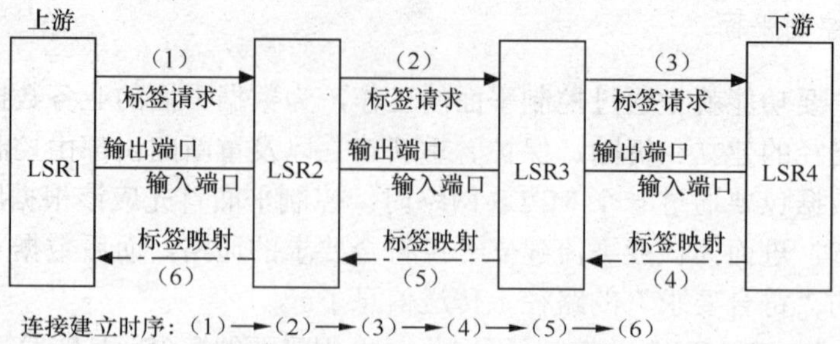

图 4.13　下游按需有序的标签分发方式

（3）路由选择以及流量设计。路由选择是特定转发等价类（FEC）选择标记交换路径（LSP）的一种方法。MPLS 体系结构规定两种路由选择方法，即逐跳选路和显示选路。

逐跳选路允许每个节点独立地为每个 FEC 选择下一跳，这是现有 IP 网络中通用的方法。而显示选路则恰好与逐跳选路相反，每个标签交换路由器不能独立地选择下一跳，而是在数据包进入网络时就规定好在网络中要走的路。

在“显示选路”中，还分为“严格显示选路”和“松散显示选路”两种。“严格显示选路”严格地规定从 LSP 入口一直到出口的每一跳；而“松散显示选路”则可以允许网络管理员只规定 LSP 中的一段，其余部分仍由逐跳选路来完成。

4.3.3　MPLS 的应用

事实上，MPLS 最重要的优势以及设计初衷在于它能够为 ISP 提供现有传统 IP 路由技术所不能支持的要求保证 QoS 的业务。通过 MPLS 技术，ISP 可以提供各种新兴的增值业务，有效实施流量工程和计费管理措施，扩展和完善更高等级的基础服务。MPLS 从应用上目前主要有两大类，一种是 MPLS VPN，另一种就是 MPLS TE（Traffic Engineering）流量工程。特别是 MPLS VPN 虚拟专用网，目前无论是在电信运营商和设备制造商中，都是一个热点，目前全球很多电信运营商都开通了 MPLS VPN 业务；MPLS TE 也有很多运营商开展或试验。下面就分别对这两项业务进行简单介绍。

1．MPLS TE 流量工程

MPLS TE 是指为了平衡网络设备的流量，根据数据流量进行显式路径选择的过程，主要用于提高网络运作效率与可靠性，并优化网络资源利用和流量性能。MPLS TE 通过将流量倒入指定的路径来实现其功能。

目前 MPLS 流量工程的应用主要集中在以下几个方面：流量统计分析、流量优化、网络保护和提供服务质量。

（1）流量分析统计。网络的运行情况和业务流量矩阵的获得以往都是采用探针等方式，实施起来非常麻烦，采用 MPLS 技术之后，每个 LSP 就成为一个流量统计单位，路由器将对进出这条 LSP 的流量进行记录，通过 SNMP 就可以将这些数据提取出来，从而可以方便地获得业务流量矩阵。具体的实现方法是在路由器之间建立无带宽约束的双向的 LSP，使 metric 降低。利用相关的 LSP 统计功能来收集业务接入点路由器之间的流量统计信息，这种方式简单并且可以实现双向的统计。

（2）流量优化。MPLS 流量工程最核心的实现方法是利用约束路由计算显式路径、利用显式路径建立标记交换路径（LSP）、利用标记交换路径进行流量分配。通过流量工程的网络流量统计分析，我们可以根据网路流量的状况，在不通的节点间建立不同的显式路径 LSP，引导流量按照规划的路径进行传递，将原本流经负担较重设备及较为拥塞链路的流量分担到相对空闲的设备和链路上，优化网络流量。

（3）网络保护。MPLS 自愈恢复是 MPLS 流量工程的一种重要应用特性。自愈恢复是指在网络发生故障时，如何及时进行故障切换，保障网络应用不受影响。传统的 SONET/SDH 恢复时间量级在 50ms，而传统 IP 路由的恢复时间量级在几十秒；MPLS 自愈恢复则在避免 SONET/SDH 50%开销的情况下提供了高性能恢复的新选择，目前 MPLS 自愈恢复的恢复时间量级大致处于 IP 路由恢复和 SONET/SDH APS/MSP 恢复时间量级之间，在特定情况下甚至获得比 SONET/SDH APS/MSP 自愈恢复更好的性能。MPLS 流量工程的链路保护与 SONET/SDH 的保护是类似的，它采用的技术是 MPLS 快速重路由（Fast Reroute）。在这种情况下，为每个链路和节点提供单独的迂回路由进行保护，在建立标记交换路径时，每个节点负责为每条链路或节点计算保护路径，一旦某个链路或节点发生故障，立即由其直接上游节点检测到，然后在该路由器上把流量立即切换到迂回路径。这种方法的优点是切换速度快，但缺点是需要很多备份资源，并且路由器需要维护的状态也比较多。在实际应用中我们可以对关键路径实现保护，减少对网络的影响。目前，MPLS 流量工程主要用在业务比较重要和繁忙的核心部分。

2. MPLS 虚拟专用网（VPN）

为给客户提供一个可行的 VPN 服务，ISP 要解决数据保密及 VPN 内专用 IP 地址重复使用问题。由于 MPLS 的转发是基于标签的值，并不依赖于分组报头内所包含的目的地址，因此有效地解决了这两个问题。首先，MPLS VPN 通过限制 VPN 路由信息的传播仅在 VPN 成员内部，可提供与第二层 VPN 相同的私密性及安全性。其次，MPLS 的标签堆栈机制使其具有灵活的隧道功能用于构建 VPN，通常采用两级标签结构，高一级标签用于指明数据流的路径，低一级的标签用于作为 VPN 的专网标识，指明数据流所属的 VPN。

MPLS VPN 一般采用图 4.14 所示的网络结构，其中 VPN 是由若干不同的 site 组成的集合，一个 site 可以属于不同的 VPN，属于同一 VPN 的 site 具有 IP 连通性，不同 VPN 间可以有控制地实现互访与隔离。

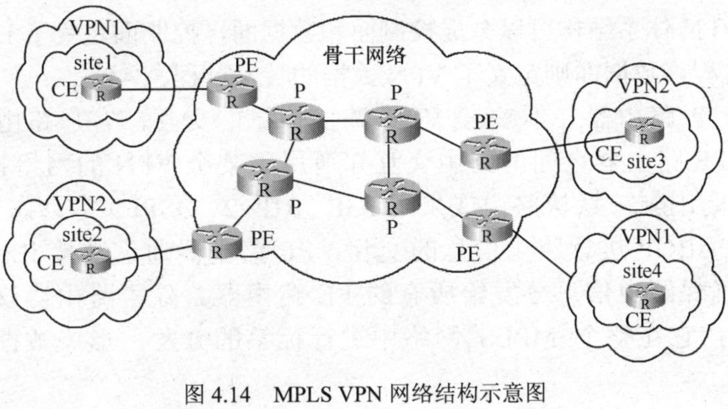

图 4.14　MPLS VPN 网络结构示意图

MPLS VPN 网络主要由 CE、PE 和 P 三部分组成，CE（Custom Edge Router，用户网络边缘路由器）设备直接与服务提供商 MPLS 骨干网络相连，它“感知”不到 VPN 的存在；PE（Provider Edge Router，骨干网边缘路由器）设备与用户的 CE 直接相连，负责 VPN 业务接入，处理 VPN-IPv4 路由，是 MPLS 三层 VPN 的主要实现者；P（Provider Router，骨干网核心路由器）负责快速转发数据，不与 CE 直接相连。在整个 MPLS VPN 中，P、PE 设备需要支持 MPLS 的基本功能，CE 设备不必支持 MPLS。

PE 是 MPLS VPN 网络的关键设备，根据 PE 路由器是否参与客户的路由，MPLS VPN 分成三层 MPLS VPN 和二层 MPLS VPN。其中三层 MPLS VPN 遵循 RFC2547bis 标准，使用 MBGP 在 PE 路由器之间分发路由信息，使用 MPLS 技术在 VPN 站点之间传送数据，因而又称为 BGP/MPLS VPN。这里主要阐述的是三层 MPLS VPN。

在 MPLS VPN 网络中，对 VPN 的所有处理都发生在 PE 路由器上，为此，PE 路由器上起用了 VPNv4 地址族，引入了 RD（Route Distinguisher），RT（Route Target）等属性。RD 具有全局唯一性，通过将 8byte 的 RD 作为 IPv4 地址前缀的扩展，使不唯一的 IPv4 地址转化为唯一的 VPNv4 地址。VPNv4 地址对客户端设备来说是不可见的，它只用于骨干网络上路由信息的分发。PE 对等体之间需要发布基于 VPNv4 地址族的路由，这通常是通过 MBGP 实现的。正常的 BGP4 只能传递 IPv4 的路由，MP-BGP 在 BGP 的基础上定义了新的属性。

MP-iBGP 在邻居间传递 VPN 用户路由时会将 IPv4 地址打上 RD 前缀，这样 VPN 用户传来的 IPv4 路由就转变为 VPNv4 路由，从而保证 VPN 用户的路由到了对端的 PE 上以后，即使存在地址空间重叠，对端 PE 也能够区分开分属不同 VPN 的用户路由。RT 使用了 BGP 中扩展团体属性，用于路由信息的分发，具有全局唯一性，同一个 RT 只能被一个 VPN 使用，它分成 Import RT 和 Export RT，分别用于路由信息的导入和导出策略。在 PE 路由器上针对每个 site 都创建了一个虚拟路由转发表（VPN Routing & Forwarding，VRF），VRF 为每个 site 维护逻辑上分离的路由表，每个 VRF 都有 Import RT 和 Export RT 属性。当 PE 从 VRF 表中导出 VPN 路由时，要用 Export RT 对 VPN 路由进行标记；当 PE 收到 VPNv4 路由信息时，只有所带 RT 标记与 VRF 表中任意一个 Import RT 相符的路由才会被导入到 VRF 表中，而不是全网所有 VPN 的路由，从而形成不同的 VPN，实现 VPN 的互访与隔离。通过对 Import RT 和 Export RT 的合理配置，运营商可以构建不同拓扑类型的 VPN，如重叠式 VPN 和 Hub-and-spoke VPN。

整个 MPLS VPN 体系结构可以分成控制面和数据面，控制面定义了 LSP 的建立和 VPN 路由信息的分发过程，数据面则定义了 VPN 数据的转发过程。

在控制层面，P 路由器并不参与 VPN 路由信息的交互，客户路由器是通过 CE 和 PE 路由器之间、PE 路由器之间的路由交互知道属于某个 VPN 的网络拓扑信息。CE-PE 路由器之间通过采用静态/默认路由或采用 IGP（RIPv2、OSPF）等动态路由协议。PE-PE 之间通过采用 MP-iBGP 进行路由信息的交互，PE 路由器通过维持 iBGP 网状连接或使用路由反射器来确保路由信息分发给所有的 PE 路由器。除了路由协议外，在控制层面工作的还有 LDP，它在整个 MPLS 网络中进行标签的分发，形成数据转发的逻辑通道 LSP。

在数据转发层面，MPLSVPN 网络中传输的 VPN 业务数据采用外标签（又称隧道标签）和内标签（又称 VPN 标签）两层标签栈结构。当一个 VPN 业务分组由 CE 路由器发给入口 PE 路由器后，PE 路由器查找该子接口对应的 VRF 表，从 VRF 表中得到 VPN 标签、初始外层标签以及到出口 PE 路由器的输出接口。当 VPN 分组被打上两层标签之后，就通过 PE 输出接口转发出去，然后在 MPLS 骨干网中沿着 LSP 被逐级转发。在出口 PE 之前的最后一个 P 路由器上，外层标签被弹出，P 路由器将只含有 VPN 标签的分组转发给出口 PE 路由器。出口 PE 路由器根据内层标签查找对应的输出接口，在弹出 VPN 标签后通过该接口将 VPN 分组发送给正确的 CE 路由器，从而实现了整个数据转发过程。

4.4 IP 网络的组网和规划

4.4.1 网络结构

IP 网络的网络结构组织根据运营、管理和地理区域等因素可分为三级：一级骨干网、二级网和 IP 城域网。视各地的不同业务需求、竞争和线路情况，可以将二级网和 IP 城域网合二为一，网络结构如图 4.15 所示。相应 IP 网络分为三级自治域，即一级骨干网、二级网和 IP 城域网。

1. 一级骨干网

骨干节点原则上可以根据地理区域设置，如每省设置一个或一对骨干节点。为保证一级骨干网服务质量，综合考虑业务流量合地理位置的因素，些骨干节点可以作为核心节点，核心节点之间采用全网状连接。骨干节点之间允许相互连接，其连接应与路由协议中区域划分一致。另外，根据网际电路组织和业务的要求，一级骨干网上应选择枢纽节点作为国际出入口节点。

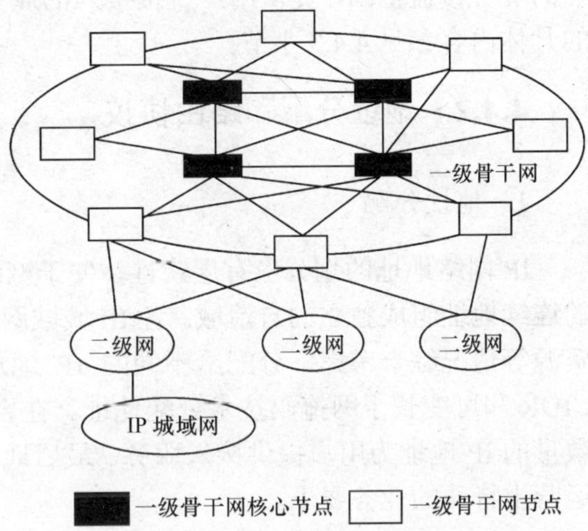

图 4.15　分层的 IP 网络结构

骨干路由节点主要提供以下功能。

① 提供与其他骨干节点的连接。

② 提供与二级网汇接点的连接。

③ 提供节点之间的路由选择机制。

④ 转发 IP 数据包。

⑤ 提供网络的安全机制。

⑥ 提供相关业务的服务质量保证机制。

⑦ 国际出入口节点转接来自所有一级节点的国际业务。

2. 二级网

二级网由位于各城市和地区的多个节点组成，其节点之间采用不完全网状结构。根据业务流量、流向、管理等因素，可在二级网的多个节点中设置一个和几个汇接点，其余为普通节点。汇接节点应至少与两个一级骨干节点直接相连接，普通节点应至少与一个汇接节点相连接。原则上两个二级网只能通过一级骨干网互连。

二级网汇接点的主要功能是：汇接从属于它的IP城域网的业务，转接来自本二级网其他节点的业务，转接出入本二级网的业务，提供用户直接接入的业务。二级网普通接点的主要功能是：汇接从属于它的IP城域网的业务，提供用户直接接入的业务。

随着业务的发展，二级网最终会融入一级骨干网，合并成为一级，而IP城域网直接连到一级骨干网上，形成两级网络结构。

3. IP城域网

在省内城市和地区可根据业务需求组建IP城域网。根据业务流量、流向、管理等因素，也可以在某些区域内联合组织规模较大（跨地区的）的IP城域网。IP城域网由多个节点组成，包括汇接点和普通节点。汇接节点直接与二级网汇接节点相连接，普通节点应至少与一个汇接节点相连接。IP城域网的组织应以便于用户设备接入为原则。

IP城域网节点可以分为城域核心节点和汇聚节点。其中城域核心节点的主要功能是：转接来自本IP城域网其他节点的业务，转接出入本IP城域网的业务，提供用户直接接入的业务等。城域汇聚节点的主要功能是：扩展核心层设备的端口密度和端口种类，扩大核心层节点的业务覆盖范围，提供用户直接接入的业务，实现接入用户的可管理性等。有关IP城域网的具体内容参见4.4.3小节。

4.4.2 地址分配和路由协议

1. 地址分配

IP网络地址的划分应有层次性，便于网络互连，便于简化路由表。骨干网络应保留足够的连续地址组成独立的自治域。各IP城域网可以根据当地的业务状况、发展前景、当前地址资源等情况综合考虑，分配给不同的IP地址容量，为了充分合理地利用地址资源，应采用CIDR和可变长子网掩码技术分配地址。在合理分配各自网络节点地IP地址时，应保留一定数量的IP地址为用户提供接入服务。最后地址的分配还应考虑到新型IP业务以及各IP网络运营上特殊的业务要求。

2. 路由协议

路由协议为IP网络内各节点提供IP数据包的路由选择机制，路由协议分为内部路由协议和外部路由协议。

一级骨干网内：一级骨干网设置成一个自治域，内部采用路由协议OSPF或IS-IS，目前大部分运营商选择IS-IS。

二级网内：每个二级网设置成一个自治域，内部采用路由协议OSPF或IS-IS，优选OSPF。

IP城域网内：每个IP城域网设置成一个自治域，内部采用路由协议OSPF或IS-IS，优选OSPF。

一级骨干网和二级网之间采用外部路由协议BGP-4，二级网和IP城域网之间采用外部路由协议BGP-4，不同的IP网络运营商网络之间采用外部路由协议BGP-4，网络和Internet之间采用外部路由协议 BGP-4。

4.4.3　IP 城域网

IP 城域网在组网功能结构上可分为核心层、汇聚层和接入层，如图 4.16 所示。

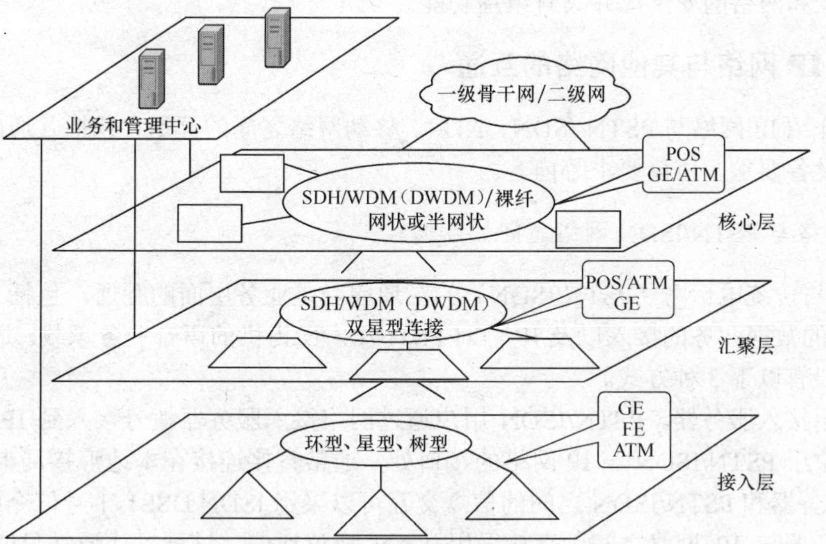

图 4.16　IP 城域网网络结构

1. 核心层

核心层的作用是把多个边缘汇聚层连接起来，为汇聚层网络提供数据的高速转发，同时实现与上级网络的互连，提供城市的高速 IP 数据出口。核心层网络结构重点考虑可靠性、可扩展性和开放性。核心节点间采用网状连接，通过 SDH 或城域 DWDM 连接，以确保网络的可扩展性。核心节点设备通常采用大容量的路由交换机（支持 MPLS、QoS），设备要求具有强路由功能，能够提供吉比特以上速率的 IP 接口，如 POS、GE 接口。核心层的节点通常设置在城区内，郊区和所辖县城设置汇聚节点。

2. 汇聚层

汇聚层的作用是完成本地业务的区域汇接，进行带宽和业务汇聚、收敛以及分发，并进行用户管理，通过识别定位用户实现基于用户的访问控制和带宽许可，以及提供安全保证和灵活的计费方式。

汇聚层上行采用 100Mbit/s LAN、GE、ATM 或 POS 与核心骨干连接，其下行接口是多样化的，为提高接入效率，汇聚层应采用具有 IP 和 ATM 综合接入能力的设备。

3. 接入层

接入层通过各种接入技术和线路资源实现对用户的覆盖，并提供多业务的用户接入，必要时配合完成用户流量控制功能。接入层传输可采用各种低成本、高可靠传输技术，当前提供宽带接入的方式主要有 xDSL、光纤＋以太网、HFC、PON 等（具体内容参见第 5 章）。

由于接入节点分布广、数量多，全部采用星型组网会需要大量的光纤，在光纤资源不丰富的城市，还可以选择环型组网和树型组网结构。接入层的设备可以根据终端用户需要的业务类型和线路资源的情况，使用纯 IP 设备（二层交换机）、纯 ATM 设备、IP/ATM 混合设备、宽带接入服务器等。接入设备应具备用户数据隔离、端口隔离、广播抑制等功能，以保证用户数据的安全和网络的安全，并具有组播功能。

4.4.4 IP 网络与其他网络的互通

本小节介绍 IP 网络与 PSTN/ISDN、ATM、移动网络之间的互通，包括互通的网络组织、业务要求、设备要求、协议要求等内容。

1. IP 网络与 PSTN/ISDN 网络之间的互通

IP 网络与传统电话网（PSTN/ISDN）的互通应当是业务层面的互通，包括 PSTN/ISDN 对 IP 网提供的数据业务的接入以及 IP 网对 PSTN/ISDN 提供的语音业务承载。通常，实现它们的互通主要有以下 3 种方式。

（1）利用接入服务器。PSTN/ISDN 用户通过网络接入服务器拨号接入到 IP 网络，网络接入服务器位于 PSTN/ISDN 与 IP 网络的接口处，通常直接连接在本地汇接局上，如图 4.17 所示。接入服务器和 PSTN/ISDN 之间的信令交互可以采用 ISDN DSS1、1 号信令或 7 号信令。网络接入服务器与 IP 网络之间则直接采用 LAN 协议通信。这种方式通常只能提供普通的 Internet 接入业务。

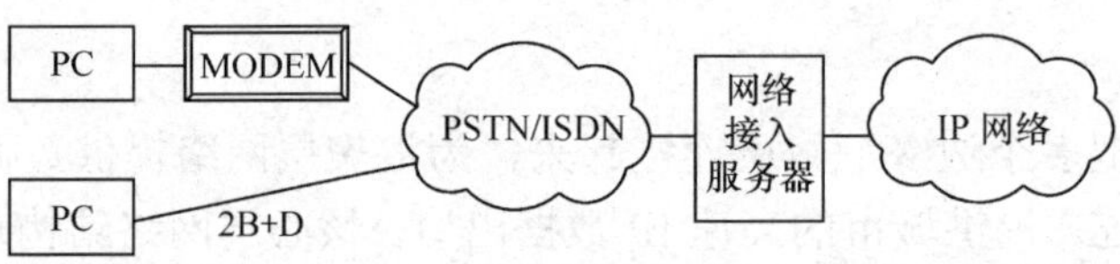

图 4.17 利用接入服务器实现 IP 网络与 PSTN/ISDN 网络之间的互通

（2）利用 IP 电话网关。通过在 PSTN/ISDN 与 IP 网络之间设置 IP 电话网关，可以向 PSTN/ISDN 用户提供 IP 电话业务。PSTN/ISDN 用户可以通过 IP 电话网关接入到 IP 网络，呼叫 PC，也可以呼叫另一个 PSTN/ISDN 网络的用户。IP 电话网关位于 PSTN/ISDN 与 IP 网络的接口处，同时为了更好地完成语音业务的控制和管理，还需要设置 IP 电话网守设备，如图 4.18 所示。

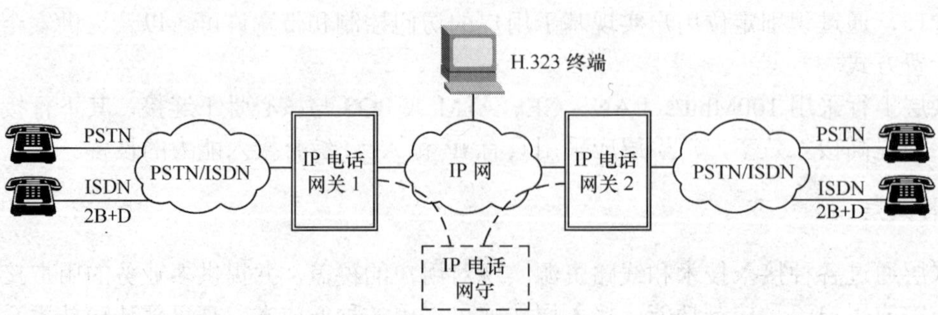

图 4.18 利用 IP 电话网关实现 IP 网络与 PSTN/ISDN 网络之间的互通

（3）利用软交换设备。IP 网络与 PSTN/ISDN 网络之间的互通可以在 IP 城域网汇聚层采用软交换、中继网关和信令网关进行，通过软交换、中继网关和信令网关相互配合，PSTN/ISDN 网络用户可以通过 IP 网络与另一个 PSTN/ISDN 网络用户通信，也可以与 IP 网络中的用户通信，如图 4.19 所示。

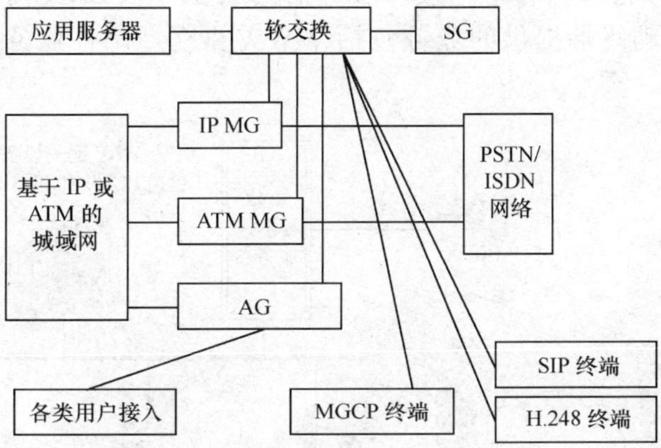

SS：软交换设备 SG：信令网关 AG：综合接入媒体网关
IP MG：IP 中继媒体网关 ATM MG：ATM 中继媒体网关

图 4.19 利用软交换设备实现 IP 网络与 PSTN/ISDN 网络之间的互通

2. IP 网络与 ATM 网络之间的互通

IP 网络与 ATM 网络之间的互通主要以承载与被承载的方式互通，也就是 IP over ATM。目前主要有两种模型，即重叠模型和集成模型，其中，重叠模型为 CIPOA 方式，继承模型为 MPLS 方式。

（1）CIPOA 方式。IP 网络与 ATM 网络之间的互通可以采用 ATM 上支持传统 IP 地址解析协议（CIPOA）技术，其网络组成示意如图 4.20 所示。

在这种方案中，ATM ARP 服务器为网络中的逻辑部件，其软件实现可以在路由器、交换机等设备上，它主要完成地址的映射。

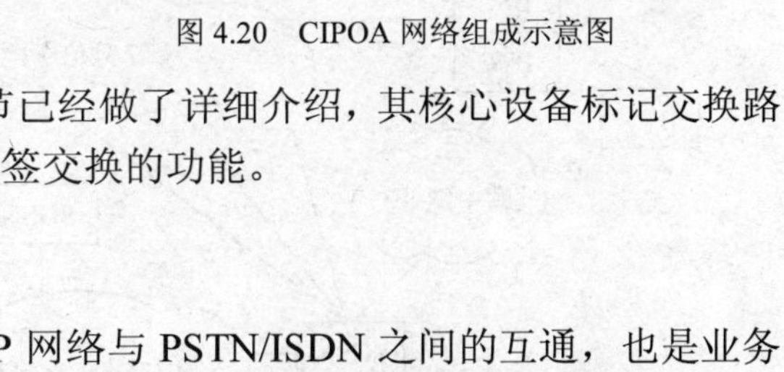

图 4.20 CIPOA 网络组成示意图

（2）MPLS 方式。MPLS 的基本原理在 4.3 节已经做了详细介绍，其核心设备标记交换路由器（LSR）集成了 IP 的路由协议和 ATM 的标签交换的功能。

3. IP 网络与 GSM 网络之间的互通

IP 网络与 GSM 网络之间的互通，类似于 IP 网络与 PSTN/ISDN 之间的互通，也是业务层面的互通，包括 GSM 对 IP 网提供的移动数据业务的接入以及 IP 网对 GSM 网络提供的语音业务承载。实现它们的互通也有 3 种方式，即利用接入服务器和 WAP 网关实现在 GSM 上的数据业务的接入，利用 IP 电话网关实现语音业务的互通和利用软交换设备实现互通。这里我们只描述利用接入服务器和 WAP 网关实现互通的方式。

利用 WAP 网关实现 GSM 用户 IP 数据业务接入的示意如图 4.21 所示。实现 GSM 电路交换用户的数据接入业务，如果仅通过接入服务器直接连到 IP 网络上，其业务的服务质量很难得到保证，同时，大部分移动终端设备还受到屏幕大小、数字键盘输入、电池寿命等因素的影响。因此，还应在网络中增加 WAP 网关设备。WAP 网关的分布根据运营商的实际情况而定，它可以和本地接入服务器同放在一个 LAN 内。采用接入服务器和 WAP 网关，可以对移动终端提供的业务包括 WWW 业务、邮件业务、PUSH 业务、MMS 业务等。

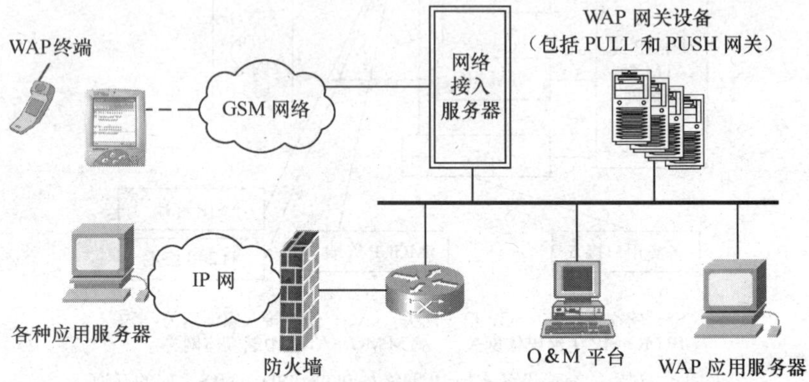

图 4.21　利用 WAP 网关实现 GSM 用户 IP 数据业务接入的示意图

4. IP 网络与 GPRS 网络之间的互通

IP 网络与 GPRS 网络之间的互通有两个层面的含义。

① 由于 GPRS 的核心网实际上是 IP 网来承载的，因此 GPRS 网从理论上来说就是一个 IP 子网，该层面上的互通是承载与被承载的关系，GPRS 是 IP 承载网之上的一个业务网。一般在具体网络实现时，通常会采用某种隧道技术，如 GRE、IPSEC、MPLS 等。

② GPRS 网实际上为公用 IP 网络提供了一种不同于 GSM 电路交换的无线接入数据业务的方式。该层面的互通则是业务上的互通。图 4.22 所示为在本层面上的互通示意图。

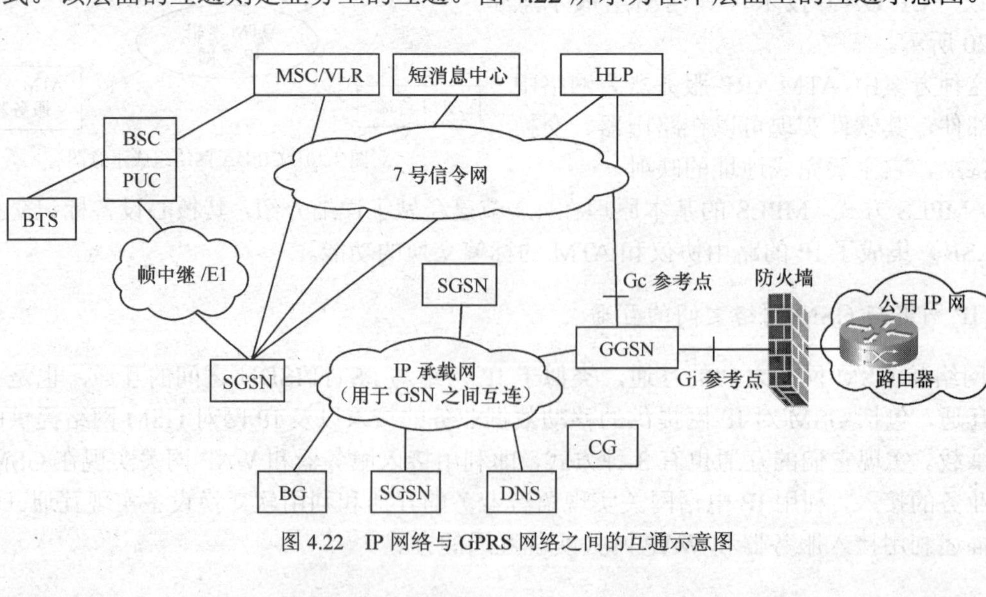

图 4.22　IP 网络与 GPRS 网络之间的互通示意图

GPRS 使得 GSM 移动用户能够在端到端分组传输模式下发送和接收数据，并且能够直接访问与其连接的其他 IP 网络上的信息资源。在一个 GPRS 基本网络中，基站子系统可以通过 FR、E1 专线等方式与 SGSN 相连。SGSN、GGSN、BG（边界网关）、CG（计费网关）、DNS 等核心网实体是通过 IP 传输网进行信令和数据传输的。从公用 IP 网络看 GPRS 网，GPRS 数据网的接入点 GGSN 就是一个 IP 路由器。

习　题

1．试说明 IP 地址与硬件地址的区别。为什么要使用这两种不同的地址？

2．（1）子网掩码为 255.255.255.0 代表什么意思？

（2）一网络的子网掩码为 255.255.255.248，问该网络能够连接多少个主机？

（3）某个 IP 地址的十六进制表示是 C22F1481，试将其转换为点分十进制的形式。

（4）C 类网络使用子网掩码有无实际意义？为什么？

3．假定从 198.16.0.0 开始有大量连续的 IP 地址可以使用，现在 4 个组织 A，B，C，D 按照顺序依次申请 4 000、2 000、4 000 和 8 000 个地址。对于每一个申请，请利用 w.x.y.z/s 的形式写出所分配的第一个 IP 地址、最后一个 IP 地址以及掩码。

4．一台路由器的路由表中有以下的（CIDR）表项：

地址/掩码	下一跳
135.46.56.0/22	接口 0
135.46.60.0/22	接口 1
192.53.40.0/23	路由器 1
0.0.0.0	路由器 2

对于下面的每一个 IP 地址，请问，如果一个到达分组的目标地址为该 IP 地址，那么路由器该怎么办？

（a）135.46.63.10

（b）135.46.57.14

（c）135.46.52.2

（d）192.53.40.7

（e）192.53.56.7

5．IGP 和 EGP 这两类协议的主要区别是什么？

6．简述 RIP、OSPF 和 BGP 路由选择协议的主要特点。

7．RIP 使用 UDP，OSPF 使用 IP，而 BGP 使用 TCP。这样做有何优点？为什么 RIP 周期性地和邻站交换路由信息而 BGP 却不这样做？

8．假定网络中的路由器 B 的路由表有如下的项目（这 3 列分别表示“目的网络”、“距离”和“下一跳路由器”）：

N1　7　A

N2　2　C

N3　8　F

N4 4 E

N5 4 F

现在B收到从C发来的路由信息（这两列分别表示“目的网络”和“距离”）：

N2 4

N3 8

N6 4

N8 3

N9 5

试求出路由器B更新后的路由表（详细说明每一个步骤）。

9．说明多协议标签交换（MPLS）的工作原理。

10．标签交换路由器（LSR）在转发MPLS分组时要进行标签交换。类似这样的标签交换是否也曾发生在MPLS以外的某种网络中？如有，请说明。

11．试比较网络在以下3种情况的可扩展性：

（1）仅使用第三层转发：每一个路由器查找最长前缀匹配以确定下一跳；

（2）第三层转发和第二层MPLS转发；

（3）仅有第二层MPLS转发。

12．说明MPLS虚拟专用网的具体应用。

13．为什么MPLS非常适合于大型ISP网络中的流量工程？

14．画图并说明IP城域网的网络结构？

15．实现IP网络和PSTN/ISDN网络互通有几种方式？分别加以说明。

第5章 传 送 网

传送功能是通信网的基本功能之一。早期传送功能的实现主要是采用点到点的传输技术，将信息由一地传递到其他地方。随着社会进步，人们对通信的需求迅速膨胀，新业务层出不穷，同时光纤通信技术的发展将信息传输能力提高到一个新的水平。为实现对带宽资源的合理配置与高效利用，提高信息传送的灵活性和安全性，传送手段正在向智能化和网络化方向发展，涌现出各种不同的传送网技术。光组网的概念是近几年提出的一种新兴的传送网方案，它建立在波分复用原理基础之上，实现了对光纤带宽资源简单有效的管理。

本章首先介绍传送网的基本概念以及SDH传送网的结构和组网技术，然后着重讲述基于SDH的多业务传送节点（MSTP）技术的产生及发展，最后讲述光自动交换网（ASON）的原理。

5.1 PDH和SDH系统

数字通信发展的历史形成了当今传输体制的多样化，PDH体系有两大不同的系列，而SDH体系是一个世界统一的标准，能兼容两大系列实现完全互通。

在PDH体系中，欧洲系列以2 048kbit/s为基础群，北美系列以1 544kbit/s为基础群，由此往上复接的高次群速率等级也各不相同，而且美国和日本的系列还有差异。历史上形成的这种互不兼容的状况不利于电信网的发展。而基于美国SONET网发展的SDH体系实现了有利于世界电信网发展的国际统一标准。这个标准既要能兼容已有的两大系列又能成为当今传送网的基础。

5.1.1 PDH和SDH的特点

众所周知，通常PDH的帧结构用一个绘成一行的图或列表的形式来描述。而SDH的帧结构是用一个二维的矩阵图来描述。

在PDH中，2 048kbit/s的帧是按字节间插，各支路在帧中有规律地排列。8 448kbit/s以上的各种高次群是逐比特间插复接，各支路比特在帧中的位置与低次群帧起始点无关，也就是说，低次群比特在高次群帧中传输是完全透明的。

SDH的帧结构与PDH的2 048kbit/s的帧有很多相似之处，基本单位为64kbit/s，同步复接，二者相似之处如下。

- 按字节间插，规律排列；

- 开销在左边，净荷在右边，各占有固定的列；
- 帧频是固定的 8kHz，即帧周期为 125μs。

二者不同的是在 SDH 帧中设有指针。

而 PDH 的高次群和 SDH 的帧结构有很大差异，也导致其性能上的巨大差异。

1. PDH 复用结构及缺陷

准同步数字体系（Plesiochronous Digital Hierarchy，PDH）应用了 20 多年，其技术已相当成熟。它是将每路模拟的语音信号进行抽样、量化、编码，变为一路 64kbit/s 的数字信号。为了提高线路利用率和传输容量，又采用时分复用技术，将多路 64kbit/s 数字信号以字节为单位进行间插复接。在欧洲将 30 个独立的 64kbit/s 语音信道与两个信息控制信道一起形成一个有 32 个时隙的信号结构，其传输速率为 2.048Mbit/s；在北美以及日本，则将 24 个 64kbit/s 信道的信号间插复用在一起，形成一个 1.544Mbit/s 的信息流。

为进一步提高传输容量，可将若干个 2 048kbit/s（或 1 544kbit/s）的信息流复接成更高速率的信息流。例如，欧洲将 4 个 2 048kbit/s 信息流复接成一路 8 448kbit/s 的信息流；4 个 8 448kbit/s 信息流复接为一路 34 368kbit/s 的信息流；4 个 34 368kbit/s 的信息流复接为一路 139 264kbit/s 的信息流。由于欧洲和北美复接的基础速率不同，因而各速率等级也不相同，这就形成了欧洲和北美两大制式。

在 PDH 中，虽然规定了各速率等级，但支路信号可来自不同的设备，这些设备有各自独立的时钟源，因而同一速率等级的支路信号其速率存在偏差。为了能将各支路信号复接成更高速率的信号，对于各速率等级除规定标称速率外，还规定其允许的偏差范围（称为容差）。例如，欧洲制式的偏差为：2 048kbit/s±50ppm；8 448kbit/s±30ppm；34 368kbit/s±20ppm；139 264kbit/s±15ppm。这种有相同的标称速率，但又允许有一定的偏差的信号称为准同步信号。它们复接时只能靠插入调整比特，采用异步复接。

图 5.1 所示为 ITU-T 建议的 30/32 帧结构，从图 5.1 可以看到：基群每帧 125μs，32 个时隙，采用字节间插复用，16 帧组成一个复帧，TS1～TS31 用于传信息（传送的信息统称为净荷），TS0 传帧同步字及 CRC 校验码等用于运行、维护、管理的比特；而 8 448kbit/s 和 34 368kbit/s 每帧分为 4 组，采用逐比特间插复接，帧长分别为 100.379μs 和 44.693μs，只有第 1 组的前 12bit 用作运行、维护、管理（前 10bit 为同步字，第 11bit 为对告）；139 264kbit/s 帧长为 21.025μs，分为 6 组，只有第 1 组前 16 比特用作运行、维护、管理（前 12bit 为帧同步字，第 13bit 为对告，第 14～16bit 备用），其余为净负荷。

无可置疑，PDH 技术与模拟技术相比，在提高信号质量和通信容量、有利于集成、缩小设备体积、减少功耗等方面有着无可比拟的优点。在过去的 20 多年时间里，PDH 在骨干网和本地网中发挥了巨大的作用，但是，PDH 也存在如下一些缺点。

① PDH 存在欧洲、北美（日本）两种制式（见图 5.1），两者互不兼容，从而引起国际互连方面的困难。

② 上/下支路困难。PDH 各速率等级帧长不同，复接时高次群的一帧中容不下低次群的一帧信号，因而使得低次群帧的起始点在高次群帧中没有固定位置，也无规律可循。这种情况导致上/下支路必须采用背靠背设备，逐级分接出要下的支路，将不下的支路再逐级复接上去，造成设备的极大浪费。

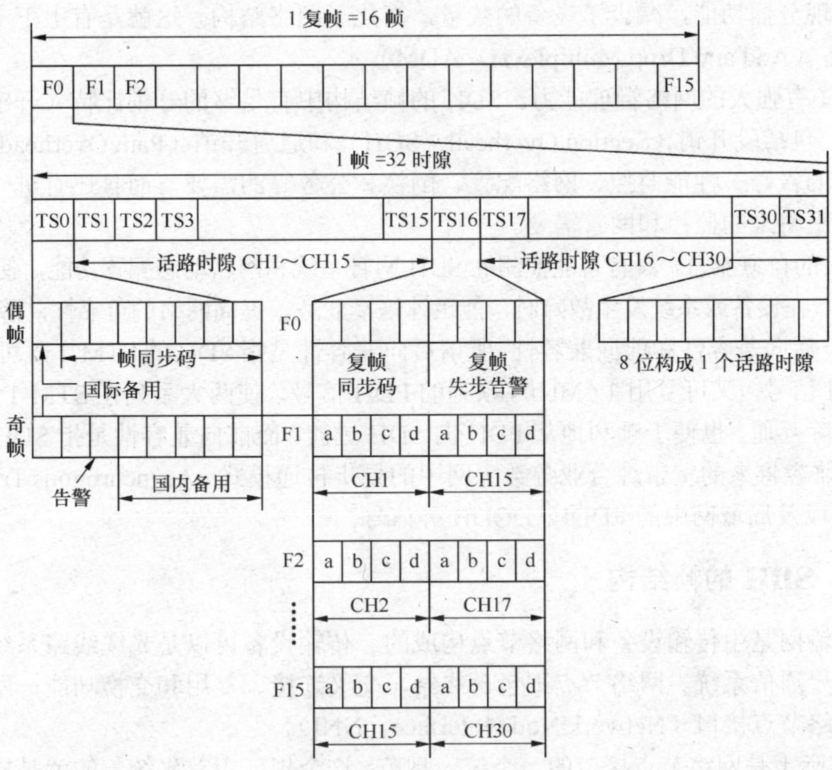

图 5.1　ITU-T 的 30/32 帧结构

③ 开销比特很少，不能提供足够的运行、管理和维护（Operation，Administration and Maintenans，OAM）能力。PDH 的发展是从市话局间中继点对点传输应用开始的，受当时传输媒介的限制，设计时主要考虑如何充分利用带宽资源，而对 OAM 考虑很少。再加上 PDH 系列的光纤数字通信设备没有统一的光接口标准，致使不同厂家的设备，甚至同一厂家不同型号的设备光接口各不相同，不能互连，即横向不兼容。

这些缺点的产生，并非开发不到位，而是因为 PDH 自身的"先天不足"，这些缺点制约了电信网向"网络化、智能化、综合化"的发展，因而急需一个更为先进的体制来取而代之，这就使得 SDH（Synchronous Digital Hierarchy）体制应运而生。

2. SDH 的结构特点

SDH 的帧为块状结构，如图 5.2 所示。每帧长 125μs，由段开销、管理单元指针和通道开销和净负荷 4 大块组成，排列很有规律。

SDH 帧结构克服了 PDH 的不足，与传统的 PDH 相比较，具有如下明显的特点。

① 灵活的分插功能。SDH 规定了严格的映射复接方法，并采用指针技术，支路信号按字节间插复用，在线路信号（Synchronous Transfer Moder N，STM-N）中的位置是透明的，可以直接从 STM-N 中灵活地上下支路信号，无须通过

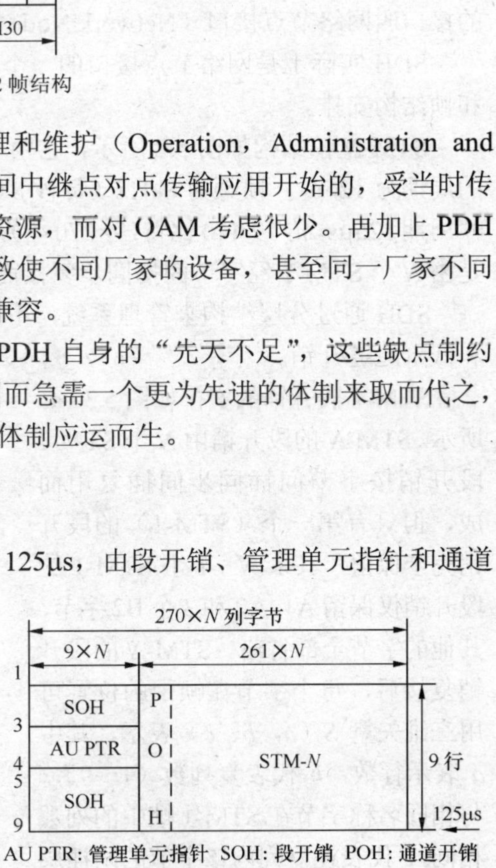

AU PTR: 管理单元指针　SOH: 段开销　POH: 通道开销

图 5.2　STM-N 帧结构

逐级复用实现分插功能，减少了设备的数量，简化了网络结构。这就是有上下支路信号功能的 SDH 设备（Add and Drop Multiplexer，ADM）。

② SDH 有强大的网络管理能力。SDH 的帧结构中有足够的开销比特（开销比特占总容量的 1/30），包括段开销（Section Overhead，SOH）和通道开销（Path Overhead，POH），不仅满足目前的告警、性能监控、网络配置、倒换和公务等的需要，而且还有进一步扩展的余地，用以满足将来的监控和网管需要。

③ 强大的自愈能力。具有智能检测的 SDH 网管系统和网路动态配置功能，使 SDH 网络容易实现自愈，在设备或系统发生故障时，能迅速恢复业务，提高网络的可靠性，降低维护费用。

④ 具有后向兼容性和前向兼容性。所谓后向兼容性是指 SDH 的 STM-1 既可复用 2Mbit/s 系列的 PDH 信号，又可复用 1.5Mbit/s 系列的 PDH 信号，使两大系列在 STM-1 中得到统一，便于实现国际互通，也便于顺利地从 PDH 向 SDH 过渡；而前向兼容性是指 SDH 标准有长远的考虑，它兼容将来的宽带综合业务数字网中的异步传递模式（Asynchronous Transfer Mode，ATM）信号以及局域网中的 FDDI、DQDB 等信号。

5.1.2 SDH 的帧结构

电信传输网是由传输设备和网络节点构成的。传输设备可以是光缆线路系统、微波接力系统或是卫星通信系统。网络节点则包含终结、交叉连接、复用和交换功能，网络节点之间的接口叫网络节点接口（Network Node Interface，NNI）。

SDH 实际上是网络节点接口的一个统一规范，这个规范中首先统一的就是接口速率等级和帧结构安排。

STM-N 帧结构如图 5.2 所示，它由 9 行×270 N 列（字节）组成，每字节 8 个比特，一帧的周期为 125μs，帧频为 8kHz（每秒 8 000 帧）。STM-1（$N=1$）是 SDH 最基本的结构，每帧周期 125μs，传 19 440 比特（9×270×8），传输速率为 19 440×8 000bit/s = 155 520kbit/s，STM-N 是由 N 个 STM-1 经字节间插同步复接而成的，故其速率为 STM-1 的 N 倍。

SDH 通过分层结构来管理系统，不同的层有不同的管理开销，主要有段开销、高阶通道和低阶通道开销。

STM-1 段开销的安排如图 5.3（a）所示。STM-N 的段开销由 N 个 STM-1 段开销按字节间插同步间插复用而成，但只有第一个（STM-1）的段开销完全保留，其余 $N-1$ 个 STM-1 的段开销仅保留 A1、A2 和 3 个 B2 字节，其他的字节全部省略。STM-N 的段开销复接后，每个字节在帧中的位置可用三维矢量 S（a，b，c）表示，其中 a 表示行数，b 代表复列数（1～9），与相同名称字节在 STM-1 帧中的列数相同，c 代表在复列内该字节的间插层数（1～N），折合成行列数如下：

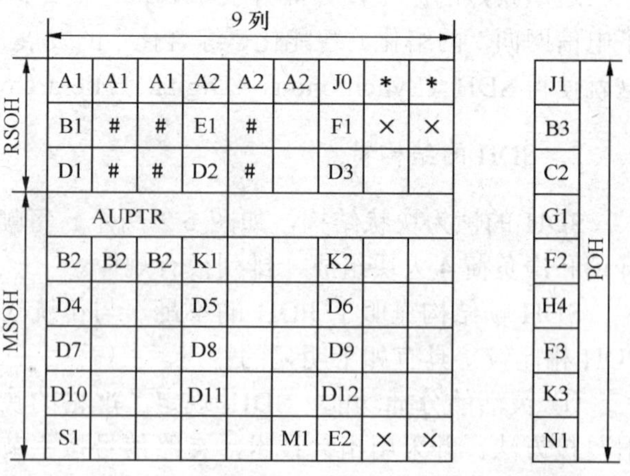

（a）段开销　　（b）通道开销

注：×：国内使用字节　*：不扰码国内使用字节　#：与传输媒质有关的字节

图 5.3　STM-1 开销字节分配

行数 = a

列数 = $N(b-1)+c$

例如，在 STM-4 中第一个 STM-1 的 E2 字节三维坐标为 S（9，7，1），且 $N=4$，故它所在的行列数如下：

行数 = 9

列数 = $4\times(7-1)+1=25$

1. 段开销（SOH）

段开销又可分为再生段开销（RSOH）和复用段开销（MSOH）。再生段开销指不包含 SDH 复用设备的传输区间，复用段开销的定义与之相反。再生段开销位于每一帧前 9 列 1～3 行；复用段开销所处列的位置与再生段开销相同，行数为第 5～9 行。段开销部分各字节的含义如下。

① A1、A2：帧定位字节。

② J0：再生段踪迹字节。

③ D1～D12：数据通道字节。

④ E1、E2：公务联络字节。

⑤ F1：用户定义字节。

⑥ B1：BIP-8 比特交织奇偶校验字节。

⑦ B2：BIP-24 比特交织奇偶校验字节。

⑧ K1、K2（b1～b5）：自动保护切换字节。

⑨ S1（b5～b8）：同步状态字节。

⑩ M1：复用段远端误块字节。

⑪ K2（b6～b8）：复用段远端缺陷指示。

2. 管理单元指针（AU PTR）

管理单元指针是管理单元的主要组成部分，它放置在每帧前 9 列的第 4 行。

3. 通道开销（POH）

通道开销提供与各类容器相关的通道的管理与维护，提供虚容器从始发点到终端点之间管理与维护信息的通道。它与相应容器的数据一起组成虚容器后被传输，直至虚容器被分接为止。下面主要介绍 VC-4 通道开销各字节的安排，这种虚容器在我国的 SDH 传输网中应用最广。

在 STM-1 帧结构中，每个虚容器都由容器及其相关的通道开销组成。VC-4 通道开销安排在每一帧的第 10 列，其具体字节的分配如图 5.3（b）所示，其含义如下。

① J1：通道跟踪字节。

② B3：通道比特交织奇偶校验字节。

③ C2：信号标志字节。

④ G1：通道状态字节。

⑤ F2、F3：用户定义字节。

⑥ H4：复帧指示字节。

⑦ K3（b1～b4）：自动保护倒换（APS）通路。

⑧ N1：网络操作者字节。

⑨ K3（b5～b8）：备用比特。

4. 净负荷区

STM-1 帧结构的第 11～270 列为净负荷区，可以装入备阶准同步数字系列及其他数字信源的信息比特，其中包含少量复接单元产生的管理和维护字节。有时为方便起见，也把 VC-4 通道开销归入净负荷字节数。

5.1.3 复用和映射

SDH 具有后向兼容性，即现存的 PDH 系列的各速率等级的信号均可以纳入 SDH 的传送模块中（具体地说可纳入 STM-1 中）。同时 SDH 还具有前向兼容性，即将各种新业务纳入它的复用结构中。

这种将 PDH 信号和各种新业务装入 SDH 信号空间，并构成 SDH 帧的过程称之为复用和映射过程。

映射是指一种变换、适配。映射源于数学中的集合论，原意指的是一个集合经过一定的变换关系变换到另一个集合。在 SDH 中，映射是指将 PDH 信号比特流或其他类型的信号比特流经过速率和格式的变换，放置到 SDH 容器中的确切位置上去，例如经过码速调整、加入通道开销构成虚容器。映射分为同步映射和异步映射两大类，异步映射采用码速调整进行速率适配，SDH 中采用正/零/负码速调整和正码速调整两种。同步映射不需要速率适配，同步分为比特同步和字节同步，SDH 中采用字节同步，并可细分为浮动模式和锁定模式。

实际 PDH 信号的映射方式如表 5.1 所示。

表 5.1　　实际采用的映射方式

映射方式 / PDH 信号比特率	异步映射		同步映射			
	正码速调查	正/零/负码速调整	比特同步		字节同步	
			浮动	锁定	浮动	锁定
2 048kbit/s		√			√	√
34 368kbit/s		√	待定		待定	
139 264kbit/s	√					

复用是指几路信号逐字节间插或逐比特间插合为一路信号的过程。在 SDH 中基本采用逐字节复用。

图 5.4（a）所示为 STM-*N* 的一般复用结构，它由一系列复接单元组成，说明了不同的同步数字系列信号是怎样经过若干中间复用步骤完成与 SDH 体制的接口。由 STM-1 至 SDH 高次序列的复用过程非常简单，体现了 SDH 同步复用的重要性。

复接结构图中存在若干种复接单元。复接单元主要包括以下几种。

1. 容器（Container），C-*nx*（$n=1$～4）

容器用来装载各种不同速率的数字信号，有 C-4、C-3、C-2、C-12 和 C-11 5 种，分别允许装载 PDH 的 139.264Mbit/s、44.736Mbit/s 或 34.368Mbit/s、6.312Mbit/s、2.048Mbit/s 以及 1.544Mbit/s。容器（C-*nx*）也是同步信号的一种传递机构，用于载荷异步支路信息的单元。此单元可以用增加冗余、码速调整和加入调整控制信息的方法将异步信号变换为同步信号。在符号 C-*nx* 中，*n*=1～4，*x*=1、2，*n* 表示 PDH 的速率等级，*x*=1、2 表示基祥速率分别为 1.544Mbit/s 和 2.048Mbit/s 的准同步数字系列。

2. 虚容器（Virtual Container），VC-*nx*

虚容器 VC-*nx* 是同步数字系列中通道层连接的信号结构单元，它由容器 C-*nx* 或支路单组 TUG-*nx*（Tributary Unit Group）与通道开销（POH）两部分组成。已定义下列两种类型的虚容器。

① 基本虚容器，VC-*n*（*n* = 1、2）。此复接单元也称为低阶虚容器，在此基本虚容器中包含两个低阶容器 C-1 或 C-2 及与其等级相适应的虚容器通道开销（POH）。

② 高阶虚容器，VC-*n*（*n* = 3、4）。此复接单元中包含一个高阶容器 C-3 或 C-4、支路单元组 TUG-2 或支路单元组 TUG-3 和相应等级的虚容器开销（VC POH）。

3. 支路单元（Tributary Unit），TU-*nx*（*n* = 1～3）

支路单元 TU-*nx* 由虚容器 VC-*nx* 加上支路单元指针（TU PTR）组成。符号 TU-*nx* 中 *n* = 1～3，*x* = 1、2。这种支路单元为支路信号载入高阶虚客器 VC-*n*（*n* = 3、4）做准备，并且可由其指针指示此虚容器在高一阶虚客器中的位置。例如，VC-12 虚容器加入支路指针后形成 TU-12 支路单元。

4. 支路单元组（Tributary Unit Group），TUG-*n*（*n* = 2、3）

支路单元组 TUG-*n* 由相同的支路单元 TU-*n* 组成，或由低阶支路单元组复接而成，这里 *n* = 2 或 3。例如，TUG-3 可由相同的 7 个 TUG-2 支路单元组构成。此外，支路单元组可进一步复接形成高阶虚容器，例如 VC-4 = 3xTUG-3 等。

5. 管理单元（Administrative Unit），AU-*n*（*n* = 3、4）

管理单元 AU-*n* 由带有 AU 指针的同级虚客器 VC-*n* 组成，其中 *n* = 3、4。从中可以看出管理单元 AU-*n* 是由高阶虚客器组成，它经管理单元组（AUG）复接后成为 STM-1 帧结构组成部分。由 VC-4 虚容器加入管理指针后形成 AU-4 管理单元。

TU 和 AU 都是由虚容器加入指针形成的，它们包含实现虚容器交叉连接与交换的信息，虚容器加入指针后得到支路单元或管理单元，其速率也要做相应变换。例如，速率为 2.2Mbit/s 的 VC-12 虚容器加入支路指针变换后速率变换为 2.304Mbit/s，得到支路单元 TU-12。

管理单元指针（AU PTR）指示 VC-*n*（*n* = 3、4）在 STM-1 帧结构中的相位调整，其管理单元指针位置相对于 STM-1 帧结构被固定。

6. 管理单元组（Adminstraive Unit Group，AUG）

AUG 由管理单元复接而成，例如 AUG = 3xAU-4 或 AUG = 1xAU-4，AUG 本身又可以复接成高阶同步传送模块（STM）。

7. 基本同步传输模块 STM-1

STM-1 是构成同步数字系列的基本速率（155.520Mbit/s）模块，它由一个 AU-4 或多个 AU-3 与段开销（SOH）组成，由系统管理、维护比特区域（开销、指针区）与净负荷区域两部分组成，具有每 125μs 重复一次的帧结构。

8. *N* 阶同步传输模块 STM-*N*

STM-*N* 复接单元定义 *N* 阶同步数字系列信号，它包含 *N* 个基本同步传输模块 STM-1 信号。STM-*N* 信号可由 STM-1 经过一级或多级复接得到。*N* 的数值与 G.707 建议中给出的同步数字系列级次相对应。

图 5.4（a）所示为面向全球的一般 SDH 复用结构，在我国国内网的应用中，只需考虑 C-4、C-3 和 C-12 这 3 种接口，所以可把图 5.4（a）简化成图 5.4（b）。

从图 5.4（b）的复用结构可以看出，若从容器 C-12 逐级复用，每一个 STM-1 模块可以包含 63 个 2.048Mbit/s 的支路信号；若从容器 C-3 逐级复用，一个 STM-1 模块只能容纳 4 × 4 × 3 = 48 个 2.048Mbit/s 的支路信号，传输速率的损失很大，一般很少使用。2.048Mbit/s 的速率也是数字程控交换机的标准接口速率，与 SDH 复接设备接口较方便。因此，一般只考虑常用的 PDH 基群和四次群在 SDH 中的复用过程。

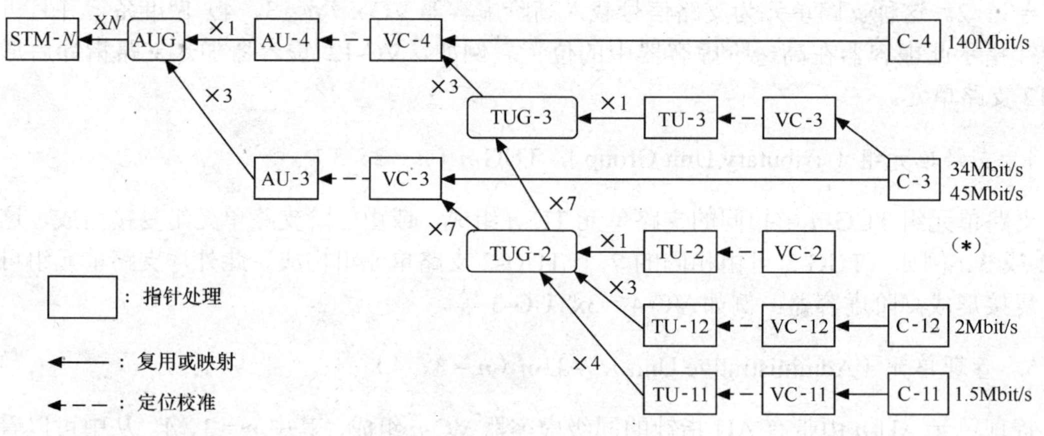

(a) ITU-TG.707 建议的 SDH 复用映射结构

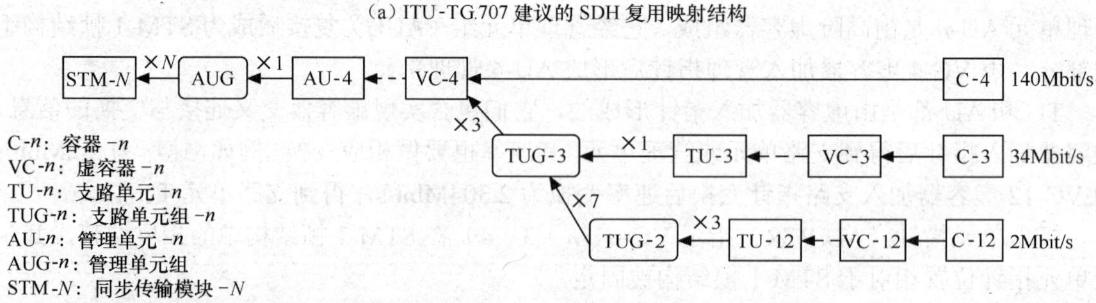

（b）我国规定的 SDH 复用映射结构

图 5.4　SDH 复用映射结构

5.2 SDH 网元设备

5.2.1 SDH 设备一般化逻辑框图

SDH 传输网中的设备包括数字复用设备和数字线路终端设备，有关建议将其定义为一套对外具有规定的标准物理接口、对内具有规定复用或线路终端功能的机框，设备借助标准接口的连接构成点对点的数字传输系统。图 5.5 所示为 SDH 复用设备的功能框图，相应的电路功能具有与硬件实现技术对应的物理划分。这些框图的不同组合又可构成各种网元设备。SDH 传送网元有 4 种基本的设备类型，即复用终端复用器（TM）、插分复用器（ADM）、数字交叉连接设备（DXC）和再生中继器（REG）。由于采用了先进的计算机技术，SDH 设备主要有以下 3 个方面的特点。

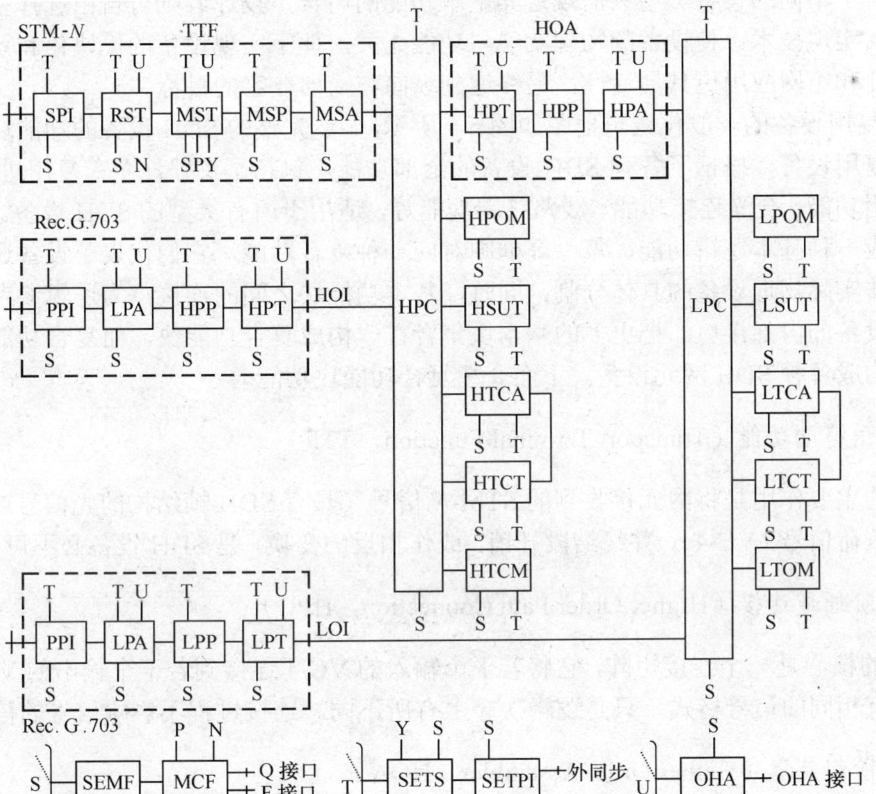

L/HPOM：低阶 / 高价通道开销监视　　L/HSUT：低阶 / 高阶通道监视未装载终端
L/HTCA：低阶 / 高价通道级联连接适配　　L/HTCT：低阶 / 高阶通道级联连接终端
L/HTCM：低阶 / 高阶通道级联连接监视

图 5.5　SDH 设备的一般化逻辑化结构

① SDH 提供高度的高级功能集成，允许不同的功能可以包含在某个具体物理设备中，例如，复接功能与线路终端功能合成在同一设备中成为终端复用设备（TM），因此线路终端功能不再以单独的 SDH 设备存在。

② 设备实现时比 PDH 设备具有很大的灵活性，通过软件配置功能可将各种功能组合在同一设备中，不同功能组合构成不同类型的设备，例如，一个设备通过网管软件就可以设置为终端复用设备（TM）或分插复用设备（ADM），而无须改变任何硬件配置。

③ 设备的实现方法不依赖于功能，各厂家对同一种或同一组功能的具体实现可各不相同，可以用硬件或软件或软、硬件结合的方法，因此，不一定能找到每一功能对应的物理电路；更重要的是在世界范围内有统一的规范，而又不限制各家制造商发挥自己的潜能。

为实现上述特点，需要采用不同于自然语言的设备功能规范（EFS）的方法描述 SDH 网元设备，重点规范设备的功能行为而不是支持设备功能和性能的具体软、硬件结构，这样允许同一功能有不同的灵活实现方案。1996 年以前的 G.783 建议采用基本功能块模型的方法规范 SDH 设备结构，将其分解为一系列基本功能模块，对每一基本功能模块的内部过程和输入/输出参考点原始信息流进行严格描述，而对整个设备功能只作一般化描述；基本功能块组合完成高级功能的复合功能；基本功能与复合功能进一步组合，构成具有某项实用网络性能的设备。对于不同的设备类型只需规定其基本功能的组合，设计者则可自由选择基本功能块的组合及其实现技术，使设备的物理实现与功能无关，便于实现设备的模块化和系列化，使设备的设计和组网应用更具灵活性，最终达到纵向与横向兼容的目标。

SDH 复用设备的一般化逻辑框图如图 5.5 所示，显然完整的 SDH 设备的功能块结构可以涵盖各种复用设备，概括了各种 SDH 设备的全部功能，包括了支路净负荷复用进入 STM-*N* 的映射复用功能、交叉连接功能、线路终端功能等，适用于所有类型的 SDH 设备。图中每一小方块对应一种基本逻辑功能，每一虚框则对应一种复合功能，它们代表了设备逻辑功能的分割，而非实际物理设备的具体分割；同时，基本功能块之间的连接点为逻辑参考点，也不对应物理设备的内部接口。把更多的基本块集合在一构成复合功能块，而复合功能块的不同连接又可构成各种 SDH 网元设备。下面介绍复合功能块功能。

1．传送终端功能（Transport Terminal Function，TTF）

TTF 的主要作用是将网元接收到的 STM-*N* 信号（具有 SDH 帧结构的光信号或电信号）转换成净负荷信号（VC-4），并终结段开销，或作相反的变换，是 SDH 设备必不可少的部分。

2．高阶通道连接（Higher Order Path Connection，HPC）

HPC 的核心是一个连接矩阵，它将若干个输入的 VC-4 连接到若干个输出的 VC-4，输入和输出具有相同的信号格式，只是逻辑次序上有所不同。连接过程不影响信号的信息特征。

3．高阶组装器（Higher Order Assembler，HOA）

HOA 的主要功能是按照映射复用路线将低阶通道信号复用成高阶通道信号（例如，将多个 VC-2 或 VC-3 组装成 VC-4），或作相反的处理，是由高阶通道终端（HPT）和高阶通道适配（HPA）功能块组成。

4．低阶通道连接（Lower Order Path Connection，LPC）

LPC 的功能是将输入口的低阶通道（VC-12/VC-3）分配给输出口的低阶通道（VC-12/VC-3），其输入、输出口的信号格式相似，只是逻辑次序不同，连接过程不影响信号的消息特征。

5. 高阶接口（Higher Order Interface，HOI）

HOI 的主要功能是将 140Mbit/s 信号映射到 C-4 中，并加上高阶通道开销（POH）构成完整的 VC-4 信号，或者作相反的处理，即从 VC-4 中恢复出 140Mbit/s PDH 信号，并解读通道开销。高阶接口功能是一项复合功能，主要包括 PDH 物理接口（PPI）、低阶通道适配（LPA）、高阶通道保护（HPP）、高阶通道终端（HPT）等功能块。

6. 低阶接口（Lower Order Interface，LOI）

LOI 的主要功能是将 2Mbit/s 或 34Mbit/s PDH 信号映射到 C-12 或 C-3 中，并加入通道开销（POH），构成完整的 VC-12 或 VC-3。或作相反的处理。低阶接口是由低阶通道终端（LPT）、低阶通道保护（LPP）。低阶通道适配（LPA）和 PDH 物理接口（PPI）组成的复合功能块。

7. 辅助功能块

SDH 设备要实用化，除了主信道的功能块以外，还必须含有定时、开销、管理等辅助功能块，主要有：

① 同步设备管理功能（Synchronous Equipment Management Function，SEMF）；
② 消息通信功能（Message Communication Function，MCF）；
③ 同步设备定时源（Synchronous Equipment Function，SETS）。

5.2.2 SDH 网元设备

SDH 网元设备是构成 SDH 网络的基本网络单元（Network Element，NE），简称网元，由复合功能块的特定连接而成，主要定义有 4 大类 SDH 的网元设备，如图 5.6 所示。

（1）同步数字交叉连接设备（SDXC）

SDXC（简称 DXC）允许接入不同等级速率的数字信号，能对接入信号的全部或一部分进行交叉连接（静态交换），也能从高阶信号中分出和插入低阶信号，如从 STM-1 信号中分/插 2Mbit/s 信号等。DXC 的主要设备有：DXCⅠ型、DXCⅡ型和 DXCⅢ型，主要差别在交叉连接功能的能力上。我国最常用的 DXC 设备有 DXC4/4、DXC4/1 和 DXC1/0，一般可以表示为 DXC X/Y，其中 X 表示接入端口数据流的最高等级，可取 0、1、2、3、4，其中 0 为 64kbit/s 端口，1～4 为相应的 PDH 端口速率。Y 表示参与交叉连接的最低级别，可取 1、2、3、4，代表 PDH 的 1～4 次群。

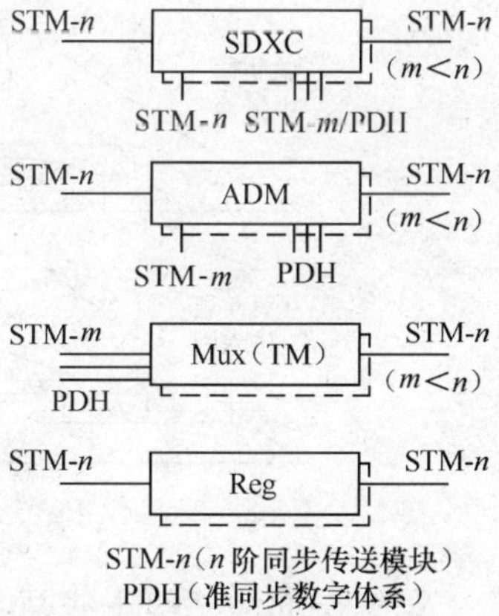

图 5.6 SDH 的网元

（2）分/插复用设备（ADM）

分插复用设备是在无须分接或终结整个 STM-*M* 信号的条件下，能分出和插入 STM-*M* 信号中的任何支路信号的设备，因此，这种设备有东西两个高速线路口。ADM 也分为Ⅲ.1 和Ⅲ.2 两种类型。

（3）终端复用设备（TM）

终端复用设备用于把速率较低的PDH信号或STM-*N*信号组合成一个速率较高的STM-*M*（*M*>*N*）信号，或作相反的处理，因此，终端复用设备只有一个高速线路口。根据支路口信号速率情况，TM 分为低阶终端复用设备（Ⅰ类）和高阶终端复用设备（Ⅱ类）两大类，每一类又有两种型号（1型和2型）。

（4）同步再生器（REG）

REG 的基本功能是接收来自光纤线路的信号，将它再生，并往下一段光纤线路传送。它还要产生新的再生段开销加到承载信号上，并能对线路信号质量进行监视。

为了对网元自身以及它们构成的系统进行网络的运行管理，所有的网元都要能够和传输网管理系统相连，相互通信实现网管功能。

5.2.3 SDH 传送网结构

由 SDH 网元设备和传输线路可以构成 SDH 传送网，我国 SDH 网的网络结构为 4 层平面结构，如图 5.7 所示。最高层面为长途一级干线网，主要省会及业务量较大的汇接节点城市装有 DXC4/4，其间由高速光纤链路 STM-4/STM-16 等组成，形成一个大容量、高可靠性的网孔形国家骨干网结构，并辅以少量线形网。由于 DXC4/4 也具有 PDH 系列的 140Mbit/s 接口，因而原有 PDH 的 140Mbit/s 系统也能纳入由 DXC4/4 统一管理的长途一级干线网。

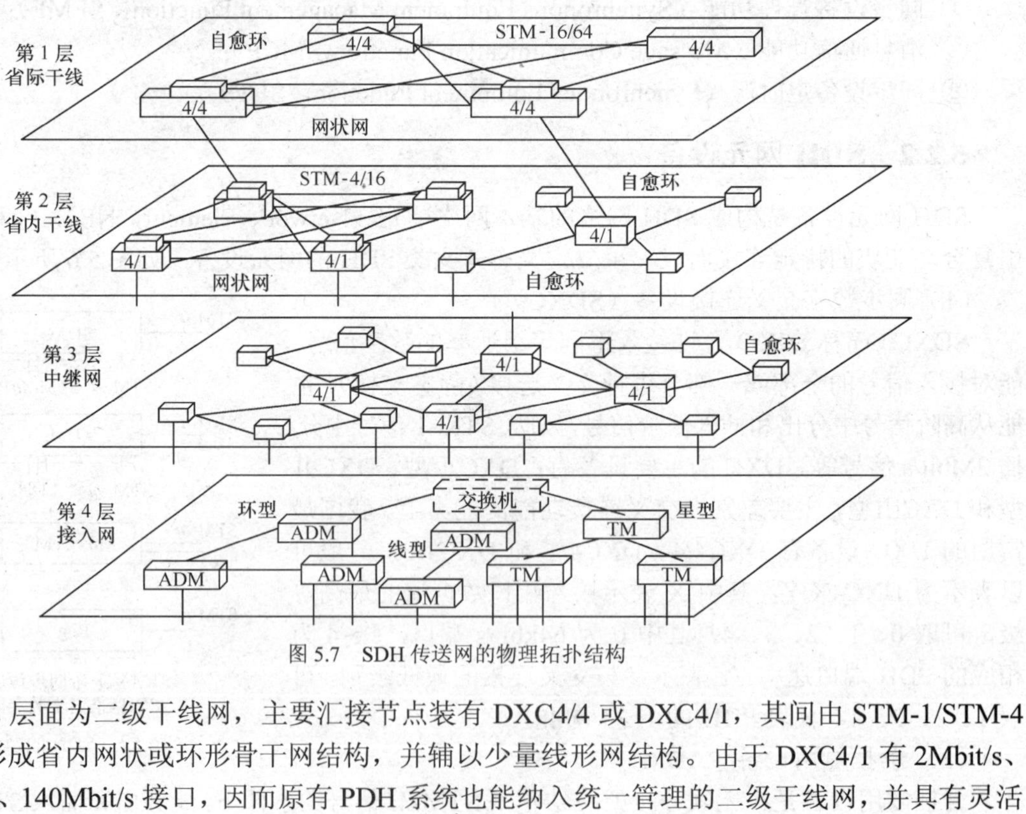

图 5.7 SDH 传送网的物理拓扑结构

第 2 层面为二级干线网，主要汇接节点装有 DXC4/4 或 DXC4/1，其间由 STM-1/STM-4 组成，形成省内网状或环形骨干网结构，并辅以少量线形网结构。由于 DXC4/1 有 2Mbit/s、34Mbit/s、140Mbit/s 接口，因而原有 PDH 系统也能纳入统一管理的二级干线网，并具有灵活调度电路的能力。

第 3 层面为中继网，可以按区域划分为若干个环，由 ADM 组成速率为 STM-1/STM-4

的自愈环，也可以是路由备用方式的两节点环。环间由 DXC4/1 沟通，完成业务量疏导和其他管理功能，同时也可以作为长途网与中继网之间以及中继网和用户网之间的网关或接口，还可以作为 PDH 与 SDH 之间的网关。

第 4 层面为用户网，或称接入网。由于处于网络的边界处，业务容量要求低，且大部分业务量汇聚于一个节点（端局），因而通道倒换环和星形网都十分适合该应用环境，所需设备除了 ADM 外，还有光纤用户环路载波系统（OLC），速率为 STM-1/STM-4，接口可以为 STM-1 光/电接口，PDH 系列的 2Mbit/s、34Mbit/s 或 140Mbit/s 接口，普通电话用户接口，小交换机接口，2B+D 或 3OB+D 接口以及城域网接口等。

5.3　基于 SDH 的多业务传送节点（MSTP）

随着通信网络运营商的竞争重点从骨干网转向城域网，建立高效经济的支持多业务的城域传送网已经成为运营商的共同目标。从技术角度看，多种技术层出不穷，城域光传送网的主要技术包括 SDH、以 SDH 为基础的多业务传送节点（MSTP）、城域波分复用（WDM）环网以及弹性分组环（RPR）。目前在城域传送网中解决多业务传输最具有生命力，技术更新变化最快的就是 MSTP 技术。它主要适用于现有的城域传送网，解决 TDM 业务远大于 IP 业务的承载需求。

5.3.1　MSTP 技术的产生

未来业务数据化的趋势已被广泛认同，如何高效可靠地传输数据业务，是网络建设的一个重要任务。在网络的骨干层，随着 DWDM 技术的普遍应用，骨干带宽已经解决；在网络的接入层，吉比特以太网、10G 比特以太网技术将得到大规模推广；因此，网络的汇聚层，即城域网络将成为瓶颈。

在传统的城域网内，环型保护是主要的保护方式。这是由两个原因造成的，一方面是历史因素，另一方面环型组网具有组网简单、保护可靠等优点。在传统的城域组网中，主要有两种组网方法。

1. SDH/SONET 组网

这就是常说的 IP OVER SDH/SONET。通过接入到 SDH 环网，可以利用 SDH 的丰富开销来对光纤进行性能和故障的检测，实现对光纤的“维护管理”，更重要的是可以利用 SDH 的保护机制，来实现光纤失效时的快速保护。

但是这种网络在传输大量数据业务的时候，SONET 环网的局限性便显露出来。

① 逻辑链路连接太多且复杂。SDH/SONET 是面向电路连接的，如果业务是分布的，或者对节点的每个端口都要建立连接，则连接数目太多；而且连接可能是 VC12-XV、VC3-XV、VC4-XV，这样连接的种类也太多，造成不必要的复杂性和高成本。

② 链路所保持的固定带宽造成了浪费。由于是面向电路连接，带宽是固定的，这在面向数据突发业务时，带宽造成了浪费。

③ 多播业务易造成拥塞。由于是面向电路连接，因此一旦发生多播业务，则向各连接拷贝，从而容易导致带宽浪费和堵塞。

④ 浪费保护带宽。在 SDH 中必须预留一半带宽来作为保护带宽，从而造成带宽的浪费。

2. 以太环网

对以太网来说，数据业务的传输可以做到高效和可用带宽的恰好分配，网络的管理维护和实现的成本也相对低廉。但是由于以太网也是最初为点到点传输的网络拓扑结构服务而产生的，它在城域环网的实现上也存在缺陷。

① 在断纤时保护实现较慢。尽管以太网可以利用最小生成树实现保护倒换，但因为其保护机制的实现是依靠断纤的信息向上游依次传播，速度很慢。另外，虽然 802.1ad 也可以实现链路层的保护，但是因为其保护倒换时间过长，并不适于用来实现通道层的保护。

② 以太网并不能适应“实现全环公平分配带宽”的要求，靠近目的节点的节点会自然享有更多的可用带宽。

为适应数据业务发展的需要，近年来许多厂家推出了融合了 ATM、IP 与以太网技术、具备各类数据接口且集 ADM 与 DXC 功能于一身的基于 SDH 的多业务传送平节点（MSTP）设备。MSTP 在单个传送设备上实现了语音、数据等多种业务的传送，实现了传输网与业务网的统一，可以很好地适应城域网当前和未来建设发展的需要。

MSTP 的最大特点体现在对以太网业务处理上。初期的 MSTP 具有以太网透传功能，此时设备具有较好的带宽保证特性和安全性，但带宽利用率较低，组网灵活性不够。随着业务需求和技术的发展，MSTP 逐渐具备二层交换功能，可实现基于以太网链路层的数据帧交换，提供了更大的组网灵活性和低成本，适合于用户数量多但业务量小且带宽动态变化的以太网业务接入。现阶段 MSTP 技术的主要特征是引入了中间的智能适配层，可支持多点到多点的连接，具有可扩展性，支持用户隔离和带宽共享，支持 QoS、SLA 增强、阻塞控制以及公平接入。从目前的技术发展来看，中间的智能适配层主要有两种，分别是弹性分组环（RPR）和多协议标签交换（MPLS）。

MSTP 技术的标准化也经历了类似的发展，从初期的 MSTP 技术要求中对透传和二层交换等的规范，发展到对内嵌 RPR 的 MSTP 的要求和进一步内嵌 MPLS 的 MSTP 的要求，同时还制定了相关的测试方法，并进一步关注互连互通、业务、智能等方面的发展。

5.3.2 第一代 MSTP

最初的 MSTP 只是为了解决 IP 数据包在 SDH 上实现端到端的透传，机理是将以太帧直接映射到 SDH 的容器（C）中。众所周知，SDH 的不同容器的净荷装载单元大小是固定的，无论是 10/100Mbit/s Base-T 还是吉比特以太网都很难理想地装载到 SDH 的容器中。而且作为端到端的透传机制，也无法实现流量控制、以太业务 QoS、不同以太业务流的统计复用等功能，所以不具备任何商用价值。针对以上问题，如何实现 SDH 更有效地承载 IP 数据业务就是第一代 MSTP 要解决的。

1. 虚级联技术的引入

要是能将 VC 单元级联起来组成适合的装载单元是一个有效的方法，例如，将 5 个 VC-12 单元绑定即可以很好地承载 10Mbit/s 以太业务。但新的问题同时产生，如果将相临的容器 C 级联形成 VC-n-Xn，其只具有一列 POH 指示比特，级联后的装载单元在整个传输过程中将不得不保持相同的路由和连续的带宽，同时还要求途径设备也必须支持级联功能，确保整个级联后的装载单元端到端的传输。这无疑给长距离传输提出了过高的要求，并不利于业务的实际发展。虚级联技术的引入使这个问题得到了彻底的解决，它与相临级联技术不同之处在于：VC-*n* 单元可分属于不同的 STM-*N* 中，具有自己独立的结构和相应的 POH 序列；通过虚级联的复帧标示符（MFI）、序列标示符（SQ）加以标示（其属于 LCAS 和 VC 控制帧），形成一个虚拟的大容器（VC-*n*-Xv）（或称为虚容器组）进行传输。这样每个独自的 VC-*n* 作为虚容器组的不同成员，可以通过不同的路径传输，只要在目的端汇聚即可，无须途径设备提供级联功能。我们知道，VC-*n* 装载单元从 2MB 到 140MB 不等，这就好比我们可以将人员编组，货物打散装到大大小小不同容量的汽车中，通过不同的公路运到目的地再通过组号/货物编号重新集合。这种灵活的机制刚好可以最大限度地利用网络带宽。

2. 链路容量调整机制（LCAS）技术的引入

虚级联技术只是提供一个更为有效的组合装载单元的可能方案，保证 IP 数据业务在 SDH 承载网上实现端到端的高效传送还需要一种真正的管理机制。就像有了四通八达的公路，有了各式各样的汽车，没有一个好的调度站，依然无法形成一个良好的运输体系一样，关键的环节在于如何有效的管理和调配，特别是虚级联不像相邻级联，虚容器 VC-*n* 可以属于不同的 STM-*N* 中，存在着各种各样的组合方式，没有一种良好的调配机制，后果将不堪设想。这就引入了 LCAS 技术（Link Capacity Adjustment Scheme）——链路容量调整机制。简单地说，LCAS 技术，就是建立在源和目的之间双向往来的控制信息系统。这些控制信息可以根据需求，动态地调整虚容器组中成员的个数，以此来实现对带宽的实时管理，从而在保证承载业务质量的同时，大大提高了网络利用率。LCAS 和 VC 控制帧结构如图 5.8 所示。

复帧标示符	序列标示符	控制命令域	组鉴别比特	返回序列确认比特	成员状态码	差错检验码
←VC（虚级联）信息→		←LCAS 信息→				

图 5.8　LCAS 和 VC 控制帧结构

在高阶虚级联（VC-3/4）过程中，LCAS 和 VC 控制帧被 H4 字节中传输，在低阶虚级联（VC-12）采用 K4 字节传输 LCAS 和 VC 控制帧。虚级联的建立/清除、成员的增加/减少是通过改变 LCAS 和 VC 控制帧中控制命令域里状态字段中的指令，在源和目的间建立通信进程来实现的。其中命令状态包括：IDLE（空闲状态）、NORM（正常状态）、ADD（增加指令）、REMOVE（删除指令）、EOS（结束状态）和 DNU（路径失效状态）。

从整体技术角度讲，虚级联技术和 LCAS 机制使得 SDH 高效承载 IP 业务成为了可能，也就形成了具有实际应用价值的第一代 MSTP，其功能结构如图 5.9 所示。

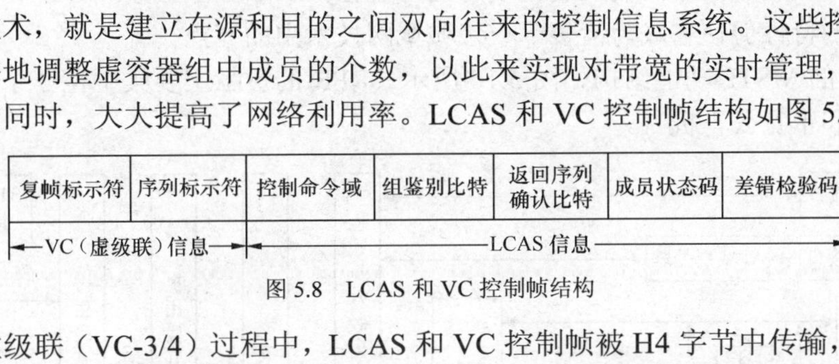

图 5.9　第一代 MSTP 基本功能结构模型

3. 数据的封装

为了使 IP 业务无缝地映射到 VC 容器中还存在一个不可或缺的过程——IP 包的封装。封装方式目前有以下 3 种：即 PPP（Point-to-Point Protocol，点到点协议）、LAPS（Link Access Procedure SDH）协议和 GFP（Generic Framing Procedure，通用成帧规程协议）。PPP 在前面的章节中已经介绍过。LAPS 是 HDLC 的一个子集，主要针对的是大颗粒业务的映射，用于提高封装效率，尤其适用于 GE over SDH 的封装，针对 IP over SDH、Ethernet over SDH 的特点对 PPP-HDLC 进行了简化，封装效率得到了很大提高。它只有映射技术，无多通道捆绑能力，可与级联/虚级联技术配合使用。GFP 是一种通用映射技术，它可将变长或定长的数据分组，进行统一的适配处理，实现数据业务在多种高速物理传输通道中的传输。作为封装方式，3 种协议都有各自的特点，但 GFP 的应用更为广泛，其成帧方式也更有效一些，因为其采用类似于 ATM 信元的帧定界封装方式，可以透明地封装各种数据信号，具有良好的扩展性。

5.3.3 内嵌弹性分组环（RPR）的 MSTP

尽管 RPR 是为了传输数据业务而提出的组网方案，但是它具有 50ms 电信级故障恢复能力以及带宽公平机制和拥塞控制机制，使它同样胜任 TDM 语音业务。RPR 传送能力强，能融合多种业务的特性促使它成为诸多下一代城域网技术中的亮点。

内嵌 RPR 的 MSTP 功能结构如图 5.10 所示。RPR 的贡献主要集中在 3 个方面：带宽效率、保护机制和带宽公平机制。

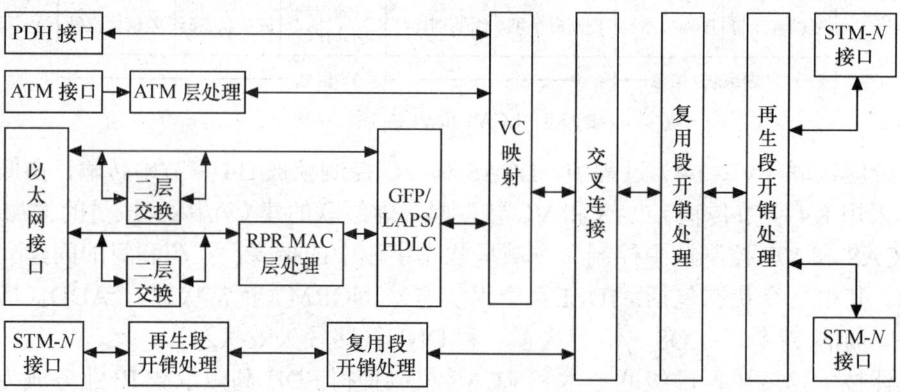

图 5.10 内嵌 RPR 的 MSTP 功能结构

1. 采用双环结构以及空间复用技术，提高带宽效率

传统的 SDH 网络中有 50%的环带宽是冗余的，RPR 采用双环结构传输控制信息和数据信息，同时仍然维持 SDH APS 类似的保护机制。RPR 的典型用法是由两根反向光纤组成环形拓扑结构（见图 5.11），其中一根光纤是顺时针，另一根光纤是逆时针。这样，节点在环上有两个方向会到达另一节点。RPR 环上的每一根光纤既发送数据，又传输同向控制信号，控制信号以最高优先分组的方式发送。RPT COS

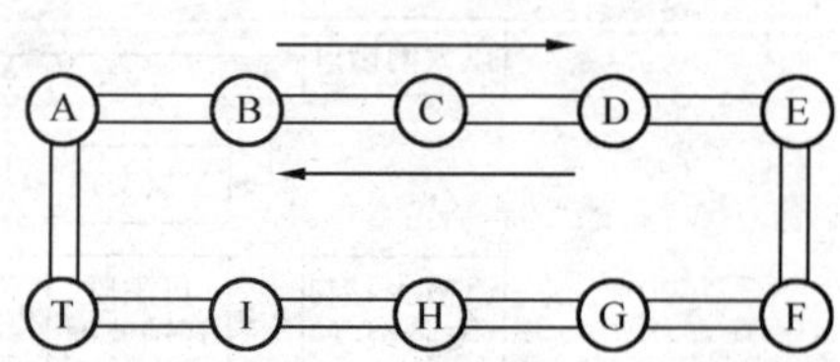

图 5.11 RPR 环

分类有严格的定义，最高优先级业务不受优先级业务影响，因此，控制信号不受数据业务影响。同时，控制信号也不依靠反向光纤，因此，RPR 支持单纤组环。RPR 环可支持双向 1Gbit/s、2.5Gbit/s 数据传送，并可支持 WDM 方式数据传送。

RPR 带宽利用率高的另外一个原因是采用了空间复用机制（Spatial Reuse Protocol）。RPR 上的业务到达目的节点后就被取出（多播或者广播业务仍然在源节点取出），而 FDDI 环路要求业务达到目的节点后还要继续传送，直到源节点才被剥离，因此，RPR 环上不被业务占用的一部分带宽就可以用于传送其他业务，使得光纤带宽的利用率进一步提高。例如，在图 5.11 中，节点 B 向 D 发送业务的同时，节点 E～A 没有被使用的带宽也可以用于传送业务，这样就实现了空间复用。

2. 保护和恢复机制

RPR 标准中规定了两种保护倒换方式：源节点导向方式（steering）和环回方式（wrap），这两种方式都可以保证环保护时间小于 50ms。其中，源节点导向方式由源节点执行环的倒换，这种方式是协议中规定的默认倒换机制。而环回方式由故障点的两侧节点执行环的倒换。RPR 的两种保护倒换机制如图 5.12 所示。

源节点导向方式是 RPR 标准中的默认保护倒换方式。采用这种倒换方式时，由于在故障发生后、新的拓扑发现之前，没有任何存储转发机制，所有从源节点发往故障区域的数据都只能被丢弃，因此，这种方式的丢包率比较大。而采用环回方式的时候，在故障发生到故障链路两侧节点实现保护倒换之间的这一段时间内，会丢失数据包，其他时间都有确定的数据存储转发机制，因此，它的丢包率相对较小。但是，环回方式在故障发生后、新的最优通路发现之前，倒换所采用的临时通路（非最优通路）占用了额外的链路带宽，同时还加大了时延（包括源节点发现故障的时间以及等待所有发向故障区域的数据包返回到源节点的时间）。

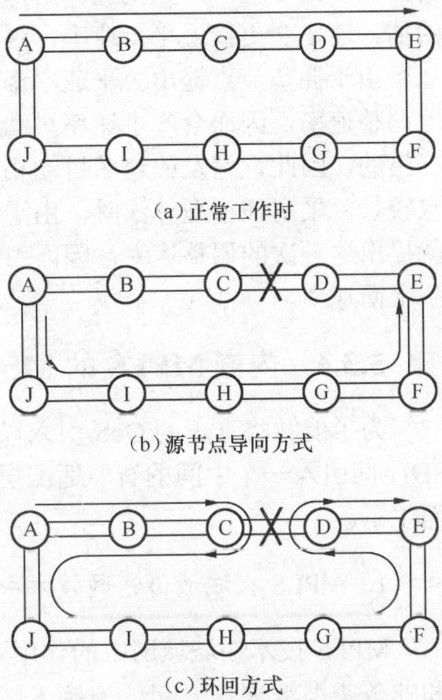

图 5.12 RPR 的两种保护倒换机制

3. 带宽公平算法

如果没有任何带宽公平机制，RPR 节点接入传输介质后，可能会长时间无限制地占用全部带宽，致使其下游带宽总也得不到相应的带宽而无法传送，这就是所谓的带宽“饥饿”问题。为了克服这一问题，RPR 采用了公平性算法，确保了环上的每一个节点都能公平地享用可申请带宽。如图 5.13 所示，假设总的带宽为 2Gbit/s，则当 A、B、C、D 都向 E 节点发送业务的时候，每条链路将占用 500Mbit/s 带宽。

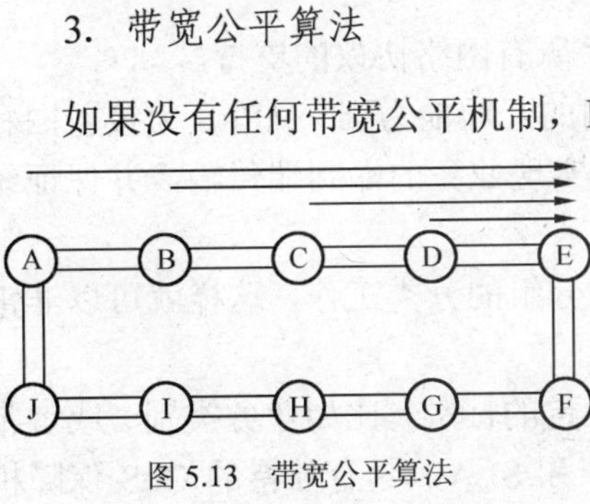

图 5.13 带宽公平算法

如果节点的转发业务量超过规定的门限，发送链路的带宽全部被占用，本站的业务不得不等待很长时间才能够发出，说明该节点及其发送链路发生了拥塞。此时，RPR 就会启用公平算法。发生拥塞的节点将从反向环给造成这次拥塞的所有上游节点发送公平消息，消息中包含对上游节点的期望速率。上游节点根据消息中所要求的公平速率，改变其发送速率。

协议提供两种可选公平性算法，一种是“保守型”（Conservative mode），另一种是“积极型”（Aggressive mode）。

启用保守型算法时，拥塞节点发出公平消息后，会等待上游节点调整到公平速率，然后对调整后的情况进行分析，如果拥塞没有解除，则再次向上游节点发送一次公平消息来调整上游节点的发送速率（根据当前拥塞情况，调整速率可大可小），如此持续，一直到拥塞解除。

启用积极型算法时，拥塞节点持续向上游节点发送最新的估计公平速率（每 100μs 发送一次），直到拥塞解除后，该节点向上游节点通知拥塞解除，则上游节点可以逐渐增大发送速率。如果增大后的发送速率又一次引起了该节点的拥塞，则它又会不断地向上游节点发送最新的估计公平速率，直到拥塞解除。由于有上次调整的经验，这次调整时公平消息中所提出的估计速率会更接近平衡速率，因此，各节点会比上次更快地进入平衡速率。

由于拥塞节点提出公平速率都是估计速率，因此，在进行公平算法时，上游节点会不断地调整速率，因而会产生速率抖动。保守型算法中，调整速率是在上一次调整速率的基础上提出的，因此，引发的速率抖动相对较小，但由于发送公平消息的间隔较长，抖动持续时间也较长。采用积极型算法时，由于拥塞节点持续发送公平消息，不用等待上次调整后的结果就提出这一次的调整速率，因而引发的抖动也较为剧烈，但这种情况下各节点能够较快地达到平衡速率。

5.3.4 内嵌 MPLS 的 MSTP

为了能够将真正的 QoS 引入以太网业务，从而支持新兴的以太网业务，需要在以太网和 SDH 间引入一个中间的智能适配层来处理以太网业务的 QoS 要求，于是 MPLS 技术便应运而生了。

1. MPLS 在城域传送网技术中的优势

MPLS 技术在城域网中的作用就像“胶水”，它把接入和城域网络中不同的下层网络技术和业务类型汇聚在一起，为接入网、城域网与分组核心网集成提供了一个公共的技术。这种具备 MPLS 智能适配层的 MSTP 设备较传统 MSTP 设备主要的技术优势体现在如下几个方面。

① MPLS 在接入网和城域网中通过封装可实现对几乎所有网络协议的支持。

② 各个网络层次、网络结构之间，不同厂家设备之间的互通能力强。MPLS 为接入网和城域网提供了一个通用协议，它可以穿越不同的网络结构实现业务的端到端传输，并保证统一的 QoS 和 OAM 能力。

③ 业务辨认能力强。MPLS 在网络边缘（入口）进行分组的分类工作，这样就可以非常方便灵活地辨认出特定用户的数据流或者业务。

④ 业务区分能力强。MPLS 的标签交换通道将根据预定的标准（比如业务类别）或者带宽要求、优先级等接受不同的服务，以保证端到端的 QoS 和 SLA，具有独特的 QoS 保障机

制。其具体实现方式是MPLS技术可以基于物理端口、VLANID和用户优先级PRI对业务进行COS分类。COS分类后的业务相当于赋予了不同的优先级标识，MPLS能够针对不同的优先级标识提供不同的QoS保障。在MPLS技术中定义了3种QoS保障级别：快速转发（EF）、保障转发（AF）和尽力传送（BE）。MPLS QoS信息由MPLS标签中的标签字段和EXP字段进行定义。

⑤ 提供端到端信令。MPLS控制平面通过标准的信令协议（如LDP和RSVP-TE）提供端到端的信令。

⑥ 对流量工程的支持。MPLS不仅可以作为以太网的业务适配层，还可作为以太网业务的控制层，其面向连接的接入控制特征能够提供基于全网的流量工程，从整体上提高了MSTP系统的流量均衡能力。

⑦ 业务调度更加灵活。通过在MSTP中内嵌MPLS功能，使得MSTP网络的以太网处理层从L2交换向标签交换改变。MPLS通过多标签方式，在整个MSTP的以太网处理层能够建立大量透明的LSP通道，使业务通过打标签的方式在MSTP网络中隔离传送和交换，在网络的汇聚节点和枢纽节点实现多方向LSP的业务调度。同时，随着MPLS标准化进程的完成，在接入层和核心网IP数据设备之间，可以使MSTP和IP数据设备标签共享。如果数据网承载层采用了基于MPLS的MSTP技术，那么二层VPN的建立将直接基于传送网层面实现，标签穿透整个MSTP网络，VPN业务能够真正实现端到端。

⑧ 业务颗粒区分更加细致。基于MPLS的MSTP技术的融入，改变了以往传输网络采用VC-12/VC-3/VC-4颗粒等固定带宽调度的习惯，使得MSTP网络的业务调度带宽动态分配，而且业务颗粒区分更加细致，节省了大量的线路和调度管理资源。

⑨ MPLS标准成熟，几乎所有的设备供应商都支持MPLS。

2. MPLS在MSTP设备中的功能要求

目前，大部分厂家在新一代的MSTP设备上已支持内嵌MPLS功能，其中部分设备的MPLS技术是与RPR（弹性分组环）技术结合出现的，同时也可以在无RPR功能的以太网卡上支持MPLS功能。MPLS承载以太网业务在MSTP中传送的模型如图5.14所示。

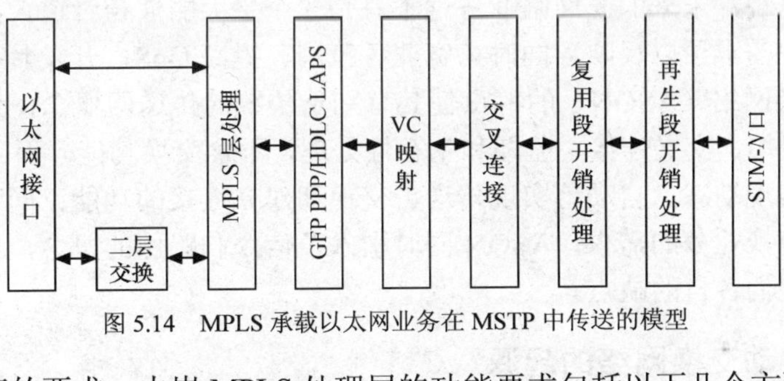

图5.14 MPLS承载以太网业务在MSTP中传送的模型

根据相关规范的要求，内嵌MPLS处理层的功能要求包括以下几个方面。

① 具备将以太网业务适配到MPLS层的功能。

② 具备MPLS操作管理维护功能。

③ 具备MPLSLSP保护功能。

④ 具备在MPLS层按服务等级调度业务的能力。

⑤ 具备将MPLS帧映射到SDH层传送并指配SDH虚容器作为传送通道的功能。

具体设备功能主要体现在业务流分类、以太网业务适配处理、MPLS帧适配到SDHVC、路由器设置、流量工程、L2VPN、VPN通道等功能上。从目前设备情况看，各个厂家的MSTP设备基本上能够支持MPLS的业务数据流分类、以太网业务到MPLS的适配处理、MPLS标签交换以及MPLS到SDHVC的映射等功能要求，但在信令、业务质量、操作管理维护、保护以及流量工程等功能支持方面比较欠缺。在信令方面，厂家一般只支持隧道LSP的静态指配，不支持利用信令动态建立隧道LSP；对于业务质量，虽然很多厂家支持基于物理端口、VLANID和用户优先级PRI对业务进行COS分类，但大多数厂家不具备在MPLS层按服务等级调度业务（QoS）的能力；操作管理维护、保护和流量工程方面，只是个别厂家支持；相对而言，各个厂家对L2VPN的支持程度最高，大部分内嵌MPLS的MSTP设备均支持L2VPN功能。

另一方面内嵌MPLS功能的MSTP设备在传送平面的互通主要是在SDH VC互通、MPLS封装到SDH VC互通（GFP互连互通）、以太网封装到MPLS互通和映射协议的互通。控制平面的互通主要是通过网络管理接口集中建立LSP以及支持利用RSVP-TE或LDP信令或其他相同的IP信令建立LSP，最终实现在业务上的互连互通。可以预期在将来研发具有动态信令建立连接的设备，可能要涉及路由功能。通过定义简单的、可操作性强的3层功能来完成动态信令业务连接建立，同时实现不同厂商MSTP设备间的VPN互通，最终实现MSTP设备和MPLS路由器的MPLS互通与互操作，实现多种业务跨厂家的互连互通。

5.4 光自动交换网络

随着Internet快速发展带来的巨大冲击，移动语音和数据业务、互联网业务和各种新业务的迅速普及和应用，各种业务呈现爆炸式的增长态势，这给服务提供商带来了广阔的市场前景和新的利润增长点。如何充分利用已有的网络基础设施，通过有效的带宽管理，快速、低成本地提高业务提供能力，创造能满足其客户需求并能增加收入的新业务，是运营商首要解决的问题。

对于传送网来说，未来的光网络业务远不只是一个更大的波长管道，必须加快业务部署速度，及时对用户需求予以反映，同时拓宽业务范围、提高QoS，开发具有利润增长点的新应用。光自动交换网络（ASON）的特点使其有别于传统的传送网概念，传统的传送网只涉及信号的传送、复用、交叉连接、监控和生存性处理，不含交换功能，而ASON除了具备以上功能外，还能实现动态、自动地实现传送、交换和建立连接的功能；同时，为了满足目前电路交换和分组交换业务的需求，ASON同时引入了信令和路由的概念，以吸取两类网络的优点同时又避免它们各自的缺点。

5.4.1 光自动交换网络的起源

传统SDH光网络主要为语音业务而设计，其拓扑结构以线形和环形为主，业务配置时，需要逐环、逐点配置业务路径及时隙，难以实时管理，网络拓扑的变化不能实时反映到网管。虽然在这些拓扑结构下实现的保护方式有着快速倒换的优点，但其网络扩展性差，并且带宽利用率较低（由于环网保护需要预留一半带宽）。随着网络规模越来越大，网络结构的日渐复杂，管理、维护的压力也越来越大，这种配置业务的方式风险较高；同时，由于业务从申请到真正开通，都是人工进行，尤其当牵涉到多厂家的设备互连时，需要人工协调，效率很低，通常需要花费几周甚至几个月的时间。人们希望借助新技术，实现业务的动态申请、选路、业务自动建立，从而简化网络的业务管理，降低运营成本。这样光自动交换网络就应运而生。

2000 年前后，国际标准化组织和论坛（如 ITU-T、IETF、OIF、TMF 等）纷纷着手 ASON 标准化的研究。截至目前，已有大量的有关 ASON 的标准草案面世，如 ITU-T 的 G.8080、G.8081 和 G.771x 系列；IETF 的 GMPLS 协议族；OIF（光互联网论坛）的 UNI1.0、UNI2.0 和 ENNI 信令、路由等。这些标准化组织的目标是制定一个开放式的通用智能化光网络模型以及相关的标准接口、自动交换和动态配置控制协议，便于不同厂商的设备在光网络中互连互通。ITU-T、IETF 和 OIF 之间工作具有很强的互补性。图 5.15 所示为 ASON 标准化组织的不同侧重点和相互的关系。

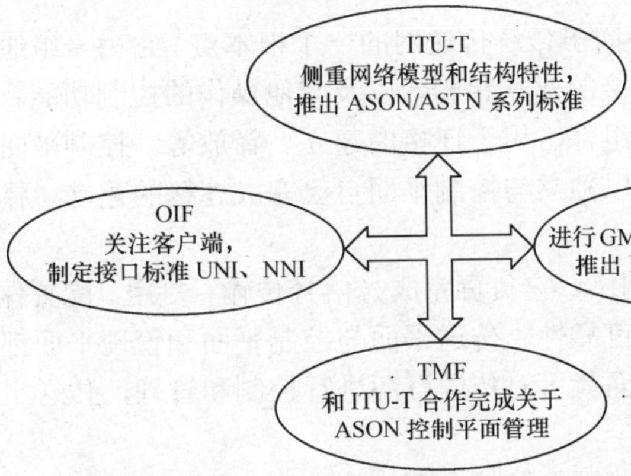

图 5.15　ASON 标准化组织的不同侧重点和相互关系

5.4.2　ASON 的概念

1. 定义

ASON（Automatically Switched Optical Network）即自动交换光网络，也称为智能光网络，它是在选路和信令控制下，完成自动交换功能的新一代光网络，是一种标准化了的智能光传送网。ASON 首次将信令和选路引入传送网，通过智能的控制层面来建立呼叫和连接，使交换、传送、数据 3 个领域又增加了一个新的交集，实现了真正意义上的路由设置、端到端业务调度和网络自动恢复，是光传送网的一次具有里程碑意义的重大突破，被广泛认为是下一代光网络的主流技术。

2. ASON 的体系结构

ASON 中第一次引入了单独的控制面从而使光网络具备了智能。其体系结构主要表现在 ASON 的 3 种平面和 3 种连接类型上。

（1）ASON 的 3 种平面。从功能平面讲，ASON 由控制平面、传送平面和管理平面组成。ASON 引入了控制平面，使整个光网络发生了根本性的变化。图 5.16 所示为 ASON 的体系结构。

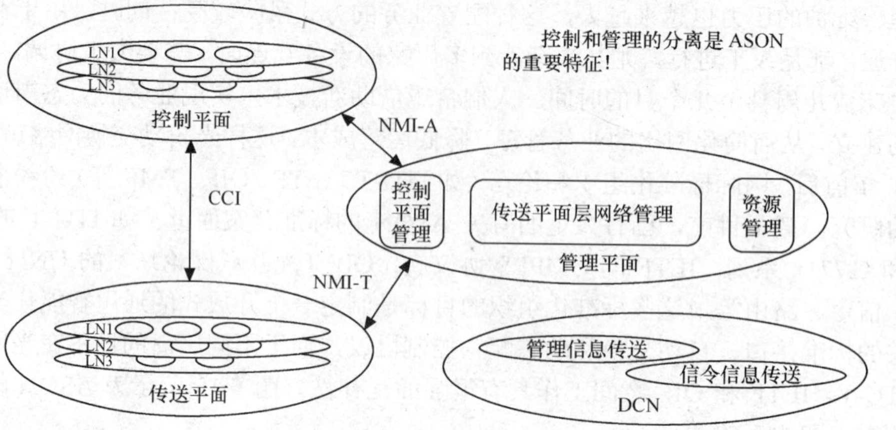

图 5.16　ASON 的体系结构

控制平面的引入是 ASON 不同于传统传送网的一个根本点，它由一组通信实体和控制单元（OCC）组成，负责完成对连接的建立和删除以及其他操作的控制功能。控制平面包括一系列实现路由和信令等特定功能组件，用于连接的建立、释放等。控制平面可以在管理平面的控制下实现连接的建立，也可以独立与控制平面自己完成连接的建立、释放等功能。控制平面由信令网络支持。

传送平面就是传统的 SDH 网络，它负责完成光信号传输、复用、配置保护倒换、交叉连接等功能，并确保所传光信号的可靠性。传送平面与控制平面和管理平面都有通信接口，通过这些接口，管理平面和控制平面就可对传送资源进行控制和管理，传送平面还可以提供控制平面和管理平面的通信信道。

管理平面完成传送平台、控制平面和整个系统的维护功能，主要面向网络管理者，着重对网络运行情况的掌握和网络资源的优化配置，负责所有平面间的协调和配合。管理平面对于整个网络拥有比控制平面更高的权限，管理平面可以划分管理平面和控制平面各自使用的网络资源。在某些情况下，管理平面可以强制拆除控制平面的连接。

在 ASON 体系结构中，控制平面和传送平面之间通过连接控制接口（CCI）相连，管理平面则通过网络管理接口 NMI-A 和 NMI-T 分别与控制平面及传送平面相连。3 个平面通过 3 个接口实现信息的交互。其中 CCI 传送连接控制信息，建立光交换机端口之间的连接。NMI-A 完成网管系统对控制平面的管理，接口信息主要是相应的网络管理信息，主要是对路由、信令和链路管理功能模块进行监视。NMI-T 完成网管系统对传送平面的管理，接口信息同样主要是网络管理信息，这些管理信息包括网络资源基本的配置管理、性能管理、故障管理等。

（2）ASON 的 3 种连接。在 ASON 中存在着 3 种不同类型的连接：永久连接（provisioned connection）、软永久连接（soft-permanent connection）和交换连接（switched connection）。不同类型的连接是为了在不同的应用条件下提供不同类型的连接。图 5.17 所示为 3 种连接的示意图。

永久连接是从管理平面直接配置传送面资源来建立连接，这种连接的发起者和配置者都是管理平面，一旦建立连接，在没有管理平面的相应拆除命令情况下连接就一直存在。

和永久连接相反，交换连接的建立是由控制平面的请求来产生的，对传送平面资源的配置也是由控制平面来完成的。这种连接是应用户的请求而建立的，一旦用户拆除请求，那么这条连接就在控制平面的控制下被自动拆除了。

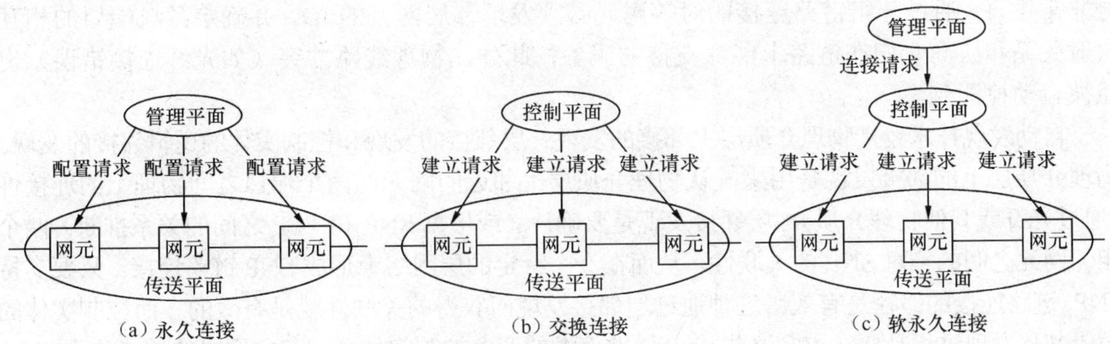

图 5.17 3 种连接的示意图

软永久连接是介于以上两种连接之间，这种连接建立的请求也是从管理平面发出的，但对传送网资源的配置却是由控制平面完成的。这种连接的拆除也是在管理平面的命令下完成的。

交换式连接的引入是整个 ASON 的核心所在。正是由于有了交换式连接的引入，光网络才有了智能，从而可以根据用户的要求自动提供所需的光通道。而交换式连接是在控制平面的控制之下实现的。

3. ASON 和传统光传送网络之间的关系

ASON 同传统光网络的区别在于它增加了一个控制平面，通过控制平面中各个模块的相互作用，能够实现智能控制，从而快速地为业务建立连接，同时还能实现自动拓扑发现等功能。ASON 控制平面既适用于光传送网（OTN），也适用于 SDH，即作为传送网统一的控制平面。SDH、OTN 和 ASON 的关系如图 5.18 所示。

从图中可以看出，单独的 SDH/OTN 并不能构成 ASON，要构成 ASON 必须是 SDH/OTN+控制平面+新一代网管平面（可以同时管理控制平面和传送平面），三者缺一不可。SDH、OTN 仅仅是 ASON 的传送平面技术，ASON 与 SDH、OTN 并没有包含关系。

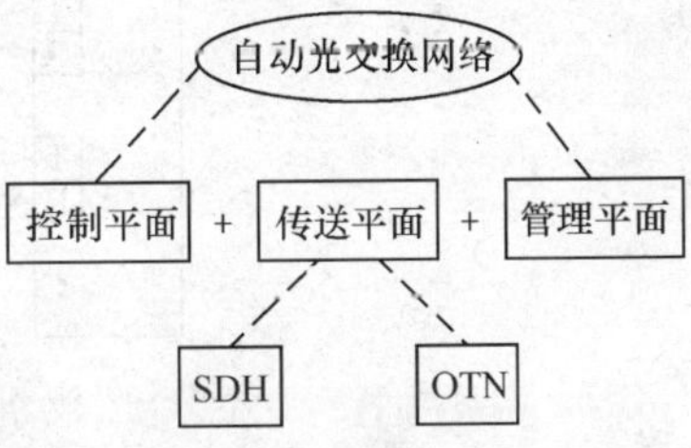

图 5.18 SDH、OTN 和 ASON 的关系

5.4.3 ASON 的关键性技术

分布式的控制平面是自动光交换网络的最大特色，ASON 控制平面体系结构的核心技术包括自动发现机制、信令技术和路由技术。其中发现机制主要涉及邻居之间节点和链路的相互检测，并且节点和链路的属性应该被共享和协商，从而要求对网络资源进行管理和配置（自动和手工）；信令技术用于完成自动连接功能，实现快速的端到端光通路保护监控和恢复，快速地建立、拆除和维护一条跨跃全光网络的光路径；由于 ASON 将网络划分为多个控制域，传统的基于流量工程的域内路由协议（OSPF-TE/IS-IS-TE）和域间路由（BGP）协议加以扩展得以应用，但是也出现了富有特色的 ASON 分级路由机制。

1. 自动发现机制

为了满足用户对设备“即插即用”功能的需求，相邻对等网元设备之间自动发现机制显得非常重要。通过一组链路连接的对等网元必须发现邻居网元的 ID，并确定各自端口的相互映射关系和协商它们在链路上能够支持的服务，此外，物理线路冲突（如光纤连接错误）也能被自动检测到。

自动发现技术包括物理介质层上邻接的发现、层邻接的发现和控制实体的逻辑邻接的发现。物理介质层上的邻接发现是用来确认物理介质层上邻近的网元的两个端口之间物理上的连接性（通过光纤或其他物理介质）。层邻接发现是要确认（或根据 SNP 和 TCP 之间的关系推断）两个相邻网元之间的一对 SNP 的关联性，从而在一个特定的层网络上形成 SNP 链路连接。只要支持 SNP 链路连接的路径是有效，这种通过层邻接发现而获得的关联性就是有效的。而控制实体的逻辑邻接发现过程是要在控制这些 SNP 链路资源的两个控制实体之间建立逻辑的邻接关系。

（1）邻居发现。自动邻居发现过程允许直连的相邻网元设备确认彼此的身份端口 ID 和对所连接的远端接口进行认证。如果邻居发现过程在网元设备中没有被实现，那么邻居和远程端口 ID 必须被手工配置到相应的设备信令实体中。用于自动邻居发现过程的消息交换在 IP 控制信道（IPCC）中进行，而 IPCC 的实现方式有“带内或光纤内”（承载信令的通道被嵌在挟带数据的光链路中，一般在 SONET/SDH 的线路或段数据通信通道 DCC 中传送）和“带外或光纤外”（专用信令链路与承载数据的光链路分离，如外部 IP 传送网和专用双向 SONET/SDH 连接净荷中传送，其组帧方式为 IP over PPP over SONET/SDH）两种。如图 5.19 所示，N_1 和 N_2 网元设备通过 3 对双向光纤相连，图中 T 表示激光发送器，R 表示光检测接收器。N_1 端口 2 发送包含自己 IP 地址标志和端口 ID（被称为控制通道 ID：CCID）的配置消息给 N_2 的端口 11，N_2 接收到后保存起来并复制，发送确认消息（含有自身以及刚刚从邻居那里获得的 IP 地址标志和端口 ID）给 N_1，从而完成邻居之间的端口映射关系。

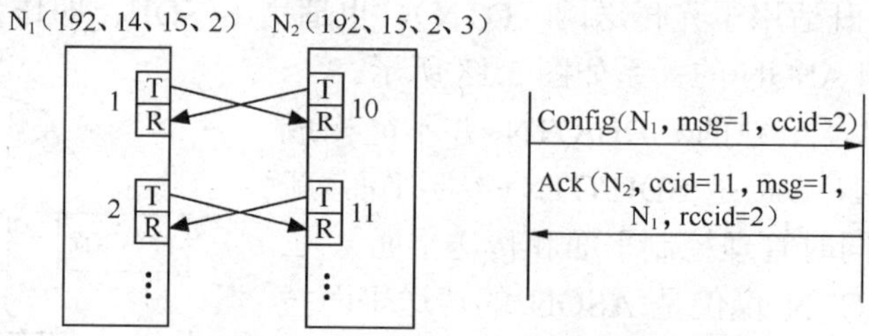

（a）N_1 和 N_2 物理端口连接　（b）N_1 端口2和 N_2 端口 11 削息交互过程

图 5.19　基于带内 IPCC 实现方式的自动邻居发现过程

（2）服务发现。服务自发现过程是与邻居发现过程相关联的（在其完成之后被激活），消息交换也是基于 IPCC 的。此过程主要存在于相邻网元对等实体之间，用于描绘设备的能力以及从邻居获得相关的传送网服务信息。其另一个重要功能就是得到相邻网元接口的限制信息，并且此过程也是可选的（否则此过程提供的信息必须手工配置在相应网元设备对等实体中）。

（3）层邻居发现。在获得了物理介质层（如光纤层）上的邻接关系和两端节点的 IP 地址之后，就可以发现不同层上的链路连接关系，如在 ITU-T G.7714.1 中规定的 SDH 和 OTN 中基于路径踪迹字节和嵌入式通信通道的各种不同层邻接的发现机制，是把发现消息加载在这些路径踪迹字节中传送到邻近节点。

此过程属于邻居发现过程的扩充部分，由于 ASON 是在 ASTN 和 OTN 的基础上发展的，因此，ASON 的传送平面趋向于一种分层结构，在不同传输技术（密集波分复用 DWDM/时分复用 TDM/SDH/SONET）共存的情况下，以 SDH/SONET 网络的分层结构为例，目的在于清楚地描绘复用结构和提供高性能的监控/故障管理功能（如警告指示信令和远程检测指示信令被插入到每一层中，用于每层明确定位网络传送信令的中断位置）。正因为传送网分层结构导致了光网络自动邻居检测的复杂性。

ASON 控制平面的发现功能主要由 ITU-T 的 G.7714（通用的自动发现机制）建议来制定，目前在 G.7714.1 中描述了 SDH/OTN 中的发现技术。

2. 基于分布式呼叫连接管理（DCM）的信令技术

ASON 控制平面提出的 DCM 基本信令功能就是快速实施呼叫连接的建立和拆除。为了完成信令的操作过程，即交换连接（SC）和软永久连接（SPC）的建立，需要 ASON 控制平面相应的功能组件来支持，它们包括呼叫接纳控制器（CAC）、呼叫控制器（CallC）、连接控制器（CC）和链路资源治理器（LRM）。其中 CAC 负责基于呼叫参数确认、用户权力和网络资源接入策略的呼叫接纳控制；CallC 负责管理呼叫连接，产生、接受或拒绝的呼叫请求，产生和处理呼叫终止请求以及呼叫状态的管理治理；CC 负责协调链路资源治理器、路由控制器以及对等或者下层连接控制器以便达到管理和监测连接的建立、释放和修改已建立连接参数的目的；LRM 负责对子网节点（SNP）链路连接进行分配和撤销分配，提供拓扑和状态信息。

图 5.20 所示为基于 DCM 跨全光网络的呼叫建立过程，为了支持交换连接服务，呼叫请求通过 A 端用户请求代理（ARA）发送“呼叫建立请求”消息给主叫方呼叫控制器而被初始化，呼叫请求指定了与用户请求呼叫关联的信息（包括与服务相关的服务水平协议 SLA，安全性方面和策略相关的信息等）。而对于软永久连接服务的支持是通过管理平面来处理的，运营商在网元设备系统和网络治理系统中预先设置治理参数来要求连接控制器建立连接来支持呼叫请求，这和 ATM 中的 PVC 以及电话网中的电路出租管理类似。用于呼叫建立的资源主要有子网节点（SNP）、子网节点池（SNPP）、链路连接（LC）等。为了建立端到端的跨全光网的呼叫连接，必须涉及呼叫请求过程、连接请求过程以及不同类型资源连接的创建过程。由于 ASON 重叠网络模型的多域结构导致了整个连接通路的建立由链路连接（LC）和子网连接（SNC）分别创建和相互串联构成。

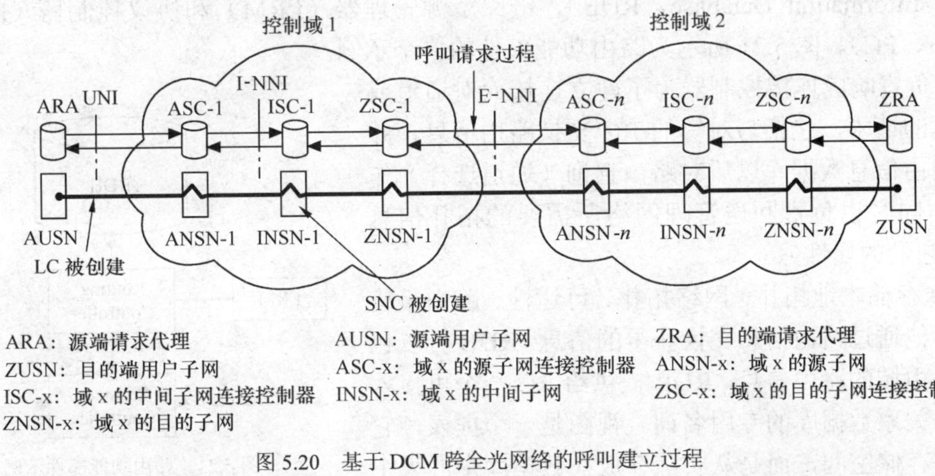

ARA：源端请求代理　　AUSN：源端用户子网　　ZRA：目的端请求代理
ZUSN：目的端用户子网　　ASC-x：域 x 的源子网连接控制器　　ANSN-x：域 x 的源子网
ISC-x：域 x 的中间子网连接控制器　　INSN-x：域 x 的中间子网　　ZSC-x：域 x 的目的子网连接控制器
ZNSN-x：域 x 的目的子网

图 5.20　基于 DCM 跨全光网络的呼叫建立过程

控制平面的故障主要有信令通道失效和控制平面节点故障。ASON 的控制平面需要信令协议支持适当的措施从故障中恢复过来，最初尝试是基于本地控制平面机制及其与传输平面的相互作用，随后是基于控制平面与外部构件的相互作用。故障处理的基本方法是：控制平面的失效将通知治理平面，治理平面将根据故障指导控制平面采取相应的措施。这些措施包括进入自我刷新状态，清除和释放部分连接或者状态维持信息；控制平面节点可以持久的储存呼叫和连接状态信息，配置信息和控制平面邻居信息等；经恢复本地连接/呼叫状态信息仍然丢失，控制平面节点将与外部构件（邻居节点或者集中提供持久存储信息的节点）通信尝试恢复状态信息；控制平面节点在不能恢复某些信息（如不能同步连接状态）时，需要治理平面的干预（释放连接）。注意：控制平面的故障不一定导致连接释放，从控制平面看，连接已经不同步，而连接仍是有效的，此时 TE 链路就会处于退化状态。

目前 ITU-T 规范了 3 种信令协议，分别是 G.7713.1-专用网络-网络接口协议（PNNI）、G.7713.2-资源预留协议流量工程扩展协议（RSVP-TE）和 G.7713.3-路由受限-标记分配协议（CR-LDP）。根据 IETF 所做的调查，支持 RSVP-TE、CRLDP 和 PNNI 3 种信令协议的厂商比例为 21∶2∶1。对于 3 种信令协议，业界认为 RSVP-TE 是最有发展的信令协议。

3. ASON 的路由技术

ASON 路由技术是整个自动交换光网络的核心技术之一，在实现连接的动态选路方面发挥了重要作用。传统的 IP 网络采用的路由协议是开放最短路径优先（OSPF）协议，能够实现路由的动态选路。ASON 的路由需要更多的特性和更高的灵活性，一般采用基于 GMPLS 扩展的 OSPF-TE 路由协议。下面首先介绍 ASON 路由技术体系结构，包括 ASON 路由的技术要求和路由信息分发拓扑。然后介绍 ASON 路由技术与 IP 网络路由的不同之处。最后介绍 IETF GMPLS 对 IP 路由协议的扩展。

（1）ASON 路由体系结构。为了适应 ASON 路由体系的发展，ITU-T 建议 G.8080/Y.1304 给出了 ASON 路由域层次与子网点组（SNPP）的关系；G.7715/Y.1706 定义了一种与协议无关的描述 ASON 路由技术的方法，包括 ASON 的选路结构、路径选择、路由属性、抽象信息和状态图转移的功能组成单元。

ASON 的路由结构组件包括路由控制器（Routing Controller，RC）、路由信息数据库（Routing Information Database，RDB）、链路资源管理器（LRM）和协议控制器（Protocol Controller，PC）。图 5.21 所示为路由功能部件的一个示例。

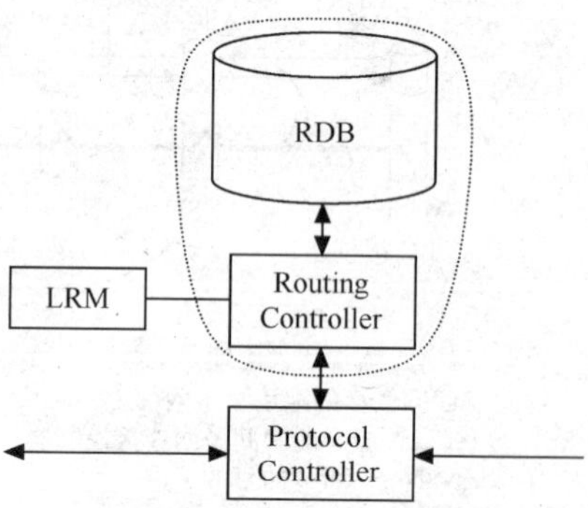

图 5.21　路由功能部件示例

RC 负责响应连接控制器为了建立连接而对通道或路由信息的请求，包括与对等的 RC 交换路由信息，并在查询路由信息数据库以后对路由查询（通道选择）作出回答，同时也负责回送管理网络所需要的拓扑信息（SNP 和它们的属性）。

RDB 存储本地拓扑、网络拓扑、可达性、路由策略配置和其他通过路由信息交换获得的信息。RDB 可以包含多个路由域的路由信息。RDB 提供给 RC 一个可接入的视图（关系数据库的专用名词。视图是一个虚表，它自己没有存储空间，而是从实际存放在数据库中的表中导出的。视图用法与物理表相同，并可使不同用户看到同样数据的不同格式，以及利用授权模式控制用户对敏感数据的存取）。

LRM 向 RC 提供所有 SNPP 链路信息，并将其控制的链路资源的任何状态改变告知 RC。

PC 将路由原语转换成特定路由协议的消息，因此，是与协议相关的。PC 还处理和路由协议相关的控制信息，这些控制信息用于路由信息交换的管理和维护。原始信令在连接控制器和 PC 之间传送，这对原始信息是语义透明的，被当作外部协议信息等。信令信息能在两个 PC 之间传送。

LRM、RDB 和 RC 是与协议无关的，PC 是与协议相关的。RC 处理用于路由的抽象信息。PC 依据信息经过的参考点（如 E-NNI，I-NNI）处理与协议相关的消息，并将路由原语传递给 RC。

（2）ASON 路由方式及接口。ASON 中有 3 种路由方式：分层路由、源端路由和逐跳路由。

路由部分的主要功能是要为连接控制器提供路由信息以及路由信息的分发，主要由路由控制器完成。路由控制器的作用是负责该路由域内的路由，对从连接控制器发出的建立连接所需的路由信息作出响应，这种信息可以是端到端的（如源路由），也可以是下一跳的；为达到网络管理的目的，对拓扑信息（子网节点 SNP 和它们的抽象）请求作出响应。

在 ASON 中，路由控制器的输入、输出接口包括路由表请求接口、本地拓扑接口和网络拓扑接口。其中，路由表请求接口接收一个未解析的路由元素并且路由控制器所负责的域内返回一组链路，回答的格式包含（但不限于）逐跳转发（下一个链路）和源路由（全路由）。本地拓扑接口常用本地拓扑信息和本地拓扑更新信息来配置路由表，这是路由控制器负责的域内的拓扑信息。网络拓扑接口常用网络拓扑信息和网络拓扑更新信息来配置路由表，这是路由控制器所负责域的外部简化的拓扑信息（例如总体拓扑）。

（3）ASON 路由与 IP 网络路由的不同。在 IP 网络中，数据转发是逐跳进行的，不需要事先建立连接。而在基于电路交换的光网络中，数据的交换是基于端到端的，需要事先建立连接。另外，在 IP 网络中，每个路由器根据 IP 数据包中的目的地址进行独立的路由选择。因此，为了防止错误路由或路由循环，每个节点必须使用相同的网络拓扑数据库和路由算法。与之相反，在光网络中，请求建立连接时就给出路由选择，并且在传送连接建立请求时不会影响已有的业务。

由于光网络中的路由协议并不直接参与数据平面的交换，因此可以认为其是不影响业务的。例如，拓扑和资源状态的不准确可能影响新的连接（或恢复连接）的建立，但是不会拆除已有的连接，这就使得光网络的路由协议可以非常灵活地包含各种新的信息。事实上任何有助于路由计算或业务区分的信息都可以包含在路由协议中，这些信息可以是标准的，也可以是厂家专用的。由于光网络中的连接是显示路由的，并且对于某一特定的连接，路由计算是由单一网元完成的，因此，不同的网元不需要使用相同的路由算法。事实上，对于相同的信息，不同的路由算法可以采用不同的处理方式。

光网络中的带宽统计也要比 IP 网络简单，从而使得带宽资源的管理更加容易，这将影响保护和恢复带宽如何分配。在 IP 网络中，可以事先配置好保护通道，而在失效发生以前并不占用网络资源；在电路交换网络中，建立保护通道通常需要占用相应的资源。这一基本的不同限制了直接将 IP 网络中的一些流量工程机制应用于光网络之中。

邻居发现过程是许多域内 IP 路由协议的基本功能，光网络中的邻居发现则是由其他的自动发现机制来实现的。在光网络中，这一过程除了基本的邻居发现，还包括链路相关属性的发现。尽管大部分控制平面信息的传送可以是带内或带外方式，部分自动发现的信息必须在带内传送。ITU-T G.7714 定义了自动发现过程的基本模型，IETF 的 LMP 定义了一种通用的实现方式。

（4）ASON 路由协议——基于 GMPLS 的 OSPF-TE。ASON 中的路由信息分发协议采用基于 GMPLS 的开放式最短路径优先——流量工程（OSPF-TE）的扩展。流量工程通过对资源的合理配置，对路由过程的有效控制，使得网络资源得到最优的利用，在网络的运行中，能够自动地避开网络故障、网络拥塞和网络瓶颈，从而提供可靠的、不同的 QoS 的区分业务。

OSPF-TE 对 OSPF 的流量工程的扩展实质是扩展链路属性，即在 OSPF 通告中增加链路参数。这种扩展提供一种描述流量工程拓扑（包括带宽和管理限制）和在一个给定 OSPF 域内分发信息的方法，这个拓扑不需与常规选路的拓扑匹配，但是在描述多接入链路时需依靠网络 LSA。OSPF-TE 中的泛洪与 OSPF 中的一样。OSPF-TE 定义了一种新的 LSA——流量工程 LSA，这个 LSA 可以描述路由器、点到点链路，并且可以连接多接入链路（与一个路由器 LSA 类似）。为了能实现流量工程的目的，存在足够的网络 LSA 来描述多接入链路。

基于 GMPLS 的 OPPF-TE 协议中 OSPF 不再作为一个独立的路由协议出现，而是和 GMPLS 协议体系下的其他协议（如链路管理协议、标记分发协议等）协调工作，其承担的主要任务是链路状态信息的分发和链路状态数据库的构造，而不是传统路由器强调的路由计算。GMPLS 控制平面的路由模块包括路由表管理、路径计算、OSPF-TE 协议分发路由信息以及 LSA 数据库等。整个路由模块是在 IP 网络层上作用的，而与上层的联系是通过路由表管理来和 GUI/CLI（图形用户界面/命令行接口）代理或者 GMPLS 适配器作用的。

5.4.4 ASON 组网及应用

ASON 网络结构的选择主要需要考虑以下因素：光传送网的现网结构和规模；光传送网的规划建设、运行维护体制；业务网的结构和业务需求；网络安全性和多厂商竞争性；ASON 多域技术的成熟性。根据以上各种因素的不同，ASON 网络结构可以采用不同的分层结构和组网方案，主要考虑网络分层、网络分域以及单平面、双平面等几个方面的因素。

1. ASON 网络分层

网络分层结构主要涉及省际、省内、本地光传送网的组织结构和网络扁平化。针对运营商现有的三层网络结构和未来网络扁平化的发展趋势，目前 ASON 网络可采用三层组网的模式，即和现有运营商的网络分层保持一致，如图 5.22 所示。

ASON 网络分为 3 个层面，即 ASON 省际干线传输网、ASON 省内干线传输网和 ASON 本地传输网络。

省际 ASON 网除了包括现有的省会节点外，还可以将国际出口节点、省内网的第 2 出口点、业务需求较大的部分沿海发达城市纳入，进行统一的调度管理。各层 ASON 网络独立组织控制域，各层网络之间通过 E-NNI 进行互连，以实现跨层的端到端调度。

省内 ASON 传送网覆盖各省内的二级干线节点，为省内主要城市间提供传输电路，连接各本地 ASON 网络。省内 ASON 传送网采用网状网、单控制域结构。

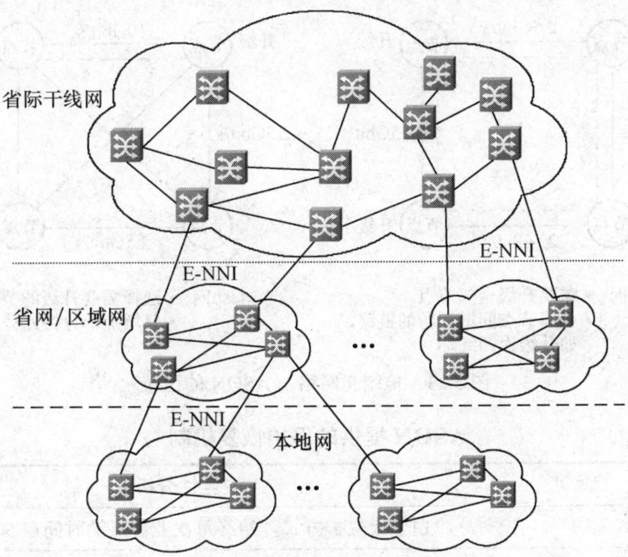

图 5.22　ASON 网络分层结构

本地/城域光传送网建设 ASON 网络，应根据城市或地区的规模及业务发展的情况。国内运营商把城市类型大体分为 4 种：特大型城市、大型城市、中型城市和小型城市。现阶段，ASON 网络主要应用在特大型或者大型城市的城域核心层网络。未来随着业务的开展和技术的成熟，再逐步延伸到汇聚层和接入层。本地/城域 ASON 传送网以网状网结构为主，初期也可采用环网结构。

在业务调度颗粒方面，对于省际和省内层面，ASON 网络的调度颗粒为 VC4 或 VC4-nc/v，提供 STM-1/4/16/64、GE/10GE 业务的调度和传送。少量 STM-64、10GE 业务可以通过 ASON 传送，10G 业务量较大时，应通过 WDM 系统承载。2M/34M 业务应在业务落地点进行汇聚后，在 ASON 网络内进行传送。对于本地/城域 ASON 网络的调度颗粒为 VC4、VC4-nc/v、VC12、VC12-nv，提供 E1、E3、STM-1/4/16/64、GE/10GE 业务的调度和传送。

初期 ASON 采用单厂家单平面结构。考虑到网络安全性和厂家竞争性因素，在网络容量需求较大时，可以引入不同厂家建设第 2 平面。

2. 单平面内的 ASON 组网结构

SDH 环型组网技术在以语音业务为主的早期网络中是适合的，随着数据和专线业务的开展以及网络容量的不断增长，SDH 环越来越暴露出组网上的局限性：预留 50%的带宽资源作为备份，网络资源利用率低；对所有业务不加区分地保证小于 50ms 的保护时间，业务类型比较单一；扩展性差，以叠加环的方式增加节点之间的传输带宽；存在跨环瓶颈。SDH 环型组网已难以适应业务发展的需求。

ASON 主要采用 Mesh 组网，它可以彻底解决上述 SDH 环型组网的问题。Mesh 网络节点之间的连接度可以根据具体需求来确定，网络的扩展性非常好，当网络需要升级时，两者的比较如图 5.23 所示。

ASON 采用 Mesh 组网，可以提供多种保护恢复机制，通过将不同的业务等级映射到不同的保护恢复机制中去，网络的生存性得到大大的提高。ASON 提供的保护恢复机制如表 5.2 所示。

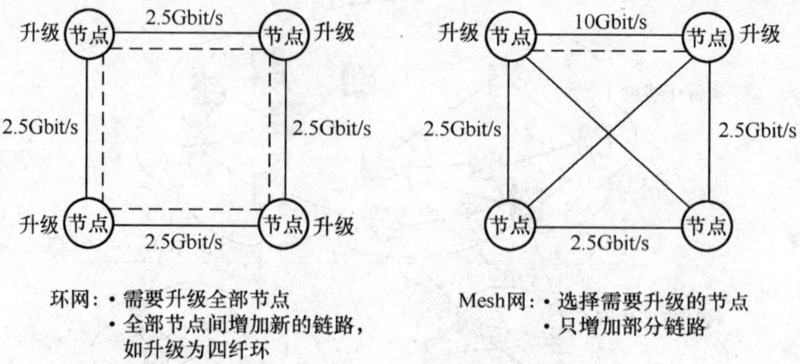

图 5.23　传统光网络与 ASON 的比较

表 5.2　　ASON 提供的保护恢复机制

保 护 方 式	安全性分析
永久 1+1 保护	白金级保护方式，始终每次业务保护时间在 50ms 内
1+1 保护	保护时间在 50ms 内
动态恢复	恢复时间在 2s 内

3．ASON 网络分域

ASON 通过引入控制域的概念，可以允许运营商根据多种策略来构建 ASON 网络，使网络具备了良好的规模性和可扩展性。根据 ASON 网络的分层结构，可以对各层面 ASON 网络划分控制域。多个控制域之间通过 E-NNI 接口进行互连，实现跨 ASON 域的端到端资源管理。

目前 E-NNI 标准化情况尚不成熟，只能实现跨域的业务调度，但不能实现跨域的保护恢复，目前可行的跨域保护方式主要是静态的 1+1 MSP 保护。从国内外多域应用情况来看，世界范围内组建的 ASON 网络，都采用的是单控制域的方案，最大的 ASON 网络是 AT&T 的国家骨干网，共包含 150 个左右的节点。ASON 建设初期暂不进行多域组网，未来根据 E-NNI 标准的成熟情况，在适当时候进行 E-NNI 多域组网的互操作性试验，逐步引入多控制域的组网结构。

习　题

1．说明 SDH 传送网的分层结构。

2．SDH 环网的保护方式有哪几种？分别加以说明。

3．为适应数据业务发展的需要，出现融合了 ATM、IP 与以太网技术的基于 SDH 的多业务传送节点（MSTP）设备，请说明 MSTP 的特点。

4．简要说明第一代 MSTP 设备中引入了哪些新技术？

5．如何实现 IP 业务无缝地映射到 SDH VC 容器中？

6．说明弹性分组环（RPR）的工作原理，它是如何提高带宽效率的？

7．说明 MPLS 技术在城域传送网技术中的优势。

8．ASON在传统的光传送网上引入了哪些新的功能？

9．在 ASON 中，如何实现用户对设备“即插即用”功能的需求，即相邻网元的自动发现功能？

10．画图并说明基于分布式呼叫连接管理（DCM）跨全光网络的呼叫建立过程。

11．说明ASON路由和IP路由的异同。

第6章　接　入　网

接入网技术一直被人们视为信息高速公路的最后 1km。接入网的宽带化已成为电信网中必须尽快妥善解决的“瓶颈”，已成了未来国家信息基础设施（NII）的发展重点。接入网建设的总体发展策略是继续加快光纤接入网向用户迫近的建设进程，加强窄、宽带相结合的综合业务接入能力；同时大力发展无线接入技术，提供音频、数据和视频的宽带无线全业务接入系统。

本章先介绍接入网的基本概念，包括接入网的位置、接入网的定义和定界以及接入网的技术分类。然后详细讲解有线宽带接入网技术，包括 xDSL 系列接入、无源光纤接入网等。最后介绍两种宽带无线互联网接入标准，即 IEEE802.16 和 IEEE802.20。

6.1　接入网的基本概念

6.1.1　接入网在通信网中的位置

接入网（Access Network，AN）位于通信网的末端，是指端局与用户之间的网络。接入网是由传统的用户环路发展而来，它是由从本地交换机到用户的馈线电缆、配线电缆和用户线组成的，它只能传送电话业务和少量低速数据业务，典型的用户环路结构如图 6.1 所示。随着通信技术的不断发展，人们对通信的需求已从单一的电话业务转向语音、数据、图像等多种业务的需求，传统用户环路日益成为通信网络的瓶颈，因此接入网应运而生。

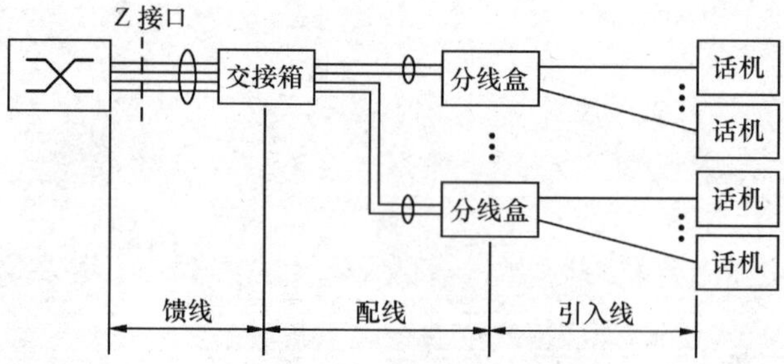

图 6.1　典型的用户环路结构

图 6.2 中明确地标明了接入网在通信网中的位置。从整个通信网的角度讲，可以将全网划分为公用网和用户驻地网（CPN），其中 CPN 属用户所有，因而，通常意义的通信网指的是公用电信网部分。公用电信网又可以划分为长途网、中继网和接入网 3 部分。长途网和中

继网合并称为核心网（CN）。接入网起到承上启下的作用，通过接入网将核心网的业务提供给用户。接入网是一种透明传输体系，本身不提供业务，由用户终端与核心网配合提供各类业务。

图 6.2　接入网在通信网中的位置

6.1.2　接入网的定义和定界

根据国际电联关于接入网框架建议（G.902），接入网是由业务节点接口（SNI）和相关用户网络接口（UNI）之间的一系列传送实体组成的，为传送电信业务提供所需承载能力的实施系统，经管理接口（Q3）进行配置和管理，因此，接入网可由3个接口界定，即网络侧经由SNI与业务节点相连，用户侧由UNI与用户相连，管理方面则经Q3接口与电信管理网（TMN）相连。各网络实体之间的连接关系如图6.3所示。

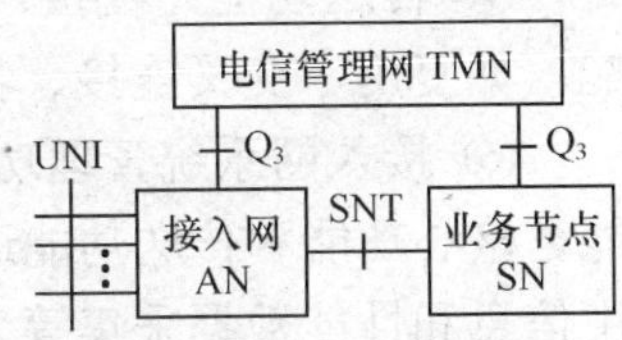

图 6.3　各网络实体之间的连接关系

业务节点是提供业务的实体，可提供规定业务的业务节点有本地交换机、租用线业务节点或特定配置的点播电视、广播电视业务节点等。

SNI是接入网和业务节点之间的接口，可分为支持单一接入的SNI和综合接入的SNI。支持单一接入的标准化接口主要有提供ISDN基本速率（2B+D）的V1接口和一次群速率（30B+D）的V3接口，支持综合业务接入的接口目前有V5接口，包括V5.1接口、V5.2接口。

接入网与用户间的UNI接口能够支持目前网络所能够提供的各种接入类型和业务，接入网的发展不应限制现有的业务和接入类型。

接入网的管理应该纳入TMN的范畴，以便统一协调管理不同的网元。接入网的管理不但要完成接入网各功能块的管理，而且要附加完成用户线的测试和故障定位。

根据接入网框架和体制要求，接入网的重要特征可以归纳为如下几点。

① 接入网对于所接入的业务提供承载能力，实现业务的透明传送。

② 接入网对用户信令是透明的，除了一些用户信令格式转换外，信令和业务处理的功能依然在业务节点中。

③ 接入网的引入不应限制现有的各种接入类型和业务，接入网应通过有限的标准化的接口与业务节点相连。

④ 接入网有独立于业务节点的网络管理系统，该系统通过标准化的接口连接TMN，TMN实施对接入网的操作、维护和管理。

6.1.3　接入网的功能模型

接入网的主要功能有5种，即用户口功能（UPF）、业务口功能（SPF）、核心功能（CF）、传送功能（TF）和接入网系统管理功能（AN-SMF），其功能模型如图6.4所示。

① 用户口功能：将特定UNI的要求适配到核心功能和管理功能。具体功能为：终结UNI

功能，UNI 的激活/去激活，信令的转换（但不解释信令），A/D 转换以及 UNI 承载信道承载能力的处理等。

② 业务口功能：将特定 SNI 定义的要求适配到公共承载通路，以便在核心功能中处理，并选择相关的信息用于接入网中管理功能的处理。具体功能为：终结 SNI 功能，SNI 的测试和 SPF 的维护，将承载通路的需求以及操作映射进核心功能，特定 SNI 所需的协议映射等。

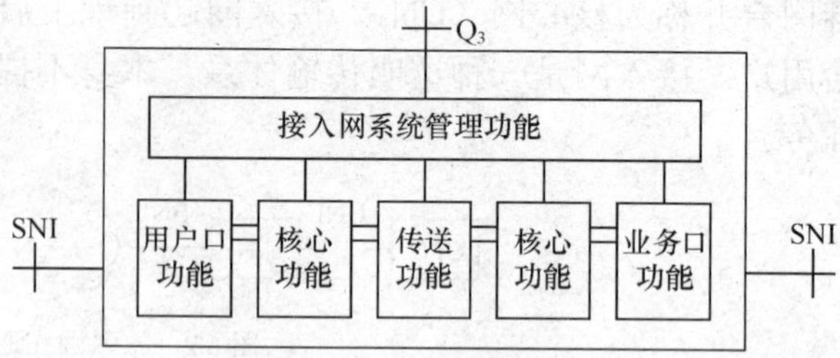

图 6.4　接入网的功能模型

③ 核心功能：位于用户口功能和业务口功能之间，适配各个用户接口承载体要求或业务接口承载体要求进入公共传承载体。具体功能包括协议处理和用于传送的复用功能。

④ 传送功能：在接入网内的不同位置之间为公共承载体的传送提供通道和传输介质适配，如复用、交叉连接、物理介质、管理等功能。

⑤ 接入网系统管理功能：接入网系统管理功能对接入网中的用户接口功能、业务接口功能、核心功能和传送功能进行指配、操作和管理，诸如配置和控制、故障检测/故障指示、使用信息和性能数据采集等。

6.1.4　接入网技术的分类

近年来，以互联网为代表的新技术革命正在深刻地改变传统的电信概念和体系结构，随着各国接入网市场的逐渐开放，电信管制政策的放松，竞争的日益加剧和扩大，新业务需求的迅速出现，有线技术（包括光纤技术）和无线技术的发展，接入网开始成为人们关注的焦点。在巨大的市场潜力驱动下，产生了各种各样的接入网技术，但是至今尚无一种接入技术可以满足所有应用的需要，接入技术的多元化是接入网的一个基本特征。根据传输介质的不同，接入技术可以分为有线接入技术和无线接入技术两大类。

1. 有线接入

有线接入根据使用的传输介质可分为 3 类，即铜双绞线接入、光纤接入和混合接入。

铜双绞线接入，即数字用户线系列（xDSL），它又可分为 ISDN 数字用户环路（IDSL）、高速数字用户环路（HDSL）、单线对双向对称传输数字用户环路（SDSL）、甚高速数字用户环路（VDSL）、不对称数字用户环路（ADSL）。上述系统的拓扑结构是点到点。

光纤接入可分为有源与无源系统，有源光接入网有基于 PDH 和 SDH 之分，拓扑结构可以是环型、总线型、星型或它们的混合型，也有点对点的应用。无源光接入网络（PON）有窄带与宽带之分，目前宽带 PON 已经标准化，有基于 ATM 的 APON、基于以太网的 EPON 以及吉比特无源光网络（GPON）。PON 本身下行是点到多点系统，上行为多点到点，上行时需要解决多用户争用问题，目前上行大多用时分多址（TDMA）技术。

混合接入可以是光纤和双绞线对混合，如光纤到路边（FTTC）、光纤到大楼（FTTC）等，也可以是光纤同轴混合（Hybrid Fire Copper，HFC），拓扑结构是树型或总线型，下行物理上通常为广播方式。HFC 与其他接入方式相比，其特点是下行可以混合传送摸拟与数字信号。

2. 无线接入

无线接入是在接入网的某一部分或全部引入无线传输介质，向用户提供固定终端业务和移动终端业务，因此可以分为固定无线接入和移动无线接入两类。

（1）固定无线接入

固定无线接入实际上是PSDN/IDN网的无线延伸，目标是为用户提供透明的PSTN/ISDN业务，其终端不含或含有有限的移动性。固定无线接入方式有多路多点分配业务（MMDS）、本地多点分配业务（LMDS）、卫星直播系统（DBS）、微波一点多址、无线用户环路及卫星VSAT等，其中LMDS是近年来兴起的一种宽带无线接入技术，该技术建设运营成本低、周期短，能承载多种业务，支持低、中、高速率的数据业务，支持多种协议，有QoS保证和较高的可靠性，因此最受关注。

无线接入系统特别适宜难以架设线路的地理位置，其灵活性高，运行成本较低，还可以用来提供短暂的或迅速的业务接入，在不需要的时候可以移开，即使无线系统在建设时每线的相对成本较高，但在农村地区仍然有很大的吸引力。

（2）移动无线接入

移动无线接入有如下多种系统。

① 移动通信系统：为适应通信网朝着个人化方向发展，满足用户对移动通信业务的要求，在接入网中使用移动通信技术，如数字蜂窝通信技术，可以使电话以移动通信方式接入PSTN。

② 数字无绳电话（DECT）：DECT系统提供短距离内的低功耗数字便携式无线电话到基站的连接。基站可设在家中，也可以设在公共场所，通过无线电话接入 PSTN，可以提供双向通信。

③ 卫星移动通信技术：为实现真正的全球个人通信，必须有理想的全球通信手段。目前，有些公司正在试图通过建立中、低轨道卫星移动通信系统，实现超越时空的全球个人通信。

6.2 铜双绞线接入网

铜线接入网是使用铜线电缆作为传输介质的用户接入网。自从贝尔第一次成功地将话音信号变成电信号并在铜线对中传送以来，在世界范围内已建成庞大的金属双绞线对用户网。对于这些只能传输话音信号的金属双绞线对，需要进行改造才能适应宽带多媒体信息的传输，目前已涌现出多种实用的数字用户线（DSL）技术。本节将着重介绍几种成熟的DSL技术。

6.2.1 数字用户线技术

1. DSL的起源与历史

DSL技术是美国贝尔通信研究所于1989年为视频点播（VOD）业务开发的利用双绞线传输高速数据的技术，由于VOD业务受挫而没有得到广泛的应用。近年来随着Internet的迅速发展，对固定连接的高速用户线需求日益高涨，基于双绞铜线的 xDSL 技术因其以低成本实现用户线高速化而重新崛起，打破了高速通信由光纤独揽的局面。

长期以来通信用户的电话机经过“对绞铜线”的用户线连至市内交换局，进入公共交换的通信网，接至对方用户的电话机，使双方得以互相会话。对绞铜线为传统的模拟电话提供 300～3400Hz 的频带，为了适应电话用户使用低速数据通信，曾加装调制解调器（modem），使速率为 33kbit/s 和最高 56kbit/s 的数据信号能够通过模拟语音频带与对方实行数据通信。语音 modem 只能提供 56kbit/s 的数据速率。为什么对绞铜线只能传输以 56kbit/s 为限度的数据呢？应该说，这不是对绞铜线传输能力的限度，而是通信网中的交换机有限制，它对电话通信只是分配一个语音频带。虽然用户的数据信息经过语音 modem，交换机并不认出它是语音 modem 传来的数据信号，而只是对它当作语音信号看待。对绞铜线本身并不限制宽带数据信号的传输，只要避开窄带交换机，用户就可以把宽带数据信号送进通信网，因此用户线如避开了窄带的语音交换机，就可成为“数字用户线”（Digital Subscriber Line，DSL）。

DSL 技术在传统的电话网络的用户线路上支持对称和非对称的传输模式，解决了发生在网络服务供应商和最终用户间的“最后 1km”的传输瓶颈问题。由于电话用户环路已经大量铺设，如何充分利用现有的铜缆资源，通过铜质双绞线实现高速接入就成为业界的研究重点，因此，DSL 技术很快就得到了重视，并在一些国家和地区得到大量应用。

2. xDSL 技术的分类

迄今为止，世界各国已相继开发出了 ISDN-DSL（IDSL）、HDSL、SDSL、VDSL、ADSL 与 RADSL 等多种不同类型的 DSL 接入技术。这些统称为“xDSL”的 DSL 接入技术的基础系统架构与原理基本上是相似的，所不同的只是这几种技术在信号传输速率与距离、具体实现方式及上、下行速率的对称性等方面有所区别。总的来说，按是否支持对称传输来划分 DSL 可分为两类：一类是非对称传输的，主要包括 ADSL、VDSL 和 RADSL；另一类是支持对称传输的，包括 IDSL、HDSL、SDSL、UDSL 和 G.SHDSL。

（1）HDSL 技术

HDSL（High-data-rate Digital Subscriber Loop）即高速率数字用户线，是一种上、下行速率相同的 DSL 技术，在两对电话铜线上的两个方向上均可达到 1.544Mbit/s 的数据传输速率，相当于 T1 线路。若是使用三对电话铜线时，速率还可以提升到 E1（2.048Mbit/s）的传输速率。

在 HDSL 技术支持下，普通 0.4mm～0.6mm 电话线的用户环路，传输距离可达 3km～6km，比传统的脉码调制（Pulse Code Modulation，PCM）技术的传输距离要长一倍以上，且如果线径更粗些，传输距离可接近 10km。

HDSL 技术广泛适用于移动通信基站中继、无线寻呼中继、视频会议、ISDN 基群接入、远端用户线单元（RLU）中继及计算机局域网互连等业务。由于它要求传输介质为 2～3 对双绞线，因此，常用于中继线路或专用数字线路，一般终端用户环路不采用该技术。

（2）SDSL 技术

SDSL（Single-pair Digital Subscriber Loop）即单对线路数字用户环路，它与 HDSL 技术基本相同，但 SDSL 仅使用一对铜线进行全双工通信，支持传输速率达到 T1/E1 对称的上行和下行信道，同时传输距离可达到 3.3km。SDSL 适用于上、下行数据流相同，而且传输速率要求不是很高的应用场合，如视频会议、协同计算等。

（3）IDSL 技术

IDSL（ISDN Digital Subscriber Loop）即综合数字业务用户环路，它也与 HDSL 基本相同，但双向只能提供 144kbit/s 的传输速率，与其他对称 DSL 相比低许多。最远可以支持 7km。因为它把 16kbit/s 的 D 信道用于传送数据，而不是建立呼叫，所以它比标准 ISDN（速率为 128kbit/s）多提供 16kbit/s。但 IDSL 与 ISDN 完全不同，ISDN 是交换技术，IDSL 不支持模拟电话，而且信号不能通过电话网交换。但因为 IDSL 采用和 ISDN 相同的 2B1Q 线路编码，所以 ISDN 用户能够利用现有设备（ISDN BRI 终端适配器和路由器）连接到 IDSL。它可以提供 ISDN 的基本速率（2B+D）或基群速率（30B+D）的双向业务。

（4）ADSL 技术

ADSL（Asymmetrical Digital Subscriber Loop）即非对称数字用户环路，是我们普通用户最常见的一种 DSL 接入技术，一般用户使用的以太网点对点协议（Point-to-Point Protocol over Ethernet，PPPoE）拨号就是 ADSL 其中一种接入方式。ADSL 技术是一种不对称数字用户线实现宽带接入互联网的技术，用户线的上行速率和下行速率不同，上行速率低，下行速率高，特别适合传输多媒体信息业务，如视频点播（VOD）、多媒体信息检索和其他交互式业务。同时，ADSL 可充分利用现有的铜线资源，在一对双绞线上提供上行 16kbit/s～640kbit/s，下行 1～8Mbit/s 的带宽，有效传输距离在 5.5km 以内，从而克服了传统接入方式在“最后 1km”的瓶颈，实现了真正意义上的宽带接入。

（5）RADSL 技术

RADSL（Rate Adaptive Digital Subscriber Loop）是自适应速率的 ADSL 技术，所以也是 ADSL 接入技术的一个改进版本。它同样能够在一对铜质双绞线上提供 1～8Mbit/s 下行速率和 640kbit/s～1Mbit/s 上行速率通道，以及传统的电话通道，并且这 3 个通道可以同时工作，其传输距离最远也可以达到 5.5km。

RADSL 与 ADSL 相比最大的不同就是它能根据传输线路质量的好坏，以及传输距离的远近动态地调整传输速率，把工作速率调到线路所能处理的最高速率，最大限度地利用现有的通信资源。连接速率可以根据连接期间的线路状况作出选择，也可以根据从中心端传来的信号选择。

（6）VDSL 技术

VDSL（Very-high-speed Digital Subscriber Loop）即甚高速数字用户环路，它是在现有 ADSL 技术基础上，基于提供图像业务方面的带宽有限，以及经济成本偏高的弱点而开发的。VDSL 可以看做是 ADSL 的快速版本。VDSL 系统可支持对称和不对称两种传输模式。对称模式下双向传输速率最高为 26Mbit/s，传输距离不超过 500m，主要适用于企事业单位用户。在不对称模式下，VDSL 速率大小通常取决于传输线的长度，最大下行速率目前考虑为 51～55Mbit/s，长度不超过 300m，13Mbit/s 以下的速率可传输距离为 1.5km。

综上所述，在这些 DSL 接入技术中，有些是以传输速率占有优势，如 VDSL、ADSL，有些则以传输距离占优势，如 HDSL、IDSL。但就目前各技术的水平和应用实际来看，主要还是 ADSL 为主。表 6.1 所示为几种主要的 DSL 性能比较。

表 6.1　　　　xDSL 性能比较

xDSL	调制技术	使用线对数	下行速率	上行速率	无中继最大传输距离
HDSL	2B1Q	2 或 3 对	1.544Mbit/s（T1） 2.048 Mbit/s（E1）	1.544Mbit/s（T1） 2.048Mbit/s（E1）	3.5km 左右
SDSL	TC-PAM	1 对	192～2320kbit/s	192～2320kbit/s	3.8km～4km（E1）
IDSL	2B1Q	1 对	64kbit/s，128kbit/s 144kbit/s	64kbit/s，128kbit/s 144kbit/s	5km 左右
ADSL	DMT	1 对	1～8Mbit/s	16～640kbit/s	5.5km 左右
VDSL	DMT/QAM	1 对	26Mbit/s（对称） 13～52Mbit/s（不对称）	26Mbit/s（对称） 1.5～2.3Mbit/s（不对称）	0.3km～1.5km

6.2.2 ADSL 技术

ITU-T 根据 ADSL 技术的成熟程度和其应用的需要，制定了关于 ADSL 技术的第一代标准，即 G.992.1（G.dmt）和 G.992.2（G.lite）标准，前者经常被称为全速率 ADSL 标准，而后者被称为简化的 ADSL 实用标准。在第一代 ADSL 标准的基础上，ITU-T SG15/Q4 研究组又开发出新一代的标准，即 G.992.3（G.dmt.bis）和 G.992.4（G.lite.bis）标准，这两个标准统称为 ADSL2 标准。ADSL2 标准与第一代标准相比，其传输性能、速率适配能力和线路诊断技术都有明显的改善。在 ADSL2 标准的基础上，ITU-T 又于 2003 年提出了 ADSL2+标准，即 G.992.5，将其上行和下行带宽做了进一步扩充。

本小节着重讲述第一代全速率 ADSL 技术，其中包括 ADSL 的系统结构、工作原理、关键技术和以及传送能力等，然后简要介绍 ADSL 新标准。

1. ADSL 系统构成

ADSL 系统结构如图 6.5 所示。它是在一对普通铜线两端，各加装一台 ADSL 收发信机（局端设备和远端设备）而构成。局端模块包括在中心位置的 ADSL Modem 和接入多路复合系统，处于中心位置的 ADSL Modem 被称为 ATU-C（ADSL Transmission Unit-Central）。接入多路复合系统中心的 Modem 通常被组合成一个接入节点，也叫做“DSLAM”（DSL Access Multiplexer）。远端模块由用户 ADSL Modem 和滤波器组成，用户端 ADSL Modem 通常被称为 ATU-R（ADSL Transmission Unit-Remote）。该系统除了向用户提供一路普通电话业务外，还能向用户提供一个中速双工数据通信通道和一个高速单工下行数据传送通道。

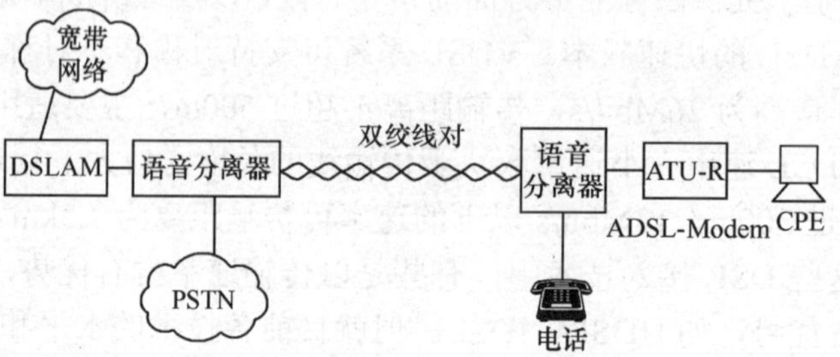

图 6.5　ADSL 系统结构

ADSL系统的核心是ADSL收发信机，其原理框图如图 6.6 所示。应当注意，局端的 ADSL 收发信机结构与用户端的不同。局端的复用器（MUL）将下行高速数据与中速数据进行复接，经前向纠错（FEC）编码后送发信单元进行调制处理，最后经线路耦合器送到铜线上；线路耦合器将来自铜线的上行数据信号分离出来，经接收单元解调和 FEC 解码处理，恢复上行中速数据；线路耦合器还完成普通电话业务（POTS）信号的收发耦合。用户端 ADSL 收发信机中的线路耦合器将来自铜线的下行数据信号分离出来，经接收单元解调和 FEC 解码处理，送分接器（DMUL）进行分接处理，恢复出下行高速数据和中速数据，分别送给不同的终端设备；来自用户终端设备的上行数据经 FEC 编码和发信单元的调制处理，通过线路耦合器送到铜线上；普通电话业务经线路耦合器进、出铜线。

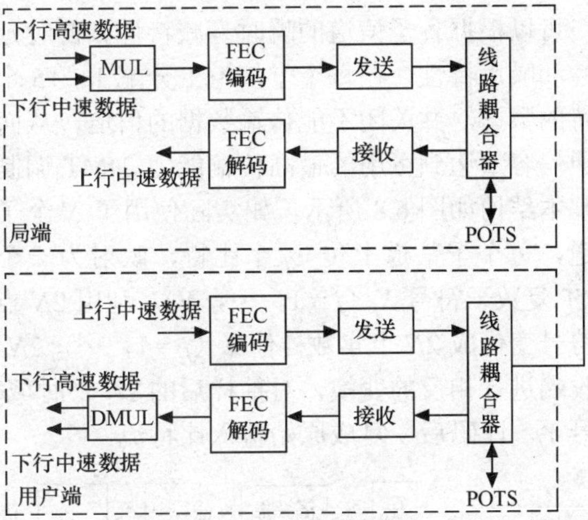

图 6.6　ADSL 收发信机原理框图

2. ADSL 系统中的关键技术

ADSL 技术的数据传输能力优于 ISDN 线路技术和 HDSL 技术，而且还具有速率的自适应性和较好的抗干扰能力。ADSL 之所以能充分地利用普通双绞电话线的传输潜力，在于它使用了 DMT 调制技术，在设备初始化过程中进行了收发器训练和子信道分析，同时在使用中动态调节每个信道的功率和传输比特数，达到最优的传输速率。下面简要介绍这些技术的原理。

（1）DMT 调制技术

普通铜缆电话线的传输数据信号的调制技术，有 2B1Q 调制、CAP 调制和 DMT 调制，其中 ISDN 使用 2B1Q 调制技术，HDSL 使用 2B1Q 和 CAP 调制技术，而 ADSL 使用 DMT 调制。

DMT 即离散多音频调制，它是一种多载波调制技术，其核心的思想是将整个传输频带分成若干各子信道，每个子信道对应不同频率的载波，在不同的载波上分别进行 QAM 调制，不同信道上传输的信息容量（即每个载波调制的数据信号）根据当前子信道的传输性能决定。

早在 1963 年美国麻省理工学院就已经从理论上证明多载波调制技术可以获得最佳的传输性能，但直到低成本、高性能的数字处理技术成熟后，这一技术才得以使用。

如图 6.7 所示，在 ADSL 系统中，铜缆线路的 0～1 104kHz 频带中，0～4kHz 为语音频段，用于普通电话业务的传输，ADSL 的 DMT 调制将其他的频带被分成 255 个子载波，子载波之间频率间隔为 4.3125kHz，容限为 50fm。在每个子载波上分别进行 QAM 调制形成一个子信道，其中低频一部分子载波用于上行数据的传输，其余子载波用于下行信号传输，上、下行载波的分离点由具体设备设定，如果设备采用回波抵消法，则上、下行信号回共用部分子载波。

DMT 调制系统根据情况使用这 255 个子信道，可以根据各子信道的瞬时衰减特性、群时延特性和噪声特性，在每个子信道上分配 1～15 个比特的数据，并关闭不能传输数据的信道，从而使通信容量达到可用的最高传输能力。DMT 调制的基本结构如图 6.8 所示，如实际使用了 N 个子信道，每个子信道上传 b_j 个比特，映射为一个 DMT 复数子符号 X_j（$j=1$，…，N），利用 $2N$ 点 IFFFT（傅里叶逆变换）将频域中 N 个复数子符号变化成 $2N$ 个实数样值 x_j（$j=1$，…，$2N$），经数模变换和低通滤波后在线路上输出。接收端进行相反的变换，对抽样后的 $2N$ 个时域样值做 FFT 变换，得到频域内的 N 个复数子符号 Y_j，译码后恢复成原始输入比特流。

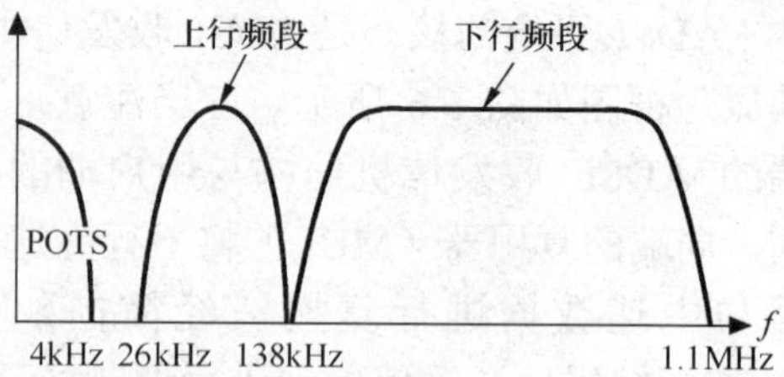

图 6.7 ADSL 系统频谱结构（FDM 方式）

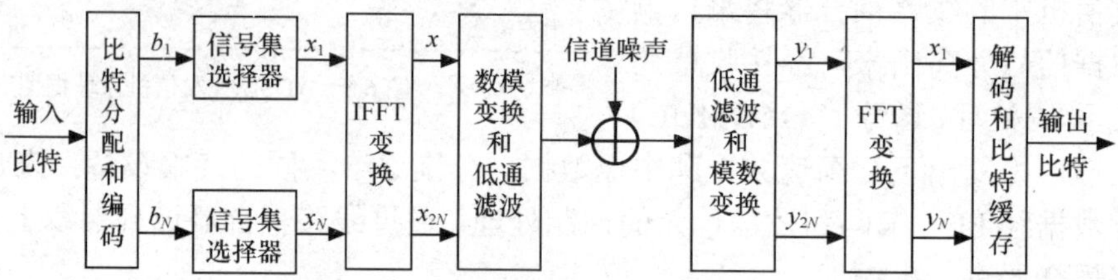

图 6.8 DMT 调制基本结构

图 6.8 所示只是 DMT 调制的基本结构图，实际 ADSL 设备在进行信号处理时还采用了前向纠错、载波排序、比特交织、网格编码等技术，使传输的抗干扰能力更强。

电话双绞线的 0～1.1MHz 的频带是非线性的，不同频率衰减不同，噪声干扰情况不同，时延也不同；而且将全频带作为一个通道，一个单频噪声干扰就会影响整个传输性能。而 DMT 调制方式将整个频带分成很多信道，每个信道频带窄，可认为是线性的，各个信道根据干扰和衰减情况可以自动调整传输比特率，获得较好的传输性能。

（2）系统初始化过程和功率调整

DMT 调制技术提供了子信道传输速率自适应和动态调整的理论，但还要通过具体的方法实现。ADSL 设备主要是通过初始化过程中的收发器训练、子信道分析和运行中的功率调整来实现的。

在 ADSL 系统加电后，系统首先要进行初始化，在 ATU-C 和 ATU-R 之间建立传输通路。为了优化通信链路的传输容量和可靠性，ADSL 收发器先要在各个子信道发送一些训练信息，进行收发器的训练，收发器根据接收到的信号对传输通道进行分析（包括信道的衰减、信噪比、数据比特数），确定适合该信道的传输和处理参数。信道分析结束后，本地的接收器将它已设定的参数和远端的发送器进行交换以保证发送和接收的匹配，交换的数据包括平均环路衰减估值、选定速率的性能容限、每个子载波支持的比特数量、发送功率电平、净负荷的传输速率等。

在工作过程中，ADSL 系统具有在不中断业务下对业务性能监控的功能，对异常的事件、故障和误码可进行监测，对相对衰减大和信噪比低于容限要求的子信道，可增加信号功率，对信噪比较高的，可减小信号功率，功率调整幅度范围为±3dB。同时，系统还具有比特交换的功能，将传输质量差的子信道的部分比特转移到信噪比富余度较大的子信道传输。

3. ADSL 的网络传送模式

由于 ADSL 接入系统要求为用户提供高速的数据接入业务，因此，接入系统本身必须适应骨干数据网络和用户数据网络的技术要求。目前的 ADSL 接入设备已远远超出了传统意义上传输设备的范畴而成为网络设备的组成部分。当今基于 IP 技术的数据业务已成为网络应用发展的主流，如何利用 ADSL 接入技术将用户数据接入骨干网络，并且最终向用户提供基于 IP 技术的各种数据业务是建设 ADSL 接入网络的关键。目前 ADSL 用户接入系统设备的网络传送模式主要有两种，一种是 Packet 传送模式，另一种是 ATM 传送模式。

（1）ATM 传输模式

采用 ATM 传送模式的 ADSL 接入系统中，局端 DSLAM 设备上行链路的数据接口通常为标准的 ATM 接口，并可直接或通过本地传输网络与 ATM 交换机相连。ADSL 传输系统承载的传送数据格式为 ATM 信元。而接入系统的用户端 RTU 设备上通常可提供 ATM 接口或以太网 10Mbit/s 的应用接口。

采用 ATM 模式的 ADSL 数据接入的网络结构有时也被称为 Telecom-Centric 结构。由于局端 DSLAM 设备通常在数据传送通道上仅支持单纯的 ATM 交叉和复用功能，ADSL 接入系统中数据通道的 IP 路由仍需由连接在 ATM 交换网上的边缘接入路由器来解决，因此，ATM 接入路由设备也应考虑在 ADSL 接入网络的建设成本中。随着 ADSL 接入系统规模的增长和 ADSL 数据用户需求的增多，接入系统用户侧 RTU 设备还应具备连接大型企业用户局域网的 IP 路由功能或支持用户侧路由器的能力。

因为考虑到 ATM 传输模式所具有的 QoS 机制可以保证大容量实时视频业务的顺利开展，所以大多数传统电信设备制造商仍倾向于采用 ATM 传送模式的 ADSL 设备，但这种模式增加了设备复杂度，提高了成本，不利于宽带 IP 接入。

（2）Packet 传输模式

采用 Packet 传送模式的 ADSL 接入系统中，局端 DSLAM 设备的上行链路数据接口和用户端 RTU 设备的用户数据接口均为目前流行的以太网接口。ADSL 传输系统承载的数据格式通常可根据局端和用户端设备的功能变化而分别采用可变长度的第二层以太网帧或第三层 IP 包。这样 ADSL 终端成了 IP 终端，IP 包经过 DMT 调制后通过电话线传输到局端，经解调后进入以太交换机，再通过路由器连接到互联网。这样做可以大大简化设备，降低成本。

由于在很多地区运营商已不再对其已有的城域 ATM 核心网进行扩容并转而建设 IP 宽带城域核心网，因此，随着城域 ATM 可用资源的日益减少，ATM 传输模式已越来越难以适应实际组网的需要，而基于 IP 的 Packet 传输模式将成为发展的方向。

4. 新一代 ADSL 技术

随着 ADSL 技术在全球范围的大规模推广以及针对 DSL 技术的应用和服务的不断推出，基于电话双绞线的第一代 ADSL 技术已经大规模使用。但是，第一代 ADSL 技术也逐渐暴露出一些难以克服的弱点：较低的下行传输速率难以满足一些高速业务的开展，如流媒体业务；单一的 ATM 传送模式难以适应网络 IP 化的趋势；所支持的线路诊断能力较弱，随着用户的不断增多，在线路开通前如何快速确定线路质量成为运营商十分头疼的问题；第一代 ADSL 难以解决设备的散热问题等。迫于业务发展的需要，更好地适应网络运营和信息消费的需求，

ITU 于 2002 年 6 月和 2003 年 1 月分别推出了两个新一代 ADSL 标准：ADSL2（G.992.3）和 ADSL2+（G.992.5）。ADSL2、ADSL2+在第一代 ADSL 的基础上增加了一些新的特性，在性能、功能方面得到了较大改进。

ADSL2 G.992.3 是在第一代 ADSL 的基础上发展起来的，其下行频谱与第一代 ADSL 相同，由于强制支持四维、16 状态格状码，所以理论上其最高下行速率可以达到 12Mbit/s，最高上行速率可以达到 1.2Mbit/s 左右。无分离器 ADSL2（G.992.4）是对 G.lite（G.992.2）的增强，主要包括两大方面：一是与 G.992.3 相似的改进，如增加了全数字模式，增加了 PTM 模式，可支持 4 种延迟通道、4 个承载信道，以及传输能力、线路诊断、在线重配置、功率控制、频谱控制、减小功耗等；二是与无分离器特性相关的改进，如包含快速重训练的更强大的激活过程、自适应长度快速启动等。由于 G.lite 的应用很少，制定 G.992.4 主要为了标准上的完整性，应用前景有限。

在 ADSL2 技术的基础上，ADSL2+标准（ITU G.992.5）的核心内容是拓展了线路的使用频宽：ADSL2 定义的下行传输频带的最高频点为 1.1MHz（G.992.3/G.dmt.bis）或 552kHz（G.992.4/G.lite.bis），而 ADSL2+技术标准将高频段的最高调制频点扩展至 2.2MHz，可支持 512 个载频点进行数据调制。通过此项技术改进，ADSL2+提高了上下行的接入速率，尤其是在短距离（<3km）情况下，其下行接入能力能够达到最大 16Mbit/s 以上的接入速率，从而填充了在第一代 ADSL 和 VDSL 之间接入速率的空白区间。

新一代 ADSL 技术与第一代 ADSL 技术的比较，其传输速率与距离有较大提高；可实现故障实时诊断；采用精密的速率自适应技术，提高了线路抗噪声性能。ADSL2 能根据不同业务和应用为客户提供信道化的线路连接，即 ADSL2、ADSL2+能根据具体业务对时延、误码率等性能指标要求的不同，把带宽分割为不同类型的信道，以便于灵活、有效地开展多样化的业务。除此之外，ADSL2、ADSL2+还具有互操作性好（多厂商互连互通性好）、链路建立时间短（由原来的 10s 减少为 3s）等优点。不过，ADSL2 在技术上的进步主要体现在接入速率与覆盖范围的提高上，而 ADSL2+在此问题的解决上更进一步，使传输频带、速率得到进一步拓展。

6.3 光纤接入网

随着网络的不断延伸，接入网覆盖范围逐渐扩大，同时对接入网的接入能力要求不断增加。以铜双绞线组成的接入网难以满足这些要求，更难胜任长期发展的需求，因而逐渐引入了光纤接入。光纤接入网是接入网的发展方向，光纤到家庭是接入网的发展目标。在接入网建设初期，光纤通信技术已经开始应用于接入网络中，其覆盖范围大、传输距离远、安全保密性能高等特点，使之广泛应用在大容量点到点传输方面，但如果没有真正构建环型或树型接入网络，并没有充分发挥接入网的优良性能。随着技术的发展和网络的优化，光接入点逐渐向用户侧延伸，众多点到点链路逐渐连接起来，形成接入网络，“光进铜退”已经成为业界广泛的共识。

6.3.1 概述

1．光纤接入网的定义

所谓光纤接入网（OAN）就是采用光纤传输技术的接入网，泛指本地交换机或远端模块与用户之间采用光纤通信或部分采用光纤通信的系统。通常，OAN 指采用基带数字传输技术并以传输双向交互式业务为目的的接入传输系统，将来应能以数字或模拟技术升级传输宽带广播式和交互式业务。在北美，美国贝尔通信研究所规范了一种称为光纤环路系统（FITL）的概念，其实质和目的与 ITU-T 所规定的 OAN 基本一致，只是具体规范稍有差异因而泛指时 OAN 和 FITL 两者可以等效使用，不作区分。

在光通信时代，花费巨额费用去维护运行一个将要淘汰的铜缆网实在是迫不得已之举。OAN 和 FITL 概念的提出正是为了达到将大规模用户接入网投资和花费逐渐转向光纤的目的。

在电信网中引入 OAN 或 FITL 的最基本的目标有两点。首先是为了减少铜缆网的维护运行费用和故障率。据估算，采用光用户接入网后，每年的维护运行和供给成本可以比传统铜缆网节约至少每线 50 美元。对于 1 亿用户线相当每年可以节约 50 亿美元，20 年累计可达 1 000 亿美元，完全可以用这笔费用来弥补将铜缆网转变为光缆网所需的新投资，当然故障率也可大大降低。

其次是为了支持开发新业务，特别是多媒体和宽带新业务，从而加强竞争力，增加新业务收入，补偿建设光用户接入网所需的新投资。近年来由于光器件价格的持续稳定下降而铜缆价格的持续上升，光纤接入网的初装费用也已经可以与传统铜缆网相比，在传输距离为 2～3km 以上时已低于传统铜缆网。

除了上述两个基本目标外，采用光纤接入网可以满足用户希望较快提供业务，改进业务质量和可用性的要求，也可以节约城市拥挤不堪的地下管道空间，延长传输复盖距离，适应扩大的本地交换区等其他目的，其结果当然也把接入网的数字化进一步推向了用户。简言之，采用光接入网已经成为解决电信发展瓶颈的主要途径，其应用场合不仅最适合那些新建的用户区，而且也是对需要更新的现有铜缆网的主要代替手段。

综上可知，OAN 不是传统的光纤传输系统，而是一种针对接入网环境所设计的特殊的光纤传输系统。尽管有人将之称为小型数字环路载波系统（DLC），其实两者在设计思想、结构、成本和应用环境等方面都有不少差别。

2. 光纤接入网参考配置和应用类型

（1）功能参考配置

ITU-T 建议 G.982 提出了一个与业务和应用无关的光纤接入网功能参考配置示例，如图 6.9 所示。尽管图示参考配置是以无源光网络（PON）为例的，但原则上也适用其他配置结构，例如，将图中无源光分路器用电复用器代替就成了有源双星型结构。

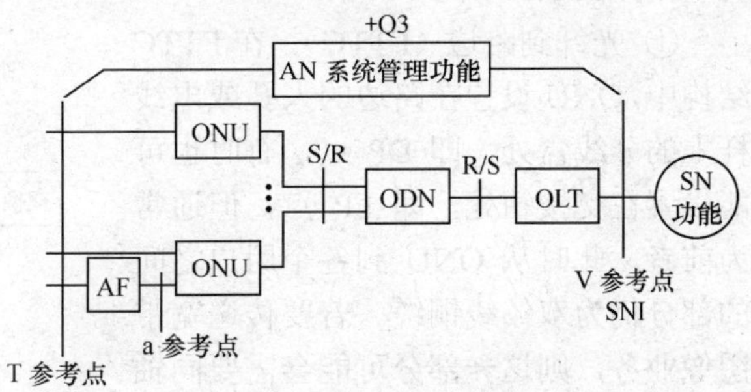

图 6.9　光纤接入网功能参考配置

图中从给定网络接口（V 接口）到单个用户接口（T 接口）之间的传输手段的总和称为光接入链路。利用这一概念可以方便地进行功能和规程的描述以及规定网络需要。通常，光接入链路的用户侧和网络侧是不一样的，因而是非对称的。光接入传输系统可以看作是一种使用光纤的具体实现手段，用以支持接入链路。于是，光纤接入网（OAN）可以定义为共享同样网络侧接口且由光接入传输系统支持的一系列接入链路，由光线路终端（OLT）、光配线网（ODN）、光网络单元（ONU）及适配功能（AF）组成，可能包含若干个与同一 OLT 相连的 ODN。

下面先对几个主要功能块的作用作一简要介绍。

OLT 的作用是为光接入网提供网络侧与本地交换机之间的接口并经一个或多个 ODN 与用户侧的 ONU 通信，OLT 与 ONU 的关系为主从通信关系。在北美，OLT 称为局用数字终端（HDT）。OLT 可以分离交换和非交换业务，管理来自 ONU 的信令和监控信息，为 ONU 和本身提供维护和供给功能。OLT 可以直接设置在本地交换机接口处，也可以设置在远端，与远端集中器或复用器接口。OLT 在物理上可以是独立设备，也可以与其他功能集成在一个设备内。

ODN 为 OLT 与 ONU 之间提供光传输手段，其主要功能是完成光信号功率的分配。ODN 是由无源光元体（诸如光纤光缆、光连接器和光分路器等）组成的纯无源的光配线网，呈树型—分支结构。

ONU 的作用是为光接入网提供直接的或远端的用户侧接口，处于 ODN 的用户侧。ONU 的主要功能是终结来自 ODN 的光纤处理光信号并为多个小企事业用户和居民住宅用户提供业务接口。ONU 的网络侧是光接口而用户侧是电接口，因此，ONU 需要有光/电和电/光转换功能，还要完成对语声信号的数/模和模/数转换、复用、信令处理及维护管理功能。其位置有很大的灵活性，既可以设置在用户住宅处，也可以设置在 DP 处甚至 FP 处，按照 ONU 在用户接入网中所处的位置不同，可以将 OAN 划分为光纤到路边（FTTC）、光纤到楼（FTTB）、光纤到办公室（FTTO）和光纤到家（FTTH）应用类型。

AF 为 ONU 和用户设备提供适配功能，具体物理实现既可以包含在 ONU 内，也可以完全独立。以 FTTC 为例，ONU 与基本速率 NTI（相当 AF）在物理上就是分开的。

图中发送参考点 S 是紧靠在发送机（ONU 或 OLT）光连接器后的光纤点；而接收参考点 R 是紧靠在接收机（ONU 或 OLT）光连接器前的光纤点；a 参考点是 ONU 与 AF 之间的参考点；V 参考点是用户接入网与业务节点间参考点；T 参考点是用户网络接口参考点；Q3 是网管接口。

（2）应用类型

按照 ONU 在光接入网中所处的具体位置不同，可以将 OAN 划分为 3 种基本不同的应用类型，如图 6.10 所示。

① 光纤到路边（FTTC）。在 FTTC 结构中，ONU 设置在路边的人孔或电线杆上的分线盒处，即 DP 点，有时也可能设置在交接箱处，即 FP 点，但通常为前者。此时从 ONU 到各个用户之间的部分仍为双绞线铜缆。若要传送宽带图像业务，则这一部分可能会需要同轴电缆。这样 FTTC 将比传统的 DLC 系统的光纤化程度更靠近用户，增加了更多的光缆共享部分，有人将之看做是一种小型的 DLC 系统。

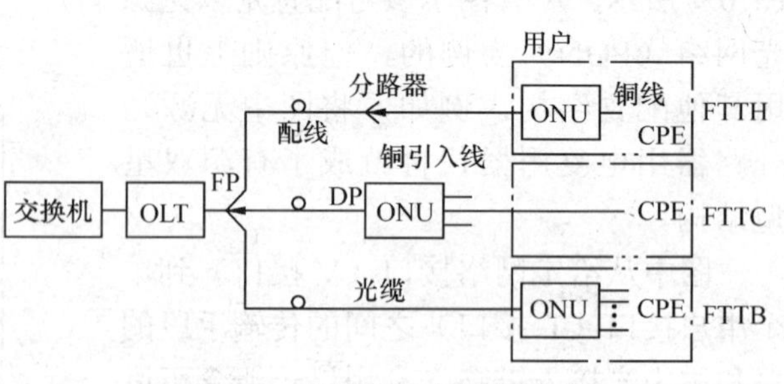

图 6.10　光纤接入网的应用类型

FTTC 结构主要适用于点到点或点到多点的树型—分支拓扑。用户为居民住宅用户和小企事业用户，典型用户数在 128 个以下，经济用户数正逐渐降低至 8～32 个乃至 4 个左右。还有一种称为光纤到远端（FTTR）的结构，实际是 FTTC 的一种变形，只是将 ONU 的位置移到远离用户的远端（RT）处，可以服务更多的用户（多于 256 个），从而降低了成本。由于 FTTR 具有的业务量处理能力，因而特别适用于点到点或环型结构。

FTTC 结构的主要特点可以总结如下。

在 FTTC 结构中引入线部分是用户专用的，现有铜缆设施仍能利用，因而可以推迟引入线部分（有时甚至配线部分，取决于 ONU 位置）的光纤投资，具有较好的经济性。

预先敷设了一条很靠近用户的潜在宽带传输链路，一旦有宽带业务需要，可以很快地将光纤引至用户处，实现光纤到家的战略目标。同样，如果考虑到经济性需要也可以用同轴电缆将宽带业务提供给用户。

由于其光纤化程度已十分靠近用户，因而可以较充分地享受光纤化所带来的一系列优点，诸如节省管道空间，易于维护，传输距离长，带宽大等。

由于 FTTC 结构是一种光缆/铜缆混合系统，最后一段仍然为铜缆，还有室外有源设备需要维护，从维护运行的观点仍不理想。但是如果综合考虑初始投资和年维护运行费用的话，FTTC 结构在提供 2Mbit/s 以下窄带业务时仍然是 OAN 中最现实、最经济的。然而对于将来需要同时提供窄带和宽带业务时，这种结构就不够理想了，届时初期对窄带业务合适的光功率预算值对以后的宽带业务就不够了，可能不得不减少节点数和用户数，或者采用 1.5μm 波长区来传宽带业务。还有一种方案是干脆将宽带业务放在独立的光纤中传输，如采用 HFC 结构，此时在 HFC 上传模拟或数字图像业务，而 FTTC 主要用来传窄带交互型业务，具有一定的灵活性和独立性，但需要有两套基本独立的基础设施。

② 光纤到楼（FTTB）。FTTB 也可以看作是 FTTC 的一种变型，不同处在于将 ONU 直接放到楼内（通常为居民住宅公寓或小企事业单位办公楼），再经多对双绞线将业务分送给各个用户。FTTB 是一种点到多点结构，通常不用于点到点结构。FTTB 的光纤化程度比 FTTC 更进一步，光纤已敷到楼，因而更适于高密度用户区，也更接近于长官远发展目标，预计会获得越来越广泛的应用，特别是那些新建工业区或居民楼以及与宽带传输系统共处一地的场合。需要注意有些文献将 FTTB 理解为光纤到办公楼或商务楼是不准确的，这里 B 表示 Buliding，主要指公寓楼。若为光纤到办公大楼，则称 FTTO。

③ 光纤到家（FTTH）和光纤到办公室（FTTO）。在原来的 FTTC 结构中，如果将设置在路边的 ONU 换成无源光分路器，然后将 ONU 移到用户家即为 FTTH 结构。如果将 ONU 放在大企事业用户（公司、大学、研究所、政府机关等）终端设备处并能提供一定范围的灵活的业务，则构成所谓的光纤到办公室（FTTO）结构。由于大企事业单位所需业务量大，因而 FTTO 结构在经济上比较容易成功，发展很快。考虑到 FTTO 也是一种纯光纤连接网络，因而可以归入与 FTTH 一类的结构。然而，由于两者的应用场合不同，结构特点也不同。FTTO 主要用于大企事业用户，业务量需求大，因而结构上适于点到点或环型结构。而 FTTH 用于居民住宅用户，业务量需求很小，因而经济的结构必须是点到多点方式。以下将以 FTTH 为主进行介绍。FTTH 结构是一种全光纤网，即从本地交换机一直到用户全部为光连接，中间没有任何铜缆，也没有有源电子设备，是真正全透明的网络，其主要特点可以总结如下。

由于整个用户接入网是全透明光网络，因而对传输制式（例如 POH 或 SDH，数字或模拟等)、带宽、波长和传输技术没有任何限制，适于引入新业务，是一种最理想的业务透明网络，是用户接入网发展的长远目标。

由于本地交换机与用户之间没有任何有源电子设备，ONU 安装在住户处，因而环境条件比户外不可控条件大为改善，可以采用低成本元器件。同时，ONU 可以本地供电，不仅供电成本比网络远供方式可以降低约一个量级，而且故障率也大大减少。最后，维护安装测试工作也得以简化，维护成本可以降低，是网络运营者长期以来一直追求的理想网络目标。

由于只有当光纤直接通达住户，每个用户才真正有了名副其实的宽带链路，B-ISDN 的实现才有了最终的保证，采用各种 WDM 或 FDM 技术真正发掘光纤巨大潜在带宽的工作才有可能。

综上所述，一个全光纤的 FTTH 网在战略上具有十分重要的位置。然而主要由于经济的原因目前尚不能立即实现光纤到家，影响这一目标实现的因素很复杂，有系统成本的因素、竞争的需要、政策法规的影响以及新技术的推动等。随着时间的推移，光纤光缆和光元器件成本在稳步下降；各种宽带业务的需求正在逐步呈现；现有铜缆网的维护运行负担的增加在不断推动网络运营者转向光纤网；来自同行，特别是 CATV 公司的竞争压力正迫使电话公司可能提前实施 FTTH 网以便保证长远的宽带业务收入；各国电信政策法规管制的逐渐放开越来越有利于 FTTH 的实施；各种新技术，诸如新型环路用激光器的出现，平面光波电路（PLC）的发展，光纤放大器的问世，波分复用和频分复用以及数字集成和压缩技术的进展都在积极推动 FTTH 的实现，人们对 FTTH 的兴趣又在重新增加。有理由相信，在接入网中较大规模引入 FTTH 的时机已不太遥远了。

3. 光纤接入网系统的要求

(1) 光纤类型

光纤类型从大的方面看可以划分为单模光纤和多模光纤两类，鉴于单模光纤的损耗低、带宽宽、制造简单和价格低廉，在公用电信网（包括接入网）中已成为主导光纤类型。新敷设的光纤几乎全部采用单模光纤，已不再考虑多模光纤。单模光纤又分为 G.652、G.653 和 G.654 三种，考虑到成本及网络的维护和统一性，ITU-T 规定在接入网中只使用生产量最大、价格最便宜、性能优良的标准 G.652 光纤。

有些国家主张也应允许使用 G.653 光纤，理由是色散小，与光纤放大器结合在 1.55μm 波长区可望提供更长的色散受散受限距离和扩大用户数，有一定优势。然而 ITU-T 认为在接入网环境下，目前的重点是 2Mbit/s 速率以下的业务，即使考虑宽带业务后其线路传输速率也不大可能超过 2.4Gbit/s，因而足以覆盖现行规划的接入网最长传输距离。再考虑到 G.653 光纤的成本偏高以及将来开放波分复用系统方面的困难，因而目前不准备使用这种光纤。至于 G.654 光纤就更不会考虑使用了。

(2) 双向传输技术

传输技术主要完成连接 OLT 和 ONU 的功能，其连接方式可以为点到点方式，也可以为点到多点方式。至于反向的用户接入方式也可以有多种，主要有时分多址接入（TDMA）和副载波多址接入（SCMA）两种。目前的 ITU-T 标准是以 TDMA 方式为基础的，但不排除其他接入方式。下面介绍几种主要的双向传输方式。

① 空分复用（SDM）。SDM 就是双向通信的每一方向各使用一根光纤的通信方式，即

所谓单工方式。在 SDM 方式下两个方向的信号在两根完全独立的光纤中传输，互不影响，传输性能最佳，系统设计也最简单，但需要一对光纤才能完成双向传输的任务，当传输距离较长时不够经济。对于 OLT 与 ONU 相距很近的应用场合，则由于光纤价格的不断下降，SDM 方式仍不失为一种可以考虑的双向传输方案。最后，由于两个方向的信号传输通路互相独立，因而对于光源波长没有特殊要求，只要在 1 310nm 波长区内，是否相同无关紧要。

② 时间压缩复用（TCM）。TCM 方式是解决双向传输的有效手段之一。这种方法只利用一根光纤，但不断交替改变传输方向，使两个方向的信号得以轮流地在同一根光纤上传输，就像打乒乓球一样，因而又称“乒乓法”。实现 TCM 传输有两种方法，第 1 种方法是利用一只激光器既作光源又作检测器，十分简单，只要有一个收发控制开关准确地控制其收发时间，使之不发生冲突即可。然而这种方法激光器兼作检测器的灵敏度较差，速率较高时，光通道可用光预算很小。第 2 种方法是利用两套独立收发设备，两端各设一个光耦合器用于分离上行和下行信号，两个方向的信号发送在时间上分开，分别占用不同的时隙轮流发送。由于同一时刻只允许一个方向传输信号，因而称为半双工方式，以便与 WDM 和 SCM 的全双工方式有所区别。采用 TCM 方式时，两个方向的信号允许工作在同一波长，但目前规定必须在 1 310nm 波长区。

采用 TCM 方式可以用一根光纤完成双向传输任务，节约了光纤、分路器和活动连接器，而且网管系统判断故障比较容易，因而获得了广泛的应用。这种系统的缺点是两端的耦合器各有 3dB 功率的损失，而且 OLT 和 ONU 的电路比较复杂。

③ 波分复用（WDM）。当光源发送功率不超过一定门限时，光纤工作于线性传输状态。此时，不同波长的信号只要有一定间隔就可以同一根光纤上独立地进行传输而不会发生相互干扰，这就是波分复用的基本原理。对于双向传输而言，只需将两个方向的信号分别调在不同波长上即可实现单纤双向传输的目的，称为异波长双工方式。这种方式未来的升级扩容潜力很大，很容易扩展至几十个波长，但目前 WDM 器件的成本还嫌过高，因而传输距离不长时不够经济。

④ 副载波复用（SCM）。利用 SCM 实现双向传输的原理很简单，只需将两个方向的信号分别安排在不同频段即可实现单纤同波长双向传输的目的。在实际 OAN 传输系统中，下行方向往往采用 TDM 方式基带传输形式，因而频率分量集中在低频端，而上行方向采用副载波多址接入（SCMA）方式，即各个用户的频率调在较高频段，与下行信号的频谱隔开。由于上、下行信号分别占用不同频段，因而系统对反射不敏感，也无须 TDMA 方式所必不可少的复杂的延时调整电路，传输延时较小，电路较简单。当然，模拟频分方式必须带有一切模拟方式所不可避免的缺点，这里就不重复讲述了。

（3）OAN 容量和 ONU 类别

ITU-T 对于 OAN 的容量和 ONU 的类别以及最大分路比都有明确的规定，如表 6.2 所示。其中 OAN 容量实际就是 OLT 的容量规格要求。这些要求不仅反映了实际应用要求，而且也反映了当前采用互补金属氧化物半导体（CMOS）技术所能经济地工作的速率。ONU 的类别则按照其在用户侧所需要的最大通透容量来规定，即以 B 通路（64kbit/s 承载通路）为基本度量单位，通常不含控制和信令通路，除了携带在承载通路内的情况（例如 ISDN PRA）例外。

考虑到 OAN 的主要服务对象是居民住宅用户小企事业用户单位，因而每一个 ONU 的容量不是很大并可按应用场合划分为不同类别。容量最小的类别 1 要求至少 2B，这种情况通常发生在单个居民住宅用户的情况，即 FTTH 应用。当然也可以比 2B 大，例如 4B 或更多，由厂家自行选择。类别 2 和类别 3 分别要求容量不少于 32B 和 64B。

表 6.2　　OAN 容量和 ONU 类别规定

	类型 1（例如 SDM 和 WDM）	类型 2（例如 TCM）
ODN 接口	至少 4 个 ODN 口；总容量 800B；每个 ODN 接口至少 200B	至少 4 个 ODN 接口；总容量 800B；每个 ODN 接口至少 100B
最大分路比	最大逻辑距离 20km 以下时：16 最大逻辑距离 10km 以下时：32	最大逻辑距离 20km 以下时：8 最大逻辑距离 10km 以下时：16
ONU 类别	类别 1：至少 2B 类别 2：至少 32B 类别 3：至少 64B	类别 1：至少 2B 类别 2：至少 32B 类别 3：至少 64B

（4）逻辑传输距离

逻辑传输距离指特定传输系统所能通达的最大距离，与光路的光功率预算无关，主要取决于信号帧的构成及分路比和传输方式，实际系统传输距离只可能短于逻辑传输距离。规范逻辑传输距离的目的主要是便于系统分类。通常，所用系统类型和分路比不同其逻辑传输距离不同，表 6.3 所示为两种不同类型系统的逻辑传输距离与分路比的关系。

表 6.3　　逻辑传输距离与分路比的关系

逻辑传输距离	类型 1	类型 2
20km	至少能支持分路比 16	至少能支持分路比 8
10km	至少能支持分路比 32	至少能支持分路比 16

6.3.2　光纤接入网的拓扑类型

光纤接入网采用什么样的结构主要是依据用户所要求传输信息的种类和容量以及可能的建设投资规模来确定，这也是建设用户接入网的重要课题之一。目前，按照光分配网络（ODN）连接方式不同，主要采用总线型、环型和星型这 3 种基本的网络拓扑结构，当然在大的网络中，同样可以派生出一些混合型的拓扑结构，如总线—星型结构、树型、双环型等多种组合应用形式，各有特点、相互补充。

1. 总线型拓扑

总线型结构是光纤接入网的一种应用非常普遍的拓扑结构，它是以光纤作为公共总线（母线），一端直接连接服务提供商的中继网络，另一端则是连接各个用户。各用户终端通过某种耦合器与光纤总线直接连接所构成的网络结构，用户计算机与总线的连接可以是同轴电缆，也可以是双绞线，还可以是光纤。总线结构是点到多点配置的基本结构，图 6.11 所示为典型总线型光纤接入网结构。这种结构利用了一系列串联的非平衡光分路器件以便从总线上检出 OLT 发送的信号，同时又能将每一 ONU 发送的信号插入光总线送回给 OLT。采用这种非平衡光分路器后，会在光总线中引入损耗从而消耗掉一些光功率。至于具体分路比则取决于应用，诸如最大 ONU 数和 ONU 所需的最小光功率等。

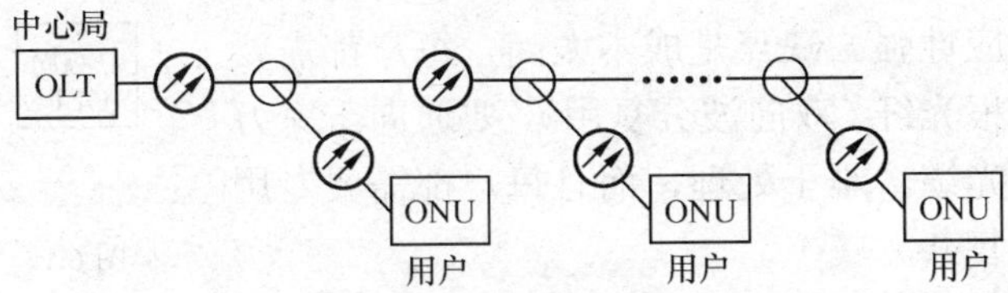

图 6.11 典型总线型光纤接入网结构

这种结构属串联型结构，优点是共享主干光纤，节省线路投资，增删节点容易，彼此干扰较小；缺点是共享传输介质，连接性能受用户数量影响较大。

2. 环型拓扑

环型结构是指所有节点共用一条光纤环链路，光纤链路首尾相接自成封闭回路的网络结构，当然光纤的一端同样需要连接到服务提供商的中继网络。用户与光纤环的连接也是通过各种耦合器进行的，所采用的介质可以是同轴电缆，也可以是双绞线，还可以是光纤。环型结构也属于点到多点配置，这种闭合的总线结构改进了网络的可靠性，图 6.12 所示为环型光纤接入网结构。

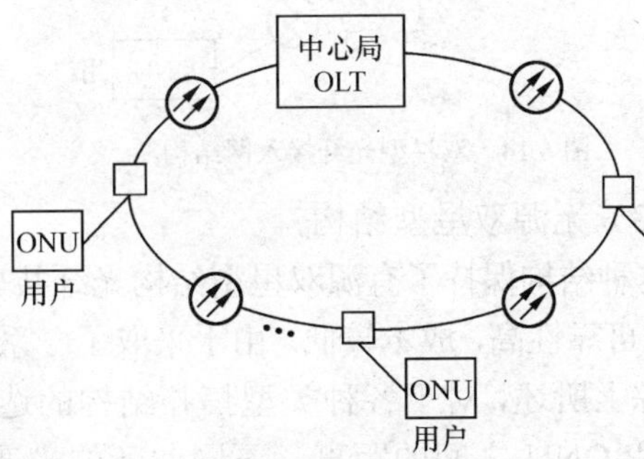

图 6.12 环型光纤接入网结构

这种结构的突出优点是可实现网络自愈，即无须外界干预，网络即可在较短的时间里从失效故障中恢复所传业务。缺点是连接性能差，因为也是共享传输介质的，所以通常适用于较少用户的接入中；而且故障率较高，故障影响面广，只要光纤环一断，整个网络就中断了。

3. 星型拓扑

在星型结构的光纤接入网中，各用户终端通过一个位于中央节点（设在端局内）具有控制和交换功能的星型耦合器进行信息交换。它属于并联结构，不存在损耗累积的问题，易于实现升级和扩容；各用户之间相对独立，业务适应性强。但缺点是所需光纤数较多（每用户单独一条），成本较高；另外，由于在这种结构中，所有节点都需要经过中央节点的数据交换才能与中继网络连接，所以中央节点的星型耦合器工作负荷比较重，对可靠性要求极高，一旦中央节点出现故障，则整个网络也将瘫痪。

星型结构又分为有源单星型结构、有源双星型结构及无源双星型结构 3 种。

（1）有源单星型结构

该结构是 ONU 与 OLT 之间按点到点配置，即每一 ONU 直接经一专用光链路与 OLT 相连，中间没有光分路器。光链路可以是一根光纤，也可以是一对光纤。由于这种配置不存在光分路器引入的损耗，因此传输距离远大于点到多点配置。图 6.13 为单星型光纤接入网结构的一个示例。

这种结构接入方式的优点主要表现为用户之间互相独立，保密性好；升级和扩容容易，只要将两端的设备更换就可以开通新业务，适应性强。缺点是成本太高，每户都需要单独的一对光纤或一根光纤（双向波分复用），要通向千家万户，就需要上千芯的光缆，难于处理，而且每户都需要专用的光源检测器，相当复杂。

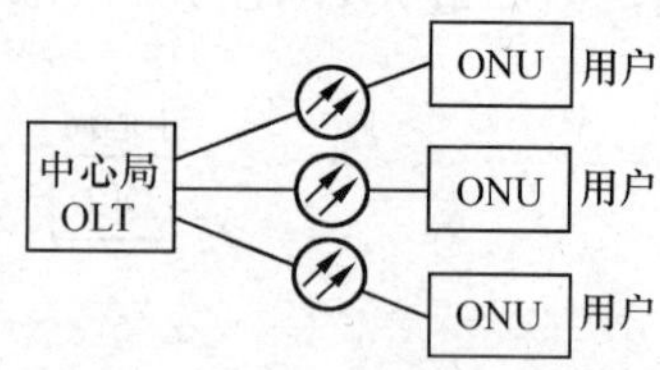

图 6.13　单星型光纤接入网结构

（2）有源双星型结构

双星型结构实际上就是一个树型结构，分两级。它在 OLT 与 ONU 之间增加了一个有源节点。交换局与有源节点共用光纤，利用时分复用（TDM）或频分复用（FDM）传送较大容量的信息，到有源节点再换成较小容量的信息流，传到千家万户。双星型光纤接入网结构如图 6.14 所示。

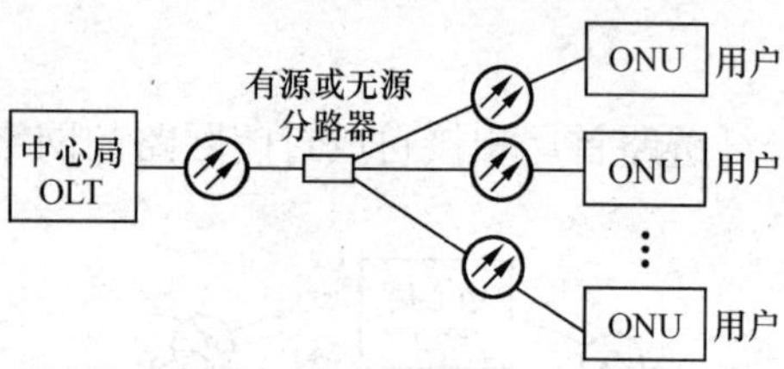

图 6.14　双星型光纤接入网结构

这种网络结构的优点是灵活性较强，中心局有源节点间共用光纤，光缆芯数较少，降低了费用。缺点是有源节点部分复杂，成本高，维护不方便；另外，如要引入宽带新业务，将系统升级，则需将所有光电设备都更换，或采用波分复用叠加的方案，操作起来比较困难。

（3）无源双星型结构

这种结构保持了有源双星型结构光纤共享的优点，只是将有源节点换成了无源分路器，维护方便，可靠性高，成本较低。由于采取了一系列措施，保密性也很好，是一种较好的接入网结构。

综上所述，对于各种类型拓扑结构的选择需要考虑多种因素，主要有用户所在地的分布，OLT 和 ONU 之间的距离，不同业务的光通道，可用的技术，光功率预算值，波长的分配，升级的需要，可靠性和可用性，操作管理和维护，ONU 供电，安全，光缆容量等。没有一种单一的结构可以适用于所有情况，必须要具体问题具体分析。

6.3.3　无源光接入网

根据接入网室外传输设施中是否含有源设备，OAN 又可以划分为无源光网络（PON）和有源光网络（AON），前者采用光分路器分路，后者采用电复用器分路。在 AON 技术中，已经得到广泛应用并且在技术上比较成熟的有基于 PDH 的 AON 和基于 SDH 的 AON 两类。它们大多借鉴干线传输网的技术，可以接入的用户多、容量大、传输距离长，但也存在很多不足之处。例如，要求有供电系统来供电；优于 AON 中包含很多有源电路、器件和设备，易于收到电磁干扰，其稳定性和可靠性比较差；发生故障的概率较高，需要经常去维护和管理，系统的造价较高。目前，多数国家和 ITU-T 更注重推动 PON 的发展，所以本小节主要讲述 PON 的原理 EPON 技术。

1. PON 的基本概念

PON 是一种质优价廉的宽带接入技术，它采用光分路器（Splitter：分支器）等无源器件将信号传送到用户，而无须贵重的有源电子设备。PON 的突出优点是消除了户外的有源设备，所有的信号处理功能均在交换机和用户宅内设备完成，避免了外部设备的电磁干扰和雷电影响，减少了线路和外部设备的故障率，提高了系统的可靠性。它的传输距离比有源光纤接入系统的短，覆盖的范围较小，但它造价低，无须另设机房，维护容易，因此，这种结构可以经济地为居家用户服务。

PON 系统的工作原理如图 6.15 所示。在 OLT 到 ONU 的下行方向上，交换机发出的信号是广播式发给所有的用户；在上行方向上，各 ONU 必须采用某种多址接入协议如时分多路访问 TDMA（Time Division Mutiple Access）协议才能完成共享传输通道信息访问。

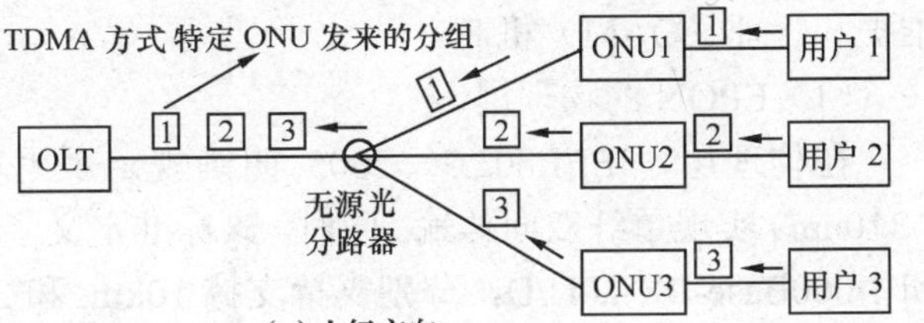

(a) 上行方向

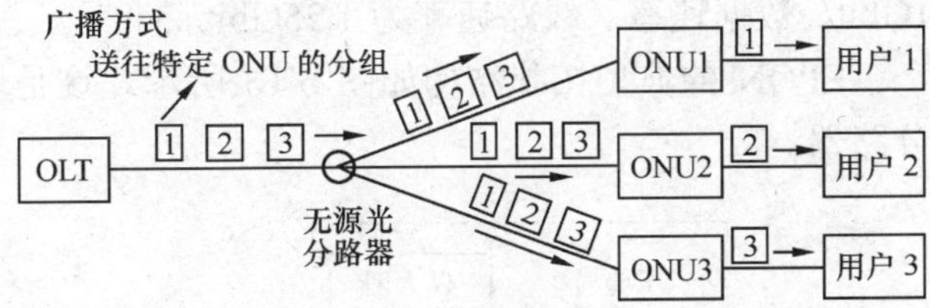

(b) 下行方向

图 6.15　PON 系统工作原理

2. PON 的标准

宽带 PON 技术主要包括基于 ATM 的宽带无源光网络（BPON/APON，ITU-T G.983）、以太无源光网络（EPON，IEEE802.3-2005）和吉比特无源光网络（GPON，ITU-T G.984）3 类，其主要差异在于采用了不同的二层技术。BPON/APON 的最高速率为 622Mbit/s，二层采用的是 ATM 技术。EPON 可以支持 1.25Gbit/s 对称速率，将来速率还能升级到 10Gbit/s，二层采用的是 Ethernet 技术。GPON 是指支持吉比特速率的 PON，其技术特色是在二层采用 ITU-T 定义的通用成帧规程（GFP）对 Ethernet、TDM、ATM 等多种业务进行封装映射，能提供 1.25Gbit/s 和 2.5Gbit/s 下行速率和所有标准的上行速率，并具有强大 OAM 功能，在高速率和支持多业务方面，GPON 有明显优势。

目前，BPON/APON 由于技术比较复杂、成本较高、速率有限、IP 业务映射效率低等原因，不宜再采用。EPON 是基于以太网承载技术的一种 PON 标准，对于 IP 业务有较好的支持能力及效率，并且技术相对简单、成本低，对于采用以太网络为基础的运营商来说是个不错而且性价比较高的选择。GPON 相对 EPON 来说，更注重对多业务的支持能力（TDM、IP），上联业务接口及下联用户接口更为丰富（GE、FE、STM-1、E1 等）。GPON 下行速率高达 2.5Gbit/s，上、下行可采用不对称的速率。GPON 标准的制定就是面向运营商提供综合业务接入的，具有良好的发展前景，但设备不成熟，成本较高，尚不具备商用的条件。

3. 以太无源光网络

EPON 技术由 IEEE 802.3 EFM（Ethernet in the First Mile）工作组进行标准化。2004 年 6 月，IEEE 802.3 EFM 工作组发布了 EPON 标准 IEEE 802.3ah（2005 年并入 IEEE 802.3—2005 标准）。EPON 采用点到多点的拓扑结构，下行采用广播方式、上行采用 TDMA 方式实现双向数据传输。EPON 技术将以太网技术和 PON 技术相结合，其目标是以简单的方式实现点到多点的高速以太网光纤接入。EPON 技术的核心是在保留传统以太网体系结构的基础上定义了一种新的应用于 EPON 系统的物理层（主要是光接口）规范、一种新的 MAC 多点控制层协议（MPCP），以实现在点到多点无源光网络中的以太网帧的时分多址接入，以及一种运行维护和管理（OAM）机制。

（1）EPON 的物理层

在物理层，IEEE802.3—2005 明确规定采用单纤波分复用技术（下行 1 490nm，上行 1 310nm）实现单纤双向传输。同时，该标准定义了两种 PON 光接口，即 1 000Base-PX-10U/D 和 1 000Base-PX-20U/D，分别支持支持 10km 和 20km 的最大传输距离。在物理编码子层，EPON 系统继承了吉比特以太网的原有标准，采用 8B/10B 线路编码和标准的上、下行对称 1Gbit/s 数据速率（线路速率为 1.25Gbit/s）。

EPON 的典型拓扑结构如图 6.16 所示。这是一个树状拓扑结构，需要使用无源 1∶N 光分路器。

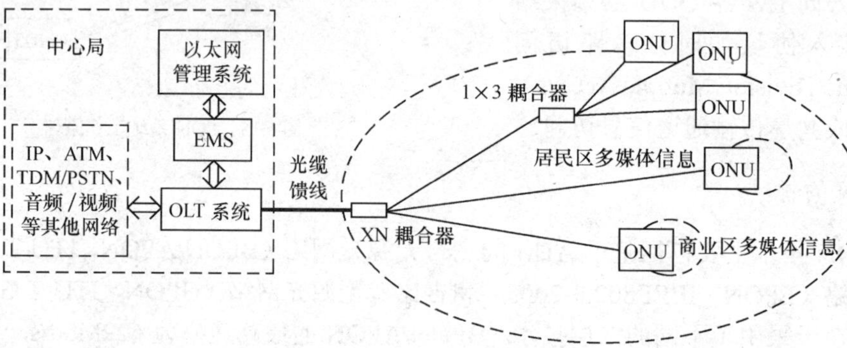

图 6.16　EPON 的典型拓扑结构

（2）多点 MAC 控制协议 MPCP

多点 MAC 控制协议是 EPON 接入网的 MAC 层关键技术之一，是通过对传统以太网协议栈中的 MAC 控制层功能的扩展来实现的。MPCP 增加了对点到多点（P2MP）网络中多个 MAC 客户层实体的支持，并提供对额外的 MAC 控制功能的支持。图 6.17 所示为 EPON 协议参考模型，其中描述了多点 MAC 控制协议的位置。

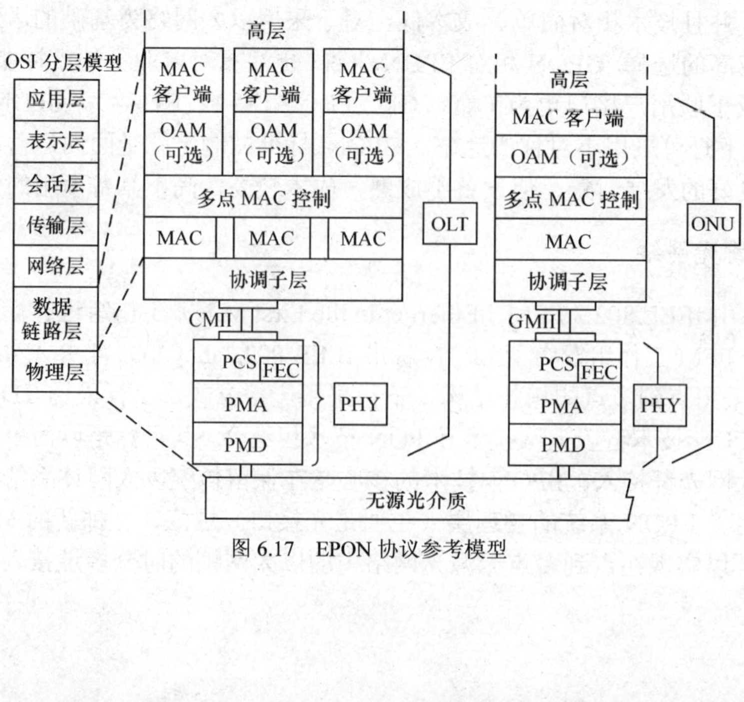

图 6.17　EPON 协议参考模型

MPCP 协议的主要功能是处理 ONU 的发现和注册、多个 ONU 之间上行传输资源的分配、动态带宽分配和网络启动过程控制等。这些功能通过 5 种 MAC 控制帧来实现，包括允许选通(Gate)、报告(Report)、注册请求(Register_Req)、注册(Register)和注册确认(Register_Ack)。其中，Gate 和 Report 用于请求和分配带宽，Register_Req、Register 和 Register_Ack 用来控制启动注册过程。

EPON 系统的最基本操作就是 Gate/Report 机制，即 OLT 通过 Gate 给 ONU 授权，分配 ONU 使用时隙的长短和允许其发送数据的开始时刻；而 ONU 则通过 Report 汇报自身的状态，即汇报需要发送数据的尺寸大小和本地时钟同步等信息。在这里，由 OLT 为 ONU 的上行信道动态分配时隙，而 ONU 根据其业务质量和等级的要求以适当的组合方式在约定的时隙将信号发送给 OLT。

MPCP 必须有赖于 OLT 与 ONU 在时间上的严格同步。在 EPON 系统中，OLT 和 ONU 均有一个本地的计数器（16ns 为一个单位）作为本地“时间戳”，并将本地时间戳的值填入所发送的 MPCP 帧中。ONU 利用 OLT 发来的控制帧中的“时间戳（Timestamp）”动态调整本地时间计数器的值以实现与 OLT 在时间上的同步。“时间戳”也被用来进行 ONU 的测距。

（3）测距

在 EPON 系统中，由于各 ONU 到 OLT 的物理距离的差别、环境温度等自然条件的不同以及光电器件的老化等原因，造成各 ONU 发送到 OLT 的数据信息产生的往返时延（Round Trip Time，RTT）可能差别很大，从而导致各 ONU 发送给 OLT 的信号重叠。为了避免这种现象的发生，把每个 ONU 都调整到与 OLT 有相同的逻辑距离上，使得每个 ONU 的上行信号到达 OLT 所需的延迟时间均为 T_d，该功能通常被称为测距。实际上，各 ONU 为实现到 OLT 有相同的逻辑距离，均把其发送的上行信号延迟 T_d-RTT 时间，也称为均衡延迟时间。

EPON 系统采用时间标签测距法。OLT 有一个本地时钟计数器。当 OLT 发送 MPCP 帧时，它就将本地时钟计数器的值，即绝对时钟插入到其时间标签域中。ONU 中也有一个本地时钟计数器，但是 ONU 无论何时接收到 OLT 发送的 MPCP 帧，就要将这个帧所携带的新的时间标签值来刷新自己的本地时钟计数器的值。当 ONU 发送 MPCP 帧时，它也要将自己的时钟计数器的值映射到时间标签域中。OLT 将对接收到的 ONU 的时间标签进行检查。时间标签测距法就是通过时间标签在 OLT 与 ONU 之间的传递，计算接收的时间标签值和 OLT 本地时钟之间的差来得到各 ONU 的往返时延 RTT 值。

（4）EPON 的上下行数据传送

EPON 系统通过将每个以太网帧的前导码（preamble）中的第 6、第 7 字节（原来的保留字节）用于逻辑链路标识（LLID），特定的 LLID 表示特定的 ONU 与 OLT 之间的点到点链路。

在下行方向，数据流以 IEEE802.3 帧格式复用在一起，采用广播方式从 OLT 传送到 ONU。每个帧的前导码中携带逻辑链路识别符，唯一地标识了数据所要到达的特定 ONU，当然这中间一些数据帧可能发送给所有的 ONU 或是一组 ONU。当数据到达 ONU 时，ONU 只根据逻辑链路标识符提取发给自己的数据帧，而将其他的数据丢弃。而在上行方向，数据流采用 TDMA 技术，多个 ONU 的上行信息组成一个 TDM 的信息流传送到 OLT。每个 ONU 都分配一个传输时隙，并利用测距功能，以防止不同 ONU 的数据帧在共用的通道上发生碰撞。图 6.18 和图 6.19 分别给出了下行和上行方向的运行情况。

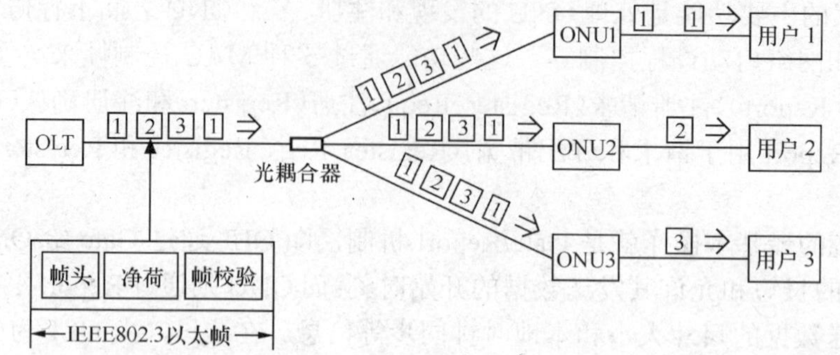

图 6.18 EPON 下行方向的运行情况

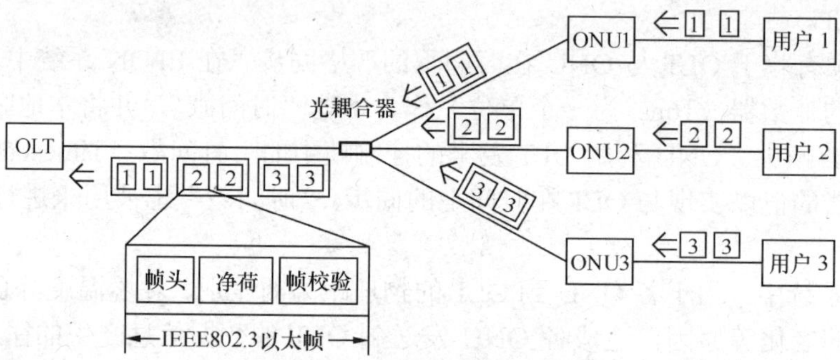

图 6.19 EPON 上行方向的运行情况

6.4 无线接入网

6.4.1 概述

无线接入作为接入网的一种实现手段，是指从交换机节点到用户终端之间，部分或全部采用无线信道连接技术，即用无线传输代替有线传输的全部或部分，向用户终端提供电话和数据服务。无线接入系统具有建网费用低、扩容可按需而定、运行成本低等优点，所以在发达地区可以作为有线网的补充，能迅速及时地替代有故障的有线系统或提供短期临时业务；在发展中或边远地区可广泛用来替换有线用户环路，节省时间和投资，因此，无线接入技术已成为通信界备受关注的热点。

无线接入技术是指利用微波、卫星等传输方式将用户终端接入到业务节点，为用户提供各种业务的通信技术。当前，可采用的无线接入技术很多，主要有蜂窝、数字无绳、点到多点微波、专用无线以及正在迅猛发展的各种宽带无线技术，它们大体上可归结为两类，即移动无线接入和固定无线接入两种。其中，前者就是我们所熟悉的蜂窝移动电话系统和卫星通信系统所采用的技术，移动无线接入技术服务的对象是移动终端，即实现移动终端与固定终端或移动终端之间的信息交换。而对于固定位置的用户或仅在小范围内移动的用户群体，则可采用后一种接入技术——固定无线接入技术。

6.4.2 固定无线接入网

固定无线接入（Fixed Wireless Access，FWA）是指能把从有线方式传来的信息（语音、数据、图像）用无线方式传送到固定用户终端或是实现相反传输的一种通信系统，有的地方也称为固定无线电接入（Fixed Radio Access，FRA）或是无线本地环路（Wireless Local Loop，WLL）。与移动通信相比，固定无线接入系统的用户终端是固定的，或者是在极小范围内。

由于 FMA 主要是解决用户环路部分，所以国内外各大公司的系统方案各不相同。从覆盖区看，其覆盖面积的半径从 50m～50km 不等。从频率角度看，从几十赫到几千赫不等；从寻址方式看，有频分多址（FDMA）、时分多址（TDMA）、码分多址（CDMA）等。

1. 固定无线接入的网络结构

不同频段的固定无线接入技术的组网均采用一种类似蜂窝的服务区结构，将一个需要提供业务的地区划分为若干服务区，每个服务区内设基站，基站设备经点到多点无线链路与服务区内的用户端通信。固定无线接入系统一般由中心站、终端站和网管系统 3 大部分构成，特殊情况下在中心站和终端站之间可以通过接力站进行中继，系统接入模型如图 6.20 所示。

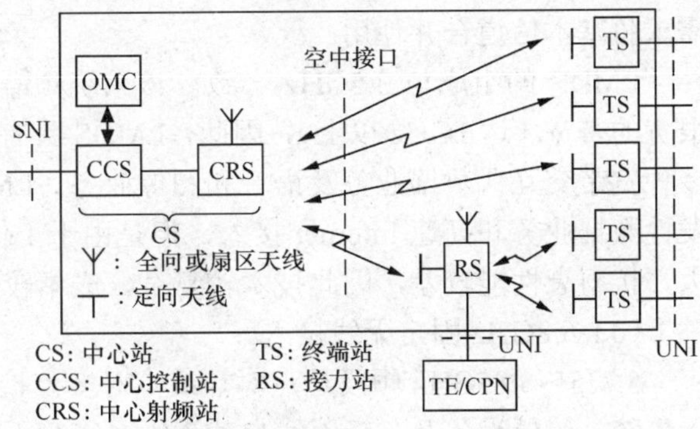

图 6.20 固定无线接入参考模型

与终端站相接的用户（通过 UNI）可以是单个的用户终端（TE），也可以是一个用户驻地网（CPN）。中心站（CS）从逻辑上可分为两个部分：中心控制站（CCS）和中心射频站（CRS）。中心控制站是业务汇聚部分，并提供到网络侧的接口；中心射频站是中心基带/射频收发设备，一个 CCS 可以控制多个 CRS。CCS 和 CRS 可以集成实现，也可以分立实现。终端站（TS）置于用户驻地，可服务于一个或多个用户终端设备。其射频收发设备和业务控制部分可以分立实现，也可以集成实现。根据不同的需求，终端站可以有不同的配置，如提供不同的用户侧业务接口（2 048kbit/s 接口，POTS 接口，10/100Base-T 接口等）；中心站可以根据上联的网络和业务需求，配置不同的接口，如 ATM 接口、2 048kbit/s 接口、10/100Base-T 接口、V5 接口等。

2. 固定无线接入技术的标准

作为宽带接入的一种手段，固定无线接入目前得到了较快的发展。按照频段区分，目前代表性的宽带固定无线接入技术主要有高频段（24GHz 以上）的本地多点分配业务（local multipoint distribution services，LMDS）技术、低频段（3.5GHz）固定无线接入和公用频段（5.8GHz）技术。当前在中国已经有行业标准对 3.5GHz 固定无线接入和 26GHz 的 LMDS 固定无线接入进行了规范，5.8GHz 固定无线接入的行业规范正在启动之中。

（1）3.5GHz 固定无线接入

标准规定 3.5GHz 固定无线接入系统应采用 FDD 方式，其工作频率为：终端站发射频段为 3 400～3 430MHz，中心站发射频段为 3 500～3 530MHz，同一波道发射频率和接收频率之间的间隔为 100MHz。3.5GHz 固定无线接入系统可采用的波道配置方案有 4 种，基本信道带宽分别为 1.75MHz、3.5MHz、7MHz 和 14MHz。

3.5GHz 无线接入系统由 4 部分组成：中心站、终端站、接力站和网管系统，其中中心站一般是多扇区的。3.5GHz 固定无线接入系统覆盖范围一般可以达到 7～8km，属于准视距传输。从业务能力来看，主要提供数据、语音等业务，还可以用于各种移动网络的移动基站的互连。3.5GHz 系统工作在 3.5GHz 频段，该频段传输性能较好，覆盖范围广，技术比较成熟，抗雨衰能力较强。由于该频段的频谱资源较少，只有 30×2MHz 的带宽，只能传输中低速率，主要用于企业客户。

（2）本地多点分配业务（LMDS）

根据 26GHz LMDS 的行业标准，系统采用 FDD 方式（现在也出现了以 TDD 作为双工方式的 26GHz LMDS），其工作频率为：中心站发射频段为 24 507～25 515MHz，终端站发射频段为 25 757～26 765MHz，同一波道收发频率间隔为 1 250MHz。26GHz LMDS 可以采用 4 种波道配置方案，基本波道带宽为 3.5MHz、7MHz、14MHz 和 28MHz，可以根据具体业务需求将基本信道合并使用。

LMDS 的组成与 3.5GHz 一致。该系统频谱资源比较多，可以传输较高的速率，可提供很宽的带宽（达 1GHz 以上），因此，LMDS 具有更高带宽和双向数据传输的特点，可以提供多种宽带交互式数据业务及语音和图像业务。LMDS 是面对用户服务的系统，特别适用于突发性数据业务和高速 Internet 接入，但是由于工作在较高的频段（24～39GHz），受气候影响大，抗雨衰性能较差，因此技术较复杂，成本较高。

（3）5.8GHz 固定无线接入

5.725～5.85GHz 频段是点对点或点对多点扩频通信系统、高速无线局域网、宽带无线接入系统、蓝牙设备及车辆无线自动识别系统等无线电台站的共用频段，原则上用于公众网无线接入通信，运营企业只要取得相应的基础电信业务经营许可即可。但由于 5.8GHz 不光是可以用于固定无线接入，还可以用于其他几种场合，各种 5.8GHz 系统之间可能存在干扰，因此，对于这个频段的规划和使用，除了考虑其他的固定无线接入必须考虑的技术问题，还应对当地的空中无线电进行测试，以免出现强烈的干扰。

随着芯片技术的进步使得设备集成度提高，调制技术的发展使得设备调制效率提高以及软件技术的发展，宽带固定无线接入的通信质量大为提高，成本降低。无线接入技术的成熟对于新型的运营商来说，是一个契机，这些运营商由于没有传统的有线接入网，可以利用固定无线接入建立自己的接入网，实现全业务的接入。

6.4.3 移动无线接入网

移动无线接入网允许其网络的用户终端在较大范围内移动，这类接入系统主要包括集群移动无线电话系统、基于蜂窝移动无线通信系统和卫星移动通信系统。

1. 集群移动无线电话系统

集群移动无线电话系统是一种专用调度指挥无线电通信系统，它在我国得到了较为广泛的应用。集群系统是从一对一的对讲机发展而来的，从单一信道一呼百应的群呼系统，到后来具有选呼功能的系统，现在已是多信道、多基站和多用户自动拨号系统，它们可以与市话网相连，并与该系统外的市话用户通话。集群系统的各个基站可用微波、光缆或电缆连接。该系统的优点是投资少、见效快，可在各基站覆盖区域之间漫游，特别适合于公安、防火、防洪等部门使用，对于地域广阔、人烟稀少的森林、草原、沙漠等地区也是很好的选择。

2. 基于蜂窝移动无线通信系统

基于蜂窝移动无线通信系统通常是由交换控制中心、若干个固定的基站和其下属的移动用户终端组成。每个基站和其下属的若干移动用户终端组成一个蜂窝，根据其覆盖的范围大小又可分为宏蜂窝、微蜂窝和微微蜂窝。这样基于蜂窝移动无线通信系统便是由交换控制中心和其受控管理的若干蜂窝组成。每个蜂窝基站与交换控制中心的连接是有线的，如经常采用速率为2.048Mbit/s的PCM电缆线路，但也可以是无线连接的。

基于蜂窝移动无线通信系统已经历了以模拟电话、数字电话和多媒体业务为主的三代，现在正在开发研究第四代（4G）产品，4G有更高的无线频率利用率，其下载速率可达100Mbit/s，上传的速度也能达到20Mbit/s，并能够满足几乎所有用户对于无线服务的要求。而在用户最为关注的价格方面，4G与固定宽带网络在价格方面不相上下，而且计费方式更加灵活机动，用户完全可以根据自身的需求确定所需的服务。

3. 卫星移动通信系统

卫星移动通信系统的最大特点是利用卫星通信的多址传输方式为全球用户提供大范围、机动灵活的移动通信服务，是陆地蜂窝移动通信系统的扩张和延伸，在偏远的地区、山区、海岛、受灾区、远洋船只及远航飞机等通信方面更具独特的优越性。

地面移动通信系统不论其技术体制和蜂窝结构如何，其基站总是固定的，手机（移动终端）则可以在移动或不移动中完成通信。卫星通信则不然，它有两大类：一类是移动终端在移动，卫星是相对静止的（因为卫星绕地球运行周期与地球自转同步，因而与地球之间处于相对静止状态），这是同步卫星移动系统，又称为静止轨道卫星移动通信系统（GEO）；另一类卫星移动通信系统，其移动终端相对静止（对移动中的卫星而言），这叫做非同步卫星移动通信系统，有椭圆轨道（HEO）、中轨道（MEO或ICO）、低轨道（LEO）等系统。

卫星移动通信系统覆盖全球，能解决人口稀少、通信不发达地区的移动通信服务，是全球个人通信的重要组成部分。但是它的服务费用较高，目前还无法代替地面蜂窝移动通信系统。

6.4.4 几种宽带无线接入标准

宽带无线接入技术面向的主要是语音、数据、图像等多媒体业务，特别是IP业务的接入。前面已经讨论了FBWA和LMDS等宽带无线接入系统，本小节主要介绍几种新的宽带无线互联网标准，主要包括用于短距离无线接入的IEEE 802.11（称为Wi-Fi或者WLAN）系列，用于固定和移动宽带无线接入的IEEE 802.16系列（称为WiMAX）和完全应用于移动宽带无线接入的IEEE 802.20（又称为Mobile-Fi）系列。下面简要介绍IEEE 802.16和IEEE 802.20两个系列标准。

1. IEEE 802.16系列宽带无线接入标准

IEEE 802.16的主要任务是研发工作于2～66GHz频带的无线接入系统空中接口物理层（PHY）和媒介接入控制层（MAC）规范，同时更有和空中接口协议相关的一致性测试连同不同无线接入系统之间的共存规范。IEEE 802.16 规定的无线系统主要应用于城域网。

（1）标准化

根据是否支持移动特性，IEEE 802.16 标准能够分为固定宽带无线接入空中接口标准和移动宽带无线接入空中接口标准，其中 802.16、802.16a、802.16d 属于固定无线接入空中接口标准，而 802.16e 属于移动宽带无线接入空中接口标准。

802.16d 是 2～66GHz 固定宽带无线接入系统的标准，是对 802.16、802.16a 和 802.16c 的修订。802.16d 能够应用于 2～11GHz 非视距（NLOS）传输和 10～66GHz 视距（LOS）传输。802.16d 对 2～66GHz 频段的空中接口物理层和 MAC 层做了详细规定，定义了支持多种业务类型的固定宽带无线接入系统的 MAC 层和相对应的多个物理层。802.16e 是 2～6GHz 支持移动性的宽带无线接入空中接口标准。802.16e 后向兼容 802.16d，它的物理层实现方式与 802.16d 基本一致，主要差别是对 OFDMA 进行了扩展，可以支持 2 048 点、1 024 点、512 点和 128 点的快速傅里叶变换，以适应不同载波带宽的需要。为了支持移动性，802.16e 还在 MAC 层引入了很多新的特性。

（2）无线工作特性

802.16d 和 802.16e 采用了很灵活的无线工作机制，对双工方式、工作频段、载波带宽等都未进行强制规定，能够适用于不同的应用场合。

① 频段：802.16d 能够工作在 2～11GHz 频段，而 802.16e 为了确保移动性，希望能工作在 2～6GHz 频段。WiMAX 正在各个国家寻求较低的频段。根据各个国家频率规划的不同，现在 WiMAX 已选定了首先对工作于 2.5GHz 许可频段、3.5GHz 许可频段、5.8GHz 免许可频段这 3 个频段的 802.16d 设备进行一致性和互操作性测试。

② 双工方式：802.16 系统能够工作在频分双工（FDD）或时分双工（TDD）方式。FDD 需要成对的频率，TDD 则无须，而且能够灵活地实现上、下行带宽动态调整。在 802.16 中，还规定了终端能够采用半双工频分双工（H-FDD）方式，降低了对终端收发器的需要，从而降低了终端成本。

③ 载波带宽：802.16 并未规定具体的载波带宽，系统能够采用从 1.25～20MHz 的带宽。考虑各个国家已有固定无线接入系统的载波带宽划分；802.16 规定了几个系列：1.25MHz 的倍数、1.75MHz 的倍数。1.25MHz 系列包括：1.25/2.5/5/10/20MHz 等。1.75MHz 系列包括：1.75/3.5/7/14MHz 等。对于 10～66GHz 的固定无线接入系统，还能够采用 28MHz 载波带宽，提供更高的接入速率。

④ 调制方式：802.16 标准中主要规定了两种调制方式：单载波和 OFDM。对于 10～66GHz 频段的无线接入系统，由于工作波长较短，必须需要视距传输，而多径衰落是能够忽略的，因此，802.16 规定在该频段采用单载波调制方式，具体能够采用 QPSK 和 16QAM，可选支持 64QAM。对于 2～11GHz 频段，必须考虑多径衰落，视距传输则不是必须的。OFDM 在频域划分子信道的方式使其在抵抗多径衰落上具备明显的优势，因此，在 2～11GHz 频段，优选 OFDM 调制方式，此时每个子载波的调制方式能够选用 BPSK、QPSK、16QAM 或 64QAM。

从上面的分析能够看出，IEEE 802.16 由于现在还缺乏全球统一的频率，因此，很多参数都是不定的。若 802.16e 最终支持大范围的移动性，必须寻找足够的可用频谱，因此，从未来的发展看，倘若没有足够的全球统一频率，势必成为阻碍 802.16e 大规模应用的重要因素。

（3）协议栈模型

在 IEEE 802.16 活动中，主要的工作都围绕空中接口展开。802.16d 和 802.16e 都是空中接口规范，其协议栈模型如图 6.21 所示。空中接口由物理层和 MAC 层组成，MAC 层又分成了 3 个子层：特定服务汇聚子层（Service Specific Convergence Sublayer，SSCS）、公共部分子层（Common Part Sublayer，CPS）和子层（Privacy Sublayer，PS）。

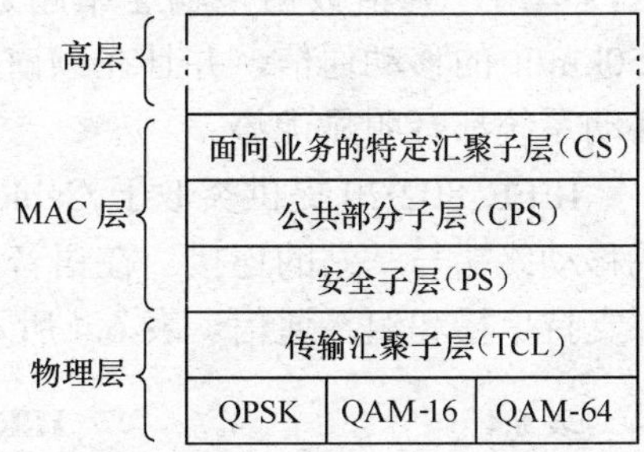

图 6.21 IEEE 802.16 协议栈模型

IEEE 802.16d 标准可支持 TDD（时分双工）和 FDD（频分双工）两种无线双工方式，根据使用频段的不同，定义了 3 种不同的物理层技术：单载波（SC）、OFDM（256 点）、OFDMA（2 048 点）。其中，10～66GHz 固定无线接入系统主要采用单载波调制技术，而对于 2～11GHz 频段的系统，将主要采用 OFDM 和 OFDMA 技术。802.16e 的物理层实现方式和 802.16d 是基本一致的，主要差别是对 OFDMA 进行了扩展。在 802.16d 中，仅规定了 2 048 点 OFDMA。而在 802.16e 中，能够支持 2 048 点、1 024 点、512 点和 128 点，以适应不同地理区域从 20MHz 到 1.25MHz 的信道带宽差异。

正交频分复用（OFDM）是一种多载波数字调制技术，该技术已在 ADSL 和 WLAN 中获得了应用。现在人们正在集中精力研究 OFDM 在移动通信系统中的应用。OFDM 具备较高的频谱利用率，且在抵抗多径效应、频率选择性衰落或窄带干扰上具备明显的优势。正交频分多址（OFDMA）是利用 OFDM 的概念实现上行多址接入。每个用户占用不同的子载波，通过子载波将用户分开。OFDMA 允许单个用户仅在部分子载波发送，降低了对发送功率的需要。OFDM 和 OFDMA 是 802.16 中的核心物理层技术，也是现在 B3G 研究的核心技术之一。

IEEE 802.16MAC 层采用分层结构，共分为 3 个子层，包括汇聚子层（CS）、公共部分子层（CPS）和安全子层（PS）。CS 子层负责和高层接口，汇聚上层不同业务；CPS 子层实现主要 MAC 功能，CPS 子层可分为数据平面和控制平面；安全子层负责 MAC 层认证和加密功能。

802.16 MAC 层是基于“连接”的，每一个“连接”均由一个标识符（CID）来唯一进行标识。在 802.16 标准中，MAC 层定义了较为完整的 QoS 机制。MAC 层针对每个连接能够分别配置不同的 QoS 参数，包括速率、延时等指标。为了更好地控制上行数据的带宽分配，标准还定义了 4 种不同的业务，分别为非请求的带宽分配业务（UGS）、实时轮询业务（rtPS）、非实时轮询业务（nrtPS）、尽力而为业务（BE）。802.16 能够根据业务的需要提供实时、非实时的不同速率需要的数据传输服务。802.16 现在主要面向提供宽带数据业务，也能够提供语音业务。802.16 系统的 QoS 机制能够根据业务的实际需要来动态分配带宽，具备较大的灵活性，因此，从以上的分析能够看出，802.16 能够在无线接入网部分为不同业务提供不同质量的服务。

2. IEEE 802.20 移动宽带无线接入技术标准

（1）概述

IEEE 802.20 工作组是从 IEEE 802.16 工作组终分出来，于 2002 年 11 月成立，专门负责指定移动宽带无线接入标准的研究小组。该工作组的目标是：规范工作于低于 3.5GHz 的许可频段的移动宽带无线接入（MBWA）系统物理层和 MAC 层的互操作性。此系统基于 IP 技术，单用户峰值数据传输速率超过 1Mbit/s，系统支持在城域网环境下终端移动速度高达 250km/h 的移动通信，并且在频谱效率、用户端持续数据传输速率、用户容量等方面比当前移动系统都有明显优势。

IEEE 802.20 提供类似于 Cable 和 DSL 等有线通信中"一直在线"的应用模式，自动实现移动终端与基站的连接。在语音服务方面，应用 VoIP 技术提供有 QoS 保障的语音服务，并支持广播和组播通信。表 6.4 所示为 IEEE 802.20 的系统预期性能指标。

表 6.4　　IEEE 802.20 系统的预期技术指标

系 统 特 性	目 标 参 数	
系统的移动性	最高可达 250km/h 的车载速度	
频谱效率	>1bit/s/Hz/cell	
信道带宽	1.25MHz	5MHz
用户峰值数据速率（下行）	>1Mbit/s	>4MHz
用户峰值数据速率（上行）	>300kbit/s	>1.2MHz
小区的用户峰值数据速率（下行）	>4Mbit/s	>16MHz
小区的用户峰值数据速率（上行）	>800kbit/s	>3.2MHz
空中链路 MAC 帧的 RTT	<10ms	
小区范围大小	根据组网情况确定	
工作频率	小于 3.5GHz	
双工方式	FDD 和 TDD	
频带分配	分配给移动通信的许可频带	
安全模式	高级加密标准 AES	

（2）IEEE 802.20 的协议栈

IEEE 802.20 协议模型，主要分为数据链路层和物理层两个功能层。数据链路层由 MAC 子层和 MAC 管理子层组成，主要负责获取移动终端接入空中的资源。MAC 子层负责对数据进行正确组帧，同时也负责对空中资源接入发出申请命令。MAC 管理子层负责提供 MAC 层参数和对 MAC 层监视参数的提取；该信息可用作网络管理。物理层由物理汇聚子层、物理媒体子层和物理管理子层组成。物理媒体子层负责提供比特传输；汇聚子层主要实现比特流和信元流之间的转换；管理子层负责提供物理层参数的定义，获取用于网络管理的一些监视参数。

图 6.22 所示为基于 IP 的 IEEE 802.20（MBWA）协议栈。可见，该系统将现有的 IP 网络简单地扩展到无线终端，形成移动的、无处不在的网络接入，透明地支持基于各种网络的应用业务。

此外，为了支持网络层的移动性，MBWA 系统引入了 IPv6 技术。在网络控制的切换中，网络决定移动节点的连接点；在移动节点控制的切换中，网络决定了新的连接点，并与该点建立连接。MBWA 采用了移动节点控制的切换方式。

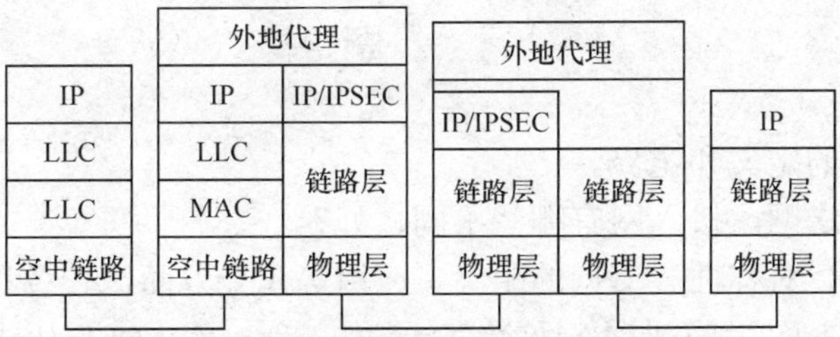

图 6.22　基于 IP 的 IEEE 802.20（MBWA）协议栈

（3）802.20 与 802.16e、3G 的关系

802.16e 技术为移动性要求不高的用户提供高速、有效的对称数据传输。802.20 在保持较高数据传输速率的同时，能够满足用户更高的移动性要求。3G 的数据传输速率比较低，但能够满足用户的全球移动性要求。表 6.5 所示为 802.16e、802.20 和 3G 的主要技术比较。

表 6.5　　802.16e、802.20 和 3G 的主要技术比较

	802.16e	**802.20**	**3G**		
	FBWA	**MBWA**	**WCDMA**	**TD-SCDMA**	**CDMA2000**
业务定位	宽带、低速移动数据业务	高速移动数据业务	语音和各种速率数据业务	语音和各种速率数据业务	1X/DV：语音和各种速率数据业务 DO：数据业务
关键技术	OFDM OFDMA AAS/MIMO 等	Flash-OFDM SCDMA （未正式确定）	扩频；码分多址等	智能天线 接力切换 软件无线电等	码分多址：DO：前/反向 HARQ+增强的 MAC 层； DV：高阶调制+天线分集+快速呼叫建立+BCMCS 控制机制；
工作频率	2～6GHz 许可频段	小于 3.5GHz 许可频段	1 920～1 980MHz 2 110～2 170MHz 核心频段	1 880～1 920MHz 2010～2025MHz 核心频段	1 920～1 940MHz 2 110～2 130MHz 核心频段
信道带宽	1.25/1.5/1.75 •(2 • n)MHz，n=0,1,2,3,4； 一般大于 5MHz	1.25MHz 5MHz	5MHz	1.6MHz	1.25MHz
用户速率（下行）	30Mbit/s（10M 带宽时）	1.25M 带宽：大于 1Mbit/s； 5M 带宽：大于 4Mbit/s；	目前支持 64/128/384 kbit； HSDPA：最高可达 10Mbit/s	目前支持 64/128/384k	1X：153/307k DO：3.1Mbit/s DV：3.1Mbit/s
用户速率（上行）	30Mbit/s（10M 带宽时）	1.25M 带宽：大于 300kbit/s 5M 带宽：大于 1.2Mbit/s	64kbit/s	64kbit/s	1X：最大 153kbit/s，平均 70kbit/s DO：1.8Mbit/s DV：1.8/1.2Mbit/s
覆盖范围	数 km，与频段有关	2～5km	城区约 1～3km（2G 频段）	城区约 2～3km（2G 频段）	城区约 2km～3km（2G 频段）
移动性	最高 120km/h	最高 250km/h	高速移动	高速移动	高速移动

习　题

1．试说明接入网的定义和定界。

2．相对于核心传送网，接入网有哪些不同之处？

3．试从接入速率、对称性、支持的距离、应用等几个方面比较各种 DSL 技术。

4．说明 ADSL 是如何实现双向不对称数字传输的？新一代 ADSL 从技术上有哪些改进？

5．说明光纤接入网的参考配置，并简要介绍其中各组成部分的功能。

6．光纤接入网的拓扑结构有哪几种？说明各自的特点和应用场合。

7．EPON 中如何实现点到多点 MAC 控制？

8．说明 EPON 的上、下行数据是如何传送的？

9．在 EPON 系统中，由于各 ONU 到 OLT 的物理距离的差别、环境温度等自然条件的不同以及光电器件的老化等原因，造成各 ONU 发送到 OLT 的数据信息产生的往返时延可能差别很大，从而导致各 ONU 发送给 OLT 的信号重叠。如何避免这种现象的发生？

10．现有固定无线接入的标准有哪些？说明各自的应用场合。

11．比较并说明 802.20 与 802.16e、3G 这 3 种宽带无线接入技术的关系。

第 7 章　数字同步网和时间同步网

同步网是电信支撑网的一种，可以分为传统的数字同步网和新引入的时间同步网，传统的数字同步网设立一高精度的基准时钟，通过传输链路把此基准时钟信号送到网中的各从节点，各从节点利用锁相环把本地时钟频率锁定在基准时钟频率上，从而实现网内各节点之间的时钟信号同步。基准钟（PRC）一般采用铯原子钟，二级节点时钟和三级节点时钟采用铷原子钟或晶体钟，目前有效的方法是在网中设置大楼综合定时供给系统（BITS），为通信网网元如 SPC 交换设备，SDH 传输设备，数字交叉连接设备，DDN 设备，7 号信令网设备提供统一的同步信号源。

随着网络技术的发展，引入了各种新的业务，如各项新的数据业务：电子商务、多媒体通信、IP 电话，传统业务存在多家企业互连互通和网间结算问题，通信业务所涉及的安全、认证及计费，为了电路交换业务在网络上实现透明传输所采纳的电路仿真机制等，都与一个共同的标志“时间”有着密切联系。精确的“时间”标志对于现代通信网显得越来越重要，因此，需要引入新的支撑网——时间同步网。

传统的数字同步网中“同步”的概念是指频率的同步，即网络各个节点的时钟频率和相位同步，其误差应符合标准的规定。时间同步网与传统的数字同步网不同，时间同步是指网络各个节点时钟以及通过网络连接的各个应用界面的时钟的时刻和时间间隔与协调世界时（UTC）同步，数字同步网信号源并没有时、分、秒这种时间概念，而时间同步网恰恰是建立起这种具有时间标志的同步网络。

本章介绍数字同步网和时间同步网的工作原理和网络规划方法。

7.1　数字同步网

7.1.1　数字同步的基本概念

在数字网中，在数字信号的接收、复用和交换过程中都要求实现同步，同步是保证通信质量非常重要的一个方面。同步是指通信双方的定时信号符合一定的时间关系，它又可以分为位同步、帧同步和网同步。

位同步是指通信双方的位定时脉冲信号频率相等且符合一定的相位关系。在数字传输设备中需要对接收到的信号进行判决，在程控交换机中需要进行时隙交换，在复用设备中，需要把低速率的数字信号复用成较高速率的群路信号。在这些信号的接收、交换和复用过程中，位同步是保证这些过程顺利进行的前提。如果通信双方的位定时信号偏差较大，在接收过程中会造成判决时刻相对于理想时刻的偏离，从而导致误码的增加。在交换过程中，缓冲存储器把时钟的相位偏差转换成滑码，从而造成码元的增加和减少。在复用过程中时钟频率的不一致会造成码元的重叠。由此可见，在数字通信设备中，位同步是保证通信质量的关键。

帧同步是指通信双方的帧定时信号的频率相同且保持一定的相位关系。帧同步的作用是在同步复用的情况下，能够正确地区分每一帧的起始位置从而确定各路信号的相应位置并正确地把它们区分开来。帧同步是通过在信码中插入帧同步码来实现的，帧同步码组是一组特定的码组，接收端利用检测电路来检测这一特定的码组并以此作为基准信号来控制本地的定时产生系统，使得接收设备的帧定位信号和接收信号的帧定位信号保持一致，即在时间轴上对齐，从而实现帧同步。在某些系统中还会使用到复帧同步，如在数字一次群中，在每一帧的 TS16 中传送信令，在 16 帧中传送 30 路的线路信令，从而每 16 帧形成一个复帧，通过插入复帧同步码来实现复帧同步。

帧同步是以位同步为基础的，只有在位同步的情况下，才能使得接收信号帧和接收设备帧的持续时间是相等的，才有可能实现帧同步。

网同步是指网络中各个节点的时钟信号的频率相等，也就是多个节点之间的时钟同步，从而也可以在各个节点实现帧同步。随着通信网的发展，在网络中运行的设备的种类逐渐增加，除了原来的程控交换机以外，还增加了 SDH 传输设备、数字交叉连接设备、DDN 设备、7 号信令网设备、数字信号以更高的速率交换和传输，时钟信号的相位偏移所造成的影响就越益明显和严重，对于各个节点之间的时钟信号的同步的需求也就越加迫切。

7.1.2 网同步的方法

网同步的方法可以分为准同步和同步两大类，同步又可分为主从同步、等级主从同步、外基准同步和互同步，互同步可包括单端控制法和双端控制法，网同步的方法如图 7.1 所示，图中的圈表示交换节点，带箭头的实线表示时钟信号或控制信号的传输途径，以下分别介绍常用的网同步的方法。

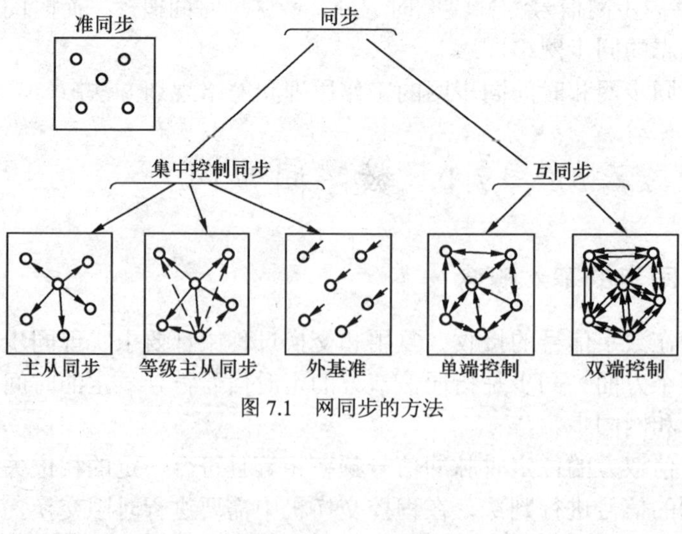

图 7.1 网同步的方法

1. 准同步

准同步网各节点的时钟信号是互相独立的，在网中的各节点之间没有时钟信号的传输路线，也没有控制信号的传输路线。各节点依靠采用高精度的时钟彼此工作接近于同步状态。

准同步网中常用的时钟为铯钟，它的频率精度为 1×10^{-11}。由于各节点的时钟是互相独立的，因而滑码是不可避免的。但是采用了高精度时钟，使得滑码的频率保持在可以接受的范围内。如采用铯钟，当码流为在基群速率时，滑码率为每 72 天滑码一次．同时，为了提高可靠性，每个节点一般设置 3 台原子钟，处于自动切换状态。准同步方式主要用于国际电话网中，或者用于幅员辽阔的国内网中，在国际网中采用准同步方式，可以避免国家之间的从属关系。在国内网采用准同步方式，可以使网络的结构灵活，并避免时钟信号或者控制信号的长距离传输。

2. 主从同步

主从同步是目前得到广泛应用的一种同步方式。这种方式在一个交换局设立一高精度的基准时钟，通过传输链路把此基准时钟信号送到网中的各从节点，各从节点利用锁相环把本地时钟频率锁定在基准时钟频率上，从而实现网内各节点之间的时钟信号同步。主从同步网中时钟的传输可以呈现星型结构或树型结构。在星型结构中，基准时钟通过链路直接传至从节点，但由于有些节点和拥有基准时钟的主节点之间无直达传输链路，这时采用逐级传递的方式，传输路线呈树型结构。

等级主从同步是为改善可靠性而采用的一种主从同步方式。在这种方式中，交换局的时钟精度都有一个等级，当基准时钟失效时就采用次一等级的时钟作为主钟，送至交换局的时钟信息都带有等级识别信息，这是以复杂性换取可靠性的一种同步的方法。

从节点时钟系统的基本结构是一个带有变频振荡器的锁相环，如图 7.2 所示。从较高一级或者主节点来的定时信号输入到相位比较器，锁相环的变频振荡器根据比较器的输出产生新的时钟信号。从节点的时钟系统有 4 个作用：①产生时钟信号供给本节点的数字设备；②当输入的时钟信号失效时能继续输出稳定的时钟信号；③减少从高一级节点送来的时钟信号中所含的高频噪声分量；④避免由于时钟输出线路的改换而引起的相位跳跃。

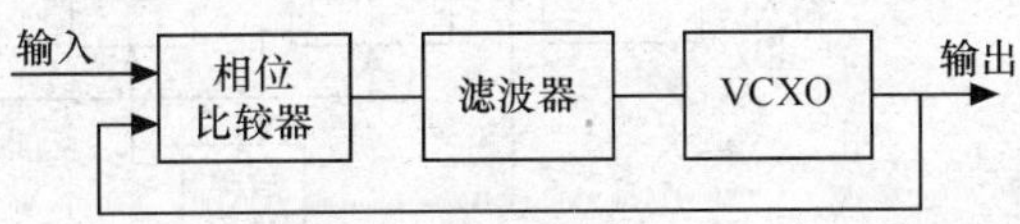

图 7.2　主从同步锁相环

主从同步方式是同步网中采用的主要方式，其主要优点可以归纳如下。

① 在主从同步的区域内形成一个全同步网，从而避免了准同步网中固有的周期性滑动。

② 在主从同步网中绝大多数的节点是从节点，从节点的时钟处于跟踪基准时钟状态，因此，从节点的压控振荡器（VCXO）只要求较低的精度。

③ 从节点的控制过程较为简单，适用于树型或星型网络，这和当前电信网的结构是一致的。

主从同步方式的缺点主要如下。

① 一旦与主节点的基准时钟或定时信号传输链路发生故障，将会导致全系统或局部系统丧失同步能力，必须采用设置多重备份设备。

② 系统采用单端控制，定时信号传输链路上的扰动将会导致定时基准信号的扰动，这会在一定程度上影响时钟同步的质量。

在主从同步网中采用的锁相环有紧耦合和松耦合两种。紧耦合锁相环是指普通的锁相环，当锁相环正常工作时，它的输出时钟信号频率紧紧跟随基准时钟信号频率，而当基准时钟信号不复存在时，锁相环的输出信号与原基准信号不再存在依赖关系，因而偏离了基准频率。这种输出信号频率紧紧地与基准信号频率耦合在一起的锁相环称为紧耦合锁相环。

松耦合锁相环是指采用微机控制的具有频率记忆功能的锁相环。在这种锁相环中，依靠微处理机根据统计平均规律建立虚拟基准源，虚拟基准源具有存储输入基准信号频率信息的功能，因此，一旦基准时钟信号丢失，锁相环能按照存储的基准时钟信息继续工作相当长的时间。这种锁相环即使在基准信号丢失的情况下，环路振荡器输出频率仍可保持为基准频率，环路的输出和输入基准频率耦合不紧，因此称为松耦合锁相环。采用松耦合锁相环，即使时钟分配链路中断几天，仍可使节点时钟维持同步的精度要求，因此，这种松耦合锁相环在长途局一级的时钟产生系统中得到了广泛的应用。

松耦合振荡器是松耦合压控晶体振荡器（LCVCXO）的简称，它是网同步钟的核心部件，它的各项指标直接决定了同步钟的指标。在正常运行时，松耦合振荡器的输出频率紧跟于输入的同步频率，当输入频率消失后，立即进入记忆状态，输出频率保持在输入消失前瞬间的频率及相位。此后，由于晶体老化等影响，输出频率会慢慢地变化，性能良好的电路可保证在一天或几天后的变化很小。具备以上有记忆性能的同步振荡器就叫做松耦合振荡器。

图 7.3 所示为采用松耦合振荡器的锁相环，图中示出了它的方框结构，输入为 5MHz 正弦波。电平为+2dB 电压电平，经过整形器后输出的 5MHz 方波与输出送来的 5MHz 方波在鉴相器输入进行比相、输出直流鉴相电压 V，加于运算放大电路。

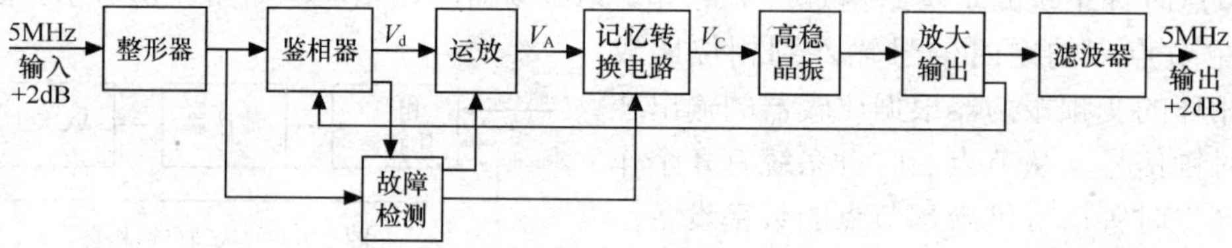

图 7.3　采用松耦合振荡器的锁相环

运放电路由运算放大器及其他 RC 组件组成，它对 V_d 小的变化放大，并加以时延校正，输出放大后的电压 V_A，加于记忆转换电路输入。记忆转换电路在正常工作时，输出的控制电压 V_c 与输入的电压 V_A 大小基本上相同。当输入的 5MHz 基准信号消失后，记忆转换电路输出的控制电压立即停于故障前瞬间的数值，即记忆住了故障前的情况。

高稳晶振即是由高稳定度压控晶体振荡器、恒温槽控制、高质量的 5MHz 晶体及电路组成，其输出频率直接受控于输入的控制电压 V_c，当控制电压由较低到较高变化时，输出频率变化应大于外来同步频率最大偏差及自身老化引起的频率变化。放大输出由门电路组成，它将高稳晶振输出比较小的信号放大整形，再送到鉴相器及滤波器。滤波器由两节低滤波器组成，输出+2dB 电压电平的 5MHz 正弦波。故障检测器对输入信号进行整流，对鉴相器情况进行监视，当输入信号消失后，对运放及记忆转换电路进行封锁，完成记忆功能，另外也发出各种告警信号。

3. 互同步

在互同步网中，交换节点无主节点和从节点之分，时钟传输路线呈网状结构。各节点的时钟信号由一多输入端的锁相环产生，一个节点的锁相环的输入信号是除了本节点以外的其他节点的时钟信号，经相位比较后取它们的加权平均值来控制压控振荡器。互同步的工作原理如图 7.4 所示。

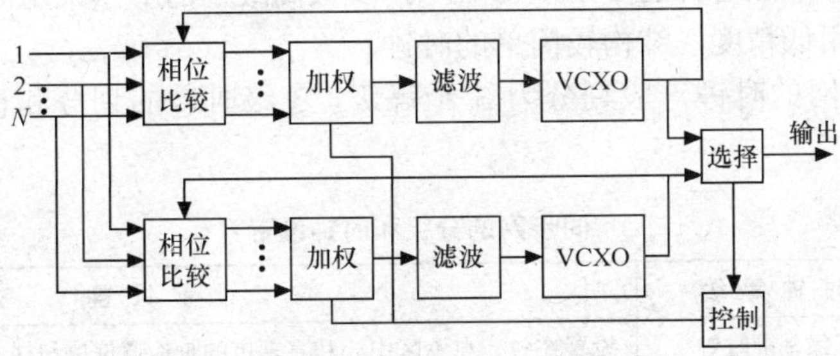

图 7.4 互同步的工作原理

互同步网是一个复杂的多路反馈系统。在网中各点时钟的相互作用下，如果网络参数选择得合适，网中所有节点时钟在经过短暂的瞬态过程之后，最后将达到一个稳定的系统频率，从而实现网内各节点的时钟同步。

互同步的控制方式可以分为单端控制和双端控制两种，但两者都属于双向控制。单端控制中传输的是两个局的时钟频率，而双端控制除了传输两个局的时钟频率之外，还传送了两个节点的时钟频率 f_a 和 f_b 经相位比较器比较后的输出信号，因此，节点 A 的振荡器除了受本节点相位比较器的输出信号控制外，还受 B 节点的相位比较器的输出信号所控制。采取这样的措施以后，可以防止同步系统的系统频率随节点之间的传输时延的变化而变化，使得系统的频率更稳定。

4. 同步方法的比较

准同步方法适用于各种规模和结构的网络，这种方法容易实施，而且没有稳定性问题，又使得各个国家之间处于平等地位。主要缺点是为了满足正常滑码指标必须使用成本高的高稳定时钟。

主从法实施容易，没有网络的稳定性问题。但是由于它依赖于单个主时钟，所以其可靠性低，因此，从局中的时钟应有相当高的稳定度，使得全部系统在主时钟故障期间维持工作。等级主从法的可靠性有所改善，对链路故障不敏感，而且适用于任何网络结构，但必须给每个时钟信号分配一个等级识别信息。

互同步中的单端控制适用于网状网，定时可靠性有很大改善，时钟稳定度原则上低于主从法所要求的时钟稳定度。其缺点是系统频率变化频繁，而系统频率又与传输时延的改变有关。双端控制由于系统频率和时延变化无关，故同步系统得到进一步改善，但是系统变得更为复杂。

7.1.3 同步网的时钟等级和时钟源

1. 主从同步网时钟的等级

前面已经讨论了数字同步网的同步方式，在同步网中采用互同步方式的可能性已经排除，其原因是互同步系统的频率变化比较频繁，在引入新的节点以后，对系统的频率都会产生影响，这与通信网不断扩大的形势不相适应。

同步网中采用的同步方式主要是主从同步方式，在主从同步网中节点的时钟要分级，其原因是减少同步网中节点时钟的复杂性和成本，少数高级别的节点采用高精度的时钟，而级别低的时钟节点采用低精度，结构较简单的时钟。

目前主从同步网的时钟一般划分为 3 个等级，3 级时钟的划分和设置的位置如表 7.1 所示。

表 7.1　　同步网的分级和时钟设置

同步网分级	时 钟 等 级	设 置 位 置
第 1 级	1 级基准时钟	设置在省、自治区中心和直辖市的长途通信枢纽楼
第 2 级	2 级节点时钟	设置在省、自治区中心和直辖市的各长途通信楼，地市级长途通信楼和汇接长途话务量大且具有多种业务要求的重要汇接局所在通信楼
第 3 级	3 级节点时钟	设置在本地网内的汇接局和端局所在通信楼

注意：① 基准时钟有两种：一种是含铯原子钟的全国基准时钟（PRC），另一种是在同步供给单元上配置的全球定位系统 GPS 组成的区域基准（LPR）时钟，它可以接受 PRC 的同步。

② 除采用 2 级节点时钟的主要汇接局以外，其他汇接局设置级节点时钟，端局根据需要也可以设置 3 级节点时钟。

2. 时钟信号源的类型

由上所述，在同步网中时钟信号分成为等级，下面介绍各等级时钟信号的类型。

（1）铯钟

作为基准参考时钟，是长期频率偏离低于 1×10^{-11} 的时钟源，在同步网中作为主节点的时钟源经分配路由传送至从节点，控制以下各等级的时钟。基准参考时钟是由铯钟提供的，铯钟的主要部件是铯素管，利用铯原子的固有特征，根据能级跃迁的谐振特性，产生固定的谐振频率。

铯钟选择的能态是超精细结构中的超精细能级，这两个超精细能级之间的跃迁频率对磁场的变化不敏感，被用来定义为原子秒，其振荡频率为 9 192 631 770Hz。

铯素管提供的谐振频率为 9 192 631 770Hz，不能直接使用，利用一个相位锁定环路把输出为 5MHz 的高稳石英晶体振荡器锁定于铯素管的谐振频率上，再通过 2.048MHz 处理器接口电路，输出一组定时基准信号，其标称输出为 2.048MHz，也可以根据需要输出 64kHz、1MHz、5MHz 和 10MHz 的信号。

为了提高可靠性，通常需要采用 3 套铯钟及其相应配套装置，组成基准时钟源。图 7.5 所示为基准时钟源的组成，

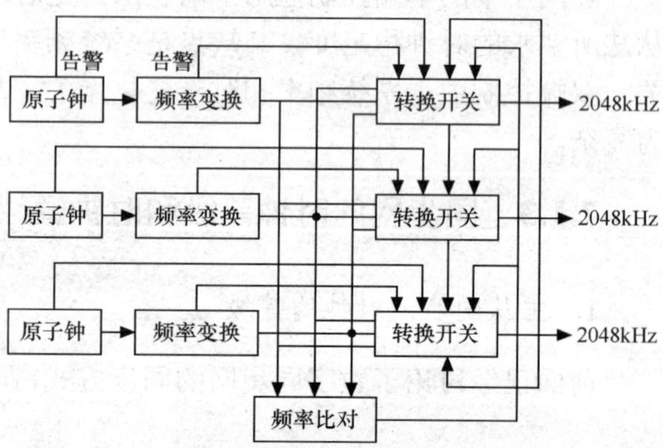

图 7.5　基准时钟源的组成

系统包括了 3 套独立的铯振荡源、频率变换装置、频率测量装置和倒换开关，当某一路输出不符合要求时，则切换到另一路输出上去。

（2）铷钟

在同步网中除了铯钟以外，还会用到铷钟。铷钟一般作为从节点的时钟源，铷钟的基本工作原理与铯钟相似，也是利用能级跃迁的谐振特性产生固定的频率。铷钟和铯钟相比，其体积小，预热时间短，成本也较低，长期老化率为 2×10^{-10}/年。

铷元素在灯泡内被激励后形成等离子区，形成发光系统。激励用的入射光经谐振腔到达光检测器，光检测器输出信号送到幅度相位检测器及伺服控制电路，经过伺服电路可将误差信号转换成控制电路加到压控振荡器上使铷钟有准确的 5MHz 和 10MHz 的输出。

（3）晶体钟

在同步网中大量使用的是晶体振荡器，它利用晶体的谐振特性，产生振荡频率，再通过锁相环根据需要输出相应的频率。晶体振荡器的输出频率会随着温度化而变化，为了改善晶体振荡器的温度特性可以采取以下 3 种措施。

① 把晶体和对温度敏感的元件封装起来，从而减少外界温度的变化对谐振频率的影响。

② 设置温度补偿电路，用温度传感器生成校正电压，加到振荡器电路中的温度敏感元件上，用感抗值的变化来补偿温度变化而引起时的频率变化，采用温度补偿的办法可以把频率的温度特性改善 20 倍左右。

③ 把晶体和其他的对谐振频率的准确性有影响的元件放入恒温槽中，将其中的温度调节到使晶体的频率对温度变化的斜率为零或很小，采用恒温控制的办法可使频率的温度特性改善 1 000 倍左右。

（4）GPS 接收设备

基准时钟源的另一个提供者是 GPS（Global Positioning System）系统接收设备。这些设备利用跟踪于从 GPS 接收到的定时信息的铷或晶体钟作为时钟源，这些时钟源是受控源，但是这些时钟能够达到基准钟的精确度，因此，常把它们作为基准钟来看待。

GPS 是美国从 20 世纪 70 年代开始研制的，历时 20 年，耗资 200 亿美元，于 1994 年全部建成。它是在 1973 年底由美国陆海空三军等单位协调分工提出的一种能为海军舰船、空军各种飞机和陆地车辆用户提供全球、全天候，连续、实时服务的高精度三维导航系统。1991 年，海湾战争爆发，美国凭借着当时已发射在轨的导航卫星，使多国部队各军兵种在定位、导航、授时及测绘、后勤运输等方面，显示了卓越的功能，为这场战争上下了汗马功劳。战争中，GPS 的抗干扰性、保密性和低故障率也受到了实际的检验，使它在军事及民用方面受到各国政府和商业界的重视，并进一步促进了 GPS 系统的发展。直到 1994 年 7 月，美国才最后完成目前在轨的 24 颗 GPS 导航星的发射。GPS 的 24 颗卫星如图 7.6 所示。

GPS 系统包括空间（GPS 卫星）、地面控制—地面监控系统和用户设备（GPS 信号接收机）3 大部分。GPS 信号接收机可接收用于授时的准确至纳秒（ns）级的时间信息。尽管在 GPS 测量中包含了卫星和接收机的钟差、大气传播延迟、多路径效应等误差，以及在定位计算时会受到卫星广播星历误差的影响等，但在相对定位时大部分公共误差都会被抵消或削弱，定位的精度也会大大提高。GPS 的 24 颗卫星如图 7.6 所示。

GPS 由空间系统、地面监控系统和用户定位设备 3 部分组成，如图 7.7 所示。

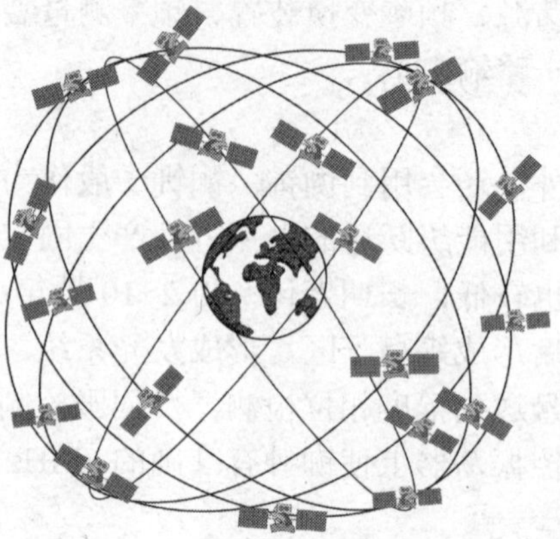

图 7.6　GPS 的 24 颗卫星

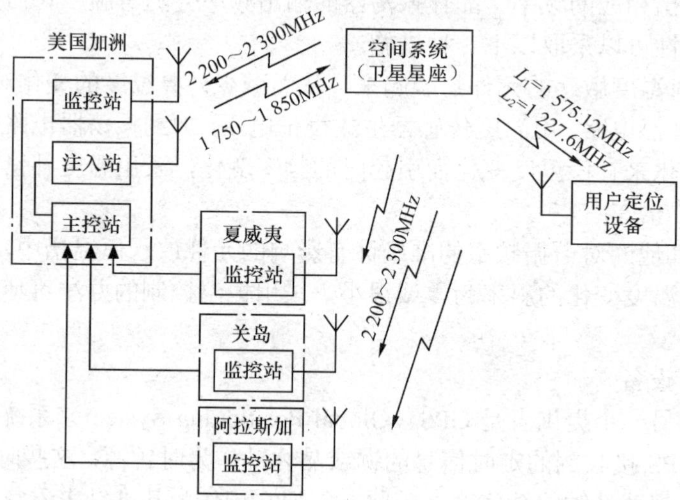

图 7.7　GPS 系统的组成

① 空间系统：由 24 颗卫星组成，分布在 6 个圆形轨道上，每个轨道有 4 颗卫星，实际供定位用户使用的有21颗，另3颗为备用卫星。卫星的设计寿命为7.5年，轨道高度为2 000km以上，周期为 12h。在全球任何地方、任一时刻平均能看到 6～8 颗卫星，足以提供给全球任一地点的移动和固定用户作连续实时三维定位导航用。卫星的导航分系统为其心脏部分，由导航电文储存器、高稳定度铯和铷原子时钟、P（Precise）码和 C/A（Coarse/Acquisition）码发生器、计算机、接收机、发射机、天线等组成。

② 地面监控系统：这是整个系统的神经中枢，是保证整个系统协调运行的核心，它由一个主控站和若干个分布在美国各地的 4 个监控站组成，内部设有一组标准原子时钟。主控站设在美国加州范登堡空军基地，还包括一个监控站和一个注入站。其余监控站设在夏威夷、阿拉斯加和关岛。监控站是无人值守站，对卫星跟踪测轨，以 2 200～2 300MHz 频率接收卫星的测试数据，进行轨道预报，并收集当地气象及大气和对流层对信号的传播时征数据连同时钟修正、轨道预报参数一起传输给主控站。主控站设有工作人员，负责接收、处理来自各监控站的资料，完成卫星星历和原子时钟计算，产生向空间卫星发送更新的导航资料，这些更新资料送到注入站，利用 S 频段（1 750～1 850MHz）向卫星发射，由于卫星上的原子时钟有足够的精确度，

所以导航更新资料约需每天更新一次。实际上，主控站在计算处理资料过程中也常常使用空军卫星控制和海军水面武器中心对卫星监控后发来的资料，使更新的导航资料更为精确。

③ 用户定位设备：由天线、接收机、带软件的数据处理器和控制、显示部分组成，可对在轨运行卫星进行作业选择、数据采集、加工处理、运算和存储。用户接收机只要收到 4 颗卫星发来的导航信号，便可测量伪距离和伪距离的变化，经数据处理，即可求解得三维位置、速度和时间数据。三维位置用以地心为中心的直角坐标系表示，可以换算成其他坐标系和地理的经纬度、高度，显示在接收机的屏幕上。持有这种定位接收机的移动用户，凭借所显示的资料，便可以进行自我定位导航。由于各类军事和民用的要求不同，有机载式、弹载式、星载式、舰载式、车载式等，其精度、移动体的移动速度和加速度、抗干扰性能、价格等也各有不同的要求。因此，许多国家的厂商都在竞相研制开发，便形成了适应于各种不同场合、不同指标和不同精度要求的各种类型的用户接收设备。

当移动用户站同时接收到 4 颗卫星发来的信号时，根据导航电文便能辨认出是哪一颗卫星，在什么时间所发的信号及该卫星所在的位置。此处，由于移动用户站在地面或近地空间地点相对地心的三维空间有 3 个未知数，且移动站本身的时钟与 GPS 系统标准精密时钟还有一时差未知数。这样，4 颗卫星的已知三维位置和时间与移动站未知的三维位置和时差，便构成了一个有 4 个未知数的联立方程组，GPS 接收机利用软件程序解此方程组，即得到移动台的三维坐标，也可以变换成其他坐标系或经纬度和高度供输出或显示，从而使移动台获得了它在地球表面的确切位置，这种位置信号，在一般接收机里可每秒更新一次。

上面对 GPS 系统的组成及其定位应用进行了介绍，在电信网的应用中主要利用 GPS 系统的时钟系统。

GPS 系统提供跟踪世界协调时的精确时钟，提供的时钟和世界协调时的性能相比在一秒钟的时间内，时间误差控制在 50ns 范围内，因此，GPS 系统除了能够精确定位以外，还可以作为精密时间的世界资源，从 GPS 接收机收到的时钟信号具有足够的精度，在电信网的同步系统中作为本地的基准时钟信号。

我国数字同步网中所使用的接收设备为通信领域中专用的多通道 GPS 接收机，它不仅提供 GPS 的 1PPS 精密定位服务时间信号，10MHz 频率基准信号，还提供跟踪 GPS 的通信专用的 E1、T1 信号输出，通过采用数字滤波电路平滑滤除时钟信号的抖动分量，同时使用多通道接收即动态均衡的方法，使 GPS 信号的长期稳定性和机内高稳晶体钟或铷钟的短期稳定性相结合，可滤除大部由于实施 SA 干扰所增加的误差，使输出时钟信号校准精度优于 1×10^{-12}，时间同步性能优于 25ns，已经达到了电信网中对基准时钟信号的要求。

7.1.4　BITS 及其在同步网中的应用

随着通信技术的发展，局内通信设备的类型不断地增加，在这种多通信设备的环境中，解决同步问题的有效方法是引入综合定时供给系统，简称 BITS（Building Integrated Timing Supply）。BITS 是一种承上启下的设备，一方面它受上一级时钟的控制，输出信号锁定于上一级基准信号，另一方面它又作为一个时钟源，向局内的各种设备统一提供时钟信号。

1. BITS 的时钟供给范围

① 各种数字交换设备（电路交换、分组交换、ATM 交换）。

② 各种SDH数字传输设备。

③ 各种数字交叉连接设备（传输网，DDN中的DXC）。

④ 7号信令网设备、智能网设备。

⑤ 向下级BITS或专网BITS提供定时基准用的专线。

图7.8所示为BITS向局内的各设备提供统一的时钟信号。

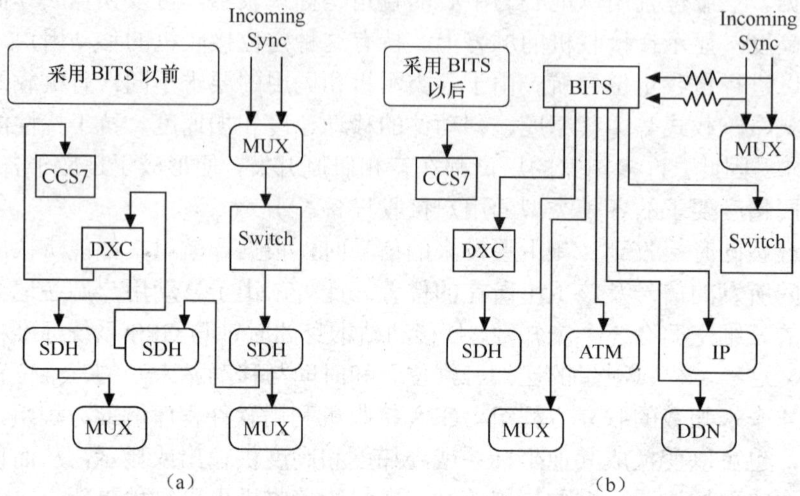

图7.8　BITS向局内各通信设备供给时钟信号

BITS的引入不仅提高了同步的准确性和可靠性，也降低了对通信设备内置时钟准确度的要求，同时减少了进入通信枢纽的传输链路的数量，有利于对整个同步系统进行维护和管理。

2. BITS的组成

BITS主要由4个部分组成，即输入控制单元、输出部分、内置时钟源、维护和管理部分，如图7.9所示。

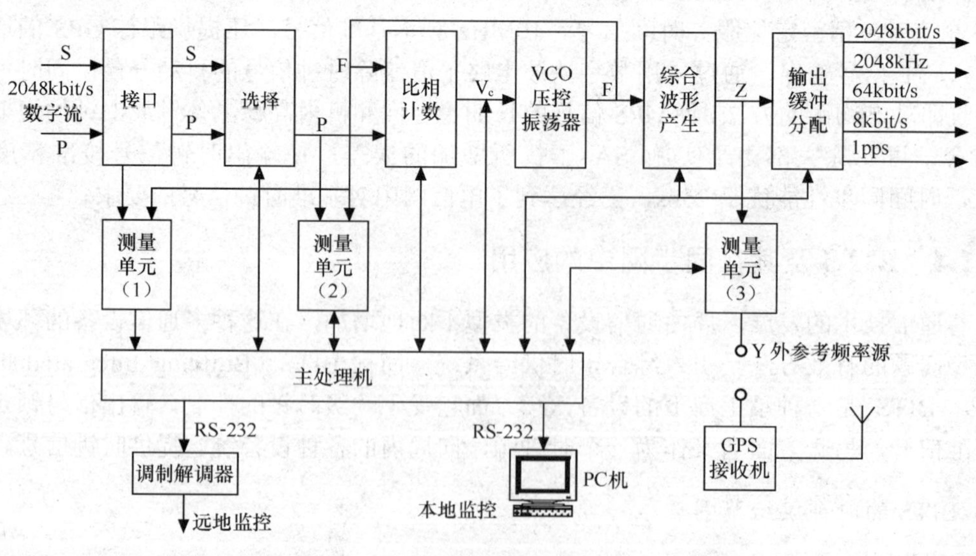

图7.9　BITS的组成

（1）输入控制单元

输入基准信号一般为 2～4 个，对于装有全球定位系统（GPS）和无线导航系统（Loran-C）接收设备的 BITS，至少需要 4 个输入基准信号，可以是 2 048kbit/s 数字信号或 2 048kHz 信号，也可以根据需要连接 5MHz 信号或其他类型基准信号。

输入控制单元具有根据预先设定的门限值对输入基准信号判断合格和不合格的能力，对于不合格的输入信号予以删除，对于合格的输入信号，可以根据其优先等级或者某种规则来加以选择。

设置于长途交换中心 C1、C2 局的 BITS 应具有监测功能，能够监测信号丢失、帧失步、循环冗余校验、双极性破坏、告警指示、频率偏差、数字信号差错等功能。

当全部或部分输入基准信号发生故障时应能产生告警，当全部输入基准信号发生故障时，系统进入保持工作模式，当输入基准恢复正常后，系统应能重新接收输入基准信号并进入跟踪状态。

输入控制单元采用高阻跨接或终端接入（75Ω或 150Ω）方式。

（2）输出部分

可提供符合 ITU-T G.703 建议的 2 048kHz 定时信号。

可提供符合 ITU-T G.703 建议的 2 048kbit/s 定时信号。

可输出 4kbit/s、8kbit/s、64kbit/s、256kbit/s、384kbit/s、512kbit/s、768kbit/s、2048kbit/s，逻辑电平符合 RS422 标准的数字信号。

可输出 4kbit/s、8kbit/s、64kbit/s，逻辑电平符合 RS243 标准的数字信号。

可输出 4.8kbit/s、9.6kbit/s、19.2kbit/s、56kbit/s，逻辑电平符合 RS232 标准的定时信号。

根据需要可提供 1MHz、5MHz、10MHz 模拟信号。

具有扩展输出口的能力。

（3）内置时钟源

BITS 的内置时钟源可以分为 3 级：

加强型 2A 级，为受控铷钟；

加强型 2B 级，为晶体振荡器；

加强型 3 级，为晶体振荡器。

这 3 级时钟源的性能如表 7.2 所示。

表 7.2　BITS 时钟源的性能

特性 \ 种类	加强型 **2A** 时钟	加强型 **2B** 时钟	加强型 **3** 级时钟
振荡器类型	铷振荡器	晶振	晶振
保持能力	$\leqslant 8.0\times10^{-11}$ （0～24h，5～35℃）	$\leqslant 1\times10^{-9}$ （0～24h，5～35℃）	$\leqslant 1\times10^{-8}$ （0～24h，5～35℃）
最低准确度	$\leqslant 5\times10^{-9}$	$\leqslant 1\times10^{-7}$	$\leqslant 5\times10^{-7}$
牵引范围	$\pm1.6\times10^{-8}$	$\pm4\times10^{-7}$	$\pm4.6\times10^{-6}$
相位瞬变	<150ns $S\leqslant 1\,000$s	<150ns $S\leqslant 1\,000$s	<150ns $S\leqslant 1\,000$s

（4）维护和管理部分

对输入基准信号具有监测功能，监测信号丢失、帧失步、循环冗余校验、双极性破坏等。

对输出信号的某些参数如最大时间间隔误差、阿伦方差、时间方差等进行测量并送出测试报告。

通过专用接口和监控网管系统相连，通过计算机系统实现故障管理、性能管理和配置管理。

总之，采用综合定时供给系统之后，通信楼中的各种通信设备不再同步于交换设备时钟，而是同步于专门设置的时钟，实现了用一个统一的时钟控制各种设备时钟，也就是控制各种网络时钟的目的，这使得同步网成为独立于各种网络的支撑网，解决各种网络之间的同步问题。

7.1.5 同步网的规划和建设

同步网的建设主要有两种方式：一种是全同步方式，在这种方式中采用一个基准钟，其他节点时钟按照主从同步的方式都直接或间接地同步于基准时钟；另一种是分布式多基准方式，在全国设置若干个基准时钟，其标称频率相等，频率偏移限制在规定的范围内，以设立的基准钟为中心，划分同步区，在同一同步区内采用主从同步，在不同的同步区之间采用准同步。

经过比较，目前我国采用后一种同步建设方案即分布式多基准方案，采用这种方式缩小了同步区的范围，缩短了定时信号的传输距离，减少了信号的传输损伤，提高了时钟的准确性和可靠性。

（1）数字同步网的结构

全国数字同步网的结构如图 7.10 所示，网络主要由基准时钟源、通信枢纽楼的综合定时供给系统（亦称为同步供给单元 SSU）和同步信号分配链路组成，为网内的主要通信设备提供统一的时钟。基准时钟源有两种，一是铯原子钟，另一是 GPS 接收机。由于 GPS 定时接收系统跟踪于美国海军天文台，其与世界协调时（UTC）的最大时间间隔误差控制在 50ns，后者作为基准钟虽然精确度符合要求，但准确性受美国军方的控制，在同步网设备的配置过程中要充分考虑这一因素。

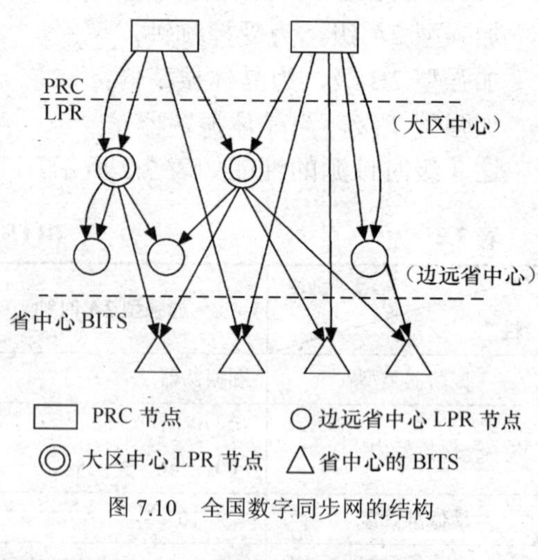

图 7.10 全国数字同步网的结构

网络的具体组织如下。

① 全国设置两个铯钟，作为一级基准钟 PRC，分别位于北京和武汉，互为备用，以后还将在兰州设立第 3 个铯钟。

② 各省中心长途通信枢纽楼配置综合定时供给系统 BITS，内置加强型二级时钟。

③ 在各大区中心及一些边远省中心的综合定供给系统 BITS 上增加两部 GPS 接收机，使其升级为地区基准（LPR），从而进一步提高整个同步网的准确性和可靠性。

④ LPR 有 4 路输入定时信号，其中两路来自 GPS 接收机，两路是来自通过不同地面传输链路传送过来的基准信号，其中大区中心接收由铯钟提供的基准定时信号，边远省中心接收两路来自铯钟或其他就近提供的地面定时基准信号。

⑤ 各省中心的接收 4 路定时基准信号，它们来自就近的 PRC 或 LPR，同时省中心的 BITS 向省内其他通信节点供给定时基准信号。

（2）定时基准信号的分配

对于定时基准信号的分配应遵循下述原则。

① 定时基准信号的分配应形成树型结构，在任何情况下如因网络保护的需要而引起的网络拓扑的变换时，都不应形成时钟分配链路的环路。任何环路的形成，都将造成定时基准的丢失，同时由于正反馈的出现造成定时信号的不稳。

② 基准时钟到二、三、四级节点的分配链路除了主用链路以外，还要设置备用链路。主用链路和备用链路应通过不同的传输系统、不同的路由进行传送。

③ 选择误码低、故障少、可靠性高的数字传输系统。

④ 首先选择 PDH 传输系统传送定时信号，PDH 传输系统的选择可以分为以下两种情况：

- 采用 PDH 2.048Mbit/s 专线，即在上下级 BITS 之间采用 PDH 2.048Mbit/s 专线传送定时基准信号；
- 采用 PDH 2.048Mbit/s 带业务的电路，即在上游的交换机已同步于该楼内的 BITS 时，利用上下级交换机之间的 2.048Mbit/s 的中继电路传送定时基准信号。

⑤ 如果通过 SDH 传输系统传送定时信号，应直接采用 STM-*N* 信号进行传送，不要采用支路单元的一次群信号传送，支路单元的相位调整将会引起定时信号相位的跃变。

利用 SDH 数字信号传送定时基准信号，上游 SDH 端机的 G.813 的时钟同步于该楼内的 BITS，通过 STM-*N* 数字信号传送到下游 SDH 端机，提取出定时信号，送给下游 BITS。

局间定时基准链路是构成数字同步网定时基准链路的基本单元，按照局间不同的传输系统（PDH 或 SDH），局间定时分配可以分为 3 种基本方式，如图 7.11 所示。其中图 7.11（a）所示为局间定时基准链路主用、备用均采用 PDH 传输系统；图 7.11（b）所示为主用、备用分别采用 PDH 和 SDH 传输系统的情况；图 7.11（c）所示为主用、备用均采用 SDH 传输系统的情况。

⑥ 对传输系统的选择次序是：地下光缆传输系统、数字微波传输系统、架空光缆传输系统和对称电缆数字传输系统。

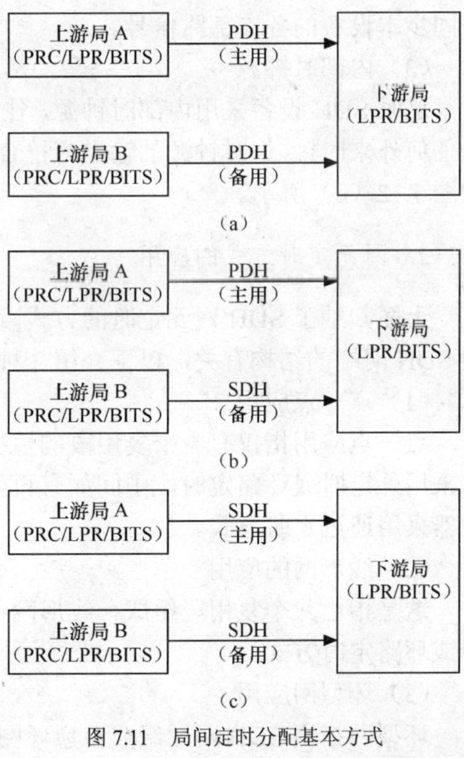

图 7.11　局间定时分配基本方式

7.1.6 SDH 传送网的同步规划

1. SDH 网元定时方式

SDH 网元包括数字交叉连接设备（DXC）、分插复用器（ADM）、终端复用器（TDM）、再生中继器（RG）等，对于 SDH 网元设备的同步可以采用如下几种不同的方式。

（1）外同步定时源

设备定时信号由外部定时源供给，如取自 BITS 的定时输出，如图 7.12（a）所示。

（2）从接收的数字信号流中提取定时信号

根据不同的应用场合又可以分为以下 4 种方式。

① 线路定时。从接收到的数字信号中提取定时信号，其余的输出、输入信号均同步于此时钟信号，如图 7.12（b）所示，这种同步方式适用于 ADM 设备。

② 环路定时。从接收到的数字信号中提取时钟信号，去同步返回方向的数字信号，如图 7.12（c）所示。

③ 通过定时。从接收到的数字信号中提取时钟信号，去同步同一前进方向的数字信号，如图 7.12（d）所示，这种同步方式于主要应用于再生中继器。

④ 支路定时。从收到的数字信号中提取定时信号，去同步本设备的各支部路信号。

（3）内部时钟源

这时 SDH 设备采用内部时钟源，独立运行，不同步于任何外来时钟，但时钟源的输出应符合所规定的指标，如图 7.12（e）所示。

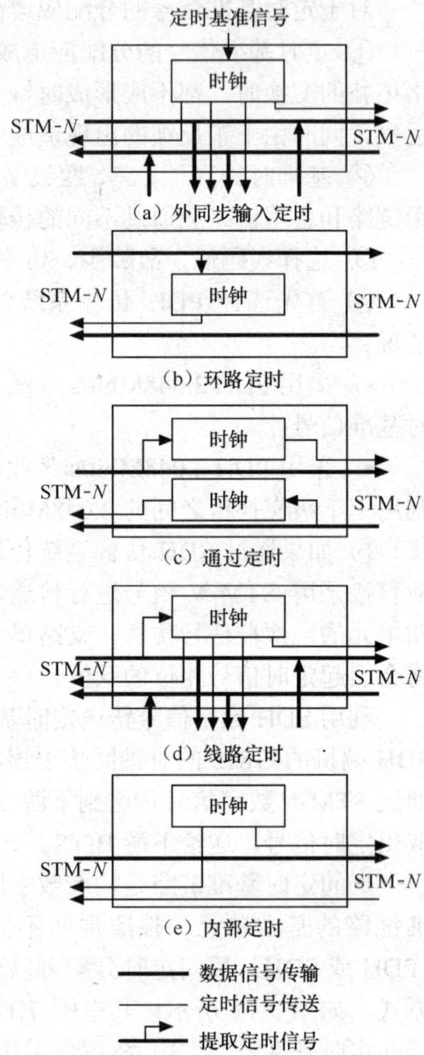

图 7.12　SDH 网元定时方式

2. 网元定时方式的应用

上面归纳了 SDH 网元定时的方式，这些方式的实用和 SDH 网络的结构有关，以下介绍 3 种环境下的应用。

（1）点—点应用

点—点应用指仅有一个复用段的情况，两端的 TM 可采用外定时或环路定时，中间如有再生中继器，则再生器采用通过定时方式。

（2）线形网的应用

这是指由几个复用段组成，线形网中包括 TM、ADM，这时可采用外同步、线路定时同步或环路定时方式。

（3）环型网应用

环型网指由 SDH 网元组成自愈环网，由 ADM 所组成，定时路径中的网元采用线路定时或通过定时，首选线路定时。

3. SDH 同步网的规划原则

（1）为了提高同步网的可靠性，对网内的同步设备设置备份

一旦外同步基准源失效将会对整个 SDH 传输系统产生影响，因此，对于外同步基准源需设置备份，同步设备时钟（SEC）具有时钟信号的提取分配和同步等多种功能，在设备中 SEC 应具有备份，应从两条不同的路径来传送定时信号，不同的路径应由不同的路由来提供。

（2）应尽可能减少同步分配链路的长度和网元数

随着同步链路中网元数量和长度的不断增如，在同步时钟信号的传送过程中，其噪声和温度的变化所引起的漂移，将使定时基准信号的质量恶化，节点间所允许的 SDH 网元数量是受到限制的，其网元的数量最终取决于最后一个网元的定时信号的质量，据 ITU-T 建议，节点之间 SEC 的数量不超过 20。

（3）避免产生定时环路

避免定时环路的产生是 SDH 同步网规划中必须要考虑的一个问题。从定时的可靠性考虑，一个 SDH 网元设备需要有一个以上的定时基准源，分别为第 1 基准 P 和第 2 基准 S，在正常运行情况下各设备从第 1 基准获得定时信号，这时不会出现定时环路，当传输链路出现故障时，设备从第 2 基准上获取定时信号，这时如设计不当，可能出现定时环路，如图 7.13 所示。

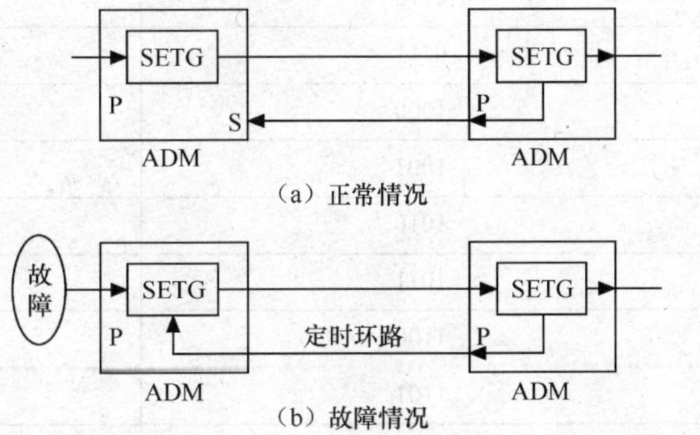

图 7.13　定时环路的产生

在 SDH 同步网络中为防止产生定时信号环，可以采用下列措施。

① 在同步网时钟信号的规划中，对每个设备的时钟来源设置合理的优先等级。SDH 网元备按优先级次序选择时钟基准信号，当有高优选级时钟源可用时不选择低优选级时钟。

② 利用 STM-*N* 信号的开销部分中的同步状态信息（SSM）字节 S1，来识别收到时钟信号的等级，从而防止产生定时环路。

③ 不提供 S1 字节的老设备，只设置主用同步链路，不设置备用传输链路，如果主用同步链路失效，SEC（SDH 网元设备时钟）就转入保持状态，以此来防止产生定时信号环路。

7.1.7　同步状态信息的应用

在 STM-*N* 中的开销部分 S1 字节中或一次群的 TS0 中可以传送同步状态信息（SSM），应用同步状态信息，可以反映从同步定时链路中收到的定时信号的质量等级。同步网中的节点时钟通过对 SSM 的读取来获取上游时钟的信息，从而对节点的时钟进行相应操作，如跟踪、倒换或转入保持，并将该节点同步信息传送给下游。

同步状态信息采用 4bit 编码，共 16 种信号，反应不同的质量等级，可以通过 STM 接口或 2 048Mbit/s 接口来传送同步状态信息。

1. STM-*N* 接口的 SSM

ITU-T 的建议 G.707 中规定，在 STM-*N* 帧结构中的复用段开销 S1 字节传送 SSM，S1 字节的 5～8bit 的 16 种编码中已定义了 6 个码字，代表不同的时钟的质量等级，如表 7.3 所示。

表 7.3　　同步状态信息编码

S1（5～8bit）	**SDH 同步质量能级描述**
0000	同步质量不知道（现有同步网）
0001	保留
0010	1 级时钟信号
0011	保留
0100	2 级时钟信号
0101	保留
0110	保留
0111	保留
1000	3 级时钟信号
1001	保留
1010	保留
1011	SDH 设备时钟信号（G.813）
1100	保留
1101	保留
1110	保留
1111	不应用作同步

2. 2 048kbit/s 接口的 SSM

在 G.704 建议中规定了 2 048kbit/s 接口的 SSM 的编码方式，采用 4bit 共 16 种编码代表不同的时钟信息，目前已规定了表中的 6 个码字，代表不同的时钟质量等级。

在 G.704 中规定利用 2 048kbit/s 复帧结构中 TSO 时隙作为传递 SSM 的信息通道，复帧结构如表 7.4 所示，编号为奇数的 TSO 时隙的第 4～8bit 未被占用，我国暂时选用 4bit（要求能用软件更改）承载 SSM 信息，规定复帧中第 1 子帧的 Sa 4 为 SSM 4bit 组的第 1bit，表 7.4 中的保留码字根据将来的应用情况进一步定义。通过 2 048kbit/s 接口传送的同步状态信息编码如表 7.5 所示。

根据 SSM 中提供的时钟等级信息，可以了解收到的定时信号是否可以用于作为定时基准时钟信号，也可以用来防止低等级的定时信号控制高等级时钟源，并且能有效地防止产生定时环路。

表 7.4　　　　CRC-4 复帧结构

	子复帧	帧编号	第 1～8bit							
			1	**2**	**3**	**4**	**5**	**6**	**7**	**8**
复帧	Ⅰ	0	C1	0	0	1	1	0	1	1
		1	0	1	A	Sa4	S a5	S a6	S a7	S a8
		2	C2	0	0	1	1	0	1	1
		3	0	1	A	S a4	S a5	S a6	S a7	S a8
		4	C3	0	0	1	1	0	1	1
		5	1	1	A	S a4	S a5	S a6	S a7	S a8
		6	C4	0	0	1	1	0	1	1
		7	0	1	A	S a4	S a5	S a6	S a7	S a8
	Ⅱ	8	C1	0	0	1	1	0	1	1
		9	1	1	A	S a4	S a5	S a6	S a7	S a8
		10	C2	0	0	1	1	0	1	1
		11	1	1	A	S a4	S a5	S a6	S a7	S a8
		12	C3	0	0	1	1	0	1	1
		13	E	1	A	S a4	S a5	S a6	S a7	S a8
		14	C4	0	0	1	1	0	1	1
		15	E	1	A	S a4	S a5	S a6	S a7	S a8

注：Sa4～Sa8 为备用比特。暂定 PCM CRC 复帧中 SMF 的第 1 子帧的 Sa4 为 SSM 4bit 组的第 1bit。

表 7.5　　　　同步状态信息编码

San1 San2 San3 San4	PDH 同步质量等级描述
0000	同步质量不知道（现有同步网）
0001	保留
0010	一级时钟信号
0011	保留
0100	2 级时钟信号
0101	保留
0110	保留
0111	保留
1000	3 级时钟信号
1001	保留
1010	保留
1011	SDH 设备时钟信号（G.813）
1100	保留
1101	保留
1110	保留
1111	不应用作同步

注：其中 n＝4、5、6、7、8 是表中编号为奇数帧 TSO 的第 4～8bit。

7.2 时间同步网

随着网络技术的发展，在同步领域内，除了前述的数字频率同步之外，对于时间同步也提出了要求。目前，各项新的数据业务，如互联网业务、IPTV、电子商务、多媒体通信、IP电话等，正成为电信业务发展的新增长点。这些通信业务所涉及的授权、认证及计费等，都与一个共同的标志“时间”有着密切联系。而传统业务也存在多家企业互连互通和网间结算问题，时间同步能够提高认证的可靠性和计费的准确性。

时间同步是指网络各个节点时钟以及通过网络连接的各个应用接口的时钟的时刻和时间间隔与协调世界时（UTC）同步，最起码在全国范围内要和北京时间同步。时间同步网络是保证时间同步的基础，构成时间同步网络的授时系统可以采取有线方式，也可以采取无线方式。

数字同步网关键部件是频率稳定度极高的时钟，在通信领域中所用的基准钟（PRC）一般采用铯原子钟，二级节点时钟和三级节点时钟采用铷原子钟或晶体钟，这就是通常所称的BITS。通过数据链路将时钟按一定网络结构连接起来，就组成了数字同步网。以高稳定度频率源，经过变换分配输出2Mbit/s、2MHz或其他信号，为通信网网元提供同步信号源。

时间同步网与传统的数字同步网不同，其关键部件是时间服务器，根据网络时间协议参考基准时间信号，对各低等级的时间服务器 进行时间校正，在全网建立时间同步。时间同步网是建立在时、分、秒这种时间概念上的同步网络。

7.2.1 时间同步概念

1. 时间的表达方式

时间同步离不开时间标准，时间标准主要有以下几种。

（1）世界时

以天体运动的周期现象为标准源的时标称为“天文时”，天文时是基于地球自转或公转周期得来的，对应于白天黑夜、春夏秋冬的周期，是我们最熟悉且与日常生活息息相关的时间。根据国际规定，将英国格林尼治（Greenwich）本初子午线定义为零类世界时UT0。由于地球自转轴有微小移动，对地球自转轴微小移动效应造成的时间偏差进行修正，得到第一类世界时标UT1。

（2）原子时

1967年，人们利用铯原子振荡周期极为规律的特性，研制出了高精度的原子时钟，将铯原子能级跃迁辐射9 192 631 770周所经历的时间定为1s。现在用的时间就是1971年10月定义的国际原子时，是通过世界上200多台原子钟进行对比后，再由国际度量衡局时间所进行数据处理，得出的统一的原子时，简称TAI。“秒是铯133（133Cs）原子在0K温度基态的两个超精细能级之间跃迁所对应辐射的9 192 631 770个周期所持续的时间”，即“原子秒”（TAI）。

（3）世界协调时

世界协调时是以地球自转为基础的时间标准。由于地球自转速度并不均匀，并非每天都是精确的86 400原子秒，因而导致了自转时间与世界时之间存在18个月有1s的误差。为纠正这种误差，国际地球自转研究所根据地球自转的实际情况对格林尼治时间进行增减闰秒的调整，与国际度量衡局时间所联合向全世界发布标准时间，这就是所谓的世界协调时（Universal Time Coordinatde，UTC）。UTC 的表示方式为：年（y）、月（m）、日（d）、时（h）、分（min）、秒（s），均用数字表示。

协调世界时采用国际原子时的原子秒为标准，通过闰秒的办法使其时刻与 UT1 接近。目前常用的协调世界时实际上是经过闰秒调整的原子秒，各国天文台发布的实时时间都是 UTC 系统时间，称为该守时台的 UTC 时间。但要根据自己所在的时区加上时差。

GPS 卫星在提供 GPS 实时时间的同时还给出 GPS 时间与 UTC 时间的静态差，因此，UTC 时间也可以从 GPS 获得。

2. 时间同步的作用

目前，电信网中各网元使用的时间都由系统内部时钟来提供，这种时钟数量大，准确度各不相同，这样就需要人工定期或不定期地参照标准时间对内部时钟进行修正。在对系统进行修正时引入的人为误差以及系统内部时钟的质量差异引起的时间偏差，导致各网元的时间不一致。以普通台式机为例，它一天的时间偏差在 0.5～1s 范围内。时间同步就是通过某种方式，使通信网中有时间标记需求的各网元时钟使用同一时间参考体系——UTC，同时考虑到所处的时区，使各网元的内部时间保持一致。

由于电信网自身无法提供 UTC，为了使电信网中各网元都能获得 UTC，需要专门建立一个网络，通过这个网络可以获得 UTC 并将 UTC 实时地送给电信网中各个网元。

在通信网中，有严格时间要求的地方很多，现列出几点：

- 不同运营商的网间结算；
- 市话、长话计费系统一致性核对；
- 现代化的电信管理网对信令的跟踪，大话务数据统计等；
- 带有子网的数据业务与主网在时间上要同步到规定范围内；
- 在计算机网中对标准时间有高的需求；
- 凡是有“时戳”概念的信息都对时间标准提出了要求。

时间同步的应用可归纳如下。

1. 在计费方面的应用

在计费方面，对于固定电话网，每个通话的计费信息由主叫局给出，包括该呼叫的主被叫号码和起止时刻。呼叫起止时刻的时间标签是主叫局交换机本身时钟的时间。当该呼叫是本地网呼叫时，计费的主叫局是主叫市话端局；当该呼叫是长途呼叫时，计费的主叫局是主叫长话局。如果市话局交换机时钟的时刻与长话局交换机时钟的时刻存在较大差异，则计费话单上就有可能出现一部话机“同时间内打两个电话”（同时打市话和长话）的矛盾记录。计费出错，影响企业信誉。

对于移动通信网来说，时间不同步造成的影响比固定网要严重。这是因为移动网是双向计费的，移动用户在一次通话过程中有可能漫游切换 MSC。

2. 在网间结算方面的应用

多家运营商共同经营通信市场，必然存在互连互通、网间结算的问题。而且，用户要求提高服务质量，电话费要有计费清单。另外，计费单位变小也是一种趋势。这些都要求计费准确性高，尤其是在不同运营商网间结算中准确性要求就更高。

3. 在通信网络管理中的应用

简单网络管理协议（SNMP）被广泛应用于计算机网络管理中。（SNMP）存在于集线器、桥接器、路由器等网络设备上，当这些设备出现故障和过限告警时，便会向网络管理中心（NMS）发送中断请求，（NMS）从网络上接收到成千上万的过限中断和告警，必须按照它们的时间标签处理好它们之间的相互关系。如果这些设备的时钟出现偏差，则它们发出的中断也会包含错误的时间，这将直接影响网络故障的判定。精确的时间对网上故障定位和查找故障原因是很必要的。

4. 在计算机网中的应用

“计算机网”包括因特网（公用因特网和专用 TCP/IP 网）、多媒体网和网上各类计算机主机、PC 等。

因特网数据报选项主要用于网络测试或调试，其中时间戳选项提供了一种监视或控制路由器选择路由的途径。通过分析这些时间戳，就可以分析出某段路由的流量是否太大，从而考虑选择其他路由以减少其流量。

5. 在数据通信网的安全上的应用

随着数据业务的快速增长，数据通信的安全受到了越来越多的关注，加密、认证在诸多领域如电子商务、预付费、IP 电话、视频会议等有广泛应用。按带着时间标签的信息包到达收端时由收端以“时间窗口”来衡量该信息包的传输时延，以此判断信息是否直接来自发送者，中间有无被截获过等，以验证其安全性。

7.2.2 时间同步网络

1. 时间同步网络的结构

通信网中运用网络时间协议（NTP）等协议进行时间同步和分配所涉及的设备和通路的集合称为时间同步网络。时间同步网络以分层主从结构模式运行。

根据通信网络的特点及其对时间同步的要求，时间同步网的结构具有如下特点。

① 时间同步网应采用等级主从同步方式，以方便网络的扩展。其时钟等级和网络结构如图 7.14 所示。

其中 Stratum0 为 PRS（如 GPS、UTC 或国家时间标准等）；Stratum1 的时间服务器直接同步于 PRS，获取 UTC 时间后，再通过 NTP 或其他方式将时间送给 Stratum2 的时间服务器及其他工作站；Stratum2 和 Stratum3 的时间服务器完成时间信号的传送与分配，其服务范围建议最多不应超过 500 个工作站，对于结构复杂、节点众多的网络，建议使用 Stratum2 时间服务器。

② 时间同步网由时间基准和各级时间服务器组成，时间基准（Primary Reference Source，PRS）必须同步于国家时间标准；时间服务器必须提供高精度和高稳定度的时间，并能提供各种时间格式的接口。

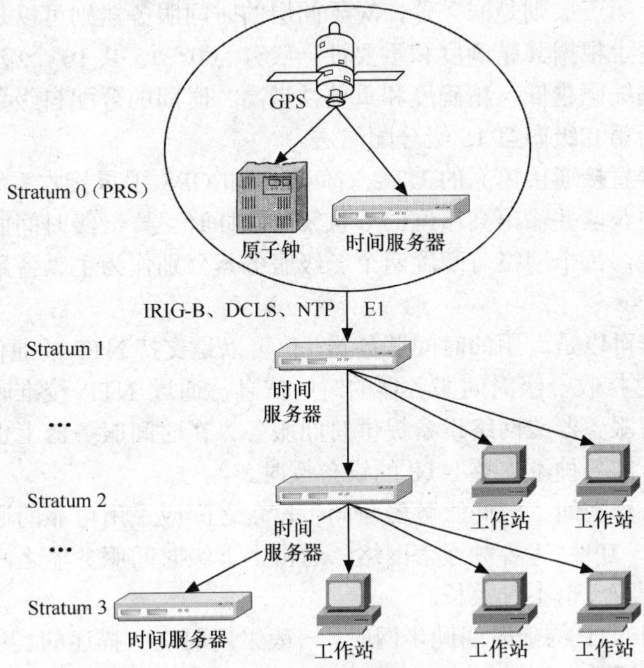

图 7.14　时间同步网络结构

③ 时间同步网必须稳定可靠、不依赖于网络的环境状态，这就要求基于网络传输的时间同步网有冗余的时间服务器和备份路由，以及在故障情况下的容错容灾能力。考虑在网络时间中心增加铷原子钟，铷原子钟在通过 GPS 校准时间后可同时作为 PRS，在正常跟踪 GPS 时，时间精度优于 200ns，在失去 GPS 信号后，24h 内自由运行精度为 6μs。

④ 时间同步网必须支持各种设备，包括从个人计算机到超级服务器，客户端软件具有良好的兼容性，并易于安装。

⑤ 时间同步子网络和电信网络中的数字同步网一样，不允许出现时间环路。数字同步网中依据的是 SSM 信息；而 NTP 则利用协议的优势，自动识别高精确度的时钟源，确保时钟单方向地同步到高精确度的时钟，这样就绝对避免了时间环路的出现。

2. 时间服务器

对于时间同步网络，一般采用分层的树型结构，网络中采用的基本协议是 NTP，时间同步网中主要的网元是时间服务器，它们分为不同的等级，时间按 NTP 服务器的等级传播时间。距离 UTC 源近的时间服务器有较高的时间准确度，将时间服务器的准确度用一个称为层（Stratum）的数值来表示，根据每个时间服务器距离 UTC 时间源的远近将其归入到不同层中。

第一层为一级时钟源层，Stratum 值为 1。位于第一层的时间服务器为主服务器，通过精确的外部时钟源获取时间信息，并使自身的时间与 UTC 同步，是整个系统的基础，目前普遍采用全球卫星定位系统，即由 GPS 播发的 UTC 时间代码。

第二层及以下层除层数不同、时间精度不一样外没有本质上的区别。

出于对精确度和可靠性的考虑，下层时间服务器同时引用若干个上层及同层时间服务器作为参考源。网络中的时间服务器可以扮演多重角色，如第二层的时间服务器，对于第一层来说是客户机，对于第三层则是服务器，对于同层的时间服务器则可以是对等服务器。

时间服务器理论上根据其精确度和重要性一般分为0～15共16个级别或更多级，实际上不会大于6级。级别编码越低，精确度和重要性越高。时间的分配自级别编码小的层次向较大的层次进行，即由第0级向第15级分配渗透。

一级时间服务器直接连接可靠的UTC时间源，如GPS卫星接收系统、原子钟等，GPS接收机从卫星信号中获取并输出高精度的UTC标准时间信号，一级时间服务器据此进行时间同步。考虑到可靠性，每个网络可配置两个一级服务器分别作为主、备用服务器，并分布在不同的两个局点。

二级时间服务器可以是专用的时间服务器，也可以是支持NTP的通信设备，如交换机的BAM、路由器等。它接收一级时间服务器的时间信息，通过NTP校准时间，并可以作为时间服务器向下级时间服务器或网络设备提供时间服务。在时间服务器上也可以安装授时软件来作为授时服务器，向各种不支持NTP的设备授时。

上下级时间服务器之间、时间服务器与同步设备之间应采用可靠的通信网络，如传输、PSTN、DDN、DCN、IP网等各种通信网络。通常上下级时间服务器之间设置为转接次数较少的固定路由，传输距离也不宜太长。

电信网络中采用NTP构建时间同步网时，一般采用前文中描述的类树型结构。一级时间服务器一般位于骨干网的全国中心，二级及以下时间服务器可以根据网络情况向下部署至省级、地（市）中心等，网元设备等可以从距其最近的时间服务器进行时间同步。

时间服务器可以是专用设备，也可以是备有专用时钟电路的通用计算机。出于对精确度和可靠性的考虑，下层设备同时引用若干个上层设备作为参考源；而且也可以引用同层设备作为参考源。NTP能够在时间参考源中选择最好的几个时间源来推断现行时间。在同层设备配置为互为参考时，NTP会在两个对等机之间进行自动选择，以精确度高者作为两者共同的参考源，而非两者互相引用。

3. 时间信号的格式和传输方式

目前常用的时间信号格式主要有时间码和NTP两种。

（1）时间码

时间码包括IRIG（Inter Range Instrumentation Group）、DCLS（DC Level Shift）、ACTS（Automatde Computer Time）等几种。

① IRIG：由IRIG组织于1965年开发的，其版本为IRIG Standard 200-95，并分成A、B、C、D、E、G、H几种。最为常用的是IRIG-B，IRIG-B格式时间码（简称B码）为国际通用时间格式码，用于各系统的时间同步。“B码解码接口卡”为EISA（或ISA）总线接口卡，将标准时设备送来的IRIG-B（DC）码，解码出时、分、秒，并加入毫秒信息，送入主计算机，以校准本机的系统时间。

传输介质可采用双绞线和同轴电缆，精确度为10μs～100μs。

② DCLS：是IRIG-B的一种特殊形式，通过64kbit/s的数字数据网（Dingital Data Net-works，DDN）的线路进行传输，无传输距离的限制，精确度为10μs～1 000μs。

③ ACTS：由NIST（National Institute of Stan-dard and Technology）开发的，通过Modem/ISDN的拨号方法进行传输，也没有传输距离的限制，精确度为10μs～1 000μs。

（2）NTP

NTP 是由美德拉瓦大学的 D.L.Mills 教授于 1985 年提出的，除了可以估算封包在网络上的往返延迟外，还可独立地估算计算机时钟的偏差，达到在网络上实现高精准度计算机校时的目的。在网络中提供高精度、高可靠性时间标准的 Internet 协议，基于 UTP 报文。其从诞生至今已有十多年的历史，最新的版本为 4.0（RFC-1305），精确度为：局域网 10μs～10ms；Internet 100μs～1 000μs。

4. 时间服务器的技术要求

对于一个专用的时间服务器的技术要求如下。

① 时间源取自 GPS 或 PRC 提供的 IRIG-B/DCLS。

② 时间服务器内置晶振标准配置 VCXO、GPS 接收机以及 IRIG-B/DCLS 输入端口，通过增加 OCXO、铷原子钟等选件可实现系统升级，增强系统在 GPS 信号失效时，维持标准时间的能力。

③ 时间服务器具有维护操作的工作状态显示功能，有指示灯对电源、设备工作状态进行指示，时间服务器有 3 种工作状态：搜索（Tracking）、锁定（lock）、自由运行（Free Run），并有时间显示面板，跟踪输入路由显示、IP 地址显示和外振荡源显示。

④ 时间服务器能对经过 DDN 等数字专线传输所带来的时延进行补偿，范围为 0～999 999μs，步长为 1μs，补偿精度优于 1μs。

⑤ 时间服务器能提供 NTP 的网络时间输出，支持 NTP V2（RFC 1119）、NTP V3（RFC 1305）、SNTP（RFC1361）、Day Time Protocol（RFC 867，）和 Time Protocol（RFC 868）。

⑥ 时间服务器能工作于服务器—客户机模式，也可以工作于广播模式。时间服务器的处理能力每秒至少支持 1 000NTP 的服务请求。

⑦ 时间服务器支持发出的 NTP 数据包以 MD5 方式加密。

⑧ 输入/输出物理接口、信号：

NTP：RJ45；

IRIG-B：BNC，幅度 0.5V～10V，调制比 2∶1～6∶1，负载 600Ω；

DCLS：RS232；

1PPS：BNC；

外频标输入：BNC 5MHz 或 10MHz 正弦波或方波≥05V（r.m.s），负载 50Ω。

7.2.3　网络时间协议（NTP）

NTP（Network Time Protocol）原来用在互联网中实现网络中的时间同步，随着时间同步网逐步推广到电信网中，NTP 的使用范围也随之扩大。NTP 的用途是把计算机的时间同步到某些时间标准。目前采用的时间标准是世界协调时（UTC）。NTP 的主要开发者是美国特拉华大学的 David L. Mills 教授。

NTP 的设计充分考虑了互联网上时间同步的复杂性。NTP 提供的机制严格、实用、有效，适应于在各种规模、速度和连接通路情况的互联网环境下工作。NTP 以 GPS 时间代码传送的时间消息为参考标准，采用了 Client/Server 结构，具有相当高的灵活性，可以适应各种互联网环境。NTP 不仅校正现行时间，而且持续跟踪时间的变化，能够自动进行调节，即使网络发生故障，也能维持时间的稳定。NTP 产生的网络开销甚少，并具有保证网络安全的应对措施。这些措施的采用使 NTP 可以在互联网上获取可靠和精确的时间同步，并使 NTP 成为互联网上公认的时间同步工具。

NTP 要求的资源开销和通信带宽很小。NTP 采用 UDP，端口号设定为 123。UDP 占用很小的网络带宽，在众多客户机和少许服务器通信时有利于避免拥塞。NTP 数据包的净长度在 V3 下为 64 个字节，V4 下为 72 个字节；在 IP 层分别为 76 和 84 个字节。如果通信方式是广播模式，服务器以固定的间隔向客户机广播发送一个数据包；如果是服务器/客户机方式，则通信间隔将在指定的范围内变化（一般是 64～1 024s），同步情况越好，间隔就越长。

NTP 从诞生至今已有十多年的历史，最新版为 4.0 版（RFC-2030），其工作方式有两种。NTP 软件可以从网上下载，兼容所有的 UNIX 平台。其精确度为：局域网 10μs～10ms，Internet 100～1 000ms。NTP 和互联网的同步在国外已经得到广泛应用。据统计 1999 年已有将近 1.4 万个专用时间服务器在工作，相应的对等服务器超过 18 万台。使用准确的和有依据的时间不仅仅是许多工作的需要，而且正在成为企业和个人地位和身份的象征。在国内 NTP 的应用日益广泛，如在时间戳认证方面。随着网络应用的普及和深化，NTP 的运用领域会获得更大的拓展。

NTP 在时间同步网中得到了越来越多的应用。采用 NTP 来实现时间同步具有投资少的优势，其精度能满足交换设备、数据网络、计费、电子商务、网管等的需求。用户可以通过互联网或自建 NTP 时间同步网来进行时间同步。

1. NTP 的工作模式

在数据包的传送方式上，有客户机和服务器一对一的点对点方式，还有多个客户机对一个服务器的广播/多播方式，两者工作方法基本相同。处于两种方式下的客户机在初始时和服务器进行如同点对点的简短信息交换，据此对往返延时进行量化判断。此后，广播/多播客户机只接收广播/多播消息的状态，并根据第一次信息交换的判断值修正时间。不同之处在于时间服务器在广播方式下周期性地向广播地址发送时间刷新信号；而在多播方式下周期性地向多播地址发送时间刷新信号。在广播/多播方式下一个服务器可以为大量的客户机提供时间，但精度较低。

NTP 有如下 3 种工作方式。

① 客户机/服务器（client/server）方式：采用一对一连接，客户机可以被服务器同步，服务器不能被客户机同步。

② 对称（symmetric）方式：与客户机/服务器模式基本相同，但双方均可同步对方或被对方同步，先发出申请建立连接的一方工作在主动模式下，另一方则工作在被动模式下。

③ 广播/多播（broadcast/multicast）方式：是一对多的连接，服务器周期性地主动发出时间信息，客户机据此信息调整自己的时间，由于忽略网络时延，精度较低，适用于高速局域网上。应用时可根据需要选择不同的工作模式，其中最常用的工作方式是客户机/服务器模式。

上述几种方式可进一步比较如下。

广播/多播方式主要适用于局域网的环境，时间服务器周期性地以广播的方式，将时间信息传送给其他网路中的时间服务器，其时间仅会有少许的延迟，而且配置非常简单。但是此方式的精确度并不高，对时间精确度要求不是很高的情况下可以采用。

对称方式的一台服务器可以从远端时间服务器获取时钟，如果需要也可提供时间信息给远端的时间服务器。此方式适用于配置冗余的时间服务器，可以提供更高的精确度给主机。

客户机/服务器方式与对称方式比较相似，只是不提供给其他时间服务器时间信息，此方式适用于一台时间服务器接收上层时间服务器的时间信息，并提供时间信息给下层的用户。

上述 3 种方式，时间信息的传输都使用 UDP。每一个时间包内包含最近一次的事件的时间信息、包括上次事件的发送与接收时间、传递现在事件的当地时间及此包的接收时间。在收到上述包后即可计算出时间的偏差量与传递资料的时间延迟。时间服务器利用一个过滤演算法及先前 8 个校时资料计算出时间参考值，判断后续校时包的精确性，一个相对较高的离散程度，表示一个对时资料的可信度比较低。仅从一个时间服务器获得校时信息，不能校正通信过程所造成的时间偏差，而同时与许多时间服务器通信校时，就可利用过滤算法找出相对较可靠的时间来源，然后采用它的时间来校时。

2. NTP 工作原理

NTP 可测定时间服务器时钟和客户机时钟之间的时间偏移量。为了做到高精确度，客户机必须测量服务器/客户机传播延时，以计算和服务器之间的时间偏移量。由于无法计算单行方向的延时，时间同步协议测量整个来回延时，并假定各个方向的传播时间是恒定相同的。一般来说，这是一个很有用的近似值，但是在今天的因特网中，不同的服务提供商、网络路径与其相关联的延时可以完全不同。NTP 的工作原理如图 7.15 所示。

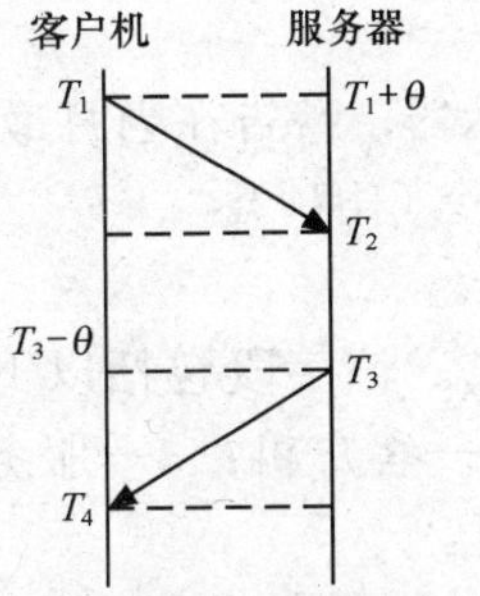

图 7.15　NTP 的工作原理

系统时钟同步的工作过程如下。

① 客户机发送一个 NTP 消息给服务器，该消息带有它离开客户机时的时间戳 T_1。

② 当上述 NTP 消息到达服务器时，服务器加上自己的时间戳 T_2。

③ 服务器再发送这个 NTP 消息给客户机，此时再附加上它离开服务器时的时间戳 T_3。

④ 当此 NTP 消息到达客户机时，客户机记录此时的时间戳 T_4。

根据上述过程时间关系可得

$$T_2=(T_1+\theta)+\delta$$
$$T_4=(T_3-\theta)+\delta$$

可求解得到服务器和客户端之间的时间偏差 θ、两者之间单程的网络传输时间 δ：

$$\left|\begin{aligned}\delta&=\frac{(T_2-T_1)+(T_4-T_3)}{2}\\ \theta&=\frac{(T_2-T_1)-(T_4-T_3)}{2}\end{aligned}\right.$$

可以看到，θ、δ 只与 T_2 和 T_1 的差值、T_4 和 T_3 的差值相关，而与 T_3 和 T_2 的差值无关，即最终的结果与服务器处理请求所需要的时间无关。据此，客户机即可通过这 4 个时间戳计算出的时间偏差 θ 和网络传输时间 δ 去调整本地时钟。

本地正确时间 = NOW TIME − θ，离差为 ε。

3. NTP 的数据包格式

NTP 以客户机和服务器方式进行通信，每次通信共计两个包。客户机发送一个请求数据包，服务器接收后回送一个应答数据包。两个数据包都带有时间戳。NTP 根据这两个数据包带的时间戳确定时间误差，并通过一系列算法来消除网络传输中不确定性的影响。

NTP 网络结构中，无论是服务器或是客户机之间通信的数据包均带有时间戳。时间戳用 64 位表示，前面 32 位是整数部分，后面 32 位是小数部分，计数精度可以达到 200ps。NTP 从时间戳中获得最基本的时间信息。

NTP 数据包消息直接遵循 UDP 的消息头格式，其分组数据包由若干个数据字组成，每个字长为 32bit，如图 7.16 所示，其中，未加底色的方框中内容为 NTP v3 和 v4 共同部分；浅灰底色部分为 NTP v4 专有部分；深灰底色部分为鉴权加密专用部分。在数据包传送时，可以采用 DES-CBC 或 MD5 进行数据加密。

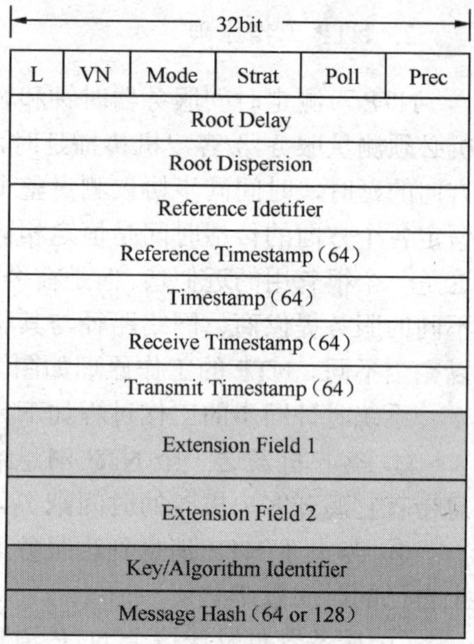

图 7.16　NTP 数据包格式

L：跳跃指示器，警告在当月最后一天的最终时刻插入的迫近闰秒（闰秒）。

VN：版本号。

Mode：模式。该字段包括以下值：0—预留；1—对称行为；3—客户机；4—服务器；5—广播；6—NTP 控制信息。

Stratum：对本地时钟级别的识别。

Poll：有符号整数，表示连续信息间的最大间隔。

Precision：有符号整数，表示本地时钟精确度。

Root Delay：有符号固定点序号，表示主要参考源的总延迟，在位 15～16 间是小数点。

Root Dispersion：无符号固定点序号表示相对于主要参考源的正常差错，在位 15～16 间是小数点。

Reference Identifier：识别特殊参考源。

Receive Timestamp：这是向服务器请求到达客户机的时间，采用 64 位时戳（Timestamp）格式。

```
                    1                   2                   3
0 1 2 3 4 5 6 7 8 9 0 1 2 3 4 5 6 7 8 9 0 1 2 3 4 5 6 7 8 9 0 1
+-+-+-+-+-+-+-+-+-+-+-+-+-+-+-+-+-+-+-+-+-+-+-+-+-+-+-+-+-+-+-+-+
|                            Seconds                            |
+-+-+-+-+-+-+-+-+-+-+-+-+-+-+-+-+-+-+-+-+-+-+-+-+-+-+-+-+-+-+-+-+
|                  Seconds Fraction (0-padded)                  |
+-+-+-+-+-+-+-+-+-+-+-+-+-+-+-+-+-+-+-+-+-+-+-+-+-+-+-+-+-+-+-+-+
```

图 7.17　NTP 时戳格式

Transmit Timestamp：这是向客户机答复离开服务器的时间，采用 64 位时戳（Timestamp）格式。

NTP 时戳由 64 个比特位组成，是一个 64 位无符号定点数，它存储从 1900 年 1 月 1 日 0 时开始的秒数，前 32 位为整数部分，后 32 位为小数部分，如图 7.17 所示。

4. NTP 的时间处理过程

在 NTP 实现时，将使用复杂的算法和机制来确保时钟同步的精确性。在一个时间同步设备上，NTP 的处理流程如图 7.18 所示。

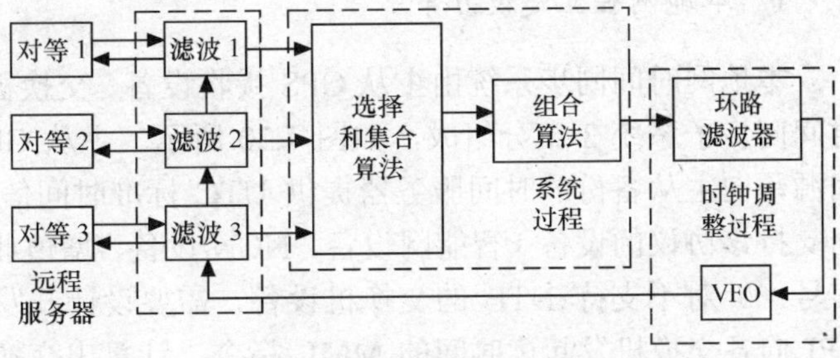

图 7.18　NTP 的处理流程

（1）针对某一个时间服务器的数据过滤处理

NTP 采用一种收敛算法用于提高从一个时间服务器获得的网络延迟 δ 与时钟偏差 θ 的准确度，减少噪声因素的影响。客户机存有从这个时间服务器得到的最新的 n 个（δ，θ）值，从中选择 δ 值最小的（δ，θ）值，然后取定对应的 θ 值作为本次处理的时钟偏差值。同时，处理过程还根据上述 n 个（δ，θ）值序列计算出一个评价因子，以标识该服务器时钟的质量。在因特网及各种局域网上的实验一致表明，上述对最近 n 个（δ，θ）值序列取 δ 最小值的过滤处理算法比采用中值算法及裁减中值算法能获得更高的时间精度。

（2）针对多个时间服务器的对等选择与组合处理

在 NTP 网络结构中，讲到 NTP 的时间服务器通过多条网络路径与多个上层或同层服务器相连，通过上述第一个处理过程，将获得针对多个时间服务器的多个处理结果。如果能够选择其中合适的服务器并对该服务器的信息进行处理，将可以获得更高的时间准确度和更高的可靠性。NTP 使用一种对等选择与组合处理算法来解决这个问题，其基本思路是：服务器的 Stratum 值越小、距离 UTC 时间源越近、同步偏差越小、此时间服务器也越可靠，因而与 Stratum 值小、同步距离小的服务器进行同步的准确度就越高。客户机首先根据第一个处理过程中得到的评价因子、服务器的 Stratum 值及服务器的同步距离等参数对这些时间服务器进行排队，然后根据一定的准则将扰动最大的时间服务器去除，最后采用合成算法计算其他时间服务器数据的统计平均值。

NTP 利用多个对等的时间服务器来获得高精确度和可靠性。当从多个对等服务器获取时间同步信息后，每个独立工作的过滤器从这些信息中选取最佳的样本与本地时间进行比较，通过选择和聚类算法对往返延迟、偏移等参数进行分析，选取若干个较为准确的服务器。合成算法对这些服务器的信息进行综合，获取更为准确的时间参考。环路滤波器和可变频率振荡器在时钟校正算法的控制下，调节本地时钟的时间和频率。

5. 本地时钟校正

为避免时钟的抖动及振荡，维持时钟的单调性，NTP 并没有将前两步处理得到的时钟偏差直接用来调整本地时钟，而是将 NTP 节点本地时钟校正的处理看做一个锁频/相环，通过一个环路滤波器转换为一个对可变频率振荡器（VFO）的控制量来控制振荡器的振荡频率，间接调整系统时钟。NTP 建立的本地时钟校正模型如图 7.19 所示。

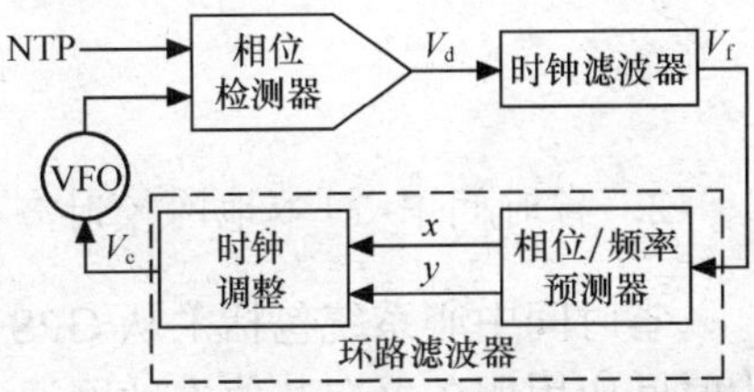

图 7.19　本地时钟校正模型

7.2.4 电信网时间同步系统的设计

下面介绍电信网时间同步系统的一个具体的设计方法。

1. 本地网独立建设方案

本地网时间同步系统由主从 GPS 接收设备、交换机校时子系统及智能网、增值业务平台时间同步子系统 3 部分组成，如图 7.20 所示。主从 GPS 接收器作为本地网时间同步网的时间源，向主从备份的时间服务器提供 UTC 标准时间信号；主从备份的时间服务器通过 NTP 向支持该协议的设备（智能网设备、NGN 设备、增值业务设备等计算机类的设备）提供时间信号；针对不支持 NTP 的交换机设备，需要设计开发校时服务器软件通过本地网网管接口 API 向各交换机发起读时间的 MML 指令，计算出交换机与标准时间的偏差，然后再向发起校时间的 MML 指令，校正交换机时差。

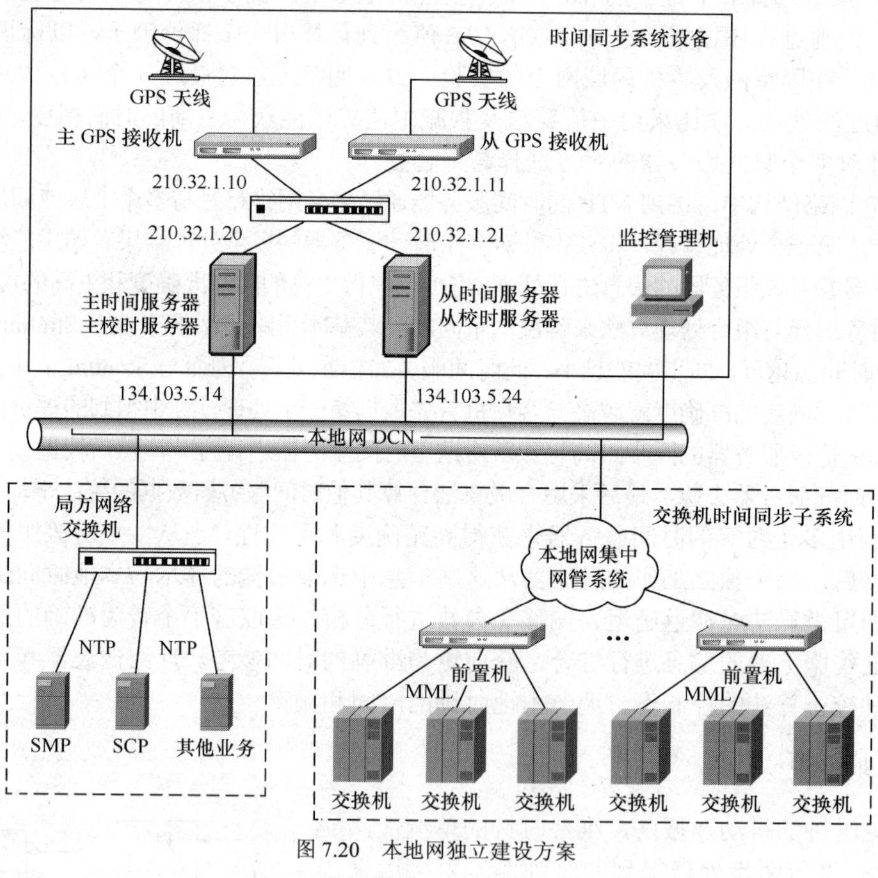

图 7.20 本地网独立建设方案

2. 省时间中心+本地网校时方案

省时间中心系统包括主从 GPS 接收器作为省时间同步网的时间源，主从的时间服务器作为时间应用服务器向其他本地网通过 NTP 提供时间服务，该时间中心可以选配铷钟振荡器作为 GPS 失时时，能长时间维持时间的准确性，如图 7.21 所示。

在本地网仅需建立二级时间服务器及校时服务器。主从备份的二级时间服务器通过省网 DCN 由 NTP 得到标准时间信号，同时主从备份的时间服务器通过 NTP 向支持该协议的设备（智能网设备、NGN 设备、增值业务设备等计算机类的设备）提供时间信号；针对不支持 NTP 的交换机设备，需要设计开发校时服务器软件通过本地网网管接口 API 向各交换机发起读时间的 MML 指令，计算出交换机与标准时间的偏差，然后再向发起校时间的 MML 指令，校正交换机时差。

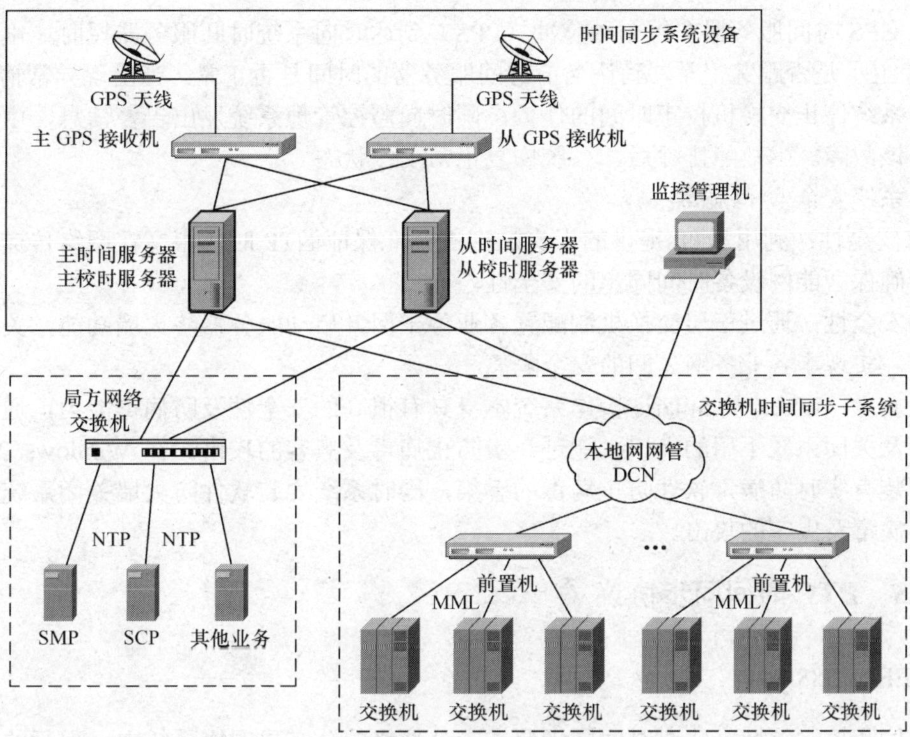

图 7.21　省时间中心+本地网校时方案

本地网时间同步系统由 GPS 时间子系统、交换机校时子系统及智能网、增值业务平台时间同步子系统 3 部分组成。主从 GPS 接收器作为本地网时间同步网的时间源，向主从备份的时间服务器提供 UTC 标准时间信号；主从备份的时间服务器通过 NTP 向支持该协议的设备（智能网设备、NGN 设备、增值业务设备等计算机类的设备）提供时间信号；针对不支持 NTP 的交换机设备，需要设计开发校时服务器软件通过本地网网管接口 API 向各交换机发起读时间的 MML 指令，计算出交换机与标准时间的偏差，然后再向发起校时间的 MML 指令，校正交换机时差。

针对 UNIX 服务器，采用了两种方式实现 NTP 进行时间同步。

第 1 种方法：在 UNIX 主机上启动 ntpd 时间同步进程，将二级时间服务器配置成该主机的参考时钟源，该方法能实现与参考时钟源的实时同步，支持时间服务器冗余备份，但需占用系统资源，校时阈值不能限制。

第 2 种方法：在 UNIX 主机上配置 cron 计划参数，定时启动时间同步脚本，可以根据主机的时间精度配置，如每小时自动核对时间 1～3 次，在允许校正范围内自动校正主机系统时间，在脚本中将二级时间服务器配置成该主机的参考时钟源，该方法灵活、方便，具有校时阈值控制功能，配合时间微调指令，具有较高的时间安全性，并且占用主机资源少，支持时间服务器冗余备份。

（1）时间同步系统安全控制要求

在本系统中，标准时间的准确性与稳定性至关重要，在时间同步源中采用主从 GPS 时间服务器冗余备份，为系统提供可靠稳定、不间断的 GPS 时钟，保证系统授时的连续性与稳定性。

主从 GPS 时间服务器在每个秒脉冲（PPS）到达时向系统时间服务器授时，由系统通过监控 GPS 卫星是否跟踪正常，确认当前时间服务器的时间是否正常，当出现异常情况时，交换机校时系统停止交换机校正时间的任务，同时向监控管理系统发出告警信息，由运行维护人员处理该故障。当故障排除后，系统恢复正常工作状态。

（2）系统安全/防范病毒

NTP 安全性：利用 NTP 提供的报文加密机制，保证 NTP 时间报文在网络传递过程中不被修改，确保智能网设备时间同步的安全性。

网络安全性：通过三层交换机制配置各业务子网，启动服务器防火墙功能，关闭系统不用的端口，实现了各业务网之间的安全隔离。

防范病毒：Linux 及 Solaris 操作系统本身具有很高的安全性及防病毒能力，通过安装软件防火墙及关闭系统不用的端口，能进一步防止病毒及黑客的攻击。在 Windows 2000 操作系统中安装有实时防病毒软件防止病毒的感染，同时系统安装软件防火墙关闭系统不用的端口，防止病毒及黑客的攻击。

7.2.5 PTP 时间同步协议

1. IEEE 1588 简介

在通信和控制领域一些对时间同步要求十分严格的分布式网络系统中，现行的因特网网络时间协议（NTP）、简单网络时间协议（SNTP）等不能达到所要求的同步精度或收敛速度，而 PTP 使基于以太网的高精度同步控制成为可能。IEEE 1588 PTP 借鉴了 NTP 技术，但其在硬件上要求每个网络节点必须有一个包含实时时钟的网络接口卡，可以实现基于 PTP 协议栈的相关服务。

IEEE 1588 的全称是“网络测量和控制系统的精密时钟同步协议标准”，IEEE 1588 标准的草案基础来自惠普公司的 1990—1998 年的有关成果，换句语说，安捷伦科技对 IEEE 1588 标准作出重要贡献。安捷伦实验室的资深研究员 John Eidson 被网络业界视为专家，他的“IEEE 1588 在测试和测量系统的应用”以及“IEEE 1588：在测控和通信的应用”两篇论文对 IEEE 1588 协议有精辟和全面的介绍。IEEE 1588 协议是通用的提升网络系统定时同步能力的规范，在起草过程中主要参考以太网来编制，使分布式通信网络能够具有严格的定时同步，并且应用于工业自动化系统。基本构思是通过硬件和软件将网络设备（客户机）的内时钟与主控机的主时钟实现同步，提供同步建立时间小于 10μs 的运用，与未执行 IEEE 1588 协议的以太网延迟时间 1 000μs 相比，整个网络的定时同步指标有显著的改善。

IEEE 1588 的基本功能是使分布式网络内的最精确时钟与其他时钟保持同步，定义了一种精确时间协议（PTP），用于对标准以太网或其他采用多播技术的分布式总线系统中的传感器、执行器以及其他终端设备中的时钟进行亚微秒级同步。该协议为小型同构或异构局域网设计，设计者特别注意降低资源使用，使其可以在低成本终端设备上应用。该协议对内存及 CPU 性能没有特殊的要求，只需要最小限度的网络带宽。

IEEE 1588 设计初期是用于测量和控制系统，后来受到自动化领域尤其是分布式运动控制领域的关注，而且其军事应用的初始计划也已经起步，通信和电力系统领域也得到广泛的应用。

2. IEEE 1588 PTP 工作原理

IEEE 1588 精密时钟（PTP）系统包括多个节点，每一个节点都代表一个时钟，时钟之间经由网络连接。按工作原理，时钟可以分为普通时钟和边界时钟两种。二者的区别是普通时钟只有一个 PTP 端口，而边界时钟包括多个 PTP 端口。在网络中，每一个时钟都可能处于下面 3 种状态：从属时钟（SLAVE）、主时钟（MASTER）和被动时钟（PASSIVE）。每个时钟所处的状态是根据最优化的时钟算法决定的，PTP 网络的拓扑和时钟类型如图 7.22 所示。

PTP 通信中的消息包括同步消息、跟随消息（Follow_Up Message）、延迟请求消息、延迟应答消息和管理消息，PTP 网络消息的交换如图 7.23 所示，各消息的详细定义请参看相关文献。

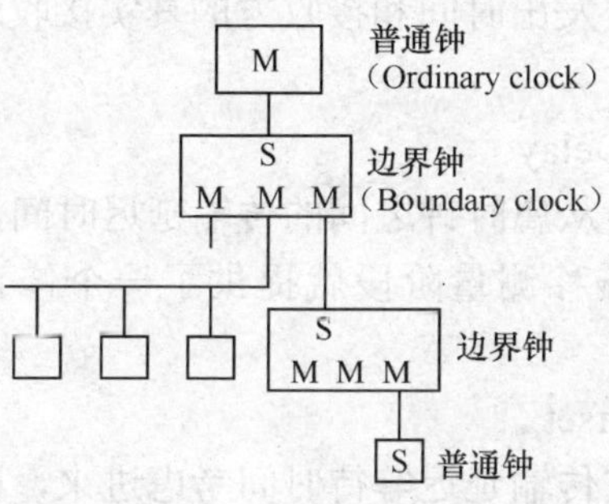

图 7.22　PTP 网络的拓扑和时钟类型

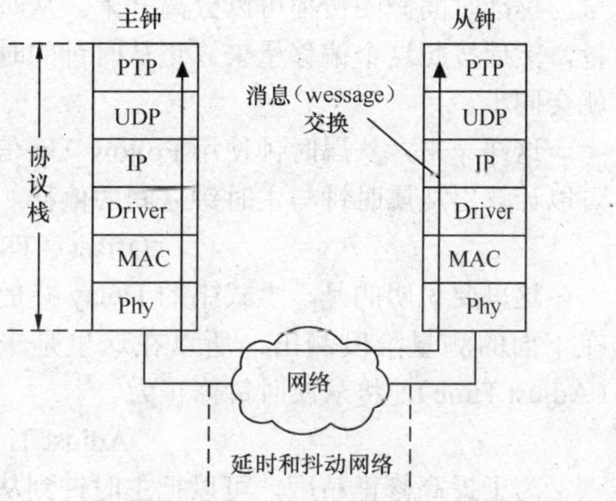

图 7.23　PTP 网络消息的交换

3. 同步机理

PTP 基于同步数据包被传播和接收时的最精确的匹配时间，每个从时钟通过与主时钟交换同步报文而与主时钟达到同步。这个同步过程分为两个阶段：偏移测量阶段和延迟测量阶段。

第一阶段修正主时钟与从时钟之间的时间偏差，称为偏移测量，如图 7.24 所示。

在修正偏移量的过程中，主时钟按照定义的间隔时间（默认是 2s）周期性地向相应的从时钟发出唯一的同步消息。这个同步消息包括该报文离开主时钟的时间估计值、主时钟测量传递的准确时间 TM1 和从时钟测量接收的准确时间 TS1。

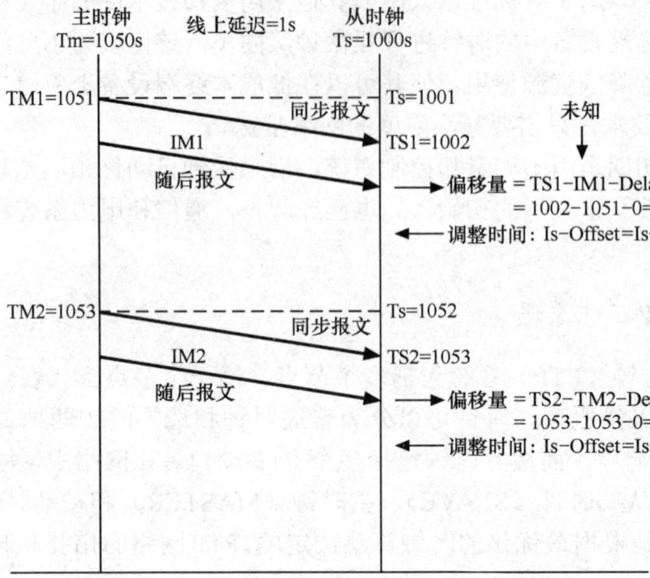

图 7.24　PTP 偏移测量

之后主时钟发出第二条消息——跟随消息（Follow_Up Message），此消息与同步消息相关联，且包含同步消息放到 PTP 通信路径上的更为精确的估计值。这样，对传递和接收的测量与标准时间戳的传播可以分离开来。从时钟根据同步消息和跟随消息中的信息来计算偏移量，然后按照这个偏移量来修正从时钟的时间，如果在传输路径中没有延迟，那么两个时钟就会同步。

这样一来，从属时钟使用 Follow_Up 信息中的真实发出时间和接收方的真实接收时间，可以计算出从属时钟与主时钟之间的偏移（Offset）：

$$Offset = TS1 - TM1 - Delay$$

这里要说明的是，上式中的 Delay 指的是主时钟与从属时钟之间的传输延迟时间，它将在下面的测量阶段测出，所以在这里是未知的，从偏移测量阶段就提供了一个修正时间（Adjust Time），将从属时钟修正为

$$Adjust\ Time = Ts - Offset$$

为了提高修正精度，可以把主时钟到从时钟的报文传输延迟等待时间考虑进来，即延迟测量，这是同步过程的第二个阶段，如图 7.25 所示。

从时钟向主时钟发出一个“延迟请求”数据消息，在这个过程中决定该报文传递准确时间 TS3。主时钟对接收数据消息打上一个时间戳，然后在“延迟响应”数据消息中把接收时间戳 TM3 送回到从时钟。根据传递时间戳 TS3 和主时钟提供的接收时间戳 TM3，从时钟计算与主时钟之间的延迟时间。与偏移测量不同，延迟测量是不规则进行的，其测量间隔时间（默认值是 4～60s 的随机值）比偏移值测量间隔时间要大，这样使得网络尤其是设备终端的负荷不会太大。

从时钟在收到 Sync 信息后在 TS3 时刻发出延迟请求信息包 Delay_Req，主时钟收到 Delay_Req 后在延迟响应信息包（Delay Request Packet，Delay_Resp）印章出准确的接收时间 TM3，并发送给从属时钟，因此，从属时钟就可以非常准确地计算出网络延时：

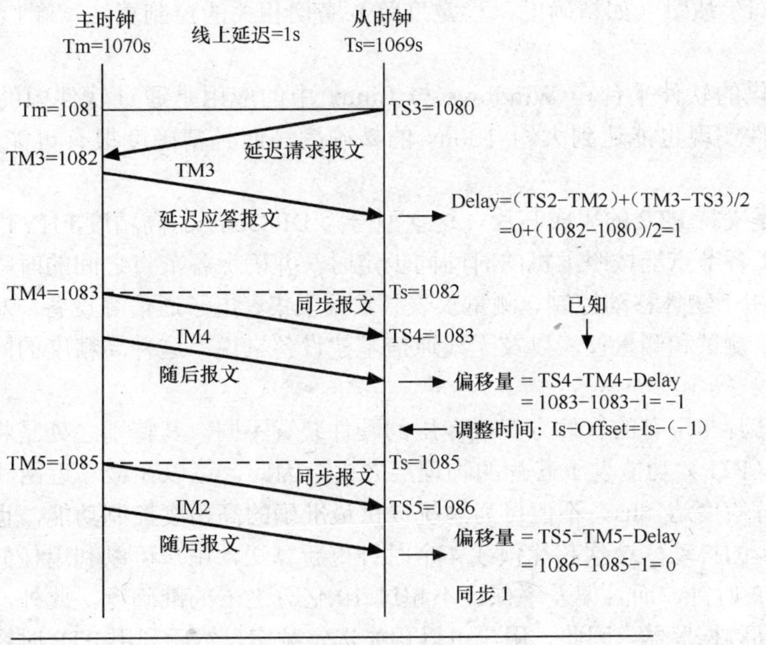

图 7.25　PTP 延迟测量

TM2→TS2：Delay1= TS2−(TM2+Offset)

TS3→TM3：Delay2=(TM3+Offset)−TS3

因为网络延迟时间是对称相等的，所以：

$$Delay = Delay1+Delay2$$

与偏移测量阶段不同的是，延迟测量阶段的延迟请求信息包是随机发出的，并没有时间限制。

4. IEEE 1588 的实现和应用

图 7.26 所示是一种 IEEE 1588 同步单元模型，硬件部分包括一个高精度的实时时钟和一个时间戳单元来产生时间戳，软件部分与实时时钟和硬件时间戳单元绑定实现 IEEE 1588 协议。

图 7.26　IEEE 1588 同步单元模型

包含 PTP 的 3 个通信接口为时间戳接口、时钟接口和端口接口。时间戳接口通过对 Sync 和 Delay Req 信号加盖时间戳来提供精密时钟协议，同时根据精度需要决定到底是硬件还是软件产生时间戳。产生“软件时间戳”的较好方法是依赖操作系统的 NIC 网络接口卡驱动，通过时钟接口能够对本地时钟进行读和更改的操作，当然这些操作是建立在熟知各类功能函数的基础上。该接口包含了与时钟同步质量（如精确度、稳定度等）密切相关的控制算法，端口接口用来分配/接收 PTP 信息。

这种模块化的软件平台在 Windows 与 Linux 中的应用是通过软件中的时间戳来实现的。纯粹的软件实现也能达到大约 100μs 的精确度，而且精确度很有可能达到小于 10μs 的精确度。

DP83640 是支持 PTP 的集成芯片。这款型号为 DP83640 的高精度 PHYTER 收发器可确保分布式网络上各节点能按照主机的时间同步定时，并确保各节点之间的时间偏差不会超过 8ns，因此最适用于物体移动控制、测量仪表、数据采集、电子通信等设备。对于高性能的工厂自动化系统、测试和测量仪表以及无线通信基建设备来说，这种高精度的同步定时技术显得非常重要。

DP83640 芯片与现有的软件方案或专用的硬件装置不同，其特别之处是将 IEEE 1588 高精度时间协议（PTP）功能设于芯片的物理层之内，因此，可以在最靠近网线的位置记录时间标记，而且分辨度达 8ns，不但可为系统提供最准确的高精度控制功能，也确保采集回来的数据出现最少的抖动。这款芯片预载 4 个时钟更新算法，用户可以利用任何一个算法调节电路板上的 PTP 时钟，而且偏差率保证不超过 10 亿分之一的准确度。此外，这款芯片也内置频率可控的高频振荡器，因此，用户可以预先选定频率，然后利用 PTP 时钟产生低抖动时钟输出。内置的收发器也可直接根据时间标记电路的时间及 PTP 时钟将各通用输入/输出调校至同步，以确保实时系统的每一单元都可保持同样高的准确度。

5. IEEE 1588 应用于以太网

IEEE 1588 PTP 是为支持局域网（LAN）应用发展起来的，典型应用领域是实验室或产品测量和控制系统、工业自动化、电力系统或远程通信系统以及包含多个传感器、执行器、仪器仪表和控制器的分布式运动控制系统。

国外方面，许多组织都已决定将该协议用于其基于现场总线的以太网络。

以太网由于其开放性好、应用广泛以及价格低廉等特点，已逐渐垄断了商用计算机的通信领域和过程控制领域中上层的信息管理与通信，并且有进一步直接应用到工业现场的趋势。要想在工业环境中能够有效地利用以太网，必须使其符合工业环境中的特殊需求。以太网应用于工业现场的关键技术之一便是对实时性的保证。但是由于以太网自身的 CSMA/CD 机制以及设备层和 I/O 层上的数据采集与传输问题，低效交换、太多设备以及网络自身流量的不恰当协调，还有在上一层通信（如 TCP 及 UDP）上进行的误差检测及翻译障碍等，都能从以太网上占取宝贵的时间。这些延迟阻碍了以太网一些知名的优势被应用到离散与运动控制，以及其他高速应用中。

目前，已有多种技术用来提高工业以太网的实时性，如增加带宽、改进网络拓扑结构、采用智能集线器及交换式以太网技术等。而本文介绍了一种实时以太网解决方案——IEEE 1588 标准精确时间协议，它的主要原理是通过一个同步信号周期性地对网络中所有站点的时钟进行校正同步，可以使基于以太网的分布式运动控制系统达到精确同步。

6. IEEE 1588 应用于 WiMAX 基站

WiMAX（Worldwide Interoperability for Microwave Access）即全球微波接入互通，它是

基于 OFDM 调制方式的一种宽带接入技术，共享数据率最高可以达到 70Mbit/s，传输距离可以达到 3km～5km。WiMAX 系统需要有一个同步架构实现时间和频率的同步。标准要求在 FDD 模式下频率准确度达到 8×10^{-6}，在 TDD 模式下除了要求频率准确度达到 8×10^{-6} 外，时间准确度要求在 5～25μs。只有有了既精确（precise）又准确（accurate）的定时，才能保证网络最高效的工作，减少掉话和掉线，保证用户持续地得到最佳的服务质量，增加运营收入。

IEEE 工作组目前正在试图将 IEEE 1588 PTP 扩展到广域网（WAN）通信应用。在传统同步网中定时同步分配主要有 3 种可实现的途径：地面传输主要利用 PDH 网或 SDH 的 STM-*N*，空中分配主要利用全球定位系统（GPS）。

在移动通信诸如 GSM 和 UMTS 的基站设计中，一直以来都是通过 TDM 方式的 T1/E1 回程来实现频率同步，TDM 网络在物理层通过实际信道来传送定时信息，避免了定时参考的劣化，构建了一个可靠的端对端同步链。但是 WiMAX 协议中并没有明确规定如何处理本原 TDM 信号，即使是加入本原 TDM CS 层，它也只能终止于 WiMAX 的 MAC 层，对于没有 PSTN 上行链路的 WiMAX 基站仍然无法实现这种方式。其次在网络的营运成本中，租用传统 TDM 回程的费用会占到总支出的 30%～50%。由于这个原因，许多的运营商希望能够通过 IP 或以太网方式来实现这一过程，实现在拥有更宽的数据通路的同时降低运营成本。

因此，IEEE 802.16 标准要求使用 GPS 接收机来提供 WiMAX 网络所需的准确时钟参考。GPS 提供一个高度准确和精确的一级时钟参考源（PRS），精度可以达到 10^{-11}，提供时间和位置数据，广泛运用于无线基站的同步，如在 IS-95 中规定，CDMA 空中序列的绝对准确度必须在 3μs 以内，为了满足这一要求，目前的 CDMA 基站都配置了 GPS 系统。GPS 性能优良，但在部署时却面临一些问题：GPS 需要每个基站都有一个接收机，并且保证卫星处于地面基站的视野范围内，当基站无法放在室外时，GPS 的安装和天线的空间视野都会成为棘手的问题；安装和维护 GPS 天线需要较多的运营支出，因此成本高昂，难于应用和管理；当 GPS 信号丢失时需要有一个保持振荡器，当长期无法接收到卫星信号时基站就会无法正常工作；GPS 接收机完全依赖于美国的全球定位导航系统，它受到美国军方控制，所以无法避免面临政治、战争等方面的风险。IEEE 1588 的出现成为 GPS 的有力替代者，它的时间分布机制和时间调度概念，容许从设备使用普通振荡器，通过软件调度与主控机的主时钟保持同步，过程简单可靠，通过 IP 或以太网回程传送定时，可大幅降低每个 WiMAX 基站的设备和安装成本。它既可以是单独的方案，也可以在有 GPS 接收机的基站里提供一个可靠的时钟参考备份，当 GPS 信号变为不可用出现保持状态时，基站可以在 GPS 未恢复前通过 IEEE 1588 保持同步。

在部署采用 IEEE 1588 PTP 的新基站时，如图 7.27 所示，可以把 PTP 时钟配置为点对多点即主从模式，将 IEEE 1588 主时钟安装在中心局汇聚点的现有 BITS 或 SSU 系统中，然后将从设备安装在远端基站中。主时钟通过分组网络与远端从设备建立双向通信，传送准确的时间和频率同步。在 WiMAX 应用中，IEEE 1588 PTP 在节点间提供一个价廉质优的方式来传递准确的时钟参考，无论是 FDD 还是 TDD 模式它都可以满足系统的同步要求。

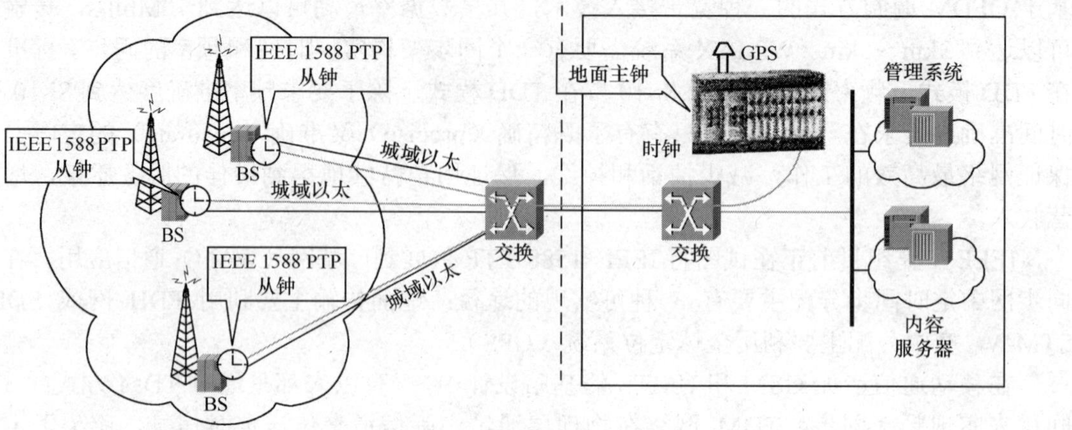

BS: WiMAX 基础
BITS: Building Intsgrabed Timing Supply 大楼综合定时供给系统
—— IEEE 1588 PTP 同步流

图 7.27　IEEE 1588 PTP 在 WiMAX 系统中的应用

7.3　下一代网络中同步技术的发展

在 TDM 传输网络中，主要是对频率同步有要求，但是在下一代网络网络中，对时间和频率同步都有要求，并且这些要求在下一代网络中将更加广泛和严格。

1. 通用定时接口 UTI

下一代传输网中对频率同步的要求将更加严格，TDM 的传送速率可达 40Gbit/s，WDM 的传送速率可达 320Gbit/s 或更高。由于性能测试、服务保证和实时服务的要求，网络对全网定时机制有了新的目标，并且这些要求在 NGN 网络中对定时信号同步将更加广泛和严格。

如前所述，下一代互联网网络对时间同步有新的要求，以流媒体业务中的 RTSP（Real-Time Streaming Protocol）为例，RTSP 采用了时间戳方法，即在每个媒体的数据流单元中加进统一的时间戳。在发送时，将各个媒体都按时间顺序分成单元，在同一个时间轴上，给每个单元都打上一个时间戳，处于同一时标的各个媒体单元具有相同的时间戳。在各个媒体到达终端后，让具有相同时间戳的媒体单元同时进行表现，这样就得到了媒体之间同步的效果，从而保证了流媒体业务的 QoS。换言之，这需要下一代互联网实现全网的时间同步。

3G 网络现有 WCDMA，cdma 2000 和 TD-SCDMA 三种制式，这些网络均需要频率同步，而对时间同步的要求则是不同的。在 cdma 2000 和 TD-SCDMA 系统中，基站系统之间需要高精度的时间同步（优于 10μs），因为在软切换中，如果 RNC 和 NodeB 之间没有时间同步，可能导致在选择器中发生邮件指令不匹配，从而使通话连接不能建立起来。WCDMA 系统自身在正常工作时不需要时间同步，但当提供某些特殊业务，如基于基站的高精度位置定位服务时，则需要各基站设备间的时间同步，而且是高精度（μs 量级）的时间同步。

因为 NGN 对频率和时间同步都有要求，新的局间同步分配方法（如通用定时接口 UTI 的一个分支——电信定时接口 TTI）正在制定中，利用通用定时接口 UTI，频率和时间同步可以通过同一接口来实现。

2. 时间信号传输的控制技术和算法

网络的时间同步是基于 PTP 或 NTP 的，PTP 或 NTP 的分组将通过分组网传输，在传送的过程中会有时间延迟和时延抖动，从而对同步的准确性产生影响。由于分组传送的指标参数的不确定性，在实施同步技术的时候，必须采取措施满足对网络时延和抖动的要求。通过限制基准时钟源分配时经过的网络的跳数和采用流量工程技术来最小化分组时间延迟和时延抖动，从而来满足同步的准确性。目前正在研究相关的控制技术和算法，来改善性能并满足同步方面的严格要求。

例如，分组网络电路仿真业务（CES）具有更大灵活性、更短延迟和简单特性，是 VoIP 技术最具竞争力的替代方案。在任何通过分组实现电路交换的技术中，最关键的问题之一就是时钟恢复。例如，在两个客户端之间使用专用租借线路通过运营商分组网络上的仿真链路进行连接，则客户 TDM 业务的频率必须在分组网络的出口处精确地重新生成。长时间的频率不匹配将导致分组网络出口处形成等待队列，如果重新生成的时钟比原时钟慢，则缓冲器被填满，反之则会被清空。这两种情况都会造成滑码，造成数据丢失和服务质量下降。

时钟恢复是从变化的分组到达速率来推断原时钟频率的过程。但是，如 ITU-T 的 G.823 和 G.824 标准中所定义的那样，TDM 网络对时钟稳定性具有非常严格的要求。因此，需要对到达速率进行过滤处理，以除去由分组延迟变化造成的影响。

3. 管理性能

由于网络运营商需要使网络具有远程可管理性，所以就需要定时系统支持双路智能时间和频率传输机制，以便于接受设备的定时可被控制。目前电信公司的同步设备并不能监控网元时钟的同步，PRS/PRC 和 BITS/SSU 设备也只能保证时钟源的同步，目前的设备还不能检测接受设备的同步的损失，所以，精确的监测、管理和衡量特性在下一代网络的同步和定时设备中必须进一步的发展。

4. 安全机制

分组网络防范对网络完整性和安全性的攻击的能力是很脆弱的，许多网络中断战略都涉及网络路径中系统时钟的中断，目前存在的网元中的定时管理不是很安全，或者说没有得到很好的管理。NGN 的定时分布必须有一个可以信任的来源，并且分布于一套受到保护的传输设施中，从而防止恶意入侵可能导致的服务中断。

定时与同步机制在下一代网络中发挥了关键作用，它既为传统业务服务，也为新兴业务服务。精确的定频和定时机制将仍然是衡量网络可用性的一个标志，一致而可靠的定时不仅是服务质量的保证，而且对网络性能、服务可用性和整个网络网元、基础设施和客户终端设备之间的无缝可操作性来说都是至关重要的。

随着网络的演进，定时和同步技术也将不断发展，从而满足不断出现的新的需求。

习　题

1. 什么是位同步、帧同步和网同步？
2. 说明位同步、帧同步和网同步在通信网中的作用。

3．网同步的方法有哪些？说明主从同步法的特点。

4．同步网规划的原则是什么？试对一省级通信网进行同步系统的规划。

5．通信网中时间同步的作用是什么？

6．说明 UTI、TAI、UTC 代表什么意思？有何区别？

7．说明时间同步网中网络时间协议（NTP）的工作原理。

8．试对时间同步网的结构和数字同步网的结构加以比较。

9．为了提高时间信息在分组网中传送的准确性，可以采取什么措施？

10．数字同步网中的时钟源有哪几种？分别说明其特点。

第 8 章　公共信道信令网和 IP 信令网

通信连接建立和拆除是依靠网络的信令来完成的，信令是建立、维持和拆除通信连接的控制信号，在通信网中保证信令的可靠传送，是通信过程顺利完成的先决条件。

随着通信网络的类型不断地增加，每一个网络的信令由本身网络来传送和处理已经不再适应通信网迅速发展以及互连互通的形势，因此，需要建立一个公共的信令网来统一传送和处理各种网络中的信令，如统一传送和处理电话网、移动网、智能网、ATM 等网络的信令，这样一个网络就是 7 号公共信道信令网（也称 7 号信令网）。在 7 号信令网中，一条信令连链路上可以传送上百路的电话信令或者传送各种不同网络的信令信号。信令可分为用户线信令和局间信令，本章中还将介绍数字用户环路 1 号信令，以进一步说明用户线信令和局间信令之间的区别，从而对通信网中的信令进行全面的考察。

IP 化是下一代承载网络发展的趋势。随着媒体流的承载 IP 化，信令消息承载的 IP 化也成为关注的重点，于是引入了 IP 信令网，IP 信令网是指利用 IP 作为承载技术，来传送 7 号信令消息的网络。传统的 7 号信令网带宽有限，随着用户数量的增加，以及新业务的发展，传统的 TDM 链路最终会出现带宽瓶颈。而在采用 IP 技术承载后，可以方便灵活地扩展信令节点间的带宽，降低传输资源管理的复杂程度，可能打破 TDM 链路组支持链路数量的限制，并降低信令传输资源管理的复杂程度。

IP 信令网中采用了 SIGTRAN 技术，SIGTRAN 协议是 IETF 的信令传送工作组 SIGTRAN 所建立的一套在 IP 网络上传送 PSTN 信令的传输控制协议，SIGTRAN 技术使 SS7 的传输承载从 TDM 过渡为 IP。信令网关通过 SIGTRAN 协议将 SCN（交换电路网）侧 SS7 信令适配到 IP 侧网络上传送，从而达到 SS7 信令网与 IP 信令网的互通。

本章将介绍电话网信令、随路信令、数字用户环路 1 号信令，7 号信令网、IP 信令网、信令网关及其下一代信令网的规划。

8.1　电话网信令

信令是指电信网在各个交换局之间为完成呼叫连接而执行的信息交换语言。信令系统是能使网络中的交换机、网络数据库以及其他智能节点之间完成消息（包括呼叫建立、监视和释放的消息）和信息（包括分布式应用进程和网络管理所需要的信息）交换的系统。

8.1.1　电话网的信令类型

电话网属于电路交换网，在电话通信的过程中在两个用户之间建立起一条语音通路。目前在大多数情况下，在用户到交换局之间这是一条模拟话路。在局与局之间是一条 64kbit/s 的数字通道，这样一条语音通路的建立、维持和拆除是在电话信令的控制下完成的。下面我们来分析在语音通路的建立、维持和拆除的过程中涉及的信令信号。

图 8.1 所示为整个语音通路建立、维持和拆除的整个过程以及在此过程中涉及的各种类型的信令信号。

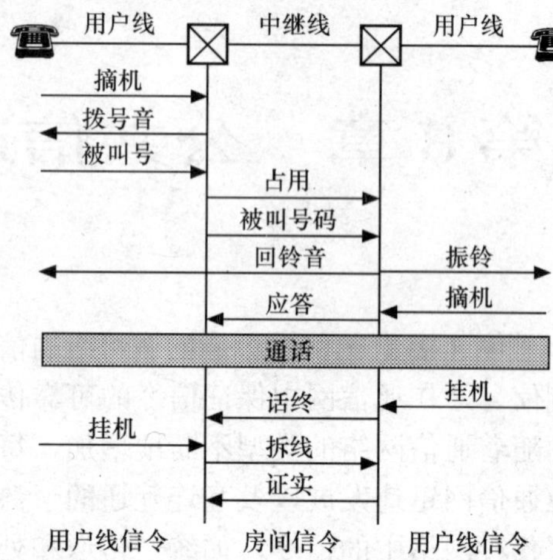

图 8.1 各种类型的电话网信令信号

第一阶段：通路的建立

- 主叫摘机：当用户有呼叫意向时拿起主叫端的话机，即摘机，这时在用户和交换局之间便构成直流通路。
- 拨号音：交换局接收到摘机信号以后以拨号音（一般是 400Hz 的连续音）来应答，拨号音表示交换局“已经准备好了”，用户听到后可以进行拨号。
- 地址信号：用户在听到拨号音以后即开始拨被叫用户的电话号码即地址信号。通过电话机拨号盘产生的地址信号有两种：一种是不同数目的脉冲信号，另一种是双音多频（DTMF）地址信号。若交换局无空闲的选线器，那么发回忙音（一般是快速的断续音），用户可以在挂机后再呼叫。

以上信令信号均在用户和交换局之间传送。而在交换局间转送如下信令信号。

- 占用信号。用户拨号后，交换局经过鉴别以后若判断被叫用户是非本局的用户，则根据地址信号的前 12 位数字选择合适的中继线，并用占用信号通知该交换局，等待对方交换局的“占用应答”，再把被叫的用户地址从暂存器中驱动并传送过去。
- 局间地址信号。主叫交换局在收到占用证实信号后传送地址信号。
- 振铃和振铃音。被叫局在收到地址码以后，把占用的中继话路和被叫用户的用户线相连通，并对被叫用户进行振铃。如果被叫用户正在与其他用户通话，则发回忙音。
- 被叫摘机。当被叫用户听到铃声以后，用摘机来作为应答，至此，在两个用户之间的通话连接已经建立。

第二阶段：电话通信

在第一阶段刚才建立起来的语音通路上进行电话通信。

第三阶段：拆线

当通话结束以后，若被叫用户先挂机，作为一种信号送回被叫局，被叫局发现被用户挂机后，向主叫交换局发送“反向拆线”信令。当主叫挂机后，主叫局向被叫局发送“前向拆线”信令，被叫局送回拆线证实信号（亦称释放监护信令）。至此，拆线过程完成，中继线重新恢复到空闲状态。

8.1.2 电话网的信令分类

针对传统电话业务的信令，包含大量不同类别。根据不同的观察角度，可以将这些信令进行不同的分类。

电话网的信令系统，可以根据它们的功能以及应用区域进行分类。根据信令的功能可分为监视信令、地址信令和操作信令，根据信令的应用区域或区间可分为用户线信令、局间信令和网络信令。

监视信令也称为线路信令，主要用来检测和改变用户线以及网络中其他线路的状态或条件，如主/被用户的摘机、挂机信令，线路占用信令等。

地址信令也称为记发器信令，它和呼叫建立过程有关，主要由被叫地址（即被叫用户的电话号码）组成。操作信令主要用于检测和传送网络拥塞信息、反映电路或设备是否可用的信息以及提供计费的信息。这些信息的功能是为了能有效地利用网络和交换设备资源，也称为管理信令。

用户线信令是应用于用户和电话交换局之间的信令，主要在用户线上传送。主要包括用户状态信令（摘机、挂机等）、被叫号码信令、铃流和信令音信令。

局间信令是应用于交换局和交换局之间的信令，在局间中继线上传送，用来控制呼叫的连接和拆除。局间信令中用于线路监视的线路信令，主要有占用信令、拆线信令、被叫应答信令和被叫挂机信令。地址信令和操作信令也主要应用于局间。

8.1.3　随路信令系统

对于局间信令，根据信令与话路的关系，可以将其传送方式分为随路信令和共路信令。随路信令是在传送语音的信道中同时传送的为建立和拆除该话路所需的各种信令。

在中国曾经普遍采用的随路信令系统是中国一号信令系统，包括线路信令和记发器信令。

1. 随路型线路信令

线路信令是在去话中继器和来话中继器之间，通过线路信令设备在话路中传送的信令。沿呼叫建立的前进方向传送的信令，称为前向信令，主要由占用、拆线、重复拆线等信令组成。相应的，后向信令则主要由应答、挂机、释放临护、闭塞等信令组成。

根据传送介质的不同，线路信令有两种形式的格式：一种为模拟型的线路信令，包括直流线路信令和带内单频脉冲线信令两种形式；另一种为数字型的线路信令，也有两种编码形式，即带内 2 600Hz 的 8 位编码和 4 位编码。

4 位编码的数字型线路信令，为每个话路分配 4 个比特位。一个 PCM 基群信号（2 048kbit/s）的 32 个时隙中的 30 个用于话路，16 号时隙用于信令传送（0 号时隙用于帧同步）。每个时隙由 8 个比特位组成，因此，16 个帧（一个复帧）中共有 32 个 4 位组，其中 30 个 4 位组用于 30 个话路的随路信令传送（第 0 号帧的一个 8 位组用于复帧同步控制）。PCM 随路信令的分配如图 8.2 所示。

线路信令只采用了 a、b、c 三个比特位，它们的功能分述如下。

a：用于前向信令时，置 0 表示主叫摘机（占用）状态，置 1 表示主叫挂机（拆线）状态；用于后向信令时，置 0 表示被叫摘机状态，置 1 表示被叫挂机状态。

b：用于前向信令时，置 1 表示故障状态，置 0 表示正常状态；用于后向信令时，置 0 表示受话局空闲，置 1 表示占用或闭塞。

c：用于前后信令时，置 0 表示话务员振铃或进行强拆操作，置 1 则表示未执行上述操作；用于后向信令时，置 0 表示话务员进行回铃操作，置 1 则表示未执行。

用于长途全自动呼叫时，不需要 c 比特。

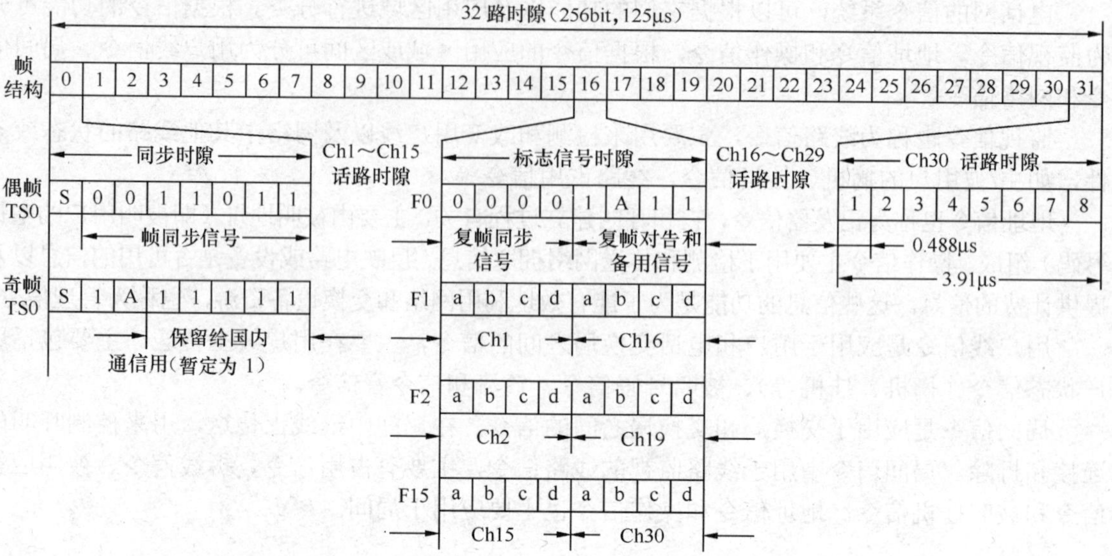

图 8.2　PCM 随路信令的分配

2. 随路型记发器信令

记发器信令是源于一个交换局的记发器，终结于另一个交换局记发器的信令，它的主要功能是控制电路的自动连接。中国 1 号信令系统中，采用多频互控方式，在 PCM 数字电路中透明传输。

记发器信令也分前向信令和后向信令，它们是由多个频率组成的编码信令。前向信令由 6 种频率组成，按 6 中取 2 编码方式组织成 15 种信令，后向信令则采用 4 中取 2 的方式组织成 6 种信令，如表 8.1 所示。

表 8.1　　　　多频编码信令的构成

数码	前向信号（Hz）						后向信号（Hz）			
	f_0 1 380	f_1 1 500	f_2 1 620	f_4 1 740	f_7 1 860	f_{11} 1 980	f_0 1 140	f_1 1 020	f_2 900	f_3 700
1	*	*					*	*		
2	*		*				*		*	
3		*	*					*	*	
4	*			*			*			*
5		*		*				*		*
6			*	*					*	*
7	*				*					
8		*			*					
9			*		*					
10				*	*					
11	*					*				
12		*				*				

续表

数码	前向信号（Hz）						后向信号（Hz）			
	f_0	f_1	f_2	f_4	f_7	f_{11}	f_0	f_1	f_2	f_3
	1 380	**1 500**	**1 620**	**1 740**	**1 860**	**1 980**	**1 140**	**1 020**	**900**	**700**
13			*			*				
14				*		*				
15					*	*				

记发器信令的互控过程由 4 个阶段（或拍）构成：第一阶段，由去话记发器发送前向信令；第二阶段，由来话记发器接收并识别对端发送的前向信令，向发端发送后向信令；第三阶段，去话记发器接收并识别后向信令，停发前后信令；第四阶段，来话记发器识别前向信令停发之后，停发后向信令。当去话记发器识别后向信令停发后，根据收到的后向信令要求，发送下位前后信令，启动下一次互控过程。

8.2　数字用户环路 1 号信令

信令网中传送的信令主要是指交换局和交换局之间的信令，不包括用户线信令，对于用户到交换局之间的信令目前在电话网中主要采用两种方法，一种是模拟用户线信令，另一种是 ISDN 中数字用户环路 1 号信令，即 DSS1。通过 D 信道传送用户信令如图 8.3 所示。

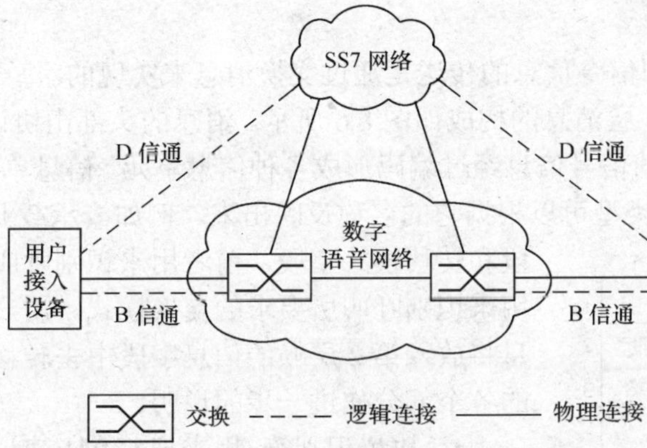

图 8.3　通过 D 信道传送用户信令

8.2.1　DSS1 的协议概述

DSS1 是一个公共信道用户信令系统，也称为 D 信道协议，ISDN 用户—网络的数字接口中设置专门的 D 信道在用户—网络之间传送信令，这个信道完全独立于信息信道，因此，任何时候都可以通过独立信道传送信令，D 信道具有公共信道的特点。

ISDN 中信令是通过 ISDN 用户—网络的数字接口中的数字信道进行传输的，DSS1 的协议结构如图 8.4 所示。

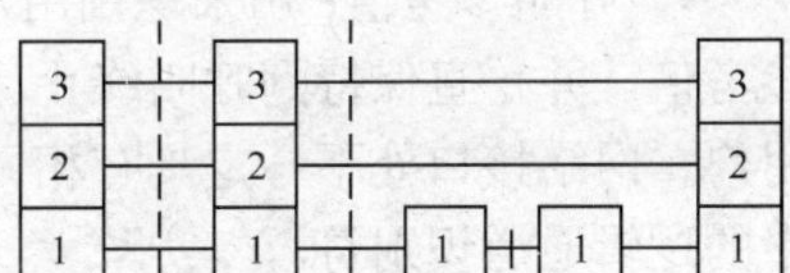

图 8.4　DSS1 的协议结构

DSS1 的协议分为 3 层。

第 1 层协议提供物理传输信道功能。

第 2 层协议规定了帧的格式，提供差错控制、流量控制功能。

第 3 层协议规定了 DSS1 信令消息类型、信令消息的格式和连接建立的过程。

物理层通道的基本结构为 2B+D，其中 B 是信息信道，D 是信令信道，也可以传送数据信息，两信道互相独立，其中 B 信道的速率为 64kbit/s，D 信道的速率为 16kbit/s，物理层通道的基本结构也可以是 30B+D，其中 D 信道的速率为 64kbit/s。

数据链路层采用 LAPD 协议，即 D 信道上的链路接入协议，Q.921 LAPD 的帧结构如图 8.5 所示，第 3 层的信令消息放入 LAPD 帧的信息字段中传输，这一层协议的主要功能是差错控制，通过差错控制和自动重发，来保证信令消息的可靠传送。

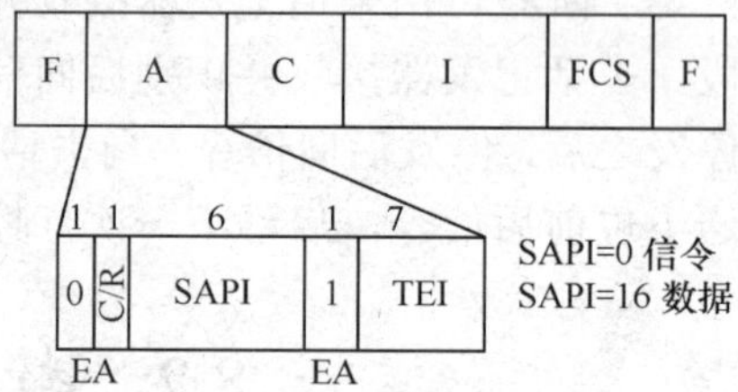

图 8.5　Q.921 LAPD 的帧结构

第 3 层协议是 DSS1 中的主要部分，它规定了数字用户线信令中消息的类型和格式，规定了信令消息的传递过程，数字连接的建立、维持和拆除的过程，下面对第 3 层协议作进一步的说明。

8.2.2　Q.931 第 3 层协议

1. 第 3 层消息的结构

ISDN 用户与网络之间信令信息的传送是通过交换消息来实现的。每一消息由消息头部和信息单元组成，Q.931 第 3 层消息的构成如图 8.6 所示。消息的头部由协议识别符、呼叫参考值和消息类型组成，用户的信号信息经过编码形成各种信息单元。信息单元又由字段来构成，信息单元和字段中信息的类型可以根据它的名称反映出来。例如，承载业务信息转移业务字段和转移模式字段，前者用来识别呼叫的业务种类，后者用来识别呼叫所要求的交换模式。用户—网络第 3 层的消息将放入第 2 层帧的信息字段中去转移。下面对组成消息的各个部分作进一步的说明。

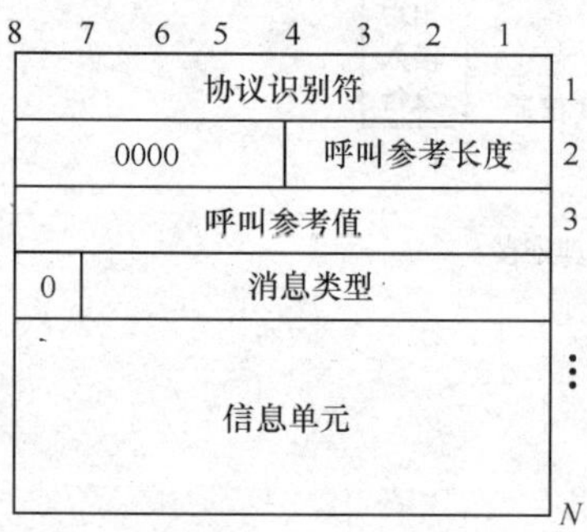

图 8.6　Q.931 第 3 层消息的结构

- 协议识别符：用来把 Q.931 建议的用户—网络呼叫控制消息和其他消息进行区别。其他消息指的是 Q.931 建议规定的其他消息和原 CCITT 其他建议规定的网络层协议单元等。Q.931 中的用户—网络呼叫控制消息的协议识别符是 00001000。
- 呼叫参考值：用来识别用户－网络接口上的各个呼叫。一个呼叫开始时分配一个呼叫参考值，并一直保持到呼叫终止。呼叫参考值不具有 ISDN 端－端的含义，一个呼叫在两个用户—网络接口处不一定具有相同的呼叫参考值。在这一点上，呼叫参考值类似于 X.25 建议中的逻辑通道识别符。

呼叫参考单元包含呼叫参考值和呼叫参考标记。呼叫参考值由呼叫发端接口分配，对于一条链路两个方向传送的消息，其呼叫参考值可以是相同的，但它们的呼叫参考标记不同。

发送侧置呼叫参考标记为“0”，终端侧置呼叫参考标记为“1”，这就保证了在一逻辑链路上两个方向的呼叫参考不被混淆。

- 消息类型：用来识别发送的消息的功能。
- 信息单元：在消息头部之后就是信息单元部分，用来传送经编码以后的信息。

信息单元分为单字节结构和多字节结构，第 1 类单字节信息单元主要由信息单元识别符和信息单元内容构成，第 2 类单字节信息单元只包含信息单元识别符。多字节信息单元包含信息单元标识符、信息单元内容的长度和信息单元的内容。多字节信息单元长度是可变的，它根据所传送的信息的类型的不同而变化。

2. 第 3 层消息消息类型

第 3 层消息类型及其对应的编码如表 8.2 所示。

表 8.2　　第 3 层消息的类型

类　别	编　码	消息名称	功　能
呼叫建立消息	00000001	ALERING	提醒
	00000010	CALL PROCEEDING	呼叫正在处理中
	00000111	CONNECT	呼叫接通
	00001111	CONNECT ACKNOWLEDGE	呼叫连通确认
	00000011	DROGRESS	呼叫进程表示
	00000101	SETUP	呼叫建立请求
	00001101	SETUP ACKNOWLEDGE	对呼叫建立请求的确认
呼叫信息阶段消息	00100110	RESUME	恢复被挂起呼叫
	00101110	RESUME ACKNOWLEDGE	被挂起呼叫恢复确认
	00100010	RESUME REJECT	拒绝恢复被挂起呼叫
	00100101	SUSPEND	呼叫挂起
	00101101	SUSPEND ACKNOWLEDGE	呼叫挂起确认
	00100001	SUSPEND REJECT	拒绝呼叫挂起
	00100000	USER INFORMATION	用户信息
呼叫清除消息	01000101	DISCONNECT	拆线要求
	01001101	RELEASE	呼叫释放
	01011010	RELEASE COMPLETE	呼叫释放完成
	01000110	RESTART	返回初始状态
	01001110	RESTART ACKNOWLEDGE	返回初始状态确认
其他消息	01100000	SEGMENT	分段
	01111001	CONGESTION CONTROL	拥塞控制
	01111011	INFORMATION	呼叫信息
	01100010	FACILITY	补充业务的要求
	01101110	NOTIFY	通知
	01111101	STATUS	用户/网络状态
	01110101	STATUS ENQUIRY	状态询问

8.2.3 DSS1 呼叫过程

数字用户环路上电路交换的呼叫建立过程如下。

① 主叫用户通过用户—网络接口上已经建立好的数据链路上传送 Setup 消息，其中主要包括如下参数：

- 承载能力信息，包括交换方式、信息转移能力和信息转移速率等；
- 地址信息，如主叫终端采用整体发送方式，Setup 消息应包括全部被叫地址，如主叫采用重发送方式，Setup 消息可能不包括或只包括部分被叫地地址。

② 当 Setup 消息到达网络侧后，由网络侧的第 3 层实体检查其中的被叫地址是否完全，当地址完全，则送回 Call Procedding（呼叫进行）消息来通知用户。如地址不全则送回 Setup Ack，用户通过发送 Information 消息，传送后续地址，网络侧收到足够的地址消息后，立即通知交换机进行路由选择和资源分配。

③ 当终端交换机收到由 7 号信令网传送过来的信令信息后，向被叫用户发送 Setup 消息，这个消息地包括了由发端送来的承载业务能力、终端的低层特性、高层特性、端—端特性等信息，以及终端交换机选择的用户信息信道等。

④ 终端收到了 Setup 消息以后，若终端和 Setup 消息中的信息相兼容，终端向网络送回 Alerting（提醒）消息，并且向用户振铃，Alerting 消息由终端交换机送到主叫侧，到过达主叫终端，主叫终端向用户送回铃音。

⑤ 当被叫终端应答之后，向网络送 Connect 消息，终端交换机一方面将这个消息转送到主叫侧，一方面向终端送 Connect Ack 连接证实消息。

至此，从主叫用户到被叫用户的数字电路已经建立，可以通过建立的电路传送语音信息或其他信息，在传送用户信息阶段，D 信道以及 7 号信令信道仍可用来为该呼叫传送必要的控制消息以及用户—用户消息。

呼叫拆除经历的过程如下。

① 终端向网络传送拆除连接消息 Disconnecti，拆除连接可以由通信的任意一方首先进行。

② 网络切断连接，送回释放消息 Release。

③ 终端送释放完成消息 Release Complete。

④ 网络在收到 Disconnect 消息后，还需向通信的另一方转送这个消息，使对方也同样执行上述过程，以完成拆线过程。

图 8.7 所示为在 DSS1 和 7 号信令系统配合的情况下，一次呼叫的接续过程。

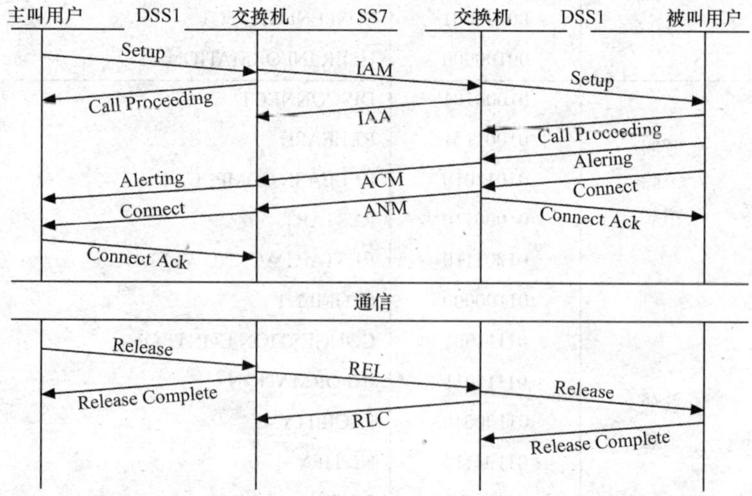

图 8.7　在 DSS1 和 7 号信令系统配合的情况下一次呼叫的接续过程

8.3　7 号信令网

8.3.1　7 号信令网概述

1. 7 号信令网的结构

在电话网中，当采用公共信道信令方式的程控交换机逐步增加以后，则又形成一个公共信道信令网。这个信令网由信令点、信令转接点和连接它们的信令链路组成。

7 号信令网是由 ITU-T 定义的公共信道信令网，是电信支撑网的一种。这个公共信道信令网是一个分组交换的数据网，这里信令的传输以分组作为基本单元。信令网是独立于电话网的专用的分组交换数据网。7 号信令网的结构如图 8.8 所示。

信令点是信令消息的起源点或目的地点，它可以是各种交换局，也可以是其他特种服务中心，如网路管理中心、维护中心、业务控制点等。每个信令点都有一个信令点编码，利用信令点编码来对各个信令点进行识别。信令转接点是在准直联工作时，把从一条信令链路来的信令消息转发到另一条信令链路的转接中心。直接连接两个信令点的若干条信令链路构成信令链路组，信令网中的任何两个信令点，如果它们相应的用户部分功能之间有通信可能的话，称这两个信令点有用户信令关系。

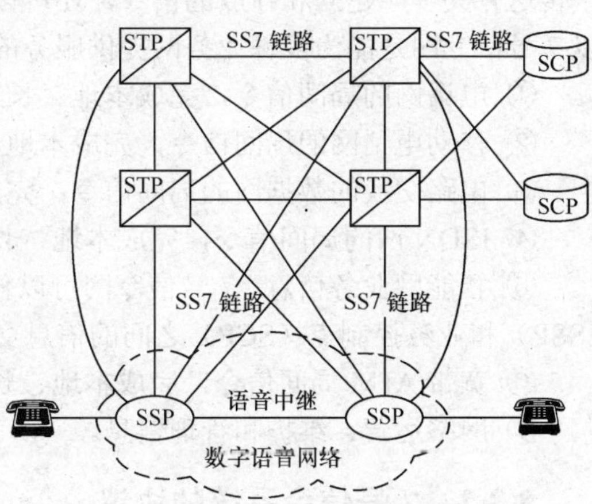

图 8.8　7 号信令网的结构

2. 公共信道信令网的工作方式

在公共信道信令系统中，根据通话电路和信令链路之间的关系，可以分为 3 种不同的工作方式：直联工作方式、准直联工作方式和完全分离工作方式。

① 直联工作方式。两个信令点之间通过一条信令链路直接相连，两个方向上的信令通过这条直接相连的信令链路传送，如图 8.9（a）所示。

② 准直联工作方式。两个信令点通过信令转接点相连，两个信令点之间的信令通过两段或多段串接的信令链路传送，但是必须通过预先确定的信令链路和信令转换点。对于某一段信令链路来讲，它既可以传送准直联信令信息，也可以同时传送直联信令信息。准直联工作方式如图 8.9（b）所示。

③ 完全分离工作方式。两个信令点之间的信令可以通过信令网中的任一路由传送。它必须具有比直联和准直联工作方式更为复杂的消息寻址方案。

目前在公共信道信令系统中主要采用直联和准直联这两种工作方式。这两种方式的选择依据是两个信令点之间信令业务量的大小。如果两点之间的信令业务量较小，则采用直联方式在经济上是不合算的。当采用准直联方式时，应当使信令通过信令链路的段数尽可能少，以减小传输时延。对于完全分离方式，虽然路由选择比较灵活，但寻址方案复杂，目前尚未采用。

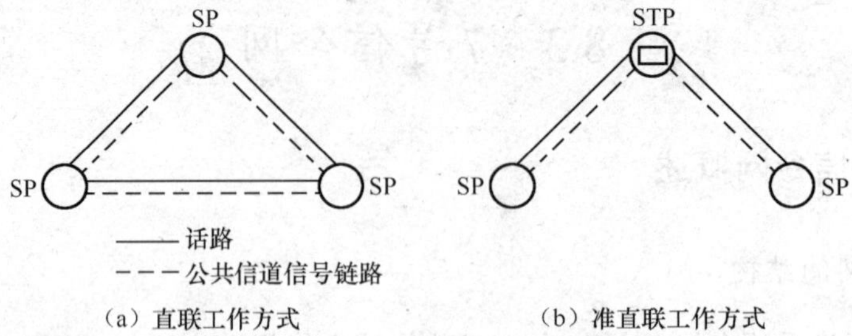

图 8.9 公共信道信令网的工作方式

3. 7号信令网的功能

7号信令网不仅可以在电话网、电路交换的数据网、ISDN网、移动网和宽带ATM网络中传送有关呼叫建立和释放的信令，还可以为交换局和各种服务中心之间传送数据信息，所以7号信令网是能为多种业务网提供服务的支撑网，它的主要用途如下。

① 电话网的局间信令，完成本地、长途和国际的自动、半自动电话接续。

② 移动电话网的局间信令，完成本地、长途和国际的自动接续。

③ 电路交换的数据网的局间信令，完成本地、长途和国际的各种数据接续。

④ ISDN网的局间信令，完成本地、长途和国际的电话和非话的各种接续。

⑤ 智能网业务信息。7号信令网可以传送与电路无关的各种数据信息，完成信令业务点（SSP）和业务控制点（SCP）之间的信息交互，开放各种智能业务。

⑥ 宽带ATM局间信令，完成本地、长途和国际宽带业务的接续。

⑦ 网络运营、维护和管理信息。

8.3.2 7号信令系统的协议

1. 7号信令系统协议层次结构

7号信令系统的协议是安照分层的思想来设计的，在7号信令系统应用的前期，它主要用于数字电话和采用电路交换方式的数据通信网中传送相关的信令，在原CCITT于20世纪80年代提出的7号信令的技术规范中，7号信令系统的协议划分为2个部分、4个层次。

2个部分包括用户部分（UP）和消息传递部分（MTP），其中MTP划分为信令数据链路级（相当于OSI中的物理层）、信令链路功能级（相当于OSI中的数据链路层）和信令网功能级（相当于OSI中的网络层）。MTP的功能是在信令网中把源信令点发出的信令消息单元准确无误地传送到目的地信令点。用户部分规定了信令消息的类型、格式和信令连接建立的程序。

随着智能网、移动通信网、电信管理网的发展，通过7号信令网传送的信令的类型不断增加，不仅要传送与电路接续有关的信息，而且需要传送与电路接续无关的端—端信息，原来的四级结构已不能适应网络发展的需求，原CCITT在1984年和1988年对7号信令系统的层次结构作了修改，使7号信令系统的层次尽量向OSI参考模型靠近。与OSI参模型对应的7号信令系统的层次模型如图8.10所示。

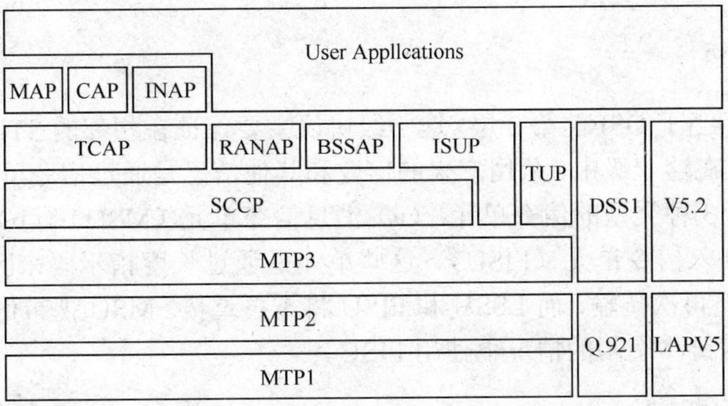

MAP：Mobile Application Part
CAP：Camel Application Part
ISUP：ISDN User Part
TUP：Telephone User Part
INAP：Inteligent Network Application Part
DSS1：Digital Subsoniber Signauing 1
BSSAP：Base Stition Subsystem Application
TCAP：Transaction Capabiliny Application Part
SCCP：Signalling Connection Control Part
MTP3：Message Tranter Part level 3
MTP2：Message Tranter Part level 2
MTP1：Message Tranter Part level 1
RANAP：Radio Access Network Application Part
LAPV5：Link Access Procedure for V5

图 8.10　7 号信令系统的层次模型

图中 MAP、CAP、RANAP、BSSAP 为移动通信系统使用的信令；ISUP、TUP、INAP 为固定网使用的信令；DSS1 和 V5.2 为接入网使用的信令。

与原来的四级结构相比，与 OSI 参考模型相对应的 7 号信令系统模型中增加了信令连接控制部分（SCCP）、事务处理能力应用部分（TCAP）以及综合各种新兴的业务相关的应用部分 IAP、MAP、QAMP 等。

SCCP 提供较强的路由控制和寻址能力，选加在 MTP 上来弥补 MTP 在网络级功能上的不足，形成网络服务部分 NSP，用户可以通过 SCCP 和 MTP 第 3 级相连，也可以不通过 SCCP 直接和 MTP 第 3 级相连，可以根据情况具体加以选择。

TCAP 是在无连接环境下提供的一种工作方案，以供智能网应用、移动应用和维护管理应用实体在一个节点调用另一个节点的程序，执行该程序并把结果返回到调用点。

智能网应用部分（IAP）用来在业务交换点（SSP）、业务控制点（SCP）、智能外设（IP）和数据库（DB）之间传送与业务生成有关的控制信息，以支持各种各样的智能业务的生成。移动应用部分（MAP）用来在移动交换局（MSO）、访问位置寄存器（VLR）、归属位置寄存器（HLR）和设备识别寄存器（ELR）之间传送与移动通信有关的各种控制信息，支持完成移动台自动漫游、越区转换等功能。维护管理应用部分（OMAP）用来支持传送电信管理网（TMN）中的各种管理和控制信息。

2. 信令数据链路级

如上所述，MTP 中的第一级为信令数据链路级，相当于 OSI-RM 中的物理层，它规定了信令数据链路的机械、电气、功能和过程特性，以及信令数据链路的连接方式。信令数据链路是一条全双工通道，终结于数字交换机或交换的终结设备，为信令端点提供接口。

当信令通过数字传输通道传输时，其标准速率是 64kbit/s 或 2.048Mbit/s。在 PCM 基群信道中，标准的信道为 16 时隙；在 8.448Mbit/s 的 PCM 二次群信号中，标准的信道为第 67～70 号时隙。

3. 信令链路功能级

信令链路功能级相当于 OSI 的第 2 层，这一级协议主要保证在相邻的 STP 之间经过公共信道对信令进行传送。在这一级中，从用户来的信令和其他信息是通过信令单元进行传送的。7 号信令系统中规定了 3 种类型的信令单元：（a）消息信令单元（MSU）；（b）链路状态信令单元（LSSU）；（c）插入信令单元（FISU）。这些单元是通过长度指示码来区别的。在发生误码的情况下，MSU 将再次传输，而 LSSU 和 FISU 将不再重传。MSU 携带信令信息，LSSU 提供链路状态信息，在链路空闲的情况下使用 FISU。

4. 信令单元的基本格式

MSU、LSSU 和 FISU 这 3 种类型信令单元的基本格式如图 8.11 所示，其中信令信息字段（SIF）传送用户部分产生的信令信息，在长度上它是可变的，所有的其他字段在长度上都是固定的。下面对信令单元中的各字段自右至左作进一步说明。

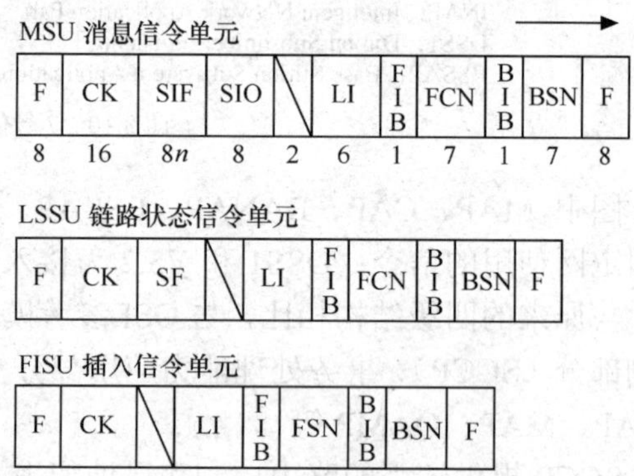

图 8.11　3 种类型信号单元的基本格式

• F 是标记符，长度为 8bit，编码为"01111110"，它出现在每个信号单元的开头和结尾，利用它对每个信号单元的开始和结束进行识别。

• FSN 是前向序号，是信令单元携带的发送序号。每发送一个新的信令单元，FSN 字段就加 1。由于 FSN 字段的位数为 7，序号的增加按照模 128 的规律进行。在接收端，根据信令单元的序号把它们按顺序排列。

• BSN 是后向序号，用来表示对收到的信息信令单元的确认（ACK），利用它通知发送方，序号数等于 BSN 值的信息信令单元已被接收和确认。

• BIB 是反向指示比特，它用在对接收到的信息信号单元进行否认的过程中。当接收到的消息信令单元出现差错并对其否认（NAK）时，BIB 则取反，并一直保持到下一次出错为止。此时的 BSN 也用来通知对方重发从何处开始。

• FIB 是前向指标比特，它和 BIB 组合可以起到差错控制的作用。它和 BIB 保持一致，当 BIB 变反时它也变反，此时表示对信息信号单元重发。

因此，BIB、FIB 和 BSN、FSN 组合可以完成对信号单元的序列控制和差错控制。

• LI 是长度指示码，其范围为 0～63 的二进制数，用来表示长度指标码之后至校验比特之前的字节的数目。3 种类型的信号单元中长度指示码是不同的，如下所示：

LI = 0：插入信号单元；

LI = 1 或 2：链路状态信号单元；

LI > 2：消息信号单元。

• SIO 是业务信息码，分为业务指示码和子业务字段两部分，每一部分各为 4bit。业务指示码具体代表的含义为：

0000：信号网管理消息；

0001：信号网测试和维护消息；

0010：备用；

0011：信号连接控制部分（SCCP）；

0100：电话用户部分（TUP）；

0101：ISDN 用户部分（ISUP）；

0110：数据用户部分（DUP）（与呼叫和电路有关的消息）；

0111：数据用户部分（性能登记和撤销消息）。

在子业务字段中，前两位码备用，后两位码用来区别是国内消息还是国际消息。

- SIF 是信号信息字段，包括用户部分消息、路由选择消息等。它以字节为单元（每一字节由 8bit 组成），国际网规定的长度上限为 62 字节，而国内网的上限可达 272 字节。

链路状态信号单元在信号点之间提供链路状态信息。状态字段（SF）的前 3 位的几种组合及其含义如下：

000：失去定位

001：正常定位

010：紧急定位

011：停止处理业务

100：处理器中断

101：忙

插入信令单元在链路空闲时使用，用来提供确认和否认功能。

5. 数据链路层中 MSU 的运行

数据链路功能级的一项重要功能是差错控制，图 8.12 所示为数据链路层中 MSU 的运行过程。

图中 MSU 用 M、FSN、FIB、BSN、BIB 来表示，其中 M 表示发送的是消息信令单元 MSU、FSN 表示前向序号，STPA 依次发送 FSN 为 0，1，2，3，4，…的 MSU；BSN 是后向序号，用以表示对对方发送过来的 MSU 的确认，BSN 表示确认序号等于 BSN 以及以前的 MSU，如 BSN 等于 2 表示确认对方送过来的 2 号以及 2 号以前的 MSU。

图中的上半部分示出正常接收时的运行过程，下半部分示出了差错控制过程。

MTP 中的数据链路功能级中的差错控制过程采用退回 N 自动重发请求的工作原理，图中的 FIB 和 BIB 用来对 MSU 发生差错进行指示。

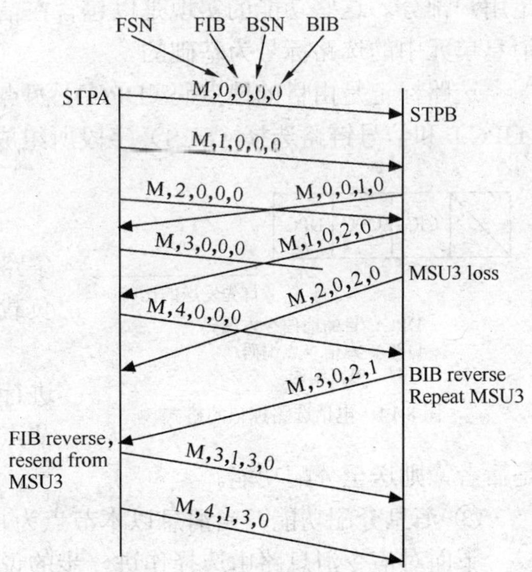

图 8.12　数据链路层中 MSU 的运行过程

图中表示 MSU 传送过程中差错控制的过程说明如下。

① STPA 发送的 FSN=3 的 MSU 在传送的过程中丢失或者 FSN = 3 的 MSU 在校验后产生错误。

② 当 STPB 收到 STPA 送来的 FSN=4 的 MSU 时发现顺序号不对，缺少了 3 号 MSU（或者发现 FSN = 3 的 MSU 出错）。

③ STPB 在发出的第 3 个 MSU 中将 BIB 翻转，并将 BSN 的值置为 2，表示传送中出现错误，要求 STPA 从 BSN + 1 开始重发，即要求 STPA 从 3 号开始重发 MSU。

④ STPA 在收到这一否定的回答以后，立即重发 3 号以及以后的 MSU，并将 FIB 翻转，表示从此时开始重发。

⑤ 重发后 BIB 和 FIB 保持不变，一直持续到下一次再出现差错为止。

6. 信令网功能级

信令网功能级相当于的第三级，信令网是一个专用的分组交换网络，网络级的基本功能是对信令消息的路由选择，根据目的地地址通过路由选择把其送到目的地信令点，这一级的另一个重要的功能是信令网的保护，当链路或节点出现故障的时候，能够提供信令业务的转移功能，保证信令的准确传送。

信令网功能规定了由信令链路相连的信令点之间进行消息传递的功能和过程，即使是在出现故障的情况下仍能对通过网络的消息重新进行路由选择。信令网功能可以分为两部分，即信令消息处理和信号网管理。这些功能之间的关系如图 8.13 所示。

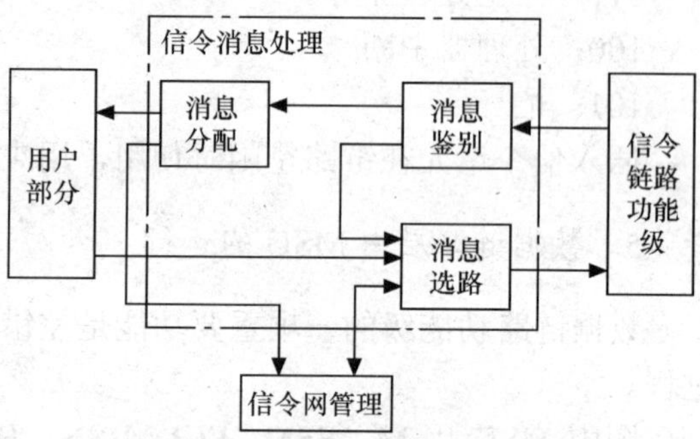

图 8.13　信令消息处理和信令网管理

（1）信令消息处理

信令消息处理功能确保把源信号点的用户部分发出的信令消息传送至目的地信号点的指定用户部分。这些功能的实现是以包含在信令消息单元中的选路标号为基础的。

选路标记是由目的地点码（DPC）、源点码（OPC）和信号链路选择（SLS）字段所组成。电话选路标记的格式如图 8.14 所示。

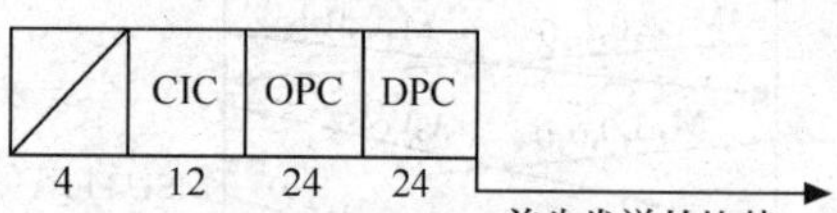

DPC：目的地信令点编码
OPC：源信令点编码
CIC：电路编码

图 8.14　电话选路标记的格式

信令消息处理功能又可以分为如下 3 个子部分。

① 消息选路功能。对去某一目的地的消息确定一条路由，选择的原则是在链路组成内或链路组间实行负载分担，选定的路由由 SLS 标定。

② 消息鉴别功能。根据目的地码（DPC）对消息进行鉴别并且分类，判断消息是途径本节点还是以本节点为目的地。如果是前者，则送至选路功能；如果是后者，则送至分配功能。

③ 消息分配功能。当消息以本节点为目的时，把它送至适当的用户部分。

下面对信令消息路由选择作进一步的说明。

信令消息的路由选择主要是根据信令消息的地址来进行的。

消息路由功能是根据信号单元路由标记中的目的信令点的编码（DPC）和信令链路选择

字段（SLS）（在某些情况下也可能使用业务信息 8 位位组（SIO）），来选择合适的信令链路传递信令消息。一般来说选择一条合适的信令链路需要进行以下 3 步工作。

① 信令路由的确定。根据业务信息 8 位位组的内容来判断是哪类用户产生的消息以及相应的要求，从而选择相应的路由表。例如，电话用户（TUP）产生的消息将根据业务信息 8 位组中的业务表示语（SI）的值选择 TUP 所对应的路由表，而在 TUP 所对应的路由表中，也可根据业务消息 8 位位组中的子业务表示语（SF）的值进一步选择用于不同呼叫类型的路由表，如国际呼叫选用国际路由表，国内呼叫选用国内路由表。

② 信号链路组（Link Set）的确定。根据目的信令点的编码（DPC）和信令链路选择字段（SLS），依据负荷分担原则确定相应的信令链路组。

③ 信令链路的确定。根据 SLS，依据负荷分担原则在某一确定的信令链路组内选择一信令链路。

按照 SLS 进行链路负荷分担有如下两种基本方法：

- 同一链路组内的信令链路进行负荷分担；
- 同链路组间的信令链路进行负荷分担。

同一链路组内的信令链路进行负荷分担是指按照一定的原则，将信令负荷尽量均匀地分到同一链路组内的每一条信令链路上去，在同一链路组内通常有 N 条并行的信令链路，N 的取值取决于信令数据链路所选用的传输速率和链路组所对应的电路数量。由于信令链路选择字段（SLS）只取 4 个比特，所以最大允许 16 条信令链路间负荷分担。当信令数据链路选用 64kbit/s 的数字通路时，N 一般取值为 2 或 4。当 N 取 2 时，即一个链路组内有两条链路时，可简单地使用 SLS 的最低一位比特值进行负荷分担，即

SLS = XXX0　选第 1 条链路

SLS = XXX1　选第 2 条链路

当 $N > 2$ 时，如果 $N = 2^x$，即 N 取值为 2 的幂时，可将负荷平均地分担到每一条链路，否则无法进行均匀分担。具体符合分担的方法没有统一的规定，可以由设计者自行规定。

不同链路组间的信令链路进行负荷分担是依据目的信令点的编码（DPC）和信令链路选择字段（SLS），在与信令点相关的并符合路由要求的几个链路组中选择一个合适的信令链路组，其选择过程如图 8.15 所示。

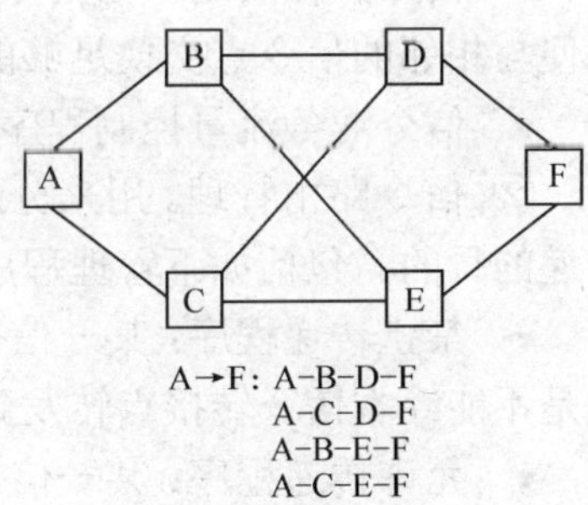

图 8.15　信令链路组选择过程

设 A 为源信令点，F 为目的信令点，从 A 到 F 在正常情况下有 4 种路由可以选择，即 A-B-D-F，A-C-D-F，A-B-E-F，A-C-E-F。而对某一特定的信号单元来说具体选择哪一条路由，即如何将负荷平均分到这 4 条路由上呢？通常的做法是根据 SLS 的取值在不同的阶段使用不同的比特来选定路由。

从 A 出发有两个链路组可选，根据 SLS 的第 2 最低位：

当 SLS = XX1X 时　选 A→C

当 SLS = XX0X 时　选 A→B

从 B 出发也有两个链路组可选，根据 SLS 的第 1 最低位：

当 SLS = XXX1 时　选 B→D

当 SLS＝XXX0 时　　选 B→E

从 C 出发也有两个链路组可选，根据 SLS 的第 1 最低位：

当 SLS＝XXX1 时　　选 C→D

当 SLS＝XXX0 时　　选 C→E

从上述例子看出，使用 SLS 低两位可将负荷分担到每一链路组。

在实际使用时，同一链路组内的信令链路负荷分担和不同链路组信令链路负荷分担是配合使用的。

（2）信令网管理

信令网管理是在信令链路或信令点发生故障或由于拥塞而造成系统性能下降时，做出相应的处理以便维持信令业务和恢复正常。信令网管理功能可以分成 3 个子功能块，即信令业务管理、信令路由管理和信令链路管理。

① 信令业务管理。它把信号业务从一条链路或路由转移到一条或者多条不同的链路上，或者在信号点拥塞的情况下减轻一条链路或路由上的负载。该功能将涉及转换、转回、强制重新选路、受控重新选路、信号业务流量控制等过程。

信令业务管理包括的过程以及过程的基本功能如下。

- 倒换：倒换是指将不可用信令链路上传送的信令业务转移到其他可用的信令链路上。
- 倒回：倒回是指地把从替换的信令链路上的信令业务转换到原来的又变成可利用的信令链路上。
- 强制重选路由：信令源点把到某一目的地的信令业务进行路由重新选择，转移到一条新的信令路由上去。
- 受控重选路由：是指把到某一目的地的信令业务从替换后的信令路由转移到正常的信令路由。
- 管理阻断：维护人员可以通过维护命令将该信令链路设置写为阻断状态，以便于对该信令链路进行测试。
- 信令点再启动：当信令点在停止工作以后重新工作时，需要使用信令点再启动程序，以便与相邻的信令点交换足够的数据。
- 信令业务流量控制程序：利用该程序来限制信令源点的信令业务流量。

② 信令路由管理。用来分配信号网状态信息，以达到在某一信号路由上禁止传递或允许传递的目的，包栝如下管理程序。

- 禁止传递程序：某一信令转接点向一个或多个邻近的信令点发送禁止传递程序，其含义是不能经本信令转接点转发到某目的地的信令业务消息。
- 允许传递程序：某一信令转接点向一个或多个邻近的信令点发送允许传递程序，通知这些信令点可以重新经由此信令转接点向目的地传送信令业务消息。
- 受控传递程序：把拥塞指示从发生拥塞的信令点传送到源信令点，信令点在收到受控传递消息时，通知第四级用户部分，减少发送的业务量。
- 信令路由测试程序：当信令点收到一禁止传递消息时，每隔 30s 向该信令转接点发送信令路由测试消息，直到收到允许传递消息为止。

③ 信令链路管理。这一功能用来恢复故障链路，激活空闲链路，对使用中的链路解除激活等。

信令链路管理有 3 种程序，即基本信令链路管理程序、自动分配信令数据链路和信令终端。

目前主要采用基本信令链路管理程序，即人工分配信令数据链路和信令终端。

④ 信令网管理实例

图 8.16 所示为信令网保护实例，在正常情况下，信令网根据负荷分担的原则通过信令转接点 STPB 和 STPC 完成信令点之间信令业务的传送。

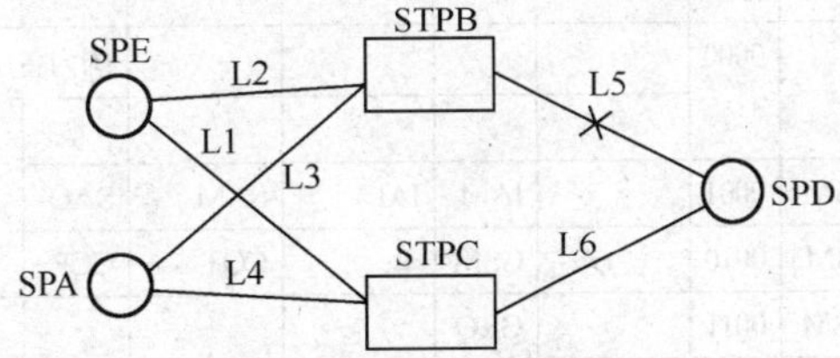

图 8.16　信令网保护实例

下面介绍对信令网进行保护的过程。

假设信令链路 L5 发生故障，这时按照如下过程进行网络保护。

① 信令点 SPD 执行倒换程序，将原来由通过信令链路组 L5 上传送的信令业务倒换到信令链路组 L6 上去。

② STPB 将执行禁止传递程序，分别向 SPD 和 SPE 发出禁止传递消息，禁止 SPA 和 SPE 转发到 SPD 的信令消息。

③ SPA 和 SPE 执行强制重选路由程序，将原来经由 STPB 转发至 SPD 的信令业务转换至经由 STPC 转发。同时执行信令测试程序，每隔 30s 向 STPB 发送信令路由组测试消息，询问 STPB 到 SPD 的信令链路组是否已经恢复。

当信令链路组 L5 已从故障中恢复，将执行如下的程序。

① SPD 执行倒回程序，将原来倒换至 L6 的信令业务倒回到 L5 传送。

② STPB 执行允许传递程序，向 SPA 和 SPE 发送允许传递消息，通知这两个信令点，已经能够通过 STPB 转发至 SPD 的信令消息。

③ SPA 和 SPE 执行受控重选路由程序，将原来切换到经 STPC 转发的信令业务转换回正常的信令路由，同时停止执行信令路由测试程序。

上述例子说明了信令网保护的主要过程，上述的保护过程一般作为 TMN 管理功能中的一部分，在网络管理运营系统的支持下来完成上述保护功能。

（3）电话用户部分

电话用户和部分是信令协议中的高层协议，7 号信令首先在固定电话网中得到广泛应用，这里介绍信令网中的电话用户部分。

电话用户部分（TUP）主要包括 3 个方面的内容：

- 电话信令消息的类型；
- 信令消息的格式；
- 信令连接建立的过程。

① 信令消息的类型。在 7 号信令接续过程中需要用到多种类型的信令消息，TUP 中的信令消息根据 MSU 中的标题码来加以识别，标题码由消息组编码 H0 和消息编码 H1 组成，标题码和消息的类型之间的关系如表 8.3 所示。

表 8.3　　标题码和消息的类型之间的关系

消息组	H1 H0	0000	0001	0010	0011	0100	0101	0110	0111	1000	1001	1010	1011	1100	1101	1110	1111
	0000					国内备用											
FAM	0001		IAM	IAI	SAM	SAO											
FSM	0010		GSM		COT	CCF											
BSM	0011		GRQ														
SBM	0100		ACM	(CHG)													
UBM	0101		SEC	CGC	(NNC)	ADI	CFL	(SSB)	UNN	LOS	SST	ACB	DPN				EUM
CSM	0110	(ANU)	ANC	ANN	CBK	CLF	RAN	(FOT)	CCL								
CCM	0111		RLG	BLO	BLA	UBL	UBA	CCR	RSC								
GRM	1000		MGB	MBA	MGU	MUA	HGB	HBA	HGU	HUA	GRS	GRA	SGB	SBA	SGU	SUA	
	1001					备用											
CNM	1010		ACC			国际和国内备用											
	1011																
NSB	1100			MPM		国内备用											
NCB	1101		OPR														
NUB	1110		SLB	STB													
NAM	1111		MAL														

注：(FOT) 在国际半自动接续中使用，(NNC) 只在国际网中使用，(SSB) 只在国际网中使用，(ANU) (CHG) 暂不使用。

几种常用的消息的类型及其功能进一步说明如下。

- IAM 初始地址消息：是在连接建立过程中发送的第一个消息，主要包括主叫用户类别、消息表示语、被叫地址长度、被叫用户号码，同时此消息也蕴含了对中继电路占用。
- SAM：如果地址信息在初始地址消息中没有送完，则发送后续地址消息，其中包括剩余的被叫用户号码。
- GRQ：一般后向请求消息。来话局通过发送 GRQ 向去话局申清发送更多的信息，如主叫用户号码、主叫用户类别、原被叫地址、请求回声抑制器。
- GSM：通用前向建立消息。去话局根据上述 GRQ 中的要求，把对方请求的信息通过 GSM 传送过去。
- ACM：地址全消息。表示终端局所需的全部地址信息已经收齐，还可传送和计费有关的信息。
- UBM：后向建立不成功消息。向发端局表示呼叫不能成功建立，并说明呼叫失败的原因。
- ANC：应答消息。表示被叫用户已摘机应答，应答信号包括应答和计费信息，发端交换局在收到应答消息以后，将前向话路接通，并开始执行计费程序。
- CBK：后向拆线信号。表示被叫用户已挂机。
- CLF：前向拆线信号。CLF 是最先执行的信号，交换局在收到 CLF 信号时，都必须释放电路，并发出释放监护信号 RLG 作出响应。

- CCL：主叫挂机信号。表示主叫用户已挂机。
- RLG：释放监护信号。当终端局收到 CLF 信号时，应立即发送 RLG 信号作出响应，并释放电路。

② 信令消息的格式

第四层的信令消息包包括标题码和信令信息部分。标题码规定了消息的类型，信令消息部分用以传送某种类型消息中的参数。信令消息的一般格式如图 8.17 所示。

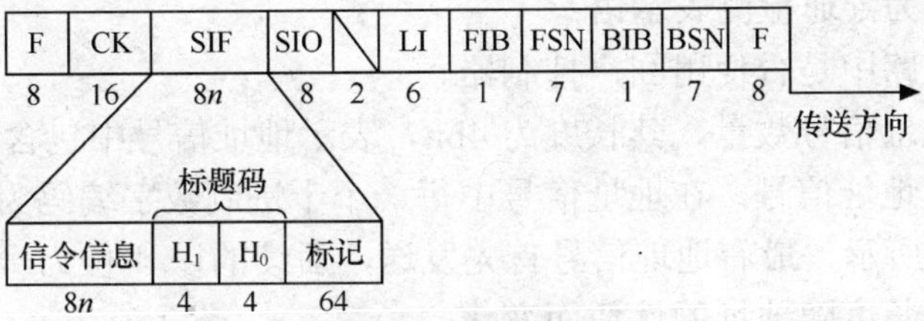

图 8.17　信令消息的一般格式

有的信令消息部分的格式较复杂，如 IAM，而有的信令消息用标题码就可以说明该消息的功能，如 CLF（前向拆线消息），这时不需要信令信息部分。

下面以 IAM 为例进一步说明信令消息的格式，IAM 信令消息的格式如图 8.18 所示。

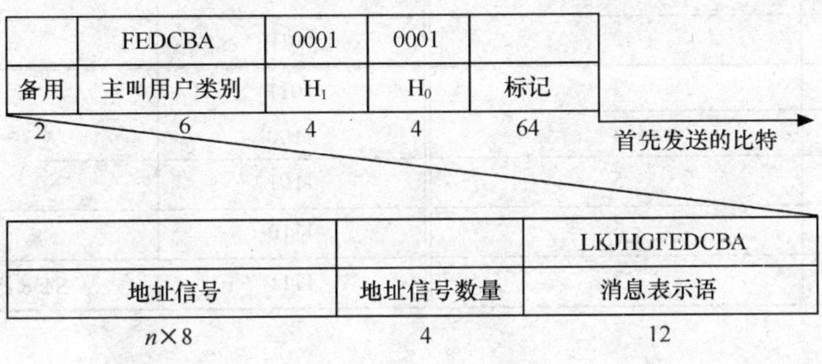

图 8.18　IAM 信令消息的格式

在初始地址消格息的格式中，标题部分 H_0 和 H_1 均固定为 0001，在标题后面是主叫用户类别，用以说明主叫用户的特性，由 6bit 组成，其表示的意思如下。

F	E	D	C	B	A	
0	0	0	0	0	0	来源未知
0	0	0	0	0	1	话务员，法语
0	0	0	0	1	1	德语
0	0	0	1	0	0	俄语
0	0	0	1	0	1	西班牙语
0	0	0	1	1	0	双方协商采用的语言（汉语）
0	0	0	1	1	1	日语
0	0	1	0	0	0	国内话务员
0	0	1	0	1	0	普通用户
0	0	1	0	1	1	优先用户

0　0　1　1　0　0　数据呼叫

0　0　1　1　0　1　测试呼叫

⋮

然后是消息表示语，它的长度为 12bit，分别标为 A，B，C，D，E，F，G，H，I，J，K，L 表示。

其中：A 和 B 位给出地址的性质，即区分是市内电话、国内长途电话还是国际电话号码；

C 和 D 位表示中继电路的性质；

E 和 F 位和表示为导通检测表示语；

G 用来反映在电路中是否使用回声抑制器。

下一个字段是地址信号数量，其长度为 4bit，表示地址信号中包含的地址字节的数量。

最后一个字段是地址信号，在地址信号中每一个十进制数字编码为 4 位二进制码，具体的对应关系如表 8.4 所示，最右地址信号首先发送，后续的以 4 位为一组连续发送，地址字段包含 *n* 个字节，其长度随地址的性质而变化。

表 8.4　　地址信号中每一个十进制数字和二进制码之间的对应关系

码	数　字	码	数　字
0000	0	1000	8
0001	1	1001	9
0010	2	1010	空闲
0011	3	1011	11
0100	4	1100	12
0101	5	1101	空闲
0110	6	1110	空闲
0111	7	1111	ST（脉冲信号结束）

7. 信令传送程序

本地网局间的信令传送程序如图 8.19 所示，这是本地电话局到本地电话局的呼叫，这是呼叫遇被叫用户空闲的正常接续，连接、通话和拆除分为 3 个阶段。

（1）连接建立阶段

- 主叫所在端局收到主叫用户所拨的电话号码；
- 选择一条通往被叫分局的中继电路；
- 主叫局发送 IAM 消息，送往被叫所在分局；
- 被叫分局分析后发现这是终接呼叫，且被叫空闲，发送地址全消息 ACM，通知主叫所在分局，同时在话路上发送回铃音；
- 当被叫用户摘机后，被叫所在分局发送 ANC 消息。

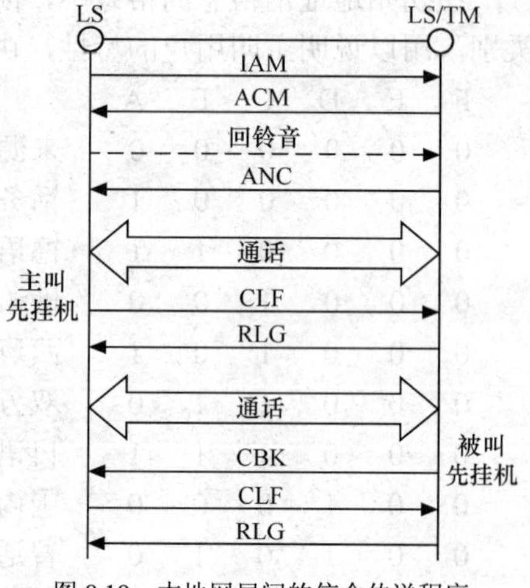

图 8.19　本地网局间的信令传送程序

（2）通话阶段

- 主叫所在分局收到 ANC 消息后，接通话路同时启动计费；
- 呼叫进入通话阶段。

（3）连接拆除阶段

- 如果主叫用户先挂机，主叫所在局发送 CLF 前向拆线信号；
- 被叫所在分局收到 CLF 信号后，释放电路，同时用 RLG 消息进行响应，原中继电路重新进空闲状态；
- 如果被叫用户先挂机，则终端局发送 CBR 后向拆线信号，发端局在收到 CBK 后，发送 CLF 前向拆线信号，终端局送回 RLG 释放监护信号，中继电路重新进入空闲状态。

图 8.20 所示为长途呼叫在 7 号信令系统的支持下，连接的建立维持和拆除的过程。

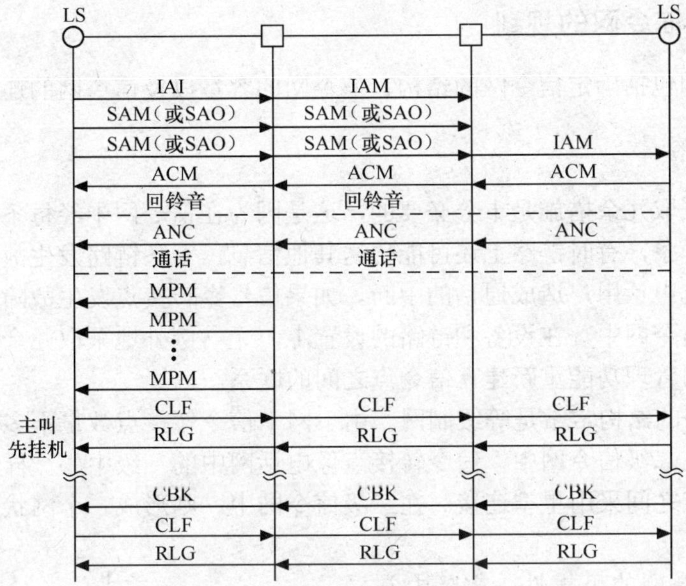

图 8.20　长途网局间的信令传送程序

8. ISUP 和 TUP 的区别

随着综合业务数字网（ISDN）、智能网（IN）和数字移动通信业务的出现，TUP 已不能满足各种业务的需求，因此引入了 ISUP。ISUP 不仅包含了 TUP 的全部信令功能，而且还具备许多 TUP 所没有的特性。例如，进行“800”业务时，当业务交换点（SSP）至长途局间采用 ISUP 时，SSP 不仅可以将 800 号码传送给长途局（TS），还可以将真正的主叫用户号码传送到 TS，而 TUP 则只能传送一个号码；再如，当 GSM 用户呼叫公网固定用户时，如果移动交换中心（MSC）与公网交换机之间采用 ISUP，可以将移动用户的位置和主叫用户号码送到公网交换机。而采用 TUP 时，只能送一个位置标记。另外，ISUP 自身可以解决不同版本的兼容性问题，而 TUP 则不具备这种功能。因此，ISUP 不仅可以完全替代 TUP，而且还可以更方便地支持新业务。

ISUP 是在电话用户部分（TUP）的基础上扩展而成的，它在 TUP 的基础上增加了非话的承载业务控制协议和 ISDN 业务特有的协议控制能力，可以提供包括语音业务在内的各类

ISDN 承载业务所需的信令功能，因此，有些国家直接采用 ISUP，而没有选用 TUP。从 TUP 和 ISUP 的消息上看，TUP 中的消息除用户长忙信号（STB）和用户市忙信号（SLB）外，可以说与 ISUP 的消息基本上是对应的，如 TUP 初始地址消息/带有附加信息的初始地址消息（IAM/I-AI）对应 ISUP IAM，TUP 地址全消息（ACM）对应 ISUP ACM 等。TUP 中的 STB 和 SLB 两个消息主要是用于完成话务员插入功能，这一功能目前已很少使用，正逐渐被淘汰，因此，在制定中国 ISUP 技术规范时，没有将该功能纳入。这样当 ISUP 与 TUP 配合时，如果收到 TUP STB/SLB 时，ISUP 均转换成释放消息（REL），即释放呼叫，话务员不能再插入。从参数上看，ISUP 参数包含了 TUP 的所有参数。TUP IAI 中的所有参数在 ISUP IAM 中均有对应参数予以表示。另外，ISUP IAM 中还包含许多 TUP 所没有的信息，如通用号码、子地址、高层兼容性、低层兼容性等参数。

8.3.3 7 号信令网的规划

信令网的规划包括确定信令网的结构、信令网的容量以及信令网的连接方式。

1. 信令网的容量

在信令网中采取冗余措施是十分必要的，这是因为在信令网中经每条信令链路传送的话路信号有上百上千条，有时链路上还可能传送其他信息，一条链路发生故障而造成信令传输中断，将对一大批电话用户造成通话的中断。如果信号令转接点发生故障，则造成的影响面更大。因此，在信令网中，在设备和链路的设置上，无一例外地采取冗余度措施。在发生故障时，通过信令网管理功能重新建立信令点之间的联系。

实际的信令网的结构常常是等级制网。由于网中信令转接点数量不多，经常采用的是二级网或三级网。在二级信令网中，信令转接点像电话网中的一级中心一样采用网状连接，信令转接点与信令点之间采用星型连接。在三级信令网中，则形成一个网状网和重叠形星型网的复合结构。

考虑增加信令网的可靠性，实际中常采用冗余度结构，二级信令网的冗余度结构如图 8.21（a）所示。在此结构中，每个信令点通过两条信令链路连接到两个不同的信令转接点，当一条链路出现故障时，即从另一条信令链路传送。

三级信令网的冗余度结构如图 8.21（b）所示。三级网中主干信令转接点之间为网状连接，其余为星型连接。一个信点同时连接两个次信令转接点。次信令转接点除接至两个主信令号转接点以外，还接至一个本级次信令转接点。

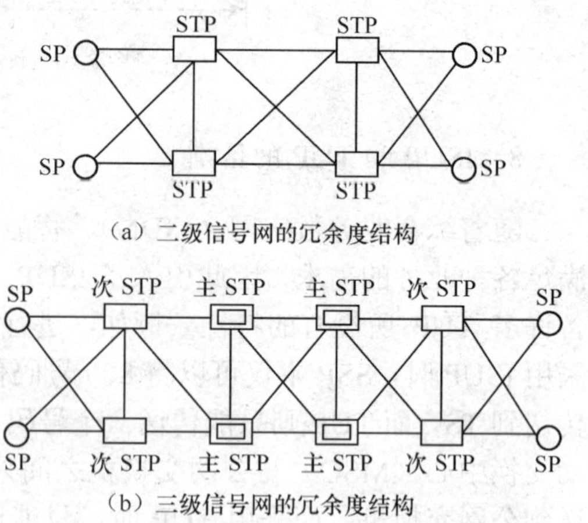

图 8.21 二级信号网和三级信号网的冗余度结构

信令网所能容纳的信令点的数量称为信令网的容量。图 8.21（a）所示的带冗余度的二级信令网的信令点数可以表示成如下公式：

$$n_2 = \frac{1}{2} n_1 (L - n_1 + 1)$$

式中，n_2 是二级信令点数，n_1 是信令转接点的数量，L 是信令转接点所连接的信令链路。

二级信令网的信令点数取决于 n_1 和 L，由于技术水平的限制，L 的最大值为 256。如果二级信令网所能容纳的信令点的数量不能满足实际要求，可以采用三级信令网。

图 8.21（b）所示的三级信令网的信号点数可以表示成如下公式：

$$n_3 = \frac{1}{2} n_2 (L-3)$$

式中，n_1 是主信令转接点数，n_2 是次信令转接点数，n_3 是信令点数，L 是信令链路数。若设 $n_1 = 128$，$L = 256$，则 $n_2 = 8\,256$，可得 $n_3 = 1\,044\,384$。由此可见，一般三级信号令网可以满足任何一个国家信令网的实际要求。我国采用三级信令网。

2. 全国 7 号信令网的结构和组网

我国 7 号信令网采用三级信令网，第一级是高级信令转接点（HSTP），第二级为低级信令转接点（LSTP），第三级为信令点（SP）。第一级 HSTP 汇接 LSTP 和它所属的 SP，第二级 LSTP 汇接它所属的 SP。

为了保证信令网的高度可靠性和可用性，7 号信令网采用了备份的冗余度措施。结合具体情况，我国 7 号信令网采用了图 8.22 所示的信令网结构。

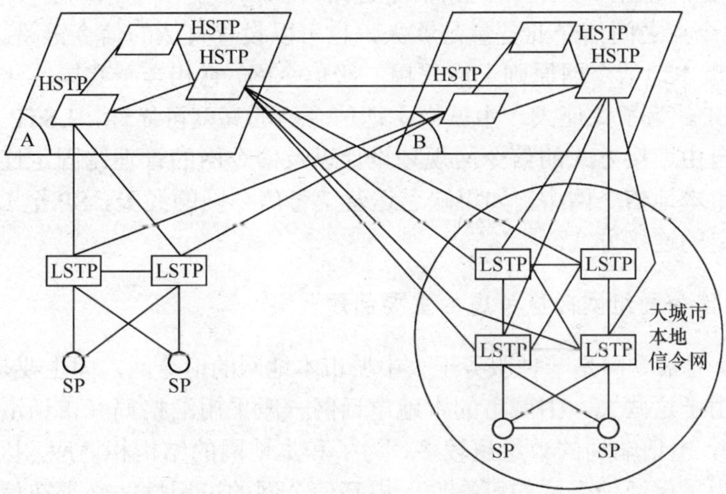

图 8.22 7 号信令网的结构和网络组织

该信令网结构具有下列特点。

① 第一级 HSTP 间采用 A、B 平面连接方式。它比网状网连接简单，A 和 B 平面内各个 HSTP 网状相连，A 和 B 平面间成对的 HSTP 相连。

② 第二级 LSTP 至 HSTP 采用固定的汇接方式，即每个 LSTP 分别连至分布在 A、B 平面内成对 HSTP。

③ 第三级 SP 至 LSTP 的连接根据具体情况可以采用固定或自由连接方式。所谓固定连接方式是指每个 SP 分别连接至本信令区内的 STP 上，如图 8.23（a）所示。自由连接是指 SP 可以连接在其他信令区内的 STP 上，如图 8.23（b）所示。

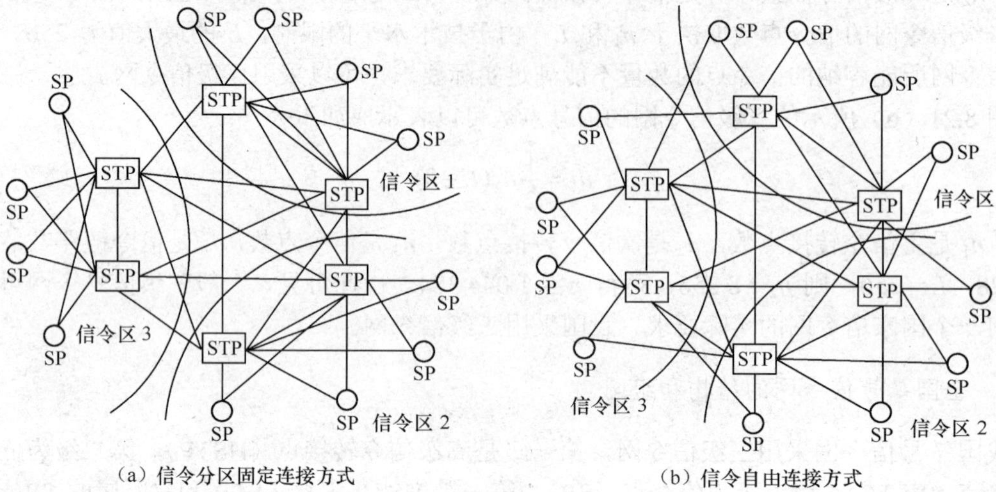

图 8.23　信令连接方式

④ 每个 SP 至少应连至两个 STP（HSTP 或 LSTP），若连至 HSTP，应分别固定连至 A、B 平面内成对的 HSTP。

⑤ 每个信令链路组至少应包括两条信令链路。

⑥ 若两个信令点之间信令业务量足够大，也可以设置直达的信令链路。

⑦ 大、中城市本地信令网原则上应采用二级信令网，它相当于我国三级信令网的第二级 LSTP 和第三级 SP。为了保证大、中城市本地信令网的高度可靠性，LSTP 必须采用网状连接方式。考虑到自由连接方式的信令网规划设计以及信令网的管理比固定连接方式复杂，所以在复杂的大城市本地信令网中，如果缺乏运营 7 号信令网的经验，SP 至 LSTP 的连接可以优先考虑采用固定的连接方式。

3. 本地 7 号信令网组网时应考虑的主要问题

我国的本地 7 号信令网是一种服务于大中城市本地网的信令网，即主要是为扩大 C3 级本地网提供服务。由于这些大、中城市的本地电话网一般采用汇接局（市话汇接局、郊区汇接局和农话汇接局），电话端局的数量也较多，为了和本地网的结构相适应，因此，应组成本地的二级信令网。为了保证信令网的可靠性，提高信令网的可用性，必须在信令点、信令转接点、信令链路的设置上采用冗余度结构。网络的组织可以遵循如下原则。

① LSTP 之间必须采用网状连接方式，LSTP 一般设在汇接局或汇接局所在的局所在地，在特殊情况下，也可以设在端局或长话局。

② 每个 SP 至少连至两个 LSTP，可以根据本地的具体情况，采用固定连接或按信令业务量大小采用自由连接方式。

③ 两个信令点间话路群足够大时，或者某些信令点连到两个 LSTP 有困难时，可以设置直达的信令链路，采用直联工作方式。

④ 每个信令链路组至少包括两条信令链路，信令链路间应尽可能采用分开的物理通路。

8.4 IP 信令网

8.4.1 IP 信令网概述

在下一代交换网中媒体流通过采用 TCP/IP 协议簇的分组交换网进行承载，信令流通过同一分组网进行承载是自然而然的考虑，以电路交换为基础的网络和以分组交换为基础的网络之间的通信势必要求信令能够互通，两个最大的网络将长期共存，信令互通的潜力将是巨大的。更重要的是下一代的网络是以 IP 为基础的，无论是软交换体系结构还是第三代移动通信系统都采用基于 IP 的分组交换网络，因此，在下一代交换网中，原来的 7 号信令网演变为 IP 信令网。IP 信令网是指利用 IP 作为承载技术来传送信令消息的网络。

7 号信令网在今后很长一段时间内仍将是通信网的主要信令系统，要实现 PSTN 和下一代交换网的互连，必须要实现 7 号信令网和 IP 信令网之间的互连，在互连的过程中，引入了 SIGTRAN 技术，SIGTRAN 技术使 SS7 的传输承载从 TDM 过渡为 IP，相比传统 SS7 技术，IP 信令技术有以下优势。

（1）进一步提升信令的传输容量

传统的 7 号信令网带宽有限，两个信令点之间常用带宽是 2Mbit/s。随着用户数量的增加，以及新业务的发展，传统的 TDM 链路最终会出现带宽瓶颈。同时受物理资源的限制，点到点连接占用大量中继资源，这也使现有信令网扩容相对困难。而在采用 IP 技术承载后，可以方便灵活地扩展信令节点间带宽，可以降低传输资源管理的复杂程度，并可能打破 TDM 链路组支持链路数量的限制，同时将降低信令网的传输成本。

（2）有利于简化网络结构和协议种类

分组化是网络发展的必然趋势。暨核心网 IP 化后，7 号信令网也采用 IP 承载，统一网络的承载方式，有利于简化网络结构和协议种类。移动网的分组域、R4 域以至未来的 IMS 业务均采用 IP 为传输技术，因此，信令网从 TDM 过渡为 IP，将进一步减少 TDM 传输资源，统一网络传输技术和结构，向 IP 网络融合。

（3）降低业务开发的成本。

SS7 在可以预见的未来仍将为通信网络的重要协议。目前很多新兴业务通过 SS7 接口查询用户或移动信息。业务平台以服务器为主，一般都具备 IP 接口。采用基于 IP 信令技术，将降低业务开发与通信网整合的成本。

8.4.2 SIGTRAN 协议栈

在 7 号信令网和 IP 信令网之间的互连过程中，引入了 SIGTRAN 技术，它是介于 7 号信令网和 IP 信令网之间的信令网关的关键技术。SIGTRAN 协议是 IETF 的信令传送工作组 SIGTRAN 所建立的一套在 IP 网络上传送 PSTN 信令的传输控制协议。

SIGTRAN（Signaling Transport，信令传输协议）协议栈担负信令网关和媒体网关控制器间的通信，有两个主要功能：适配和传输。与此对应，SIGTRAN 协议栈包含两层协议：传输协议和适配协议，前者就是 SCTP/IP，后者如 M2UA（适配 MTP2 用户）、M3UA（适配 MTP3 用户）、IUA（适配 Q.921 用户）等。

SIGTRAN 协议栈支持通过 IP 网络传输传统电路交换网(Switched Circuit Network，SCN)信令。该协议栈支持 SCN 信令协议分层模型定义中的层间标准原语接口，从而保证已有的 SCN 信令应用可以未经修改地使用，同时利用标准的 IP 传输协议作为传输底层，通过增加自身的功能来满足 SCN 信令的特殊传输要求。

流控制传输协议（Stream Control Transmission Protocol，SCTP）是提供基于不可靠传输业务的协议（如 IP）之上的可靠的数据报传输协议。

其他信令，如 BICC、MAP、CAP 都可使用两种方式：传统 SS7 方式和 IP 方式，当采用 IP 方式时软交换网络与 PSTN、SCP、HLR 之间通信通过 SG，SG 运行 SIGTRAN 协议。

1. SIGTRAN 协议栈

SIGTRAN 的协议结构如图 8.24 所示。

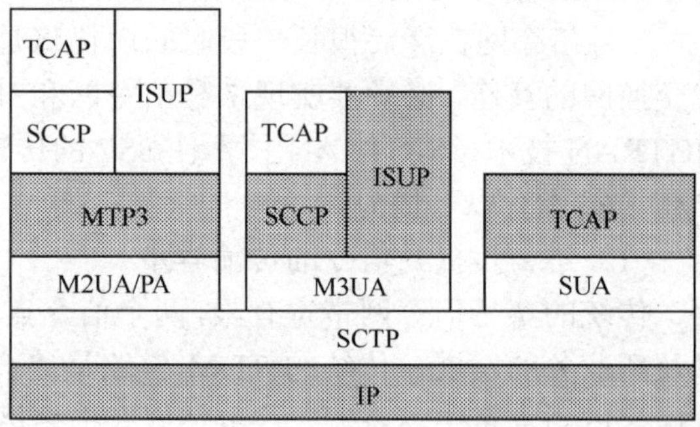

图 8.24 SIGTRAN 的协议结构

SIGTRAN 定义了一个比较完善的 SIGTRAN 协议堆栈，分为 IP 协议、信令传输、信令传输适配和信令应用 4 层，每层所含内容如下。

（1）IP 协议层

标准的 IP 传送协议。

（2）信令传输层

通用的信令传送协议——SCTP(流控传送协议)，支持信令传送所需的通用且可靠的传送功能。SCTP 是传统 TCP 的一种增强形式，支持多个并发的数据流，每个信令点可以与多个 IP 地址捆绑，信令点之间可以建立多个 SCTP 的偶联，从而保证信令在 IP 网上可靠地传送。SCTP 完成的功能有：偶联的建立和释放、流内消息的顺序递交、用户数据分段、消息证实和避免拥塞、数据块的捆绑、分组的有效性验证、通路管理功能。

（3）信令传输适配层

包括 SUA、M3UA、M2UA/M2PA、IUA、SUA 协议。

- M3UA 协议：M3UA 是 MTP 第三级用户适配层协议，提供信令点编码和 IP 地址的转换。用于在软交换与信令网关之间实现 7 号信令协议的传送，支持在 IP 网上传送 MTP 第三级的用户消息，包括 ISUP、TUP 和 SCCP 消息，TCAP 消息作为 SCCP 的净荷可由 M3UA 透明传送。
- M2UA/M2PA 协议：M2UA 是 MTP 第二级用户间的适配层协议，M2PA 是 MTP 第二级用户对等层间的适配层协议。
- IUA 协议：IUA 是 ISDN Q.931 用户适配层协议。
- SUA 协议：SUA 是 SCCP 用户适配层协议。SUA 与 M3UA 不同，它直接实现了 TCAP over IP 功能。

（4）信令应用层

包括 TCAP、TUP、ISUP、SCCP、MTP3、Q931/QSIG。

- TUP：电话用户部分。
- ISUP：ISDN 用户部分。

- TCAP：事务能力联系部分。
- SCCP：系统连接控制部分。
- MTP3：消息传送部分第三级。
- Q.931：数字用户环路 1 号信令第三级。
- QSIG：企业专用信令系统。

下面对协议栈中的各协议作进一步的说明。

2. 流控制传输协议

SCTP（Stream Control Transmission Protocol）即流控制传输协议（RFC 2960），是提供基于不可靠传输业务的协议（如 IP）之上的可靠的数据报传输协议。由于 UDP 不可靠，不提供顺序控制和连接确认，而 TCP 为单数据流，且不提供多个 IP 连接，安全方面也受到限制，因此，在 SIGTRAN 中使用的通用信令传送协议是 SCTP，用以替代 TCP、UDP。SCTP 通过多归属（Multi-Homing）和重选路由机制保证信令消息的可靠传送，同时 SCTP 采用多数据流机制（Multi-Streaming）改善了信令传送的实时性，特别是在长时延链路上防止信令拥塞。

另一方面，SCTP 的协议行为类似于 TCP 并试图克服 TCP 的某些局限。IETF RFC2960 中定义：SCTP 是可靠数据报传输协议，它运行于提供不可靠传递的分组网络上，如 IP 网。它向用户提供下列服务：用户数据无错误无重复的确认传输；根据检测到的 MTU 长度进行用户数据分段处理，避免 IP 层的分段；在多个流（stream）间的用户消息有序递交，及单独用户消息按到达顺序递交的选项；可选的多个用户消息至 SCTP 数据报的复用；通过支持一个关联的一方或双方节点的多宿特性，实现网络级容错。

SCTP 的设计目标包括恰当的拥塞避免特性以及对泛洪和伪装攻击的抵抗力。流控制传输协议名称中的“流”(Stream)是指本协议能够处理每个关联中的若干个用户数据报流，并且为每个流中的用户数据报提供有序传送。流子层的存在使得其他流中数据丢失造成的队头阻塞情况得以避免。

用户数据无错误无重复的确认传输通过分组序列间隙报告和选择性重发来实现。SCTP 采用了与 TCP 基本类同的流量控制和拥塞控制算法，引用了慢启动机制。只是在数据分组的确认和重传机制上，明确将选择性确认作为标准的一部分，规范了选择性重传和快速恢复机制。

（1）SCTP 完成如下功能

① 偶联的启动和拆除：由 SCTP 用户发起的初始化请求，采用 COOKIE 机制防止安全攻击。

② 多数据流的顺序传送：在偶联初始化时设定所支持流的数量，并在多个流上保证用户消息的顺序递送。

③ 用户数据分段：根据通路的 MTU 的限制，进行用户数据的分段。

④ 证实功能：提供差错控制功能保证数据的可靠传送。

⑤ 数据块绑定：将多个用户的消息复用到一个 SCTP 的数据块中。

⑥ 路径管理：提供多归属的机制，提供网络级的可靠性，并提供相关的安全性保证（重选路由）。

SCTP 的功能结构如图 8.25 所示。

（2）SCTP 流程

SCTP 作为一个面向连接的可靠传输层协议，其协议过程包括偶联的建立、偶联的终止、数据传递和证实、拥塞控制机制和路径管理机制。

① 偶联的建立。SCTP 偶联建立的过程是 4 步握手，即有 4 个消息交互：INIT、INIT ACK、COOKIE ECHO 和 COOKIE ACK，如图 8.26 所示。

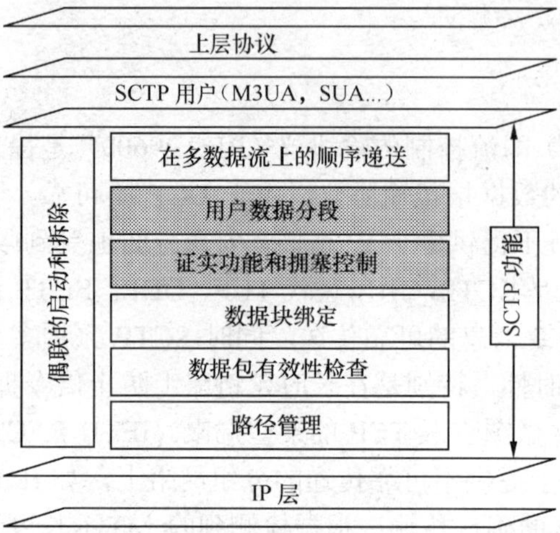

图 8.25 SCTP 的功能结构

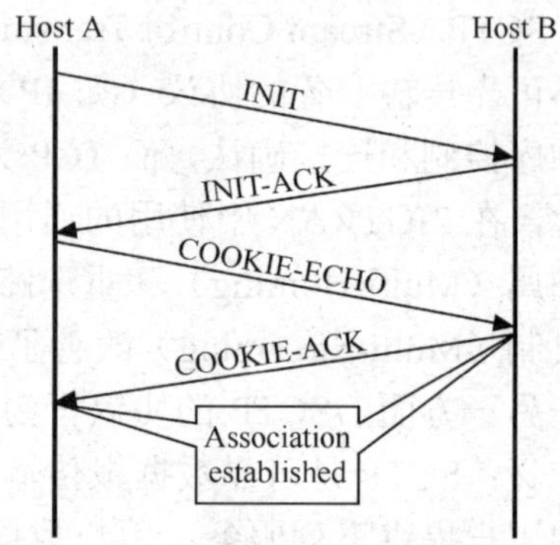

图 8.26 偶联建立过程消息交互图

- 偶联发起端首先要创建一个数据结构 TCB（传输控制块）来描述即将发起的这个偶联（包含偶联的基本信息），然后向对端发送 INIT 消息。在这个消息里面，参数一般会带上本端使用的一个或多个 IP 地址（如果不带，对端就把 INIT 消息发送的源地址作为该端点的地址）。在通用头中，由于还不知道对方的 Tag，故将 Verification Tag 域置零。在消息参数中，必须带上本端的 Tag 和期望的输入/输出流数。发送后启动一个 init 定时器，等待对方的 INIT ACK 消息，定时器超期则重发 INIT，直到达到最大重发次数。这些动作完成后，发起端进入 COOKIE-WAIT 状态。
- 偶联的接收端收到 INIT 消息后，先生成一个 Tag，这个 Tag 将作为本端初始 Tag 放到 INIT ACK 消息的参数中。然后也根据偶联的基本信息生成一个 TCB，不过这个 TCB 是一个临时 TCB。这个 TCB 生成以后，将其中的必要信息（其中包含一个 COOKIE 生成的时间戳和 COOKIE 的生命期）和一个本端的密钥通过 RFC2401 描述的算法计算成一个 32 位的摘要 MAC（这种计算是不可逆的）。然后将那些必要信息和这个 MAC 组合成一个叫做 STATE COOKIE 的参数，包含在 INIT ACK 消息中。INIT ACK 消息的通用头的 Verification Tag 置为 INIT 消息中初始 Tag 的值。INIT ACK 消息一般也带上本端使用的地址，输入/输出流等信息。发送 INIT ACK 到对端，删掉临时 TCB，这样，接收端没有为这个偶联保留任何资源。
- 偶联发起端收到 INIT ACK 后，停止 INIT 定时器。更新自己的 TCB，填入从 INIT ACK 获得的信息。然后生成 COOKIE ECHO 消息，将 INIT ACK 中的 STATE COOKIE 原封带回。启动 COOKIE 定时器，状态转移为 COOKIE-ECHOED。
- 偶联接收端收到 COOKIE ECHO 消息后，进行 COOKIE 验证。将 STATE COOKIE 中的 TCB 部分和本端密钥根据 RFC2401 的 MAC 算法进行计算，得出的 MAC 和 STATE COOKIE 中携带的 MAC 进行比较，如果不同则丢弃这个消息。如果相同，则取出 TCB 部分的时间戳，和当前时间比较，看时间是否已经超过了 COOKIE 的生命期。如果是，同样丢弃，否则根据 TCB 中的信息建立一个和对端的偶联。将状态迁入 ESTABLISHED，并回送 COOKIE ACK 消息。

- 偶联发起端收到 COOKIE ACK 消息，停止 COOKIE 定时器，迁入 ESTABLISHED 状态。这样偶联建立过程完毕。

② 偶联的终止。SCTP 偶联的终止分为两种，一种是 GRACEFUL 的终止，一种是 UNGRACEFUL 的终止。前者保证所有两端的未发送、发送未证实数据得到发送和证实后再终止偶联。而后者则直接终止偶联，丢弃这些数据。

GRACEFUL 关闭 GRACEFUL 的偶联终止由 3 步握手完成。

- 首先，终止发起端的用户向 SCTP 请求 GRACEFUL 终止偶联。SCTP 偶联就从 ESTABLISHED 状态迁入 SHUTDOWN-PENDING 状态。在这个状态中，SCTP 不接收上层在这个偶联上的任何数据发送请求。同时等待本端所有发送未证实的数据得到对端的证实。
- 当所有本端发送未证实数据得到证实，则向对端发送 SHUTDOWN 消息，迁入 SHUTDOWN-SENT 状态，启动 SHUTDOWN 定时器，等待对端 SHUTDOWN-ACK 消息。在这个状态下，收到对端的数据立即证实（后面会讲到 SCTP 应用延迟证实机制）。
- 对端收到 SHUT DOWN 消息后，进入 SHOUTDOWN-REVD 状态，不再接收上层在这个偶联上的数据发送请求。当本端所有未发送数据和发送未证实数据得到发送和证实后，发送 SHUTDOWN ACK 消息。启动 SHUTDOWN 定时器等待 SHUTDWON COMPLETE 消息。
- 终止发起端收到 SHUTDOWN ACK 消息后，停止 SHUTDOWN 定时器，发送 SHUTDOWN COMPLETE 消息到对端。
- 对端收到 SHUTDOWN COMPLETE 消息后，删除偶联 TCB。
- UNGRACEFUL 关闭。这种关闭由于不考虑数据的安全，所以比较简单。发起端发送一个 ABORT 消息到对端后，立即删除偶联 TCB。对端收到这个 ABORT 消息后也立即删除偶联 TCB。

3. 信令传输适配层协议

（1）M2PA 和 M2UA 协议

使用 M2PA 协议允许在任何两个 7 号信令点之间，在 IP 网络上处理 MTP-3 的消息和提供 MTP 信令网网管功能，M2PA 支持如下功能和应用：

- 支持 MTP3/MTP2 原语；
- 支持 MTP2 的功能；
- 完成 7 号信令链路和 IP 实体的映射；
- SCTP 流管理；
- 允许 MTP3 的功能保留，提供基于 IP 连接的 MTP3 协议的无缝操作；
- 用来在两个信令点之间提供基于 IP 的高速信令链路；
- 可以用来在 IP 网上组织 7 号信令网。

M2UA 被定义为基于 SCTP/IP 传输，传送 MTP2 用户部分（MTP3）的适配协议，M2UA 支持如下功能：

- 映射功能；

- 流量控制/拥塞；
- SCTP 流管理；
- 无缝的 7 号网络管理互通；
- 管理阻断/解除阻断；
- 激活的偶联控制。

M2PA 具有自己的信令点编码和自己的上层协议，诸如 MTP3 和 SCCP，可以支持信令转接和 GTT 功能，因而可以作为 IP STP 的协议。M2UA 是 MTP2 的延伸，没有自己的信令点编码，适用于 RANAP、ISUP 等接入信令，利用 SIGTRAN（M2UA/SCTP/IP）进行转发，提高组网的灵活性，并降低信令的传输成本。

（2）M3UA 和 SUA 协议

M3UA 被定义为基于 SCTP/IP 传输，用于传送 MTP3 用户部分的适配协议（SCCP/ISUP），M3UA 提供的业务和应用方式如下：

- 支持传递 MTP3 用户消息；
- 与 MTP3 网络管理功能的互通；
- 支持 SG（Signaling Gateway）和 ASP 间 SCTP 偶联的管理；
- 支持到多个 SG 连接的管理；
- SG 直接调用 M3UA 传送用户信令；
- SG 调用 M3UA 进行 SCCP 信令传送（SG 有 SCCP 功能）；
- MTP3 管理消息的传送；
- M3UA 适用于 IPSP-IPSP（IP Signaling Point）间的应用，是一种落地协议。

M3UA 可以用于 SG 与应用服务器（MSC Serve、IP HLR 以及 IP SCP）之间或者应用服务器之间，传送 MTP3 的用户部分，3GPP 把 M3UA 作为 IP SP（MSC-S、IP HLR、IP SCP）需要支持的SIGTRAN 协议。IETF/3GPP 定义的采用M3UA与传统SUA 被定义为基于 SCTP/IP 传输，传送 SCCP 用户部分（RANAP/MAP/CAP）的适配协议，SUA 提供的业务如下：

- 支持对 SCCP 用户部分的消息的传送；
- 支持 SCCP 无连接业务；
- 支持 SCCP 面向连接的业务；
- 支持 SCCP 用户协议的对等层间的无缝操作。

8.4.3 信令网关

电信业务将会跨网络发展。在语音业务和数据业务融合的过程中，以电路交换为基础的网络和以分组交换为基础的网络之间的通信势必要求信令能够互通，信令互通的潜力将是巨大的。更重要的是下一代的网络是以 IP 为基础的，无论是软交换体系结构还是第三代移动通信系统都采用基于 IP 的分组交换网络，因此信令网关是必不可少的。

信令网关（SG）的作用就是完成两个不同网络之间用于控制的信息的相互转换，以实现一个网络中的控制信息能够在另一个网络中延续传输。信令网关是在两个网络的边界接收和发送信令的代理，是两个网络间的信令关口，对信令消息进行翻译、中继或终结处理。信令网关可以独立设置，也可以与其他网关综合设置，来处理与接入线路或中继线路有关的信令。

1. 信令网关功能参考模型

信令网关是在两个信令网接口处，对信令进行转换的设备。信令网关的作用就是完成两个不同网络之间用于控制的信息的相互转换，以实现一个网络中的控制信息能够在另一个网络中延续传输。

要实现 SCN 和 IP 网络业务的互通就需要信令网关实现 SCN 的信令和 IP 网络的互通。信令网关就是 SG-F 或 AGS-F 的物理实现，信令网关负责信令的转换和传递，它将 PSTN 中的 7 号信令转换为 IP 对应的信令协议，如 H.323 消息。通过 SCTP 与软交换通信，信令网关通过 SCTP 将转化后的信令消息传递给 Softswitch，相反从 Softswitch 接收 IP 网上的信令消息，转换为 7 号信令消息后通过 PSTN 信令接口传递到 PSTN 信令网上。提供 7 号信令网和分组语音网之间的接口，能将 7 号信令转换为 IP 传送到软交换中。信令网关的参考功能模型如图 8.27 所示。在实际应用时，信令网关可以是一个独立的设备，也可能是与其他功能综合在一起的设备。

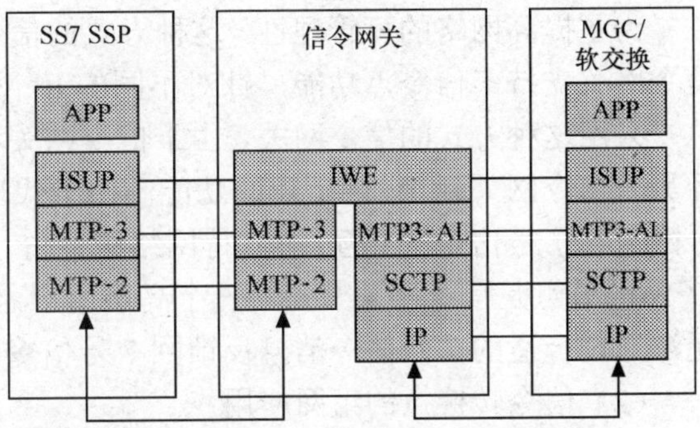

IWF=Inter-working Function（转换功能）
MTP3-AL=MTP-3 Adaptation Layer（MTP3 适应层）

图 8.27　信令网关功能参考模型示意图

2. 信令网关的工作方式

信令网关设备的组网应用主要分为信令点代理的组网应用（包括电路相关及电路无关的信令应用）和信令转接点组网应用。

（1）信令点代理的组网应用

信令点代理组网方式的 SG 从窄带 7 号信令网或 IP 网接收到信令消息后，传递到 MTP3 或 M3UA，然后 SG 根据 DPC（目的地点码）、NIF（节点互通功能）或 IP 地址、NIF 完成信令消息的传递。信令点代理的组网应用如图 8.28 所示。

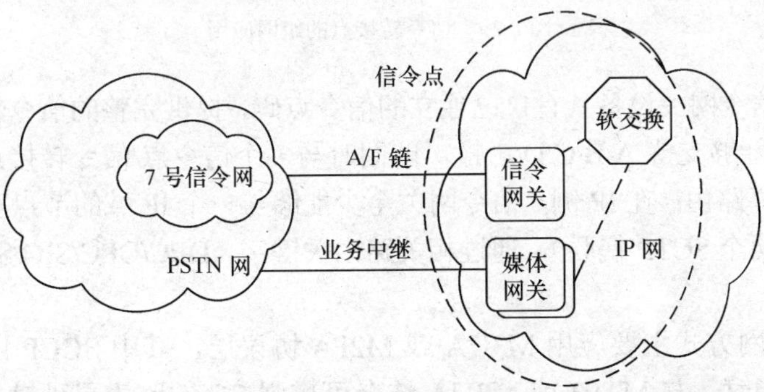

图 8.28　信令点代理的组网应用

在此种工作方式中，信令网关采用 M3UA 协议，信令网关与所连的 IP 网中的节点使用相同的信令点码，即 IP 网中的节点是信令网关的一个高层用户。IP 网节点不需要具备 MTP3

和其下层的窄带协议，只需具有 MTP3 以上的协议。

信令网关设备与 IP 网上的节点共享一个信令点码，共同提供完整的信令点的功能，如图 8.28 所示。IP 网上的节点可以是软交换机，通常特指 TUP/ISUP 的呼叫控制部分；还可以是一个基于 IP 的数据库节点，通常为 IP 域的一个业务控制点（IP-SCP）。

在这种实现方式下，IP 网中的节点，如 TUP/ISUP 的呼叫控制部分，或 IP SCP，是与 SG 共享一个信令点码。而 SG 应能通过数据配置对某个 DPC/OPC/SLS/CIC 取值组合来确定相应的 TUP 或 ISUP 消息，或对某个 DPC/OPC/SLS/SSN 取值组合来确定 SCCP 消息能正确送到指定的 MGC 功能实体。其中对这些路由信息参量的识别是由 NIF 功能完成的。

为了提高网络的可管理性，这种方式的信令网关如果需要为多个 IP 网节点服务，就需要信令网关支持多信令点功能，针对不同的 IP 网节点分配不同的信令点码。

采用这种方式的信令网关，由于信令网关和 IP 网节点采用同一信令点码，因此，不提供经另一信令网关到 IP 网节点的功能。由于代理的特性，IP 网的一个节点只能通过固定的信令网关和 7 号信令网交互，不支持网络级备份。由于信令网关和 IP 网节点使用同一个信令点，IP 网的节点是信令网关节点的一个高层用户，因此，从信令网关到 IP 目的地点通路的状态无法通过合适的 7 号信令消息反馈回 7 号信令网。

（2）信令转接点的组网应用

信令转接点的组网应用如图 8.29 所示。

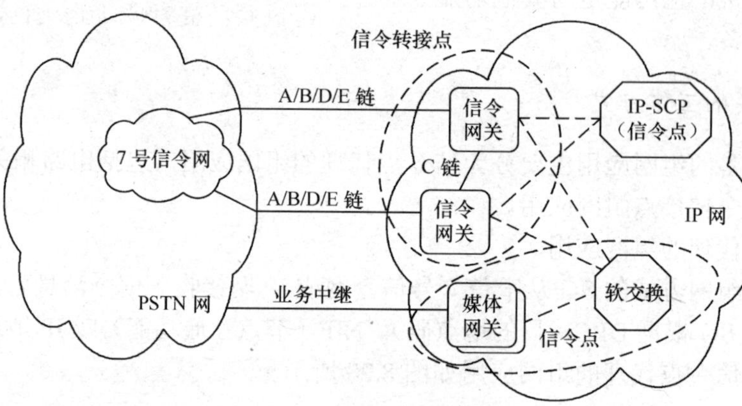

图 8.29　信令转接点的组网应用

在该方式中，信令网关设备具有自己独立的信令点码，提供完整的信令转接点功能。在信令网关的 7 号信令侧能够支持 A/B/C/D/E 链，能同时与多个信令点/信令转接点互连，按照传统 7 号信令网的方式选择路由；在 IP 侧，信令网关至少能够与一个 IP 域的节点互连，并有信令路由的冗余配置（至少两个 SCTP 偶联），通过相关路由关键字（DPC/OPC/SIO/SCCP_SSN/CIC 范围等）进行路由选择。

信令转接点组网方式主要应用 M3UA 或 M2PA 协议层，其中 SCCP 协议层为任选部分。SG 具备 SCCP 功能时，与 MTP3 或 M3UA 结合可增强 SG 的路由寻址功能。

SG 从窄带 7 号信令网或 IP 网接收到信令消息后，如果是 TUP/ISUP 相关的呼叫控制信息则可由 MTP3 经 NIF 直接传给 M3UA，或相反，而无须传递到 SG 的 SCCP 层，其信令传送过程类似于 SG 不具备 SCCP 功能时的实现方式。

信令网关采用 STP 方式工作时，要单独占用一个信令点码，从 7 号信令网收到的信令消息可以被转发到 IP 网内的多个信令点，使用协议可以是 M3UA 或 M2PA。

（3）适配层协议的选择

用软交换技术提供语音业务，首先需要解决与现有 SS7 网络互通的问题，即需要解决 SS7 over IP 问题。目前，IETF 的 Sigtran 工作组定义了多个协议实现在 IP 网络上传送 SS7 信令，其中适用于呼叫控制应用，即软交换和信令网关之间通信的协议有 M2UA、M2PA、M3UA，到底选用哪种方式是组网时需要进一步讨论。

下面结合 M2UA、M2PA、M3UA 的特点，来讨论各种组网方式。

① M2UA 协议：M2UA 工作于客户机/服务器模式，当应用在信令网关与媒体网关控制器（MGC）/软交换之间时，协议结构如图 8.30 所示，它用于信令网关（SG）上的信令链路功能级（MTP2）实例和软交换上的信令网功能级（MTP3）实例之间。软交换上的 MTP3 实例通过 M2UA 调用 SG 的 MTP2 实例提供的服务，所以软交换为客户机端，信令网关为服务器端，此时 SG 上的 MTP2 和软交换上的 MTP3 并不知道彼此被 IP 网络拉远。

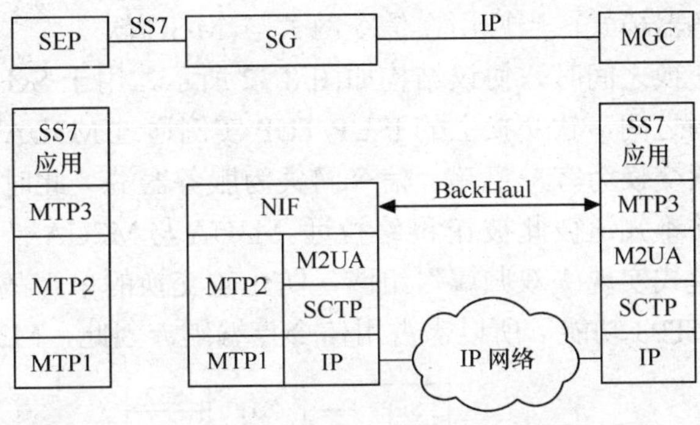

图 8.30　采用 M2UA 协议实现信令网关与软交换的互通

M2UA 协议中引入了一个很重要的概念：应用服务器（AS），对于 M2UA 来说，AS 为信令网关上所终结的 SS7 链路提供 MTP3 层处理以及呼叫处理的逻辑实体，一个应用服务器可包含多个应用服务器进程（ASP），这些应用服务器进程可分布在不同的网络设备上，并且可按多种方式配合工作，包括 override、loadshare 以及 broadcast 三种方式。如果将 ASP 放置在两个软交换上，并且采用 override 工作模式，可实现“双归属”组网，有效防止软交换节点的单点失效。

在 M2UA 方式下，软交换由于包含 MTP3 功能，所以需占用信令点编码，而信令网关则无须占用，也正因如此，如果信令链路少且分散，那么通过 M2UA 可将这些分散的信令链路的 MTP3 以上部分集中到一个软交换上进行处理，实现信令点编码的合并，可提高信令点码利用率，因此，M2UA 适用于 SS7 链路少且分散的场合。

在 M2UA 方式下，PSTN 域内的信令点到软交换之间的信令链路实际上包含不同性质的两段：PSTN 到信令网关的窄带链路和信令网关到软交换的 SCTP Association（偶联），这种“两段式”通路的管理比传统链路的管理要复杂，所以不能只依靠现有的信令网管理规程，还需要依靠 M2UA 的管理。

② M2PA：M2PA 非常类似 M2UA，不过它不是适配协议，且不工作在客户机/服务器模式，而是对等模式，其两端的用户均为 MTP3，这与 M2UA 不同，M2UA 一端的用户为 MTP3，另一端的用户为 NIF，M2PA 并不将 MTP2 实例和 MTP3 实例通过 IP 网拉远，而是用 IP 链路替代 MTP2 链路，即相当于更换了信令的承载层，因此，对信令通路的管理可沿用传统的窄带链路的管理，对现有 SS7 网管的影响较小。

在 M2PA 方式下，信令消息离开信令网关后还可在 MTP3 层继续转发，所以基于 M2PA

的信令网关类似现有的 STP 设备，可用来替换现有的 STP，实现在 IP 网络上构造 SS7 平台。

当 M2PA 应用在信令网关与 MGC/软交换之间时，其协议结构如图 8.31 所示，此时信令网关和软交换均包含 MTP3 功能，所以均需占用信令点编码，信令网关相当于一个信令转接点，因此，可采用信令转接点对应的组网方式来防止信令网关的单点故障，并且信令网关可为多个软交换服务。

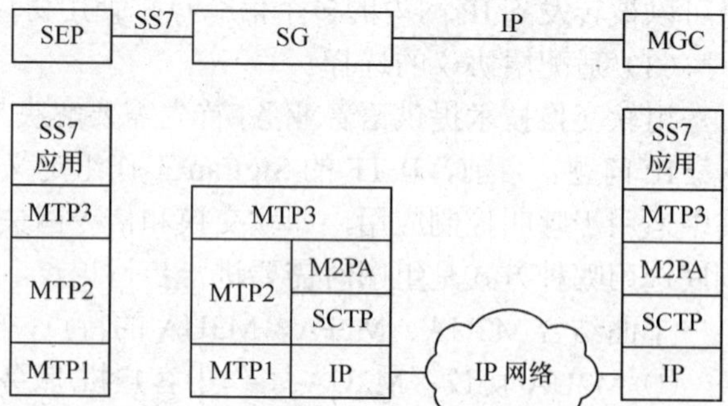

图 8.31 采用 M2PA 协议实现实现信令网关与软交换的互通

③ M3UA：M3UA 工作于客户机/服务器模式，当应用在信令网关与 MGC/软交换之间时，协议结构如图 8.32 所示，用于 SG 上的 MTP3 实例和软交换上的 ISUP/TUP 实例之间，软交换上的 ISUP/TUP 实例通过 M3UA 调用 SG 上的 MTP3 实例提供的服务，所以软交换为客户机端，信令网关为服务器端，此时，SG 上的 MTP3 和软交换上的 TUP/ISUP 并不知道彼此被 IP 网络拉远。M3UA 与 M2UA 一样也有应用服务器的概念，并可通过 override 模式实现“双归属”组网，防止软交换的单点故障。在 M3UA 方式下，信令网关由于包含 MTP3 功能，所以需占用信令点编码，因此，M3UA 适用于 SS7 链路密集的地区。

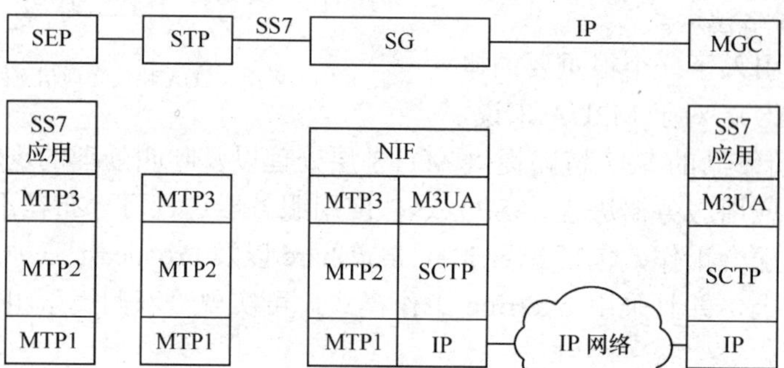

图 8.32 采用 M3UA 协议实现信令网关与软交换的互通

在 M3UA 方式下，信令网关与软交换的信令点编码可以相同，也可不同，两者分别对应 M3UA 的两种组网模式：代理信令点组网模式和信令转接点组网模式。

在代理信令点组网模式下，如果信令网关想服务于多个信令点编码不同的软交换，则需支持多信令点编码，不过此方式对现有的 SS7 网管有影响，因为，此组网方式下信令网关和软交换使用同一信令点编码，但 PSTN 的信令点到软交换之间信令链路的“两段式”通路的管理存在着问题，如 SCTP 偶联上的拥塞状态无法通过合适的窄带消息反馈回 PSTN 域，对现有网管会造成一定的影响。

信令转接点组网方式下，信令网关和软交换占用不同的信令点编码，信令网关可以为信令点编码不同的多个软交换服务，不过，虽然信令网关具有消息转发功能，但由于 M3UA 本身是一种适配协议，因此，对 TUP/ISUP 等电路相关应用部分的转发只能是从信令网关到软交换的“一步转发”，消息还是必须在软交换落地，这是与 M2PA 不同的地方。与 M3UA 代理信令点组网方式不同的是，在 M3UA 信令转接点组网方式下，由于信令网关和软交换使用不同的信令点，所以从 PSTN 到信令网关的链路是两个信令点间的链路，从信令网关到软交换的 SCTP 偶联是另两个信令点间的链路，因此实现了“一段式”通路，管理和 PSTN 域信令链路类似，SCTP 偶联的状态能够准确地反馈回 PSTN 域，如偶联拥塞，信令网关可以映射成 TFC 消息发送到 PSTN 域。

由上面的分析可以看出，M2PA 和 M3UA 均适用于信令准直联方式，M2UA 非常适用于 SS7 链路少且分散的场合。

当采用信令网关单独组网方式，从信令点编码合并和网络适应性角度来看，在 SS7 网络资源丰富的地区可采用基于 M3UA 实现的代理信令点组网方式，对于没有 STP（信令转接点）重叠网的地区，由于基于 M2PA 的信令网关可作为信令转接点，实现在 IP 上构造 SS7 网络平台，可考虑采用基于 M2PA 的信令转接点组网方式。

通过对 M2PA、M2UA、M3UA 协议的分析总结如下。

- M2PA 具备较为强大的 IP 信令网组网能力，M2PA 是对等适配协议，信令网关通过 MTP3 进行转接，信令消息可以在 IP 网进行多次转接，M2PA 的信令网关适用于需要 IP 网提供 7 号信令网的情况，采用 M2PA 的信令网关可以作为 IP 网中 7 号信令网的信令转接点。
- M2UA 协议降低了对 SG 处理能力的要求，但增加了对软交换机处理能力的要求适用于软交换机通过 SG 直接与 TDM 交换机设置直联信令链路的组网模式。
- 对于 M3UA 协议，SG 既可以工作在信令转接点模式，又可以工作在信令代理模式，在网络组织上具有较大的灵活性。工作在信令转接点方式时，具备 M2PA 协议几乎所有的优点，但不能够实现信令消息在 IP 网内经多个 SG 转接。如果信令网关是提供 SCN 和 IP 网的电话互通，采用 M3UA 比较合适，因为使用 M3UA 就不需要 IP 网的节点提供 MTP3，避免了提供 IP 网业务节点的厂家开发复杂的 7 号信令路由管理功能。

由于代理方式在对软交换机通过 SG 经 STP 与 TDM 交换机采用准直联链路相连的组网模式上存在一定的缺陷，因此，最好不采用 SG 信令代理的工作模式。对于长途汇接网来说，由于存在一个服务器带多个省的 MGW 的情况，可考虑采用 M3UA 协议、且 SG 工作在信令转接点模式。

3. 信令网关（SG）的设置

SG 设备用于实现基于 IP 技术的软交换机与 TDM 交换机之间的 7 号信令互通，其设置存在以下 3 种方式。

方式一：与 TG 综合设置。此方式节省信令链路传输，现网 TDM 的各网元可以通过统一的 TDM 连接，同时将信令、承载向就近的 TG 上连接。

方式二：独立设置。此方式组网灵活，信令通过 SG 转发，可以屏蔽大量的数据修改，可以解决现网 STP 容量紧张的问题。但独立设置一台 SG 会增加建网成本，另外，TDM 的网元上需要配置将信令、承载分离在不同的 E1 端口上对外连接。

方式三：与软交换机综合设置。此方式充分利用现网 STP 资源，SG 和现网 TDM 局间仍采用的是 TDM 网传送信令，可靠性高。但因为软交换机上信令流量非常大，对软交换机所在地的 STP 的影响较大。

对于长途网的应用，SG 与 TG 综合设置比较合适。

8.4.4 IP 信令网的建设

IP STP 的建设方案可参考传统 7 号信令网骨干层面的建设方案，即 IP STP 成对设置以保证安全性；初期在全国分大区设置 IP STP 对，所有 IP STP 之间网状相连（不同于 7 号信令网中分平面网状相连），各 IP SP 点与成对 IP STP 均相连。

软交换网的 IP 信令网目标网网络结构如图 8.33 所示。

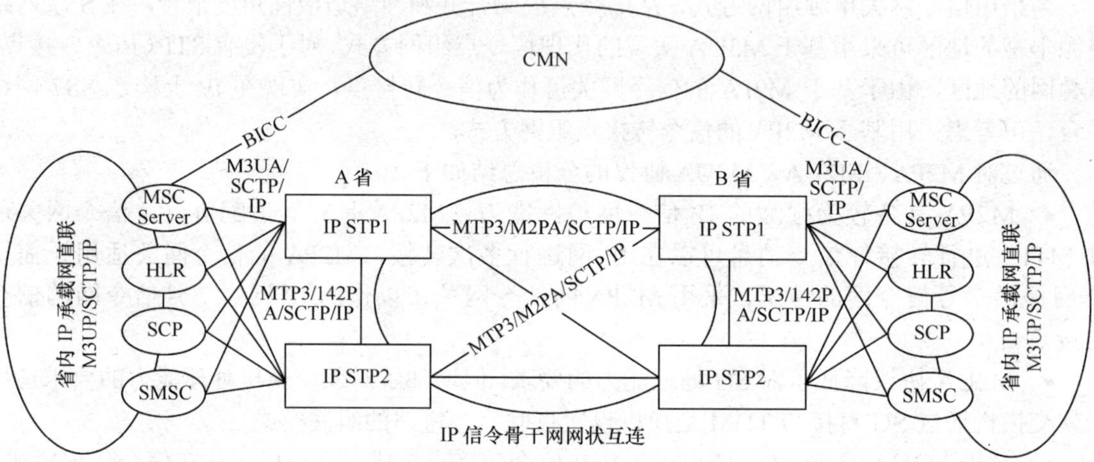

图 8.33　IP 信令网目标网组网图

全国信令网每个节点的信令路由能力的需求都相当大，因此，需要在 IP 信令网中引入 IP STP 节点，以完成 SCCP GT 翻译功能。而由于平面组网限制网络的扩展性，对网络节点信令路由选择要求较高，所以全 IP 信令网应采用分层结构建设，并在网络中引入汇接层来有效减少呼叫路由和信令路由的数量。

由此可见，IP 信令网的主要组网思想是引入 IP STP 完成 GTT 和信令转接功能，使 IP 信令网具有良好的可扩展性和可维护性。在移动网中，MSC Server、IP HLR、IP SCP 等 IP SP 采用 M3UA 接入 IP 信令网，IP STP 间使用 MTP3/M2PA/SCTP/IP 协议栈，在 IP 信令网中保留 MTP3 功能可以继承原有的信令网管理和维护体制，同时又利用了基于 IP 的信令传送，降低了信令消息的传送成本。

习　题

1．7 号信令系统从功能上分为几级？它们与 OSI 参考模型中的层次关系怎样？
2．7 号信令网协议的应用层包括哪些部分？分别应用于什么场合？
3．SS7 信令数据链路层的差错控制和 HDLC、LAPB 协议差错控制有什么不同？
4．信令协议有哪几种类型？画出它们的协议结构。
5．说明信令网的规划原则，试对一省级信令网进行规划。
6．SIGTRAN 是一个什么样的协议？具体是由哪些协议组成的？
7．说明 SS7 over TDM 和 SS7 over IP 的区别。
8．7 号信令网中一条信道传送的信令话路数可用以下公式计算：

$$C = \frac{A_1 * B_W * T_1}{e * M_{c1} * L_{MSU}}$$

其中：A_1 为信令链路的最大负荷，取为 0.2E；

B_W 为信令链路带宽单位的字节数/秒，取为 7757；

T_1 为平均时长，取为 60s；

M_{c1} 为一次单向呼叫 MSU，取为 2.75；

L_{MSU} 是 MSU 的平均长度，取为 18Byte。

e 是话路负荷，取为 0.7E。

求：一条 64kbit/s 的信道可传送的信令话路数。

9．为何对 IP 信令网进行规划？从技术控制上对 IP 信令网有何要求？

10．信令网关中的适配协议可以采用哪些类型的协议？各有何优点和缺点？

第 9 章　网络监控和管理技术

采用计算机来对通信设备通信网络进行管理是现代电信网的一个重要的特点。利用网络管理系统可以有效地对电信网进行管理，提高网络的运营效率和服务质量。通信设备已经发展到这样一个阶段：一个不能用计算机对其进行管理的设备已经不能够入网。

通过 TMN 可以对电信网进行 5 个方面的管理，包括故障、性能、配置、计费和安全管理，利用网络管理系统可以有效地对电信网进行管理，提高网络的运营效率和服务质量。

网络管理是通过网管接口来实现的，目前常用的网管接口有：

① Q3 接口；

② SNMP 管理接口；

③ CORBA 管理接口。

Q3 接口是由 ITU-T 定义的对电信网和电信设备进行管理的标准接口，其技术标准包括两个方面：一是 Q3 接口的协议；二是它的管理信息模型，包括被管对象的确定、定义、存储和访问，它的应用层采用 CMIP 管理协议，提供 7 项基本的服务，用以支持 TMN 的基本服务。

SNMP 接口主要是对 TCP/IP 的网络进行管理，应用层采用 SNMP，支持 4 项基本操作用，以支持对网管的性能、故障配置和安全方面的管理，SNMP 开始是面向基于 IP 的网络管理，但作为一个工业标准也被成功用于电信网络管理。SNMP 有 3 个版本，SNMP 的后续版本在批量数据的采集和网管系统的安全方面均有很大的改善和增强。

CORBA 是一种新的软件体系结构，称为公共对象请求代理结构，其特点是易于实现异构计算机系统的互连。CORBA 网管接口主要可用于网络层的网管系统之中，对网络层运营系统（OS）之间的互连起到支撑作用。通过 CORBA/CMIP 或者 CORBA/SNMP 之间的网关，把 CORBA 的服务转换成 CMIP 或 SNMP 的服务，从而支持网管功能的实现。

本章介绍网络管理的基本结构、功能和 3 种网管接口。在此基础上，结合两种网络管理的实际网络，即传送网和 3G 网络的管理，进一步说明网管系统的构成、协议、信息模型以及各管理子网的组成和功能。

9.1　TMN 概述

9.1.1　TMN 的基本概念

TMN（电信管理网）是电信支撑网的一种，对于电信网的运行担负着管理和指挥的功能。

TMN 是一种独立网络，通过一组标准接口来实现与电信网之间的信息交互，但是 TMN 对于电信网又有一定的依赖性，TMN 中的数据通信通道往往要借助于电信网来建立，因此，两者又有一定程度的重叠。

TMN 的概念是 ITU-T 于 20 世纪 80 年代末提出的，并于 1992 年提出了关于 TMN 的 N.3xx 系列建议，根据 ITU-T 的建议，TMN 是具有标准协议、接口和结构的管理网，实施对整个电信网的操作、管理和维护。由于 TMN 的建立，使整个电信网始终能够处于统一的操作和管理下，提高了网络的运行效率，降低了网络的 OAM 的成本（运行、管理和维护），促进了网络技术和业务的发展。

TMN 是一个综合的、智能的、标准化的电信管理系统，所谓综合具有两层含义，一方面 TMN 对某一类网络进行综合管理，包括数据的采集、性能的监视、分析、故障报告、定位以及对网络的控制和保护；另一方面对各类电信网实施综合性的管理，即首先对各种类型的网络建立专门的网络管理，然后通过综合管理系统对各专门的网络管理系统进行管理。

TMN 由操作系统（OS）、工作站（WS）、数据通信网（DCN）和网元（NE）组成，如图 9.1 所示。其中操作系统和工作站组成网络管理中心，对整个进行电信网进行管理；网元是指网络中的通信设备，可以是交换设备、传输设备、交叉连接设备、复用设备、信令设备等；数据通信网则提供传输网管数据的通道。

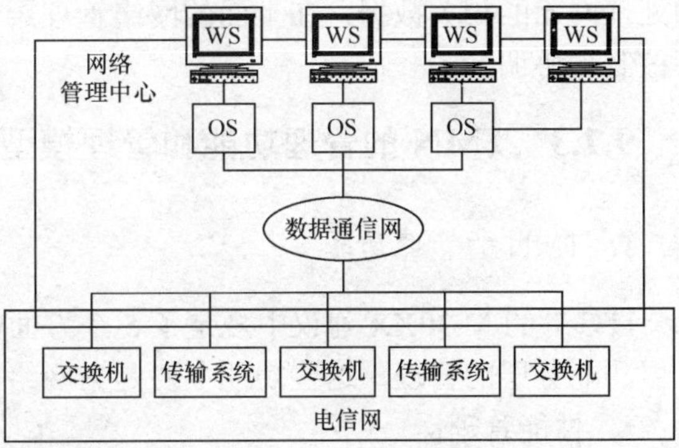

OS：运营系统　WS：工作站

图 9.1　TMN 的组成

9.1.2　TMN 管理的分层模型

TMN 的管理功能可以根据管理的范围和职责从上至下分成如下不同的层次：事务管理层（BML）、业务管理层（SML）、网络管理层（NML）、网元管理层（EML）。TMN 管理功能的分层示意图如图 9.2 所示，各层都有各自的管理功能，下面分别加以叙述。

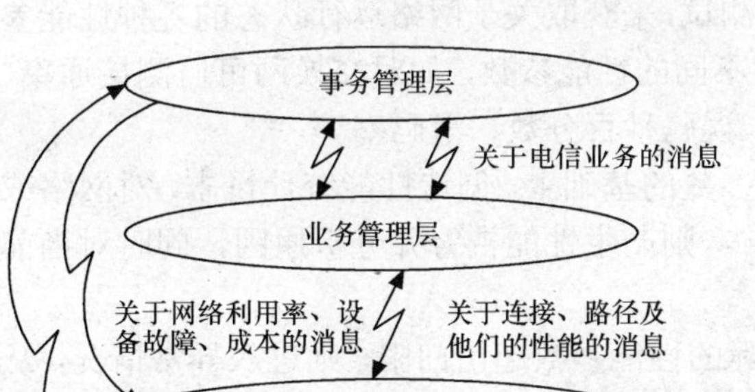

图 9.2　TMN 管理层次及其功能

（1）事务管理层

事务管理层是 TMN 的最高功能管理层，这一层的管理通常是由高层管理人员介入，主要的管理功能包括业务的预测、规划，网络的规划、设计，资源的控制，效益的核算等。

（2）业务管理层

业务管理层的主要功能是满足和协调用户的需求，按照用户的需求来提供业务，对服务质量进行跟踪以及对服务质量的情况提供报告等。接收从网络管理层来的信息，与网络管理层进行交互，与上面的事务管理层进行交互，与服务提供者进行交互。

（3）网络管理层

网络管理层的功能是对由各网元互连组成的网络进行管理，包括网络连接的建立、维持和拆除，网络级性能的监视，网络级故障的发现和定位，通过对网络的控制来实现对网络的调度和网络的保护，同时和上面的业务管理层进行的交互。

（4）网元管理层

TMN 中的网元应满足如下的条件。

- 是由制造商提供一个基本通信单元。
- 具有一特定的功能集和对应的接口。
- 位于某一确定的位置。
- 对于信息传送仅具有一个确定的地址。网元管理层对各个网元进行管理，包括收集和预处理网元的相关数据，在上面的网络管理层和下面的网元之间提供网关功能，对各网元进行控制和协调。

9.1.3 TMN 的管理功能和管理模型

1. TMN 的管理功能

ITU-T 的 M.30XX 建议中规定了 5 个方面的管理功能，由于 ITU-T 在建议中没有考虑事务层和业务层的管理，这些功能主要是指网络层和网元层的管理，这 5 个方面的管理是：

- 性能管理；
- 故障管理；
- 配置管理；
- 计费管理；
- 安全管理。

下面对它们的管理功能分别加以叙述。

（1）性能管理

性能管理分为性能监测、性能分析、性能控制。

① 性能监测是指通过对网络中的设备进行测试，来获取关于网络运行状态的各种性能参数值，对于各种不同类型的网络，可以监测各种不同的性能参数，如对交换网可监测接通率、吞吐量、时间延迟等，对传输网可监测误码率、误码秒百分数、滑码率等。

② 性能分析是在对通信设备采集关于性能参数的基础上，创造性能统计日志，对网络或某一具体设备的性能进行分析，如存在性能异常，则产生性能告警并分析原因，同时对当前性能和以前的性能进行比较以预测末来的趋势。

③ 性能控制是设置性能参数门限值，当实际的性能参数超出门限，则进入异常情况，从而采取措施来加以控制。

（2）故障管理

故障管理可以分为故障检测、故障诊断定位和故障恢复。

① 故障检测指在对网络运行状态进行监视的过程中检测出故障信息，或者接收从其他管理功能域发来的故障通报，在检测到故障以后，发出故障告警信息，并通知故障诊断、故障

修复部分来进行处理。

② 故障诊断和定位的功能是：首先启用一备份的设备去代替出故障的设备，然后再启动故障诊断系统对发生故障的部分进行测试和分析，以便能够确定故障的位置和故障的程度，启动故障恢复部分排除故障。在引入故障诊断专家系统之后，可提高故障诊断的准确性，更充分地发挥网络管理的功能和作用。

③ 故障恢复是在确定故障的位置和性质以后，启用预先定义的控制命令来排除故障，这种修复过程适用于对软件故障的处理；对于硬件故障，需要维修人员去更换故障管理系统指定设备中的硬件。

（3）配置管理

配置管理是网络管理的一项基本功能，它对网络中的通信设备和设施的变化进行管理，如通过软件设定来改变电路群的数量和连接。从网管信息模型的角度上来讲，就是对网络管理对象的创建、修改和删除。

在其他几个管理功能域中，对网络中的设备和设施的进行控制时，需要利用配置管理功能来实现，如在性能管理中启动一些电路群来疏散过负荷部分的业务量，在故障管理中需要启用备份设备来代替已损坏的通信设备。

（4）计费管理

计费管理部分采集用户使用网络资源的信息，如通话次数、通话时间、通话距离，然后一方面把这些信息存入用户账目日志以便用户查询，另一方面把这些信息传送到资费管理模块，以使资费管理部分根据预先确定的用户费率计算出费用。

计费管理系统还支持费率调整、用户查询、根据服务管理规则调整某一功能。

（5）安全管理

安全管理的功能是保护网络资源，使网络资源处于安全运行状态。安全是多方面的，如进网安全保护、应用软件访问的安全保护、网络传输信息的安全保护。

安全管理中一般要设置权限、口令、判断非法的条件，利用设置的权限、口令、判断非法的条件对非法侵入进行防卫，以达到保护网络资源，达到网络安全正常运行的目的。

2. TMN 的管理模型

TMN 采用了 OSI 管理系统中的管理者/代理模型，根据这个模型，OSI 管理系统由 3 个部分组成，即管理者、代理和被管理对象。TMN 的管理模型如图 9.3 所示。

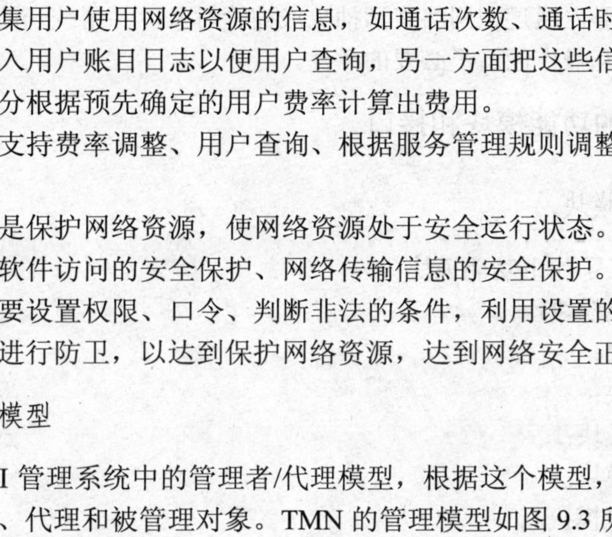

图 9.3　TMN 的管理模型

管理者是负责管理的一个管理进程，负责发出命令和接收事件报告，代理根据管理进程的要求对被管对象执行管理功能。如图 9.3 所示，在管理进程和代理之间传送的信息包括管理操作和通知。这里代理不需要知道它接收的管理操作和它发送的通知的具体情况，如代理可以发送一个通知，但它并不需要知道这个通知携带的是告警信息还是其他性能参数。

电信网的管理系统传送关于被管对象的各种不同类型的信息，这些信息可以归纳为数据、控制和事件。

- 数据：在管理进程和代理之间传送的数据信息，可以是关于通信链路状态的信息，如链路处于运行状态或处于备用状态等。
- 控制：这类信息在 OSI 管理系统中用来改变被管对象的状态或参数，如控制信息可以把通信链路从备用态改变为激活态。
- 事件：这类信息用来通知某一用户已经发生一个事件，如一个事件可以是指通信链路的状态从备用改变为激活态以及这个事件发生的时间。

在 OSI 管理系统中要完成一个管理操作，则由管理者发出操作命令，通过代理来对被管对象完成该项操作，为了能顺利地进行这个过程，代理必须要对进行操作的对象名称、属性、参数全面了解，这些信息将从相应的管理信息库（MIB）中获得。存放于 MIB 的关于被管对象的信息按照某种规律有机地组织起来，在 MIB 中被管对象的存储呈树型结构，以便于对被管对象进行查找和搜寻。通过把网络资源抽象成被管对象，并用统一的信息模型来描述，从而为在网管系统中的互操作创造了必要的条件。

9.1.4 TMN 的功能模块和接口

1. TMN 的功能模块

TMN 中已经定义了如下功能模块：

- 操作系统功能模块；
- 中介功能模块；
- 网元功能模块；
- 工作站功能模块；
- 适配器功能模块；
- 数据通信功能模块。

TMN 的功能模块和参考点如图 9.4 所示。

下面介绍每一功能模块的具体功能。

（1）操作系统功能（OSF）模块

OSF 可对与电信网管理、监视及控制有关的信息进行存储和处理，即通过 OSF 对电信网和电信业务进行管理和规划，它可以分为 4 种不同类型的 OSF 来分别支持事务管理层（BML）、服务管理层（SML）、网络管理层（NML）和网元管理层（EML）。

（2）中介功能（MF）模块

MF 使具有不同参考点的功能模块之间能够互相沟通，即 MF 模块提供一组网关和中继功能。MF 除具有信息传送、协议转换、消息转换、地址映射、路由选择等功能外，还具有信息处理及对收到的信息进行存储、适配、过滤和压缩的功能。

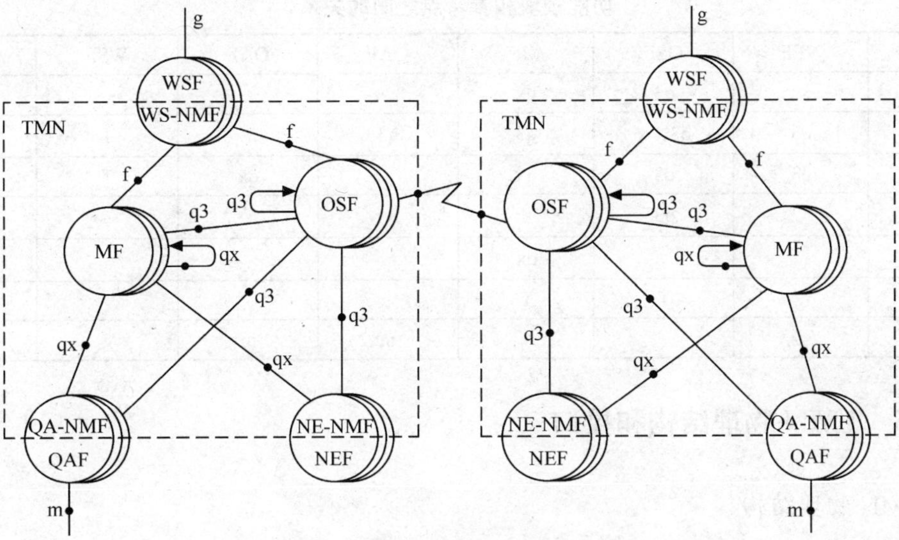

图 9.4 TMN 的功能模块和参考点

（3）网元功能（NEF）模块

在 TMN 中网元是被监视和控制的对象，NEF 使得网元能和管理系统之间进行通信。近年来，网元的智能化程度逐渐提高，网元功能的范围也逐步扩大，部分的 OSF，MF 已逐渐渗透在 NEF 中。网元的例子包括交换系统、数字交叉连接系统（DCS）、分插复用器（ADM）、终端复用器（TM）、数字环路载送系统（DCL）等。网元功能可以包括：协议转换、消息转换、地址映射、路由选择、数据收集、自愈功能、故障定位、NE 告警分析、运行数据传送等。

（4）工作站功能（WSF）模块

WSF 在信息和用户之间提供用户友好界面，即把网络管理信息从“F”接口格式转换为“G”接口格式。

（5）Q 适配器功能（QAF）模块

QAF 模块用来连接 TMN 实体和非 TMN 实体，即在 TMN 参考点和非 TMN 参考点之间提供转换功能。

（6）数据通信功能（DCF）模块

通过数据通信功能模块在 TMN 功能模块间实现信息互换，DCF 的主要作用是通过信息传送来实现 OS/OS、OS/NE、NE/NE、WS/OS 和 WS/NE 之间的通信，因此，DCF 可以由不同类型的承载通道来支持，它可以是点—点链路、局域网络（LAN）、广域网络（WAN）、嵌入式运行通道（EOC）等。

2. TMN 参考点

功能模块之间的分界点称为参考点，TMN 中的参考点有 q、f、x、g 和 m，参考点 q 有两种类型：q3 和 qx。参考点的名称及其位置如图 9.4 中所示，g 和 m 参考点划定了 TMN 和非 TMN 之间的界限。参考点和功能模块和参考点之间的关系如表 9.1 所示。

表 9.1　　功能模块和参考点之间的关系

	NEF	OSF	MF	QAF	QAF	WSF	TMN
NEF		q3	qx				
OSF	q3	q3，x	q3	q3		f	
MF	q3	q3	qx		qx	f	
QAF（q3）		q3					M
QAF（qx）			qx				M
WSF		f	f				F
TMN				m	m	g	

9.1.5　TMN 物理结构和接口

1. TMN 物理结构

在开发电信网络管理系统的过程中，需要把上述的功能模块处理为物理系统中的构造模块，也就是说通过构造模块来实观某一组功能。功能模块是从功能划分的角度来进行区分，而物理构造模块从某一功能实现的角度来进行划分。这些物理构造模块在一般情况和功能模块之间表现为一一对应的关系，但也不排除在实际的执行过程中，一个物理模块包含多个功能模块，或者一个功能模块的功能分散在多个物理模块之中。TMN 的物理结构由物理构造模块和接口组成，如图 9.5 所示。TMN 中的物理构造模块有如下模块：

- 操作系统；
- 中介装置；
- 工作站；
- 网络单元；
- Q 适配器；
- 数据通信网。

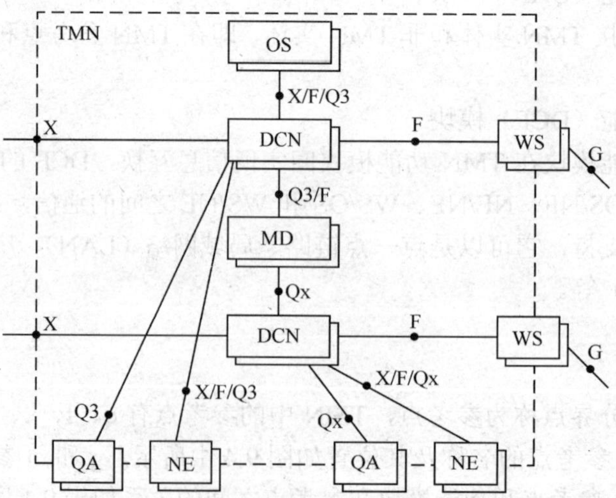

图 9.5　TMN 的物理结构

2. TMN 的接口

在 TMN 中功能模块通过参考点来区分，在物理结构中功能模块演变为物理构造模块，参考点演变为接口，物理构造模块通过接口进行连接，每一接口都有其相应的协议栈，协议栈规定通过接口传送的数据单元的格式及数据单元的传送过程。对于接口的标准化也就是对于协议的标准化，TMN 中的接口有 Q、F、G，X、M，其中 Q 接口分为 Q1、Q2 和 Q3，目前 Q1 和 Q2 接口已合并为 Qx 接口，下面分别加以叙述。

（1）Q3 接口

它是 TMN 中 OS 和 NE 之间的接口，通过这个接口，NE 向 OS 传送相关的信息，而 OS 对 NE 进行管理和控制。该接口连接较复杂的网元设备，支持 OSI 7 层通信协议。该接口也就是计算机和通信设备之间的接口，是 TMN 中最重要的一个接口。

（2）Qx 接口

Qx 接口是 TMN 中 MD 和 NE 之间的接口，该接口支持操作和维护功能（OAM）的一个子集，它连接较简单的网元设备以及利用较简单的协议栈，如 Qx 接口可以只要求 OSI 模型中的 1、2、3 层协议而不涉及上面 4 层协议。

（3）X 接口

X 接口是两个 TMN 的 OS 之间的接口，该接口支持一组 TMN 和其他 TMN 之间 OS 到 OS 的连接功能，也支持 TMN 和其他类型管理网络之间 OS 到 OS 的连接功能。

（4）F 接口

F 接口是 WS 和 OS 或 WS 和 MD 之间的接口，该接口支持一组工作站和实现 OS 功能、中介功能的物理模块的连接功能。

（5）G 接口

G 接口是 TMN 中工作站和用户之间的接口，存在于 TMN 之外，支持图形界面、多窗口显示菜单生成等技术。

（6）M 接口

M 接口是 QA 和非 TMN 被管系统之间的接口，通过 M 接口，能够通过 TMN 环境对非 TMN 网元进行管理。

9.2　Q3 网络管理接口

在电信管理网中，计算机管理系统通过 Q3 接口和通信设备相连，Q3 接口的通信协议是按照 OSI 参考模型来设计的。OSI 参考模型称之为开放系统互连参考模型，最初是为计算机网建立的协议模型。随着计算机技术面向通信领域的渗透，其应用范围已经逐渐扩大，成为制定电信网协议的重要基础。目前在网络的协议结构中采用 OSI 参考模型的网络有数据通信网、窄带综合业务数字网、7 号公共信令网、用户接入网、局域网、电信管理网、SDH ECC 通道等，可见它已广泛地应用于很多种重要的电信网络中。

OSI 参考模型规定了一个网络协议的框架结构，它把网络协议从逻辑上分为 7 层，即物理层、数据链路层、网络层、传送层、会话层、表示层和应用层。其中下面 3 层为低层协议，提供数据通信网功能；上面的 4 层为高层协议，传送层提供端—端的控制；应用层的核心是网络管理协议，提供网络管理功能。Q3 接口协议栈的模型如图 9.6 所示。图中示出低层协议可以采用不同的数据通信网络，高层协议中每一层采用 ITU-T 所规定的建议。下面对 Q3 接口的低层协议、高层协议作进一步的介绍。

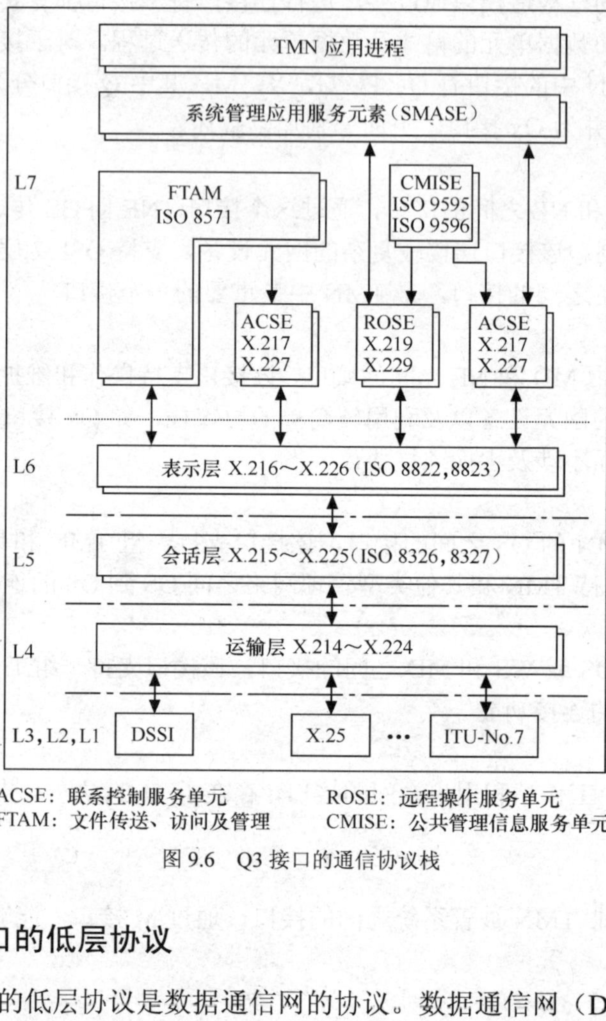

ACSE：联系控制服务单元　　ROSE：远程操作服务单元
FTAM：文件传送、访问及管理　　CMISE：公共管理信息服务单元

图 9.6　Q3 接口的通信协议栈

9.2.1　Q3 接口的低层协议

TMN 中 Q3 接口的低层协议是数据通信网的协议。数据通信网（DCN）是 TMN 中的一个组成部分，借助于 DCN，TMN 中各功能模块之间的信息、TMN 之间的信息才得以传送。由于 TMN 中各功能模块实际所处的位置可能各不相同，所以又对传送信息的要求也不同，需要采用各种不同类型的 DCN 来传送网管信息。

Q3 接口的低层协议可以归纳为两种类型，一类为面向连接的网络层服务（Connection-Oriented Network Layer Services，CONS），另一类为无连接的网络服务（Connectionless Network Layer Services，CLNS）。

根据 ITU-T 的建议，Q3 接口的低层协议可以采用如下几种接口。

- CONS1：使用 X.25 建议的连接型分组。
- CONS2：在 ISDN D 信道中使用 X.31 协议的连接型分组接口。
- CONS3：在 ISDN B 信道中使用 X.31 协议的连接型分组接口。
- CONS5：使用 MTP 和 SSCP 的 7 号信令协议的连接型分组接口。

- CONS6：在 LAN 中使用 X.25 分组级协议的连接型分组接口。
- CLNS1：使用 ISO 8802-3，即 CSMA/CD 媒体访问控制协议的 LAN 中的无连接型接口。
- CLNS2：在 X.25 LAPB 协议基础上使用 ISO IP 的无连接型接口。

综上所述，TMN 中的 DCN 可以采用 CONS1、CONS2、CONS3、CONS5、CONS6、CLNSI、CLNS2 七种不同类型的连接，也可采用其他宽带通信连接。

9.2.2　Q3 接口的高层协议

Q3 接口的高层协议是指传送层、会话层、表示层和应用层，其中应用层协议主要是网络管理协议，其他几层协议都是为应用层服务的。

应用层可以分为事务处理应用层和文件转移应用层，在对传输网进行管理的网管系统中，主要采用适用于事务处理的应用层。

事务处理的应用层主要包括以下服务单元：

- 远程操作服务单元（ROSE）；
- 联系控制服务单元（ACSE）；
- 公共管理信息服务单元（CMISE）。

文件转移应用层主要包括以下服务单元：

- 文件传送、访问和管理单元（FTAM）；
- 联系控制服务单元（ACSE）。

其中，ROSE、ACSE 是通用服务单元，可以应用于除了网管系统以外的其他通信软件系统中。CMISE 是专用服务单元，是专门为电信网的管理，包括为接入网的管理而设计的服务单元。

ROSE 的基本功能是为应用层用户提供远程操作，它可以接受某一实体的请求，令远端的对等实体执行一次远程操作，并知道这一操作的结果。

ACSE 这一服务单元的作用是建立、维持和释放应用联系，这一单元是应用层的必备单元。在 OSI 环境中，两个需要进行通信的应用进程，利用 ACSE 来建立应用联系，进而交换信息，最后释放这一联系。

FTAM 的功能是用于大容量文件传送，通过建立虚拟文件存储器支持不同系统之间的文件传送。

CMISE 是一种面向对象的管理服务单元，对应的协议是公共管理信息协议（CMIP）。通过 CMISE 提供的服务，可以实现对被管对象的创建和删除，改变被管对象的属性值，报告事件的发生和事件的状态。它是为适应实现 TMN 的性能管理、故障管理、配置管理而设计的软件模块。

CMISE 可以提供下列 7 类服务。

① M-EVENT-REPORT：利用这一服务可以向用户报告一个事件，报告事件的类型在协议中并未规定，它可以是 CMISE 用户选择要报告的关于被管对象的任何事件，这一服务还提供事件发生的时间、等级等其他信息。

② M-GET：CMISE 利用这一服务从对方检索信息，利用关于被管对象的信息，来得到并返回一个或一组属性识别符和属性值，该服务只能工作于证实模式，要求从对方得到答复。

③ M-CANCEL-GET：CMISE 用户调用这一服务，用于取消预先请求的 M-GET 服务。它仅利用证实模式，要求从对方得到答复。

④ M-SET：CMISE 用户能利用这一服务，去请求改变被管对象的属性值。能够工作在证实模式或非证实模式，如果工作于证实模式，要求得到一个答复。

⑤ M-ACTION：用户利用这一服务，请求另一用户被管对象实行某种操作。能够工作在证实模式或非证实模式，如果工作于证实模式，要求得到一个答复。

⑥ M-CREATE：用户利用这一服务，创建一新的被管对象。仅工作于证实模式，要求得到一个答复。

⑦ M-DELETE：这一服务完成与 M-CREATE 相反的操作，用来删去一被管对象。仅工作于证实模式，要求得到一个答复。

9.2.3 Q3 接口的管理信息模型

1. 管理信息模型概述

网络管理系统的基本任务是通过对网管信息的传送和处理，来实现对网络资源的管理。为了更好地实现这个任务，需要对网络资源建立相应的网络管理信息模型。在建立网管信息模型的过程中，主要采用面向对象（object-oriented）编程技术。管理信息模型的标准已在 ITU-T 的 X.720～X.725 建议中作了如下规定：

- X.720（管理信息模型）描述了对被管的资源进行分类和表示的概念和方法；
- X.722（被管对象定义准则 GDMO）规定了定义管理信息的符号；
- X.721（管理信息的定义）和 X.723（通用管理信息）包含了在 GDMO 中预先定义的管理信息库；
- X.724（管理信息结构的要求和准则）OSI 系统管理的实行者对相关的管理信息结构提出的要求和准则；
- X.725（通用关系模型）规定了被定义的管理信息确定关系而采用的符号。

2. 被管对象及其特性

网络管理是对网络资源的管理，网络资源是被监视和控制的对象，通信网中的各种通信设备和通信软件都是网络资源。例如，各种硬件设备如交换设备、传输设备、复用设备、交叉连接设备、工作站等都可以看成为网络资源；各种软件如路由选择程序、缓冲管理程序、通信控制程序等也都可以看成为网络资源。在对网络管理系统采用面向对象的设计技术的过程中，首先需要把网络资源抽象为被管对象，即被管对象是网络资源的抽象代表。一个被管对象可以代表一个资源，也可以代表多个资源，也就是说，被管对象和管理资源之间并不存在一一对应的关系。在网络管理中，并非每一个被管对象对应网络中的实际资源，这些被管对象是因网络管理的需要而产生出来的，这一类被管对象称为支持被管对象，如事件日志（event log）、输出日志（output log）等就是这一类被管对象。

从 OSI 的观点来看，如果被管对象是针对于 OSI 中的某一特定的层次，则称这一被管对象为第 N 层被管对象；如果被管对象和 OSI 中的多个层次有关系，则称该被管对象为系统对象。

在 OSI 管理系统中，对被管对象的管理并不是由网络管理中心（这里称为管理功能域）直接完成，而是通过代理进程来进行的。

根据被管对象的特点，可以从以下 4 个方面来描述被管对象的特征：

- 属性——被管对象具有的特性和状态；
- 操作——对被管对象施加的操作；
- 通知——发生事件时被管对象发出的报告；
- 行为——被管对象对所施加的操作作出的反应。

3. 根据 GDMO 对被管对象的定义

在以面向对象技术为基础的网络管理系统中，需要进一步对已经确定的被管对象进行定义，以使得对被管对象的描述更具体化，更充分地反映被管对象的特征以及它们和其他被管对象之间的关系。

为了保证对被管对象定义的一致性，ITU-T 规定了对被管对象进行定义的统一标准，即 GDMO（Guidelines for the Definition of Maneged Objects）。GDMO 规定了用于定义被管对象类的一组特定的符号，在抽象的模型概念和规范被管对象类的具体需要之间建立起联系；GDMO 规定的在定义被管对象过程中必须利用的语法和符号，成为在网管系统中对被管对象进行定义必须要遵循的准则。

在对被管对象定义的过程中，GDMO 以模板（template）为基础。所谓模板是指一相对固定的格式，只需对其中的未定的空档部分填入具体的内容就可形成完整的定义。

GDMO 已经定义了 9 个用于定义被管对象的模板，它们是：

- 被管对象模板；
- 包模板；
- 属性模板；
- 属性组模板；
- 通知模板；
- 动作模板；
- 参数模板；
- 命名约束模板；
- 行为模板。

在 GDMO 中定义了上述 9 种模板，这些模板形成了对被管对象类定义的基础，在对被管对象类的定义过程中，会涉及多个模板。下面结合具体的例子来对上述模板的构造，其中关键词的含义以及各种模板之间的关系做进一步的说明。

（1）被管对象类板

这个模板用于定义被管对象类，首先说明该被管对象和上一级被管对象类之间的继承关系，根据继承关系可以对其他被管对象类的特征予以重用，定义了被管对象类的特征包，特征包是属性、操作、通知和行为的集合，分为强制包和条件包。最后定义了被管对象类的识别名。

被管对象类模板的格式如图 9.7 所示。

模板中首先给出被管对象类的标号，表明对具有此标号的被管对象类进行定义。

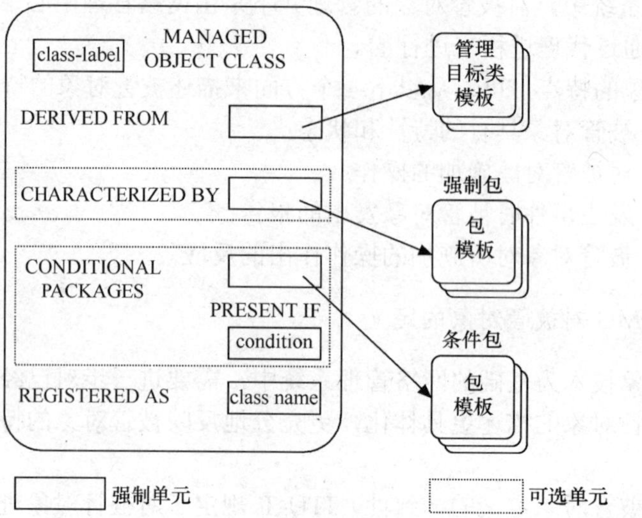

MANAGED OBJECT CLASS 被管对象类　　class-label 类标号
DERIVED FROM 从……类导出　　CHARACTERIZED BY 特征为
CONDITIONAL PACKAGES 条件包　　REGISIERED AS 注册为
class name 类名

图 9.7　被管对象类模板的格式

图中大写的英文词是模板中的关键词（key word），每一关键词均有它特定的作用。

关键词 DERIVED FROM 指出了被管对象类的继承特性，指出了被定义的被管对象类是从哪一个上一级被管对象类导出的。在被管对象类的等级中最高的超类是顶点（top），即所有的被管对象类都是从顶点这一个超类导出的。

关键词 CHARACTERIZED BY 指明强制包的存在，强制包包括行为、属性、属性组、操作和通知等各方面的特性。

关键词 CONDITIONAL PACKAGES 表示条件包的存在，同时给出条件包存在的前提。只有在所述的条件存在时，这一特征包才会存在。

关键词 REGISTERED AS 给出被管对象类的唯一的注册名。

下面结合一个具体的的例子来加以说明，所举的例子是对令牌环局域网这一被管对象类进行定义。令牌环网是一种环型结构的局域网，采用令牌控制媒体访问控制技术。根据 GDMO 对令牌环网定义如下：

```
tokenRing                      MANAGED OBJECT CLASS
    DERIVED FROM                   IanNet;
    CHARACTERIZED BY               tokenRinglan;
    CONDITIONAL PACKAGE            tokenRingRouter PRESENT IF "connected to an
                                   FDDI backbone LAN";
REGISTERED AS                  (1  3  5  8  9  2);
```

上述对令牌环模板是这一被管对象类的定义，LanNet 是它的超类表示，它是从 LanNet 这一被管对象类继承而来的，强制包是 tokenRinglan，条件包是 tokenRingRouter。条件包存在的条件是：如果令牌环网连接到 FDDI 骨干网上，则需要包括对 tokenRingRouter 的定义。最后确定该被管对象的唯一注册名，强制包和条件包则从包模块中进一步说明。

（2）包模板

包模板插入在被管对象类模板之中。包模板用来描述被管对象类的许多特性，其特征包括属性、属性组、操作、通知、行为和参数。在对被管对象类的定义的等级中，被管对象类模板在等级的顶端，而包模板在仅次于被管对象类的等级上。

包模板的格式如图 9.8 所示，在包模板中会含有行为模板、属性模板、属性组模板、动作模板和通知模板，但这些模板不一定都有，有时只包含部分模板。

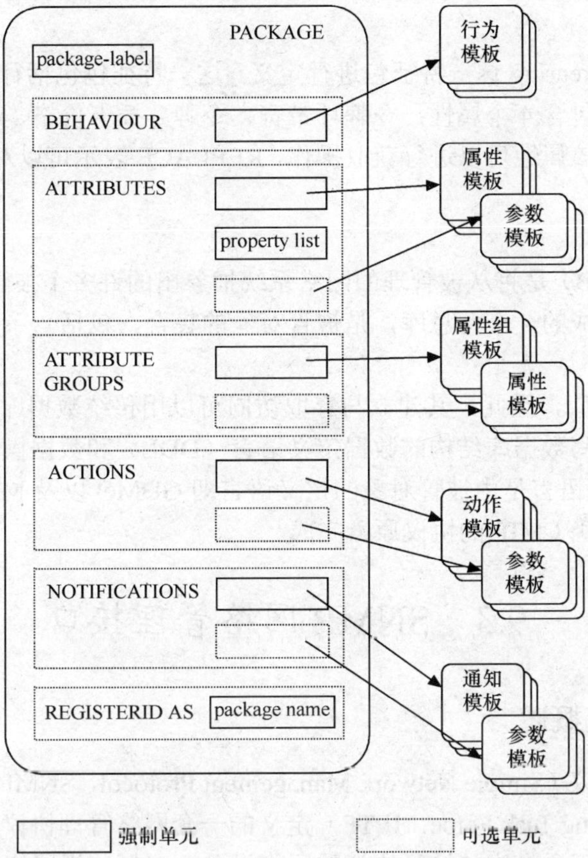

package label	包标号	BEHAVIOUR	行为
ATTRIBUTES	属性	property list	特性目录
~		~	
ATTRIBUTE GROUPS	属性组	ACTIONS	动作
NOTIFICATIONS	通知	REGISTERED AS	注册为
packaqe name	包名		

图 9.8　包模板的格式

用于 tokenring 被管对类定义中的包模板如下：

tokenRingLan	PACKAGE	
BEHAVIOR	tokenRingLanBeh	
ATRIBUTES	tokenRingBandwidth	REPLACE-WITH-DEFAULT
TokenRingCardprice	GET，	
tokenRingID	PERMITTED VALUES	

```
OOOOOO-XXXXXXX，
tokenRingCounter          INITIAL      VALUE 0;
ATTRIBUTE GROUPS           tokenRingGroup;
ACTION                    tokenRingBYpass
NOTIFICATION              tokenRingBeaconing;
TokenRingLanBeh              BEHAVIOR
DEFINED AS                "This LAN segment connects token ring"
```

上述模板是对 tokenring 这一特征包进行定义，这一特征包包括行为属性、属性组动作和通知，其中属性部分包含 4 个属性：令牌环带宽、令牌环插卡价格、令牌环识别名和令牌环计数器。GET 表示对该属性可以进行获取操作，REPLACE 表示可以对该属性进行取代操作。

4. 管理信息库

管理信息库（MIB）是将从被管理的网络系统抽象出的许多个被管对象（MO）按照一定的结构组织起来后形成的一个信息库，是被管对象的集合，包括一系列的被管对象及它们的属性。

MIB 是一个信息库，因此，其建立与存取访问可以用传统数据库系统的观点进行分析，即分为两个部分：描写数据库结构的数据定义语言（DDL）和数据操作语言（DML）。TMN 中的 MIB 的数据定义语言是由被管对象的定义语言即 GDMO 以及 MIB 的结构共同组成的，数据操作语言部分则由 CMIP 的协议原语完成。

9.3 SNMP 网络管理接口

9.3.1 SNMP 概述

简单网络管理协议（Simple Network Management Protocol，SNMP）是由互联网工程任务组（Internet Engineering Task Force，IETF）定义的一套网络管理协议。利用 SNMP，一个管理工作站可以远程管理所有支持这种协议的网络设备，包括监视网络状态、修改网络设备配置、接收网络事件警告等。虽然 SNMP 开始是面向基于 IP 的网络管理，但作为一个工业标准也被成功用于电信网络管理。

通过将 SNMP 嵌入数据通信设备，如嵌入路由器、交换机或集线器中，就可以从一个中心站管理这些设备，并以图形方式查看信息。目前可获取的很多管理应用程序通常可在大多数当前使用的操作系统下运行，如 Windows 95、Windows 98、Windows NT 和不同版本的 UNIX 等。正是由于有了上述这些特点，SNMP 已经被认为是网络设备厂商、应用软件开发者及终端用户的首选管理协议。

1. SNMP 管理系统的组成

一个典型的网络管理系统包括 4 个组件：管理员、代理、管理信息库和委托代理服务。一般说来，前 3 个组件是必需的，第 4 个组件只是可选项。

（1）管理者（Manager）

管理者是驻留在网管中心的网络管理软件，它协助网络管理员完成管理整个网络的工作。

（2）代理（Agent）

网络代理是驻留在网络设备中的软件模块，这里的设备可以是 UNIX 工作站、网络打印机，也可以是其他的网络设备。

（3）管理信息数据库（MIB）

MIB 用于存储被管对象，它可以被网络管理系统控制。MIB 是一个信息存储库，这里包括了数千个对象，网络管理员可以通过直接控制这些对象去控制、配置或监控网络设备。

（4）委托代理设备（Proxy）

委托代理设备在标准网络管理员软件和不直接支持该标准协议的系统之间起桥梁作用。利用委托代理设备，不需要升级整个网络就可以实现从旧协议到新版本的过渡。

2. SNMP 的协议结构

SNMP 是一种网络管理协议，在协议的层次模拟中 SNMP 属于应用层协议。在 TCP/IP 的模型中作为 TCP/IP 协议簇应用服务中的一种服务，SNMP 的协议环境如图 9.9 所示。

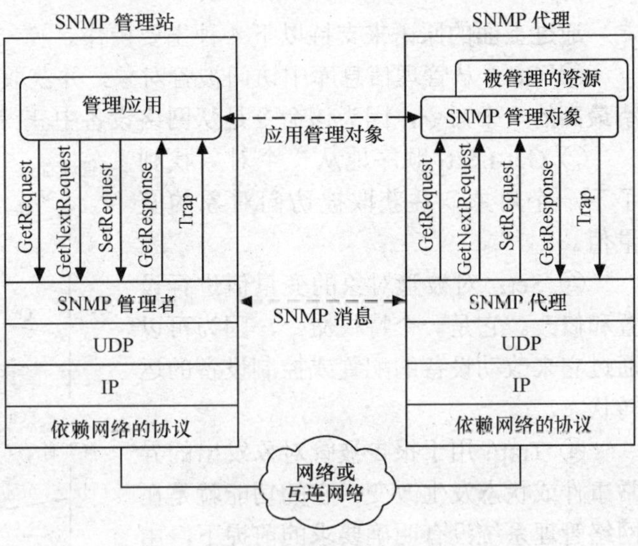

图 9.9　SNMP 的协议环境

传送层可以采用 TCP，但常采用用户数据报协议（UDP），UDP 是一种无连接协议，和其他的无连接协议一样，协议的处理开销比较少，处理过程简单。

SNMP 为应用层协议，是 TCP/IP 协议簇的一部分。它通过 UDP 来操作。在分立的管理站中，管理者进程对位于管理站中心的 MIB 的访问进行控制，并提供网络管理员接口。管理者进程通过 SNMP 完成网络管理。SNMP 在 UDP、IP 及有关的低层网络协议（如 Ethernet、FDDI、X.25）之上实现。

SNMP 是一种无连接协议，无连接的意思是它不支持像 TELNET 或 FTP 这种专门的连接。通过使用请求报文和返回响应的方式，SNMP 在管理代理和管理员之间传送信息。这种机制减轻了管理代理的负担，它不必要非得支持其他协议及基于连接模式的处理过程。因此，SNMP 提供了一种独有的机制来处理可靠性和故障检测方面的问题。

图 9.9 描述了 SNMP 的协议环境。从管理站发出 3 类与管理应用有关的 SNMP 的消息 GetRequest、GetNextRequest、SetRequest。3 类消息都由代理者用 GetResponse 消息应答，该消息被上交给管理应用。另外，代理者可以发出 Trap 消息，向管理者报告有关 MIB 及管理资源的事件。

图 9.9 所示为 SNMP 的一种典型的结构，但是为了使得 SNMP 有更好的适应性。SNMP 被

设计成与协议无关，所以它可以在 IP、IPX、AppleTalk、OSI 以及其他用到的传输协议上被使用。

3. SNMP 支持的操作

简单网络管理协议允许网络管理工作站软件与被管理设备中的代理进行通信。这种通信可以包括来自管理工作站的询问消息、来自代理的应答消息或者来自代理给管理工作站的陷阱消息。

为了保证因网络管理而带来的通信量是最小的（网络管理原则 1），SNMP 使用了一种异步客户机/服务器方法。这意味着一个 SNMP 实体（管理工作站或被管理设备）在发出一条消息后不需要等待一个应答；然而，除了陷阱的情况以外都是要产生应答的。如果需要的话该实体可以发送另一条消息，或者也可以继续它预先被定义的功能。SNMPv1 实现起来很简单，并且对资源占用不多，它只有 5 个请求/响应原语：

get-request

set-request

get-next-request

get-reponse

trap

通过上面的原语来支持以下 4 种主要操作。

① Get：从管理信息库中访问被管对象，并获取被管对象的变量值。它是 SNMP 中使用率最高的一个命令，因为该命令是从网络设备中获得管理信息的基本方式。

② Get-next：顺序地从一个对象找到了下一个对象，并获取被访问对象的变量值。

③ Set：对被管对象的变量值进行设置和修改。它是一个特权命令，因为可以通过它来改动设备的配置或控制设备的运转状态。

④ Trap：用于报告被管对象发出的异常事件或状态发生改变。它的功能就是在网络管理系统没有明确要求的前提下，由管理代理通知网络管理系统有一些特别的情况或问题发生了。

SNMP 支持的 4 种操作如图 9.10 所示。

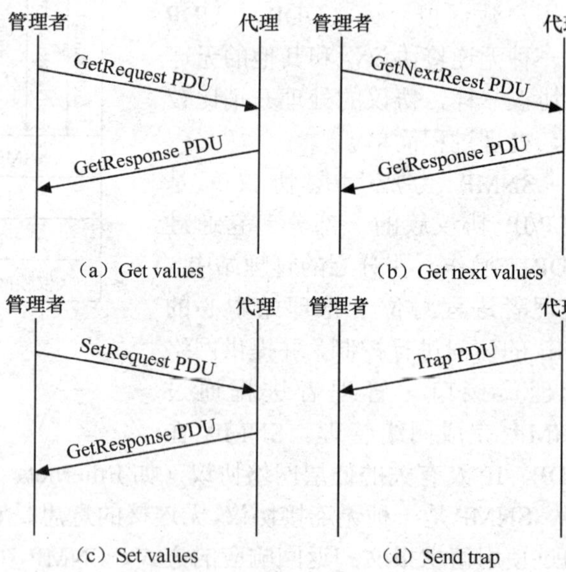

图 9.10　SNMP 支持的 4 种操作

在标准中，没有特别指出管理站的数量及管理站与代理者的比例。一般地，应至少要有两个系统能够完成管理站功能，以提供冗余度，防止故障。

为了描述和定义网管代理中的对象，SNMP 网管模型采用抽象句法符号 ASN.1（Abstract Syntax Notation One）表示对象的句法结构，将网管信息用 ASN.1 描述之后进行传输，也就是说，在网管工作站和网管代理之间传输数据时，先要把有关控制信号或对象信息变换成 ASN.1 描述，然后再发送传输。对于接收方来说，收到的 ASN.1 描述的数据要先转变成内部数据结构后才能去执行其他操作。其主要原因就是考虑到被管设备和系统的多样性，而 ASN.1

是一种不依赖于任何硬件系统的抽象性描述语言，只要在网管工作站中能够对 ASN.1 描述进行解释和执行，就有利于实现不同系统中的无缝连接与通信。

9.3.2　SNMP 管理信息库

在 SNMP 环境中，每一被管对象代表某些被管理的资源、活动或者相关的信息。通过树型结构把对象组划分为逻辑上相关的集，存储于管理信息库（MIB）之中，树型机构的路径分支处的每个位置称为节点。节点可同时拥有父节点和子节点。如果一个节点没有子节点，它就称做叶节点。叶节点是实际的 MIB 对象。只有叶节点才从代理程序处返回 MIB 值。图 9.11 所示为 MIB 的主节点和叶节点。

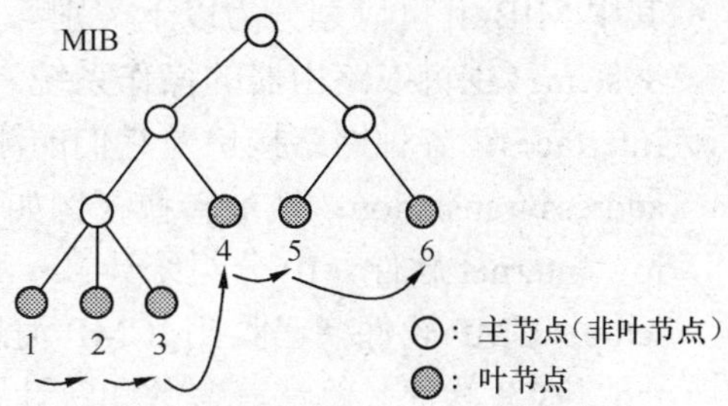

图 9.11　MIB 的主节点和叶节点

所有的被管对象形成一个等级或树型机构，树上的叶节点安排的是实际的被管对象，MIB 的结构如图 9.12 所示。

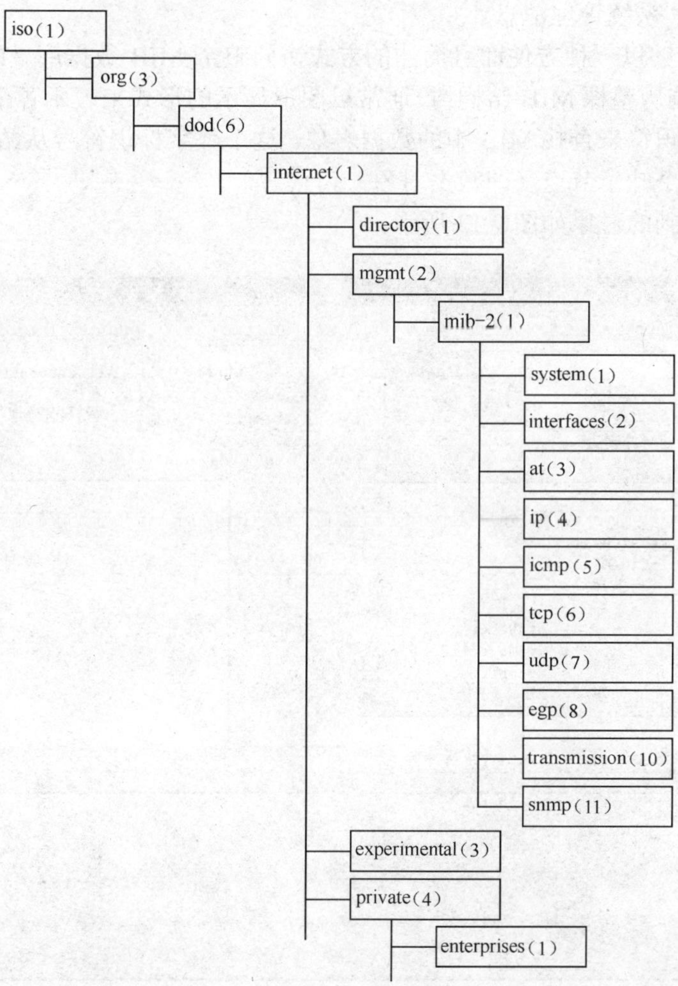

图 9.12　SNMP MIB 的树结构

MIB 树的根节点是一个虚拟的节点，没有实际对应的名字和编号，根节点之下有 3 个子树，分别是：

- cciTT(O)：由 CCITT 管理；
- iso(1)：由 ISO 管理；
- joint-iso-ccitt(2)：由 ISO 和原 CCITT 共同管理。

其中 MIB-Ⅱ可以划分为以下类别。

System：主机或路由器的操作系统。

Interfaces：各种网络接口及它们的测定通信量。

address translation：地址转换（例如 ARP 映射）。

ip：Internet 软件（IP 分组统计）。

icmp：CMP 软件（已收到 ICMP 消息的统计）。

tcp：TCP 软件（算法、参数和统计）。

udp：UDP 软件（UDP 通信量统计）。

egp：EGP 软件（外部网关协议通信量统计）。

SNMP：SNMP 系统管理消息。

MIB 浏览器能够以一种方便而且简洁的方式访问整个 MIB 数据库。MIB 浏览器是这样一种工具，它可以遍历整棵 MIB 结构树，通常以图形显示的形式来表示各个分枝和树叶对象。可以通过其数字标识符来查找 MIB 中的数据对象，这个数字标识符号从结构树的顶部（或根部）开始，直到各个叶子节点（即数据对象）为止。

从浏览器观察到的对象如图 9.13 所示。

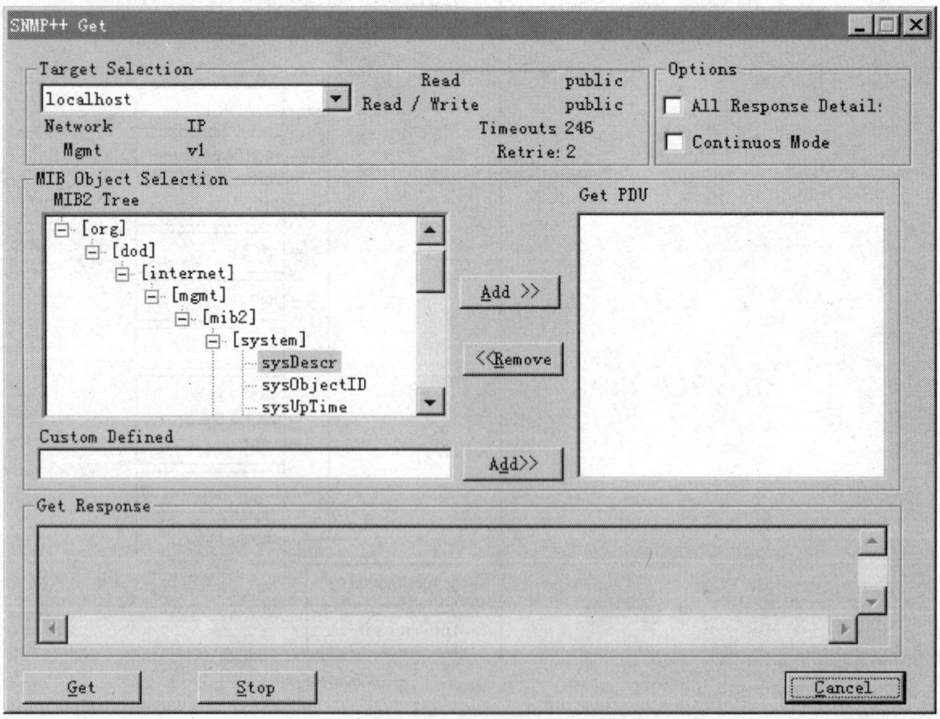

图 9.13　从浏览器观察到的 MIB 对象

9.3.3　SNMP 的发展

1．SNMP v2

SNMP 标准取得成功的主要原因是它的简单性。因为在大型的、多厂商产品构成的复杂网络中，管理协议的明晰是至关重要的，但为了使协议简单易行，SNMP 简化了不少功能，如：

- 没有提供成批存取机制，对大块数据进行存取效率很低；
- 没有提供足够的安全机制，安全性很差；
- 只在 TCP/IP 上运行，不支持别的网络协议；
- 没有提供 manager 与 manager 之间通信的机制，只适合集中式管理，而不利于进行分布式管理；
- 只适于监测网络设备，不适于监测网络本身。

针对这些问题，对它的改进工作一直在进行，如 1991 年 11 月，推出了 RMON（Remote Netw ork Monitoring）MIB，加强 SNMP 对网络本身的管理能力。它使得 SNMP 不仅可管理网络设备，还能收集局域网、互联网上的数据流量等信息。1992 年 7 月，针对 SNMP 缺乏安全性的弱点，又公布了 S-SNMP（Secure SNMP）草案。

SNMPv2 扩充了分布式管理策略，引进区域管理的思想，扩充了管理员之间的操作。一个网络允许具有多个 SNMP 管理者，每个 SNMP 管理者管理网络中的一个区域或者其中的一个子网络。SNMPv2 用 SNMPv2-Trap 取代了原 Trap 报警 PDU。

SNMPv2 所支持的操作如表 9.2 所示。

表 9.2　SNMPv2 所支持的操作

名　称	编　码	功能说明
GetRequest	0	管理员至代理，查询指定变量的值
GetNextRequest	1	管理员至代理，查询下一变量的值
Response	2	至管理员，回送执行结果（正确/差错）
SetRequest	3	管理员至代理，设置代理维护的某个变量的值
GetBulkRequest	5	代理至管理员，传递批量信息
InformRequest	6	管理员至管理员，传递参数处理请求
SNMPV2-Trap	7	代理至管理员，传递报警信息（取代原 4）
Report	8	待定义

根据 Carnegie-Mellin 大学（SNMPv2 标准的制定者之一）的 Steven Waldbusser 测试结果，SNMPv2 的处理能力明显强于 SNMPv1，大约是 SNMPv1 的 15 倍。

2．SNMP v3

RFC 2271 定义的 SNMPv3 体系结构，体现了模块化的设计思想，可以简单地实现功能的增加和修改。其特点如下。

- 适应性强：适用于多种操作环境，既可以管理最简单的网络，实现基本的管理功能，又能够提供强大的网络管理功能，满足复杂网络的管理需求。
- 扩充性好：可以根据需要增加模块。
- 安全性好：具有多种安全处理模块。

SNMPv3 主要有 3 个模块：信息处理和控制模块、本地处理模块和用户安全模块。

（1）信息处理和控制模块

信息处理和控制模块（Message Processing And Control Model）在 RFC 2272 中定义，它负责信息的产生和分析，并判断信息在传输过程中是否要经过代理服务器等。在信息产生过程中，该模块接收来自调度器（Dispatcher）的 PDU，然后由用户安全模块在信息头中加入安全参数。在分析接收的信息时，先由用户安全模块处理信息头中的安全参数，然后将解包后的 PDU 送给调度器处理。

（2）本地处理模块

本地处理模块（Local Processing Model）的功能主要是进行访问控制，处理打包的数据和中断。访问控制是指通过设置代理的有关信息使不同的管理站的管理进程在访问代理时具有不同的权限，它在 PDU 这一级完成。常用的控制策略有两种：限定管理站可以向代理发出的命令或确定管理站可以访问代理的 MIB 的具体部分。访问控制的策略必须预先设定。SNMPv3 通过使用带有不同参数的原语使用来灵活地确定访问控制方式。

（3）用户安全模块

与 SNMPv1 和 SNMPv2 相比，SNMPv3 增加了 3 个新的安全机制：身份验证、加密和访问控制。其中，本地处理模块完成访问控制功能，而用户安全模块（User Security Model）则提供身份验证和数据保密服务。身份验证是指代理（管理站）接到信息时首先必须确认信息是否来自有权的管理站（代理）并且信息在传输过程中未被改变的过程。实现这个功能要求管理站和代理必须共享同一密钥。管理站使用密钥计算验证码（它是信息的函数），然后将其加入信息中，而代理则使用同一密钥从接收的信息中提取出验证码，从而得到信息。加密的过程与身份验证类似，也需要管理站和代理共享同一密钥来实现信息的加密和解密。

下面简要介绍身份验证和加密的数学工具。SNMPv3 使用私钥（privKey）和验证密钥（authKey）来实现这两种功能。

9.4 CORBA 网络管理接口

9.4.1 CORBA 概述

CORBA（Common Object Request Broker Architecture）即公共对象请求代理体系结构，是对象管理组织（Object Management Group，OMG）为解决分布式计算环境（DCE）中不同软、硬件产品之间互操作而提出的一种解决方案。OMG 组织是一个非盈利的国际性软件组织，成立于 1989 年，目前已拥有 800 多个会员，几乎包括了所有有影响的公司，如 IBM、HP、DEC 等，主要致力于促进软件开发过程中面向对象技术的理论和实际应用的发展，其宗旨是建立本领域的工业标准和对象管理规范。

CORBA 是一种工业标准的中间件，所谓的中间件，就是位于操作系统和应用软件之间的一个软件层，它向各种应用软件提供服务，这些服务具有标准的程序接口及协议，为应用软件屏蔽了操作系统和网络协议的差异，从而使不同的应用进程通过网络互相通信。中间件提供的程序接口定义了一个相对稳定的高层应用环境，使得底层的硬件和操作系统在更新换代时，只需对中间件进行更新，无须改动应用软件。

CORBA 提供了在异构分布环境下不同机器上的不同应用的互操作的能力和将多个对象系统无缝互连的能力。CORBA 的目的是定义一套协议，符合这个协议的对象可以互相交互，不论它们是用什么样的语言写的，不论它们运行于什么样的机器和操作系统。

OMG 对象管理体系结构（OMA）参考模型是 OMG 组织成立不久后制定的，该模型描述了 OMG 的规范所遵循的概念化的基础结构，其核心是对象请求代理（ORB），ORB 提供了使对象可以透明地发出请求和接收响应的一种机制，它是一条软件总线，将对象服务、公共设施和应用对象连接在一起。

9.4.2　ORB 的结构

CORBA 的规范是针对 OMA 参考模型的 ORB 而制定的，CORBA 规范定义了接口定义语言（Interface Definition Language，IDL）及映射、单个 ORB 和 ORB 间互操作机制等，单个 ORB 的体系结构如图 9.14 所示，其中条形框表示 ORB 所提供的接口，箭头指示这个 ORB 是否被调用或正在通过接口执行一个调用。客户是希望对对象施加某种操作的实体，对象实现是指具体实现这一对象的代码与数据。客户通过发送请求使用对象实现所提供的服务，具体实现过程中，客户可以使用动态调用接口或静态 IDL 码根，有时，为了调用某些特殊功能，客户还会直接与 ORB 接口进行交互。

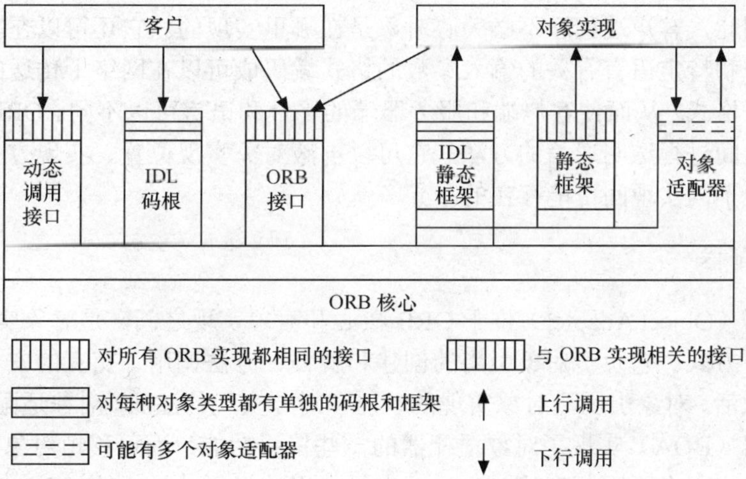

图 9.14　对象请求代理的结构

在静态调用时，客户使用 IDL 码根接收请求，对象实现则使用 IDL 静态框架接收上行调用请求，每种对象类型都有单独的码根和框架，具体的码根取决于目标对象所支持的接口。在动态调用时，客户使用动态调用接口接收请求，该接口独立于任何目标对象，对象实现则使用动态框架接收上行调用请求。

对象实现在处理请求或其他任何时候，均可以调用对象适配器和 ORB，对象实现可能有多个对象适配器，它可以根据所需要的服务选择合适的对象适配器，来获得 ORB 提供的某些服务。

在 ORB 的结构中，主要描述了以下内容。

1. 接口定义语言

接口定义语言（IDL）是用来描述产生对象调用的客户方和提供对象实现的服务方之间接口的语言，采用 IDL 定义的接口能够完整地给出该接口的定义并详细给出每个操作要求的参数，采用 IDL 描述的接口提供了使用接口操作来开发客户应用程序所需要的信息。IDL 只能定义接口，而不是去实现某个接口，它不是真正的编程语言，而是一种描述性语言，客户程序并不是用 IDL 进行编写的，而是用那些由 OMG IDL 定义的接口映射得到的具体编程语言进行开发，目前支持的语言映射包括：Java、C++、C、SmallTalk、Ada、COBOL 等，映射后的代码叫做 Client Stub Code 和 Server Skeleton Code。IDL 的语法类似于 C++，很容易被程序设计人员理解。

IDL 使 CORBA 做到与语言无关，也就是说，任何语言都能制作 CORBA 组件，而 CORBA 组件能在任何语言下使用，IDL 使高层设计人员不必考虑实现细节而只需关心功能描述，设计 IDL 的过程也是设计对象模型的过程，它是编写 CORBA 应用的第一步，在整个软件设计过程中至关重要。

2. ORB 核心

ORB 核心是整个 ORB 的一部分，它负责提供基本的对象表示，并负责传送对象请求。它具有对象定位功能，可以根据对象引用中的信息来定位对象的实现，并确保该对象实现可以接受请求，因此，客户端程序不必关心对象是在哪里实现的。它还可以在客户端发起调用时将与特定平台和特定语言有关的输入参数的格式编码成可以在网络上传送的格式，并在服务器端还原成原格式，从而使客户端和服务器端的平台和语言可以不同。ORB 核心提供了客户与对象实现之间进行透明通信的方法，它可以屏蔽对象实现位置、实现方式、状态、通信机制等细节以及不同实现间可能存在的差异。

3. 对象适配器

对象适配器（Object Adapter）位于 ORB 核心和对象实现之间，是对象实现访问 ORB 提供的服务的主要方式。它负责对象引用的创建和解释、方法调用、交互的安全性、对象与实现的激活与去激活、对象引用到对象实现的映射和对象实现的注册。对象适配器有各种各样，基本对象适配器（BOA）实现了对象适配器的一些核心功能，而可移植对象适配器（POA）则力图解决对象实现在不同厂商的 ORB 下也能使用的问题，最新的 ORB 产品一般都支持 POA。

4. IDL 码根和 IDL 静态框架

IDL 码根（IDL Stub）是客户端发送客户请求与 ORB 通信时客户方的代理，IDL 码根为客户提供了静态调用方式，这种方式是基于客户预先知道服务器所提供的服务对象的接口信息，客户端仅需要把用户的请求进行编码，通过 ORB 发送到对象的实现端上，IDL 静态框架

（Static IDL Skeleton）为客户提供了静态实现方式。

码根和框架实际上都是一段程序代码，它们都是自动生成的，不需要程序员参与。ORB 厂商会提供一个 IDL 编译器，它可以根据描述服务对象接口的 IDL 文件，生成对应于具体编程语言的 IDL 码根和 IDL 静态框架程序。每个 IDL 中定义的接口都会有自己的码根和框架，码根和框架是静态的，一经生成便不再改变，除非修改相应的 IDL 并重新生成。码根和框架与 ORB 的具体实现相关，不同的 ORB 厂商会有不同的 ORB 实现方式，即使相同的 IDL 接口定义也可能生成不同的码根和框架。

IDL 码根并不负责对象的实现，它只是远端对象在本地的一个代理，它接受来自本地客户的请求，将它编码后交给 ORB 核心发送到对象实现端；远端操作返回后，它又将返回参数和结果进行解码，把结果或异常信息返回给客户。而 IDL 静态框架就像一个位于服务器端的码根，它也不负责对象的实现，只是对客户请求进行解码，定位所请求的对象的方法，执行该方法，并把执行结果或异常信息编码后发送回客户。

5. 动态调用接口和动态框架接口

动态调用接口（Dynamic Invocation Interface，DII）和动态框架接口（Dynamic Skeleton Interface，DSI）是用来支持客户在不知道服务器对象接口的情况下也能调用服务器对象。动态调用接口为客户提供了动态调用方式，动态框架接口则为客户提供了动态实现方式。在某些情况下客户预先不知道服务对象的接口信息，也没有 IDL 编译后的码根；可以通过 DII 向远端对象发起调用，在对象实现方可以使用动态构架接口 DSI 动态分发用户请求的机制，以便动态地处理客户方的请求。DII 和 DSI 都可以被看作是一组标准的 API，由于 DII 和 DSI 都不是由 IDL 接口定义编译生成的，所以它们不针对某个特定的对象。

由于在 CORBA 中，客户端与服务器端是分开实现的，所以两边所采用的方式并不一定要一一对应，因此，一个由 IDL 码根发起的请求可能由 IDL 静态框架接受，也可以由 DSI 来接受，同样，一个由 DII 发起的请求可能由 DSI 接受，也可以由 IDL 静态框架来接受。

6. ORB 接口

ORB 接口是指那些直接面对 ORB 的接口，它们不依赖于对象接口或对象适配器。ORB 的大多数功能是通过对象适配器、IDL 码根、静态 IDL 框架或动态过程调用的方式提供的，只有少数的功能对所有的对象是通用的，这些对客户和对象实现都有用的功能就是由 ORB 接口提供的一组标准的 API 来完成的。无论客户程序还是对象实现都可以调用 ORB 接口中的 API。

7. 接口库

接口库（Interface Repository）是一种能够提供持久对象的服务，这些对象在运行时以某种方式表示 IDL 信息。ORB 可以使用接口库信息来执行请求。在动态调用方式下，客户端程序事先并不知道被调用对象的详细信息，接口库就具有在程序运行时刻提供这种对构建远端对象调用所必不可少的信息的功能，没有接口库，就没有真正的 CORBA 动态特性。

接口库是接口的信息库，CORBA 中的绝大多数组件都是由 IDL 定义的，这些定义可以在接口库中动态地存储、访问和修改。接口库通常以 IDL 描述文件为其输入，将接口描述信息进行处理后存放在文件、数据库或其他形式的存储机制中，并提供一组标准的调用接口供客户查询使用，服务对象实现的描述信息也由接口库提供。

8. 实现库

实现库（Implementation Repository）提供与服务器端程序运行有关的信息，包括如何定位对象实现，如何激活对象实现以及其他与 ORB 和操作系统相关的信息。通常，实现的安装及激活和执行对象实现的相关的策略的控制是通过对操作库的操作实现的。

由于实现库没有一套标准的 API，因此无法由程序访问和控制，它主要由对象适配器使用。

9. GIOP 和 IIOP

GIOP（General Inter-ORB Protocol）是 CORBA2.0 规范为不同厂商 ORB 之间实现互操作而制定的一种通信协议，它规定了客户 ORB 和服务器 ORB 间的通信机制。GIOP 以一种通用的、低代价的方式支持协议级的 ORB 互操作。

GIOP 是一个抽象的协议，它必须映射到具体的传输协议和传输机制中去，目前使用最广的是 GIOP 到 TCP/IP 的映射，即 Internet 上的 GIOP，称为 IIOP（Internet Inter-ORB Protocol）。IIOP 规定了 GIOP 消息是如何使用 TCP/IP 连接进行交换的，它为 Internet 规定了一个标准的互操作协议，此协议适合任何 ORB 在 Internet 协议域中的互操作使用，它代表了 TCP/IP 环境的基本的 ORB 间协议。

9.4.3 基于 CORBA 的网络管理

CORBA 的主要特点：①引入中间件（Middle-Ware）作为事务代理，完成客户机（Client）向服务对象方（Server）提出的业务请求，实现客户与服务对象的完全分开，客户不需要了解服务对象的实现过程以及具体位置；②提供软总线机制，使得在任何环境下、采用任何语言开发的软件只要符合接口规范的定义，均能集成到分布式系统中；③CORBA 规范软件系统采用面向对象的软件实现方法开发应用系统，实现对象内部细节的完整封装，保留对象方法的对外接口定义。

引入中间件，在 CORBA 系统中称为对象请求代理（ORB），它负责接收客户机的服务要求，寻找实现该服务的对象，传递相应参数，引用有关方法，返回结果。由于 ORB 可以根据对象引用来定位服务器，因此，客户机对远端对象发起的调用就像本地调用一样，从而实现了 CORBA 的位置透明性，ORB 在异构分布式环境下为不同机器上的应用提供了互操作性，并无缝地集成了多种对象系统。

OMG 接口定义语言（IDL）通过对象的接口定义了对象的类型。一个接口由一些命名的操作和与这些操作相关的参数组成。虽然 IDL 提供概念框架用于描述对象，但不需要有 IDL 源代码供 ORB 工作，只要相同的信息以句柄函数或运行接口库的形式提供，特定的 ORB 就可以正常工作。IDL 是一种方法，它使对象实现能告诉潜在的客户，什么样的操作可以执行。从 IDL 的定义上可以将 CORBA 对象映射为特定的编程语言或对象系统。

基于 CORBA 的网络管理模型如图 9.15 所示，通过软总线机制，为分布在不同节点上的对象提供一个对象总线及相应的总线服务，各分布式对象只要按照要求的接口方法接上总线，便可方便地实现对象间的互操作。利用 CORBA 进行网络管理，既可以用 CORBA 客户实现管理系统，也可利用 CORBA 定义被管对象，还可以单独利用 CORBA 实现完整的网络管理系统。但是为了发挥现有网络管理模型在管理信息定义以及管理信息通信协议方面的优势，一般是利用 CORBA 实现管理系统以及访问被管资源，使其获得分布式和编程简单的特性，而被管系统仍采用现有的模型实现。目前的研究热点是 SNMP/CORBA 网关和 CMIP/CORBA 网关的实现问题，以支持 CORBA 客户对 SNMP 或 CMIP 的被管对象进行管理操作。

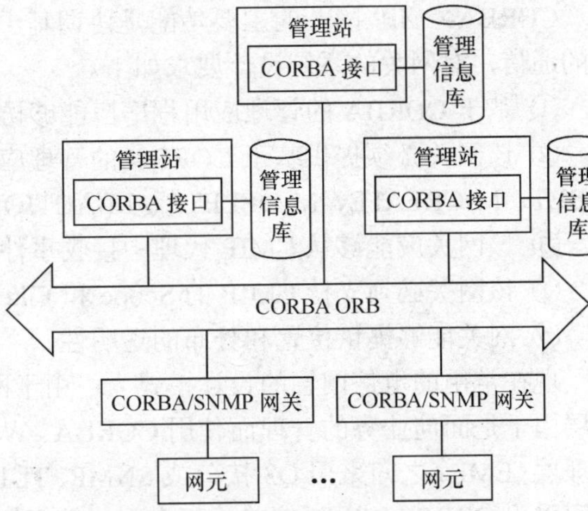

图 9.15　基于 CORBA 的网络管理模型

1. CORBA/CMIP 网关

为了使 CORBA 能够操作 CMIP/CMIS，必须在相关的对象模型之间进行映射并在管理域的边界上进行协议转换。但实现 CMIP 网关必须完成两个转换，一是规则转换，用于 GDMO 和 IDL 之间转换机制，即从 GDMO 对象定义到 IDL 定义的转换，这是必需的。二是交互转换，即为涵盖不同管理域的协议之间的动态转换机制，允许一个域中的对象在另一个域内表示。对于 GDMO 和 IDL 之间的转换，是通过 GDMO-IDL 转换器实现的，这个转换器把 GDMO 文件转换成 CORBA 对象的 IDL 定义，然后用 IDL 创建 CORBA 管理对象，并由 CORBA 网关功能实现 EMS 管理域内 CMIP/CMIS 与 CORBA 管理域内 IIOP 的相互动态转换。CORBA 网关的逻辑结构如图 9.16 所示。

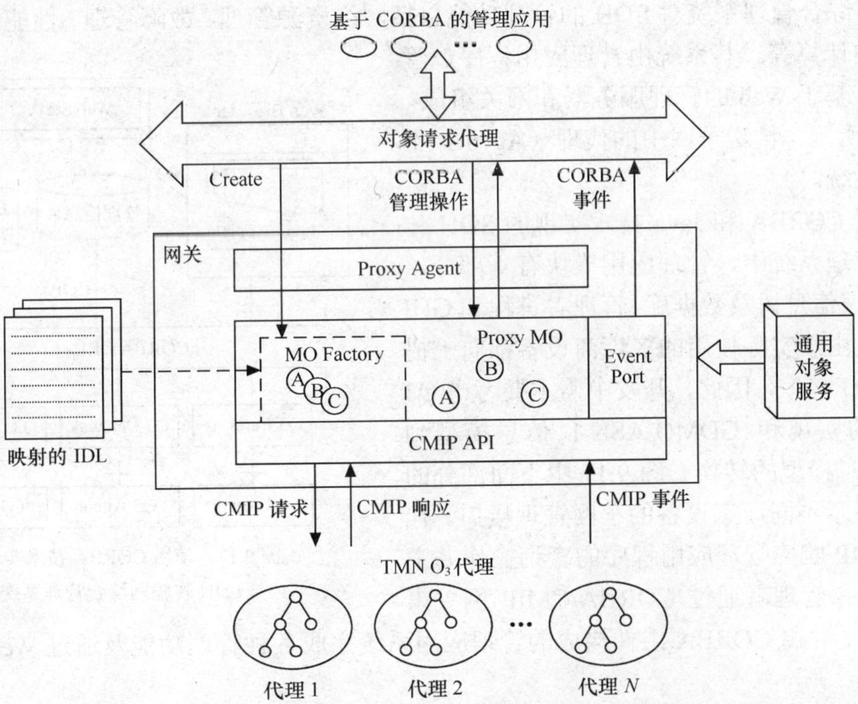

图 9.16　CORBA 网关的逻辑结构

CORBA-CMIP 网关的主要功能是协调基于 CORBA 的管理应用和基于 TMN CMIP 代理间的通信，对网关的系统设计要求如下。

① 基于 CORBA 的管理应用程序应能够访问在 CMIP 代理中的 OSI 被管对象。

② 该网关必须提供基于 CORBA 的管理应用和 IDL 在 CMIP 操作上的映射，如 M-GET、M-SET、M-CREATE、M-DELETE、M-ACTION。

③ 该网关应能够从 CMIP 代理中接收事件，并将其发送给管理应用。

④ 该网关必须支持 CMIP 的 Scope 和 Filter 操作功能。

⑤ 网关能够提供位置和分布的透明性。

现在常用的电信网管的设计模式为：由于网元层和网络层为点对点的管理而使用 TMN，上层由于是面向业务的管理而使用 CORBA。从 TMN 的逻辑层次看，网元层（NEL）至网元管理层（EML）之间采用 Q3 接口或 SNMP、TL1（翻译语言 1）等；EML 至网络管理层（NML）之间采用 CORBA 或 Q3 接口，而在网络管理层之上以及 TMN 之间全部采用 CORBA 接口。

2. 使用 CORBA 技术实现的 SDH 传输网综合管理系统

SDH 传输网综合管理系统是 TMN 的一个子网，在多厂商环境下，各个厂家提供的 SDH 及其 EMS 向上提供统一的 Q3 接口，但实际的情况是在网络管理层与传送子网管理层之间，各厂家提供的 EMS 向上的接口均有所不同，需要遵循 ITU-T 推荐的标准及相关的协议进行设计。例如，遵循 ITU-T 推荐标准 Q.811 和 Q.812 分别定义的 Q3 接口的第 1～4 层的低层通信协议，第 5～7 层的高层应用协议，以及推荐使用的基于 TCP/IP 的 RFC1006 作为底层的传输协议和基于 CMIP 的网络管理层、网元管理层接口之间的交换信息，需要通过 CMIP 实现管理信息在 SNMS 与 EMS 之间的传送等。

传输网综合管理系统对 SDH 的管理功能包括网络资源管理、故障管理、性能管理以及端到端路由的计算等。其系统由管理应用程序、管理信息库、基于 Web 的管理服务器和网关组成，如图 9.17 所示。传送子网中的代理（Agent）不属于管理系统。

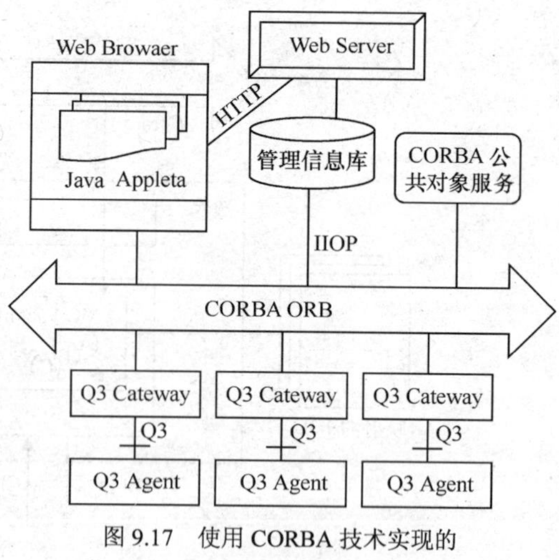

图 9.17　使用 CORBA 技术实现的 SDH 传输网综合管理系统

在使用 CORBA 和 Java 技术实现的 SDH 传输网综合管理系统中，管理应用模块有 4 部分，即网关、管理信息树及数据库、管理者进程和 GUI 用户界面。由于实际使用的多厂商设备都向上提供统一的 Q3 接口，因此，开发中需主要考虑 Q3 网关功能的实现和 GDMO/ASN.1 信息模型到 CORBA 信息模型的转换。图 9.17 中下面部分的 Q3 Agent 表示不同厂家设备的子网管理接口。代理通过 CMIP 响应管理应用程序的查询操作并主动上报事件，管理者通过 CORBA/CMIP 网关来与代理通信，并由 CORBA 组件构成的管理应用系统完成各种管理功能及通过 Web 浏览器与用户交互。

管理信息库由数据库系统和一组操纵数据库的 CORBA 接口组成。数据库系统负责存储信息模型中管理对象的实例和事件，并利用数据库最优查询算法进行查询，以及利用分布式数据库系统的存储一致性和故障容错性来恢复性能和获得可靠性。同时，数据库系统还可在不同管理域之间进行信息模型的转换，或者在被管对象转换映射信息和对象标识时，由被管对象在数据库中查询所需的信息。

习　题

1．TMN 有哪些功能模块？这些功能模块的功能是什么？

2．TMN 中有哪些接口？这些接口分别存在于哪些模块之中？

3．TMN 中 X 接口和 Q3 接口的应用场合有何不同？

4．Q3 接口的协议栈分为几层，说明每一层的功能。

5．TMN 的管理层次分为哪几层，每一层的功能如何？

6．3G IRP 采用哪 3 种解决方案集，它们各有什么特点？

7．connectionTerminationPointSource 被管对象的 GDMO 定义如下，请说明每一行的含义。

```
connectionTerminationPointSource MANAGED OBJECT CLASS
    DERIVED FROM terminationPoint;
    CHARACTERIZED BY
    connectionTerminationPointPackage PACKAGE
   BEHAVIOR connectionTerminationPointSourceBehaviour;
   ATTRIBUTES
         upstreamConnectivityPointer    GET;;
CONDITIONAL   PACKAGES
    ctpInstancePackage
   PRESENT IF "the name binding requires this attribute",
    channelNumberPackage PRESENT IF    "    an instance supports it";
REGISTERED AS (ccittObjectClass 7);
```

第 10 章　软交换网组网技术

通信网正在向下一代网络（NGN）的方向发展，下一代网络包含下一代交换网、下一代传送网、下一代互联网、下一代移动网和下一代接入网，在下一代交换网和下一代移动网中采用了软交换技术。

软交换（SS）的概念是 20 世纪 90 年代后期在 IP 电话的基础上逐步发展起来的，是在通信网由窄带向宽带过渡，由电路交换向分组交换演进的过程中逐步完善的。它继承了电信网集中控制的架构和可靠的信令技术，采用分层的机构实现了呼叫控制和媒体处理相分离原则，在设备厂商的推动和运营商的积极推广下，经过几年的发展，软交换在国内电信、移动、网通等运营商的网络上实现了大规模的商用。运营商采用软交换技术实现了 PSTN、GSM 网络向下一代网络的演进。

本章介绍软交换网的组网技术，包括软交换网层次和组成、软交换网接口和协议、软交换承载网规划、软交换网路由规划、软交换技术的应用以及固网和移动网的融合。

10.1　软交换网层次和组成

10.1.1　软交换的技术定义

软交换技术是下一代交换网和下一代移动网的核心技术，软交换的基本含义就是把呼叫控制功能从媒体网关中分离出来，通过服务器上的软件实现基本呼叫控制功能，包含呼叫选路、管理控制、连接控制（建立会话、拆除会话）、信令互通（如从 SS7 到 IP 的 Sigtran 协议簇）。其结果就是把呼叫传输与呼叫控制分离开，为控制、交换和软件可编程功能建立分离的平面，支持标准的 API 接口，使业务提供者可以自由地将传输业务与控制协议结合起来，为不同的用户群提供量身定做的个性化业务。

国际软交换协会（ISC）对软交换的定义是："软交换是提供呼叫控制功能的软件实体"。

软交换的技术定义可以进一步描述为：

- 它是一种提供了呼叫控制功能的软件实体；
- 它支持所有现有的电话功能及新型会话式多媒体业务；
- 它采用标准协议（如 SIP、H.323、MGCP、MEGACO/H.248、Sigtran 以及各种其他的数据及 ITU 协议）；
- 它提供了不同厂商的设备之间的互操作能力。

软交换设备是电路交换网向分组网演进的核心设备，也是下一代电信网络的重要设备之一。它独立于底层承载协议，主要完成呼叫控制、媒体网关接入控制、资源分配、协议处理、路由、认证、计费等主要功能，并可以向用户提供现有电路交换机所能提供的所有业务和多样化的第三方业务。

10.1.2　软交换网层次结构

NGN 是以在统一的网络架构上解决各种综合业务的灵活提供能力为目标，提供诸如业务逻辑、业务的接入和传送手段，业务的资源提供能力和业务的认证管理等服务，以执行各种业务逻辑的软交换设备为核心进行网络的构架建设，业务逻辑可在应用服务器上统一完成，并可向用户提供开放的业务应用编程接口（API），实现业务层面和业务控制层面的分离。对于媒体流的传送和接入层面，NGN 将通过各种接入手段将接入的业务流集中到统一的分组网络平台上传送。一般认为，NGN 包括 4 个开放的层面，如图 10.1 所示。

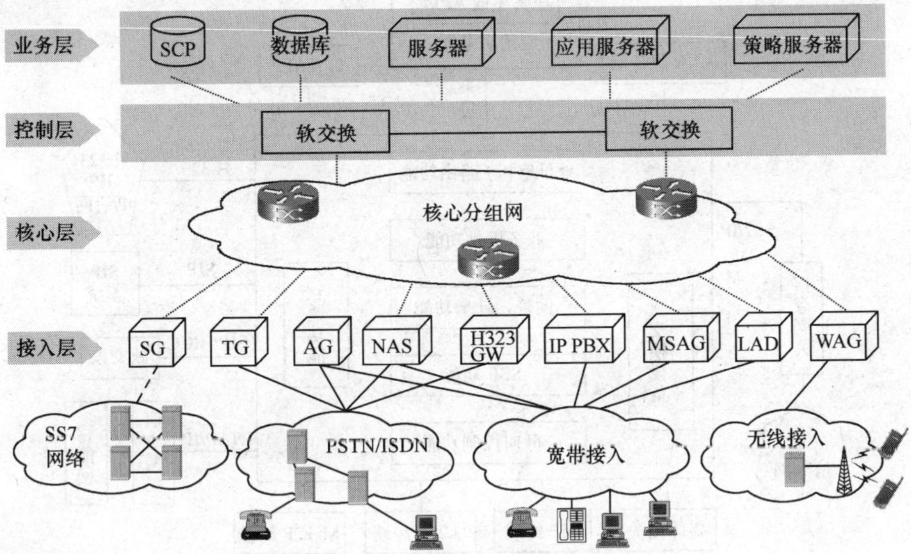

图 10.1　软交换网层次结构

1. 接入层（Access and Transport layer）

接入和传输层由各种媒体网关或智能接入终端设备组成，主要是与现有网络相关的各种接入网关或终端设备，功能是将用户连接至网络，然后集中用户业务将它们传递至目的地，其中包括各种接入手段。

2. 核心媒体层（Media layer）

核心媒体层负责将信息格式转换成能够在网络上传递的信息格式，并为信息包提供路由交换服务，主要是宽带 ATM 交换机或 IP 路由器等骨干传输设备。

3. 控制层（Control layer）

控制层主要涉及与软交换相关的功能，完成呼叫处理控制、接入协议适配、互连互通等综合控制处理功能和业务逻辑的具体执行。它决定了用户收到的业务，并能控制低层网络元素对业务流的处理。

4. 网络业务层（Network Service layer）

业务应用层主要网络业务层主要负责业务逻辑的相关处理，提供面向客户的综合智能业务，实现业务的客户化，如业务生成、业务逻辑定义和业务编程接口以及与业务相关的管理功能，如业务认证和业务计费等。

10.1.3 软交换的功能

软交换是一种提供了呼叫控制功能的软件实体，它具有多方面的功能，软交换的功能结构如图 10.2 所示。

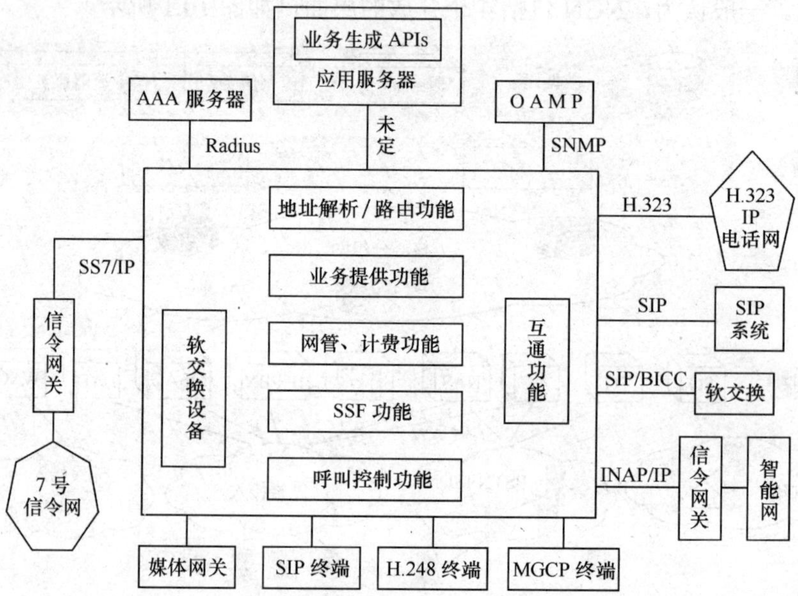

图 10.2 软交换的功能结构

概括起来，软交换具有以下十大功能。

1. 媒体网关接入功能

媒体网关功能是接入到 IP 网络的一个端点/网络中继或几个端点的集合，它是分组网络和外部网络之间的接口设备，提供媒体流映射或代码转换的功能，如，PSTN/ISDNIP 中继媒体网关、ATM 媒体网关、用户媒体网关和综合接入网关等，支持 MGCP 和 H.1248/MEGACO 协议来实现资源控制、媒体处理控制、信号与事件处理、连接管理、维护管理、传输和安全等多种复杂的功能。

2. 呼叫控制和处理功能

呼叫控制和处理功能是软交换的重要功能之一，可以说是整个网络的灵魂。它可以为基本业务/多媒体业务呼叫的建立、保持和释放提供控制功能，包括呼叫处理、连接控制、智能呼叫触发检出、资源控制等。支持基本的双方呼叫控制功能和多方呼叫控制功能，多方呼叫控制功能包括多方呼叫的特殊逻辑关系、呼叫成员的加入、退出、隔离、旁听等。

3. 业务提供功能

在网络从电路交换向分组交换的演进过程中，软交换必须能够实现 PSTN/ISDN 交换机所提供的全部业务，包括基本业务和补充业务，还应该与现有的智能网配合提供智能网业务，也可以与第三方合作，提供多种增值业务和智能业务。

4. 互连互通功能

下一代网络并不是一个孤立的网络，尤其是在现有网络向下一代网络的发展演进中，不可避免地要实现与现有网络的协同工作、互连互通、平滑演进。例如，可以通过信令网关实现分组网与现有 7 号信令网的互通；可以通过信令网关与现有智能网互通，为用户提供多种智能业务；可以采用 H.323 协议实现与现有 H.323 体系的 IP 电话网的互通；可以采用 SIP 实现与未来 SIP 网络体系的互通；可以采用 SIP 或 BICC 协议与其他软交换设备互连；还可以提供 IP 网内 H.248 终端、SIP 终端和 MGCP 终端之间的互通。

5. 协议功能

软交换是一个开放的、多协议的实体，因此，必须采用各种标准协议与各种媒体网关、应用服务器、终端和网络进行通信，最大限度地保护用户投资并充分发挥现有通信网络的作用。这些协议包括 H.323、SIP、H.248、MGCP、SIGTRAN、RTP、INAP 等。

6. 资源管理功能

软交换应提供资源管理功能，对系统中的各种资源进行集中管理，如资源的分配、释放、配置和控制，资源状态的检测，资源使用情况统计，设置资源的使用门限等。

7. 计费功能

软交换应具有采集详细话单及复式计次功能，并能够按照运营商的需求将话单传送到相应的计费中心。

8. 认证与授权功能

软交换应支持本地认证功能，可以对所管辖区域内的用户、媒体网关进行认证与授权，以防止非法用户、设备的接入。同时，它应能够与认证中心连接，并可以将所管辖区域内的用户、媒体网关信息送往认证中心进行接入认证与授权，以防止非法用户、设备的接入。

9. 地址解析功能

软交换设备应可以完成 E.164 地址至 IP 地址、别名地址至 IP 地址的转换功能，同时也可以完成重定向的功能。对于号码分析和存储功能，要求软交换支持存储主叫号码 20 位，被叫号码 24 位，而且具有分析 10 位号码然后选取路由的能力，具有在任意位置增、删号码的能力。

10. 语音处理功能

软交换设备应可以控制媒体网关是否采用语音信号压缩，并提供可以选择的语音压缩算法，算法应至少包括 G.729、G.723.1 算法，可选 G.726 算法。同时，可以控制媒体网关是否采用回声抵消技术，并可对语音包缓存区的大小进行设置，以减少抖动对语音质量带来的影响。

10.1.4 软交换网的组成

目前比较一致的看法认为，软交换网络主要应由下列设备组成。

① 软交换控制设备（Softswitch Control Device）。这是网络中的核心控制设备（也就是我们通常所说的软交换），它完成呼叫处理控制功能、接入协议适配功能、业务接口提供功能、互连互通功能、应用支持系统功能等。

② 业务平台（Service Platform）。完成新业务生成和提供功能，主要包括 SCP 和应用服务器。

③ 信令网关（Signaling Gateway）。目前主要指 7 号信令网关设备。传统的 7 号信令系统是基于电路交换的，所有应用部分都是由 MTP 承载的，在软交换体系中则需要由 IP 来承载。

④ 媒体网关（Media Gateway）。完成媒体流的转换处理功能。按照其所在位置和所处理媒体流的不同可分为：中继网关（Trunking Gateway）、接入网关（Access Gateway）、多媒体网关（Multimedia Service Access Gateway）、无线网关（Wireless Access Gateway）等。

⑤ IP 终端（IP Terminal）。目前主要指 H.323 终端和 SIP 终端两种，如 IP PBX、IP Phone、PC 等。

⑥ 其他支撑设备。例如，AAA 服务器、大容量分布式数据库、策略服务器（Policy Server）等，它们为软交换系统的运行提供必要的支持。

软交换位于网络的控制层，提供各种业务的呼叫控制、连接以及部分业务提供。信令网关是用于连接 7 号信令网与 IP 网的设备，主要完成 PSTN/ISDN 侧的 7 号信令与 IP 网侧信令的转换功能。中继媒体网关位于软交换网络的接入层，用于电路交换网和 IP 分组网之间的网关，提供媒体映射和代码转换功能。综合接入媒体网关也位于软交换网络的接入层，直接连接用户终端和 V5 接入网设备。综合接入设备（IAD）位于软交换网络的用户接入层，将用户的语音、数据及视频等应用接入到分组交换网络中，在分组交换网络中完成相应的功能。无线接入网关完成移动用户的接入。用户智能终端作为软交换网络中的用户终端设备，具有局域网接口，直接接入软交换设备，完成用户的接入及语音编解码和媒体流的传送。软终端作为软交换网络中新型的用户终端，不再是一个物理的终端实体，而是作为一种终端软件，运行于用户的 PC 上或其他具有类似功能的设备上，接入软交换设备，配合其他 PC 外设（耳机、麦克风、摄像头等），完成用户的接入及语音编解码和媒体流的传送。

应用服务器位于软交换网络中的业务应用与支撑层面，提供业务执行环境，负责为接入软交换网络的用户提供增值的智能业务和各种个性化的业务，广义的应用服务器应包括传统的智能网 SCP、SIP 应用服务器和通过 Parlay 网关接入的第三方应用服务器。媒体服务器位于软交换网络中的业务应用与支撑层面，是软交换网络中提供专用媒体资源功能的独立设备，在软交换或应用服务器的控制下，提供各种业务所需的媒体资源，包括 DTMF 信号的采集与解码、信号音的产生与发送、录音通知的发送、会议、不同编解码算法间的转换等各种资源功能以及通信功能和管理维护功能。

网络管理系统位于软交换网络的业务应用与支撑层面，提供所有软交换框架体系下设备的网络管理功能。计费营账系统位于软交换网络的业务应用与支撑层面，提供软交换框架体系下所有终端用户开户、业务的计费处理、账单生成与用户交互。策略服务器通过 COPS 与软交换系统的各个组件进行通信实施策略管理，根据业务需求以及特性分配标签、控制接纳等，能够为不同业务流保证 QoS，满足用户日益个性化的业务需求。位置服务器位于软交换网络的业务应用与支撑平面，记录所有软交换网络用户的用户信息，包括用户位置、属性等，供软交换网络中的其他设备如软交换、应用服务器等查询用户信息。IADMS 位于软交换网络体系的业务应用与支撑层面，作为网管系统与综合接入设备之间的代理，为软交换网络中大量的 IAD 设备提供网管功能。

10.2　软交换网接口和协议

10.2.1　软交换网络中各部件的接口

软交换网络规定了各部件之间的接口，软交换网络中各部件的协议接口如图 10.3 所示。

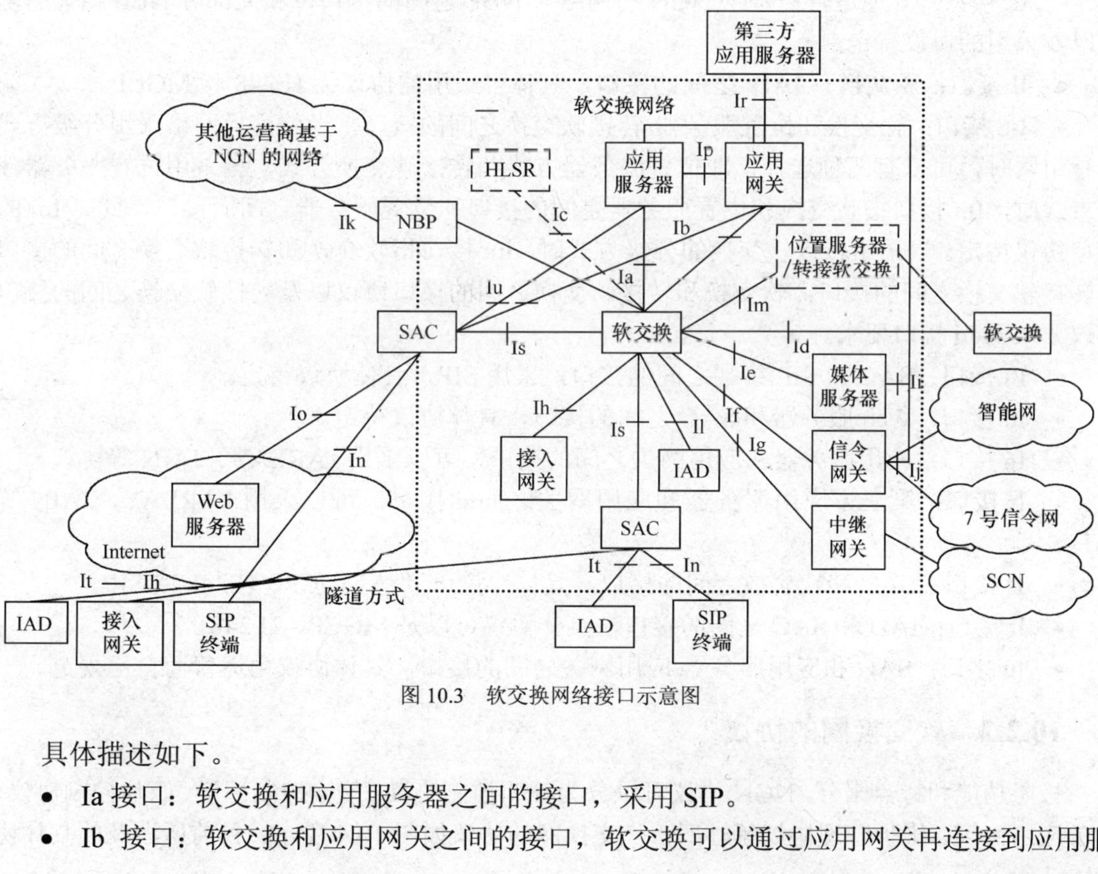

图 10.3　软交换网络接口示意图

具体描述如下。

- Ia 接口：软交换和应用服务器之间的接口，采用 SIP。
- Ib 接口：软交换和应用网关之间的接口，软交换可以通过应用网关再连接到应用服务器或第三方应用服务器，软交换和应用网关之间采用 SIP。

- Ic 接口：软交换和 HLSR 之间的接口，接口要求待定。
- Id 接口：软交换和软交换之间的接口，软交换和软交换之间可以采用 SIP/SIP-I 或 BICC 协议。当软交换网络仅支持传统 POTS 终端用来提供传统语音业务时，软交换之间可以采用 BICC 或 SIP-I 协议；当软交换网络同时支持传统 POTS 终端和 SIP 终端时，建议软交换之间采用 SIP/SIP-I 协议。
- Ie 接口：软交换和媒体服务器之间的接口，可采用的协议为 SIP、H.248 或 MGCP。
- If 接口：软交换和信令网关之间的接口，使用信令传送协议（Sigtran），在 IP 网上传送 7 号信令的高层信令信息 （TUP/ISUP/SCCP）。
- Ig 接口：软交换和中继网关之间的接口，主要完成媒体网关控制、资源控制和管理功能。该接口协议为 H.248 或 MGCP。
- Ih 接口：软交换和接入网关之间的接口，主要完成媒体网关控制、资源控制和管理功能。该接口协议为 H.248 或 MGCP。
- Ii 接口：应用服务器/应用网关和媒体服务器之间的接口，具体可采用的协议为 SIP、H.248 和 MGCP。
- Ij 接口：应用服务器/应用网关和信令网关之间的接口，具体采用 INAP，应用服务器/应用网关通过信令网关与现有的智能网的 SSP/IP 等设备互通，通过 INAP 分别向软交换用户提供智能网业务。
- Ik 接口：其他运营商基于 NGN 的网络和 NBP 之间的接口，和此部分 NBP 相关的功能以及采用的协议待定。
- Il 接口：软交换和 IAD 之间的接口，具体可采用的协议为 H.248 和 MGCP。
- Im 接口：软交换和位置服务器/转接软交换之间的接口，当软交换网络采用分级方式进行组网时，可以有两种选择，即位置服务器方式和转接软交换方式，当采用位置服务器分级方式时，Im 接口指软交换和位置服务器之间的接口和位置服务器之间的接口，此时 Im 的接口协议待定。当采用转接软交换的分级方式时，Im 接口指软交换和转接软交换之间的接口和转接软交换之间的接口，软交换和转接软交换之间的接口协议以及转接软交换之间的接口协议要求同 Id 接口要求。
- In 接口：SAC 和 SIP 终端之间的接口，采用 SIP，具体协议待定。
- Io 接口：Web 服务器和 SAC 之间的接口，具体协议待定。
- Ip 接口：应用服务器和应用网关之间的接口，可以采用 PARLAY、JAIN 等协议。
- Ir 接口：第三方应用服务器和应用网关之间的接口，可以采用 PARLAY、JAIN 等协议。
- Is 接口：SAC 和软交换之间的接口，具体协议可以是 MGCP、H.248 或 SIP。
- It 接口：IAD 和 SAC 之间的接口，具体协议可以是 MGCP、H.248。
- Iu 接口：SAC 和应用服务器/应用网关之间的接口，具体协议由运营商自己规定。

10.2.2 软交换网的协议

按照功能和特点来分，NGN 协议可以分为呼叫控制协议、传输控制协议、媒体控制协议、业务应用协议、维护管理协议等。下一代交换网的协议如图 10.4 所示，目前所涉及的具体协议如下。

- 呼叫控制协议：包括承载无关呼叫控制（BICC）；SIP-T；H.323；ISUP、TUP；Q.931、QSIG。
- 传输控制协议：包括 SIGTRAN；流控制传输协议（SCTP）；TCAP、SCCP；IUA、M3UA；MTP3；RTP、RTCP；TCP、UDP；IP；ATM。
- 媒体控制协议：包括 H.248/MEGACO；会话发起协议（SIP）；媒体网关控制协议（MGCP）。
- 业务应用协议：包括 ParLay；JAIN；INAP；MAP；LDAP；RADIUS。
- 维护管理协议：包括 SNMP 和公共开放策略服务（COPS）协议。

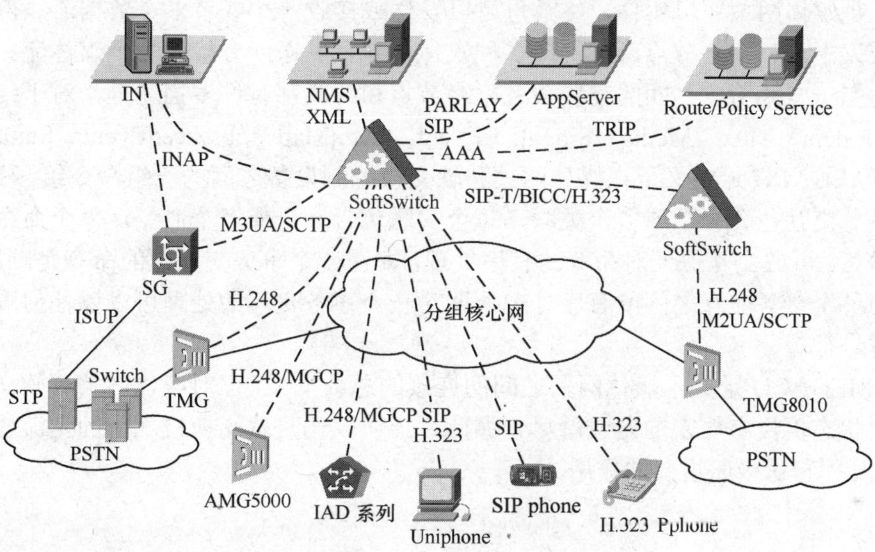

图 10.4　下一代交换网的协议

下面对其中的主要协议作进一步的说明。

1. MGCP

MGCP 是由 IETF 的 MEGACO 工作组较早定义的媒体网关控制协议，它是在综合简单网关控制协议（SGCP）和 IP 设备控制（IPDC）协议两个协议的基础上形成的，应用在软交换设备与 MGCP 终端之间。

MGCP 采用了网关分离的思路，将以前的信令和媒体集中处理的网关分解为两部分：媒体网关（MG）和呼叫代理（CA），CA 处理信令，MG 处理媒体。CA 控制 MG 的动作，由 CA 向 MG 发出要执行的命令，MG 将所搜集的消息上报给 CA。

MGCP 的连接模型基于端点（endpoint）和连接（connection）两个构件。端点发送或接收数据流，由软交换控制设备控制的终端在呼叫所涉及的端点间建立连接，一个端点上可以建立多个连接，不同呼叫的连接可以终结于同一个端。

MGCP 采用会话描述协议（SDP）描述连接参数，如 IP 地址、UDP 端口、媒体流特性等。

MGCP 定义了 CA 和 MG 的同步机制，但对 CA 和 CA 之间的同步机制没有定义，这是该协议需要完善的地方。尽管 MGCP 具有易实现等特点，使 IP 电话网可以接入 PSTN，实现端到端电话业务，但其互通性和所支持的业务能力有限。

2. H.248/MEGACO

H.248/MEGACO 也称为媒体网关控制协议，是 ITU 与 IETF 两大国际标准组织合作，在 MGCP 的基础上，结合其他媒体网关控制协议的特点发展而成的，应用在媒体网关和软交换设备之间、软交换设备与 H.248/MEGACO 终端之间，在媒体网关控制功能和兼容性方面较 MGCP 大大增强。

H.248/MEGACO 采用业务与控制分离、控制与承载分离的思想，定义了两个抽象的概念：终节点（termination）和关联（context）。终节点中封装有媒体流参数、调制解调器和承载能力等参数，是媒体网关逻辑实体，终节点可以发送或接收一个或者多个数据流。例如，在一个多媒体会议中，一个终节点可以支持多种媒体，并且发送或者接收多个媒体流；关联所描述的内容是在一些终节点之间的连接关系。终节点和关联都有许多描述符，对于终节点，其描述符有 Modem、Mux、Media、SingaL、Event、DigitMap、observedEvent、Statistics 等。

H.248/MEGACO 还定义了在媒体网关和软交换控制设备之间的一组命令组，称为事务交互。每个事务交互包含一个或多个关联，每个关联包含一个或多个命令，每个命令包含一个或多个描述符。事务交互保证对命令的有序处理，即在一个事务交互中的命令是顺序执行的；但并不保证各个事务交互之间的有序处理，即对一个事务交互的处理可以以任何顺序进行，也可以同时进行。

H.248/MEGACO 定义了媒体网关之间的连接的总体框架，但对媒体网关与软交换设备间的呼叫建立状态机没有严密的定义。尽管如此，该协议仍是软交换技术中的主流协议之一，在 NGN 中发挥着积极而重要的作用。

3. SIP

SIP 是由 IETF 提出的在 IP 网络上进行多媒体通信的控制协议，应用在软交换设备之间、软交换设备与 SIP 终端之间、软交换设备与基于 IP 的呼叫控制应用服务器之间。

SIP 消息基于文本格式，分为消息头和消息体，承载 IP 地址、端口信息、编码方式、媒体能力等会话相关信息，消息机制采用了客户机/服务器（cLient/server）请求和响应的应答机制。客户机发起请求，服务器进行响应，以建立或者终结会话，会话内容可以是 Internet 多媒体会议、Internet 电话呼叫和多媒体信息流分配。SIP 呼叫由一个全局唯一的呼叫标识（CaLL-ID）予以标识。

SIP 的请求消息有 Invite、ACK、Bye、CanceL、Register、Option。

SIP 不仅是一种呼叫控制协议，也是一种媒体控制协议。SIP-T 是基于 SIP 的一种扩展补充协议，支持 PSTN 信令在 IP 网络上的协议转换和传输。

SIP 与 H.323 是并列的协议体系，两者都用于解决 IP 电话问题，但 SIP 有着与 H.323 完全不同的设计思想，它是一个分散式的协议。在下一代网络中，语音和多媒体数据由 IP/ATM 承载，因此，SIP 比 H.323 更适用于呼叫控制。

SIP-T 能够很好地为下一代网络的增值业务打造比较完美的平台，但由于在消息自动拥塞控制、对智能网业务的支持、与 H.248/MEGACO 的互通等方面还存在一些不足，所以目前更加看好 BICC 协议。

4. BICC

BICC 是由 ITU-T SG11 研究组完成标准化，由 ISUP 协议演进而来，是一种在骨干网中实现使用与业务承载无关的呼叫的控制协议。BICC 定义了信令传送转换器（STC）、应用传送机制（APM）、承载控制隧道协议（BCTP）和 IP 承载控制协议（IPBCP）。通过点编码建立信令联系，信令链路通过静态 SCTP 连接，BICC 节点中采用正常呼叫的选路原则选定路由，为呼叫的信令建立通路。信令信息利用信令传送转换器转换之后，采用 APM 传送 BICC 特定的控制信息。

BICC 把支持 BICC 信令的节点分为服务节点（SN）和呼叫协调节点（CMN），SN 具有承载控制功能（BCF），CMN 不具有承载控制功能。对于 SN，呼叫功能和承载控制功能在物理上既可以分开，也可以不分开。如果分开，那么呼叫功能和承载控制功能实体需要用呼叫承载控制（CBC）信令来发送消息。SN 和 CMN 都使用“半呼叫”模型，每个完整的呼叫分为“入局”和“出局”呼叫，所允许的连接类型有 3.1kHz 音频、64kbit/s、2×64kbit/s、384kbit/s、1 536kbit/s、1 920kbit/s、N×64kbit/s（N＝2～30）等。BICC 信令消息包括初始地址消息（IAM）、地址全消息（ACM）、应答消息（ANM）、CIC 系列消息等。

BICC 从真正意义上解决了呼叫控制和承载控制相分离的问题，可以用于任何承载网络，如 ATM、IP、STM。ATM 具有很好的 QoS 保证和呼叫处理能力，BICC 能够更好地支持 ATM 网络承载，这可能是目前看好 BICC 的原因之一。

目前我国颁布了 4 套 BICC 相关国家标准：《与承载无关的呼叫控制（BICC）规范　第 1 部分：BICC 的功能》、《与承载无关的呼叫控制（BICC）规范　第 2 部分：BICC 的消息、参数的基本功能和格式》、《与承载无关的呼叫控制（BICC）规范　第 3 部分：BICC 的程序》、《与承载无关的呼叫控制（BICC）规范　第 4 部分：BICC 的应用传送机制（APM）、隧道和 IP 承载控制协议（BCTP）》。由此可见，BICC 协议在中国、在 NGN 中必将得到很好的实施与应用。

5. SIGTRAN

SIGTRAN 是 IETF 的信令传送工作组 SIGTRAN 所建立的一套在 IP 网络上传送 PSTN 信令的传输控制协议。SIGTRAN 定义了一个比较完善的 SIGTRAN 协议堆栈，分为 IP 协议、信令传输、信令传输适配和信令应用 4 层，每层所含内容如下：

- IP 协议层：IP；
- 信令传输层：SCTP；
- 信令传输适配层：SUA，M3UA，M2UA/M2PA，IUA；
- 信令应用层：TCAP，TUP，ISUP，SCCP，MTP3，Q.931/QSIG。

不同的信令应用层需要不同的信令传输适配层，但 IP 协议层和信令传输层是共享的和相同的。信令传输适配层与信令应用层的对应关系如下：

- SUA 对应 TCAP；
- M3UA 对应 TUP、ISUP、SCCP、TCAP；
- M2UA/M2PA 对应 MTP3、ISUP；
- IUA 对应 Q.931/QSIG、ISUP。

（1）SCTP

SCTP 由 IETF 提出，是一个面向连接的传输层协议，采用了类似 TCP 的流量控制和拥塞控制算法，通过自身的证实与重发机制来保证用户数据在两个 SCTP 端点间可靠传送。相对于 TCP 等其他传输协议，SCTP 传输时延小，可避免某些大数据对其他数据的阻塞，具有更高的可靠性和安全性。

（2）M3UA

M3UA 是 MTP 第三级用户适配层协议，提供信令点编码和 IP 地址的转换。用于在软交换与信令网关之间实现 7 号信令协议的传送，支持在 IP 网上传送 MTP 第三级的用户消息，包括 ISUP、TUP 和 SCCP 消息，TCAP 消息作为 SCCP 的净荷可由 M3UA 透明传送。

（3）M2UA/M2PA

M2UA/M2PA 是 MTP 第二级用户对等层间的适配层协议。

（4）IUA

IUA 是 ISDN Q.931 用户适配层协议。

（5）SUA

SUA 是 SCCP 用户适配层协议。SUA 与 M3UA 不同，它直接实现了 TCAP over IP 功能。

SIGTRAN 支持 PSTN 信令应用的标准原语接口，利用标准的 IP 传送协议作为低层传送信令，是 NGN 中重要的传输控制协议之一。

6. ParLay 协议

ParLay 协议是 ParLay 工作组制定、由欧洲电信标准委员会（ETSI）发布的开放业务接入的应用编程接口（API）标准，是 NGN 重要的业务接口应用协议。该协议针对高层应用协议接口，采用面向对象的方法，使用标准建模语言（UML），分别从类（cLass）、方法（method）、参数（parameter）、状态模型（state modeL）等方面进行描述，用 Microsoft IDL 和 CORBA IDL 描述其所有的操作和消息。ParLay 定义了一套开放的、独立于技术的、可扩展的 API，包括框架结构接口、业务接口、公共管理接口等。其中，业务接口是 ParLay 接口的核心，又包括呼叫处理业务接口、通用消息业务接口、移动性业务接口、连通性管理业务接口等。

通过 ParLay API 完成应用服务器和软交换间的通信，同时应用服务器提供各种 API，实现对现有通信网络安全和公开的访问，为第三方应用商提供开发和业务接入平台。ParLay API 可适用于不同的通信网络，通过对 API 的不断扩展，将解决网络的演进、融合和扩容等方面的一系列问题。

10.3 软交换承载网和接入网规划

软交换承载网将是一个复杂的多功能网络，IP 技术作为成功的互联网分组应用技术，它的广大包容性得到了很好的验证，在软交换网络中将采用 IP 网络作为承载网。

10.3.1 软交换承载网的要求

NGN 承载网在很多方面对目前的数据网技术提出了挑战，在以下几个方面有较高的要求。

1. 网络服务质量

NGN QoS 希望能够在 IP 网络上为电信业务提供质量保证，因此，NGN 关注的是业务的 QoS 保证，而传统的 IP QoS 研究的是通用流量的 QoS。从这个意义上说，NGN QoS 可以理解为电信级的 IP QoS。软交换网对 IP 承载网的要求包括媒体流和信令流两部分。

为了保证软交换网络的业务的服务质量，运营商承载网络应该满足下述条件。

① 业务 QoS 要求：

- 单向端到端传输时延小于 100ms；
- IP 承载网的抖动应小于 10ms；
- 业务承载网丢包率要求小于 1%。

② 信令 QoS 要求：

- 传输时延小于 100ms；
- 时延抖动小于 10ms；
- 信令网丢包率小于 0.1%。

2. 网络的安全性

NGN 承载网采用的 TCP/IP 网络技术，其最大的特点就是网络的开放性，这种特性可以加速网络业务的发展，但这种开放性也使 NGN 网络不可避免地面对各种安全上的威胁，如黑客的恶意攻击和病毒程序的攻击可能导致网络瘫痪，也可能造成网络设备端口的阻塞。个别用户的仿冒、盗打以及超信用抢占资源等安全，都可能造成运营商营收的减少。网络的安全性是提高用户对软交换网络信任度的可靠保证。

3. 网络的可管理性

由于 Internet 设计的初衷是一个自由、开放的零管理网络，甚至对用户所使用的 IP 地址都不加以管理，网络的秩序主要靠用户自律实现。以前 Internet 的主要用户都是高素质的科研人员，这种假设是成立的，但当 Internet 面向公众用户时，这个前提已经不复存在了，对网络资源的滥用和恶意攻击的现象时有发生。将 Internet 引入电信网就必须克服这种混乱的状态，必须提供一种管理机制，使运营商能够按业务设计自主地调度网络资源，因此，在软交换的管理中必须引入新的管理理念和管理模式。

10.3.2 软交换承载网的结构

1. 承载网等级结构

软交换网按照传统模式组网时，网络分为骨干网、省干网和城域网三级网络结构，骨干网和省干网采用不同的自治域（AS）。

软交换网采用扁平化组网（所谓网络的扁平化，是指尽量减少网络层次），网络仅分为骨干网和城域网两层，骨干网划分为一个 AS。

在采用第一种方式时，承载网包括现有数据网的骨干核心层、骨干汇接层、城域核心层。

① 骨干核心层节点设备负责转接各汇接层节点的流量。

② 骨干汇接层由分布在全国各省的节点组成，骨干汇接层节点设备上行与骨干核心层节点相连，下行直接与城域核心节点相连，负责各省流量汇聚。骨干汇接层按照就近原则接入到骨干核心节点，并做双归属，这样做的优势就是节约长途传输电路，同时能保证流量分担，有效提高带宽利用率。

③ 城域核心层节点负责转接城域汇聚层节点之间的流量，并负责城域网同骨干网的互连；接入包括现有数据网的城域汇聚层和城域接入层。

软交换承载网的结构如图 10.5 所示。

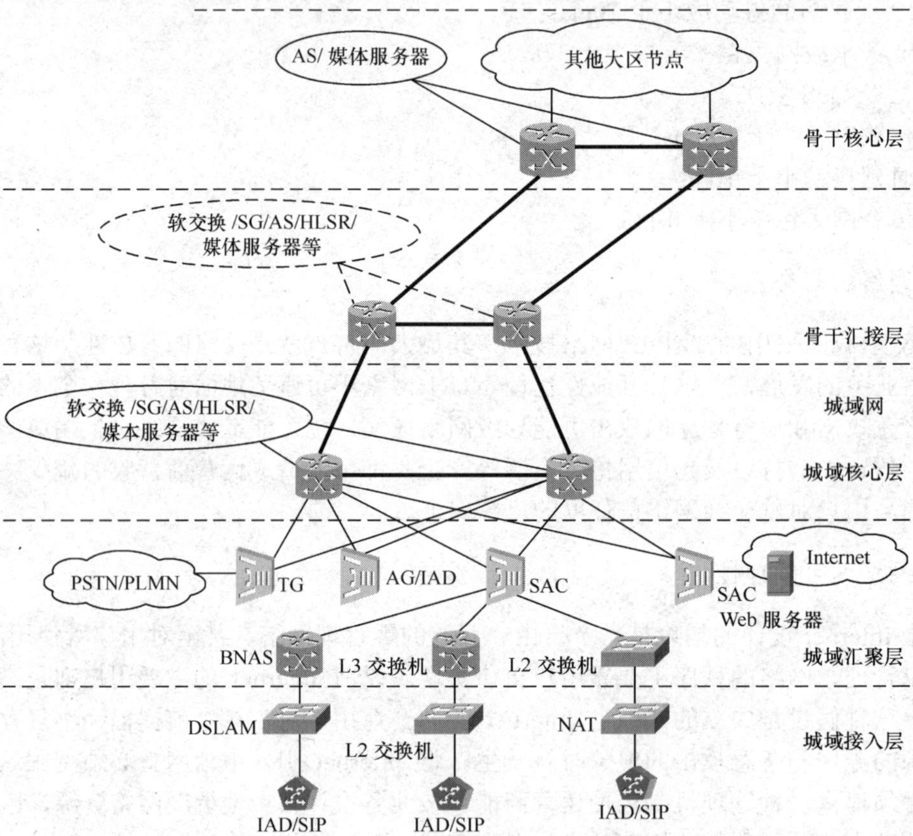

图 10.5　软交换承载网的结构

2. 承载网的冗余度结构

为了提高网络的可靠性，对于独立建设的承载网可以采用冗余度结构，这里采用双转发平面方案。在这个方案里，骨干网将具有两个转发平面，分别称为 A、B 平面。A、B 平面的拓扑相同或者相似。每个在 A 平面的路由器都有一个在 B 平面上的兄弟路由器，并且这两个路由器被直接连接。图 10.6 中所示的 CR1 和 CR3、CR2 和 CR4 是兄弟。不同的网络解决方案将使用自己的流量工程方法以实现 A 平面和 B 平面承载不同的业务类。接入路由器同时连接到两个转发平面。在故障情况下，这两个平面可以相互支援对方。在安装时，兄弟路由器对通常被安装在相同的机房。这意味着，平面之间的链路不是长途链路。

假设 A 平面承载语音业务，使用的业务类是 EF；B 平面承载数据业务，使用的业务类包含 AF 和 BE，这时网络的故障处理可以实现如下功能。

① 对于 A、B 平面，AR 和本平面的核心网之间产生通信故障时，可以利用平面间的备份机制，即业务流被注入到另一个平面。

② 对于 A 平面，CR 间链路或 CR 产生故障时，可以利用平面间的备份机制，即业务流被注入到 B 平面。例如，CR1 和 CR2 间链路发生故障后，AR1-CR1-CR2-AR2 将被变更为 AR1-CR1-CR3-CR4-AR2。

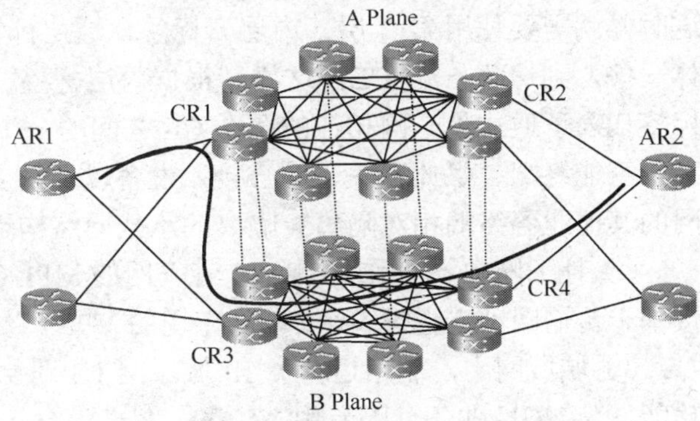

AR：Acess Router　CR：Core Router

图 10.6　路由双转发平面方案

③ 对于 B 平面，CR 间链路或 CR 故障时，可以利用平面内的备份机制，即在本转发平面内重新选择路径。

10.3.3　NGN 业务与 Internet 业务的隔离方法

为了满足 NGN 业务的不同需求，需要将 NGN 业务与 Internet 业务进行隔离，这种隔离可以是物理网络的隔离，也可以是逻辑网络的隔离。

1. 逻辑隔离

从图 10.7 可以看出，逻辑隔离是在现有的运营商数据网基础上，利用已经比较成熟的 VPN（如 MPLSVPN）技术将网络资源进行隔离，将网络划分为两个逻辑子网，一个是 Internet 业务子网，另一个是 NGN 业务子网。

MPLS VPN 是利用标签来建立的虚拟网络，MPLS 网络中有 3 种类型的路由器，CE 路由器、PE 路由器和 P 路由器。其中，CE 路由器是客户端路由器，为用户提供到 PE 路由器的连接 E 路由器是运营商边缘路由器，也就是 MPLS 网络中的标签边缘路由器（LER），它根据存放的路由信息将来自 CE 路由器或 LSP 的 VPN 数据处理后进行转发，同时负责和其他 PE 路由器交换路由信息路由器是运营商网络主干路由器，也就是 MPLS 网络中的 LSR，它根据分组的外层标签对 VPN 数据进行透明转发，P 路由器只维护到 PE 路由器的路由信息而不维护 VPN 相关的路由信息。

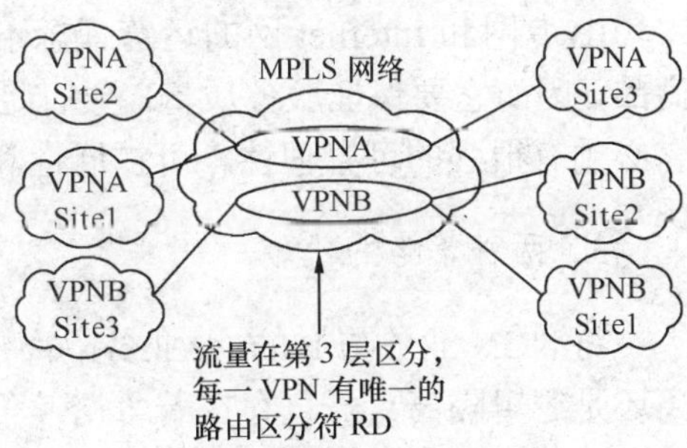

图 10.7　承载网逻辑隔离示意图

在 MPLS/BGP VPN 的模型中，网络由运营商的骨干网与用户的各个 Site 组成，所谓 VPN 就是对 Site 集合的划分，一个 VPN 就对应一个由若干 Site 组成的集合。

承载网逻辑隔离如图 10.7 所示，在 MPLS/BGP VPN 中，网络的逻辑隔离是使用两层标签来解决，在入口 PE 上为报文打上两层标签，第 1 层（外层）标签在骨干网内部进行交换，代表了从 PE 到对端 PE 的一条隧道，VPN 报文打上这层标签，就可以沿着 LSP 到达对端 PE，这时候就需要使用第 2 层（内层）标签，这层标签指示了报文应该到达哪个 site，或者更具体一些，到达哪一个 CE，这样，根据内层标签，就可以找到转发的接口。可以认为，内层标签代表了通过骨干网相连的两个 CE 之间的一个隧道。

智能终端、媒体网关、综合接入设备以及软交换系统等设备连接到该逻辑网络，与数据网的其他业务终端相对隔离。隔离的承载网络构造的方法如下。

① 骨干网中，采用运营商 IP 骨干网的 MPL SVPN 或 ATM 骨干网 PVC 功能，甚至可直接基于传输网独立建设一个 NGN 专用的 VPN。

② 城域网中，利用运营商 IP 城域网 L3 路由交换机 VLAN 功能，或 ATM 城域网 PVC 功能，为 NGN 业务分配专用 VLAN。

③ 接入网中，为终端分配采用与其他业务不同的 IP 地址段，二层设备上利用 VLAN 实现业务的隔离。BAS 或其他 3 层设备通过识别终端的地址，实现业务的分流。

实现 NGN 业务与 Internet 业务的逻辑隔离，则 IP 地址独立于数据基础网，便于业务扩展、安全控制和 QoS 的满足，有利于网络运营。

2. 物理隔离

物理隔离是指另外建设一张 IP 专网，主要是在汇聚层和骨干网层面上采用双网结构：一张网络承载 Internet 业务，称之为 Internet 网，主要提供传统互联网业务，按照上网时间及内容收费。另一张网络承载 IP 电信业务，提供高质量的电信级业务，满足 NGN、3G 对承载网的需求，支持 VPN、视讯、语音以及流媒体等业务的要求，称之为 IP 专网。

区别于 Internet 网络建设的分级化建设思路（骨干—汇聚—接入），IP 专网建设可以采用扁平化模型，在全国骨干的大区中心设立核心节点，其他骨干节点设置汇接节点，接入层可以利用现有的城域网。整个骨干网采用独立的编址方式，在核心城市建立信息交换中心，通过防火墙与现有 IP 骨干互连，共享已有的内容服务器。

IP 专网和 Internet 网的运营理念不一样，IP 专网按业务运营，它提供的电信服务是一种商品，因而它要保证服务质量，要有足够的安全性、可靠性和能够确保售后服务能力，因此，它必须有很强的可管理性、可扩展性和可维护性。

3. 两种策略的比较

将 NGN 业务与 Internet 业务隔离，在软交换组网过程中是必要的。但究竟是采用物理隔离还是逻辑隔离，一直存在着争论，争论的焦点集中在投资成本和回报上。在网络建设的实践中，既有使用逻辑隔离的案例，也有使用物理隔离的情况。

从技术角度上看，逻辑隔离肯定会比物理隔离来得复杂，首先，对基础网络设备的要求较高，路由器需要支持 MPLS VPN、策略路由以及 QoS 等，交换机要支持 VLAN、QoS 等，BAS 要支持用户管理、用户地址绑定以及 QoS 等。如果使用私有地址还需要解决地址的穿越问题。其次，网络改造的配置工作大，基本上所有的基础设备都要进行配置升级。再次，网络管理复杂，网管系统不仅要管理网络设备，还需要管理业务，有时还必须实现业务层和网络层的关联，如用户开户不仅需要配置营账系统，而且还要配置接入设备（如交换机、BAS）。

从投资角度上看，物理隔离初期的成本肯定会高于逻辑隔离。但要在现有网络上承载新的电信业务，必须要进行全网的业务功能升级和节点扩容。电信业务对带宽需求有跳跃式的增长，某些热点地区可能会更高，如果将这些业务承载在现有的 IP 核心网上，必然还要进行端口及链路升级，同样需要升级费用，多种业务共享同一承载网将有利于节约投资。

10.3.4 NGN 接入网建设

1. 下一代接入网的结构

NGN 的思想强调各种技术的综合利用和网络的可开放性，以达到业务能力最大化的目的。与传统的 G.902 中定义的接入网结构相比，新一代的接入网应具备更多的开放性的接口和更灵活的组网能力。为达到 NGN 的目标，下一代接入网在网络中的参考结构应如图 10.8 所示。

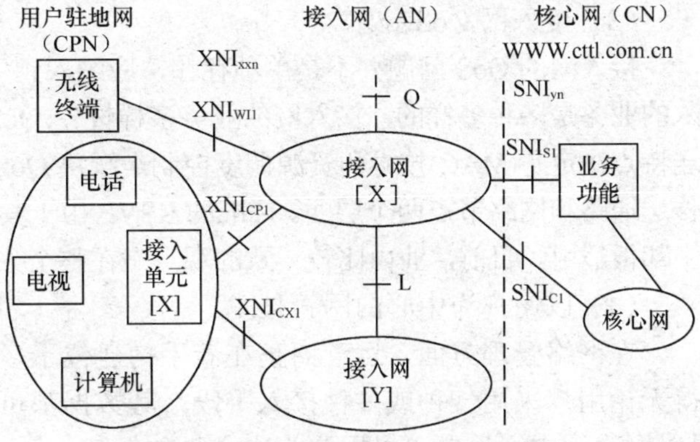

图 10.8 下一代接入网网络参考结构图

在图中，XNI 为接入网与用户驻地网的接口，SNI 为接入网到核心网之间的接口，L 为不同接入网之间的接口。下一代的接入网应综合利用多种手段在 XNI 和 SNI 之间提供有质量保证的基于分组的宽带的传送承载能力。

2. 下一代网络接入网的特点

下一代网络的接入网应具有以下特点。

（1）传输宽带化和传输手段多样化

接入网传送技术的热点将主要集中在光传输和无线传输两个领域。

① 对于光接入技术，除了传统成熟的 SDH/MSTP 技术之外，目前研究的重点是低成本吉比特速率的 BPON 技术，这主要包括 TDMA-PON，WDM-PON 和 EPON 技术。

- 对于 TDMA-PON，其关键技术主要包括测距技术、快速同步技术、突发发送和突发接收技术、动态带宽分配和上行接入控制技术、加密技术等。这些关键技术最终表现在高效低成本的激光器件和核心的控制芯片上。
- 对于 WDM-PON，一种是为每个 ONU 分配一对波长，分别用于上行和下行传输，这样就提供了 OLT 到各 ONU 固定的虚拟点对点双向连接。另一种是根据需要为 ONU 动态分配波长，各 ONU 能够波长共享，网络具有可重构性。WDM-PON 的关键技术主要包括 OLT 多波长光源技术波分复用和解复用技术、波长监控技术、ONU 光发送技术、上行媒体接入控制技术等。

② 在无线接入领域，具有更高频谱利用率和抗干扰能力的调制编码技术是研究重点。正交频分复用 OFDM 技术被认为是下一代移动通信 RAN 的首选技术，而固定无线接入由于其无线信道特性将好于移动无线接入，其率先引入 OFDM 的现实性和经济性将更好，同时又为移动通信预热。OFDM 系统中有 3 个问题非常关键，即同步技术（包括载波同步、样值同步和符号同步）、信道估计和纠错编码技术，降低峰均比技术。

（2）用户带宽动态调整技术

按用户需求动态调整用户接入带宽，按使用时长收取带宽费用，在未来将成为一种必备的收费模式。同时，即便是同样的接入带宽，也需要不同等级的服务质量保证。逻辑复用技术使接入带宽和实际使用带宽成为两个概念。

为了支持不同的业务 QoS 等级和提高信道带宽的利用率，接入网必须有高效的上行接入控制协议和带宽动态分配算法。共享传输介质的接入控制协议有固定接入、随机接入和预约接入，为了满足接入网高 QoS 业务和低 QoS 业务并存的需要，有可能采用固定接入和预约接入结合的方式来提供多点接入控制和动态带宽分配。

（3）接入网 QoS 技术

接入网的 QoS 问题并不是单独存在，应纳入到下一代网络 QoS 的整个体系中。接入网所接入的业务是多种多样的，接入网的业务多样性使 QoS 的问题显得很突出。接入网点到多点的传送特点决定了 MAC 技术和资源调度控制是解决 QoS 的关键。接入网的 QoS 主要体现在接入网传送通路和网络节点两个层面。标准的 RSVP 由于其可扩展性差难以在核心网使用，但在接入网中却很适用。目前，业内比较一致的观点是在整个分组网络的网络边缘引入 QoS 信令技术。

（4）以用户为中心的网管技术。

在网络管理方面，运营商正在着手构建位于多种接入之上的集中用户接入管理平台，使得无论用户采用一种或多种接入手段，其数据都可以集中管理和控制，实现了接入网管理由“以网络为中心”向“以用户为中心”的转变。

3. NGN 接入方案

NGN 的接入非常灵活，可以通过软终端提供 EPhone、Video Phone 等业务，适用在宽带基础上开展语音和语音增值业务。软终端的方式与网络建设模式关系不大，只要能够连接到互联网即可。

目前，NGN 的接入主要有两种方式：IAD（综合接入设备）与 AG（接入网关）。IAD 可以提供数据接口，一般提供的用户端口数较少，而 AG 则比较灵活，既有小容量设备，可以提供几十至上百线的节点，也有中大容量设备，提供上百至几千线的容量。

IAD 与 AG 有两个不同的特点：一是综合接入，这一点在实际运作中除了设备放到用户端提供数据接入外，其他情况用得很少，而且综合接入由于带宽或者设备问题，互联网流量的突发性往往会对语音质量产生不良影响，不推荐使用这种方式；二是 IAD 设备小、端口少的特点使其更适合靠近用户端，而这一点必须依赖已有的 LAN。可以看到 IAD 与 LAN 有密切的关系。

在实际使用中发现，IAD 的设备的稳定、可靠性、可管理性不如 AG，但接入相当灵活，只要有以太网的地方都可以接入，可以充分利用已有的网络资源。AG 虽然稳定性、可靠性高，但需要布 3 类电缆，整体建网成本较高，对于宽带业务的支持只能限于 DSL 技术，不如 LAN 的带宽潜力大。

NGN 的业务开展与数据业务（互联网）的接入有密切关系，对于 IAD 而言，适用于有 LAN 的情况，而 AG 本身可以与 DSLAM 配合提供宽带业务，实际上现在各主流厂家都已经推出了综合 AG 产品，可以直接在 AG 上提供 DSL 业务，可见 IAD+LAN+5 类线、AG+xDSL+3 类线是两种基本的 NGN/宽带接入模式。

这两种模式具有不同的组网特点与要求，AG 上行直接连接到 IP 城域网的汇聚层或者核心层设备，可靠与安全性有较好的保证，而 IAD 一般部署于接入层的 CPN 内，NGN 业务与互联网业务需要不同程度地共享 LAN 的资源，因此，互联网及 NGN 业务必须进行 VLAN 隔离，并实施不同的优先级，同时采用广播抑制、端口限速、端口隔离、MAC/ARP 限制等手段，解决 CPN 内 NGN 业务的安全与质量问题。另外，IAD 的放置位置必须综合考虑网络质量与投资的要求。

10.4　软交换网的路由规划

10.4.1　软交换网的路由解决方案

NGN 初期可采用较简单的路由解决方案。由于 Softswitch（软交换）数目有限，通过粗略的局码或区域号码可配置出对端 Softswitch。当运营商的 NGN 网络规模都很小，可采用这种 Softswitch 全互连的平面式网络结构。但是随着 NGN 规模的增大，Softswitch 逐步增多，路由信息配置逐渐成为繁重的负担。如果让全国所有端局交换机都可直接路由到达，其路由信息配置量之巨大不可想象。Softswitch 除需要配置极其繁杂庞大的数据外，日常路由信息维护也会相当困难，当某个 Softswitch 所属部分用户改号和升位时，其他所有 Softswitch 均需要修改配置，增加了网络管理的复杂度。为此，目前已提出 3 种路由解决方案：层次化的软交换路由体系、服务器定位方案和用 DNS 体系实现的动态路由。

1. 层次化的软交换路由体系

对于大型的 NGN 网络，借鉴了 PSTN 分层的思想，将软交换划分为不同层次以实现多级路由，但是其用户面的承载仍为端到端分组承载。由于 Softswitch 在处理性能和容量方面比 PSTN 交换机有较大增强，而且用户面不再需要分级转发，所以 NGN 在路由层次上，与以前 PSTN C1～C5 五级结构相比可以大大减少。一般来说，可考虑将 NGN 分成区域服务与域间互连两部分，类似于 PSTN 的本地网和长途网的概念。

将 NGN 网络服务分成两种，域内服务和域间服务。其中域内服务是指在 NGN 的某个区域内的软交换服务，本区域内的软交换只需要了解本区域内的路由信息就可以了。对于非本区域的路由信息只需将呼叫请求转发到与本域内服务软交换相连的域间互连软交换。而本区域内的服务软交换着重为域内用户提供丰富多样的业务。软交换域内服务，是指在 NGN 某区域范围内的软交换服务，如一个大本地网内的软交换服务，只需要了解本区域内的路由信息，对于非本区域的路由，该 Softswitch 只需要把请求转发到与之相连的域间互连 Softswitch 即可。软交换区域服务重点在于对自己所带用户提供丰富的业务。

软交换域间服务具有负责 NGN 不同域之间路由的功能，如省间路由，或者不同 NGN 间路由。一旦出现域间互连的软交换路由数量过多，数据过于庞大时的情况，可考虑将域间互连的软交换分成多级结构，但是所有域内服务的软交换还是平面结构。层次化的软交换路由网络结构如图 10.9 所示。

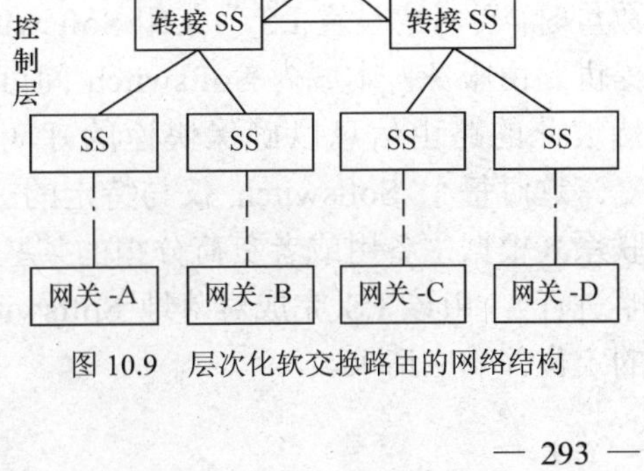

图 10.9　层次化软交换路由的网络结构

为使 NGN 实现域间互连路由功能，需要对域间互连 Softswitch 配置相应的路由信息。一般情况下，路由配置是静态配置的，其特点如下。

① 域内和域间路由信息分别保存。域间静态路由信息没有必要向区域服务 Softswitch 广播或同步。区域服务 Softswitch 只保留本身所带用户和区域内 Softswitch 的路由信息。

② 路由只需配置到下一跳 Softswitch。这样可减少每个 Softswitch 中的路由信息，便于维护管理。同时，运行商之间的路由只需配置到对方的网间互连 Softswitch，没有必要（可能不允许）了解到其内部的路由结构。

总之，这种分层软交换结构的静态路由方式，沿袭了 PSTN 成熟的多级路由体系，使每个软交换的路由数据相对简单，并使 NGN 组网的结构比较清晰。

2. 定位服务器方案

当一定区域的软交换扩展到一定数量时，可用定位服务器为本区域中的软交换提供路由服务。对 NGN 的要求决定了网络中的任何一个交换设备都有能力直接定位对端的设备，而不需要逐跳转发呼叫信令，可以通过集中设置共享定位服务器来满足这样的要求。

本域内的软交换之间可以保持彼此的路由信息以确保快速建立呼叫。此时每个软交换只与其对应的那个定位服务器联系，由定位服务器来完成对目的软交换的定位。在这种情况下，软交换保存其控制范围内用户的完整路由信息和同一域内的软交换之间的路由信息。同时，还可以考虑在软交换或者是定位服务器中将一部分常用的地址建立本地映射库以加快呼叫连接的速度。定位服务器的数量根据网络容量的大小来设置。

由于定位服务器不是下一代网络的网络框架中定义的标准网络实体，而是在下一代网络中为了解决大型网络路由问题而提出的一个功能实体，所以定位服务器的功能和特性还没统一，不同的设备制造商有着不同的方案。

定位服务器的主要功能有通过协议来完成定位服务器之间的信息互换，通过协议接受路由查询申请。定位服务器支持 E.164、IP 地址、URL 等路由信息，支持类似于 PSTN 的多层结构，可以划分不同的域和层次。各个级别的定位服务器均具有汇接和查询功能，提供安全性服务，可以根据用户的特别需求实现监控等特殊服务。

由于 IP 网的特点，一种观点认为 NGN 不同于传统的分层 PSTN，“局向”等基本路由概念将不再有任何意义，网络中任意一个 Softswitch 设备都应能够直接定位对端设备，避免 IP 网中呼叫信令的逐跳处理转发。这可通过集中设置的共享的定位服务器（Location Server，LS）来实现。采用定位服务器实现软交换路由选择的网络结构如图 10.10 所示。

当某个地域的 Softswitch 扩展到一定数量时，可考虑设置 LS 为某组 Softswitch 提供路由服务，本域内 Softswitch 间可保持彼此的路由信息以确保快速的呼叫建立。这时每个 Softswitch 仅与特定的 LS 联系（根据主备用或者负荷分担的某些策略进行），由该 LS 完成对落地 Softswitch 的定位并响应请求。

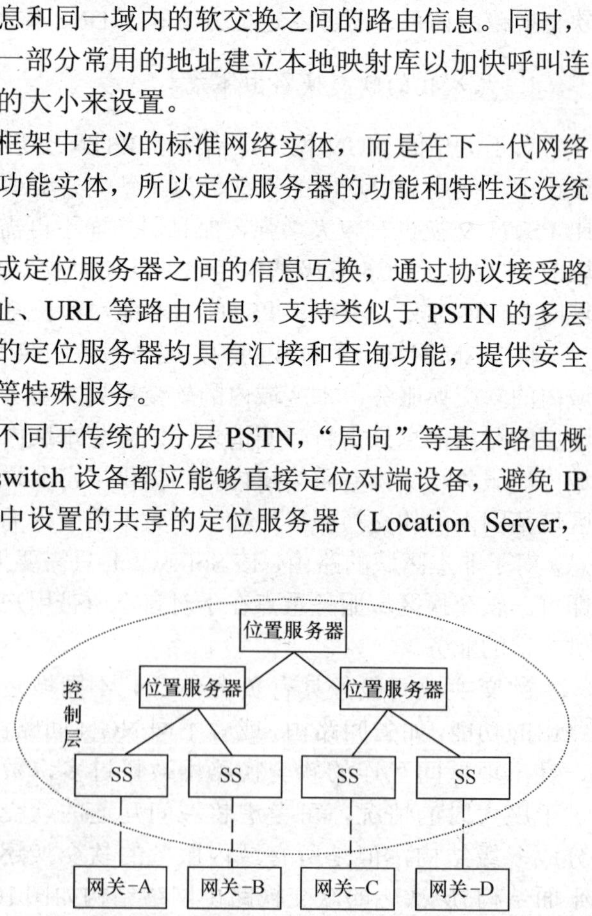

图 10.10　定位服务器实现路由选择的网络结构

LS 可根据网络容量的大小灵活设置层次，若规划合理，能较好地解决大型网络的组网问题。这时 Softswitch 本身保存自己控制范围内用户的完整路由信息，以及同一域内 Softswitch 之间的路由数据。此外，Softswitch 还可考虑对一些常用地址建立本地映射库来加快常见呼叫的接通时间，也可由 LS 建立这样的本地映射库以便于维护。

LS 本身不是 NGN 框架中定义的标准实体，而是在解决 NGN 大网路由问题时提出的一个功能实体，其功能特性并没有得到业界统一认可。总地来说，LS 的主要特征包括：通过协议完成 LS 之间的信息互换；通过协议接受路由查询申请；支持 E.164、IP 地址、URI 等多种路由信息；支持类似 PSTN 多层结构，可划分不同的域和不同的层次，各级 LS 均可具备汇接查询功能；提供安全性服务以及根据政府等方面的特别需求实现一些监控等特殊服务。目前，Softswitch 与 LS 之间以及 LS 与 LS 之间业界尚未有统一标准，不同厂家用不同的协议实现，如 TRIP、LDAP、DIAMETER+、RAS、H.323 Annex G 等（下面将介绍这些协议），这将导致互通问题。同时，不同实体之间的路由数据同步关联也是一个很重要的问题。

从路由信息获得方式来看，LS 有两种路由方式：静态路由和动态路由。静态路由指 LS 与 LS 之间、Softswitch 与 LS 间路由信息静态配置。由于 Softswitch 与 LS 一般都有静态 IP 地址，所以在 LS 与 Softswitch 中保存用户号码和 LS/Softswitch 设备 IP 地址的对应关系。这类似于 H.323 网络网关（GK）寻址方式，即在 GK 中保存用户号码和 GW IP 地址的对应关系。

针对静态路由存在的一些问题，近几年开始探索新的动态路由方式。TRIP（Telephony Routing over IP）即可用于 LS 与 LS 之间，Softswitch 与 LS 之间，它是保证 IP 网上路由数据的一致性，以及路由信息的自动更新的协议。

TRIP 协议可用于 LS 与 LS 之间，以及软交换机与 LS 之间。它能保证软交换网上电话路由数据的一致性以及路由信息的自动更新。TRIP 基于 BGP-4 协议，在 LS 中完成类似于 IP 网络中路由器负责的 IP 路由信息自动生成和更新的功能。另外，广义地说，策略路由也是一种动态路由，运营商可通过制定不同时间段、话务比例、安全级别等各种基于策略的路由数据使软交换网络的路由更高效灵活。

3. 用 DNS 体系实现动态路由

在 NGN 系统中将同时使用 E.164 号码、URI 地址以及 IP 地址终端用户，用户可以有多种地址方式，如一个 SIP 终端，与 POTS 用户通信时需要有一个 E.164 号码，与另一个 SIP 终端通信时可直接使用 URI 地址。

URI 用户地址有两种形式。①E.164 地址+域名，如 5780372@unicom.siptel.sz，其中 5780372 代表该用户的 E.164 号码，若采用目前 PSTN 的号码分配方式，可在 5780372 号码前加上区号 0795。unicom.siptel.sz 代表其服务 Softswitch 域名。②非 E.164 地址+域名，如 hzl@szunicom.com，这和目前 E-mail 地址格式相同，hzl 代表其用户名，szunicom.com 代表其服务 Softswitch 域名。当 NGN 中 URI 地址逐渐广泛使用后，NGN 的动态路由可用 DNS 体系实现。

NGN 中使用 DNS 动态路由时，除目前 IP 网上广泛使用的传统域名翻译 DNS 外，更重要的是将引入一种新型 DNS，其主要功能是使用 ENUM 协议完成 E.164 号码与 URI 地址之间的映射，我们称之为 ENUM DNS。理论上 ENUM DNS 和传统域名翻译 DNS 独立完成各自的功能，是相对独立的两套 DNS 系统。

10.4.2 TRIP 路由协议

1. TRIP 概述

为了解决语音在 IP 网络上的传输时的路由选择问题，IETF 提出了 TRIP（Telephony Routing over IP）协议（RFC 3219）。

TRIP 是一个域间网关位置和路由协议。它综合了 SIP、BGP-4 等路由协议的优点，并为其他诸如 H.323、SIP 等信令协议提供了无缝接口，从而使采用相同协议的网关之间能够共享 TRIP，最终实现不同域间同构网络的全局电话路由。体现 TRIP 功能的设备叫定位服务器，其主要功能是与其他的定位服务器交换信息，这些信息包括电话目的地的可达性、到达目的地的路由以及在 PSTN 中存在的那些电话目的地网关的相关信息。TRIP 允许每个网关资源的管理者根据不同的策略建立自己的本地可用网关数据库，然后按照不同的策略进行数据库之间不同网关信息的会聚、广播、交换和共享。首先使这些信息在本地对自己可用，然后再把这些信息按照一定策略传播给同步给其他供应商，这些数据库中的网关信息可供信令服务器、软交换设备和其他用户直接查询使用。在下一代网络技术（NGN）不断发展的过程中，TRIP 已经是被国内外通信厂商普遍采用的重要的路由协议。

TRIP 是不同管理域之间进行 IP 电话网关路由信息交换的一个专用协议，它是独立于其他信令协议的一种协议，其主要的功能如下：

- 建立和维护路由信息提供者之间的对等关系；
- 交换和同步提供者之间的电话网关路由信息；
- 防止稳定路由的循环；
- 以及时的和可扩展的方式广播已知的网关路由信息；
- 定义和描述电路网关路由数据的语法、语义和路由信息传送的规则。

TRIP 作为一种与具体呼叫协议无关的路由机制，它可以解决由于不同域、不同网络结构而带来的路由互通问题。TRIP 通过收发 TRIP 消息可以实现域内和域间路由信息的传递，并按照一定策略将最佳路由信息保存在电话路由信息数据库（TRIB）中，这样，软交换本身不需要再维护大量的路由信息，而是通过请求 TRIP 承载实体一定位服务器，直接定位远端设备，避免 IP 网中呼叫信令的逐跳处理转发。

TRIP 是一个通用的交换路由信息的工具，其路由更新包含两层含义：一是在位于不同 IP 电话管理域（ITAD）的定位服务器（LS）之间进行路由交互；二是在位于同一 ITAD 的 LS 之间进行路由同步。第一层含义完成实质上的路由功能，而第二层含义仅仅是对路由进行一致性的维护。TRIP 并没有规定 LS 之间的连接结构和形态，在一个 ITAD 内的 LS 可以被配置成网状、星型或任意其他连接拓扑结构。同样地，对于 TRIP ITADs 的拓扑结构也没有限制，可以被组织成网状或环型等平面拓扑结构、多层次结构或其他拓扑结构。TRIP 在 H.323 和 SIP 网络中，LS 为了完成网关路由及相关的网关定位功能，必须具备注册服务器的功能（在 H.323 中相当于网守的功能），以便本地 LS 了解本地 ITAD 中所有网关设备。

TRIP 应用到软交换中，其路由机制并没有改变，只是把基于软交换设备的 ITAD 域作为一个二级混和网络来处理，H.323 网守、SIP 网关首先与软交换设备相连，并向其注册；然后域中所有的网关网守（包括软交换核心设备）再向 LS（具备多种应用协议的路由功能，包括 H.323、SIP）注册。这样，当从 IP 域向 PSTN 域发起呼叫时，LS 就可以通过软交换设备发现对外信令网关出口，或者利用软交换的 H.323 和 SIP 互通功能寻址到相应的协议网关或是网守，然后再通过 LS 转发到其他域的 LS。

以上叙述的主要是基于软交换设备的网络与现有的 SIP 网络和 H.323 网络进行无缝融合，这样能充分发挥软交换多协议交换的特点。通过 TRIP 路由的及时更新，使得 IP 域发起的呼叫能快速找到最佳网关路由，还可以进行相应的路由统计，为以后网关位置的优化打下基础。

2. Trip 路由协议的体系结构

图 10.11 所示为 TRIP 路由协议的体系结构，其中域内 LS（Location Server）通过域内协议的带外方式了解自己域内网关的信息，通过 TRIP 来交互域间的路由信息。各个 ITAD（Internet Telephony Administrative Domain）管理者首先签订适用于交互网关信息的 TRIP，通过管理手段建立起这些信息共享的联合体，一个域中的 LS 同其他域中的 LS 都成为联合体的一员，这些 LS 通过这种方式就可以交换网关信息了。

在图 10.11 中，ITAD1 域内的 LS1 与 ITAD2 域内的 LS2 相联，ITAD2 域内的 LS2 又依次与 ITAD3 域内的 LS1 相联。ITAD1 域内的 GW1、GW2 通过前端协议向 ITAD1 中 LS1 注册信息，通过 TRIP，ITAD2 域的 LS2 就可以了解 ITAD1 域中的两个网关信息，1TAD3 域的 LS1 通过ITAD2 域上 LS2 已经聚合后的广播消息来了解 ITAD1 域上的网关信息。当产生从 IP 网用户到 PSTN 的呼叫时，终端用户通过前端协议访问本地的 LS 数据库 TRIB（Telephony Routing Information Base），通过 TRIB 就能快速查询出能完成此次呼叫的最合适的网关地址。

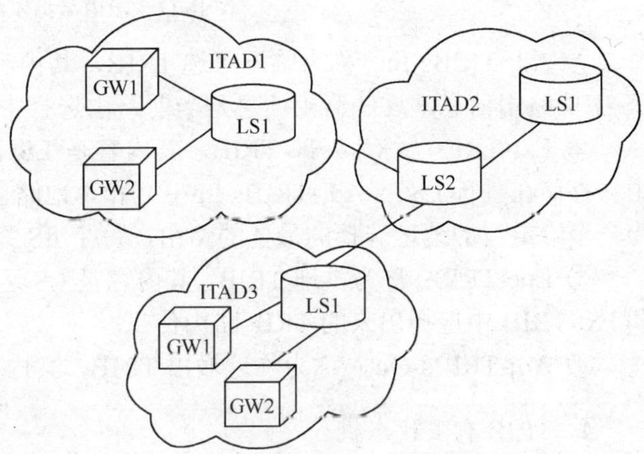

图 10.11　TRIB 路由协议结构图

3. TRIP 路由协议消息和 TRIB 数据库

为了实现域间 LS 路由信息的交互，TRIP 定义了 4 个消息：OPEN、KEEPALIVE、UPDATE 和 NOTIFICATION。其中：

OPEN 消息是在 LS 之间的 TCP 连接建立后所发送的第一个 TRIP 消息，开始建立 TRIP 连接；

KEEPALIVE 消息是 OPEN 消息成功接收后的一个响应消息，告知所建立的会话处于激活状态；

UPDATE 消息不仅用来广播新增路由信息，也用来删除、修改已经广播出去的一些路由信息；

NOTIFICATION 消息是 TRIP 检测到错误时产生和发送的消息，并立即关闭建立的 TCP 连接。

IP 交换的路由信息由外部路由（Extemal routes）、内部路由（Internal routes）和本地路自（Local routes）3 种类型组成，保存在 TRIB 数据库中。为了直观地描述 TRIB 的构成关系，TRIP 从路由选择的角度把 LS 中的 TRIB 分成 4 个构成部分，如图 10.12 所示。

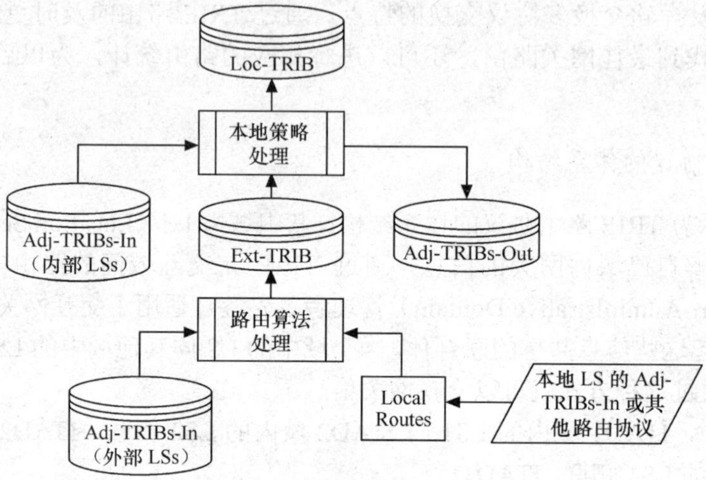

图 10.12　TRIB 数据库各部分关系

① Adj-TRIBs-In：称为临近可选 TRIB，其内容是从 UPDATE 消息中获取的域内、域外 LS 上的路由信息，这些路由信息是当前路由选择中可以使用的输入路由信息。

② Ext-TRIB：称为外部 TRIB，其内容是 LS 根据一定的路由选择运算法则，从外部路由（存储在外部 LS 的 Adj-TRIBs-In 中）和本地路由（存储在本地 LS 的 Adj-TRIBs-In 中），为一个给定目的地址选择的最佳的路由，每个 LS 只有一个 Ext-TRIB。

③ Loc-TRlB：称为本地 TRIB，其内容是 LS 运用其内部策略从内部 LS 的 Adj-TRIBs-In 和 Ext-TRIB 中选择出来的 TRIP 路由信息。

④ Adj-TRIBs-Out：称为临近输出 TRIB，其内容是 LS 准备广播给外部 LS 的路由信息。

4. TRIP 有限状态机

为确保路由信息的可靠交互，TRIP 消息的传递要求建立在底层 TCP 可靠传输层之上。只有在底层 TCP 连接建立的基础上，才能进行 TRIP 消息的收发。对此，每个 LS 维护一个有限状态机，其包含 6 个状态：Idle、Connect、Active、Open Sent、Open Con-firm 和 Established。首先，有限状态机处于初始 IDLE 状态：收到初始化事件时，状态机被触发进入 CONNECT 状态；本地 LS 主动发起一个端到端的 TCP 连接请求。一旦 TCP 连接建立成功，则进入 OPENSENT 状态。若连接失败，本地 LS 进入 ACTIVE 状态，继续侦听来自远端 LS 的连接请求，直至 ConnectRetry 超时，返回 CONNECT 状态。进入 OPENSENT 状态后，本地 LS 可以向对端发送 OPEN 消息，为后续路由消息交互建立 TRIP 通道。本地 LS 若收到 TCP 连接断开指示，便再次进入 AC-TIVE 状态。如果对端 LS 收到了 OPEN 消息，并返回正确的 OPEN 确认，本地状态机就进入 OPENCONFIRM 状态，在此状态下设置 KEEPALIVE 和 Hold Time 定时器，并发送 KEEPALIVE 消息。若本地 LS 陆续收到对端的 KEEPALIVE 消息，状态机进入 ESTABLISHED 状态，并启动。

每个 LS 都维护着一个 TRIP 有限状态机，其状态较少，如图 10.13 所示。因为路由信息交互不容许在连接状态下出错，所以首先要保证 LS 之间 TRIP 连接的可靠性。加上路由信息交互频繁，就要求能快速地建起连接。为此，在状态机中设有 3 个定时器：Connect Retry、Keealive 和 Hold。其中，ConnectRetry 用于初始 TCP 连接，Keepalive 与 TCP 连接激活的状态相关，Hold 则为与 TRIP 一次连接的时限。

平时，有限状态机处于初始示闲（Idle）的状态，在收到初始化事件时，状态机被触发进入 Connect 状态（图 10.13 中的 Temporary 是一个临时等待状态），之后，本地 LS 主动发起一个端到端的 TCP 连接请求，并侦听远端 LS 连接的请求。一旦 TCP 连接成功，即进入 Opensent 状态。若连接失败，则本地 LS 进入 Active 状态，继续侦听来自远端 LS 的连接请求，直至 ConnectRctry 超时，返回 Connect 状态。

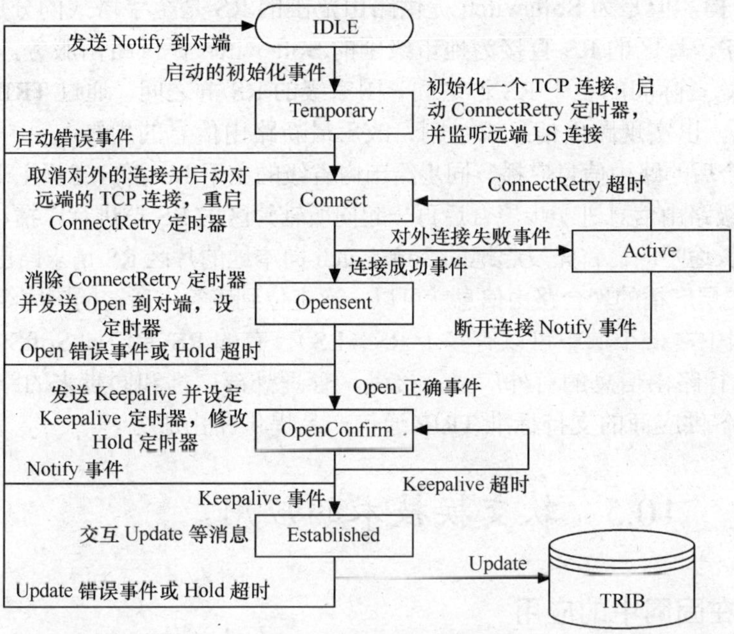

图 10.13　TRIP 有限状态机

进入 Opensent 状态后，本地 LS 可以向对端发送 Open 消息，为后续路由消息交互建立 TRIP 通道。若收到 TCP 连接断开的指示，就会再次进入 Actrve 状态，若对端 LS 收到了 Open 消息，并返回了正确的 Open 确认，那么本地状态机就会进入 Open-confirm 状态。在此状态下，设置 Keepalive 和 Hold 定时器，并发送 Keepalive 消息，若本地 LS 陆续收到对端的 Keepalive 消息，则状态机就会进入 Established 状态，并启动 Update 交互过程。

5. TRIP 路由协议在软交换中的应用

图 10.14 所示为采用 TRIP 路由协议的 RS 在软交换网络中的应用，RS 总体上采用一种分层的结构，其中路由服务器（Route Server，RS）之间采用标准的 TRIP 来广播、同步 IP 电话的 Softswitch 路由信息，这个 RS 实际上就是 TRIP 的 LS，它结合了 TRIP 存在模式中的转发和联合模式的特点。

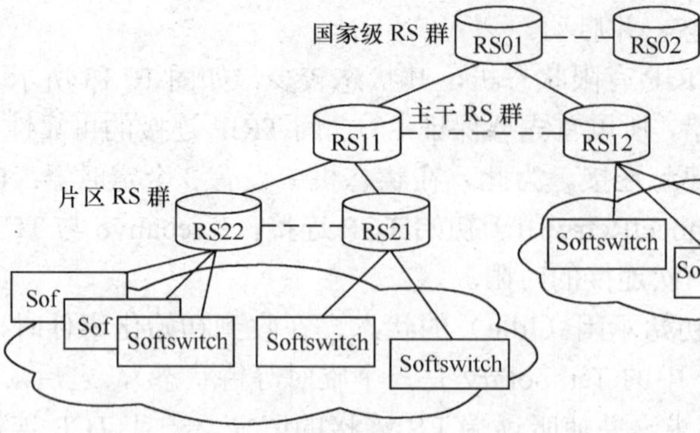

图 10.14　RS 间的 TRIP 应用

所有的 RS 分为片区 RS 群、主干 RS 群和国家级 RS 群，在图 10.14 中所有的 Softswitch 构成一个扁平的网络结构，但是为 Softswitch 提供路由范围的 RS 是金字塔式的分层结构的，相互之间采用标准 TRIP，片区的 RS 直接为地市级别的 Softswitch 提供路由服务，同一省内的片区 RS 群彼此之间、省际间的主干 RS 群之间、国家级的 RS 群之间，通过 TRIP 来广播、同步平级间的路由信息，以实现路由信息添、删、改后最新路由信息的周知。

国家级的 RS 把聚合后的路由信息广播、同步给国内省级的主干 RS 群，省级主干 RS 群把本地的路由信息和国家级路由信息进一步聚合后再一起向所辖片区的 RS 群进行广播、同步。一个用户要进行一次国际长途呼叫，首先发起地的 SoftSwitch 向本地的片区 RS 请求路由信息，这样本地的 RS 根据上级层层广播的聚合路由信息就可以一次定位到应答方所在的国家级 RS。

RS 间 TRIP 的应用中，一个域中可以有多个 RS（LS），有的 RS 专门向 SoftSwitch 提供路由服务，有的专门进行路由信息的对外广播，接受、管理外部广播和同步来的路由信息，这样 RS 可以对各个设备供应商的支持标准 TRIP 通信产品提供路由服务。

10.5　软交换技术的应用

10.5.1　软交换在固网中的应用

目前软交换在固网和移动网中得到了广泛应用，与 PSTN 相比，软交换组网具有较明显的技术优势。

（1）组网的灵活性增加

软交换网络基于分组交换网络并且控制层和承载层分离，因此，组网的灵活性大大增加，可以在较大范围内实现平面组网，网络层次要比传统电路交换网更为扁平；而传统 PSTN 网的拓扑结构复杂，必须采用多级的树型结构进行组网。软交换配置灵活，功能块可以分布在整个网络中，也可集中起来，适合不同需求。

（2）在容量、互通性等方面均优于传统 TDM 交换机

软交换网络由于控制层与承载层分离，控制层设备的容量可以做得非常大，网络上的控制节点数量因此也相应减少；而传统 TDM 交换机受制于架构和技术的限制，设备容量不可能做得更大。软交换采用开放式标准接口，易于和不同网关、交换机、网络节点通信，兼容性、互操作性、互通性好。

（3）灵活地提供包括语音、视频以及数据在内的多种业务

TDM 承载是衡比特流方式的，这种方式并不适合于数据的传输，因此，在传统 PSTN 网上开展视频、数据等业务比较困难；而软交换可以通过支持 SIP、配置应用服务器等方式灵活地提供包括语音、视频以及数据在内的多媒体业务。很多设备制造商欢迎第三方开发者在软交换平台上开发能够很容易、很迅速加入任何网络的新业务。

（4）与电路交换机相比，软交换成本较低

软交换采用开放式平台，易于接收革新应用，而且由于软交换利用的是普通计算机器件，其性价比每年提高 60%～80%，电路交换机的性价比每年提高大约 20%，所以与电路交换机相比，软交换在成本方面有更大优势。

基于以上优势，软交换成为 PSTN 网络和 3G 网络建设中的重要技术。

1. 建设软交换长途网

软交换在国内 PSTN 上的第 1 种应用是建设软交换长途网。这种应用的情况是：运营商采用软交换技术建设第 2 个 DC1 长途网络，与原有的基于 TDM 交换机的 DC1 网络形成双平面，2 个网络可以对长途流量进行负荷分担，如图 10.15 所示。这种应用具体的实施过程是：运营商首先建设一个覆盖全国的骨干 IP 网，然后将全国的各个省（自治区、直辖市）分成数个大区（一般不超过 10 个），每个大区在中心城市放置一对软交换，而在每个省（自治区、直辖市）内放置 TG 设备与 DC2 交换机相连，同时配置相应的 SG 与 7 号信令网相连。采用软交换建设 PSTN 长途网，交换节点数量大大减少，同时资源调配也更加简单。交换节点方面，当采用软交换建设一个全国范围的 DC1 长途网时，基本每个大区放置一对软交换设备就可以满足。当某些省份之间长途业务流量发生变化时，只需要相应调整骨干传输网络的带宽分配，就可以实现资源的重新配置，而在软交换 DC1 长途网的控制层面基本不用进行任何改动。

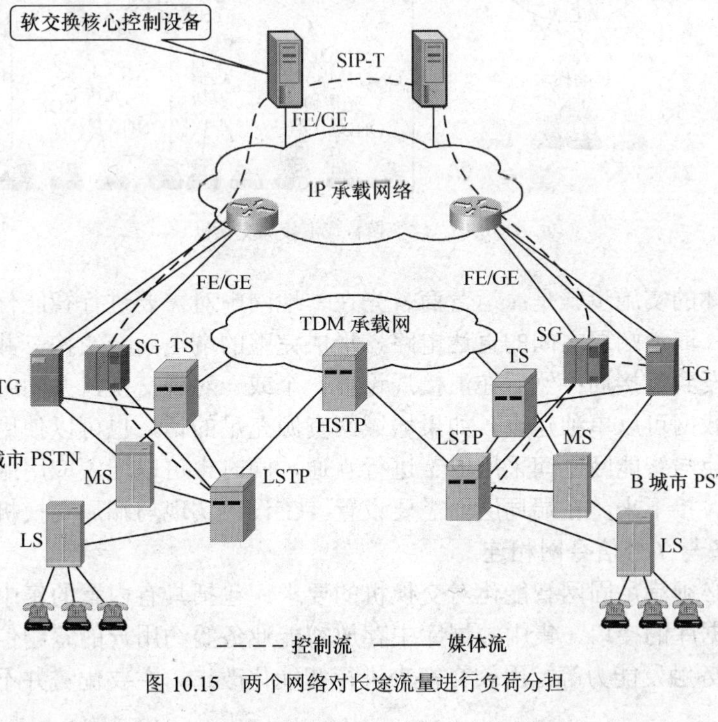

图 10.15　两个网络对长途流量进行负荷分担

软交换之所以适合于长途网建设，除了上述软交换技术的自身优势外，最主要的有如下几点：①由于 DC1 长途网节点少，可以采用平面组网的方式，回避了软交换的大规模组网问题；②长途网软交换不携带终端用户，避免了安全攻击等问题；③长途网不涉及城域网或接入网，而骨干 IP 传输网的带宽又比较容易保障，因此也不会出现 QoS 问题。综合各方面因素，导致软交换在 PSTN 长途网中的应用最为成熟，对比传统 PSTN 长途网取得的技术优势也最为明显，在国内逐渐开始获得广泛的应用。

2. 软交换替代汇接局交换机

软交换的第 2 种应用是进行固网智能化改造。这种应用的情况是：运营商采用软交换替换原有的汇接局交换机，提供固网智能化所需要的业务触发能力，如图 10.16 所示。

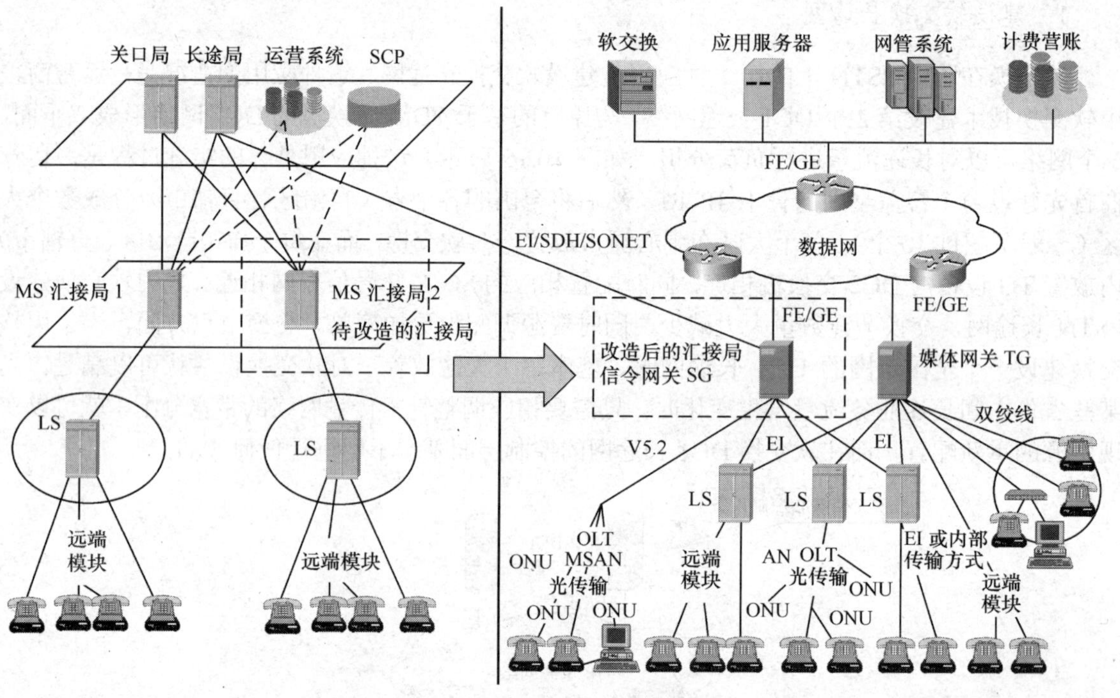

图 10.16 软交换替代汇接局交换机

这种应用具体的实施步骤是：运营商首先在本地网中对需要进行智能化改造的本地网进行端汇结构调整，取消端局之间的直达电路，形成完整的端汇两级结构，并且要求所有端局的本地呼叫都转发到汇接局；然后在汇接局设置一个或一对软交换，并同时建设软交换的承载网。软交换承载网可以单独建设，如果城域网资源充足的话，也可以使用原来的城域网作为承载网。软交换与智能网之间采用 SG 进行互通，同时也可以配置应用服务器来提供更为丰富的智能业务。接下来，在端局层面需要设置 TG 设备实现与端局交换机的互通，同时配置相应的 SG 设备与 7 号信令网相连。

软交换设备必须满足固网智能化对交换机的要求，包括具有内置的集中数据库或者具备访问外置集中数据库的接口，集中数据库中存放智能业务签约用户的签约信息以及业务接入码；具有 SSP 业务触发能力等。用软交换来进行智能化改造，主要优势并不只在于实现固网智能化，更重要的是引入软交换后为固定网运营商提供了部署其他业务形式的机会，例如，如果汇接局软交换容量充足，并且配置了端局业务能力，那么就可以直接开展软交换的本地业务，如通过 IAD、AG 提供语音，通过 SIP 终端提供视频电话、数据业务等。

3. 软交换替代端局交换机

软交换的第 3 种应用是 TDM 端局交换机替换。当传统 PSTN 网上某个端局交换机达到使用年限需要退网时，采用软交换的接入设备进行替换，如图 10.17 所示。这种应用具体的实施过程是：运营商首先要在本地网建设软交换网络，通过 SG 和 TG 设备与原有 PSTN 网络互通。当有端局交换机退网时，采用大容量的 AG 设备进行替换，同时将所有本地网用户数据迁移到软交换网络上。随着 TDM 交换机的逐步退网，PSTN 网络也将逐步演进到软交换网络。软交换除了接纳原有的 PSTN 用户，也可以通过部署 IAD 或 SIP 终端发展新的软交换用户。

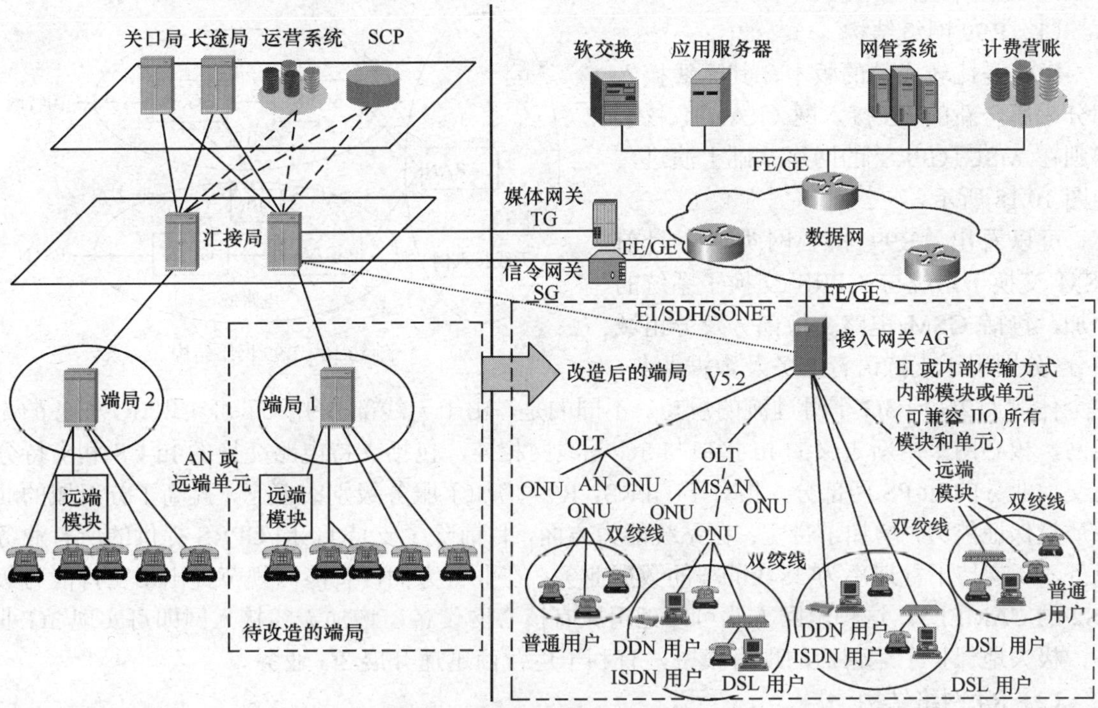

图 10.17　软交换替代端局交换机

这种应用实际就是软交换的端局应用模式。当软交换能够大量的在端局层面出现时，才能说软交换真正开始了大规模的应用。但是正如前面提到的，此时软交换面临的诸多问题都会出现，比如当所有本地网都建设了软交换后，不可避免地需要讨论组网问题；在放置了大量的软交换用户侧终端后，还需考虑网络安全问题，以及接入网的带宽保障等一系列问题。

10.5.2 软交换在 3G 核心网中的应用

1. 3G 核心网

3G 制式有 WCDMA、CDMA2000 和 TD-SCDMA 三种。在这 3 种制式中，WCDMA 和

TD-SCDMA 的标准由 3G 标准化组织 3GPP 制定，CDMA2000 的标准由 3G 标准组织 3GPP2 制定。

UMTS 及 TD-SCDMA 较好地考虑了对 GSM 系统的兼容，成为我国 GSM 运营商的首选标准，可采用两者之一或混合组网方式。由于两者分别基于 FDD 及 TDD 模式，因此，在应用上各有所长、各有所用，是互存、互补的关系。

核心网标准主要有基于 GSM CCS7 和 ANSI-41 两种核心网。一般情况下，WCDMA 和 CDMA TDD 对应于 GSMCCS7 核心网，CDMA2000 对应于 ANSI-41 核心网，但目前的标准允许任何无线接口同时兼容两个核心网，这样可以通过在无线接口上定义相应的兼容协议来接入不同的核心网。

GSM 交换网向 3G 核心网的演进。3GPP 组织主要负责制定基于 GSM 的核心网、以 WCDMA 和 CDMA TDD 为无线接口的标准，到目前为止已经有 4 个版本，即 R99、R4、R5 和 R6，这里着重讨论核心网部分。

（1）R99 网络结构

R99 是比较成熟的版本，其无线接入部分采用全新的 3G 接入网（RAN），核心网则在 MSC+GPRS 的网络基础上演进，如图 10.18 所示。

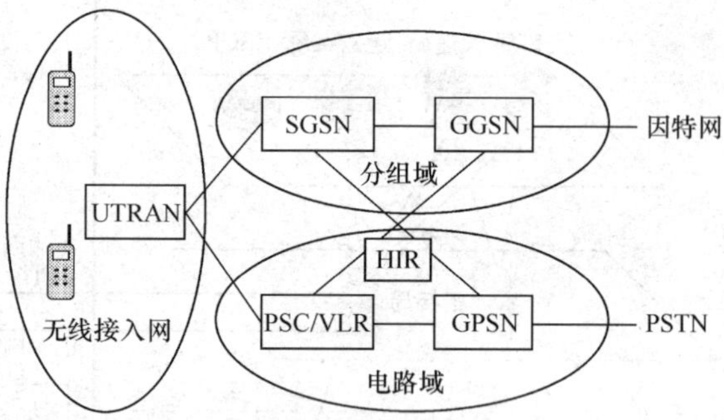

图 10.18　R99 网络结构

可以看出，R99 核心网类似于目前 GSM 交换子系统与 GPRS 交换子系统的叠加，包括 GSM 电路交换部分及分组域部分，分别用于支持语音业务及数据业务，完全体现了 2G 向 3G 平滑过渡的思想。不同的是，由于无线部分引入了可实现 3G 业务的无线网，核心网采用新定义的 Iu 接口与 3G 无线网相连，包括支持电路交换的 Iu-CS 和支持分组交换业务的 Iu-PS 两部分。相对于 GPRS，R99 增加了服务级别的概念，提高了分组域的业务质量保证能力，增加了带宽；在系统能力方面，目前除了支持 GSM/GPRS 提供的所有业务以外，还支持下行速率为 384kbit/s 的数据业务；在业务方面，智能网规范提出了支持能力级 CS2 的 CAMEL3。这种组网方式可以延用原有核心网设备，增加无线接入网即可实现 3G 业务，极大地保护了运营商的现有投资，有利于运营商迅速开展 3G 业务。

（2）R4 网络结构

与 R99 版本比较，R4 的无线接入网网络结构并没有变化，只是改进了一些接口协议特性以提高系统性能。核心网电路域变化较大，引入了软交换的概念，将控制和承载分开，原来的 MSC 变为 MSC 服务器和媒体网关 MGW，语音通过 MGW 由分组域来传送。电路域网络结构如图 10.19 所示。

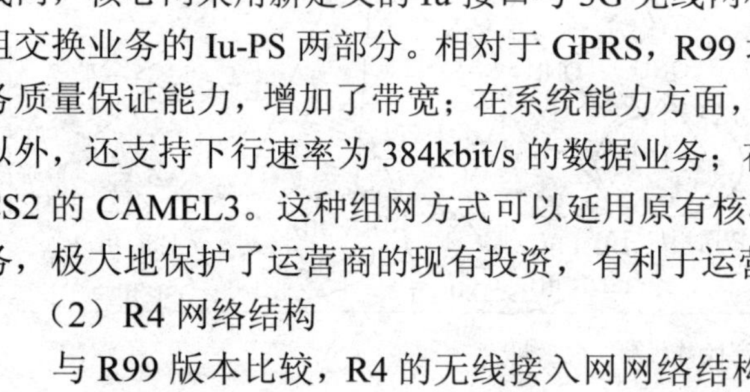

图 10.19　控制和承载分离的电路域结构

可以看出，R4 核心网已由 TDM 中心节点交换型演进为典型的分组话音分布式体系结构，网络采用开放式结构，业务逻辑与底层承载相分离，语音分组化，由包方式承载。由于电路域的这种变化，相应地在 7 号信令的承载方面也提出了新的方案，即基于 ATM 和 IP 的方案，7 号信令的移动应用协议 MAP 和 CAP 也可以通过分组网络来传送，为核心网向全 IP 的演进迈出非常关键的一步。R4 的组网方式在技术先进性及建设成本上都有很大优势，其采用全新的协议与技术。但是，运营商选择 R99 网络向 R4 升级时，只需要对电路域进行升级，可以保留 R99 无线部分和分组域并保持原有组网方式，3GPP 规范良好的向后兼容性支持 R4 以至于 R5 的无线接入网都可以和 R99 的电路域很好地配合。

（3）R5 网络结构

R5 版本是全 IP（或全分组化）的第一个版本，在无线接入网方面，提出了高速下行分组接入 HSDPA 技术，在核心网方面，最大的变化是在 R4 的基础上增加了 IP 多媒体子系统（即 IMS 系统），它和分组域一起实现实时和非实时的多媒体业务，并可以实现与电路域的互操作。在 R5 中仍然保留电路域并实现与 IMS 的互操作主要是保护运营商的 R99 的网络投资。全 IP 的组网方式是网络演进的趋势，IMS 是 R5 的新增部分，图 10.20 所示为 IMS 子系统的结构。

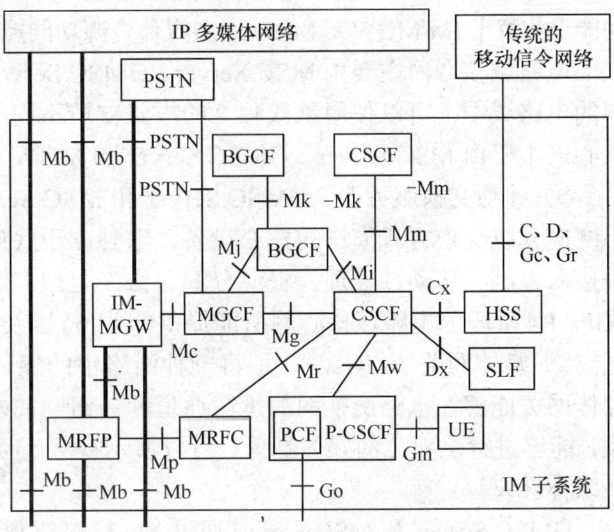

图 10.20　IMS 子系统的结构

IMS 的主要功能实体包括：呼叫控制服务器（CSCF）、媒体网关控制服务器（MGCF）、IM-MGW、MRF 以及 BGCF 等，CSCF 的作用是完成入呼叫网关功能、呼叫业务触发功能和路由选择功能，是最主要的软交换控制实体，是整个网络的核心，支持 SIP 处理 SIP 会话。P-CSCF 是 UE 接入 IMS 系统的入口，实现了在 SIP 中的 Proxy 和 UserAgent 功能；MGCF 的作用是根据被叫号码和来话情况选择 CSCF，并完成 PSTN 和 IMS 之间呼叫控制协议转换，以及控制 IM-MGW 媒体通道的呼叫状态；IM-MGW 的功能与 CS-MGW 的功能类似，与 MGCF 一起完成资源控制，以及通过回波消除器和码转换器，实现媒体转换和帧协议转换功能；MRF 分为多媒体资源功能控制器（MRFC）和多媒体资源功能处理器（MRFP），分别进行完成媒体流的控制和承载功能；BGCF 的主要作用是在与 PSTN 通信时，完成信令转发功能。

（4）R6 网络结构

R6 版本核心网在 R5 IMS 基础上提出的网络框架基本没有改变，只是将 PDF（Policy DecisionFunction）从 P-CSCF 中分离出来，二者之间的接口定义为 Gq 接口。在 QoS 方面，3GPP 已经定义了端到端的 QoS 概念和框架结构，具体到 IMS 的 QoS 问题主要集中在 Gq 接口和 Go 接口（GGSN 和 PDF 之间的接口），QoS 策略基于 SIP 会话中请求的参数，端到端的 QoS 要求则分段映射到网络的各个层面。R6 在功能上更加完善，能够支持 OMA 提出的新业务，同时在网络上，在互通和兼容性上进一步增强，主要研究控制（Gq 接口）、WLAN 接入、

IMS 到 CS 域的互通、IMS 到 PS 域的互通、Presence 等新业务，并在 IETF SIP 的基础上对协议进行了扩展。

2. 软交换在 3G 核心网中的应用

软交换技术在 R4 和 R5 网络中得到了充分的应用。应用软交换技术后，R99 网络中的移动交换中心（MSC）在 R4 网络中被分解为 MSC 服务器（软交换机）和媒体网关，前者提供传统 MSC 的呼叫控制部分，后者提供传统 MSC 的媒体交换部分。在这一模型中，（G）MSC Server 与 MGW 之间采用 H.248 协议，（G）MSC Server 之间采用 BICC 协议。（G）MSC Server 通过信令网关（SGW）实现与 PSTN-（T-SGW）和 PLMN（R-SGW）的互通。这一分层模型和软交换体系结构可以说是完全相同的。

而在 R5 网络中更是增加了基于软交换架构的 IP 多媒体（IMS）域。实体包括：CSCF（呼叫控制服务器）、MGCF（媒体网关控制服务器）、IM-MGW（IP 多媒体网关，上图中 CS-MGW 在功能上代替了 IM-MGW）、MRFC（多媒体资源功能控制器）和 MRFP（多媒体资源功能处理器）。

电路域核心网主要由 MSC Server、GMSC Server 和 MGW 组成，在移动交换服务器核心网的电路域中，可以使用承载独立的方式支持不同的传输层，如 IP、ATM 或 TDM。电路域核心网主要由 MSC Server、GMSC Server 和 MGW 组成，它们的主要功能如下。

① 移动交换服务器（GMSC Server 和 MSC Server）是 UMTS 移动通信系统中电路域核心网向分组交换方式演进的核心设备，它独立于底层承载协议，主要完成呼叫控制、媒体网关接入控制、移动性管理、资源分配、协议处理、路由、认证、计费等功能，并向用户提供 3GPP R4 阶段的电路域核心网所能提供的业务，以及配合智能 SCP 提供多样化的第三方业务。

② 媒体网关（MGW），是将一种网络中的媒体转换成另一种网络所要求的媒体格式。媒体网关能够在电路交换网的承载通道和分组网的媒体流之间进行转换，可以处理音频、视频，能够进行全双工的媒体翻译，可以演示视频/音频消息，实现其他 IVR 功能，也可以进行多媒体会议等。

GMSC Server 和 MSC Server 通过 Mc 接口控制 MGW。GMSC Server 和 MSC Server 之间通过 Nc 接口连接。MGW 之间通过 Nb 接口连接。

- Mc 接口：为 MSC Server 与 MGW 之间的接口，主要功能是媒体控制。使用基于 H.248 的呼叫承载控制协议。协议内容包括 3GPP29.232、H.248、MeGaCo 和 Q.1950。
- Nc 接口：为 MSC Server 与（G）MSC Server 之间的接口，主要解决的是用控制和承载分离的方式解决移动 ISUP 的呼叫控制。使用呼叫控制与承载相分离的呼叫控制协议，如 BICC 和 SIP-T。
- Nb 协议：为 MGW 之间的接口，主要功能是使用 ATM 或 IP 的方式承载电路域的业务，包括语音和电路域的数据承载业务。使用分组交换方式对 3GPP 电路域的承载协议。

10.6 固网和移动网的融合

10.6.1 固网和移动网的融合概述

随着计算机技术、电信技术和媒体技术的发展，及统一业务体验的推动，通信网路出现了互相融合的趋势。固定业务和移动业务融合（Fixed-Mobile Convergence，FMC），为用户提供无缝融合的业务体验，是通信网络的未来发展趋势之一。FMC 可以进一步降低 OPEX 和 CAPEX，为运营商带来更多的客户与收益。目前电信运营商实施网络转型的目的是要简化网络结构、减少网络运营成本，加速将新业务推向用户的能力和速度，优化运营商与用户之间的关系。网络演进的发展凸显融合、调整、变革的新趋势。

对于 FMC，ITU-T 定义为：FMC 指在一个给定的网络中，向终端用户提供业务或应用的能力和机制，与固定/移动接入技术及用户位置无关。在 NGN 环境中，FMC 意味着向终端用户提供与接入技术无关的 NGN 业务。

ETSI 给 FMC 下的定义是：固定移动融合是一种能提供与接入技术无关的网络能力。但这并不意味着一定是物理上的网络融合，而只关心一个融合的网络体系结构和相应的标准规范。这些标准可以用来支持固定业务、移动业务以及固定移动混合的业务。

TISPAN 和 3GPP 作为 ETSI 旗下两大标准实体，分别从固定和移动角度研究下一代网络。TISPAN 在 NGN 标准研究上与 3GPP 紧密合作，与 3GPP SA1、SA2 和 CT1、CT3、CT4 共同开展具体研究，3GPP 负责开发和维护 IMS 核心规范，TISPAN 针对固定接入对基于 IMS 的架构提出扩展和修改需求。

TISPAN 是 2003 年 9 月由从事固定网标准化的 SPAN 组织和进行 VoIP 研究的 TIPHON 组织进行了合并而成的，是 ETSI 旗下的从事 NGN 标准化研究的主要机构。TISPAN 分为 8 个工作组，包括业务、体系、协议、号码和路由、服务质量、测试、安全和网络管理工作组。

根据上述定义，可以认为，FMC 本质上体现了这样一种理念：通过整合电信网络资源，以及对终端、网络、运营支撑系统等多种资源的融合，可以为用户提供与接入技术无关、跨网络、无缝、融合的业务体验和统一的服务体验，并降低网络建设和运营成本。同时只要能够达到固网移动融合的业务体验效果，可以通过任意技术实现。

网络融合是近来讨论很多的话题，但融合的含义是宽泛的，是一个综合而复杂的过程，可以从多个层面、多个角度进行融合的思考。所谓固定通信网络和移动通信网络的融合（FMC）是指不断演变中的固定通信网络和移动通信网络在网络和业务方面逐渐趋向于不同程度与范围的相似或相同，在技术上体现为协议规范、网络架构等方面的一致性，在运营上体现为运营或经营模式的相似性。融合是综合的、复杂的，它涉及网络、业务等多个方面。从网络架构来看，融合可以发生在网络的不同层面，具体体现在业务层面、控制层面、传输层面、接入层面、终端和支撑系统多个层面。从服务的角度来看，融合主要表现为更加丰富多彩的综合电信业务，例如统一账单、统一客服、统一接入、统一认证、统一业务等。从接入方式的角度来看，在网络上体现为多种接入方式共用某些网络的功能实体或设备，在终端上体现为各种多频多模的终端，而从用户的角度看，融合意味着相同的业务体验。

FMC 的内涵很广，概括地讲，可以分为网络、业务和运营 3 个层面的融合。

- 网络层面的融合包括终端、承载网、核心网和业务网等的融合，可以降低运营商的建网成本和运营成本。
- 业务层面的融合可以分成 3 个层次：互通、绑定和集成。“互通”实现固定和移动业务的互通，“绑定”主要体现在组合营销方面，“集成”真正实现业务的统一。业务融合可以提升用户体验和满意度，从而增加 ARPU 值和提高用户的忠诚度。
- 运营层面的融合主要体现在统一的网络管理和统一 OSS/BSS 上。它实现了业务的快速部署开发及统一服务和组合营销，因此，可以降低运营商运营成本和提高用户满意度。

10.6.2 NGN 的融合结构

2004 年，ETSITISPAN 提出了 NGN 的融合架构，目前正在制定 NGN 相关的规范，命名为 TISPAN_NGNRelease1，ETSI TISPAN 提出的 NGN 架构包括业务层、控制层、承载层和接入层。业务层面包括基于 SIP 会话的子系统、PSTN/ISDN 仿真子系统、基于 RTSP 的子系统和提供其他多媒体业务的子系统，其中基于 SIP 会话的核心网子系统重用了 IMS 的网络架构，并且尽可能重用 IMS R6 中的相关规范，但要求支持更多的接入方式，包括 xDSL、WLAN、LAN、MAN 等。此外，还定义了网络附着子系统和资源准入控制子系统（RACS）。在这样的框架下，NGN 可以实现基于 SIP 的业务、基于 SIP-I 协议传统业务以及基于 RTSP 的业务等。ETSI TISPAN 的这种网络架构是目前 NGN 的主要架构，ITU-T 的 NGN 架构和 ETSI TISPAN 的基本相同，如图 10.21 所示。

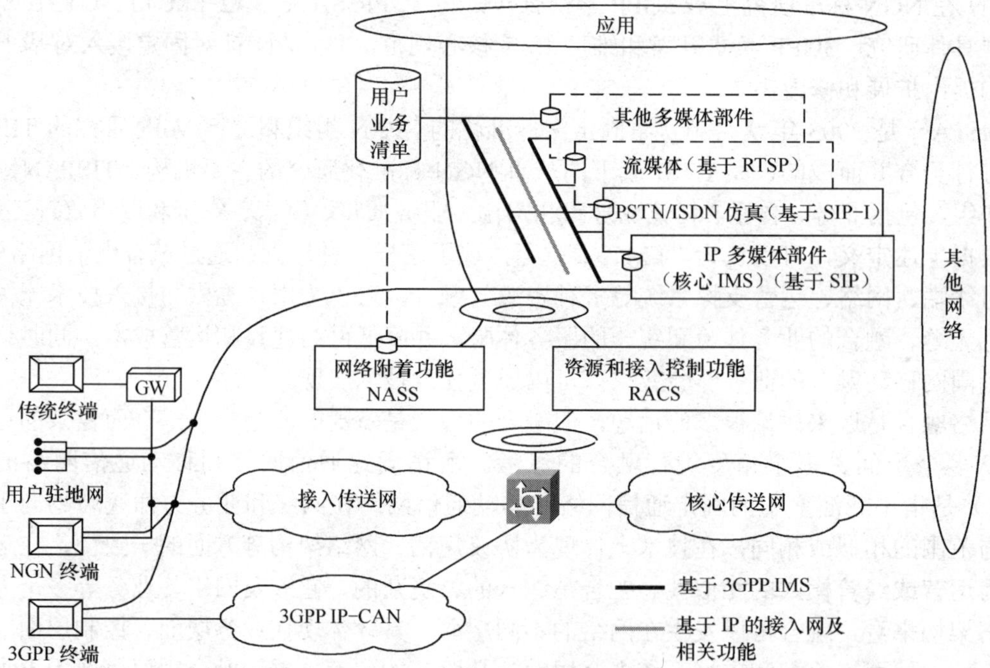

图 10.21　TISPAN NGN 的结构

TISPAN NGN 业务层包括下面的部分：基于 SIP 会话的子系统即 IMS 核心子系统，PSTN/ISDN 仿真子系统（PES），其他多媒体子系统（如流媒体、基于内容的多播子系统等）和应用，可以用于多个子系统的公共元素（如接入应用、计费功能、用户属性管理、安全管理和路由管理等）。传送层（承载层和接入层）为用户终端提供了基本的 IP 连接的能力，其中的网络附属子系统（NASS）和资源认证控制子系统（RACS）屏蔽了 IP 层以下的接入网/核心网所使用的传送技术。

业务层面，主要包括以下几个方面。

（1）IP 多媒体子系统（IMS）

IMS 由提供 IP 多媒体业务，如语音、视频、文本、聊天等所有架构在分组传送网上的核心网单元构成，相关实体包括 CSCF、MGCF、MRF 等。

（2）PSTN/ISDN 仿真子系统

PSTN/ISDN 仿真子系统可为连接到 IP 网的传统电话终端提供接入，这样所有的 PSTN/业务保持可用和一致，而终端用户并不会意识到没有连接到传统的 PSTN/ISDN 网。

PES 子系统为连接到 NGN 中的传统固网终端（指通过 MGCP/H.248 IAD/AG 接入的 PSTN/ISDN 终端）提供 PSTN/ISDN 仿真业务。服务的对象主要针对于现有的大量 PSTN 终端。

（3）流媒体子系统

随着宽带接入即使的成熟，网络传输的瓶颈被打破和音频、视频的编解码技术的进步，基于流媒体传输的应用得到了越来越多的重视。流媒体子系统可为视频点播、远程教学、交互游戏等业务的应用和终端的接入。

（4）公用部件

提供用户信息管理、计费功能、接入安全控制等。

传送层面，主要包括以下两个方面：

① 网络附着子系统。网络附着子系统主要提供 IP 地址分配、IP 层的健全、网络接入授权、接入网配置和 IP 层的位置管理等功能。

② 资源准入控制子系统。RACS 主要提供接纳控制和关口控制功能（包含 NAPT 控制）。接纳控制指根据运营商的具体策略规则和实际的资源，检查接入网附着子系统保存的签约数据的授权，即校对被请求的带宽与预定的带宽和用户使用的带宽是否一致。关口控制功能包括根据 IP 地址/端口进行分组包过滤、为上行和下行业务流进行资源分配和带宽预约、NAPT 功能、使用率和 QoS 的测量检测等。

10.6.3　基于 IMS 的网络融合

基于 IMS 的网络体系架构是下一代网发展的方向，其网络共分为 4 层，IMS 处于会话控制层，通过分组域来传输信令和媒体流，IMS 独立于电路域。在 IMS 域中，各网络单元之间的接口都有标准协议，MGCF 和 MGW、MRFC 和 MRFP 之间的接口协议是 H.248，MGCF 和 T-SGW 之间的接口协议是 SIGTRAN，其余网元之间的接口协议是 SIP。

3GPP 定义的 IMS 的功能实体包括：

- CSCF（Call Session Control Function）；
- MGCF（Media Gateway Control Function）；
- IMS-MGW（IMS-Media GateWay）；
- MRFC（Multimedia Resource Function Controller）；
- MRFP（Multimedia Resource Function Processor）；
- BGCF（Breakout Gateway Control Function）。

其中 CSCF 是整个网络的核心，支持 SIP 处理 SIP 会话。P-CSCF 是 UE（User Equipment）接入 IMS 系统的入口，实现了 SIP 中的 Proxy 和 User Agent 功能；MGCF 和 IMS-MGW 是与 CS 域和 PSTN 互通的功能实体，分别负责控制信令和媒体流的互通；MRFC 和 MRFP 是实现多方会议的功能实体，控制层面的 MRFC 通过 H.248 控制 MRFP；BGCF 是 IMS 域与外部网络的分界点，它来选择在哪里跟 CS 域或 PSTN 互连。这些功能实体是否能够被其他接入方式使用，是网络融合首先需要考虑问题。在 NGN 的框架下，IMS 应同时支持固定接入和移动接入，为了实现这一目标，IMS 框架中的一些功能实体的功能以及它们之间的接口协议应作相应的扩展。

IMS 框架中定义的需要功能扩展的功能实体包括 S-CSCF（Serving CSCF）、P-CSCF（Proxy CSCF）、MGCF、HSS（Home Subscriber Server）、SLF（Subscription Locator Function）等，而实现多方会议的 MRFC 和 MRFP 以及 I-CSCF（Interrogating CSCF）不需要修改就可以被 NGN 重用。

- S-CSCF 是 IMS 的核心功能实体，它是一个负责会话处理的 SIP 服务器。虽然 3GPP 直接引用了 IETF 的 SIP 规范，但是在某些方面进行了修改和扩展，并在相应的 RFC 中定义。例如：固定接入和移动接入在鉴权流程上是不同的。移动接入采用 AKA（Authentication and Key Agreement）的鉴权机制，需要 HLR 配合完成鉴权过程，终端需要根据 HLR 下发的鉴权参数通过一定的算法将计算结果反馈给核心网，核心网将其与 HlR 下发的结果比较后判断用户是否合法；而固定接入方式终端上不存在相应的鉴权算法，所以只能通过用户名和密码的方式实现鉴权，相应地在 S-CSCF 的鉴权流程也就不同。此外，由于移动终端具有移动性，而且与核心网之间的联系非常依赖于无线环境，因此，移动终端有可能突然中断和核心网的联系，这时终端不能通过正常的流程结束通信，需要 P-CSCF 代替终端和 S-CSCF 之间通过规定流程结束通话并释放资源。由于接入方式和终端的不同特性带来的区别都将在 S-CSCF 有所体现，所以 S-CSCF 需要功能扩展以便能够同时为两种类型的终端提供会话控制。
- P-CSCF 是终端接入 IMS 网络的第一个入口点，实现 SIP 中的 Proxy 和 User Agent 功能，它和 IP 接入网络（IP Connectivity Access Network，IP-CAN）之间的接口为 Gq 接口，在移动网络中这个接口是 P-CSCF 与 PDF（Policy Decision Function）之间的接口。理想情况下这个接口应和接入方式无关，但是 3GPP 定义的这个接口只适用于那些有一定的资源管理能力的 IP-CAN，固定接入如 xDSL 接入网络可能不能满足这些要求，因为 3GPP 定义的 Gq 接口假定终端设备可以明确地发出资源预留请求，而 xDSL 则作不到这一点，这时就需要 P-CSCF 代为完成资源的预留请求，所以 P-CSCF 以及 Gq 接口需要进行的扩展，包括支持网络侧发起的资源预留，支持地址和端口的翻译以及支持各种策略的控制。
- MGCF 是 IMS 与传统的电路交换网络互通的功能实体，主要负责控制层面信令的互通，在 IMS 的框架中已经考虑了与 PSTN 以及与移动网络 CS 域的互通，在 NGN 的框架下，它应该还可以和其他固定网络的互通，因此也需要一些扩展。
- HSS 主要用于存储用户数据，而 SLF 则用于查找具体 HSS，为了支持固定的接入方式，HSS 需要存储一些固定用户的信息，而固定用户和移动用户的特征以及行为又有所差别，因此 HSS 也需要一些修改。

此外，除了上述需要功能扩展的功能实体以外，也不排除根据需要增加新的功能实体，TISPAN 就提出了增加 IBCF（Interconnection Border Control Function）需求，其作用主要是实现与其他 IP 网络的互通，增加 IBCF 后，原来 3GPP 定义的 Mm 接口（CSCF 和其他 IP 网络的接口）、Mk 接口（BGCF 之间的接口）以及 Mw 接口（CSCF 之间的接口）的功能现都包括在 I-CSCF 和 IBCF 的接口上，IBCF 成为 IMS 网络和外部 IP 网络的互通点。

从网络的分层结构来看，融合指 4 个层次的融合，如图 10.22 所示。

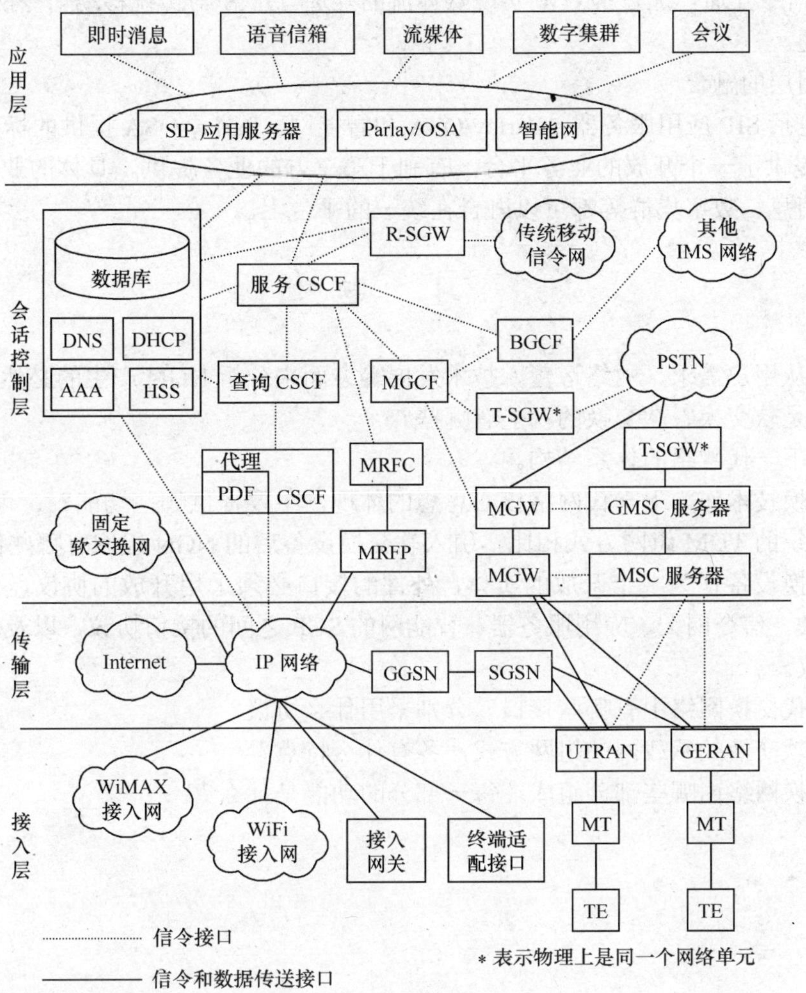

图 10.22　基于 IMS 的网络融合架构

（1）接入层的融合

在接入层，支持所有固定终端和移动终端的接入。

移动终端接入：移动终端可以通过 2G/3G 基站、WiMAX 接入网或 WiFi 接入网等接入到 IMS 网络中。

固定终端接入：SIP 终端可以直接接入到 IP 网络中；模拟终端、ISDN、ADSL 等可通过接入网关接入，并被适配至 IP 网络；H.323 终端通过终端适配接口完成 H.323 和 SIP 的转换，并被接入到 IMS 网络中。

（2）传输层的融合

在基于分组的承载网络上，通过 ATM、IP、MPLS 等技术，运用 InterServ/DiffServ 机制，使 QoS 得到保证，资源得到充分利用。

（3）控制层的融合

统一的会话控制是网络融合的核心，这个层次的融合是最复杂的。控制层的融合包括 IMS、固定软交换网、PSTN、移动软交换网、传统移动信令网等的融合。IMS 与 PSTN 通过

T-SGW 实现信令互通，通过 MGW 实现媒体流的互通。IMS 与传统移动信令网通过 R-SGW 实现信令互通。

（4）应用层的融合

应用层包括 SIP 应用服务器、Parlay/OSA 和智能网。Parlay/OSA 提供的标准应用编程接口（API），提供了一个开放的业务平台，有利于第三方的业务提供。具体的业务，如语音、视频、即时消息、数字集群等都可以融合在统一的平台上。

习　题

1．分别从用户需求、网络运营、技术发展等方面来分析 NGN 产生的必然性。

2．什么是软交换？软交换的功能有哪些？

3．说明下一代网络的体系结构。

4．软交换技术作为下一代网络核心思想的体现，主要提供哪些功能？

5．和传统的 TDM 组网方式相比，引入软交换设备后的 NGN 组网有哪些优势？

6．软交换设备作为一个开放的实体，外部的接口必须采用开放的协议，列举软交换设备与媒体网关、信令网关、应用服务器、智能网的 SCP 之间的接口协议，以及软交换设备之间的接口协议。

7．下一代交换网络中有哪些接口？分别采用什么协议？

8．说明软交换的承载网的组网方式，各有什么特点？

9．软交换网络由哪些部分组成，每一部分的功能是什么？

第 11 章　通信网理论分析

对通信网建立数学模型进行分析和设计是本书要讨论的内容之一，目前和网络的分析和设计有关的数学理论主要有两个方面：图论和排队论。当涉及分析网络的拓扑结构和网络的路由选择的时候，将用到图论，当对交换网进行性能分析的时候将用到排队论。

随着下一代网络技术的发展，承载网络向分组化的方向发展，原来主要传送数据业务的分组交换网络转变成同时传送数据业务和语音业务。为了保证对于语音业务的传输质量，对于网络的 QoS 引起了很大关注，QoS 是通过相关的网络参数来衡量和说明的。对于电路交换网来讲，性能参数主要有呼损概率和系统的接通率。对于分组交换网的主要参数有时延、时延抖动、丢包率、吞吐量等。

传输网的性能也是需加以分析的另一个方面内容，传输性能主要包括误码性能、滑码性能和同步性能。误码性能的相关参数有误码率无误码秒百分数、严重误码秒百分数、劣化分钟数、误块秒比，严重误块秒比和背景误块比，滑码性能的参数是滑码率。衡量同步性能的参数有时钟准确度、抖动的峰峰值 Up-p、漂移过程中的最大时间间隔误差（MTIE）和时间偏差（TDEV）。

本章主要介绍图论、排队论的基本知识，电话交换网、分组交换网和软交换网络的性能分析，同时对多址接入系统以及传输网的性能进行分析。

11.1　图 论 基 础

11.1.1　网络和图

通信网是诸多交换局、交叉连接设备或终端等设备及其传输路径所组成的，因此，可以用图来作为网的模型。图是网络的一种表示形式而且与路径的媒体的性质无关（例如光纤、无线或卫星），也与处于路径连接的节点设备所完成的功能（例如交换、交叉连接或信息的输入输出）无关。

图是由点和连接它们的线的有限集所组成，点相当于节点，线相当于链路。节点指交换局、集中器、终端等，链路则指传输路径。在图论中，对节点常使用顶点、端这些术语，而对链路则使用诸如边、弧或分支等术语。

1. 图的定义

设有端集：$V = \{v_1, v_2, \ldots, v_n\}$

边集：$E = \{e_1, e_2, \ldots, e_m\}$

当边集 E 是端集 V 中两个元的关系 R 时，

$$V\times V \xrightarrow{R} E$$

则 V 和 E 组成图 G，即

$$G=\{V,\ E\}$$

由上述定义可知，图 G 中的 V 集可任意给定，而 E 集只是代表 V 集中两个元的关系。

当 V_i 对 V_j 有某种关系 R，为邻接关系时才有某一 $er\in E$，每一个 er 所对应的两个端 V_i 和 V_j 称为与 er 有关联的端，存在 er 的两个端称为邻接端。

根据端间关系的性质，可分为有向图和无向图，当 V_i 对 V_j 有某种关系等价于 V_j 对 V_i 有某种关系，就称该图为无向图，反之则称为有向图。

图是集合 V 及其关系集 E 的综合$\{V,\ E\}$，集合论中的许多概念都可以移植过来。

若图 A 的端集和边集分别是图 G 的端集和边集的子集，则图 A 是图 G 的子图，表示为

$$A\subset G$$

若 $A\subset G$ 但 $A\neq G$，则称 A 是 G 的真子图；若 $A\subset G$，且 $G\subset A$，则必有 $A=G$。

2. 图的运算

设 A，B 为任意集合。

- $A\cup B$ 称为 A 与 B 的并集（union set），定义为

$$A\cup B=\{x\mid x\in A\vee x\in B\}$$

$\cup$ 称为并运算。

- $A\cap B$ 称为 A 与 B 的交集（intersection set），定义为

$$A\cap B=\{x\mid x\in A\wedge x\in B\}$$

$\cap$ 称为交运算。

- $A-B$ 称为 A 与 B 的差集（difference set），定义为

$$A-B=\{x\mid x\in A\wedge x\notin B\}$$

$-$称为差运算。

- $A-$称为 A 的补集（complement set），定义为

$$A-=U-A=\{x\mid x\notin A\}$$

$-$称为补运算，它是一元运算，是差运算的特例。

说明图的运算的示意图如图 11.1 所示。

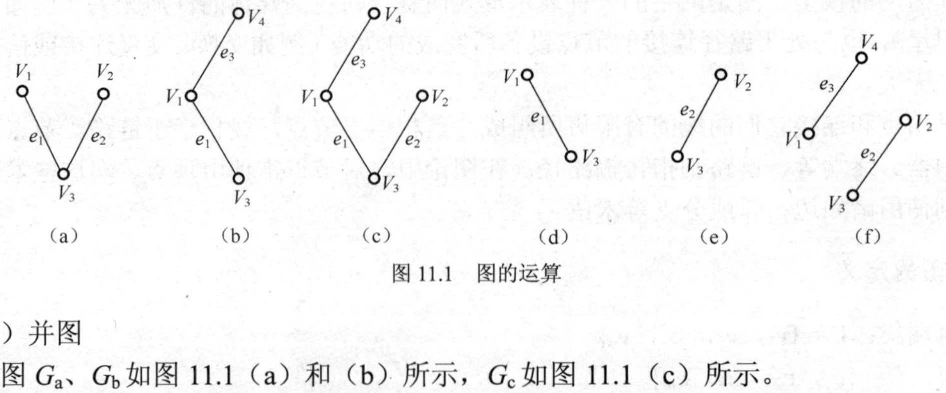

图 11.1 图的运算

（1）并图

设图 G_a、G_b 如图 11.1（a）和（b）所示，G_c 如图 11.1（c）所示。

从图中看出，G_c 中的端集和边集分别是 G_a 和 G_b 中的端集和边集的并，称图 G_c 是 G_a 和 G_b 的并图。

记为 $G_c = G_a \cup G_b$

对于边集和端集则有

$$V_c = V_a \cup V_b$$

$$E = E_a \cup E_b$$

（2）交图

G_d 如图 10.1（d）所示，则 G_d 是 G_a 和 G_b 的交图，G_b 是 G_a 和 G_b 的公共部分，同时有

$$V_d = V_a \cap V_b$$

$$E_d = E_a \cap E_b$$

（3）差图

G_e 如图 10.1（e）所示，这是从 G_a 中去掉 G_a 和 G_b 的共有边和共有端，但保留未去掉的边关联的端。

G_e 是 G_a 和 G_b 的差图。

记为 $G_e = G_a \sim G_b$

（4）环和图

G_f 如图 10.1（f）所示，这是从 $G_a \cup G_b$ 中去掉 G_a 和 G_b 的共有边。

G_f 是 G_a 和 G_b 的环和图。

记为 $G_f = G_a \oplus G_b$

一般来说存在 $G_a \sim G_b = G_a - G_a \cap G_b$

若 $G_a \cap G_b = \phi =$ 空图，则 $G_a \cup G_b = G_a + G_b$，称为它们的直和。

若 $G_b \subset G_a = G_a - G_b$，称为它们的直差。

11.1.2 图的矩阵表示

对于图可以借助于矩阵来表示，采用的矩阵是和图一一对应的。根据图可以写出矩阵，有了矩阵也能画出图，当然这样画出的图形可以不一样，但在拓扑上是一致的，也就是满足图的抽象定义。

图的矩阵表示为利用计算机来进行网络的分析和运算打下了必要的基础。常用的图的矩阵有关联阵和邻接阵。

1. 图的关联阵表示

关联阵是表达图的端与边的关联性的矩阵。

若图含有 m 条边，n 个端，则图的关联阵 A_0 是行数为端数，列数为边数的 $n \times m$ 阵，

$$A_0 = [a_{ij}]_{n \times m}$$

对于无向图则有

$$a_{ij} = \begin{cases} 1 & \text{若} e_j \text{与} v_i \text{关联} \\ 0 & \text{若} e_j \text{与} v_i \text{不关联} \end{cases}$$

对于有向图而言，则有

$$\alpha_{ij}=\begin{cases}1 & 若e_j是v_i的射出边\\-1 & 若e_j是v_i的射入边\\0 & 若e_j与v_i不关联\end{cases}$$

关联矩阵计算用书如图 11.2 所示，对于如图 11.2 所示的有向图，其关联矩阵可表示为：

$$A_6=\begin{matrix} & e_1 & e_2 & e_3 & e_4 & e_5 & e_6 & e_7\\ v_1 & 1 & 1 & 0 & 0 & 0 & 0 & 0\\ v_2 & -1 & 0 & -1 & 1 & 0 & 0 & 0\\ v_3 & 0 & -1 & 1 & 0 & 1 & 1 & 0\\ v_4 & 0 & 0 & 0 & -1 & -1 & 0 & -1\\ v_5 & 0 & 0 & 0 & 0 & 0 & -1 & -1\end{matrix}$$

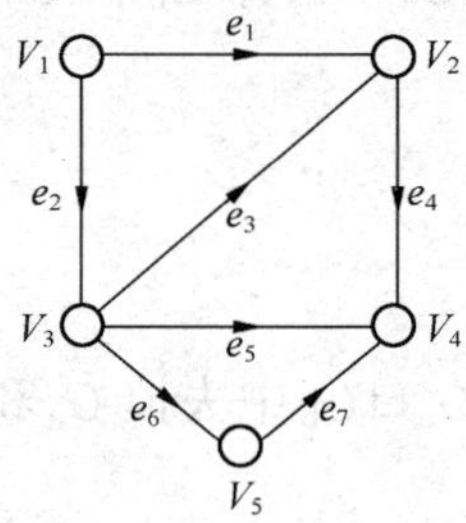

图 11.2 关联矩阵计算用图

从图的关联矩阵可以进一步来计算图的生成树的数量。

连通图的生成树的数量可以用以下公式来表示：

$$S=|AA^{\mathrm{T}}| \tag{11.1}$$

式中 A 是连通图的关联矩阵，A^{T} 是 A 阵的转置。

以图 11.2 为例，关联阵 A 为式（11.1）所示，生成树数目可以由上式算得：

$$S=|AA^{\mathrm{T}}|=\begin{vmatrix}2 & -1 & -1 & 0\\-1 & 3 & -1 & -1\\-1 & -1 & 4 & -1\\0 & -1 & -1 & 3\end{vmatrix}=21$$

即此图有生成树 21 棵。

以上所讨论的图为有向图，对于无向图，可以在图上任意加箭头，得到相应的有向图，这样就可求得无向图的生成树的数目。

2. 图的邻接阵的表示

图也可以用端与端之间的关系矩阵，即邻接阵来表示，邻接阵的行和列都与图的端相对应。对于一个有几个端的图，邻接阵是一个 $n\times n$ 的方阵，即

$$C=\left\lfloor c_{ij}\right\rfloor_{n\times n}$$

其中

$$e_{ij}=\begin{cases}1 & 若v_i到v_j有边\\0 & 若v_i到v_j无边\end{cases}$$

对于图 11.2 所示的有向图，其邻接阵为

$$e=\begin{array}{c}\\v_1\\v_2\\v_3\\v_4\\v_5\end{array}\begin{array}{c}\begin{array}{ccccc}v_1&v_2&v_3&v_4&v_5\end{array}\\\begin{bmatrix}0&1&1&0&0\\0&0&0&1&0\\0&1&0&1&1\\0&0&0&1&0\\0&0&0&1&0\end{bmatrix}\end{array}\tag{11.2}$$

对于无向图，则有

$$c_{ij}=e_{ij}$$

因此，无向图的邻接阵是一个对称阵。

11.1.3　最小生成树及其算法

1. 树和生成树

树是图论中一个十分重要的概念，在网络的组播，路由选择中都有着广泛的应用，下面说明树的定义以及树的求法。

树定义为一个不包括环路的连通图，它具有以下性质。

① 树是无环的连通图，当对于任何不同的节点 i 和 j 都有一个从 i 到 j 的路由时，图是连通图。

② 树是最小的连通图，即树中去掉任一边就成为非连通图，失去了连通性，所以是最小的。

③ 若树有 m 条边及 n 个端，则有

$$m=n-1$$

这可用数学归纳法来证明。

因此，树可定义为有 n 个端，n–1 条边的连通图。

树的例子如图 11.3 所示。

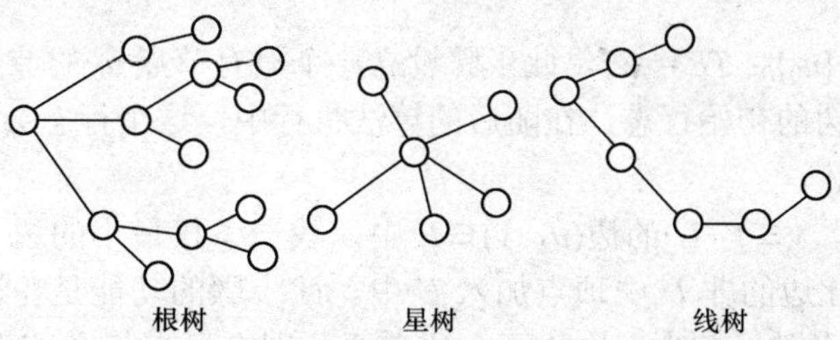

图 11.3　树的例子

生成树是树中的重要一类，下面说明它们的定义。

设 T 是连通图 G 的子图。

$T \subset G$，若 T 含有 G 的所有端，则称 T 是 G 的生成树，也就是说生成树是覆盖连通图所有端的树。

只有连通图才有生成树，反之，有生成树的图必然是连通图。

对于图中的某一生成树而言，生成树上的边称为树枝，非树枝的边称为连枝，生成树就是树枝集，连枝的边集称为连树集或树补。

在通信网的设计过程中，常涉及以下的问题：已给定一组固定的节点，在这些节点上找出一棵使全部链路的权值最小的生成树。这里的链路的权值，可以表示各种物理值，如费用、距离、带宽、时间延迟等。

在某些情况下，所求的树可能还受到某些约束条件的限制，如一个典型的约束就是：必须把节点连通而使它们承载的业务量不致造成链路过载。

求最小生成树，需要借助于有效的算法，下面首先讨论求解具有最小权但不受任何约束的一棵树的算法，然后找出有约束条件的具有最小权的树。

2. 无约束的最小生成树

连通图 G 本身不是一棵树。其生成树不止一个，但满足一定条件的最小生成树至少存在一个，寻找最小生成树是网络优化问题之一。

如前所述，连通图 G 若本身不是一颗树，其生成树不止一个，但满足一定条件的最小生成树至少存在一个。寻找最小生成树是一个常见的优化问题。

已知连通图 G 有 n 个端和端间距离 d_{ij}（i，$j=1$，2，…，n），若 v_i 和 v_j 之间无边，可令 $d_{ij}=\infty$，求最小生成树，即 $n-1$ 条边的权和最小的连通子图。这个问题可分为两种情况：一种是无约束条件的情况，另一种是有约束条件的。

下面讨论无约束条件的情况。

（1）普列姆（PRIM）算法

为了得到最小生成树，人们设计了很多算法，常用的有 Prim 算法和 Kruskal 算法。

Prim 算法具体操作是：从图中任意一个顶点开始，首先把这个顶点包括在 MST 里，然后在那些其一个端点已在 MST 里，另一个端点还不是 MST 里的边，找权最小的一条边，并把这条边和其不在 MST 里的那个端点包括进 MST 里。如此进行下去，每次往 MST 里加一个顶点和一条权最小的边，直到把所有的顶点都包括进 MST 里。

假设 V 是图中顶点的集合，E 是图中边的集合，TE 为最小生成树中的边的集合，则 prim 算法的步骤如下。

① 初始化：$U=\{u_0\}$，$TE=\{\ \}$。此步骤设立一个只有节点 u_0 的节点集 U 和一个空的边集 TE 作为最小生成树的初始行态，在随后的算法执行中，这个行态会不断地发生变化，直到得到最小生成树为止。

② 在所有 $u \in U$，$v \in V-U$ 的边 $(u, v) \in E$ 中，找一条权最小的边（u_0，v_0），将此边加进集合 TE 中，并将此边的非 U 中顶点加入 U 中。此步骤的功能是在边集 E 中找一条边，要求这条边满足以下条件：首先，边的两个顶点要分别在顶点集合 U 和 $V-U$ 中，其次，边的权要最小。找到这条边以后，把这条边放到边集 TE 中，并把这条边上不在 U 中的那个顶点加入到 U 中。这一步骤在算法中应执行多次，每执行一次，集合 TE 和 U 都将发生变化，分别增加一条边和一个顶点，因此，TE 和 U 是两个动态的集合，这一点在理解算法时

要密切注意。

③ 如果 $U=V$，则算法结束；否则重复步骤 2。可以把本步骤看成循环终止条件。我们可以算出当 $U=V$ 时，步骤②共执行了 $n-1$ 次（设 n 为图中顶点的数目），TE 中也增加了 $n-1$ 条边，这 $n-1$ 条边就是需要求出的最小生成树的边。

该算法的特点是当前形成的集合 T 始终是一棵树。将 T 中 U 和 TE 分别看作红点和红边集，$V\text{-}U$ 看作蓝点集，算法的每一步均是在连接红、蓝点集的紫边中选择一条轻边扩充进 T 中。MST 性质保证了此边是安全的。T 从任意的根 r 开始，并逐渐生长直至 $U=V$，即 T 包含了 C 中所有的顶点为止。MST 性质确保此时的 T 是 G 的一棵 MST。

下面举例来说明上述算法。图 11.4 所示为 PRIM 算法用图，边上的数字就是各 d_{ij}。

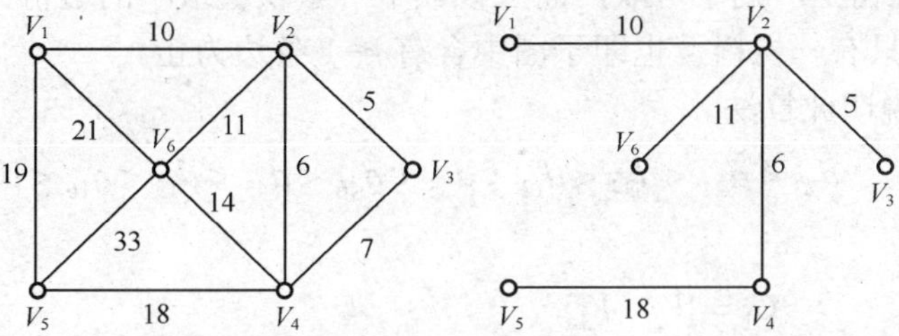

图 11.4　PRIM 算法用图

依 P 算法可顺序得

$$G_1=\{V_2\}$$

$$G_2=\{V_2,\ V_3\} \qquad d_{23}\text{ 最小}$$

$$G_3=\{V_2,\ V_3,\ V_4\} \qquad d_{24}\text{ 最小}$$

$$G_4=\{V_2,\ V_3,\ V_4,\ V_1\} \qquad d_{21}\text{ 最小}$$

$$G_5=\{V_2,\ V_3,\ V_4,\ V_1,\ V_6\} \qquad d_{26}\text{ 最小}$$

$$G_6=\{V_2,\ V_3,\ V_4,\ V_1,\ V_6,\ V_5\} \qquad d_{45}\text{ 最小}$$

其邻接阵为

$$C=\begin{array}{c} \\ V_1\\ V_2\\ V_3\\ V_4\\ V_5\\ V_6 \end{array}\begin{array}{c} \begin{array}{cccccc} V_1 & V_2 & V_3 & V_4 & V_5 & V_6 \end{array}\\ \begin{bmatrix} 0 & 1 & 0 & 0 & 0 & 0\\ 1 & 0 & 1 & 0 & 0 & 1\\ 0 & 1 & 0 & 0 & 0 & 0\\ 0 & 1 & 0 & 0 & 1 & 0\\ 0 & 0 & 0 & 1 & 0 & 0\\ 0 & 1 & 0 & 0 & 0 & 0 \end{bmatrix} \end{array}$$

树枝的总长度为

$$d_{23}+d_{24}+d_{21}+d_{26}+d_{45}=50$$

（2）克鲁斯格尔（Kruskal）算法

另一个算法是顺序取边的克鲁斯格尔算法，简称 K 算法。

K 算法每次选择 $n-1$ 条边，所使用的准则是：从剩下的边中选择一条不会产生环路的具有最小耗费的边加入已选择的边的集合中。注意到所选取的边若产生环路则不可能形成一棵生成树。K 算法分 e 步，其中 e 是网络中边的数目。按耗费递增的顺序来考虑这 e 条边，每次考虑一条边。当考虑某条边时，若将其加入到已选边的集合中会出现环路，则将其抛弃，否则，将它选入。

假设 $WN=(V,\{E\})$是一个含有 n 个顶点的连通网。

K 算法的步骤如下。

① 先构造一个只含 n 个顶点，而边集为空的子图，若将该子图中各个顶点看成是各棵树上的根节点，则它是一个含有 n 棵树的一个森林。

② 从网的边集 E 中选取一条权值最小的边，若该条边的两个顶点分属不同的树，则将其加入子图，也就是说，将这两个顶点分别所在的两棵树合成一棵树；反之，若该条边的两个顶点已落在同一棵树上，则不可取，而应该取下一条权值最小的边再试之，依此类推。

③ 直至森林中只有一棵树，也即子图中含有 $n-1$ 条边为止。

仍用图 11.4 来说明此算法。

此时 $$d_{23}<d_{24}<d_{34}<d_{12}<d_{26}<d_{46}<d_{45}<d_{15}<d_{16}<d_{56}$$

得到：

$$G_1=\{V_2,\ V_3\}$$
$$G_2=\{V_2,\ V_3\}\cup\{V_2,\ V_4\}=\{V_2,\ V_3,\ V_4\}$$
$$G_3=G_2\cup\{V_3,\ V_4\}$$

形成环路，删去这条边。

$$G_4=G_2\cup\{V_1,\ V_2\}=\{V_2,\ V_3,\ V_4,\ V_1\}$$
$$G_5=G_4\cup\{V_2,\ V_6\}=\{V_2,\ V_3,\ V_4,\ V_1,\ V_6\}$$
$$G_6=G_5\cup\{V_4,\ V_6\}$$

形成环路，删去这条边。

$$G_7=G_6\cup\{V_4,\ V_5\}=\{V_2,\ V_3,\ V_4,\ V_1,\ V_6,\ V_5\}$$

G_7 就是最小生成树。

3. 有约束条件的最小生成树

下面讨论有约束条件的最小生成树，以 E-W 算法作为例子来进行讨论。

E-W 算法用图如图 11.5 所示，图中 v_1 是中心节点，其他 2、3、4、5 为端站，链路上的权值为 $d_{ij}(i,j=1,2,\cdots,n)$，各个端站的业务量为 $F_i(i=2,\ 3,\ \cdots,\ n)$，$d_{ij}$ 的值示于图 10.6 的边上，各个端站的业务量示于图 10.6 的端内。

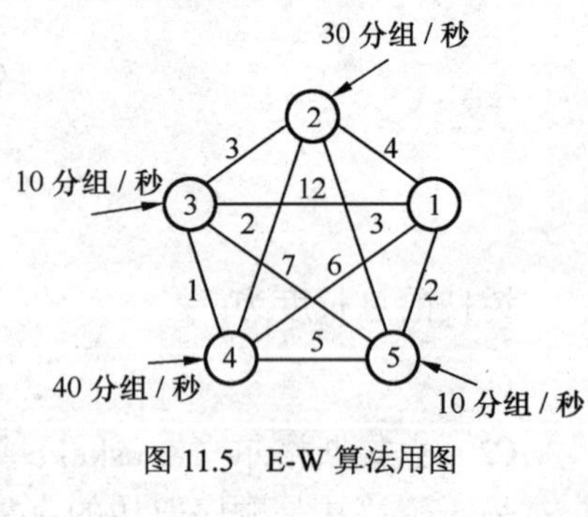

图 11.5　E-W 算法用图

约束条件：要求任意一个端所到 v_j 的链路数（边数）小于 k，即转接次数小于 $k-1$ 上的总业务量不大于 M。

其中 k 是给定的整数，而 M 是给定的实数，设 $k=3$，$M=50$ 求符合约束条件的最小生成树。

根据公式 $e_{ij}=d_{ij}-D_{1i}$

$$D_{1i}=\min_{v_i\in G_i} d_{1i}$$

计算的 e_{ij} 的矩阵为

$$\begin{array}{c} \\ v_2 \\ v_3 \\ v_4 \\ v_5 \end{array}\begin{array}{c} \begin{array}{ccccc} v_1 & v_2 & v_3 & v_4 & v_5 \end{array} \\ \begin{bmatrix} 0 & 0 & -1 & -2 & -1 \\ 0 & -9 & 0 & -11 & -5 \\ 0 & -4 & -5 & 0 & -1 \\ 0 & 1 & 5 & 3 & 0 \end{bmatrix} \end{array}$$

① 矩阵中 e_{34} 最小，取该边。经核对满足约束条件。

② 重新计算 e_{ij} 的矩阵得

$$\begin{array}{c} \\ v_2 \\ v_3 \\ v_4 \\ v_5 \end{array}\begin{array}{c} \begin{array}{ccccc} v_1 & v_2 & v_3 & v_4 & v_5 \end{array} \\ \begin{bmatrix} 0 & 0 & -1 & -2 & -1 \\ 0 & -4 & 0 & -11 & 0 \\ 0 & -4 & -5 & 0 & -1 \\ 0 & 1 & 5 & 3 & 0 \end{bmatrix} \end{array}$$

③ 取 $e_{43}=-5$　v_4,v_3 已有边。

④ 取 $e_{42}=-4$　v_4,v_2 相连后，总业务量 $=10+40+30=80$，不符合约束条件。

⑤ 取 $e_{32}=-4$，$e_{24}=-4$，$e_{35}=0$，均不符合约束条件。

⑥ $e_{25}=-1$，满足约束条件，取该边。

⑦ 取 $e_{51}=0$，符合约束条件。

⑧ 取 $e_{41}=0$，符合约束条件。

⑨ 取 $e_{35}=0$，不符合约束条件。

得如图 11.6 的解。

业务量如图 11.6 所示，节点上的数字为该节点的业务量。

图 11.7 是无约束条件下的最小生成树，可以和有约束条件下的生成树加以比较，说明约束条件在求解过程中的影响。

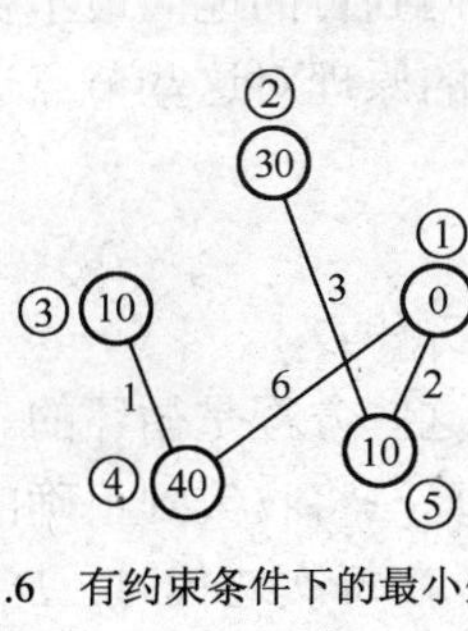

图 11.6　有约束条件下的最小生成树

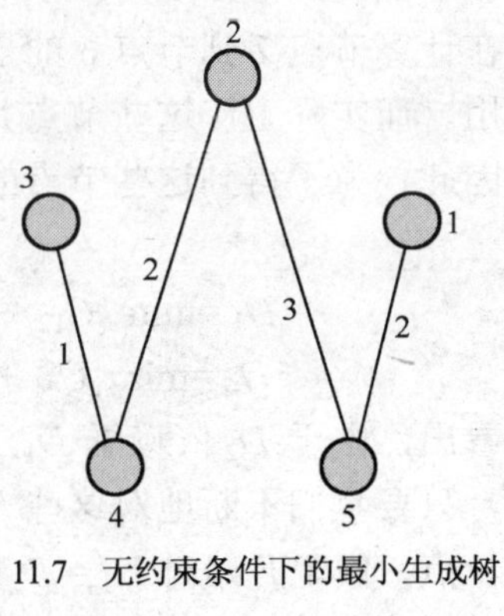

图 11.7　无约束条件下的最小生成树

11.2　最短路径算法

在固定路由选择中，常按照最短路径的原则来确定节点的由表。下面讨论求解最短路径的 3 个算法，一个是 Bellman-Ford 算法；另一个 Dijkstra 算法，是解决一个节点到其他节点之间的最短路径的问题；还有一个是 Floyd 算法，可用来求解网中任意两个节点之间的最短路径。

当网络中标定的数值不是链路长度，而是链路费用或者链路时延时，应用上述两个算法求出的就是两节点之间的最小费用或最少时延。因此，上述两个算法在对网络进行优化时具有普遍的意义。

11.2.1 Bellman-Ford 算法

Bellman-Ford 算法（也叫做 Ford-Fulkerson 算法）是用以求解到固定点的最短路径算法。其原理是：如果某个节点在 A 和 B 之间的最短路径上，则该节点到 A 的路径必定是最短路径；同样，该节点到 B 的路径也必定是最短路径。作为一个例子，假定我们希望求得图 11.8 中节点 2 到节点 6（目的地）的最短路径，为了到达目的地，节点 2 的分组必须首先通过节点 1、节点 4 或节点 5 中的某个节点。如果我们已经知道节点 1、节点 4、节点 5 到目的地（节点 6）的最短路径分别是 3、3、2，这样，如果节点 2 的分组首先通过节点 1，则总距离（也可叫做总费用）就等于 3+3 = 6；如果分组首先通过的是节点 4，则总距离是 1+3 = 4；如果分组首先通过的是节点 5，则总距离是 4+2 = 6。因此，从节点 2 到目的地的最短路径就是分组首先通过节点 4 时所得到的路径。

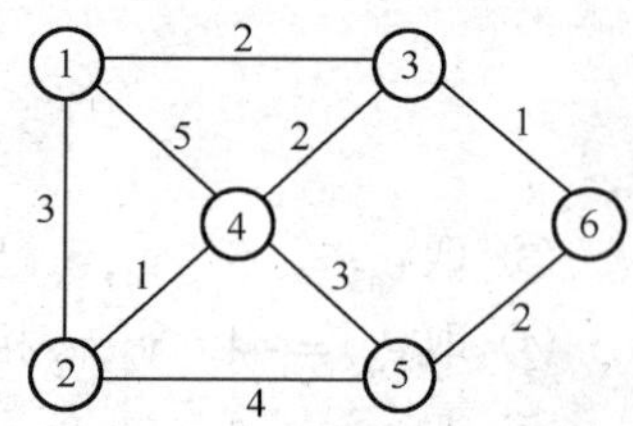

图 11.8　Bellman-Ford 算法用图

为了使这种想法形式化，我们首先固定目的地节点，并定义 D_j 是节点 j 到目的地的最小费用（或最短距离）的当前预测值；C_{ij} 是节点 i 到节点 j 的线路费用。例如，在图 11.8 中，$C_{12} = C_{21} = 2$，$C_{45} = 3$，而从节点 i 到其自身的费用定义为 0（即 $C_{ii} = 0$）。如果节点 i 到节点 k 之间没有直接相连的线路，则它们之间的线路费用定义为无穷大。例如，在图 11.8 中，$C_{15} = C_{23} = \infty$。根据这些定义，可以求得从节点 2 到目的地节点（节点 6）的最小费用为

$$D_2 = \min\{C_{21} + D_1,\ C_{24} + D_4,\ C_{25} + D_5\} = \min\{3 + 3,\ 1 + 3,\ 4 + 2\} = 4$$

因此，节点 2 到节点 6 的最小费用为 4，且下一个访问的节点是节点 4。

我们在计算节点 2 到节点 6 的最小费用时，假定已经知道了节点 1、4、5 分别到目的地的最小费用。而实际上，这些节点并没有执行同样的计算，它们到目的地的最小费用并不是已知的，因此，为了得到这些节点的最小费用，我们应用同样的原理对这些节点进行计算。例如，

$$D_1 = \min\{C_{12} + D_2,\ C_{13} + D_3,\ C_{14} + D_4\}$$
$$D_4 = \min\{C_{41} + D_1,\ C_{42} + D_2,\ C_{43} + D_3,\ C_{45} + D_5\}$$

可以看出，由于 D_2 依赖于 D_1，而 D_1 又依赖于 D_2，因此这些方程是循环的。令人难以置信的是，只要我们不断地对这些方程进行迭代和更新，这个算法将收敛到正确的结果。为了说明这一点，假定开始时 $D_1 = D_2 = \cdots = D_5 = \infty$，可以看到，在每次迭代时，$D_1$，$D_2$，…，$D_5$ 最终必定收敛。

现在我们定义 d 是目的地节点，则可以将 Bellman-Ford 算法总结如下：

① 初试化。

$$D_1 = \infty,\ i \neq d$$
$$D_d = 0 \tag{11.3}$$

② 更新。对每个 $i \neq d$

$$D_i = \min_j \{C_{ij} + D_j\},\ j \neq i \tag{11.4}$$

重复步骤②，直到迭代中没有新的变化出现。

例：求最小费用。

利用 Bellman-Ford 算法，求出图 11.8 中每个节点到节点 6（目的地节点）的最小费用，并求出沿最短路径的下一个节点。

现在我们用符号（n，D_i）表示每个节点，这里 n 是沿当前最短路径的下一个节点，D_i 是节点 i 到目的地的当前最小费用。从给出最小费用的方程中的 j 值可以求得下一个节点。如果下一个节点没有定义，我们就将 n 设置为−1。表 11.1 所示为 Bellman-Ford 算法在每次迭代结束时的结果。由于第 3 次迭代结束后不再有变化出现，因而算法在此时结束。表中的最后一行即每个节点到节点 6 的最短路径费用及该路径上的下一个节点。

表 11.1　　Bellman-Ford 算法计算结果示例

迭　代	节点 1	节点 2	节点 3	节点 4	节点 5
初始化	(−1，∞)	(−1，77)	(−1，∞)	(−1，∞)	(−1，∞)
1	(−1，∞)	(−1，∞)	(6，1)	(3，3)	(6，2)
2	(3，3)	(4，4)	(6，1)	(3，3)	(6，2)
3	(3，3)	(4，4)	(6，1)	(3，3)	(6，2)

对于上面的例子，可以画出每个节点到目的地节点的最短路径。由表 11.1 中的最后一行可以看出，在每个节点的最短路径上，节点 1 的下一个节点是节点 3；节点 2 的下一个节点是节点 4；节点 3 的下一个节点是节点 6，等等。

Bellman-Ford 算法的一个良好特性是它容易分布实现，这样，每个节点就可以独立计算该节点到每个目的地的最小费用，并将最小费用矢量周期地广播给它的邻居节点。为加快收敛，路由表中的变化也可用来触发节点向它的邻居节点广播最小费用，这种技术叫做触发更新。可以证明，在适当的假设条件下，分布式算法也可以收敛到正确的最小费用上。一旦收敛，每个节点就会知道每个目的地的最小费用以及最短路径上相应的下一个节点。由于相邻节点之间交换的只有费用矢量（或距离矢量），分布式 Bellman Ford 算法也常常被称为距离矢量算法。参与距离矢量算法的每个节点都按下述方程进行计算：

$$D_{ii} = 0$$
$$D_{ij} = \min_k \{C_{ik} + D_{kj}\},\ \forall k \neq i$$

这里，D_{ij} 是节点 i 到目的地节点 j 的最小费用。一旦更新，节点 i 就向它的相邻节点广播矢量[D_{i1} D_{i2} D_{i3}…]。分布实现方式能够适应线路费用的变化或者是拓扑结构的变化。

11.2.2　Dijkstra 算法

1．Dijkstra 算法的原理

利用图 11.9 中所示的网作为例子来讨论 Dijkstra 算法，其目的是求出源节点到网中所有其他节点的最短路径。在求解过程中，采取步进的方式，建立一个以源节点 1 为根的最短路径树，直到包括最远的节点在内为止。到第 k 步，计算出到离源节点最近的 k 个节点的最短路径。这些路径定义为在集 N 内。

设 $D(v)$为从源节点 1 到节点 v 的距离，$l(ij)$为节点 i 和 j 之间的距离。算法分两步执行。

第 1 步：初始化。令 $N=\{1\}$。对于不在 N 中的每个节点 v，设置 $D(v)=l(1,\ v)$。（对于与 1 不直接相连的节点取为∞）

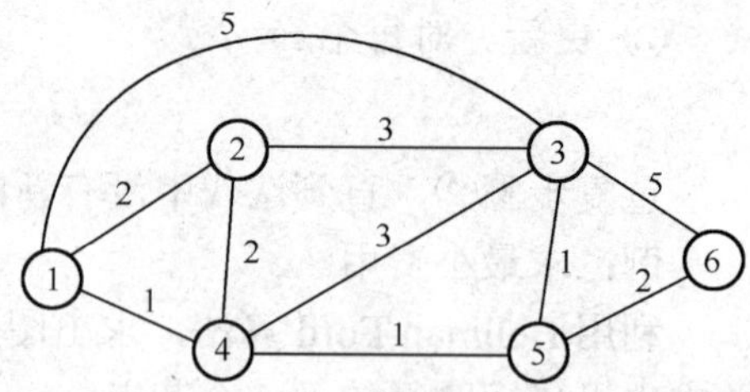

图 11.9 Dijkstra 算法用图

第 2 步：找到一个不在 N 中的使 $D(w)$最小的节点 w，并将 w 加进集 N 中去，然后计算下式，以修改不在 N 中的所有其他节点的 $D(v)$：

$$D(v)_{\min}[D(v),\ D(w)+l(w,\ v)]。\tag{11.5}$$

重复第 2 步直至全部节点包括在 N 中。

表 11.2 所示为求图 11.10 中节点 1 到其他节点最短路径的过程。在表中画圆圈的数字表示该步骤中 $D(w)$的最小值。这样，相应的节点 w 就加到 N 中，$D(v)$的值就按要求更改。因此，在初始化后的第 1 步，距离最小 $D(4)=w$，节点 4 就加进集合 N 中；在第 2 步，$D(5)=2$，节点 5 加进 N 中；如此不断继续下去。第 5 步以后，所有的节点都在 N 中，算法终止。

表 11.2　　算法的计算过程

步　骤	N	$D(2)$	$D(3)$	$D(4)$	$D(5)$	$D(6)$
初始	{1}	2	5	1	∞	∞
1	{1，4}	2	4	①	2	∞
2	{1，4，5}	2	3	1	②	4
3	{1，2，4，5}	②	3	1	2	4
4	{1，2，3，4，5}	2	③	1	2	4
5	{1，2，3，4，5，6}	2	3	1	2	④

图 11.10（a）中示出了以源节点 1 为根的最短距离树。它的产生过程是：当一个节点加入集合 N 时，它就连接到已在 N 中的适当点。每个节点下面圆圈内的数字代表在第 n 步该节点加入树的结构。由节点 1 的最短距离树可以得到节点 1 的路由选择表，如图 11.10（b）所示。该表指明了到相应的目的地节点所应选的下一节点。同理，我们可以求得节点 2，3，…，6 的路由选择表。

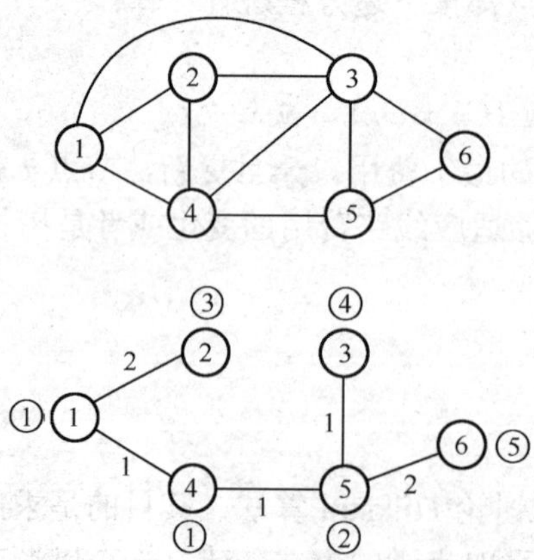

（a）

目的节点	下一节点
2	2
3	4
4	4
5	4
6	4

（b）

图 11.10　节点 1 到其他节点的最短距离

2. Dijkstra 算法的应用

Dijkstra 算法有时也被称为 SPF 算法，这是因为最短路径优先算法 SPF 是 Dijkstra 发明的。SPF 算法是 OSPF 路由协议的基础。该算法将每一个路由器作为根（root）来计算其到每一个目的地路由器的距离，每一个路由器根据一个统一的数据库会计算出路由域的拓扑结构图，该结构图类似于一棵树，在 SPF 算法中，被称为最短路径树。在 OSPF 路由协议中，最短路径树的树干长度，即 OSPF 路由器至每一个目的地路由器的距离，称为 OSPF 的 Cost。

作为一种典型的链路状态的路由协议，OSPF 还得遵循链路状态路由协议的统一算法。链路状态的算法非常简单，在这里将链路状态算法概括为以下 4 个步骤。

① 当路由器初始化或当网络结构发生变化(例如增减路由器，链路状态发生变化等)时，路由器会产生链路状态广播数据包（Link-State Advertisement，LSA），该数据包里包含路由器上所有相连链路，即所有端口的状态信息。

② 更新自己的数据库，并将该链路状态信息转送给与其相邻的路由器，直至稳定的一个过程。

③ 当网络重新稳定下来，也可以说 OSPF 路由协议收敛下来时，所有的路由器会根据其各自的链路状态信息数据库计算出各自的路由表。该路由表中包含路由器到每一个可到达目的地的 Cost 以及到达该目的地所要转发的下一个路由器（next-hop）。

④ 这一步实际上是指 OSPF 路由协议的一个特性。当网络状态比较稳定时，网络中传递的链路状态信息是比较少的，或者说，当网络稳定时，网络中是比较安静的。这也正是链路状态路由协议区别于距离矢量路由协议的一大特点。

11.2.3 Floyd 算法

求网中的任意两节点之间的最短路径是由 Floyd 提出的。Floyd 算法的基本思想是从初始距离矩阵开始，依次把网中的各节点作为中间节点来考虑，不断地更新距离矩阵，直至矩阵中的数值收敛。

设所讨论的网中有 N 个节点，S 为距离矩阵，S_{jk} 为矩阵中的元素表示节点 j 与节点 k 之间距离，R 为后续节点矩阵，Y_{jk} 为 R 矩阵中的元素。

FIoyd 算法按照下列步骤进行。

① 初始化。对于 $j=1$，2，…，N；$k=1$，2，…，N；置 $S_{jk}=d$。其中，d_{jk} 是节点 j 与节点 k 之间的直达距离。如果两个节点不直接相连，则 d_{jk} 取为∞。置 $r_{jk}\leftarrow k$ 当 $j=k$ 时，$r_{jk}\leftarrow 0$。

② 对于 $I=1$，2，…，N，进行第③～⑤步。

③ 对于 $j=1$，2，…，N；$j\neq i$，进行第④～⑤步。

④ 对于 $k=1$，2，…，N；$k\neq j$，$k\neq i$，进行第⑤步。

⑤ 对 S_{ji} 和 r_{jk} 进行更新。当 $S_{ji}+S_{jk}<S_{jk}$ 时，置 $S_{jk}\leftarrow S_{ji}+S_{ik}$ 和 $r_{jk}\leftarrow i_0$。

算法的执行过程从矩阵 S^0 开始，S_{jk}^{0} 等于直达距离中 d_{jk}，然后以 $I=1$ 为中间节点，$S_{jk}^{[1]}$ 等于从 j 到 k 的最短路径。当节点 1，2，…，N 都是中间节点时，矩阵 $S^{(N)}$ 具有等于从 j 到 k 的最短路径长度 $S_{jk}^{(N)}$。每次迭代均利用下式进行：

$$S_{jk}^{(i)} = \min\left(S_{jk}^{(i-1)},\ S_{ji}^{(i-1)} + S_{jk}^{(i-1)}\right) \tag{11.6}$$

下面结合具体例子进一步说明 Floyd 算法。图 11.11 所示为一 5 节点的网，节点之间的直达距离已在图中标明，求此图的最短路径矩阵。

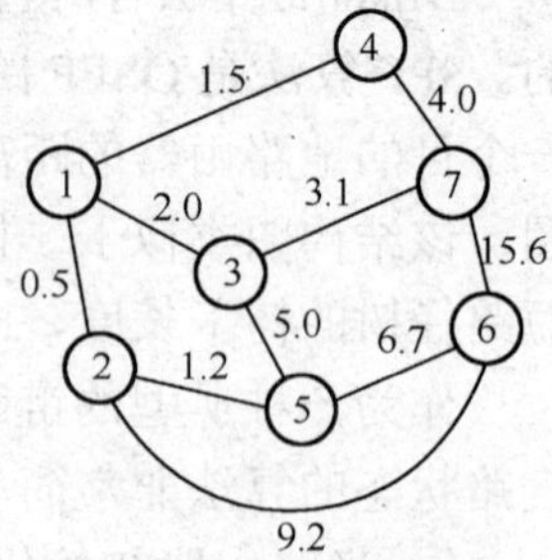

图 11.11　Floyd 算法用网

在图 11.1 的例子中，在开始时有

$$S=\begin{bmatrix} 0 & 0.5 & 2.0 & 1.5 & \infty & \infty & \infty \\ 0.5 & 0 & \infty & \infty & 1.2 & 9.2 & \infty \\ 2.0 & \infty & 0 & \infty & 5.0 & \infty & 3.1 \\ 1.5 & \infty & \infty & 0 & \infty & \infty & 4.0 \\ \infty & 1.2 & 5.0 & \infty & 0 & 6.7 & \infty \\ \infty & 9.2 & \infty & \infty & 6.7 & 0 & 15.6 \\ \infty & \infty & 3.1 & 4.0 & \infty & 15.6 & 0 \end{bmatrix}$$

$$R=\begin{bmatrix} 0 & 2 & 3 & 4 & 0 & 0 & 0 \\ 1 & 0 & 0 & 0 & 5 & 6 & 0 \\ 1 & 0 & 0 & 0 & 5 & 0 & 7 \\ 1 & 0 & 0 & 0 & 0 & 0 & 7 \\ 0 & 2 & 3 & 0 & 0 & 6 & 0 \\ 0 & 2 & 0 & 0 & 5 & 0 & 7 \\ 0 & 0 & 3 & 4 & 0 & 6 & 0 \end{bmatrix}$$

在已经以 $i=2$ 完成了步骤 2 之后，也就是在已经试验过其中节点 1 或 2 可能是中间节点的所有路由之后，有

$$S=\begin{bmatrix} 0 & 0.5 & 2.0 & 1.5 & 1.7 & 9.7 & \infty \\ 0.5 & 0 & 2.5 & 2.0 & 1.2 & 9.2 & \infty \\ 2.0 & 2.5 & 0 & 3.5 & 3.7 & \infty & 3.1 \\ 1.5 & 2.0 & 3.5 & 0 & 3.2 & 11.2 & 4.0 \\ 1.7 & 1.2 & 3.7 & 3.2 & 0 & 6.7 & \infty \\ 9.7 & 9.2 & \infty & 11.2 & 6.7 & 0 & 15.6 \\ \infty & \infty & 3.1 & 4.0 & \infty & 15.6 & 0 \end{bmatrix}$$

和

$$R=\begin{bmatrix} 0 & 2 & 3 & 4 & 2 & 0 & 0 \\ 1 & 0 & 1 & 1 & 5 & 6 & 0 \\ 1 & 1 & 0 & 1 & 1 & 0 & 7 \\ 1 & 1 & 1 & 0 & 1 & 1 & 7 \\ 2 & 2 & 2 & 0 & 0 & 6 & 0 \\ 0 & 2 & 0 & 2 & 5 & 0 & 7 \\ 0 & 0 & 3 & 4 & 0 & 6 & 0 \end{bmatrix}$$

在这里注意，例如，$S_{46}=11.2$，路由为（4，1）、（1，2）、（2，6）；在前次以 $i=1$ 通过步骤 2 时，S_{42} 的值曾以它的初值∞（节点 4 和 2 没有一个链路加以连接）变到值 2.0，即从 4 经过 1 到 2 的路由的长度。

最后，在算法结束时，找出

$$S=\begin{bmatrix} 0 & 0.5 & 2.0 & 1.5 & 1.7 & 8.4 & 5.1 \\ 0.5 & 0 & 2.5 & 2.0 & 1.2 & 7.9 & 5.6 \\ 2.0 & 2.5 & 0 & 3.5 & 3.7 & 11.7 & 3.1 \\ 1.5 & 2.0 & 3.5 & 0 & 3.2 & 9.9 & 4.0 \\ 1.7 & 1.2 & 3.7 & 3.2 & 0 & 6.7 & 7.2 \\ 8.4 & 7.9 & 11.7 & 9.9 & 6.7 & 0 & 14.8 \\ 5.1 & 5.6 & 3.1 & 4.0 & 7.2 & 4.8 & 0 \end{bmatrix}$$

和

$$R=\begin{bmatrix} 0 & 2 & 3 & 4 & 2 & 2 & 3 \\ 1 & 0 & 1 & 1 & 5 & 5 & 1 \\ 1 & 1 & 0 & 1 & 1 & 5 & 7 \\ 1 & 1 & 1 & 0 & 1 & 1 & 7 \\ 2 & 2 & 2 & 2 & 0 & 6 & 2 \\ 5 & 5 & 5 & 5 & 5 & 0 & 5 \\ 3 & 3 & 3 & 4 & 4 & 3 & 0 \end{bmatrix}$$

以图 11.11 的一个例子可以示出使用 R 矩阵来产生一个特定节点对之间最短路由的方式。如果打算描述节点 2 和节点 7 之间的最短路由，从节点 2 到 R 矩阵中在全部算法完成之后由 r_{27} 所指示的节点，也就是进到节点 1，且在想要的路由中第一个链路是（2，1）。然后，进到如同 r_{17} 所给出的编号的节点，也就是 3，因而继续增添链路（1，3）。最后，知道在最短路由从 3 到 7 中，3 的后继者是 7，因而得出的路由是（2，1）、（1，3）、（3，7），其长度是 $S_{27}=5.6$。

11.3　排队论基础

排队论是通信网性能分析中的常用工具。在电话网中，当用户发生出局呼叫时，需要占用交换局间中继线。如果这时中继线空闲，则呼叫成功，否则呼叫被阻塞。为了保证呼叫能达到较高的成功率，交换局间应设置足够的中继线。那么究竟应该设置多少中继线才合适呢？这个问题要用排队理论来分析解决。

在分组交换网中，分组信息在交换过程中，每个节点由于存储缓冲而产生延时，延时的长短与传输链路的速率有关。由于延时的大小会影响分组交换的性能，因此，在设计分组交换网时，要选择合适的缓冲器容量和链路速率，保证分组信息的延时性能。对于这个问题，同样要通过排队理论来分析解决。

同样，局域网的介质随机访问竞争问题，ATM 网的出线竞争问题，都需要利用排队论来进行分析研究，因此，在分析研究通信网性能之前，先要学习一些有关排队论的基础知识。

11.3.1 排队模型基本概念

排队服务是我们日常生活中司空见惯的现象，排队理发、排队买票等。排队服务现象同样存在于通信服务中。排队论就是专门研究各种排队现象统计规律的数学，属于概率论与随机过程的一个部分。只有一个服务员的单服务员排队模型是最简单的排队模型。它由一个服务员和一个代表队列的方框组成，如图 11.12 所示。图中的λ是顾客到达率或称系统负荷，例如，在电话网中它表示单位时间内发生的呼叫次数（呼叫/秒）；在分组交换网中表示单位时间发生的分组信息数（分组/秒）。μ是顾客离去率或称服务率或称系统容量，它的单位与λ相同。例如，在分组网中，μ是由分组长度（bit/s）和链路传输速率（bit/s）决定的，其单位是：分组/秒。例如，一条速率 $C = 2\,400$bit/s 的传输链路，在传输一个长度为 1 000bit 的分组时，其服务率$\mu = 2.4$ 分组/秒。

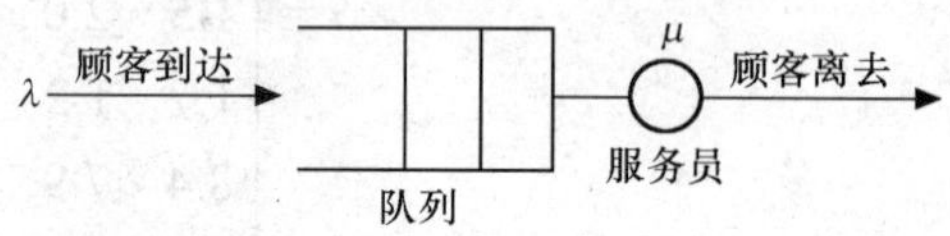

图 11.12 单服务员排队模型

系统负荷与系统容量之比称为服务强度或链路利用率，即$\rho = \lambda/\mu$，这是排队论中的一个重要的参数。对于单服务员排队模型，当ρ趋近或超过 1 时，就会进入阻塞，时延迅速增大，到达的分组被阻塞。

对于一般的排队系统，有一套 A/B/C 表示符号，A 表示顾客到达的分布特性，B 表示服务员的服务分布特性，C 表示服务员的个数。有时采用 A/B/C/K/M 这样的符号，A、B、C 的含义不变，K 表示排队系统的容量，省略这一项表示 K→∞；M 表示潜在的顾客数，对于潜在顾客数 M→∞时，也可省去此项。常见的几种排队系统模型符号表示如下。

M/M/1 排队：表示泊松到达、指数服务特性、一个服务员的排队系统。这里符号 M 来自马尔可夫（Markov）过程，用来表示泊松过程或相应的指数分布。

M/M/m 排队：表示泊松到达、指数服务分布特性、m 个服务员的排队系统。

M/G/1 排队：表示泊松到达、服务时间服从一般分布的单服务员排队系统。

M/D/1 排队：表示泊松到达、服务时间为常数的单服务员排队系统。

泊松过程常用于描述排队系统特性的随机过程，广泛应用于电路交换网和分组交换网的性能分析过程中，很多关于网络性能的计算公式是在泊松到达的前提下得到的。

用下面 3 个表述来对泊松过程进行定义。在时间轴上取一个很小的时隙Δt，如图 11.13 所示。

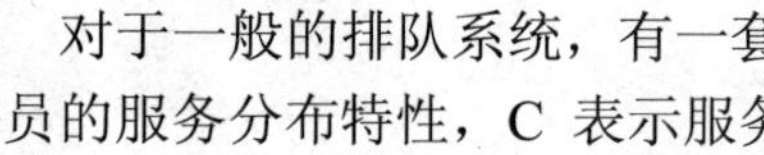

图 11.13 用于定义泊松过程的时隙

① 在时隙Δt 中有一个顾客到达的概率定义为$\lambda\Delta t+o(\Delta t)$，$o(\Delta t)$表示$\Delta t$ 的更高阶项，当$\Delta t\to 0$ 时，它更快地趋于 0；λ 是一比例常数，且$\lambda\Delta t \ll 1$。

② 在Δt 中没有顾客到达的概率是 $1-\lambda\Delta t+o(\Delta t)$。

③ 到达是无记忆的，即在长度为Δt 的一个时隙内的顾客到达，与以前或以后的时隙中的到达无关。

符合上述 3 点的随机过程即为泊松过程。由于在马尔柯夫过程中，事件在 $t+\Delta t$ 出现的概率只取决于在时间 t 出现的概率，因此，泊松过程是马尔柯夫过程的一个特例。

利用上述 3 点，我们可以求得在 T 间隔内有 k 个顾客到达的概率 $p(k)$，由下式给出：

$$p(k)=(\lambda T)^k e^{-\lambda T}/k! \quad (k=0, 1, 2, \cdots) \tag{11.7}$$

这就是熟知的泊松分布。其平均值 $E(k)$和方差 σ_k^2 由下式给出：

$$E(k)=\sum_{k=0}^{\infty} kp(k)=\lambda T \tag{11.8}$$

$$\sigma_k^2 = E(k^2)-E^2(k)=E(k)=\lambda T \tag{11.9}$$

式中，λ 为速率参数，它代表泊松到达的平均速率。

图 11.14 所示为随机到达的示意图，相继到达之间的时间间隔为τ，显然，τ是一个连续分布的正随机变量。对于泊松到达，可以证明τ服从指数分布，其概率密度函数$f(\tau)$可由下式给出：

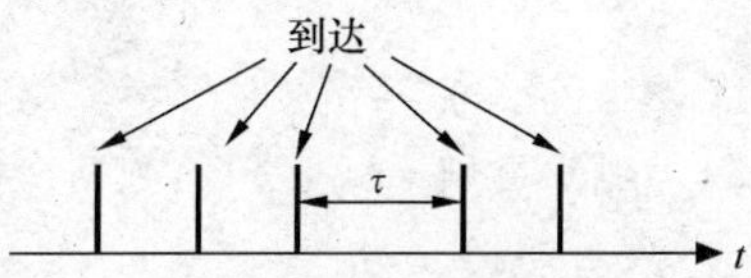

图 11.14　泊松到达的时间间隔

$$f(\tau)=\lambda e^{-\lambda\tau} \quad (\tau \geqslant 0)$$

这一指数分布的平均值 $E(\tau)$为

$$E(\tau)=\int_0^{\infty} \tau f(\tau) d\tau = 1/\lambda$$

它的方差σ_τ^2为

$$\sigma_\tau^2 = 1/\lambda^2$$

例如，某电话局忙时平均呼叫率为每小时 1 000 次，则平均来话间隔 $E(\tau)=3.6s$，平均来话间隔为 10s 的概率为 0.94。

由此可见，如果到达是个泊松过程，则到达的时间间隔τ服从指数分布，反之亦然。

值得指出的是泊松过程有一附加特性。假定有 m 个各具任意速率λ_1，λ_2，…，λ_n的独立泊松流，则复合流本身也是泊松过程，其速率参数 $\lambda=\sum_{i=1}^{m}\lambda_i$。这个特性使得有多个输入端节点的性能分析得以简化。

11.3.2　M/M/1，M/G/1，M/D/1 排队模型

1．M/M/1 排队模型

M/M/1 排队模型是一个符合泊松到达、指数服务时间、按先进先出（FIFO）规则服务的单服务员排队模型。图 11.15 所示为 M/M/1 排队模型示意图，图中顾客到达率为λ。

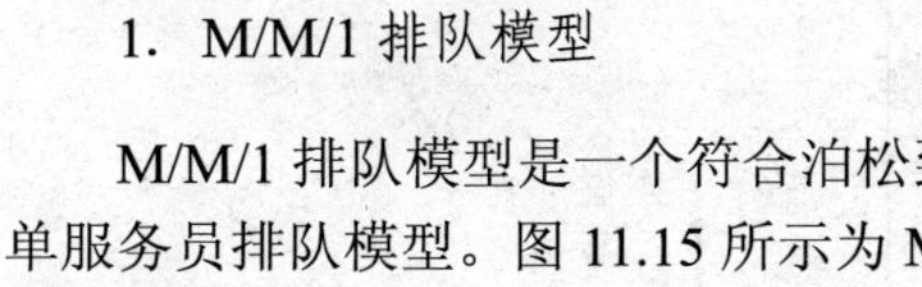

图 11.15　M/M/1 排队模型

我们首先利用此模型来分析该系统的相关统计特性：系统中的平均顾客数 $E(n)$、平均排队长度 $E(q)$、顾客在系统中的平均逗留时间 $E(T)$和平均等待时间 $E(w)$等。

假设，当系统中有 n 个顾客时，称此系统处于状

态 n，与此对应出现该状态的概率为 P^n。由此，我们可以用图 11.16 表示 M/M/1 排队系统的状态转移关系。例如，图中"1"表示系统中有一个顾客，相应的出现概率为 P^1，依此类推。

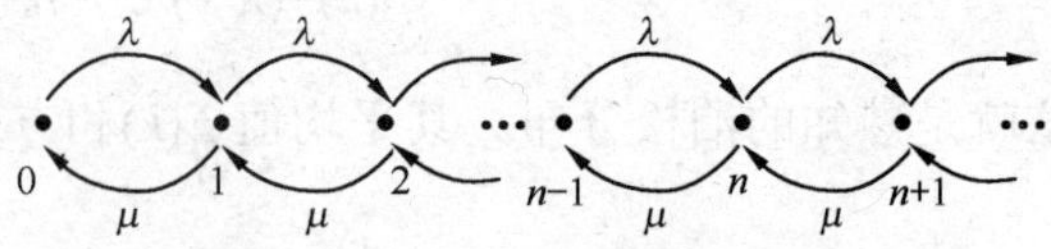

图 11.16　M/M/1 排队系统的状态图

在系统状态图中，有顾客到达时，状态以 λ 速率向右转移一步；有顾客完成服务时状态以速率 μ 向左移动一步。在系统处于统计平衡状态下，可列出系统统计平衡方程：

$$\begin{aligned} \lambda P_0 &= \mu P_1 \\ (\lambda+\mu)P_1 &= \lambda P_0 + \mu P_2 \\ &\vdots \\ (\lambda+\mu)P_n &= \lambda P_{n-1} + \mu P_{n+1} \end{aligned} \tag{11.10}$$

平衡方程是通过稳态平衡原理来建立的，等式两边分别表示脱离状态 n 的速率与由状态 $n-1$ 或 $n+1$ 进入状态 n 的速率。在系统稳态平衡条件下，脱离 n 状态与进入 n 状态保持平衡，所有等式两边相等。根据此平衡方程，我们可以得到：

$$\begin{aligned} P_1 &= \frac{\lambda}{\mu}P_0 = \rho P_0 \\ P_2 &= (1+\rho)P_1 - \rho P_0 = \rho^2 P_0 \\ &\vdots \\ P_n &= \rho^n P_0 \end{aligned}$$

在 M/M/1 排队系统的存储容量为无穷大时，可以利用概率归一性条件：

$$\sum_0^\infty P_n = 1$$

求得：

$$P_0 = 1-\rho$$

于是，可以得到无限存储容量 M/M/1 排队的平衡状态概率：

$$P_n = (1-\rho)\rho^n \quad (\rho<1) \tag{11.11}$$

式中，$\rho<1$ 是上式能够成立的必要条件。为使平衡得以存在，队列的到达率或负荷必须小于输出容量 μ。如果在无限长排队模型中 P_n 这一条件不满足，队列就会随时间持续不断地增长，而永远达不到平衡点。图 11.17 所示为当 $\rho=0.5$ 时状态概率的图形表示。

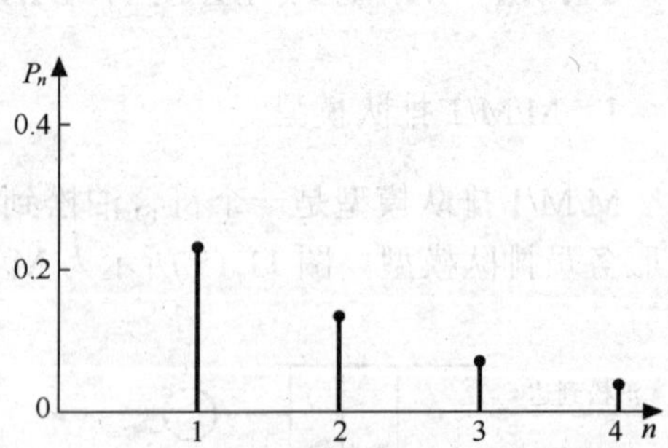

图 11.17　M/M/1 状态概率（$\rho=0.5$）

根据所得到的状态概率 P_n，可以求得不同的排队统计特性。根据随机变量平均值的定义，排队系统中的平均顾客数(包括正在被服务的一个)可以表示为

$$E(n)=\sum_{0}^{\infty} nP_n=\frac{\rho}{1-\rho} \tag{11.12}$$

由平均队长可以求得排队平均时延，这可以利用 Little 公式进行。Little 公式是排队论中的一个重要公式，它说明了平均到达率λ、平均时延 $E(T)$和平均队长 $E(n)$三者之间的关系。

$$E(n)=\lambda E(T) \tag{11.13}$$

应用 Little 公式，M/M/1 排队的平均时延 $E(T)$可以表示为

$$E(T)=\frac{E(n)}{\lambda}=\frac{1/\mu}{1-\rho}=\frac{1}{\mu-\lambda} \tag{11.14}$$

式（11.4）的图形表示如图 11.18 所示，这一关系式对所有排队系统，包括具有优先级排队规则的系统都是适用的。

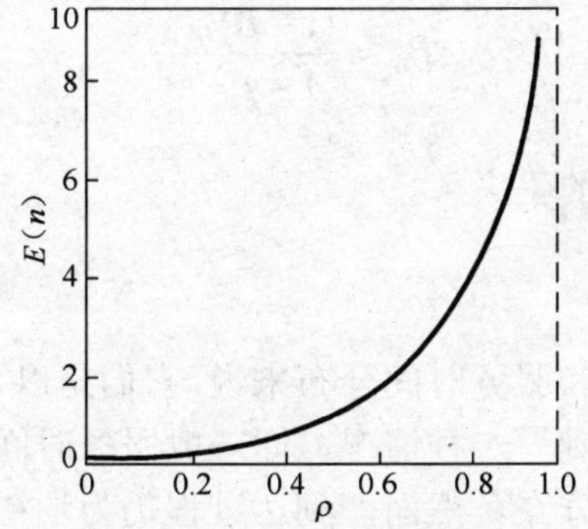

图 11.18　M/M/1 排队的平均队长

上面已经分析了 $E(n)$和 $E(T)$。在 M/M/1 排队中还有另外两个统计量，即平均等待时间 $E(w)$和平均等待顾客数量 $E(q)$，它们之间的关系为：

$$E(T)=E(w)+1/\mu \tag{11.15}$$

$$E(q)=\lambda E(w)-\lambda/\mu=E(n)-\rho \tag{11.16}$$

这 4 个统计量可以归纳为与λ、μ的关系：

$E(n)=\dfrac{\lambda}{\mu-\lambda}$　　（系统中平均队列长度）

$E(T)=\dfrac{1}{\mu-\lambda}$　　（顾客平均时间延迟）

$E(q)=\dfrac{\rho\lambda}{\mu-\lambda}$　　（平均等待顾客数）

$E(w)=\dfrac{\rho}{\mu-\lambda}$　　（顾客平均等待时间）

可以将上述分析推广到存储容量为 N 的有限队列排队系统。这时与无限队列排队系统相

比，平衡方程还是维持原状，所不同的是边界条件 $n=0$。N 对应的状态概率的归一性条件为

$$\sum_{n=0}^{N} P_n = 1 \tag{11.17}$$

我们可以求得

$$P_0 = \frac{(1-\rho)}{1-\rho^{N+1}} \tag{11.18}$$

所以有限队列 M/M/1 排队的状态概率为

$$P_n = \frac{(1-\rho)\rho n}{1-\rho^{N+1}} \tag{11.19}$$

排队系统全满的概率为

$$P_N = \frac{(1-\rho)\rho^N}{1-\rho^{N+1}} \tag{11.20}$$

上述公式可用于计算分组的丢失率。

2. M/G/1 和 M/D/1 排队

对于排队模型的到达过程和服务时间分布来说，它们是以马尔可夫无记忆特性为基础的。在本节中，我们要将分析推广到另一种情况，即一般服务时间分布，因此，分组或呼叫可以有任意（但已知）长度或服务分布。然而，到达过程仍为泊松的，假定是单服务机且队列缓存器（等候室）是无限大的。根据 Kendall 标记法，这种排队称作 M/G/1 排队，其中 G 显然指一般（general）服务分布。

为简单起见，在本节中我们只集中讨论平均占用量和平均时延。在专门讨论排队论的书中有更为一般的讨论。L.Kleinrock 的书是好的例子。可以证明平均队列占用量 $E(n)$和经过队列的平均时延 $E(T)$分别由下列表达式确定。

$$E(n) = \left(\frac{\rho}{1-\rho}\right)\left[1-\frac{\rho}{2}(1-\mu^2\sigma^2)\right] \tag{11.21}$$

以及

$$E(T) = \frac{E(n)}{\lambda} = \frac{1/\mu}{(1-\rho)}\left[1-\frac{\rho}{2}(1-\mu^2\sigma^2)\right] \tag{11.22}$$

这些公式是以两个俄国数学家命名的，称为 Pollaczek-Khinchine 公式（帕拉恰克－辛钦公式）。参数 ρ 仍由 $\lambda/\mu=\lambda E(\tau)$ 给出，λ 为平均到达率（泊松），$E(\tau)=1/\mu$ 为平均服务时间。参量 σ^2 为服务时间分布的方差。

这两个表达式与 M/M/1 的相应结果（两式中括号前的项）看来是紧密相联系的。这是一个值得注意的结果：泊松到达和任意服务分布排队的平均队列占用量（和相应的时延）可由具有相同平均服务时间的指数服务分布排队的结果乘以一个校正因子得到。式（11.21）和式

（11.22）括号中的校正因子与服务分布的方差σ^2对其平均值的平方 $1/\mu^2$ 之比有关。

回忆指数分布的方差为$\sigma^2 = 1/\mu^2$，即平均值的平方。在式（11.21）和式（11.22）中，设$\sigma^2 = 1/\mu^2$，则可得到以前推导的 M/M/1 排队的结果。当σ^2 增大，$\sigma^2 > 1/\mu^2$ 时，相应的平均队长和时延也随之增大。另一方面，当$\sigma^2 < 1/\mu^2$ 时，平均队长和时延比 M/M/1 的结果小。作为一个特例，令所有顾客（分组或呼叫）都具有相同的服务长度 $1/\mu$。这样，$\sigma^2 = 0$，则有：

$$E(n)=\frac{\rho}{(1-\rho)}\left(1-\frac{\rho}{2}\right)\quad \sigma^2=0 \tag{11.23}$$

以及

$$E(T)=\frac{1/\mu}{(1-\rho)}\left(1-\frac{\rho}{2}\right)\quad \sigma^2=0 \tag{11.24}$$

顾客服务时间固定不变的排队称作 M/D/1 排队，字母 D 表示确定的（det *er* min *istic*）服务时间。这是 M/G/1 排队的一个特例，它的排队长度和时延最小。如果ρ不太大，可利用 M/M/1 的结果得到 $E(n)$ 和 $E(T)$。当 $\rho \to 1$，M/D/1 的结果与 M/M/1 的结果相差 50%。

对于 M/G/1 一般结果式（11.21）和式（11.22），分母中的 $(1-\rho)$ 项总是对平均排队长度和时延起着决定性作用。不论服务分布如何，所有无限缓存器排队当 $\rho=\lambda/\mu \to 1$时，却显示出相同的排队——拥塞特性。那些服务分布方差较大的排队产生较长的平均排队长度和时延，这是可以想象到的，因为大的方差就意味着服务时间变化大，相应地出现较长的服务时间的概率就大，这就导致更易拥塞。

式（11.21）可用于求得排队平均等待时间 $E(W)$的紧凑、通用的形式。我们回顾 $E(T)$和 $E(W)$是由下式联系起来的：

$$E(W)=E(T)-1/\mu \tag{11.25}$$

将式（11.24）的 $E(T)$ 代入式（11.25）并简化，可得 M/G/1 排队平均等待时间 $E(W)$的下列简单结果：

$$E(W)=\frac{\lambda E(\tau^2)}{2(1-\rho)} \tag{11.26}$$

$E(\tau^2)$ 项式是服务时间分布的二阶矩，由下式给出：

$$E(\tau^2)=\sigma^2+1/\mu^2$$

此式比式（11.21）的形式简单易记。可用于讨论优先级排队中的等待时间。

11.3.3　M/M/m 排队

M/M/m 排队系统是一个多服务员指数排队系统，属于到达率和离开率依赖于系统状态的排队系统。例如没有“顾客等候室”的电路交换系统属于这一种。

到达率与离开率依赖于系统状态的排队系统如图 11.19 所示，其相应的稳态状态转移关系如图 11.20 所示。参数λ_{n-1}表示系统由状态（n−1）进入状态 n 的顾客到达率，P_n表示系统处于状态 n 的平衡概率，μ_n是在系统处于状态 n 条件下的顾客离去率。根据离开状态 n 的离去率等于进入状态 n 的到达率，可以得到系统的平衡方程：

$$
\begin{aligned}
&\lambda_0 P_0 = \mu_1 P_1 \\
&(\lambda_1 + \mu_1)P_1 = \lambda_0 P_0 + \mu_2 P_2 \\
&\qquad\vdots \\
&(\lambda_n + \mu_n)P_n = \lambda_{n-1}P_{n-1} + \mu_{n+1}P_{n+1}
\end{aligned}
$$

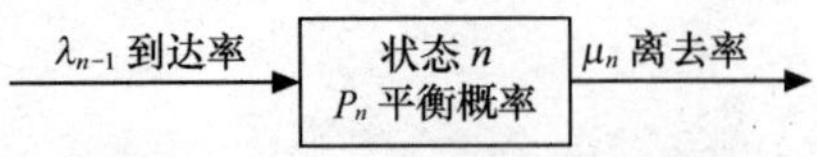

图 11.19 与状态相关的排队系统

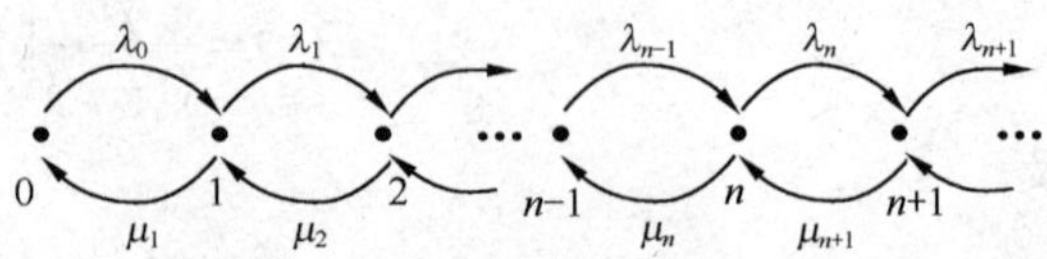

图 11.20 与状态相关的排队状态图

解平衡方程，可以求得系统的平衡概率 P_n：

$$P_n = P_0 \frac{\prod_{i=0}^{n-1}\lambda_i}{\prod_{i=1}^{n}\mu_i} \tag{11.27}$$

式中，P_0 为概率常数，可以利用概率归一性条件来求解。

M/M/m 排队是与状态相关的排队的一个例子。在一个分组交换网中，如果统计集中器或分组交换机有 m 条出局中继线，且输出队列的到达和离去均为指数统计特性，则该系统就是 M/M/m 排队系统，其排队模型如图 11.21 所示。在此系统中，如果只有一个分组要传输，它立即以服务率 μ 受到任一中继线服务。如果有 m 个或更多的分组，则 m 条中继线都被占用。因此在系统中，可以得到：

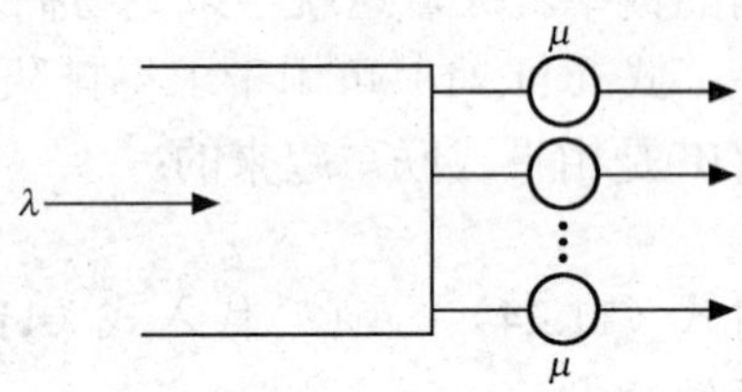

图 11.21 M/M/m 排队模型

$$
\begin{aligned}
&\lambda_i = \lambda \\
&\mu_i = i\mu \ \ (i < m) \\
&\mu_i = m\mu \ \ (i \geqslant m)
\end{aligned}
$$

利用上述条件和式（11.27），可以得到平衡概率：

$$
P_n = \begin{cases} P_0 \dfrac{\rho^n}{n!} & (n > m) \\[2ex] P_0 \dfrac{\rho^n}{m!\,m^{n-m}} & (n \geqslant m) \end{cases} \tag{11.28}
$$

式中：

$$P_0 = \left[\sum_{k=0}^{m-1}\frac{1}{k!}\rho^k + \frac{1}{m!}\frac{1}{1-\rho}\rho^m\right]^{-1} \ (\rho \equiv \lambda/\mu) \tag{11.29}$$

M/M/m 排队的一个特殊情况是 m 为无穷大，这相当于在分组交换或电路交换的情况下，传输线或中继线的数量总是等于需要传输的分组和呼叫数，因而永远不会有阻塞的可能性，这时平衡状态概率为：

$$P_n = P_0 \frac{\rho^n}{n!}$$

$$P_0 = e^{-\rho}$$

与状态相关的排队的第 2 个例子是 M/M/N/N 系统，这是一个有 N 个服务员但没有等待室的排队系统，并当 $n = N$ 时，将所有的到达阻塞掉。这一系统的排队模型如图 11.21 所示。这里 $\lambda_n = \lambda$，$\mu_n = n\mu$，$1 \leqslant n \leqslant N$。

图 11.22 所示的模型代表下列实际系统：顾客以平均速率为 λ 的泊松过程到达，并总能找到一条中继线，直到全部中继线占完，这时，顾客就不允许再进入了。这一模型再加上指数服务时间的假设，多年来一直用做电话交换局的基本设计模型。

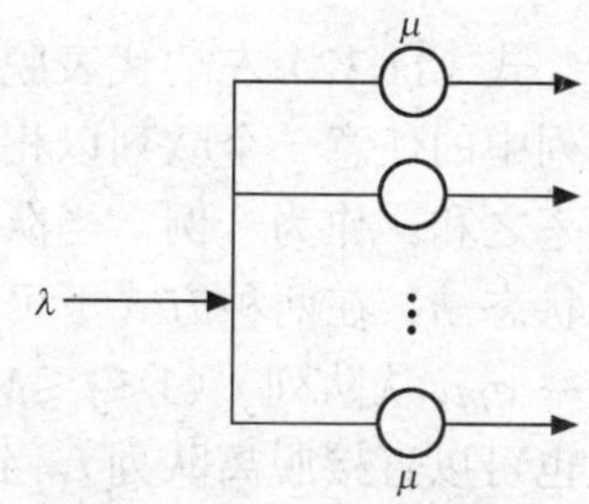

图 11.22　M/M/N/N 排队模型

在这个系统中，$\lambda_n = \lambda$，$\mu_n = n\mu$，概率归一性条件为 $\sum_{n=0}^{N} P_n = 1$，把这些条件应用于式（11.16），可以求得：

$$P_n = \frac{\rho^n / n!}{\sum_{l=0}^{N} \frac{\rho^l}{l!}} \tag{11.30}$$

当 $n = N$ 时出现阻塞，因此阻塞概率 P_B 为

$$P_B = \frac{\rho^N / N!}{\sum_{l=0}^{N} \frac{\rho^l}{l!}} \quad (\rho = \lambda/\mu) \tag{11.31}$$

这一公式就是求解电话系统阻塞概率的爱尔兰 B 公式。

11.3.4　排队网络

以下讨论开放排队网的情况。开放排队网如图 11.23 所示。将一维和二维平衡方程的概念扩展一下，我们可以建立矢量概率 $p(n)$的多维整体平衡方程，然后证明这一整体方程满足乘积形式解。具体地说，令脱离状态 n 的可能速率等于进入该状态的速率。

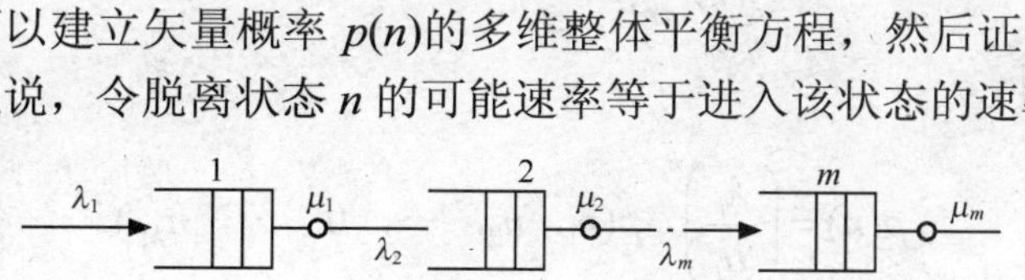

图 11.23　开放式排队网络

这就引出下面的整体平衡方程（11.32）。为简化标记，我们用表示式 $p(n-I_i)$ 代表 $p(n_1, n_2, \cdots, n_{i-1}, n_{i+1}, \cdots, n_M)$，因此单位矢量 I_i 代表从状态 n_i 出发的一个单位的变化。类似地，我们用 $p(n-I_i+I_j)$ 代表 $p(n_1, n_2, \cdots, n_{i-1}, \cdots, n_{i+1}, \cdots, n_M)$。按这种标记，使脱离状态 n 的总速率等于进入 n 的速率的整体平衡方程可以很容易地写出：

$$\left[\lambda + \sum_{i=1}^{M} \mu_i\right] p(n) = \lambda \sum_{i=1}^{M} q_{si} p(n - I) + \sum_{i=1}^{M} q_{id} \mu_i p(n + I_i) + \sum_{i=1}^{M} \sum_{j=1}^{M} q_{ji} \mu_j p(n + I_j - I_i) \tag{11.32}$$

式（11.32）左边代表脱离状态 n 的速率之和：可以有一个速率为λ 的到达，或者从 M 个队列中的任意一个队列以相应的速率μ_i离去。式（11.32）右边代表从不同方向进入状态 n 的速率之和。作为一例，当队列 i 处于状态 n_i-1 时，只要有 1 个到达队列 i 就会从状态 $n-I_i$进入状态 n。在两种方式下可以发生这种情况：一个分组以速率λq_{si} 从外部源到达，或者它以速率 $q_{ji}\mu_i$ 从队列 j（$1 \leqslant j \leqslant M$）到达。在后一种情况下，队列 j 必须已处于状态 n_j+1。一个分组也可以直接脱离队列 i，到达目的站 d，这就在式（11.32）中产生一个附加项。

为了解这一整体方程，我们首先用代入信息流守恒方程的办法消去 q_{si}。下列等式满足所得的方程：

$$\lambda_i p(n - I_i) = \mu_i p(n) \tag{11.33}$$

此式还隐含了下列等式：$\lambda_j p(n-I_i) = \mu_j p(n-I_i+I_j)$。具体说，当式（11.33）代入约简的式（11.32）后，会发现除了下列最后一组以外，所有各项都抵消了。

$$\lambda p(n) = \sum_{i=1}^{M} q_{id} \mu_i p(n+I_i)$$

但是，由于 $\lambda_i p(n) = \mu_i p(n+I_i)$，此式容易化简为等式：

$$\lambda = \sum_{i=1}^{M} q_{id} \lambda_i$$

这正是从源到目的的流量守恒条件。这就证明了：平衡方程（11.32）事实上可由式（11.33）来满足。

将式（11.33）展开可得

$$p(n) = \left(\frac{\lambda_i}{\mu_i}\right) p(n_1,\ n_2,\ \cdots,\ n_{i-1},\ \cdots,\ n_M)$$

重复 n_i 次，得到

$$p(n) = \left(\frac{\lambda_i}{\mu_i}\right)^{n_i} p(n_1,\ n_2,\ \cdots,\ 0,\ \cdots,\ n_M)$$

↖第 i 个队列的状态

现在对每一个队列进行同样的运算，我们最终得到：

$$p(n) = \prod_{i=1}^{M} \left(\frac{\lambda_i}{\mu_i}\right)^{n_i} p(0) \tag{11.34}$$

为了求 $p(0)$，即所有 M 个队列全空的概率，对所有可能的状态求整体状态概率 $p(n)$的和，

如往常一样，令所得的和为 1。因而我们有

$$\sum_n p(n) = p(0)S = 1 \tag{11.35}$$

其中和 S 由下式给出：

$$S \equiv \sum_n \left[\prod_{i=1}^{M} (\lambda_i / \mu_i) n_i \right] \tag{11.36}$$

为得到一个合理的解，S 必定是有限值。如果是这样，理论指出：该解将是唯一的。$S<\infty$ 时，和与乘积可以互换。我们求和并用 ρ_i 代替 λ_i / μ_i，就得到

$$S = \prod_{i=1}^{M} \sum_{n,i=0}^{\infty} \rho_i^{ni} = \sum_{i=1}^{M} (1-\rho_i)^{-1} \tag{11.37}$$

由式（11.36），式（11.37）和式（11.35）我们得到最终结果：

$$p(n) = \prod_{i=1}^{M} (1-\rho_i)\rho_i^n \tag{11.38}$$

要使 $S<\infty$，必须 $\rho_i < 1$。开放排队网整体状态概率的解，式（11.37）属于乘积形式并在实际上表明了 M 个队列中的每一个都可以当作 M/M/1 排队来处理。到达率 $\lambda_i (i=1\sim M)$ 可唯一性地由流量守恒方程来确定。

虽然这里是用一个源目的地的特例来证明的，但是式（11.38）可普遍应用于具有泊松到达率和指数服务率的任何开放网。隐含在推导过程中的假设是：服务速率是相互独立的。这正是我们早先分析端对端窗式控制时采用的假设：我们曾假定当分组沿路径从源到目的地的过程中，在每一条出站链路上，其长度的选择是独立进行的。

作为应用式（11.38）的一个简例，我们来研究指数分布的分组流在从源点移向目的地过程中所经历的平均端对端时延。在这一简例中不考虑拥塞控制。假定在源节点处分组到达率是泊松分布的，其平均值为 λ。分组沿着一条虚电路移动，在有 M 个区段的虚电路中，如果链路 i 的平均服务时间为 $1/\mu_i$（可能由于每条链路的传输容量不同或者由于其他通信量的影响而降低了可用容量），端对端时延是由 M 个级联的 M/M/1 排队引起的，并由下式给出：

$$E(T) = \sum_{i=1}^{M} \frac{1}{\mu_i - \lambda_i} = \sum_{i=1}^{M} \frac{1/\mu_i}{1-\rho_i}, \quad \rho_i = \lambda_i / \mu_i \tag{11.39}$$

现在来一般性地讨论一个 M 条链路的网：其第 i 条链路的服务能力为 μ_i 分组/秒。访问该链路的平均到达率为 λ_i 分组/秒。沿任意一条路径（即一组级联的链路，每条链路均可看成一个 M/M/1 队列）的时延，如同前面两个例子一样，是构成该路径的 M/M/1 时延之和。不过，我们现在想要知道对 M 条链路求均值的平均网络时延。引用 Little 公式和本节的乘积形式解就能容易地求得。根据 Little 公式，对全网求平均的网络时延 $E(T)$ 正是：

$$\gamma E(T) = E(n) \tag{11.40}$$

其中，γ 为进网的净到达率，$E(n)$ 为网中的平均分组（顾客）数。但是 $E(n) = \sum_{i=1}^{M} E(n_i)$，其中

$E(n_i)$ 为链路 i 上正在服务或排队的平均分组数。这样，$E(n_i)$ 就等于 $\lambda_i T_i$，其中 $T_i = 1/(\mu_i - \lambda_i)$ 是链路 i 的 M/M/1 平均时延。因此，平均时延为

$$E(T) = \frac{1}{\gamma}\sum_{i=1}^{M}\lambda_i T_i = \frac{1}{\gamma}\sum_{i=1}^{M}\frac{\lambda_i}{\mu_i - \lambda_i} \tag{11.41}$$

11.4 电路交换网分析

11.4.1 呼损系统

传统的电话交换网是电路交换网。一个由若干个交换节点和交换节点间的中继链路组成的电话交换网，如果在交换节点的全部出线都被占用的情况下仍有新的呼叫发生，交换节点向用户送忙音，表示将这个呼叫从交换系统中清除，这种现象称为呼损。

对于交换节点来讲，如果呼叫到达是泊松过程，中继线群是全利用度线群，当系统发生呼叫阻塞时，该呼叫会被立即清除，则该系统达到统计平衡状态时，呼叫损失概率可以按爱尔兰 B 公式进行计算：

$$B(N,\ A) = \frac{A^N / N!}{\sum\limits_{n=0}^{N}\dfrac{A^n}{n!}} \tag{11.42}$$

式中，$B(N，A)$表示流入话务量为 A，中继线数为 N 时的呼损概率，式中用 A 代替式（11.22）中的ρ，即

$$A = \lambda / \mu \tag{11.43}$$

A 表示系统的业务强度，对于电话网就是系统承受的电话负荷（话务量）。例如，电话网的平均来话率$\lambda = 300$ 次/时，每次通话平均时间 2min（即 $1/\mu = 2\text{min}$），则此电话网的流入话务量 $A = 10\text{Erl}$。话务量单位用 Erl（爱尔兰，Erlang），是为了纪念丹麦话务理论家 A.K.Erlang 而命名的。话务量单位也可以用每小时百秒呼（ccs）来表示。Erl 与 ccs 的关系是：Erl = 36ccs。

利用爱尔兰 B 公式可以在一定的中继线和流入话务量的情况下计算系统的呼损概率。举例如下：

假定某电话局在上午 9：00～10：15 有 500 次呼叫发生，每次呼叫平均占用时间为 200s，中继输出线有 29 条，求呼损概率。

解：

平均来话率为

$$\lambda = 500/(75\times60) = 0.111\ 1 \text{ 次/秒}$$

平均占用时间为

$$1/\mu = 200\text{s}$$

流入话务量为

$$A = \frac{\lambda}{\mu} = 22.2 \text{ Erl}$$

呼损概率为

$$B(29,\ 22.2)=\frac{(22.2)^{29}/29!}{\sum_{n=0}^{29}\frac{(22.2)^n}{n!}}=0.031\ 2$$

爱尔兰 B 公式是在求解阻塞概率或中继线数中常用的计算公式。话务量、中继线数和阻塞概率三者之间的关系已经制成相应图或表，以便查阅。图 11.24 及表 11.3 给出了在各种不同的中继线数的情况下，呼损概率与流入话务量之间的关系。在实际中，呼损概率用下列递推关系：

$$B(m,\ A)=\frac{AB(m-1,\ A)}{m+AB(m-1,\ A)}\qquad (m=1,\ 2,\ \cdots,\ N)\qquad (11.44)$$

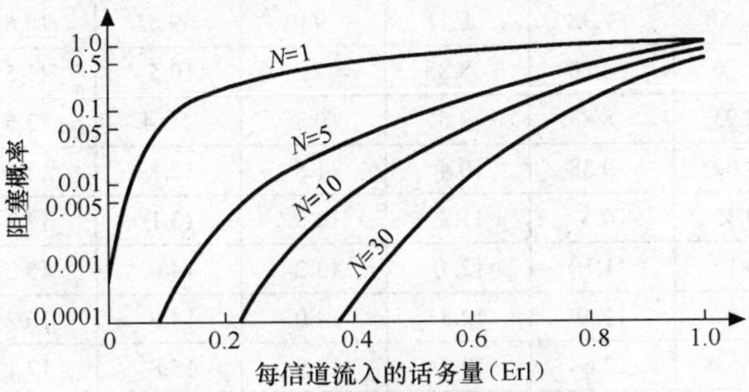

图 11.24　呼损清除系统的阻塞概率

式中，初始值 $B(0,\ A)=1$。

由以上分析可知，在流入话务量之中，除大部分完成通话外，还有一部分被阻塞。完成通话部分话务量可以表示为

$$A'=A[1-B(N,\ A)]\qquad (11.45)$$

在上例中，容易算出完成话务量为

$$A'=22.2[1-0.312]=21.5(\text{Erl})$$

对于此交换系统，我们可以进一步求出出线的利用率：

$$\eta=\frac{A(1-B)}{N}=\frac{21.5}{29}=74\%$$

表 11.3　　**爱尔兰 B 公式表**

（对给定呼损概率所确定的流入话务量 A）

电路数	呼损概率								
	0.001	**0.002**	**0.005**	**0.01**	**0.02**	**0.03**	**0.05**	**0.1**	**0.2**
1	0.001	0.002	0.005	0.010	0.020	0.031	0.053	0.111	0.250
2	0.046	0.065	0.105	0.153	0.223	0.282	0.381	0.595	1.00
3	0.194	0.249	0.349	0.455	0.602	0.715	0.899	1.27	1.93
4	0.439	0.535	0.701	0.869	1.09	1.26	1.52	2.05	2.95
5	0.762	0.900	1.13	1.36	1.66	1.88	2.22	2.88	4.01
6	1.15	1.33	1.62	1.91	2.28	2.54	2.96	3.76	5.11

续表

电路数	呼损概率								
	0.001	**0.002**	**0.005**	**0.01**	**0.02**	**0.03**	**0.05**	**0.1**	**0.2**
7	1.58	1.80	2.16	2.50	2.94	3.25	3.74	4.67	6.23
8	2.05	2.31	2.73	3.13	3.63	3.99	4.54	5.60	7.37
9	2.56	2.85	3.33	3.78	4.34	4.75	5.37	6.55	8.52
10	3.09	3.43	3.96	4.46	5.08	5.53	6.22	7.51	9.68
11	3.65	4.02	4.61	5.16	5.84	6.33	7.08	8. 49	10.9
12	4.23	4.64	5.28	5.88	6.61	7.14	7.95	9.47	12.0
13	4.83	5.27	5.96	6.61	7.40	7.97	8.83	10.5	13.2
14	5.45	5.92	6.66	7.35	8.20	8.80	9.73	11.5	14.4
15	6.08	6. 58	7.38	8.11	9.01	9.65	10.6	12.5	15.6
16	6.72	7.26	8.10	8.88	9.83	10.5	11.5	13.5	16.8
17	7.37	7.95	8.83	9.65	10.7	11. 4	12.5	14.5	18.0
18	8.05	8.64	9.58	10.4	11.5	12.2	13.4	15.5	19.2
19	8.72	9.35	10.3	11.2	12.3	13.1	14.3	16.6	20.4
20	9.41	10.1	11.1	12. 0	13.2	14.0	15.2	17.6	21.6
21	10.1	10.8	11. 9	12.8	14.0	14.9	16.2	18.7	22.8
22	10.8	11.5	12.6	13.7	14.9	15.8	17.1	19.7	24.1
23	11.5	12.3	13.4	14.5	15.8	16.7	18.1	20.7	25.3
24	12.2	13.0	14.2	15.3	16.6	17.6	19.0	21.8	26.5
25	13.0	13.8	15.0	16.1	17.5	18.5	20.0	22.8	27.7
26	13.7	14.5	15.8	17.0	18.4	19.4	20.9	23.9	28.9
27	14.4	15.3	16.6	17.8	19.3	20.3	21.9	24.9	30.2
28	15.2	16.1	17.4	18.6	20.2	21.2	22.9	26.0	31.4
29	15.9	16.8	18.2	19.5	21.0	22.1	23.8	27. 1	32.6
30	16.7	17.6	19.0	20.3	21.9	23.1	24.8	28.1	33.8
31	17.4	18.4	19. 9	21.2	22.8	24.0	25.8	29.2	35.1
32	18.2	19. 2	20. 7	22.0	23.7	24.9	26.7	30.2	36.8
33	19.0	20.0	21.5	22.9	24.6	25.8	27. 7	31.3	37.5
34	19.7	20. 8	22.3	23.8	25.5	26.8	28. 7	32.4	38.8
35	20.5	21.6	23.2	24.6	26.4	27.7	29.7	33.4	40.0
36	21.3	22.4	24.0	25.5	27.3	28.6	30.7	34.5	41.2
37	22.1	23.2	24.8	26.4	28.3	29.6	31.6	35.6	42.4
38	22.9	24.0	25.7	27.3	29.2	30.5	32.6	36.6	43.7
39	23.7	24.8	26.5	28.1	30.1	31.5	33.6	37.7	44.9
40	24.4	25.6	27.4	29.0	31.0	32.4	34.6	38.8	46.1
41	25.2	26.4	28.2	29.9	31.9	33.4	35.6	39.9	47.4
42	26.0	27.2	29.1	30.8	32.8	34.3	36.6	40.9	48.6
43	26.8	28.1	29.9	31.7	33.8	35.3	37.6	42.0	49.9
44	27.6	28.9	30.8	32.5	34.7	36.2	38.6	43.1	51.1

续表

电路数	呼损概率								
	0.001	**0.002**	**0.005**	**0.01**	**0.02**	**0.03**	**0.05**	**0.1**	**0.2**
45	28.4	29.7	31.7	33.4	35.6	37.2	39.6	44.2	52.3
46	29.3	30.5	32.5	34.3	36.5	38.1	40.5	45.2	53.6
47	30.1	31.4	33.4	35.2	37.5	39.1	41.5	46.3	54.8
48	30.9	32.2	34.2	36.1	38.4	40.0	42.5	47.4	56.0
49	31.7	33.0	35.1	37.0	39.3	41.0	43.5	48.5	57.3
50	32.5	33.9	36.0	37.9	40.3	41.9	44.5	49.6	58.5
55	36.6	38.1	40.4	42.4	44.9	46.7	49.5	55.0	64.7
60	40.8	42.4	44.8	46.9	49.6	51.6	54.6	60.4	70.9
65	45.0	46.6	49.2	51.5	54.4	56.4	59.6	65.8	77.1
70	49.2	51.0	53.7	56.1	59.1	61.3	64.7	71.3	83.3
75	53.5	55.3	58.2	60.7	63.9	66.2	69.7	76.7	89.5
80	57.8	59.7	62.7	65.4	68.7	71.1	74.8	82.2	95.7
85	62.1	64.1	67.2	70.0	73.5	76.0	79.9	87.7	102.0
90	66.5	68.6	71.8	74.7	78.3	80.9	85.0	93.1	108.2
95	70.9	73.0	76.3	79.4	83.1	85.8	90.1	98.6	114.4
100	75.2	77. 5	80.9	84.1	88.0	90.8	95. 2	104.1	120.6
110	84.1	86.4	90.1	93.5	97.7	100.7	105.5	115.1	133.1
120	93.0	95.5	99.4	103.0	107.4	110.7	115.8	126.1	145.6
130	101.9	104.6	108.7	112.5	117.2	120.6	126.1	137.1	158.0
140	110.9	113.7	118.0	122.0	127.0	130.6	136.4	148.1	170.5
150	119.9	122.9	127.4	131.6	136.8	140.6	146.7	159.1	183.0
180	129.0	132.1	136.8	141.2	146.6	150.6	157.0	170.2	195.5
170	138.1	141.3	146.2	150.8	156.5	160.7	167.4	192.2	220.4
180	147.3	150.6	155.7	160.4	166.4	170.7	177.8	181.2	207.9
190	156.4	159.8	165.2	170.1	176.3	180.8	188.1	203.3	232.9
200	265.6	169.2	174.6	179.7	186.2	190.9	198.5	214.3	245.4

11.4.2 等效随机话务理论

1. 溢呼系统

在电话网的交换节点之间既设置直达路由，又设置迂回路由，当流入话务量在高效直达路由上被阻塞以后即溢出到迂回路由上，这种系统称为溢呼系统。

溢呼系统是与迂回路由联系在一起的，图 11.25 所示为迂回路由的网路连接。在节点 1 和 2 之间，除了直达路由以外，还有 3 条迂回路由，即{(1，3)(3，2)}，{(1，4)(4，5)(5，2)}，{(1，3)(3，4)(4，5)(5，2)}。节点 1 和节点 2 可以通过这几条路由中的任意一条来完成接续。

在网中设置迂回路由的原因，一是为了提高网络的可靠性，二是提高经济性。对于提高可靠性，这是不言而喻的；对于提高经济性，下面作进一步的说明。假设我们希望将从节点

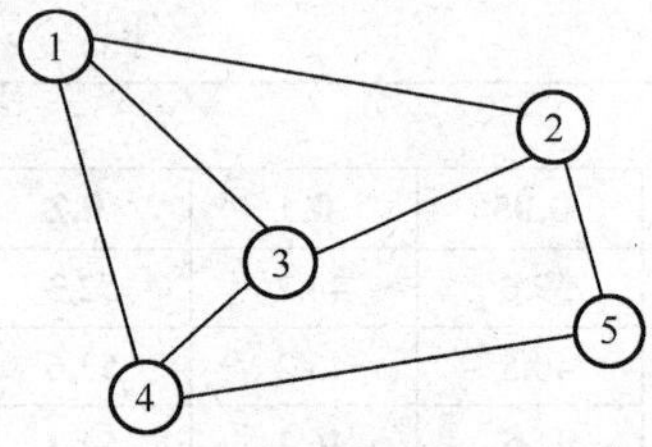

图 11.25　具有迂回路由选择的网

1 到节点 2 的线群（1，2）的呼损限制为 0.02，如不设迂回路由，必须在这个线群中设置足够的电路以使呼损不超过 0.02。对比之下，如果设迂回路由，则可在线群（1，2）中配备较少的电路，使其有较高的呼损，譬如说 0.1。如果从节点 1 到节点 2 的呼叫遭到呼损，则可经一条呼损为 0.2 的迂回路由完成接续。由于最终的呼损为 $0.1 \times 0.2 = 0.02$，所以用户觉察到的总呼损和原设计的 0.02 是一样的。于是，线群（1，2）得到了节省。因此，由直达路由承担两节点之间的主要话务量，而迂回路由承担部分话务量，可取得更好的经济效果。

2. 溢呼话务量的峰值特性

在溢呼系统中，有两类话务量，一类是到达高效直达路由的话务量，另一类是从高效直达路由溢出到迂回路由的溢出话务量，前者是一种服从泊松分布的随机话务量，后者则是不具有随机特征的溢出话务量。高效路由溢呼话务量的特性如图 11.26 所示。由图可见，由于溢呼路由的话务量曲线比随机话务量曲线更尖锐，所以只确定其平均值不足以描述其特点，还必须把方差考虑进去。

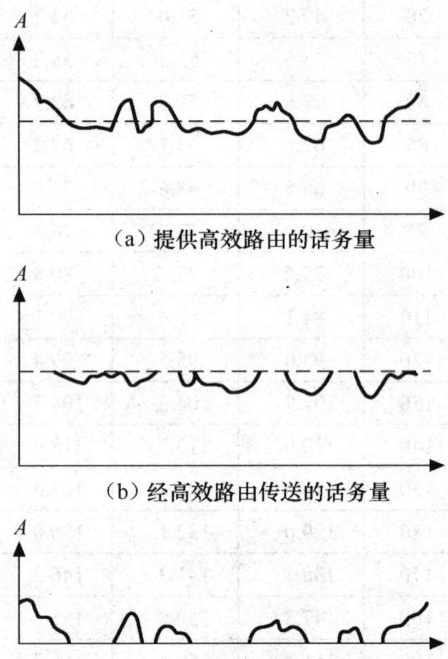

图 11.26　高效路由溢呼话务量特性

为了对话务量的特性进行区分，我们引入峰值比概念。峰值比定义为话务量的方差与均值之比。

随机话务量是服从泊松分布的话务量。对于泊松分布，如前所述，它的平均值 M 和方差 V 可以由下式给出：

$$M = \lambda T$$
$$V = M = \lambda T$$

因此，随机话务量的均值和方差相等。它的峰值比即为 1。

当 A Erl 的话务量送入 N 条电路时，其溢呼话务量的均值 M 可以表示为

$$M = AB(N,\ \mathrm{A}) \tag{11.46}$$

此值正好是在随机话务量情况下溢呼话务量送入容量为无穷大的线群的平均占用电路数。

溢呼话务量的方差可按下式计算：

$$V = M\left[1 - M + \frac{A}{N+1+M-A}\right] \tag{11.47}$$

式中，M 为均值。例如，设有随机话务量 $A = 5.53\text{Erl}$ 送入 $N = 10$ 的线群，查呼损表可得 $B(10,\ 5.53) = 0.03$，于是 $M = 5.53 \times 0.03 = 0.166\text{Er1}$。根据式（11.49）算出溢呼话务量的方差为

$$V = 0.166\left[1 - 0.166 + \frac{5.53}{10+1+0.166-5.53}\right] = 0.301$$

峰值比为

$$\frac{V}{M}=\frac{0.301}{0.166}=1.81$$

3. 等效随机话务量

对于随机话务量，可以利用爱尔兰呼损公式来求呼损概率；而对于溢呼话务量，爱尔兰呼损公式就不再适用。为了解决这个问题，威尔金森（Wilkinson）提出了一种用“等效随机话务量”来确定迂回路由的呼损概率和迂回路由所需电路数的方法。

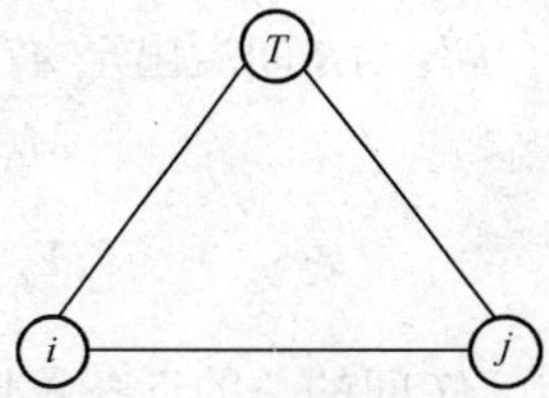

图 11.27　一个典型的溢呼系统

图 11.27 所示为一个典型的溢呼系统，一般有数条高效直达路由的话务量溢出至同一条迂回路由上，因此迂回路由 iT 上的溢出话务量的均值和方差为

$$M_{iT}=\sum_{j=1}^{n}M_{ij} \tag{11.48}$$

$$V_{iT}=\sum V_{ij} \tag{11.49}$$

在图 10.27 中，迂回路由 iT 上除了高效直达路由的溢呼话务量以外，还有本身的话务量，其均值为 M_0。前者是非随机话务，后者是随机话务，总的话务量为它们的均值和方差之和，即

$$M=M_{iT}+M_0 \tag{11.50}$$

$$V=V_{iT}+M_0 \tag{11.51}$$

根据威尔金森等效随机话务理论，等效话务量 A^*和等效中继线数量 N^*可以表示为

$$A^*=V+3\frac{V}{M}\left(\frac{V}{M}-1\right) \tag{11.52}$$

$$N^*=\frac{A^*\left(M+\frac{V}{M}\right)}{M+\frac{V}{M}-1}-M-1 \tag{11.53}$$

所谓等效，是指在以下两种情况下迂回路由 iT 上溢出的话务量相等。

第 1 种情况是指流入话务量是迂回路由本身的话务量加高效路由的溢出话务量（均值为 $M_{iT}+M_0$），而中继线群是迂回路由的中继电路数 N_m。

第 2 种情况是指流入话务量是等效随机话务量 A^*，而中继线群是等效中继线群加上迂回路由中继线群（数值为 N^*+N_m）。

第 2 种情况可以利用爱尔兰呼损公式，因此，迂回路由的中继线数可以利用下列公式求得：

$$M_i=A^*B(N^*+N_m,\ A^*) \tag{11.54}$$

$$M_i=B_iM \tag{11.55}$$

式中，B_i是给定的迂回路由的呼损概率，M_i为迂回路由的溢出话务量的均值。

例：网的结构如图 11.28 所示，AB 间的直达话务量为 20Erl，迂回路由 AT 中的基础话务量为 10Erl，AB 高效直达路由的电路数为 16，迂回路由 AT 的呼损 $B_i = 0.01$，求迂回路由 AT 所需的电路数。

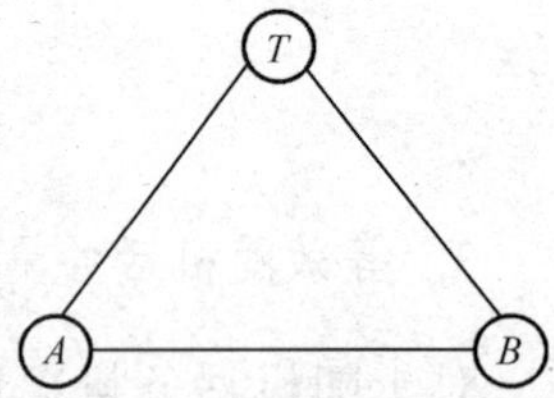

图 11.28　具有迂回路由的网

解：AB 间溢出至 AT 的溢呼话务量均值 M_{AT} 和方差 V_{AT} 为

$$M_{AT} = 20B(16，20) = 5.84(\text{Erl})$$

$$V_{AT} = 5.8\left(1 - 5.84 + \frac{20}{16 + 1 + 5.84 - 20}\right) = 12.85(\text{Erl})$$

AT 间的总的话务量均值 M 和方差 V 为

$$M = 10+5.84 = 15.84(\text{Erl})$$

$$V = 10+12.85 = 22.85(\text{Erl})$$

等效话务量 A^*和等效中继线数量 N^*为

$$A^* = 22.85 + 3 \times \frac{22.85}{15.84}\left(\frac{22.85}{15.84} - 1\right) = 24.75(\text{Erl})$$

$$N^* = \frac{24.75\left(15.84 + \frac{22.85}{15.84}\right)}{15.84 + \frac{22.85}{15.84} - 1} - 15.84 - 1 = 9.43$$

在 AT 上发生呼损的话务量 M_i 为

$$M_i = MB_i = 15.84 \times 0.01 = 0.158(\text{Erl})$$

根据等效话务量的理论和爱尔兰 B 公式，得

$$B(9.43+N_m，24.75) = 0.158/24.75 = 0.006\ 384$$

查爱尔兰呼损表得：

$$9.43 + N_m = 36$$

所以，$N_m = 27$，即迂回路由 AT 所需的电路数为 27 条。

11.5　分组交换数据网分析

分组交换采用存储转发方式，它有两种服务方式，虚电路与数据报。所谓虚电路方式是指用户在数据传送之前先要建立端到端的虚连接。它与电路交换建立的实的物理连接不同之处在于，虚连接只在有信息要传送（即信息“突发”）时此连接才被“占用”。但又和数据报服务方式不同，同一呼叫的各个“突发”分组信息的传送路径是相同的。由于虚电路并不独占线路，在一个物理线路上可以同时接纳多个虚电路，因此，这种虚电路方式不仅在呼叫开始建立时会有呼损，而且在通信过程中每个“突发”分组到达时还会有阻塞问题（传送阻塞）。不像电路交换，一旦连接建立后，在传送期间是无阻塞的。虚电路服务方式属于面向连接方式。

以下有关平均时延、吞吐量等性能分析不考虑“传送阻塞”。

根据分组长度是否固定，分组交换又可分为两种：固定长度的分组交换和不固定长度的分组交换。本节着重研究不固定长度的分组交换网的性能。

11.5.1　节点时延

在分组交换网中，分组信息在每一个节点被存储、转发而产生时延。交换节点的存储、转发功能可以用一个带有有限容量缓冲器的 M/M/1 排队模型来表示，如图 11.29 所示。

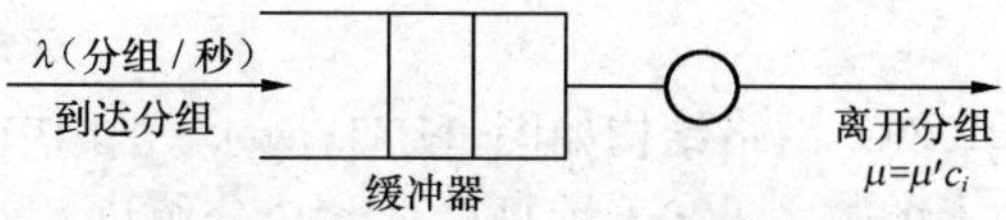

图 11.29　交换节点中的缓冲过程模型

为了分析分组信息时延，假定分组信息到达时，在缓冲器内已有 n 个分组在等待发送。因此，要发送的分组信息通过节点的时延由等待时间和服务时间两部分组成，即

T = 等待时间+服务时间

等待时间是分组信息在节点上等待链路空闲所消耗的时间，服务时间是分组在链路传输时间的总和。在分组网中，每个分组信息在链路上的服务时间即传输时间为

$$T_s=\frac{1}{\mu}=\frac{1}{\mu' c_i} \tag{11.56}$$

式中 $1/\mu'$ 是分组信息的平均长度（比特/分组），c^i 是链路 i 的容量或速率（bit/s）。

为了计算在节点的的等待时间，我们仍保持单服务员排队系统的假设条件，于是可求得平均等待时间为

$$T_w=\frac{\dfrac{\lambda_i}{\mu' c_i}}{\mu' c_i-\lambda_i} \tag{11.57}$$

式中λ_i是链路 i 的分组到达率，单位为（分组/秒）。

则分组通过节点和链路 i 的平均时延为

$$T_i=T_s+T_w=\frac{1}{\mu' c_i}+\frac{\dfrac{\lambda_i}{\mu' c_i}}{\mu' c_i-\lambda_i}=\frac{1}{\mu' c_i-\lambda_i} \tag{11.58}$$

11.5.2　端—端平均时延

图 11.30 所示为由多个节点组成的分组交换网。分析端－端的平均时延，需要考虑从源点到目的地所经过的路由上每段链路造成的时延影响。同时，由于路由中途经的节点处可能会有新的分组发生，因此，我们在计算从源点发生的分组在经过路由中各节点对时延的影响时，要同时考虑这些节点处发生的新分组。

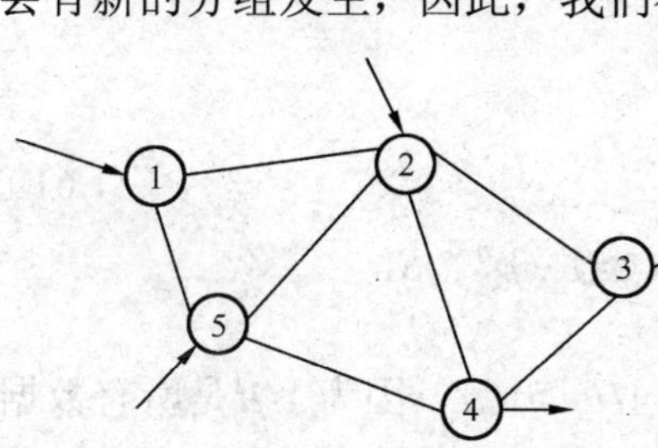

图 11.30　分组交换网的例子

如前所述，$1/\mu'$ 表示分组的平均长度，且假设分组长度为负指数分布。在实际过程中，分组一旦从用户终端发出，在整个传输过程中长度始终不变。如果在这一条件下求解时延，在数学处理上有严重困难。这时引入一个假设叫独立假设，即分组网中的节点每次收到分组以后加以存储，然后转发到下一个节点，

在每一个节点给分组随机的选择一个新的长度。这一假设虽然与实际不符，但根据这一假设作出的分析仍与实际很接近。根据独立假设和每一链路模型为 M/M/1 排队，可以得到分组经过链路 i 的平均时延仍可采用公式（11.44）。分组信息经过 m 个级联的 M/M/1 排队，端一端的平均时延为

$$T_e = \sum_{i=1}^{m} T_i \tag{11.59}$$

例：网络结构如图 11.31 所示。图中节点边上的数字 $n(x)$ 表示每秒有 n 个分组进入该节点，该分组的目的地是 x。各节点发生的所选的路由如图中所示。链路速率为 4 800bit/s，分组平均长度 200bit，求分组从节点 $A \to D$ 的平均时延。

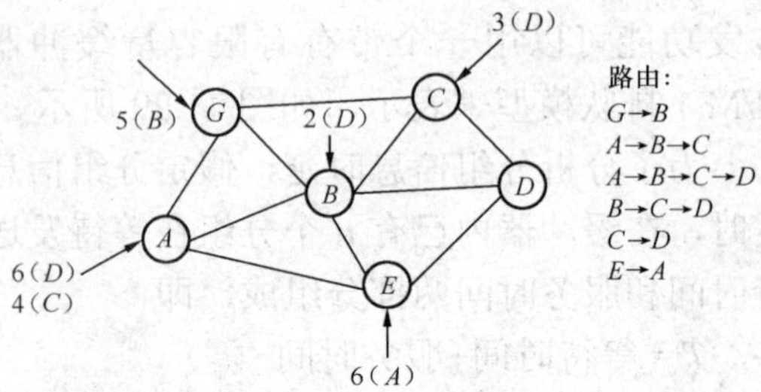

图 11.31 计算分组时延的网的结构

解：根据图中所示的路由，先求出链路 $A \to B$、$B \to C$、$C \to D$ 的到达率：

$$\lambda_{A\to B} = 6 + 4 = 10(\text{分组/秒})$$

$$\lambda_{B\to C} = 6 + 4 + 2 = 12(\text{分组/秒})$$

$$\lambda_{C\to D} = 6 + 2 + 3 = 11(\text{分组/秒})$$

$$\mu' C = 4\,800 \times \frac{1}{200} = 24(\text{分组/秒})$$

一个分组从节点 $A \to D$ 的平均时延为

$$T_{A\to D} = \sum_{i=1}^{M} \frac{1}{\mu' C - \lambda_i} = \frac{1}{24-10} + \frac{1}{24-12} + \frac{1}{24-11} = 0.246(\text{s})$$

对分组交换而言，信息在系统中的平均时延还应包括链路传播时间和节点处理时间。该链路的传播时间为 T_{pi}，节点处理时间为 T_k。如将服务时间、等待时间、链路传播时间、节点处理时间加在一起，可求得单个分组信息在系统中的平均时延：

$$T_{sp} = T_k + \sum_i \left(\frac{\lambda_i}{\gamma}\right)\left[\left(\frac{1}{\mu' C_i}\right) + T_w + T_{pi} + T_k\right] \tag{11.60}$$

式中，γ 为送入网路中数据分组的总到达率。如果每条消息由 m 个分组（m>1）组成，则在网路中传送时在系统中的平均时延由下式计算：

$$\begin{aligned} T_{MP} = T_k &+ \sum_i \left(\frac{\lambda_i}{\gamma}\right)\left[\left(\frac{1}{\mu_F C_i}\right) + T_w + T_{pi} + T_k\right] \\ &+ \sum_i \left(\frac{\lambda_i}{\gamma}\right)\left[\left(\frac{(m-2)}{\mu_F C_i}\right) + \left(\frac{1}{\mu C_i}\right)\right] + (m-1)\rho(1-\rho^{n-1})S_F \end{aligned} \tag{11.61}$$

式中，$1/\mu_F$ 是全满数据分组长度，单位为 bit（一般情况下，$1/\mu_F > 1/\mu'$，因为 $1/\mu'$ 是所有数据分组的平均长度，其中也包括小于全满长度分组）；

$$\lambda = \sum \lambda_i \tag{11.62}$$

是全网总消息通过量，单位是（数据分组/秒）；

$$\rho = \frac{\sum \frac{\lambda_i}{\mu' C_i}}{m} \tag{11.63}$$

是链路平均利用率；

$$n = \frac{\lambda}{\gamma} \tag{11.64}$$

是消息经过的平均链路数；

$$S_F = \frac{\sum_i \left(\frac{\lambda_i}{\lambda}\right)}{\mu_F C_i} \tag{11.65}$$

是一个全满分组就所有链路进行平均的传输时间。

11.5.3　分组交换吞吐量

除了用平均分组时延表示分组交换网的性能外，还有网络吞吐量。吞吐量是进入节点的分组数与完成传送的输出分组数之比。当输入节点的分组数在其传输容量范围以内时，它将全部输出送往目的地，输入与输出数量成比例，输入分组数接近输出容量时吞吐量趋于饱和。然而实际情况是，当输入量增加太快时，交换节点或路由器不再能够应付，输出分组数反而下降，导致情况恶化。在通信量非常高的情况下，网络完全阻塞，几乎没有分组能够发送。输入负荷与吞吐量的关系如图 11.32 所示。

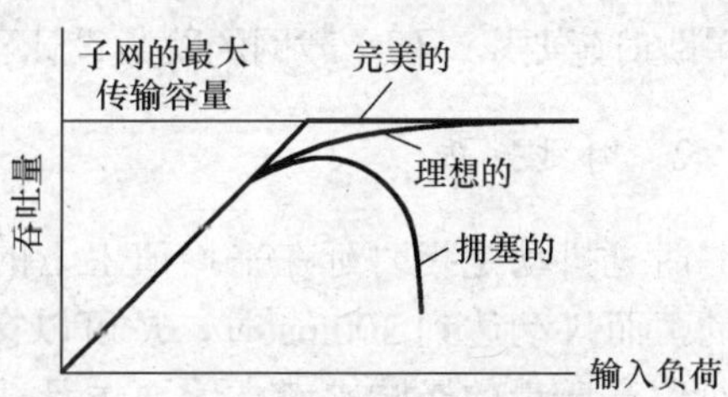

图 11.32　分组交换网输入负荷与吞吐量

造成拥塞的原因很多，如果突然之间分组流同时从 3 个或 4 个输入线到达，并且要求输出到同一线路，就将建立起队列。如果没有足够的缓冲空间保存这些分组，有些分组就会丢失，在某种程度上增加缓冲器容量会有所帮助。但是，当队列过大，拥塞不但不会变好，反而会更糟。因为当分组走到队列前面时，它已经过时了，可能副本已被重发。这些分组都被发送到下一个节点或路由器，加重了线路的负荷。

处理器的速度慢也会导致拥塞。如果路由器的 CPU 处理速度太慢，以至于不能正确执行像缓冲区排队、更新路由表等操作，那么即使有多余的线路容量也可能使队列饱和。类似地，低带宽线路也会导致拥塞。只升级线路不提高处理器性能，或反之，不会有多大作用。

拥塞会导致恶性循环，如果节点没有空余缓冲区，它必须丢掉新到的分组，当扔掉一个分组时，发送分组的节点会因超时而重传该分组（可能重传多次）。由于发送方在没有收到确认之前不能扔掉该分组，故接受端的拥塞迫使发送者不能释放在正常情况下早应释放了的缓冲区，使拥塞加重。

11.6 下一代网络性能分析

11.6.1 下一代承载网的 QoS

NGN 是下一代电信网的发展趋势，虽然目前其体系架构、相关标准仍在不断完善中，但是无论是基于软交换的体系架构还是基于 IMS 的体系架构，对承载网技术的要求是一致的，都需要承载网能够提供电信级的 QoS，其中 QoS 指标主要是丢包率、时延和时延抖动。

1. 时延

由于当前 IP 分组网使用低比特语音编解码器，使得 VoIP 语音分组的端到端时延要比电路交换网中的时延大得多，组成部分也更为复杂，VoIP 应用中网络通信结构和底层传输协议的多样性，决定了时延成分的多样性。

端到端的时延可以分成两个部分，即固定时延和可变时延。固定时延包括编解码器引入的时延和打包时延。固定时延和采用的压缩算法、打包的语音数据量相关。可变时延包括承载网上的传输、节点中排队、服务处理时延和去抖动时延，这些和设备的端口速率、网络的负载情况、经过的网络路径、设备对 QoS 的支持方式、实现的 QoS 算法等密切相关。特别是去抖时延和承载网络的抖动指标密切相关，通过采用合适的网络技术可以显著降低语音通过网络时引入的抖动，减少去抖动时延。

IP 网中语音分组的端到端时延，150ms 以下的时延，对于大多数应用来说是可接受的；150～400ms 的时延，在用户预知时延状况的前提下可以接受；大于 400ms 的时延不可接受。

目前，不同级别的网络设备，在正常情况下的数据包处理时延为几十微秒到几毫秒，能够满足单跳时延要求，但承载网的跳数设计不能超过以上端到端的时延要求，而且跳数越少越好。

2. 时延抖动

时延抖动是指时延在平均值上下的起伏，根据实际测量发现，抖动大于 500ms 是不可接受的，而抖动达到 300ms 时，是可以接受的，此时为了消除抖动会引起较大的时延，综合时延对语音质量的影响来考虑，要求承载网的抖动小于 80ms。

抖动会引起端到端的时延增加，会引起语音质量的降低。影响抖动的因素一般和网络的拥塞程度相关。网络节点流量超忙，数据包在各节点缓存时间过长，使得到达速率变化较大。由于语音同数据在同一条物理线路上传输，语音包通常会由于数据包的突发性而导致阻塞。

3. 丢包率

丢包率的形成原因主要有两点，一是传统 IP 传输过程中的误码，这种情况在目前的网络条件下发生的概率极低。另一个是不能保障业务带宽造成的，当网络流量越拥塞，影响就越强烈，丢包发生率也就越大。

丢包对 VoIP 语音质量的影响较大，当丢包率大于 10%时，已不能接受，而在丢包率为 5%时，基本可以接受，因此，要求 IP 承载网的丢包率小于 5%。

软交换网对 IP 承载网的要求包括媒体流和信令流两部分，其中媒体流对承载网的最高

QoS 指标为丢包率≤1%、网络抖动≤20ms、时延≤100ms；信令流对承载网基本 QoS 的要求为：丢包率≤0.1%、包差错率≤10-4、时延≤100ms。

11.6.2　承载网分组语音节点的时延

对于分组网络中的语音业务，采用排队模型来描述它。对于分组语音业务，最直观的排队模型是：输入流看作是多周期流的叠加。对于分组语音网络节点，用 $\sum D_I$ /D/1 排队模型来代表这一类的节点。$\sum D_I$ /D/1 排队模型，其输入过程是固定数量周期流的叠加，而其中的每一流的特征是固定服务时间分布，而流的相位则是随机选择的。

根据 $\sum D_I$ /D/1 排队模型来计算由语音业务流产生的排队延迟，也可导出缓冲器的需求值。有文献对于 $\sum D_I$ /D/1 和较简单的 m/D/1 排队之间的性能进行了比较，在链路的利用率是在复用的流是少量的情况下，m/D/1 排队模型的计算结果偏大，而对于链路利用率是低的，复用的流较多的情况下，m/D/1 和 $\sum D_I$ /D/1 的排队模型应用在 IP 的网络中时的计算结果是相近的。因此，在大多数情况下，可以用 M/D/1 来代替 $\sum D_I$ /D/1 排队模型，对时延的估算同样有较大的准确性。

软交换网络中的语音通信量是基于分组语音技术进行的，其排队时延可采用 M/D/1/∞队列模型来处理。M/D/1 排队是 M/G/1 排队中的一个特例。其求解可以根据 p-k 公式来进行分析。以下给出软交换网络时延分析的例子。

M/D/1 排队，字母 D 表示确定的（deter*minis*tic）服务时间。这是 M/G/1 排队的一个特例，作为一个特例，令所有顾客（分组或呼叫）都具有相同的服务长度 $1/\mu$。这样，$\sigma^2=0$，则有：

$$E(n)=\frac{\rho}{(1-\rho)}\left(1-\frac{\rho}{2}\right) \qquad \sigma^2=0$$

以及

$$E(T)=\frac{1/\mu}{(1-\rho)}\left(1-\frac{\rho}{2}\right) \qquad \sigma^2=0 \tag{11.66}$$

例：设软交换网络节点是 M/D/1 排队模型，分组到达率 70 000 分组/秒，分组的平均长度为 1 000bit，链路容量为 155Mbit/s，求节点的平均时延和平均队列长度。

解：

$$\text{平均队列长度} \quad E(n)=\frac{\rho}{(1-\rho)}\left(1-\frac{\rho}{2}\right)=0.63$$

$$\text{平均时延} \quad E(T)=\frac{1/\mu}{(1-\rho)}\left(1-\frac{\rho}{2}\right)=0.0091\text{ ms}$$

11.6.3　软交换网络的容量

下一代交换网络规划包括软交换、信令网关和媒体网关设备的配置方式，以及路由结构方面的考虑；设备容量测算则是对 NGN 网络设备在容量需求规模、设备数量设置、板卡数量配置等方面的计算；带宽容量测算关注的是媒体流和信令流对分组网承载的带宽需求；建设和投资方案是对 NGN 整体网络部署的方案确定和 NGN 网络设备投资的初步估算。另外，NGN 网络规划还包括网络管理、QoS 和地址资源分配等内容。

软交换设备的容量通过设备的处理能力来表示，可利用忙时呼叫（BHCA）表示，信令网关设备的处理能力可以通过 BHCA 或信令链路数表示，中继媒体网关设备的处理能力可以通过中继端口 DS0（Digital Signal 0）数目来衡量。无论测算的目标网络设备为何种类型，其测算的基本前提都包括 3 类参数：业务特性参数、业务流量流向参数和网络结构参数。业务特性参数是与 NGN 业务特性相关的参数，如语音业务的平均通话时长；业务流量流向参数是端到端的业务量大小的表示；网络结构参数是指与网络结构方案相关的参数，如软交换服务区的覆盖 POP 点范围、软交换数目等。

BHCA 指的是交换系统在系统最忙时段所能支持的最大呼叫次数。饱和呼叫量可以用两个参数来表示：忙时呼叫量（BHCA）或者每秒建立呼叫数量（CAPS）。

BHCA 主要测试内容为：在一小时之内，系统能建立通话连接的绝对数量值。测试结果是一个极端能力的反映，它反映了设备的软件和硬件的综合性能。BHCA 值最后体现为 CAPS（每秒建立呼叫数量），CAPS 乘以 3 600 就是 BHCA 了。

如大容量、高可靠性、电信级的软交换设备，处理能力可达到 6MB BHCA 或更大。

BHCA（忙时试呼次数）计算可利用公式：

$$s = a+b^{*}BHCA$$

其中：s：系统开销，是处理机时间资源的占用率；

a：固有开销，是非与呼叫处理次数（话务量）无关的系统开销；

b：处理一次呼叫的平均开销（非固有开销），是与呼叫处理次数有关的系统开销；

$BHCA$：单位时间内所处理的呼叫总数，即处理能力值（$BHCA$）。

例：某处理机忙时用于呼叫处理的时间开销平均为 0.85，固有开销 $a = 0.29$，处理一个呼叫平均需时 32ms，求其 $BHCA$ 为多少？

$$0.85 = 0.29+(32\times10-3/3\ 600)\times BHCA$$

$$BHCA = 63\ 000 \text{ 次/小时}$$

影响 $BHCA$ 值的因素主要有以下几点。

① 系统容量影响。用户数量越多，扫描程序的开销与端口数量相关，时钟级固定开销也就越大，导致单位时间能处理的呼叫数目减少。

② 控制结构影响。多处理机结构，存在额外通信开销。

③ 处理机性能影响。包括指令功能、工作频率、存储器寻址范围和 I/O 端口数量。

④ 软件设计水平。重要因素包括程序结构、算法、数据结构以及采用的编程语言等。

11.7 多址接入系统的分析

11.7.1 ALOHA 技术

CSMA/CD（Carrier Sense Multiple Access with Collision Detection）即具有冲突检测的载波侦听多址访问方法，是一种常用的随机访问方法。这类访问技术是以 ALOHA 技术为基础发展起来的，下面先介绍 ALOHA 技术。

ALOHA 系统是在夏威夷地区的分组无线网，它采用随机争用技术，又可以分为纯 ALOHA（pure ALOHA）方式和时隙 ALOHA（slotted ALOHA）方式两种。

在纯 ALOHA 方式中，当某一站有数据分组需要发送时，它被立即发出。如果收到 ACK

信号，则表示发送成功；如果在规定的时间内未收到 ACK 信号，则该站重发此分组。由于每一站的分组的发送都是随机的，因此，就存在两个站同时发送而产生冲突现象。即使是前一个分组的最后一位和后一个分组的最前一位发生重叠，也会造成这两个分组不能正确接收。当冲突现象发生以后，数据站隔一段时间重发该分组。图 11.33（a）所示为纯 ALOHA 方式中数据分组发送、冲突、再发送的过程。

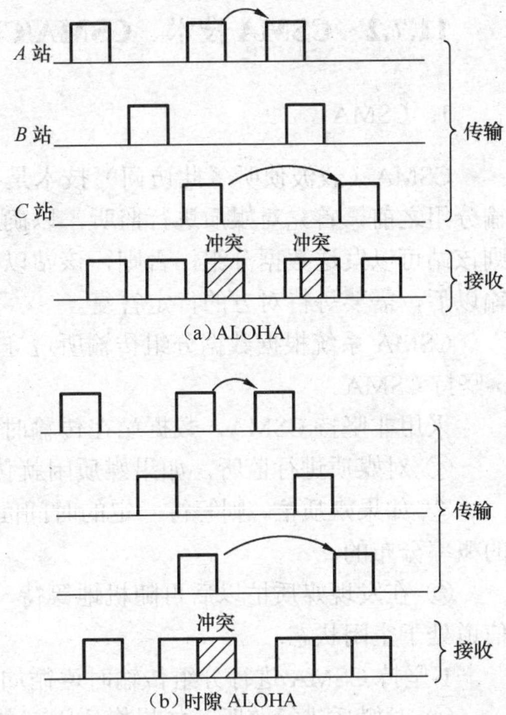

图 11.33 ALOHA 系统原理

时隙 ALOHA 是纯 ALOHA 的改进型式。在这种方式中，把时间分成长度为 t 的时隙，各个站只能在每个时隙的前沿发送数据分组。这时，如果两个站同时发送而发生冲突，则两个数据分组完全重叠，而不可能发生两个分组局部的重叠，这时发生冲突的最大时间间隔为 t（一个分组的长度）。图 11.33（b）所示为时隙 ALOHA 系统的原理。

设 G 为时间 t 内发送的总的分组数目，即网络的总的承载负荷；S 为时间 t 内传输成功的分组的数目，即网络的吞吐量；假设发送分组的数目服从泊松分布，则

$$P_n(t)=\frac{e^{-\lambda t}(\lambda t)^n}{n!}$$

在时间 t（一个分组长度）内发送 n 个分组的概率为

$$P_n=\frac{G^n e^{-G}}{n!}$$

对于纯 ALOHA 系统，发生冲突的最长时间间隔为 $2t$，在时间 $2t$ 内不发送分组的概率为 $P_0=e^{-2G}$，利用 $S=GP_0$，可以得到：

$$S=Ge^{-2G} \tag{11.67}$$

对于时隙 ALOHA 系统，发生冲突的时间间隔为 t，只要在 t 内不发送分组，则原来的分组将传输成功。可以得到：

$$S=Ge^{-G} \tag{11.68}$$

S 与 G 之间的关系如图 11.34 所示。图中，S 和 G 均已归一化。从图中可见，纯 ALOHA 系统的最大吞吐量发生在 $G=0.5$ 处，而对应的 S 值是 1/(2e)，即约为 0.184。而时隙 ALOHA 的 S 可能的最大值为 1/e，即为 0.37。由于时隙 ALOHA 系统采取了把时间分成时隙的措施，它的有效吞吐量增加了 1 倍。

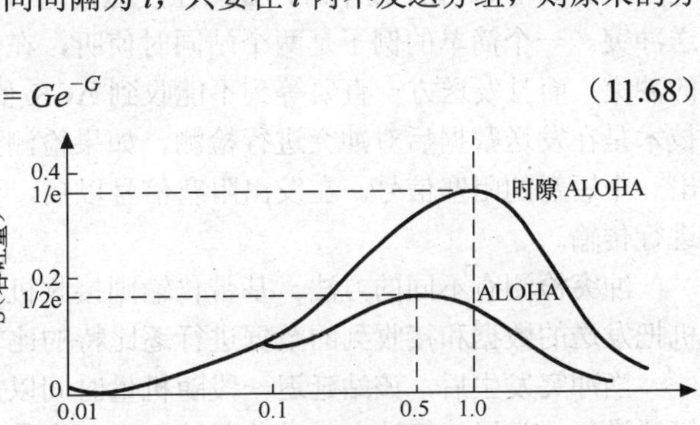

图 11.34 ALOHA 系统 S 与 G 之间的关系

11.7.2 CSMA 技术、CSMA/CD 技术

1. CSMA

CSMA（载波侦听多此访问）技术是在随机访问技术的基础上发展起来的。数据站在传输分组之前，首先对媒质进行监听，以确定媒质是否已被其他站占用。如果媒质是空闲的，则该站可以发送数据分组，否则，该站以某种算法延迟一段时间以后再重新传输。在分组传输以后，需要等待对方的肯定答复。

CSMA 系统根据数据分组传输所遵守的规则又可以分为非坚持 CSMA、1-坚持 CSMA 和 p-坚持 CSMA。

采用非坚持 CSMA，数据站在传输时遵循如下步骤。

① 对媒质进行监听，如果媒质闲就传输。

② 如果媒质忙，则等待一定的时间间隔后，再重复步骤①。所等待的时间间隔是按一定的概率分布的。

③ 在发现媒质忙以后再随机地等待一段时间，一方面可以减小冲突，另一方面有可能使信道处于空闲状态。

1-坚持 CSMA 进行分组传输时遵循如下步骤。

① 对媒质进行监听，如果媒质闲就传输。

② 如媒质忙，则继续监听，直至检测到媒质闲后立即传输。

③ 如果不收 ACK 信号，则等待一段随机量时间后重复步骤①。

p-坚持 CSMA 是上述两种方法的一种折中，所遵循的步骤如下。

① 对媒质进行监听，如果媒质闲，以概率 p 传送数据，以概率 $1-p$ 延迟一段时间间隔，该时间间隔通常等于最大传播延迟。

② 如果媒质忙，则重复步骤①。

③ 如果延迟一段时间间隔后，则重复步骤①。

2. CSMA/CD 技术

CSMA/CD 技术是在 CSMA 技术的基础上增加了冲突检测，从而更进一步提高了信道的利用率。采用 CSMA 技术时，虽然在发送前进行载波侦听，但两个站发送的数据仍有可能发送冲突。一个简单的例子是两个站同时侦听，在都发现媒质空闲以后同时传输，则造成数据的冲突，而且发送方一直要等到不能收到 ACK 信号以后才知道数据发生了冲突。CSMA/CD 技术是在发送数据后对冲突进行检测，如果检测到冲突，该站立即停止发送数据分组，并发出一个短暂的阻塞信号。在发出阻塞信号以后，再等待一段随机量时间，然后再采用 CSMA 进行传输。

冲突检测有不同的方法。基带传输则接收机检测高于预期的电压电平；宽带传输则接收机把发送的数据和接收到的数据进行逐比特的比较，如果不一致则说明发生了冲突。

当冲突发生后，该站延迟一段随机量时间以后再重新传送。随机量时间的确定按照某种算法进行，常用的算法之一是截断的二进制指数退避算法，这时延迟时间 T 表示为

$$T = rt_1$$

式中，r 是在 $2k-1$ 和 0 之间均匀分布的随机数，$k=\min(i, 10)$，i 是已发生冲突的次数，t_1 等于 2 倍传播时间。当冲突次数大于 16 时，则按照故障处理。

CSMA/CD 技术的流程图如图 11.35 所示。采用 CSMA/CD 技术并适当地选取延迟时间，可使信道的利用率达到 90%。

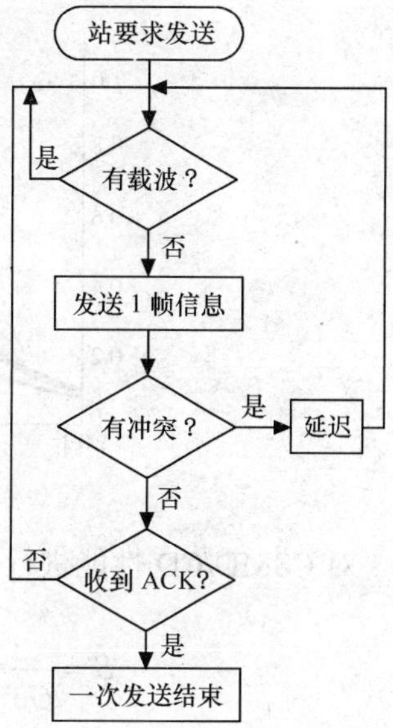

图 11.35　CSMA/CD 技术的流程图

3. CSMA 技术、CSMA/CD 技术性能分析

以下对 CSMA 技术、CSMA/CD 性能进行分析。

设：帧为定长，一帧的发送时间为 T_0，

T 为信道端到端的传播时延；

$a=T/T_0$ 称为归一化的传播时延；

吞吐量为 S；

G 为网络负载。

CSMA 按监听到信道忙之后的策略可分为以下几种。

非坚持 CSMA：一旦监听到信道忙，就不再监听；延迟一个随机时间后再次监听。

坚持 CSMA：监听到信道忙时，仍继续监听，直到信道空闲。

1-坚持 CSMA：一听到信道空闲就立即发送数据（以概率 1 发送）。

p-坚持 CSMA：听到信道空闲时，以概率 p 发送数据，即以概率 $1-p$ 延迟一段时间后再发送。

以上策略都可以分为有时隙的和非时隙的，则有：

纯 ALOHA：$S=G\mathrm{e}^{-2(1+a)G}$

时隙 ALOHA：$S=G\mathrm{e}^{-(1+a)G}$

非坚持 CSMA：$S=\dfrac{aG\mathrm{e}^{-aG}}{G(1+a)+\mathrm{e}^{-aG}}$

时隙非坚持 CSMA：$S=\dfrac{aG\mathrm{e}^{-aG}}{1-\mathrm{e}^{-aG}+a}$

1-坚持 CSMA：$S=\dfrac{G[1+G+aG(1+G+aG/2)]\mathrm{e}^{-G(1+2a)}}{G(1+2a)-(1-\mathrm{e}^{-aG})+(1+aG)\mathrm{e}^{-G(1+a)}}$

时隙 1-坚持 CSMA：$S=\dfrac{aG^{-G(1+a)}[1+a-\mathrm{e}^{-aG}]}{(1+a)(1-\mathrm{e}^{-aG})+a\mathrm{e}^{-G(1+a)}}$

ALOHA 和几种 CSMA 的性能对比如图 11.36 所示。

由图上可以看出，由于 CSMA 采用了先监听再发送的技术，而不是像 ALOHA 一样随意而盲目地发送，因此有效地减少了发生冲突的概率，因此，网络的性能也得到了明显的改善，主要体现在网络的吞吐量上面。

从图中还可以看出，轻载时，1-坚持 CSMA 吞吐量最大；重载时，非坚持 CSMA 吞吐量最大，因此，可以根据实际的网络负荷来选择相应的随机接入机制，以获得最佳的网络性能。

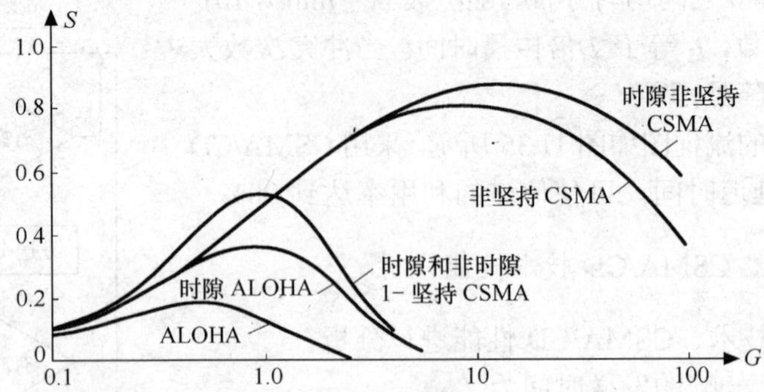

图 11.36 几种 CSMA 与 ALOHA 的 S-G 曲线

对 CSMD/CD 性能进行分析，可得到：

$$S=\frac{Ge^{-aG}}{Ge^{-aG}+\gamma aG(1-e^{-aG})+2aG(1-e^{-aG})+(2-e^{-aG})}$$

对当 $a=0.01$ 时，几种 CSMA/CD、CSMA 以及 ALOHA 的 S-G 曲线如图 11.37 所示。

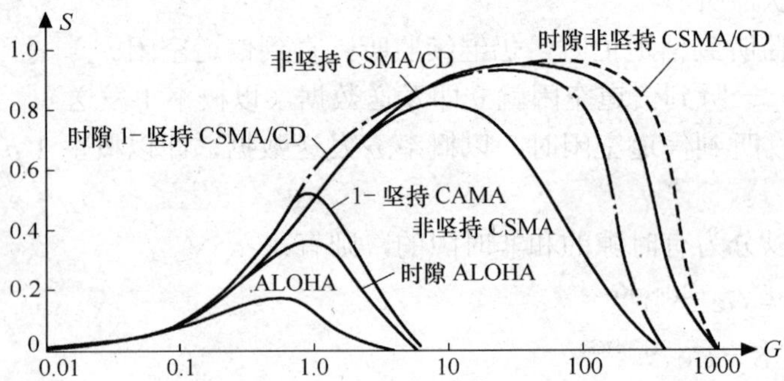

图 11.37 当 $a=0.01$ 时几种 CSMA/CD，CSMA，以及 ALOHA 的 S-G 曲线

从上图可知，相同时延时，CSMA/CD 网络性能最好，也最稳定。但当网络负荷增大时，各种方式的性能都会急剧下降。

11.8 传输网性能分析

11.8.1 误码性能分析

1. 不同业务的平均误码率要求

在数字传输系统中，误码是指接收码元和发送码元之间的差别。误码的严重程度通常用平均误码率和误码时间率来衡量。

平均误码率是指在测量时间内错误码元数与总的码元数之比，用公式表示为

$$P_e=\frac{N}{T_0f_0} \tag{11.69}$$

式中，T_0 为测量时间，N 为时间 T_0 内的错误码元数，f_0 为码元速率。当传输数字信号为二进制序列时，误码率也就是误比特率。

对于各种不同的业务，误码所造成的影响是不同的。对于语音，误码将造成“喀呖”样的噪声；对于数据通信，误码将会造成重发，从而引起传输效率的降低；对于传真，则会造成画面的紊乱现象。因此，不同业务对误码率的要求是不同的。电话通信中误码率的门限值是取主观听觉“刚可觉察到的恶化”，对于数据通信，取传输效率为 95%以上。各种不同业务的误码率门限值如表 11.4 所示。

表 11.4　　不同业务的平均误码率要求

<table>
<tr><th colspan="4">业务种类</th><th>门限值</th></tr>
<tr><td rowspan="4">窄带业务</td><td rowspan="3">电话</td><td colspan="2">PCM（64kbit/s）</td><td>3×10^{-5}</td></tr>
<tr><td colspan="2">ADPCM（32kbit/s）</td><td rowspan="2">10^{-4}</td></tr>
<tr><td colspan="2">APC-AB（16kbit/s）</td></tr>
<tr><td colspan="3">数据（16～64kbit/s）
可视图文（1.6～64kbit/s）</td><td>3×10^{-6}</td></tr>
<tr><td rowspan="6">宽带业务</td><td colspan="3">立体声（384kbit/s）</td><td>10^{-6}</td></tr>
<tr><td colspan="3">数据（384～614kbit/s）</td><td>10^{-6}～10^{-7}</td></tr>
<tr><td rowspan="4">图像</td><td rowspan="3">4MHz 带宽</td><td>直线 PCM</td><td>5×10^{-7}</td></tr>
<tr><td>ADPCM（32Mbit/s）</td><td>10^{-7}</td></tr>
<tr><td>三维（1.5～6.3Mbit/s）</td><td>10^{-9}～10^{-10}</td></tr>
<tr><td colspan="2">高清晰度电视</td><td>未知</td></tr>
</table>

由于误码发生机制的复杂性，在测量时间 T_0 内的误码率随时间而起伏变化，如图 11.38 所示。由于误码的时变特性，使得仅仅依靠长平均误码率来衡量各种业务的传输质量是不充分的。

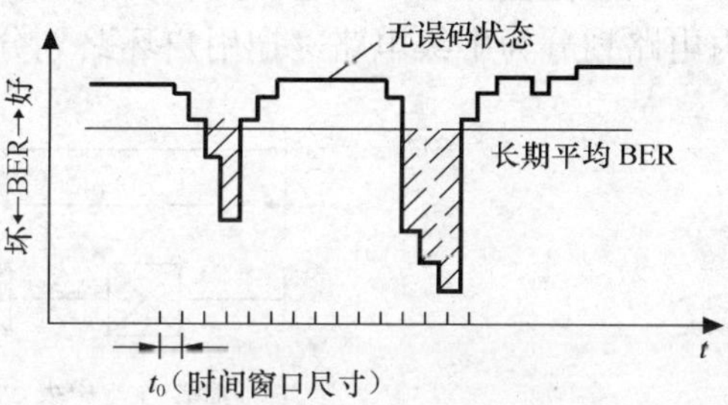

图 11.38　误码率随时间而起伏变化

2. 窄带网的误码性能

基于误码的时变性质，原 CCITT 提出用误码时间率来作为估计系统误码性能的另一指标。误码时间率可以准确地评价错误码元数的时间变动量，使得用同一尺度来衡量不同业务的传输质量成为可能。在原 CCITT G.821 建议中，对误码时间率具体定义为：在一个相当长的时间（T_L）内，误码率超过某一门限值（BER）的时间间隔（T_0）数占总的时间的百分数。在图 11.38 中，斜线所示的为超过门限值的时间。依照 T_0 和 BER 的不同取值，可以得到不同的指标，常用的有如下 3 个（针对 64kbit/s 的数字链接）。

① 误码秒百分数（%ES）。在每个测量秒内出现误码，则该秒为误码秒，占可用秒的百分数为误码百分数。

② 劣化分钟百分数（%DM）。1min 内平均误码率劣于门限值 1×10^{-6}，则该分钟为劣化分钟，它占可用分钟的百分数称为劣化分钟的百分数。

③ 严重误码秒百分数（%SES）。1s 间隔内平均误码率劣于门限值 1×10^{-3}，则这 1s 称为

严重误码秒，占可用秒的百分数称为严重误码秒的百分数。

在上述指标定义的过程中，原CCITT 规定，当数字连接中出现连续10个或10个以上的严重误码秒时，则称连接处于不可用时间之内；连续严重误码秒少于 10 个，则称连接处于可用时间之内。说明可用秒和可用分钟的流程如图 11.39 所示。

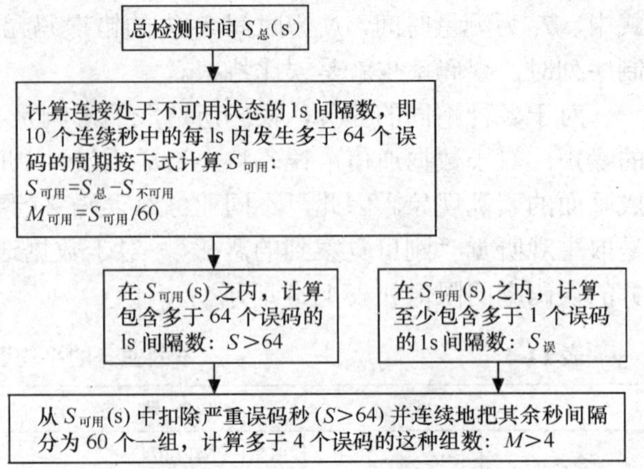

图 11.39　可用秒和可用分钟的流程

（1）误码时间率的分配

一个国际ISDN连接（64kbit/s 连接）的误码性能指标如表 11.5 所示，国际 ISDN 连接应同时满足表 11.5 中的全部要求，如果这些要求中的任何一个不满足的话，那么连接就不能满足指标。

表 11.5　　国际 ISDN 网 64kbit/s 连接的误码性能指标

性 能 分 类	指　　标
严重误码秒	BER 劣于 1×10^{-3} 的 1s 间隔数可用秒的百分数小于 0.2%
劣化分钟	BER 劣于 1×10^{-6} 的 1min 间隔占可用分钟的百分数小于 10%
误码秒	有任意个误码的 1s 间隔占可用秒的百分数小于 3%

误码性能分配用假想参考连接如图 11.40 所示。一般把国际电路划分为高级电路，把国内电路划分为中级电路，把用户环路划分为本地电路。误码时间率的分配如表 11.6 所示。

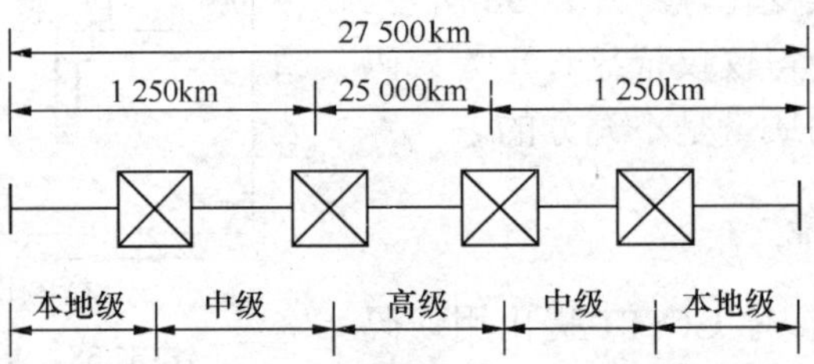

图 11.40　误码性能分配用假想参考连接

表 11.6　　误码时间率的分配

电 路 类 别	各级分配比例	DM%	ES%	SES%
整个连接	100%	10%	8%	0.2%
高级	40%	4.0%	3.2%	0.08%
中级	15%×2	1.5%×2	1.2%×2	0.03%×2
本地级	15%×2	1.5%×2	1.2%×2	0.03%×2

（2）误码指标的比较与相互关系

① 平均误码率和误码秒百分数、劣化分钟百分数的关系。假定误码的产生服从泊松分布，

则在时间 T_0 内出现 n 个误码的概率为

$$P(n)=\frac{(f_0T_0P_e)^n}{n!}\exp\{-f_0T_0P_e\} \tag{11.70}$$

式中，f_0 为信号速率，p_e 为平均误码率。

在此假定条件下，可求得%ES、%DM 和 p_e 之间的关系为

$$\%\mathrm{ES}=1-p(0)=1-\exp\{-f_0p_e\} \tag{11.71}$$

$$\%\mathrm{DM}=1-\sum_{n=0}^{n_b}\frac{(60f_0P_e)^n}{n!}\exp\{-60f_0P_e\} \tag{11.72}$$

式中，$n_b=\mathrm{int}(60f_0P_T)$

$$P_T=1\times10^{-6}$$

图 11.41 中示出了当 f_0 = 64kbit/s 时%ES 和%DM 与长期平均误码率 p_e 之间的关系。

② 信号速率与%ES 的关系。因为误码是随机发生的，当信号的传输速率不同时，即使长期平均误码率 p_e 相同，%ES 也不相等。在式（2.8）中，f_0 代入不同数值，则可求出各种不同速率的情况下，%ES 与长期平均误码率之间的关系，如图 11.42 所示。

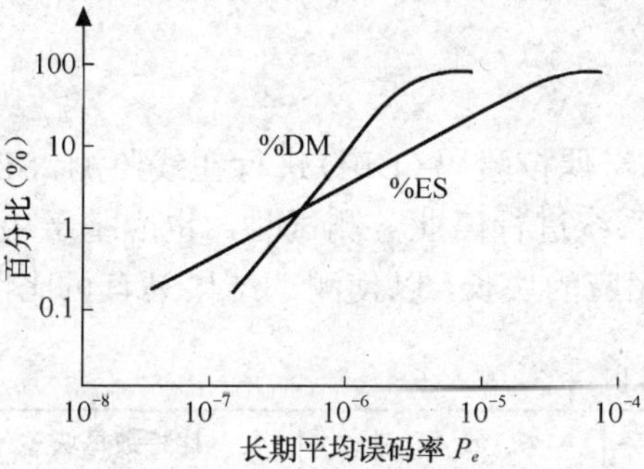

图 11.41　%ES 和%DM 与长期平均误码率 p_e 之间的关系

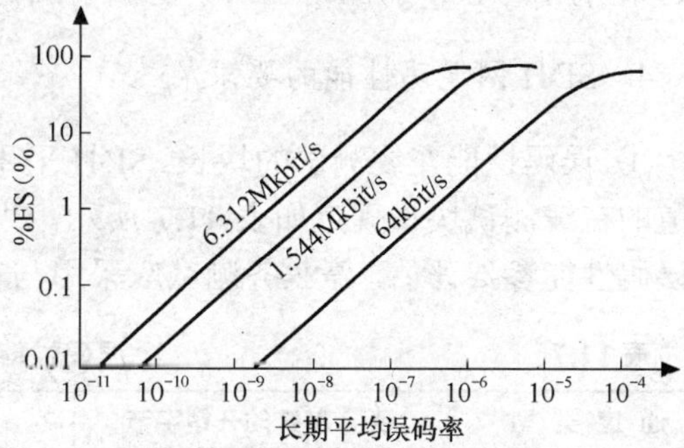

图 11.42　各种不同速率的情况下，%ES 与长期平均误码率之间的关系

3．宽带网的误码性能

当传输网的传输速率越来越高，以比特为单位衡量系统的误码性能有其局限性。传统的误码性能通常采用长期平均误码率（BER）度量，其基本度量间隔是用秒表示的。它有两个缺点：①不能反映误码分布的特点，因而仅在泊松分布条件下才有意义；②测量误码需要中断业务。为克服这两个缺点，ITU-T 建立了以“块”为基础的性能参数。

目前高比特率通道的误码性能是以块为单位进行度量的（B1、B2、B3 监测的均是误码块），由此产生出一组以块为基础的一组参数。这些参数的定义如下。

（1）误块秒（ES）和误块秒比（ESR）

当块中的比特发生传输差错时称此块为误块。当某一秒中发现 1 个或多个误码块时称该秒为 ES，在规定测量时间段内出现的误块秒总数与总的可用时间的比值称之为 ESR。

（2）严重误块秒（SES）和严重误块秒比（SESR）

某一秒内包含有不少于 30%的误块或者至少出现一个严重扰动期（SDP）时认为该秒为

严重误块秒。其中严重扰动期指在测量时在最小等效于 4 个连续块时间或者 1ms（取二者中较长时间段时）间段内所有连续块的误码率≥10^{-2}或者出现信号丢失。

在测量时间段内出现的 SES 总数与总的可用时间之比称为 SESR。

严重误块秒一般是由于脉冲干扰产生的突发误块，所以 SESR 往往反映出设备抗干扰的能力。

（3）背景误块（BBE）和背景误块比（BBER）

扣除不可用时间和 SES 期间出现的误块称为 BBE。BBE 数与在一段测量时间内扣除不可用时间和 SES 期间内所有块数后的总块数之比称为 BBER。

若这段测量时间较长那么 BBER 往往反映的是设备内部产生的误码情况，与设备采用器件的性能稳定性有关。

可用时间和不可用时间定义如下。

① 单向通道。对于一个单向通道，当接收端检测到 10 个连续的严重误块秒事件时不可用时间开始，这 10s 也算作不可用时间的部分。当接收端检测到 10 个连续的非严重误块秒事件时，一个新的可用时间开始，这 10s 算作可用时间的部分。在不可用时间内，用作性能评估的性能事件数的统计应被禁止。

② 双向通道。对于一个双向通道，只要两个方向中有一个方向处于不可用，该双向通道即为不可用。在不可用期间，两个方向用作性能评估的性能事件数的统计都应被禁止。

4. SDH 网误码性能的要求

① 误码性能在线测试的块长。SDH 采用比特间插奇偶校验码（BIP）进行在线监测，SDH 通道的在线测试块长规定如表 11.7 所示。当对 SDH 系统进行停业务测试时，也应基于块进行误码性能参数评估，停业务测试应采用与在线测试相应的块长，以使测试结果具有可比性。

表 11.7　误码性能在线测试块长

通道类型	携带 BIP 的开销字节	BIP 类型	块数每秒	比特数每块
VC-12	V5（b1，b2）	BIP-2	2 000	1 120
VC-2	V5（b1，b2）	BIP-2	2 000	3 424
VC-3	B3	BIP-8	8 000	6 120
VC-4	B3	BIP-8	8 000	18 792
VC-4-4C	B3	BIP-8	8 000	75 168

② 通道误码性能指标。误码性能指标是长期指标，测试时间不少于 1 个月。

③ 全程端到端通道的性能指标。SDH 网络全程端到端 27 500km 假设参考通道的误码性能指标如表 11.8 所示。只要有任一误码性能参数不满足，就认为该通道不满足性能要求。

表 11.8　全程端到端通道误码性能指标

国际				
VC 速率（kbit/s）	**2 240（VC-12）**	**48 960（VC-3）**	**150 336（VC-4）**	**601 334（VC-4-4C）**
ESR	1.008×10^{-4}	4.62×10^{-4}	9.24×10^{-4}	待定
SESR	2.016×10^{-5}	4.62×10^{-5}	4.62×10^{-5}	2.016×10^{-4}
BBER	5.04×10^{-7}	5.04×10^{-7}	1.008×10^{-6}	1.008×10^{-6}

续表

国　内				
VC 速率（kbit/s）	**2 240（VC-12）**	**48 960（VC-3）**	**150 336（VC-4）**	**601 334（VC-4-4C）**
ESR	2.31×10^{-4}	4.62×10^{-4}	9.24×10^{-4}	待定
SESR	4.62×10^{-5}	4.62×10^{-5}	4.62×10^{-5}	4.62×10^{-4}
BBER	1.155×10^{-6}	1.155×10^{-6}	2.31×10^{-6}	2.31×10^{-6}

11.8.2　滑码性能分析

1. 滑码的产生

在数字网的程控交换局间，采用的传输系统通常是 PCM 基群或 PCM 高次群系统，同时一个交换局通常和几个交换局相连。为了准确地进行时隙交换，从其他局来的数字信号流的一帧中的首位和未位应在同一时间内开始和结束，即各局的信号之间必须帧定位。由于各局之间的时钟频率存在偏差，加上传输介质时延的影响，要做到这一点很难。为了解决这个问题，通常在进行时隙交换之前设备一缓冲器，通过对脉冲同时读出来吸收传输时延所引起的相位差别。

图 11.43 所示为在交换局的输入端设置缓冲器的示意图。图中 A 局和 B 局的数字信号到达 C 局，它们的时钟信号频率分别为 f_a、f_b 和 f_c，并且在同一基准频率上下略有偏差。这里，f_a、f_b 是写时钟频率，f_c 是读时钟频率，当它们之间误差积累到一定程度时，在数字信号流中产生滑码。

首先以缓冲器的容量为 1bit 为例来讨论滑码的产生。图 11.44 所示为由于时钟频率偏差引起滑码的示意图。在图 11.44（a）中，写时钟频率大于读时钟频率，这里，时间轴上方是读时钟脉冲，下方是写时钟脉冲，写脉冲和读脉冲之间的时间间隔称为读写时差 T_d。当 $f_a > f_c$ 时，读写时差随时间的增加而增加。当它超过 1bit 时，则产生一次漏读现象，这时将丢失这个码元（在图中的第 6 个码元处），同时读写时差将产生一个跳跃。图 11.44（b）所示为 $f_b < f_c$ 的情况，当读写时差减少至 0 时则产一次重读现象，这时将增加一个码元。这种数码的丢失或增加称为滑码，滑码是一种数字网的同步损伤。

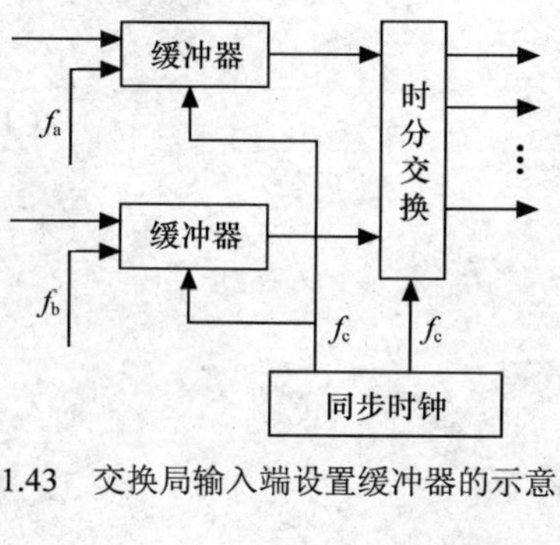

图 11.43　交换局输入端设置缓冲器的示意图

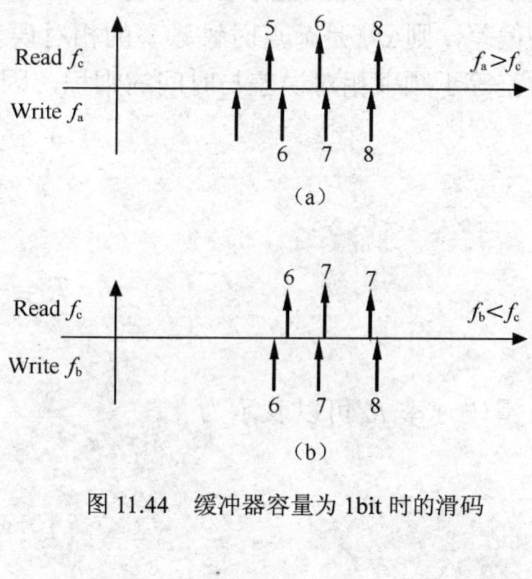

图 11.44　缓冲器容量为 1bit 时的滑码

当缓冲器的容量为 1bit 时，滑码一次丢失或增加的码元数为 1bit，这时将引起帧失步，从而造成在失步期间全部信码的丢失。解决的方法是扩大缓冲器的容量。在实际的数字交换机中，缓冲器的容量可取为 1 帧或大于 1 帧，把滑码一次丢失或增加的码元数控制为 1 帧。这样做的优点，一是减少了滑码的次数，二是由于滑码一次丢失或增加的码元数量为 1 帧，防止了帧失步的产生。这种滑码一次则丢失或增加一个整帧的码元常称为滑帧。由于滑码一次丢失或增加码元数是确定的，也常称其为受控滑码。

图 11.45 所示为缓冲器的容量为 1 帧时滑码产生的情况。图 11.45（a）中，$f_a>f_c$，即对于缓冲器是写得快而读得慢，缓冲器中存储的数码逐渐增加，当增加至一帧时，将产生一次滑码，从而丢失 1 帧的数码。图 11.45（b）所示为 $f_b<f_c$ 的情况，这时情况和刚才相反，滑码一次，数码将增加 1 帧。

图 11.46 所示为读写时差的变化情况，当读写时差超过门限值 NT_0 时（N 为滑码一次增加或丢失的码元数），则产生一次滑码。

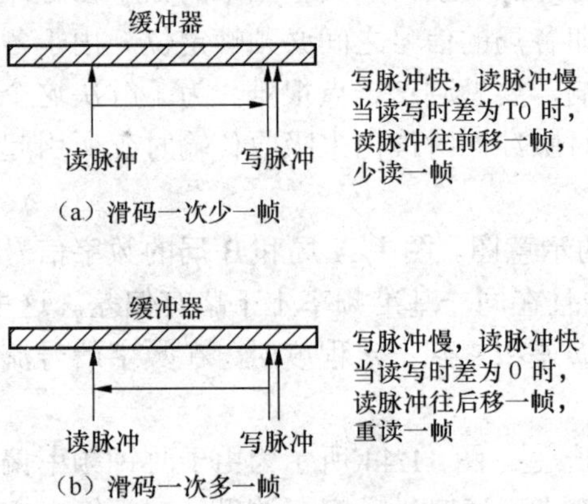

图 11.45　增加或丢失 1 帧的滑码示意图

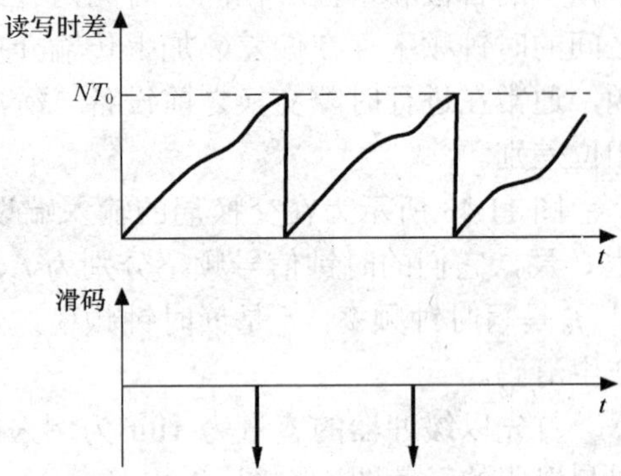

图 11.46　读写时差的变化

2. 滑码率的计算

数字网中各节点的时钟频率存在偏差是引起滑码的主要原因。下面分析时钟的准确度与滑码速率之间的关系。如前所述，当读写时差 T_d 大于 NT 或者小于 0 时就产生滑码，因此，滑码速率也就是读写时差超过门限值的速率。设 f 表示基准时钟频率，Δf 表示时钟频率与基准频率之间的偏差，则$\Delta f/f$ 是节点时钟频率的相对误差，$2\Delta f/f$ 是两个节点之间的最大的频率相对误差读写时差等于频率相对误差与时间的乘积，因此，两次滑码之间的时间间隔 T 可以表示为

$$T_s=\frac{NT_0}{2\left|\dfrac{\Delta f}{f}\right|}$$

$$T_s=\frac{N}{2\left|\dfrac{\Delta f}{f}\right|\cdot f} \tag{11.73}$$

因此，滑码速率 R_s 可以表示为

$$R_s = \frac{2\left|\frac{\Delta f}{f}\right| \cdot f}{N} \tag{11.74}$$

当输入信号流为 PCM 基群信号流，且一次滑码增加或丢失的码元数 N 为 256bit 时，上式可以改写为

$$R_s = 2\left|\frac{\Delta f}{f}\right| \cdot F_s$$

式中，F_s 为 PCM 基群的帧频，等于 8kHz。

例如，设两个时钟的相对频差为 1×10^{-11}，滑码一次增加或丢失的码元数为 256bit，对 2 048kbit/s 的基群码流求最大的可能滑码速率为

$$R_s = 2\left|\frac{\Delta f}{f}\right| \cdot F_s = 1/6\ 250\ 000(\text{s}) = 1/72.34(\text{天})$$

表 11.9 所示为在 2 048kbit/s 的码率时，滑码一次丢失或增加一个整帧时，时钟准确度与滑码间隔时间的关系。

表 11.9　　时间准确度与滑码间隔时间的关系

时钟准确度	发生一次滑码间隔的时间	每小时发生滑码的次数	每天发生滑码的次数
$\pm10^{-11}$	72.3 天	5.76×10^{-4}	0.013 8
$\pm10^{-10}$	7.2 天	5.76×10^{-3}	0.138
$\pm10^{-9}$	17.4h	5.76×10^{-2}	1.38
$\pm10^{-8}$	1.7h	0.576	13.8
$\pm10^{-7}$	10.4min	5.76	138
$\pm10^{-6}$	1.0min	57.6	1 380

3. 滑码的影响

滑码对语音的影响较小。一次滑码对于 PCM 基群将丢失或增加一个整帧，但对于 64kbit/s 的一路语音信号则丢失或增加一个取样值，这时感觉到的仅是轻微的“喀呖”声。由于语音波形的频带很宽，而且动态变化，能够有效地掩蔽这种滑码的影响，对于电话而言可以允许每分钟滑码 5 次。

对于 PCM 系统中的随路信号而言，滑码将造成复帧失步。复帧失步后的恢复时间一般为 5ms，因此，一次滑码将造成随路信号 5ms 的中断。对于公共信道信号，由于 7 号信令系统采用检错重发（ARQ）方式，发生滑码以后则要求发端将有关的信号重发一次，因此，滑码将使呼叫接续的速度变慢，而不致造成接续的错误。

对于 64kbit/s 及中速的数传，受滑码而丢失或增加的数据可以为检错程序所发现，并要求前一级将此数据重发，虽然不会发生错误，但延迟了信息传送时间，降低于电路利用率。如果要求无效时间小于 1%～5%，则每小时滑码可以允许 1～7 次。

4. 滑码率的分配

ITU-T 对于 64kbit/s 的国际数字连接的滑码率的指标如表 11.10 所示。

表 11.10 所列的滑码率性能考虑了满足 ISDN 中一个 64kbit/s 数字连接上的电话及非话业务的要求，而且参照 27 500km 长的标准数字假想参考连接规定。27 500km 长的标准数字假想参考连接包括 5 个国际局、6 个国内长途局和 2 个市话局。

表 11.10 中的滑动性能指针分为 a、b、c 三个级别，要求一年内绝大多数时间（98.9%）都工作在 a 级范围内，此时各种业务的质量可以得到保证。工作在 b 级范围时，某些业务质量将变劣，但可勉强工作。在 c 级范围内，虽然业务仍可保持，但质量严重下降，就认为是不允许的。

表 11.10　　　　滑码率的指标

性 能 级 别	平均滑码率	一年中的时间比率%
a 级	24h 内≤5 次	＞98.9
b 级	24h 内＞5 次 1h 内≤30 次	＜1.0
c 级	1h 内＞30 次	＜0.1

以上给出的是滑码率的全程性能指标。必须把指标分配给每一个部分，在分配时，考虑到在一个 64kbit/s 的数字连接中，不同部分的链路出现滑码时造成的影响是不同的，因此，分配给国际中继链路的滑码指标要少，分配给国内部分链路的稍多，而分配给本地键路的最多，因为在本地链路上的滑码只带有局部性的影响。ITU-T 建议的分配比例如表 11.11 所示。

表 11.11　　　　滑码率的分配

HRX 连接中的部位	各部分滑码率分配百分比（%）	不同性能级别 1 年允许的时间百分比（%）		
		a 级	b 级	c 级
国际部分	8.0	99.912*	0.08	0.008
同办长途部分	6.0	99.934*	0.06	0.006
市内部分	40.0	99.56*	0.4	0.04
全程	100*	98.9*	1.0*	0.1*

* 补列的数据。

11.8.3 同步性能分析

1. 时钟的技术指标

（1）抖动

抖动是指数字信号相对于其理想位置的瞬时偏离。

这里瞬时的含义是指相位振荡的频率大于或等于 10Hz，10Hz 的限制意味着对抖动通过等效单极点高通滤波器（其极点频率为 10Hz）进行测量。

偏离包括超前或滞后，指定时信号以它自身的频率围绕着理想位置前后摆动，表征偏离有两个参数：幅度和频率，幅度表示实际位置偏离理想位置的大小，频率表示相位变化的速率，偏离的幅度通常用 UI、ns、ms 来表示，UI 表示一个比特的脉冲宽度，在 1.544kbit/s 的 T1 系统中 UI 等于 648ns，在 2 048kbit/s 的 T1 系统中，UI 等于 488ns，对于偏离的频率，以 10Hz 为界限，10Hz 以上的偏离为抖动，10Hz 以下的偏离为漂移。定时信号的抖动如图 11.47 所示。

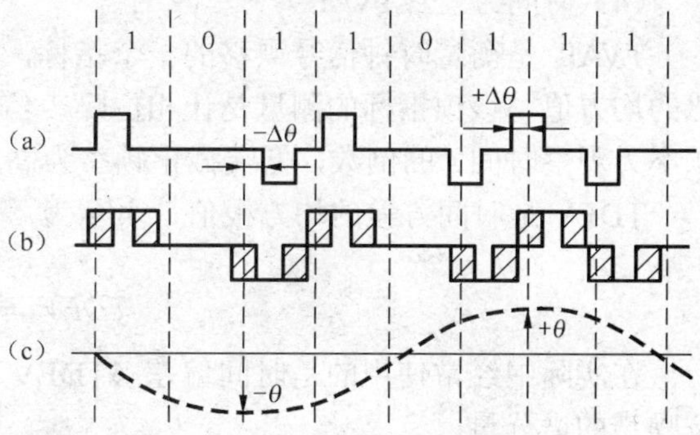

图 11.47　定时信号的抖动

图 11.47 中示出了含有单一频率的定时信号抖动，图 11.47（a）表示数据脉冲偏离它的理想位置，其前沿的变化范围从 $+\theta$ 到 $-\theta$；图 11.49（b）所示为用示波器测量得到的实际波形；图 11.49（c）所示为一条记录抖动的函数曲线，代表相位随时间的变化，这一曲线反映了抖动幅度和抖动频率的大小。

在数字网中，抖动是传输损伤中最麻烦的问题之一，像模拟网中的噪声一样，数字网中的抖动会随着数字信号的传输距离的增加而增加，也会随着运行环境的复杂而增加。在实际的系统中，抖动不是单一频率的，而是由很多频率分量组成的复合波型。

通常抖动有两种类型，一种是系统性抖动，另一种是待时性抖动。系统性抖动是由再生中继器在恢复数字脉冲信号时产生的，将随着通过多个再生中继器而形成累积。待时性抖动是由于在信号复接和解复接过程中产生的，在复接过程中由于要加入或去掉其中的开销比特，在信号流中产生了间隙和等待时间，这些间隙形成了相位移动，从而形成了抖动。

SDH/SONET 系统中的指针调节也将产生抖动，这种调节使得脉冲信号移动 8UI 之多，当发生一次调整时，一次群信号产生一次对应的相位跃变，因此，SDH 系统不适宜于用来传输基准定时信号。

（2）漂移

漂移是指数字信号相对于其理想位置的缓慢偏离，这里缓慢是指其相位振荡的频率小于 10Hz，这里 10Hz 的限制意味着漂移通过极点频率为 10Hz 的等效低通滤波器进行测量，漂移通常用最大时间间隔误差（MTIE）、时间方差（TVAR）和时间偏差（TDEV）进行衡量。

（3）时钟的准确度和稳定度

时钟的准确度是以时钟信号相对于理想值的长期偏离衡量的一个技术指针，它可以用下式表达：

$$\text{时钟的准确度}=\frac{f-f_d}{f_d}$$

式中：f 是时钟的实际数值；

f_d 是时钟的理想值。

时钟的准确度也就是时钟的相对误差，是衡量时钟准确程度向一个常用指标。对于时钟的要求常用时钟准确度未表征，如对基准钟的要求为相对误差小于 1×10^{-11}。

时钟的稳定度是衡量时钟随时间变化的另一技术指标，当考察时钟稳定度时，仍可用公式来估算，但公式中的 f_d 表示时钟的期望值而不是理想值。

一般来说，准确度用来衡量时钟在自由运行模式下的性能指标，而稳定度则用来衡量时钟在保持模式下的性能指标。

（4）时间方差（TVAR）

TVAR 是衡量时钟信号漂移的一个指标，考察的是在某一频谱范围内的时钟信号相位变化的均方值，该项指标的测量是让相位噪声信号通过一带通滤波器，带通滤波器的高端截止频率为观察时间 s 的倒数，低端截止频率为高端的十分之一。

TDEV 是时间方差的均方根值，表示为

$$TDEV = (TVAR)^{\frac{1}{2}}$$

在实际中经常使用的是时间偏差（TDEV），其量纲为时间，用 ns 来表示，用来考察相位噪声的谱分量。

（5）时间间隔误差

时钟准确度是一个长期平均值，不足以反映时钟随时间变化的规律，因此，引入了时间间隔误差（Time Interval Error，TIE）这一指标。

TIE 定义为在一段特定的时间间隔内，给定的时钟信号相对于理想时钟信号的时间延迟。

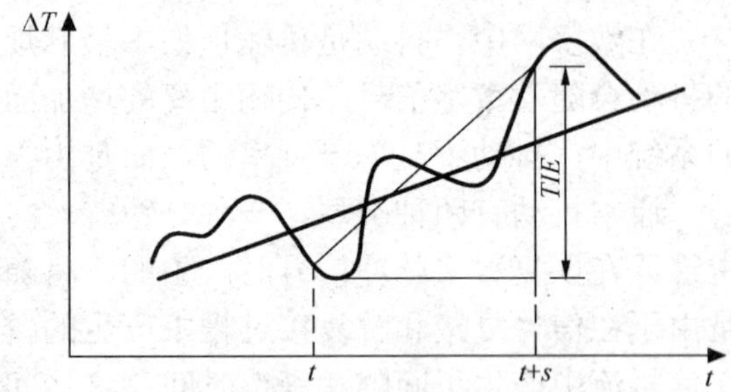

图 11.48　时间间隔误差的定义

TIE 的定义可以通过图 11.48 来进一步说明，图中的横坐标 t 表示时间，纵坐标 ΔT 是节点时钟和标准时间之间的误差，观察时间 s 时的时间间隔误差是在时间 t 时 ΔT 与在时间 $t+s$ 时的 ΔT 之间的差值，可以用公式表示为

$$TIE(s) = \left|\Delta T(t+s) - \Delta T(t)\right|$$

频率偏差和 TIE 之间的关系可以表示为

$$\frac{\Delta f}{f} = \frac{TIE(s)}{s}$$

时间间隔误差反映了时钟信号随时间变化的情况，通常所说的这只钟一天内快或慢了多少，就是反映了观察时间为一天时的时间间隔误差为多少。

除了时间间隔误差之外，还常会用到最大时间间隔误差（MTIE）、最大相对时间间隔误差（MRTIE），下面分别加以说明。

MTIE 是在观察时间（s）内出现的 TIE 的最大值，MTIE 和 TIE 之间的关系如图 11.49 所示，图中横坐标是时间 t，当观察时间（s）发生变化时，TIE 和 MTIE 就会取不同的值。

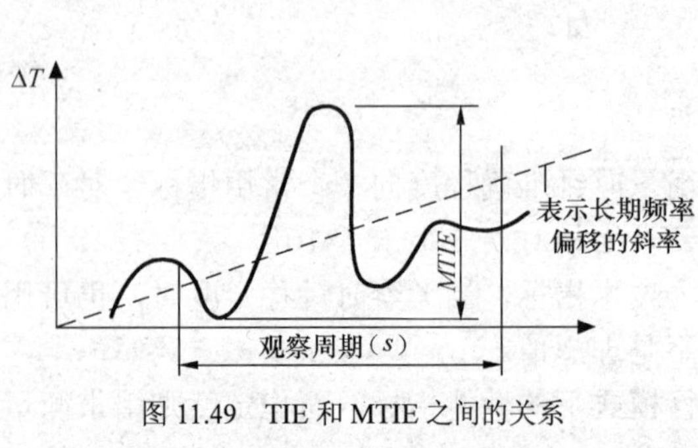

图 11.49　TIE 和 MTIE 之间的关系

最大相对时间间隔误差（MRTIE）是时钟信号与某一指定的参考时钟信号相比较时得到的最大时间间隔误差，MTIE 和 MRTIE 的区别在于前者是以理想时钟信号为参照信号而得到的时延值，而后者是以一特定的时钟信号作为参照信号得到的时延值。

2. 基准钟的定时特性

时钟的定时特性可以分为基准时钟和从钟来进行讨论，基准时钟是指高稳定度的铯钟，从钟指长途局或市话局时钟，是在基准时钟的控制下的时钟输出，对于这两时钟 ITU-T 在 G811 和 G812 对它们的特性作了相应的规定，下面先讨论基准时钟的定时特性。

（1）频率准确度

在各种应用运行条件下，对于大于 7 天的连续观察时间，基准时钟频率准确度应优于 $\pm1\times10^{-11}$。

（2）噪声产生

基准时钟的噪声产生表示在其输出接口产生的相位噪声量。噪声产生又分为漂移产生和抖动产生两类。用最大时间间隔误差（MTIE）和时间方差（TDEV）对噪声产生性能进行测量。

以最大抽样时间 $\tau_0=1/30s$，通过一个等效的 10Hz 单极点低通滤波器来测量 MTIE 和 TDEV。TDEV 的最小测量时间 T 应是积分时间 τ 的 12 倍，即 $T=12\tau$。对于更长观察时间的测量，需要特殊考虑测量滤波器带宽或抽样时间。

① 漂移产生。在基准时钟输出接口，在 τ 观察时间内 MTIE 不应超过表 11.12 中的限值。

表 11.12　　基准时钟的 **MTIE** 限值

观察时间 τ（s）	MTIE 要求（μs）
$0.1<\tau\leqslant1\,000$	$0.275\times10^{-3}\cdot\tau+0.025$
$\tau>1\,000$	$10^{-5}\cdot\tau+0.29$

在 τ 积分时间内 TDEV 不应超过表 11.13 中的限值。

表 11.13　　基准时钟的 **TDEV** 的限值

观察时间 τ（s）	TDEV 要求（μs）
$0.1<\tau\leqslant100$	3
$100<\tau\leqslant1\,000$	0.03
$1\,000<\tau\leqslant10\,000$	30

基准时针 MTIE 模板和基准时针 TDEV 模板分别如图 11.50、图 11.51 所示。

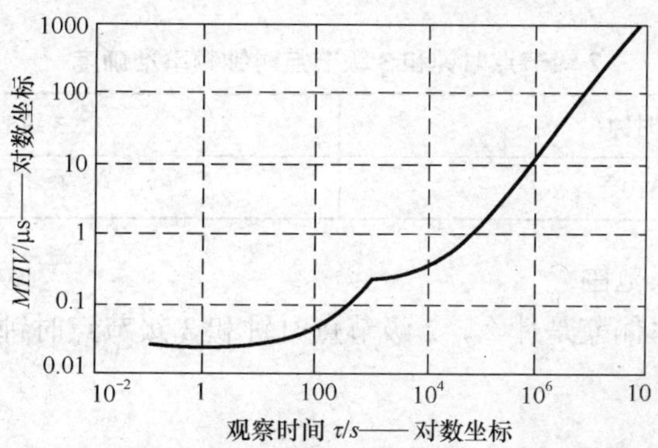

图 11.50　基准时钟 MTIE 模板

② 抖动产生。在 2 048kHz 和 2 048kbit/s 输出接口，当采用一个转折频率分别为 20Hz 和 100Hz 的单极点带通滤波器测量时，在 60s 内测得固有抖动不应超过 0.05UI。

（3）相位不连续性。在基准时钟输出接口（2 048kHz 或 2 048kbit/s），由于时钟内部操作而引起的任何相位不连续性都不应超过 1/8UI。

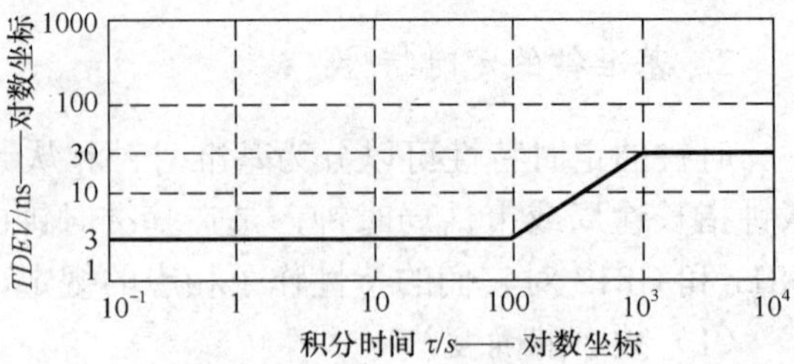

图 11.51　基准时钟 TDEV 模板

（4）输出接口。规定基准时钟的定时基准输出接口为 2 048kHz 和 2 048kbit/s 两种。这两种接口均应符合 G.703 的要求。接口的抖动和漂移应符合前述要求。

3．从节点时钟的定时特性

一个时钟的相位锁定于从上一级节点传送过来的定时信号上，该时钟称为从钟。

从钟具有从下 4 种工作模式。

① 理想工作模式：是指从钟锁定于主钟，而接收到的基准时钟信号没有受到传输扰动的影响，虽然这种假设不符合实际情况，但是在这种模式下进行讨论，有利于确定时钟性能的界限。

② 强制工作模式：这时从钟锁定于基准时钟信号，但在基准时钟信号的传输过程中它受到了传输损伤，时钟在基准钟的控制下进行工作。

③ 保持工作方式：在失去定时基准信号的情况下，时钟将工作于保持工作模式。这时以锁相环记忆电路中存储的时钟信号作为比较基准，输出时钟的准确度主要受初始频率偏差和存储时钟信号的缓慢偏移的影响，保持功能的优劣是衡量某一级时钟性能的重要方面。

④ 自由运行工作模式：此时系统失去定时基准信号，也失去定时记忆信号，进入自由振荡状态。

下面对从节点时钟的主要技术指标进行讨论。

（1）频率准确度

以基准时钟为参考基准，在连续同步工作 30 天之后，保持一年时间的情况下，2 级节点时钟和 3 级节点时钟的频率准确度要求如表 11.14 所示。

表 11.14　　2 级节点时钟和 3 级节点时钟频率准确度

2 级节点时钟	3 级节点时钟
优于 $\pm1.6\times10^{-8}$	优于 $\pm4.6\times10^{-6}$

（2）牵引入和保持入范围

无论内部振荡器频率偏差是什么，2 级节点时钟和 3 级节点时钟的最小牵引入/保持入范围如表 11.15 所示。

表 11.15　　2 级节点时钟和 3 级节点时钟牵引入/保持入范围

	最小牵引入范围	最小保持入范围
2 级节点时钟	$\pm1.6\times10^{-8}$	$\pm1.6\times10^{-8}$
3 级节点时钟	$\pm4.6\times10^{-6}$	$\pm4.6\times10^{-6}$

注 ① 牵引入范围（Pull-in range）：是指从钟参考频率和规定的标称频率间的最大频率偏差范围，在这个范围之内，无论参考频率如何缓慢变化，从钟都工作在锁定状态。

② 牵引出范围（Pull-out range）：是指从钟参考频率和规定的标称频率间的频率偏差范围，在这个范围之内从钟工作在锁定状态，在这个范围之外从钟不能工作在锁定状态，而无论参考频率如何变化。

③ 保持入范围（Hold-range）：是指从钟参考频率和规定的标称频率间的最大频率偏差范围，在这个范围之内，无论参考频率如何缓慢变化，从钟都工作在锁定状态。

（3）噪声产生

当从钟具有理想参考信号或进入保持状态时，其噪声产生表示在输出接口产生的相位噪声量，包括漂移和抖动对噪声产生的性能用最大时间间隔误差（MTIE）和时间方差（TDEV）来进行测量。

测试条件：以最大抽样时间 τ_0=1/30s，通过一个等效的 10Hz 单极点低通滤波器来测量 MTIE 和 TDEV。TDEV 的最小测量时间 T 应是积分时间 τ 的 12 倍。

① 漂移产生。当从钟工作在锁定状态时，在恒温（±1℃之内变化）条件下，MTIE 的限值如图 11.52 所示，TDEV 的限值如图 11.53 所示。

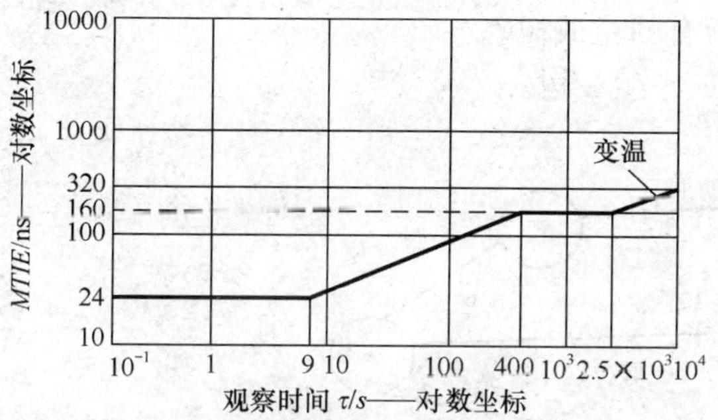

图 11.52　2 级节点时钟和 3 级节点时钟漂移产生要求（MTIE）

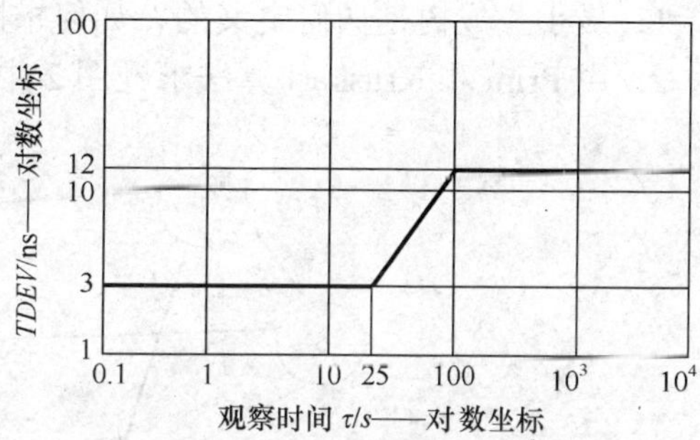

图 11.53　2 级节点时钟和 3 级节点时钟漂移产生要求（TDEV）

② 抖动产生。虽然节点时钟性能中绝大多数要求与测量它的输出接口无关，但对于抖动产生却不是这样，抖动产生要求则根据不同接口类型有不同的限制。为和其他抖动要求相一致，其值以 UI 为单位，其中 UI 相当于接口比特速率的倒数。

- 2 048kHz 和 2 048kbit/s 接口的输出抖动

在没有输入抖动的情况下，当通过一个转折频率分别为 20Hz 和 100kHz 的单极点带通滤波器进行测量时，以 60s 为测量间隔在 2 048kHz 和 2 048kbit/s 输出接口产生的固有抖动峰—峰值应不超过 0.05UI。

- STM-*N* 接口的输出抖动

在同步接口不存在输入抖动的情况下，以 60s 为测量间隔，在 STM-*N* 光输出接口产生的固有抖动不超过表 11.16 所给出的限值。STM-1 电接口所允许的固有抖动也在表 11.16 中给出。

测量滤波器的低端滚降频率特性为 20dB/十倍频程，高端滚降频率特性为 60dB/十倍频程。

表 11.16　　STM-N 接口的抖动产生

接口类型	测量滤波器（-3dB 频率点）	峰—峰幅度（UI）
STM-1 电接口	500Hz～1.3MHz	0.50
	65kHz～1.3MHz	0.075
STM-1 光接口	500Hz～1.3MHz	0.50
	65kHz～1.3MHz	0.10
STM-4	1000Hz～5MHz	0.50
	250kHz～5MHz	0.10
STM-16	5000Hz～20MHz	0.50
	1～20MHz	0.10

注：① 对于 STM-1 接口，1UI = 6.43ns。
② 对于 STM-4 接口，1UI = 1.61ns。
③ 对于 STM-16 接口，1UI = 0.40ns。

习　题

1．最小生成树是如何定义的？如何求图所有的生成树？

2．用 Prim 和 Kruskarl 算法求题图 2 中的最小生成树。

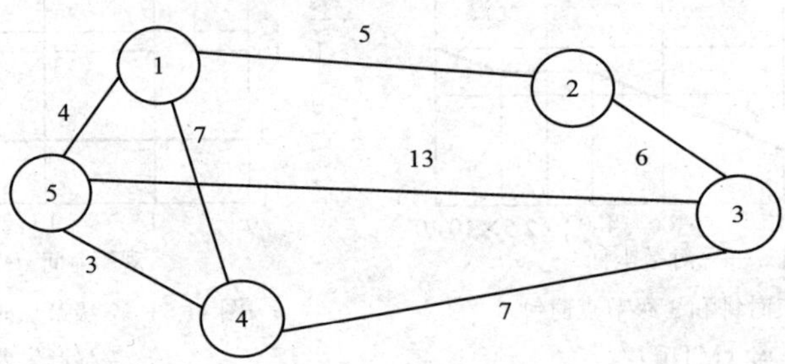

题图 2　一个 5 节点网

3．网路的结构如题图 3 所示，用 Dijkstra 算法求节点 1 到其他节点之间的最短路由。

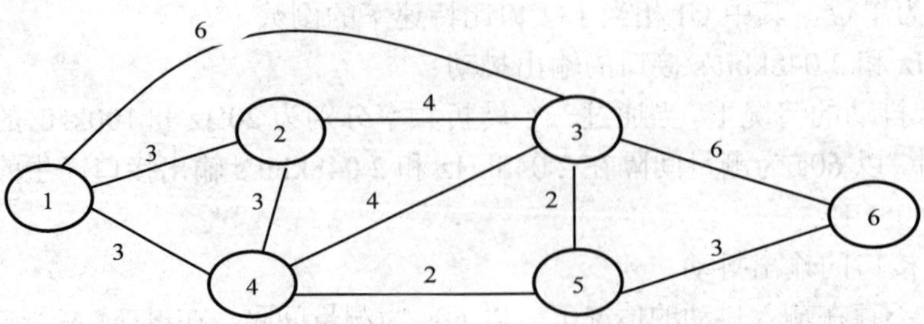

题图 3　一个 6 节点网

4．网路的结构如题图 4 所示，用 Floyd 算法求任意两点之间的最短路由。

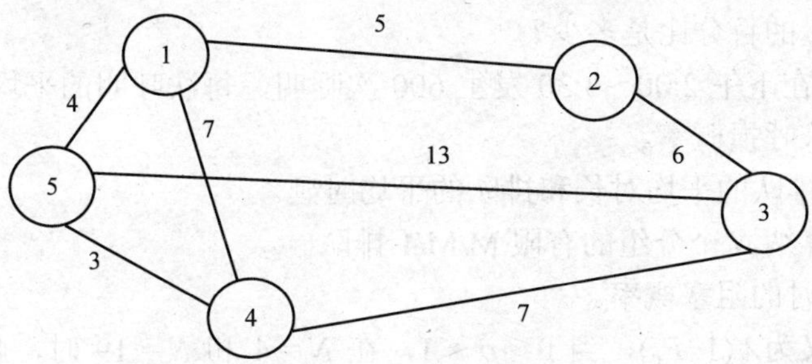

题图 4　一个 5 节点网

5．分布式自适应路由选择是根据相邻节点的信息来更新节点的路由表，网的结构如题图 5 所示。送到 J 节点的相邻节点的延迟信息如题表 1 所列，求 J 节点的新的路由表。

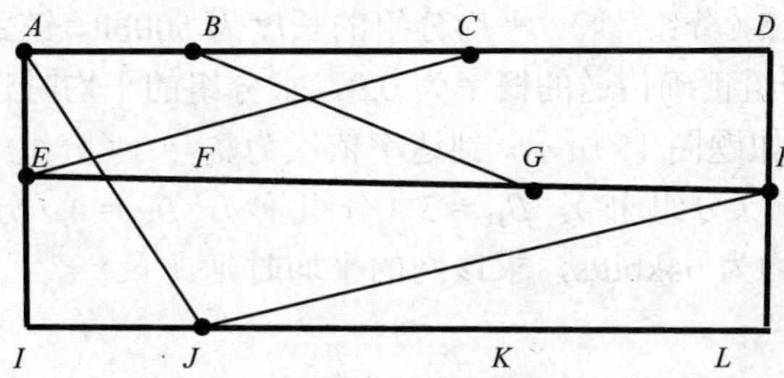

题图 5　网的例子

题表 1　　**送到 J 节点的相邻节点的延迟信息**

节　点	***A***	***I***	***H***	***K***
A	0	23	19	20
B	11	35	30	27
C	24	17	18	35
D	39	26	7	23
E	13	6	29	21
F	22	19	18	39
G	17	30	5	30
H	16	19	0	18
I	20	0	13	21
J	8	10	6	9
K	23	21	21	0
L	28	32	8	8

6．已知来话服从泊松分布，一交换节点平均每分钟有 4 次来话，求在任意选定的 30s 间隔内出现 7 次以上来话的概率是多少？

7．某电话局忙时平均呼叫率为每小时 1 000 次，求平均来话间隔时间小于等于 10s 的概率。

8．假定一群用户为具有每分钟一次来话率的泊松流，中继群有足够的信道能立即传送全部话务量，又假定平均占用时间是 2min，求前 5 条电路传送的总话务量的百分比是多少？其余电路传送的话务量的百分比是多少？

9．设某些用户在下午 2:00～3:30 发生 600 次呼叫，每次呼叫的平均占用时间为 1min，中继出线为 5 条，求呼损概率。

10．求 M/M/2 排队的平均对长和排队的平均时延。

11．考虑最多容纳 N 个分组的有限 M/M/1 排队。

（1）求当$\rho = 1$ 时的阻塞概率。

（2）吞吐量定义为$\lambda(1-P_b)$，当 $0 \leqslant \rho < 1$，在 $N = 4$ 和 $N = 19$ 时，画出归一化吞吐量与$\rho = \lambda/\mu$ 的函数关系。

12．设随机话务量 $A = 2.8$Erl 送入 $N = 10$ 的线群，求溢出话务量的峰值比。

13．AB 间的直达话务量 $A = 30$Erl，迂回路由 AT 中的基础话务量为 15Erl，AB 间的高效直达路由的电路数为 20，迂回路由的呼损为 0.01，求迂回路由 AT 所需的电路数。

14．设分组到达率为 5（分组/秒），平均分组的长度为 500bit，链路容量为 $C = 9\,600$bit/s。求分组的平均时延。若分组正确传送的概率为 0.9，求分组的平均时延。

15．设一个 3 节点网如题图 15 所示。到达率依次为$\beta_{12} = 1$（分组/秒），$\beta_{13} = 2$（分组/秒），$\beta_{23} = 2$（分组/秒），$\beta_{21} = 3$（分组/秒），$\beta_{31} = 3$（分组/秒），$\beta_{32} = 4$（分组/秒）。分组的平均长度为 1 000bit，链路容量均为 64kbit/s，求该网的平均时延。

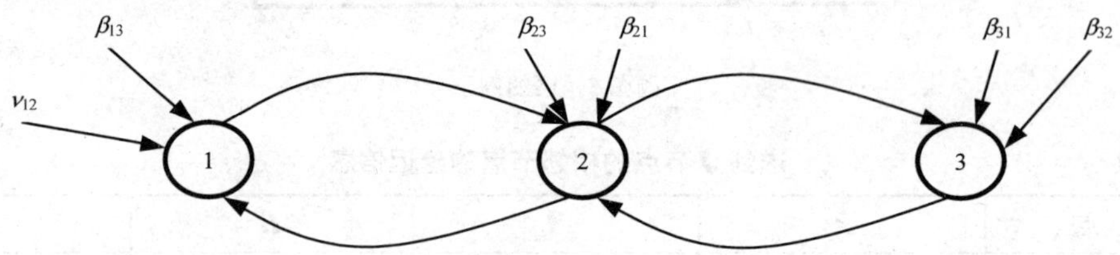

题图 15　一个 3 节点网

16．若网的结构和路由选择的规则均如题图 16 所示，到达率如题表 2 所示，假设总的链路容量 C 为 64kbit/s，平均分组的长度为 150bit，求各链路的最优容量和系统的平均时延。

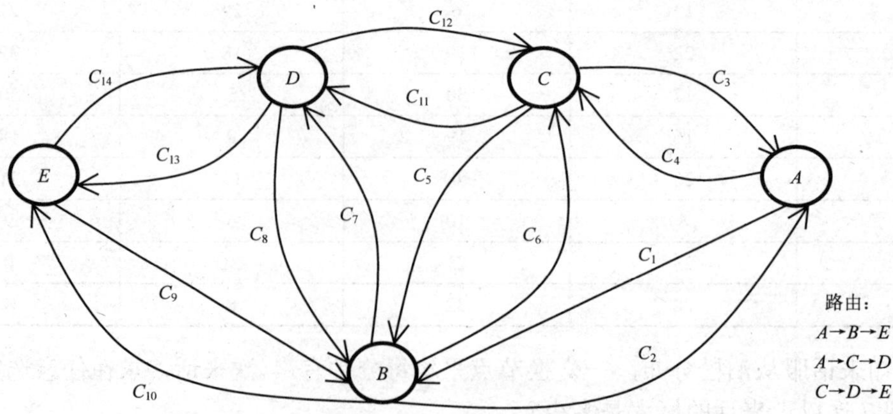

题图 16　用以容量分配的网的结构

题表 2　　分组到达率（分组/秒）

源	目的地				
	A	***B***	***C***	***D***	***E***
A	—	0.90	8.34	0.51	1.94
B	0.90	—	0.72	0.13	0.508
C	8.34	0.72	—	0.528	1.40
D	0.51	0.13	0.528	—	0.653
E	1.94	0.508	1.40	0.653	—

17．对一个无限多用户的时隙 ALOHA 系统的测试表明，有 10%的时隙是空闲的，求信道负荷 G 及系统的吞吐量 S 各为多少？

18．一个无限多用户的时隙 ALOHA 系统中，分组的时间等于 k 个时隙，分组在任一时隙开始发送，信道的负载为在每个分组的时间内发送 G 个分组，求每个分组的时间内的吞吐量是多少？并求当 $k=1$ 和 $k\to\infty$ 时的吞吐量是多少？

19．一时隙 ALOHA 系统有 4 个站，其传送率分别为 $G_1=0.1$，$G_2=0.5$，$G_3=0.2$，$G_4=0.2$（分组/时隙），求每个用户的吞吐量、总的吞吐量、空闲时隙的比例各为多少？

20．衡量传输系统误码的指标有哪些？分别加以说明。

21．数字信号流的速率为 64kbit/s，平均误码率 $Pe=2\times10^{-6}$，若误码服从泊松分布，求无误码秒和劣化分钟的百分数。

22．说明时钟抖动和漂移的区别，漂移可以用哪些指标来加以衡量？

23．基准时钟的准确度为 1×10^{-11}，说明经过多少时间基准钟误差 1min。

24．PCM 基群信号流的速率为 2 048kbit/s，若滑码一次丢失或增加 1 帧，交换局的相对误差为 2×10^{-10}，求滑码速率。

25．若数字信号流的速率为 8 448kbit/s，求在观察时间为 10s 时对基准时钟的时间间隔误差的要求。

附录A 缩 略 语

3G	Third Generation	第三代移动通信
3GPP	Third Generation Partnership Project	第三代伙伴计划
AAA	Authentication Authorization Accounting	认证，授权，记账
AAL	ATM Adaptation Layer	ATM 适配层
ABM	Asynchronous Balanced Mode	异步平衡模式
ABR	Available Bit Rate	可用比特率
AN	Access Network	接入网
ANSI	American National Standards Institute	美国国家标准协会
ARM	Asynchronous Response Mode	异步响应模式
ASON	Auto Switch Optical Network	自动交换光网络
ASN.1	Abstract Syntax Notation one	抽象语法记法 1
ATM	Asynchronous Transfer Mode	异步传送模式
AU	Access Unit	接入单元
BC	Bearer Capability	承载能力
BCD	Binary-Code Decimal	二一十进制码
BGP	Border Gateway Protocol	边界网关协议
BHCA	Busy Hour Call Attempts	忙时呼叫次数
BICC	Bearer Independent Call Control protocol	与承载无关的呼叫控制协议
B-ISDN	Broadband Integrated Service Digital Network	宽带综合业务数字网
B-NT	Broadband Network Terminal	宽带网络终端
BRI	Basic Rate Interface	基本速率接口
BSC	Base Station Controller	基站控制器
B-TA	Broadband Terminal Adapter	宽带终端适配器
B-TE	Broadband Terminal Equipment	宽带终端设备
CAPEX	Capital expense	资本性支出
CAS	Channel Associated Signaling	随路信令
CBC	Cell Broadcast Center	蜂窝广播中心
CCITT	International Telephone and Telegraph Consultative Committee	国际电话与电报顾问委员会

CMIS	Common Management Information Service	公共管理信息服务
CN	Core Network	核心网
CORBA	Common Object Request Broker Architecture	公共对象请求代理结构
CRC	Cyclic Redundancy Check	循环冗余校验
CS	Convergence Sublayer	汇聚子层
CSCF	Call Session Control Function	呼叫会话控制功能
CSMA	Carrier Sense Multiple Access	载波侦听多路访问
CSMA/CD	Carrier Sense Multiple Access with Collision Detection	带冲突检测的载波侦听多路访问
CDMA	Code Division Multiple Access	码分多址
CE	Circuit Emulation	电路仿真
CER	Cell Error Ration	信元差错率
CLR	Cell Loss Ration	信元丢失率
CO	Connection Oriented	面向连接
CPCS	Common Part Convergence Sublayer	公共部分汇聚子层
CPS	Common Part Sublayer	公共部分子层
CS	Circuit Switching	电路交换
DBR	Deterministic Bit Rate	固定比特率
DCE	Data Circuit-terminating Equipment	数据电路终端设备
DES	Data Encryption Standard	数据加密标准
DN	Directory Number	电话号码
DSN	Digital Switching Network	数字交换网络
DTE	Data Terminal Equipment	数据终端设备
DSS1	Digital Subscriber Signaling No.1	1号数字用户线信令
DUP	Data User Part	数据用户部分
EC	Echo Cancellation	回波抵消
EGP	External Gateway Protocol	外部网关协议
EM	Element Manager	网元管理器
ET	Exchange Termination	交换机终端
ETSI	European Telecommunications Standards Institute	欧洲电信标准协会
EPON	Ethernet Passive Optical Network	以太网无源光网络
FDDI	Fiber Distributed Data Interface	光纤分布式数据接口
FDM	Frequency-Division Multiplexing	频分复用
FEC	Forwarding Equivalence Class	等价转发类
FMC	Fixed-Mobile Convergence	固网与移动网的融合
FR	Frame Relay	帧中继
FS	Frame Switching	帧交换

FTP	File Transfer Protocol	文件传输协议
GPRS	General Packet Radio Service	通用分组无线业务
HDLC	High-Level Data Link Control	高级数据链路控制
HDTV	High-Definition television	高清晰电视
HEC	Header Error Control	信头差错控制
HSS	Home Subscriber Server	家区用户服务器
HSCSD	High Speed Circuit Switched Data	高速电路交换数据
HSDPA	High-Speed Downlink Packet Access	高速下行分组接入
IAD	Integrated Access Device	综合接入设备
IDN	Integrated Digital Network	综合数据网
IEEEE	Institute of Electrical and Electronic Engineers	电气和电子工程师协会
IETF	Institute Engineering Task Force	因特网工程师特别任务组
IMS	IP Multimedia Subsystem	IP 多媒体子系统
IN	Intelligent Network	智能网
INAP	Intelligent Network Application Part	智能网络应用部分
ISDN	Integrated Service Digital Network	综合业务数据网
ISO	International Organization for Standardization	国际标准化组织
ISUP	ISDN User Part	ISDN 用户规程
ITU	International Telecommunication Union	国际电联
ITU-T	ITU Telecommunication Standardization Sector	国际电联电信标准部
LAN	Local Area Network	局域网
LANE	LAN Emulation	局域网仿真
LAPB	Link Access Protocol Balanced	平衡型链路接入协议
LAPD	Link Access Protocol-D channel	D 信道链路接入协议
LCAS	Link Capacity Adjustment Scheme	链路容量调整方案
LDP	Label Distribution Protocol	标记分发协议
LSR	Label Switch Router	标记交换路由器
MAC	Medium Access Control	媒体访问控制
MAP	Mobile Application Part	移动应用部分
MIB	Management Information Base	管理信息库
MG	Media Gateway	媒体网关
MGCF	Media Gateway Control Function	媒体网关控制功能
MMS	Multimedia Messaging Service	多媒体信息服务
MPLS	Multi Protocol Label Switching	多协议标记交换
MPOA	Multi-Protocol Over ATM	ATM 上的多协议
MSC	Mobile Switching Center	移动交换中心

MSTP	Multi-Service Transport Platform	多业务传输平台
MSU	Message Signal Unit	消息信号单元
MTP	Message Transfer Part	消息传送部分
NAP	Network Access Point	网络接入点
NAS	Network Access Server	网络接入服务器
NRM	Normal Response Mode	正常响应模式
NGN	Next Generation Network	下一代网络
OAM	Operation Administration and Maintenance	操作、管理和维护
OMG	Object Management Group	对象管理组
OFDM	Orthogonal Frequency Division Multiplex	正交频分复用
OMAP	Operation and Maintenance Application Part	操作维护部分
OPEX	Operating expense	运营成本
OSI	Open System Interconnection	开放式系统互连
OSPF	Open Shortest Path First	开放最短路径优先
PBX	Private Branch Exchange	用户交换机
PCM	Pulse Code Modulation	脉冲编码调制
PDU	Protocol Data Unit	协议数据单元
PE	Physical Entity	物理实体
PLMN	Public Land Mobile Network	公用陆地移动网
POP	Point of Presence	接入点
PSTN	Public Switched Telephone Network	公用电话交换网
PVC	Permanent Virtual Circuit	永久虚电路
PVC	Permanent Virtual Connection	永久虚连接
QoS	Quality of Service	服务质量
RSVP	Resource Reservation Protocol	资源预留协议
RFC	Request for Comments	请求评注
RIP	Routing Information Protocol	路由信息协议
SA	Smart Antenna	智能天线
SAAL	Signaling ATM Adaptation Layer	信令 ATM 适配层
SAC	Service Access Control	业务接入控制设备
SAR	Segmentation And Reassembly	分段和重组
SCCP	Signaling Connection Control Part	信令连接控制部分
SCH	Synchronization Channel	同步信道
SCTP	Stream Control Transfer Protocol	流传输控制协议
SDLC	Synchronous Data Link Control	同步数据连接控制
SG	Signal Gateway	信令网关

SIGTRAN	Signal Transport Protocol	信令传输协议
SIP	Session Initiation Protocol	会话初始协议
SNMP	Simple Network Management Protocol	简单网络管理协议
SONET	Synchronous Optical Network	同步光网络
SMS	Short Message Service	短消息业务
SMS	Service Management Point	业务管理点
SNM	Signaling Network Management	信令网管理
SOHO	Small Office/Home Office	居家办公
SP	Signaling Point	信令点
SS7	Signaling System No.7	7 号信令
SSCS	Service Specific Convergence Sublayer	业务特定汇聚子层
ST	Signaling Termination	信令终端
STD	Synchronous Time Division	同步时分复用
STM	Signaling Traffic Management	信令业务管理
STM	Synchronous Transfer Mode	同步传输模式
STP	Signaling Transfer Point	信令转接点
SVC	Switched Virtual Circuit	交换虚电路
SVC	Switched Virtual Connection	交换虚连接
SVC	Switched Virtual Channel	交换虚信道
TCAP	Transaction Capability Application Part	事务处理能力应用部分
TCP	Transfer Control Protocol	传输控制协议
TDM	Time-Division Multiplexing	时分复用
TDP	Tag Distribution Protocol	标记分发协议
TDMA	Time Division Multiple Access	时分多址
TD-SCDMA	Time Division-Synchronization Code Division Multiple Access	时分同步码分多址
TE	Traffic Engineering	流量工程
TG	Trunk Gateway	中继网关
TM	Traffic Management	业务管理
TS	Time Slot	时隙
TUP	Telephone User Part	电话用户部分
UDP	User Datagram Protocol	用户数据报协议
UMTS	Universal Mobile Telecommunications System	通用移动通信系统
UNI	User-Network Interface	用户—网络接口
UTRA	Universal Terrestrial Radio Access	通用陆地无线接入网络
UBR	Unspecified Bit Rate	未定义比特率
VBR	Variable Bit Rate	可变比特率
VC	Virtual Channel	虚信道

VC	Virtual Circuit	虚电路
VCC	Virtual Channel Connection	虚信道连接
VCI	Virtual Channel Identifier	虚信道标识
VLR	Visitor Location Register	来访位置寄存器
VOA	Voice over ATM	ATM 上的语音
VOIP	Voice over IP	基于 IP 网络的语音通信
VP	Virtual Path	虚通道
VPN	Virtual Private Network	虚拟专用网
WAG	WLAN Access Gateway	WLAN 接入网关
WAN	Wide Area Network	广域网
WiMAX	World Interoperability for Microwave Access	微波接入全球互通系统

参 考 文 献

[1] M. 施瓦茨. 电信网—协议建模与分析. 屠世桢译. 北京：人民邮电出版社，1991

[2] 桂海源，骆业国. No.7 信令系统. 北京：北京邮电大学出版社，1998

[3] 岑贤道，安常青. 网络管理协议及应用开发. 北京：清华大学出版社，1998

[4] 朱其亮，郑斌. CORBA 原理及其应用. 北京：北京邮电大学出版社，2001

[5] Lillian Golenienski. Telnecommnications Essentials. Pearson Education Inc. 2002

[6] Oliverc.Ibe. Converged Network Architectures. Jone Wileys & sons, Inc 2002

[7] 倪甦华，唐宝民. MPLS VPN 网络多路径动态流量分配的研究. 电子学报 2005 Vol.33 No.4

[8] 潘强，唐宝民. 承载弹性业务多层下一代核心网设计模型. 中国新通信，2006（17）

[9] 李露，唐宝民. NGI 分组交换网的网络规划和性能评估. 中国新通信，2007（12）

[10] ITU-T Rec.M.3010. Principles for a TMN, 1992

[11] ITU-T Rec.M.3100. Generic network information model, 1992

[12] ITU-T Rec.G.773. Protocol suits for Q-interfaces for management of transmission Systems, 1992

[13] ITU-T Rec.Q.811. lower layer protocol profiles for the Q3-interface, 1994

[14] ITU-T Rec.Q.812. Upper layer protocol profiles for the Q3-interface, 1994

[15] 3GPP TS 32.101. Telecommunication management; Principles and high level requirements.

[16] 3GPP TS 32.102. Telecommunication management; Architecture.

[17] RFC 3219. Telephony Routing over IP.

[18] RFC 2719. SIGTRAN Protocol Architecture.

[19] RFC1305. Network Time Protocol (Version 3) Specification.

[20] RFC 2960. Stream Control Transmission Protocol.

[21] RFC 3286. An Introduction to the Stream Control Transmission Protocol.